U0598463

普通高等教育“十一五”国家级规划教材
普通高等教育土建学科专业“十二五”规划教材
高校城市规划专业指导委员会规划推荐教材

城市生态环境：原理、方法与优化

沈清基　编著

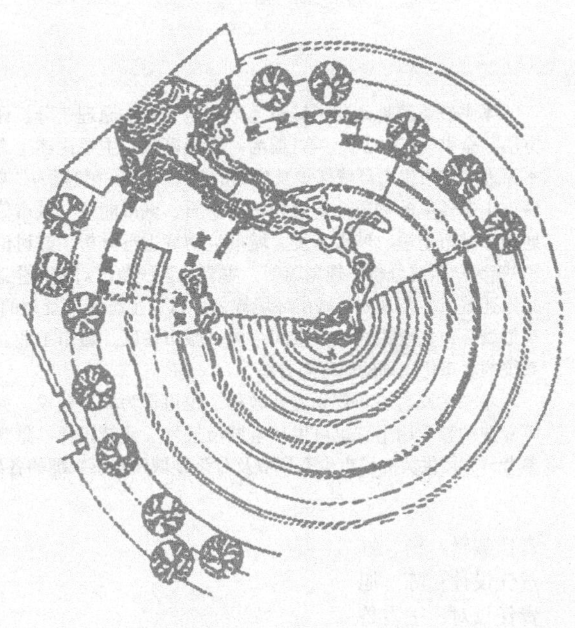

中国建筑工业出版社

图书在版编目（CIP）数据

城市生态环境：原理、方法与优化/沈清基编著. —北京：中国建筑工业出版社，2011.4（2023.3重印）
普通高等教育“十一五”国家级规划教材
普通高等教育土建学科专业“十二五”规划教材
高校城市规划专业指导委员会规划推荐教材
ISBN 978-7-112-13175-4

Ⅰ.①城… Ⅱ.①沈… Ⅲ.①城市环境-生态环境-研究
Ⅳ.①X21

中国版本图书馆CIP数据核字（2011）第067356号

本书较系统地阐述了城市生态环境的基本原理、分析评价以及生态化规划和优化的方法。全书含4篇22章。第1篇为“原理篇”，主要论述生态学基本原理、城市生态学基本原理、城市生态环境保护及规划的基本原理；第2篇为“要素分析—优化篇”，主要对城市生态环境的物质性要素如城市物质、城市能源、城市信息、城市气候、城市地质与地貌、城市土壤、城市水文、城市生物等进行分析，并讨论各系统可持续发展的途径；第3篇为“系统分析—规划篇”，主要从系统角度对城市生态与城市环境进行分析评价，并论述城市生态规划与城市环境规划，以及生态城市规划的相关问题；第4篇为“生态化规划篇”，主要论述城市空间结构、城市住区、城市工业、基础设施、道路交通、绿地系统的生态化规划的原理与方法。

本书为高校城市规划专业教材，也可作为城市建设、城市管理、建筑学、景观园林等专业的教学用书，也可供从事城市规划、建筑设计、景观园林设计等相近专业的人员参考，亦可供关心城市生态环境及对该领域问题感兴趣的各界人士阅读参考。

责任编辑：杨　虹
责任设计：陈　旭
责任校对：王雪竹

普通高等教育“十一五”国家级规划教材
普通高等教育土建学科专业“十二五”规划教材
高校城市规划专业指导委员会规划推荐教材
城市生态环境：原理、方法与优化
沈清基　编著
*
中国建筑工业出版社出版、发行（北京西郊百万庄）
各地新华书店、建筑书店经销
北京嘉泰利德公司制版
北京建筑工业印刷厂印刷
*
开本：787×1092毫米　1/16　印张：$35\frac{3}{4}$　字数：920千字
2011年6月第一版　2023年3月第十二次印刷
定价：55.00元
ISBN 978-7-112-13175-4
（20576）

前　言

—Preface—

“现代生态学”与传统生态学有着明显的区别。其主要表现在：现代生态学超越了其最初起源的生物学和地理学的范畴而成为研究生物、环境、资源及人类相互作用的基础性和应用性科学。生态学原理与人类的各个实践领域密切结合，产生了良好的经济、生态和社会效益；生态学原理已经成为解决世界环境问题的重要的理论基础之一。

城市生态学是研究城市人类活动与周围环境之间关系的学科，城市生态学将城市视为一个以人为中心的生态系统，在理论上着重研究其发生和发展的动因，组合和分布的规律（特征），结构和功能的关系，调节和控制的机理；在应用上旨在运用生态学原理规划、建设和管理城市，提高资源利用效率，改善城市系统关系和环境质量，促进城市的生态化发展。

城市生态环境是包括城市人类在内的各种生命有机体的生存环境，是包括城市人类在内的各种城市生物生存、发展、繁衍、进化的各种生态因子和生态关系的总和。城市生态环境的发展与演变，深刻体现了生态学与城市生态学的原理和规律，同时，城市生态环境的演变也将对人类的社会、经济及生态环境产生深远的影响。

本书从原理、方法、优化（生态化）三个角度，应用生态学、城市生态学的知识和原理，对城市生态环境进行深入剖析，并提出城市生态环境生态化发展及优化规划的路径。主要的思维过程与逻辑框架如下：介绍城市生态环境的知识；分析生态环境要素对城市发展的影响以及城市发展对生态环境要素的影响；介绍城市生态环境分析、评价的知识和方法；论述城市生态环境要素可持续发展的途径；论述城市规划的主要对象，如城市空间、城市住区、城市工业、基础设施、道路交通、绿地系统等的生态化规划原理与方法，主要包括：生态化内涵、生态化规划原则、规划目标和规划策略、规划指标体系、规划途径、规划案例分析等内容。

本教材涉及范围广泛、内容庞大、体系复杂，书稿虽经多次修改调整，但鲁鱼亥豕仍在所难免，希望读者提出宝贵意见。

本书在写作过程中得到了许多人士的关心和支持。何俊栋、汪鸣鸣、王思齐、徐溯源、周秦等参与了图表绘制；安超、王宝强、宋婷对 9、10、11 章部分内容的成文过程作出了贡献；李智远博士、王明娜博士、方淑波博士、葛坚教授、郭荣朝教授等为本书提供已发表文献的清晰版图纸，在此，一并致以衷心谢忱。

本书参考和引用了相关资料文献，在此亦向作者表示衷心感谢。本书在各章之末用“芝加哥注释法”将所引用资料的出处标明，便于读者对所感兴趣的问题作进一步的探讨。

最后，要特别感谢中国建筑工业出版社的编辑们，正是由于他们的辛勤工作才使本书得以顺利出版。

目　录

Contents

第1篇　原理篇

第 4 篇　生态化规划篇

第1篇 原理篇

本篇从三个最基本的方面论述与城市生态环境基本原理密切相关的内容。首先，生态学的基本知识和原理，包括生态学的概念、类型、发展阶段、研究方法、发展趋势，以及生态学的一般规律、相关法则和原理等。其次，城市生态学的基本知识和基本原理，包括：城市生态学的概念、发展阶段、学科基础、研究层次、研究内容，以及城市生态学的基本原理等。第三，城市生态环境保护／规划原理，包括：城市生态环境的内涵、结构及功能，演化及影响因素，生态环境与城市发展的相互关系，以及城市生态环境保护及规划原理等。本篇内容为全书对城市生态环境的要素分析和优化、系统分析和优化，以及城市主要规划对象的生态化规划的论述和理解奠定了基础。

第1章　生态学概论及基本原理

本章论述了生态学的基本知识，包括：生态学的概念及起源，生态学的类型及分支学科，生态学的研究方法和发展趋势等；对生态学的基本原理，包括生态学的重要观点、生态学的一般规律、生态学的法则等也进行了介绍和阐述。

1.1　生态学的概念及起源

1.1.1　生态学概念

要理解生态学，首先需理解“生态”。“生态”一般理解为：生物在一定的自然环境下生存的状态，也指生物的生理特性和生活习性（现代汉语词典，2005）。“生态”从“结构—功能—流”的角度，可以理解为：生物与其环境所形成的结构，以及由这种结构所表现出来的功能关系，并且通过物质流、能量流、信息流来加以反映。“生态”作为一种客观存在，是生态学研究的最基本的对象和客体。“生态”从“关系”的角度可以理解为两

类关系，在生态学的早期为生物与环境（自然）的关系；而目前为人类与环境（自然）的关系。

“生态（学）”在英语中的对应词是“ecology”。1858年，19世纪美国最具有世界影响力之一的作家、哲学家梭罗（Henry David Thoreau）首次使用了“ecology”这个词，但未对其下定义。

一般认为，生态学（ecology）是由德国生物学家赫克尔（Ernst Heinrich Haeckel）于1869年首次提出的。赫克尔给生态学下的定义比较精炼，即：生态学是“研究生物对有机和无机环境的全部关系的科学”。他指出：“我们可以把生态学理解为关于有机体与周围外部世界的关系的一般学科，外部世界是广义的生存条件。”

从语源学角度说，“ecology”来自希腊文“oikos”与“logos”。前者意为house或household（居住地、隐蔽所、家庭），后者意为学科研究。因此，从字义来看，生态学是研究“生活所在地”的生物和它所在地关系的一门科学。

一些国际组织也提出了生态学的定义。1971年，联合国教科文组织主持的“人与生物圈”计划（MAB），指出：生态学是“人与自然界（生物圈）相互关系的科学”，是“包括人类在内的自然科学，包括自然界在内的人文科学”，它“正在从纯自然科学向社会科学过渡”。

生态学研究的基本对象是生物与环境之间的关系，以及生物及其群体与环境相互作用下的生存条件。据此，生态学定义比较简洁的表述为：①从关系角度：生态学是研究生物及其环境之间的相互关系的科学，是研究自然系统与人类的关系的科学。②从生存条件、相互作用角度：生态学是研究生物生存条件、生物及其群体与环境相互作用的过程及其规律的科学。但，从“关系”角度对生态学定义的阐述更为普遍。

有必要强调指出，这里的“生物”在生态学创立之初及早期是指人以外的生物，而在现阶段，则主要是指“人类”（尤其体现在一些与人类社会、经济、技术相关的生态学分支中）。在生态学的发展过程中，认识到人在生态系统中的位置、作用并以科学的角度去研究是生态学的一个重大的进步。因此，也有很多学者认为，生态学的重要的学科目的之一是：指导人与生物圈（即自然、资源及环境）的协调发展。

简单 ←→ 复杂

分子	胞器	细胞	组织	器官	系统	个体	种群	群落	生态系	生物界

生物学 | 生态学

图1.1 生态学与生物学的关系（1）

来源：http://pws.niu.edu.tw/~b9533062/ppt/marine% 20ch% 201.pdf

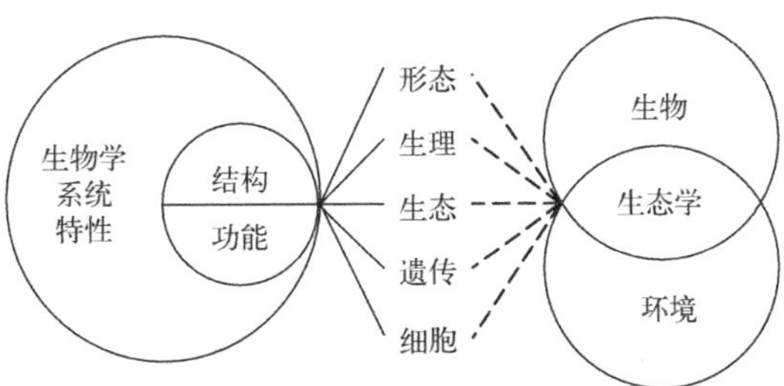

图1.2 生态学与生物学的关系（2）

来源：何强，井文涌，王翊亭．环境学导论．清华大学出版社，1994

1.1.2 生态学起源及与其他学科的关系

生态学（尤其是基础生态学）起源于生物学。生态学的创立者赫克尔本来是名生物学家。生物学所研究的“生物系统”的一部分内容，加上它们与环境之间关系的研究，即是生态学的研究内容（图1.1、图1.2）。英语biology

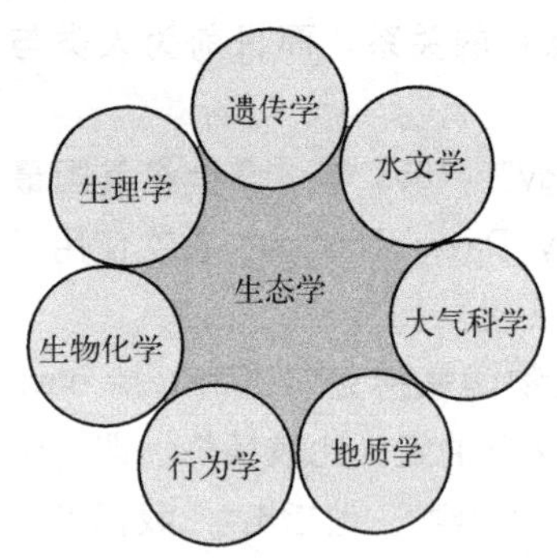

图 1.3　生态学与相关学科

来源：麻省理工学院，Introduction to Ecology（生态学基础），http://www.myoops.org/cocw/mit/NR/rdonlyres/Civil-and-Environmental-Engineering/1-018JFall2003/060F73DB-EAC6-4066-A0A3-73F9C556BF49/0/lec01hand2003.pdf

兼有“生物学”和“生态学”两个含义。

此外，由于生态学起源于生物学，所以，生态学与其他生物科学如生理学、遗传学、生物化学都有着密切的关系。又由于生物与人类的生活受到众多的环境因素包括生物行为的影响，所以，生态学及其研究就不可避免地会涉及气象学、地质学、水文学等学科（图 1.3）。

生态学（ecology）与经济学（economics）具有同一词根，生态学与经济学都是 eco（生活）之学。eco+logy= 生活科学；eco+nomics= 生活的经营管理。因此，有学者认为这表明生态学是研究自然经济的学科。在生态学最初的定义中，生态学与经济学的关系也是较明显的。用赫克尔的话，生态学就是研究自然的经济学。相反，经济学也可以被看作是人类的生态学（谢晨，2006）。H.G. Wells 等人所著的《生命的科学》（The Science of Life）中，把生态学比喻为“生物的经济学”（赵睦男，1984）。

马世骏（1981）认为，一方面，生态学与经济学之间有许多可比拟的共性，生态规律与经济规律中有若干共性（表 1.1），在精确的经济学分析中不可能不考虑生态学过程；另一方面，以经济学法则去阐明自然生态的物质与能量交换现象和生态平衡的最佳结构，可以加深对自然生态现象的认识。

生态规律与经济规律比较　　**表 1.1**

生态规律	经济规律
相互制约的协调规律	生产关系适应生产力的发展规律
物质循环转化规律	经济再生产规律
输入与输出平衡规律	收支平衡规律
生物生产力净值规律	价值规律
发育演替规律	资本类型的增长及累积规律

来源：马世骏．生态规律在环境管理中的作用——略论现代环境管理的发展趋势．环境科学学报，1981（1）．

1.2　生态学类型及分支学科

1.2.1　生态学类型

生态学按其研究对象的不同等级单元、按照生物栖息的不同场所等可以分成若干类型。一般而言，基础生态学以个体、种群、群落、生态系统等不同的等级单元为研究对象。个体、种群、群落和生态系统被称为“生态学研究的四

个可辨别尺度的部分”。

(1) 个体生态学（autecology）：个体生态学以生物的个体为研究对象，研究它与自然环境之间的相互关系，探讨环境因子对生物个体的影响以及它们对环境所产生的反应。其基本内容与生理生态相当。自然环境则包括非生物因子（光、温度、气候、土壤）和生物因子（包括同种和不同种的生物）。

(2) 种群生态学（population ecology）：种群是指一定时间、一定区域内同种个体的组合。在自然界中一般一个种总是以种群的形式存在，与环境之间的关系也必须从种群的特征及其增长的规律来探讨和分析。种群生态学研究的主要内容是种群密度、出生率、死亡率、存在率和种群的增长规律及其调节。

(3) 群落生态学（community ecology）：群落生态学以生物群落为研究对象。所谓群落是指多种植物、动物、微生物种群聚集在一个特定的区域内，相互联系、相互依存而组成的一个统一的整体。群落生态学研究群落与环境间的相互关系，揭示群落中各个种群的关系，群落的自我调节和演替等。

(4) 生态系统生态学（ecosystem ecology）：生态系统生态学以生态系统为研究对象。生态系统是指生物群落与生活环境间由于相互作用而形成的一种稳定的自然系统。生物群落从环境中取得能量和营养，形成自身的物质，这些物质由一个有机体按照食物链转移到另一个有机体，最后又返回到环境中去，通过微生物的分解，又转化成可以重新被植物利用的营养物质，这种能量流动和物质循环的各个环节都是生态系统生态学的研究内容。

1.2.2　生态学分支学科

生态学诞生以后，在其发展过程中的一个引人注目的现象是产生了大量的生态学分支学科。生态学研究范围的广泛性、生态学逐渐介入人类发展进程，是生态学有着众多的分支学科的重要原因。以下为部分生态学分支学科。

(1) 按所研究的生物类别分，有微生物生态学、植物生态学、动物生态学、人类生态学等；还可细分如昆虫生态学、鱼类生态学等。

(2) 按生物系统的结构层次分，有个体生态学、种群生态学、群落生态学、生态系统生态学、景观生态学、全球生态学等。

(3) 按生物栖居的环境类别分，有陆地生态学和水域生态学；前者又可分为森林生态学、草原生态学、荒漠生态学等，后者又可分为海洋生态学、湖沼生态学、河流生态学等。

(4) 生态学与非生命科学相结合后产生的生态学分支学科有：数学生态学、化学生态学、物理生态学、地理生态学、经济生态学等。

(5) 生态学与生命科学的其他分支相结合的有生理生态学、行为生态学、遗传生态学、进化生态学、古生态学等。

(6) 应用性生态学分支学科有：农业生态学、医学生态学、工业生态学、资源生态学、污染生态学（环境保护生态学）、城市生态学等。

(7) 按研究方法分，可以分成理论生态学、野外生态学、实验生态学等。

此外，近年来，生态学和数学相结合，利用数理分析的方法研究种群生

态系统，产生了系统生态学。生态学和物理学相结合，产生了能量生态学。用热力学第二定律解释生态学系统产生了功能生态学。随着宇航事业的发展，产生了宇宙太空生态学，它是探讨太空生态因子对人类和其他生物产生影响的一门科学。

生态学的许多原理和原则在人类社会经济活动的许多方面得到了应用，并与其他一些应用学科甚至社会科学相互渗透，产生了许多应用生态学学科。包括渔业生态学、放射生态学、社会生态学、人口生态学、生态工程学等等。此外，还有一些新兴的应用生态学，如：行政生态学、商业生态学、知识生态学等等。

绝大多数生态学分支学科的命名有一个基本的特点，即：要素（名词）+生态学。早期的生态学分支学科都与生物（类别、系统、栖居环境等）密切相关。但近年来，出现了一系列与人类社会经济、人居环境相关的生态学分支学科，如景观生态学、全球生态学、生态经济学、社会生态学等等。

大量生态学分支学科的存在，表明生态学在发展过程中吸收其他学科的知识和营养，已经成为一个迅速扩大自己学科内容和学科边界的综合性学科。生态学正在成为一个对解决人类生存的重大问题（如自然资源、人口问题、人类生存的环境、人类与自然界的关系等）起重要作用的学科。有学者认为，当生态学发展到关注人类与自然普遍的相互作用关系问题的研究的层次时，就已经具有了世界观、道德观和价值观的层次，具有了指导其他学科发展方向和趋势的作用。

1.3 生态学的发展阶段

1.3.1 经典生态学

经典生态学经历了建立前期和成长期两个阶段。

公元前5世纪到公元16世纪欧洲文艺复兴时期是生态学思想的萌芽期。人类在与自然的斗争中，已认识到环境和气候对生物生长的影响，以及生物和生物之间关系的重要性。例如《诗经》里动物之间关系的描述，古希腊哲学家亚里士多德对动物不同类型栖息地的描述，都孕育着朴素的生态学思想。

然而，生态学的真正成长期是从17世纪开始的。鲍尔（Boyle）1670年发表了大气压对动物影响效应的试验，是动物生理生态学的开端。法国的雷莫（Reaumur）1735年发表了6卷昆虫学著作，记述了许多昆虫生态学的资料。其后，马尔萨斯（Malthus）1798年发表了著名的《人口论》，阐明了人口的增长与食物的关系。P.F. 费尔许尔斯特1833年提出了逻辑斯谛曲线，Liebig（1840）发现了植物营养的最小因子定律；达尔文（1859）发表了著名的《物种起源》，赫克尔1869年提出了生态学的定义，德国的摩比乌斯（Mobius）1877年提出生物群落的概念，1896年斯洛德（Schroter）提出个体生态学和群体生态学的概念。这些开创性的工作都为现代生态学奠定了基础。

20世纪初，生态学有了蓬勃的发展，亚当斯（Adams）的《动物生态学

研究指南》(1913) 可以说是第一本动物生态学教科书。同期较著名的著作还有华尔德和威伯尔 (Ward & Whipple)1918 年的《淡水生物学》，约丹和凯洛 (Jordan & Kellogg)1915 年的《动物的生活与进化》。在这一时期，生态学的发展已不再停留在对现象的描述上，而是着重于解释现象；同时，数学方法和生态模型也进入了生态学，这时最有名的数学模型有洛特卡 (Lotka，1926) 和 Volttera(1925) 的竞争、捕食模型、Thompson(1924) 的昆虫拟寄生模型、Streter-Phelps(1925) 的河流系统中水质模型，以及 Kermack-Mckendrick(1927) 的传染病模型等。

1930 ~ 1950 年代，生态学已日趋成熟。标志之一是生态学正从描述、解释走向机制的研究。例如 1940 年代湖泊生物学者伯奇 (Birge) 和朱代 (Juday) 通过对湖泊能量收支的测定，发展了初级生产的概念。R. Lindeman 提出了著名的"十分之一定律"。从他们的研究中，产生了生态学的营养动态的概念。标志之二是生态学已在学科范围层面构建了自己独特的系统，有关生态学的专著不断出版，其中较有名的是美国查普曼 (Chapman)1931 年以昆虫为重点的《动物生态学》；前苏联卡什卡洛夫 (Kamkapo1)1945 年的《动物生态学基础》，以及美国阿利和伊麦生等 (Allee，Emerson et al. 1949) 的《动物生态学原理》。此时，中国也出版了第一部生态学专著——费鸿 (1937) 的《动物生态学纲要》。

生态学专门研究机构和学术刊物的涌现也是生态学成长期的重要标志。一些有重要影响的研究机构或团体在这一时期建立，如英国生态学会 (1913) 和美国生态学会 (1915)。一些有重要影响的生态学学术刊物也是在这一时期创办的。例如，Ecological Monographs(1931. 美)、Ecology(1920，美)、The Journal of Ecology(1913，英)、Ecological Reviews(1935，日)、Vegetation(1948，荷兰)、Bioscience(1951，美) 和 Oikos(1950，丹麦) 等。

1.3.2 现代生态学

现代生态学发展始于 1960 年代。这一方面是生态学自身的学科积累已经到了一定的程度，形成了自己独有的理论体系和方法论；第二方面是高精度的分析测定技术、电子计算机技术、高分辨率的遥感技术和地理信息系统技术的发展，为现代生态学的发展提供了物质基础及技术条件；第三方面是社会的需求。人类迫切希望解决经济发展所带来的一系列的环境、人口压力、资源利用等问题，这些问题的解决涉及自然生态系统的自我调节、社会的持续发展及人类生存等重大问题，探索解决这些问题的希冀极大地刺激了现代生态学的发展。

现代生态学的发展特点主要有以下几个方面：

(1) 生态学的研究有越来越向宏观发展的趋势。宏观程度越来越明显的生态系统生态学、景观生态学、全球生态学的产生和发展是现代生态学的重要标志。近几十年来，一系列国际性研究计划大大促进了以生态系统生态学为基础的宏观生态学的发展。1960 年代的"国际生物学计划" (International Biological Programme，IBP)，1970 年代的"人与生物圈计划"，以及 1980 年代

的“国际地圈—生物圈计划”（International Geosphere-Biosphere Programme，IGBP）这些研究都是以生态系统为基础，通过生态系统生态学和景观生态学方法，研究生态系统的结构、功能以及人类活动对生态系统的影响。特别是最近20年来，将全球气候变化和生态系统的研究紧密联系起来。例如关于海洋生物地球化学过程对气候变化的影响、全球气候变化对陆地生态系统的影响等研究，形成了全球生态学理论，把生态系统生态学提到了一个更为重要的地位。

（2）系统生态学的产生和发展是现代生态学在方法论上的突破，是划时代的认识论的提高，被称为是“生态学领域的革命”。现代生态学所要解决的社会、环境、资源等大问题，已不能用经典生态学中的试错法或一个问题、一个答案的经典方法去解决，只能用整体的、形式体系化的研究方法——系统方法去解决。此外，大型、快速计算机的出现也是系统生态学产生和发展的物质基础。生态模型是系统生态学的核心。它与经典生态学中的模型最主要的区别是：①经典生态学中的模型变量很少，是使用分析方法求解，系统生态学中的变量往往很多，是通过计算机求解；②经典生态学中的模型往往是线性的，而现代生态学中的模型很多是非线性的，往往包含着时滞、突变、反馈等机制，这些模型有时甚至不能用简单的数学公式所表达，只能通过计算机来实现模型的整合和模拟。

（3）一些新兴的生态学分支如进化生态学、行为生态学等的相继出现。生态学、行为学和进化论相结合，形成了一门新兴学科——进化生态学。进化生态学最早由Orians（1962）提出，并在1970年代得到了明显的发展。与进化生态学紧密相关的一门学科是行为生态学，它主要研究生态学中的行为机制和动物行为的存活价值（survival value）、适合度（fitness）和进化的意义。1981年第一本比较全面系统介绍行为生态学理论和内容的专著《An Introduction to Behavioural Ecology》问世，该书对推动行为生态学的进一步发展发挥了重要作用。

（4）应用生态学的迅速发展也是现代生态学的重要特色之一。自1960年代以来，人口危机、能源危机、资源危机、农业危机、环境危机等已引起世人的瞩目，而生态学被认为是解决这些危机的科学基础。生态学与人类环境问题的结合，大约是1970年代后应用生态学中最重要的领域。很多新的交叉学科如环境生态学、保护生物学、毒理学、经济生态学、城市生态学等应运而生。这里最值得一提的是生物多样性科学。生物多样性是人类生存与发展最为重要的物质基础，近年来，不断加剧的经济活动，对生物多样性造成了一定的影响，引起了社会各界广泛的关注。1992年联合国环境与发展大会通过了《生物多样性公约》，该公约目前已成为环境领域签署国家最多的公约。1990年代初，全球性的生物多样性研究项目（DIVERSITAS）开始启动，在该项目研究方案不断完善的过程中，于1990年代中期提出了生物多样性科学的概念，而“生物多样性的生态系统功能”又是生物多样性科学的核心问题。因此，也可以将生物多样性科学看作是应用生态学的一门分支。

1.4 生态学的研究方法

1.4.1 生态学研究方法的发展历程

公元前 4 世纪亚里士多德（公元前 384 ～前 322）就曾探讨过蝗灾、鼠害的成因。人类对生物资源的需求促进了生态学知识的积累。博物学家的田野调查和远洋考察曾取得丰富的生态学资料。布丰（G.L.de Buffon）、洪堡（A.Von Humboddt）和 C.R. 达尔文（1809 ～ 1882）等都曾对此作出过贡献。他们采用的方法主要是对大自然中的动植物进行原地观察。

精确的定量方法引入生态学始于种群研究。J. 格朗特 1662 年根据人口统计资料探讨了出生率、死亡率等指数与人口消长的关系；T.R. 马尔萨斯的《人口论》（1798）曾起过广泛影响。较系统的生物群落的定量研究出现得稍晚些。1895 年，J.E.B. 瓦尔明（Warming）对不同地区植物群落的描述是这一时期的代表性成就。

农业的发展促进了植物生理学的研究。从 1840 年 J.Von 李比希（Liebig）研究土壤化学到 1905 年 F.F. 布莱克曼（Blackman）总结出限制因子定律，人们都是在个体水平上探讨生态因子对生物的影响，这也是生理生态学的主要内容。这些分析利用的是物理学、化学和生理学实验技术。

20 世纪初出现的示踪原子和其他标记技术，使人们有可能对动物的活动作持续而全面的观察，并追踪元素在植物体内的运输和分布。1940 年代发展起来的群落能量研究使人们更清楚地认识到，生物群落与其环境组成的生态系统是一个依靠物质和能量流动维持其自身功能的整体。这些都是理化方法和生物方法结合的产物。

从 1950 年代起，系统概念和计算数学（数学生态学）的方法渗入生态学研究领域。此后，越来越多的学者采用数学模型来描述生态现象，预测未来趋势。计算结果与实测数据相互印证，这有助于检验理论的有效性。人们还可以用电子计算机进行模拟试验。计算机模拟在性质和规模上都摆脱了原地实验的局限性，很容易利用改变有关参数的方法来分析系统中的因果关系，计算结果可以再拿到现场检验。这不仅大大加快了研究进度，而且开拓了更为广阔的研究领域。

1.4.2 生态学研究方法的基本类型

1.4.2.1 野外观察（调查）

从生态学发展史而言，野外观察（调查）方法是首先产生的，并且是第一性的。至今，在生态学研究中，野外研究无疑仍然是主要的。近代生态学的发展，越来越表明野外观察和实验室研究是促进生态学发展的两个最基本的手段。

1.4.2.2 实验方法

生态学中的实验方法主要有原地实验和人工控制实验两类。由于分子生态学的发展，各种分子标记技术越来越多地被应用到实验生态学研究中。应用之一是阐明种群迁移、扩散的路线，确定种群的源（source）和汇（sink）；应用之二是研究动物的性行为，例如英国 Bell 用分子标记方法研究兔子性行为，发现下一代成熟的雄性都离窝出走，而雌性多半都留在窝里，用这种方式避免了它们之间的近亲交配。

1.4.2.3 数学模型与数量分析方法

著名生态学家皮洛（E.C.Pielou）曾指出，"生态学本质上是一门数学"（1978），指出了数学模型与数量分析方法在生态学中的地位。

1960 年代以后，有两个重要因素对生态模型的发展起到了至关重要的作用。一个是计算机技术的快速发展；另一个是人们日益认识到保护生态环境的重要性，对环境治理、资源合理开发、能源持续利用越来越关心。面对这些复杂生态系统的研究，只有借助于系统分析及计算机模拟才能解决诸如预测系统的行为及提出治理的最佳方案等问题。1970 年代以后，形成了一门新兴的生态学分支学科——系统生态学。系统生态学的产生，被著名生态学家 E.P.Odum 誉为"生态学中的革命"。诺贝尔奖得主朱棣文预言："在今后的几十年中，一部分物理学将会和一些生命科学结合起来——这意味着系统分析和数学模型将占有越来越重要的地位"。

在生态学试验和数据分析中应用广泛的是生物统计方法。W.Gosset 1908 年将"t- 检验"发表在"Biometrika"上，他在文章中说："任何实验可以作为是许多可能在相同条件下做出的实验的总体中的一个个体。一系列的实验则是从这个总体所抽得的一个样品"。因此，可以说每一次实验和观察，都离不开统计处理。生态学的实验，特别是野外实验，由于可控性较差，因而带来的误差也较大，所以正确地运用生物统计方法对得到科学结论是十分重要的（戈峰，2002）。

1.5 生态学的发展趋势

1.5.1 近期生态学的发展动态

如果将近期的生态学称为"现代生态学"，则其与以往的生态学有着较明显的区别。同时，生态学在参与社会变革的过程中也促进了其自身学科的发展。这主要表现在：

（1）生态学超越了其最初起源的生物学和地理学的范畴而成为研究生物、环境、资源及人类相互作用的基础和应用基础科学；生态学也已经从理论走向了应用。生态学的原理与人类的各个实践领域密切结合，产生了良好的经济、生态和社会效益。许多学者认为，生态学原理是指导解决世界环境问题的理论基础。

（2）生态学研究的空间尺度不断拓展，已经突破了传统上以研究个体、群落、生态系统为对象的研究范畴，在宏观方面向景观、区域和全球发展，微观上则向器官、细胞和分子水平上延伸。

（3）生态学研究的时间尺度，从对当前现象的描述向历史的回溯和未来的

预测发展。

(4) 生态学研究的对象，从自然生态系统向自然—社会—经济复合系统扩展，从结构与功能研究向过程与预测研究发展，从局部的、孤立的研究向整体的、网络化研究发展。生态学研究也从自然生态转向污染生态，进而发展到对社会生态系统的研究。自人类产生以来自然生态系统或多或少地受到干扰和破坏，在人口爆炸的时代，自然生态系统可以说几乎不存在了，因而对半自然（或人工的）生态系统（或受污染生态系统）和人类赖以生存的社会生态系统的研究，已成为现代生态学研究的热门。近10年来，在迫切要求解决环境、自然保护、资源管理、害虫控制等的影响下，多学科的生态学综合性研究迅速发展。现代生态学以整体观和系统观为指导思想，研究生态系统的结构、功能和调控，自然—社会—经济复合生态系统的研究已成为最重要的领域之一。

(5) 生态学与其他学科有着众多的结合点，使得新的边缘分支学科不断涌现，研究方法也不断丰富；电子技术，遥控技术等新技术的引入，以及生态学与数学、物理学、化学、系统学、工程学等相互渗透，使得生态学的研究进入到了定量化阶段，数学生态学、定量生态学、系统生态学等生态学新领域不断涌现，使生态学从以定性描述为主向定量模拟为主方向发展。

1.5.2 生态学未来发展趋势

1.5.2.1 生态学研究重点将发生变化和转移

在20世纪的大部分时间里，生态学家对自然的认识大都来自于对地球上很少受到人类干扰的那些生态系统的研究。然而，最近的生态学研究倾向于把人类视为生态系统许多组成部分之一，人类不仅是生态系统服务的利用者，而且还是生态系统变化的动因。同时，人类反过来也受生态系统这种变化的影响(Povilitis 2001；Turner *et al.* 2003)。为此，在生态学范畴里，人们的思维将从强调人类是自然界的入侵者转变为强调人类是自然界的一部分，把研究的重点放在人类如何在一个可持续发展的自然界生存这个重大的问题上。面对自然资源过度开发和人口急剧膨胀这个严峻的事实，生态学家必须尽最大努力为我们这个拥挤的地球做好科学工作。根据目前的预测，本世纪末地球人口将达到80～110亿(Lutz *et al.*2001；Cohen 2003)。推进可持续发展生态学研究已刻不容缓。生态学研究重点的转移意味着应将生态学基础和应用研究的优先领域放在可持续发展的生态系统和人类的关系上。

1.5.2.2 可持续发展是生态学研究重点之一

在面临严峻的诸多问题的背景下，人类最急迫的任务是寻找长久的可持续发展之路。原文刊于美国生态学会《Frontiers in Ecology and the Environment》.2005，Vol. 3(1)上的"21世纪的生态学与可持续发展"一文指出，生态学今后的研究重点应该放在可持续发展上。生态学家肩负着在生态学研究、环境政策和决策之间进行沟通的重大使命。为了完成这个使命，生态学家必须在不同范围以不同形式与其他学科合作。这些合作必须在三个创新领域进行：强化环境决策的生态内涵；把创新的生态学研究方

向定位在可持续发展上；鼓励生态学研究的文化交流，建立一个具有前瞻性的国际生态学。

1.5.2.3 创建新的、具有全球意义的生态学分支

"21世纪的生态学与可持续发展"一文提出要创立"拥挤地球生态学"，认为拥挤地球生态学的研究重点是在人口增长的同时如何维持自然服务。拥挤地球生态学是一门所有的研究人员都积极地与公众和政策制定者打交道的科学，是一门发现学和预测学。这门科学能够有效地把生态学信息传递给政策制定部门，力图创建一个可持续发展的世界，一个人类需求得到满足，并且仍然能够维持地球生命的体系。建立这样一门学科需要一个大胆而积极主动的战略计划。这个战略计划必须建立在如下信条上：①未来的环境是由人类为主体，由人类有意或无意管理的生态系统所组成。②一个可持续发展的未来将由原始性、恢复性和创建性的生态系统所组成。③生态学必须是将来制定可持续发展决策过程中的一个重要组成部分。

1.5.2.4 加强区域性和全球性合作

生态学家、企业界、政府机构和民间团体迫切需要在区域和国际层面上进一步合作。产业活动对环境影响很大，但是，如果企业管理阶层拥有足够的生态学知识，产业活动也可以帮助维持生态系统。生态学家可以直接参与企业的环境治理或接受企业感兴趣的研究项目，在环境保护和生态恢复过程中扮演一个积极的角色。

生态学研究已经把重点转移到多学科合作和综合分析上来（NSF，2003）。建立一个多样化的研究团队和使生态学研究国际化，生态学才能够脱胎换骨，更上一层楼。生态学研究的合作必须超越国界。毕竟，环境与可持续发展问题是国际性和跨学科的问题。

1.5.2.5 介入人类发展决策的过程

生态学学界认为，生态学要为科学决策提供生态学信息，没有生态学家参与制定的决策是令人担忧的。单纯的科学研究已经远远不能满足时代的要求，必须把生态学知识传递给政策制定者和公众，必须把科学研究转化为行动（Cash *et al.*，2003）。

1.5.2.6 推进创新性和预测性的生态学研究

开发和传播新的生态学知识对制定生物圈可持续发展方案具有重大意义。现代生态学研究范围很广，从生态系统中生命和无生命组分的分子生物学分析到全球的宏观研究等。尽管如此，生态学对自然的认识仍然落后于地球变化的幅度和速度。只有迅速把预测、创新、分析和跨学科的研究框架建立起来，我们才能够把影响生态功能的复杂关系（包括人类对生态过程的影响和反馈）了解清楚。

1.6 生态学的基本原理

鉴于生态学的学科范围的广泛性，试图以明确的表达阐述生态学的原理是一项艰巨的任务。以下介绍一些相关内容。

1.6.1 生态学重要观点

著名的现代生态学家 E.P. Odum 在《Bioscience》，1992，42，(7) 上发表了"90 年代生态学的重要观点"一文，提出了生态学的若干重要观点，对我们认识生态学的基本原理有重要的启示作用。

观念一：生态系统是一个远离平衡态的热力学开放系统。输入和输出的环境是这一概念的基本要素。例如，一片森林，进入和离开这片森林的成分与森林内部的成分同等重要。一个城市也是如此。城市不是一个生态学或经济学上自我维持的单位，而是依靠外界环境维持其生存和发展。这如同城市内部的各种活动一样。

观念二：生态系统的各组织水平中，物种间的相互作用趋于不稳定、非平衡甚至混沌（无序）。而复杂的大系统（如海洋、大气、土壤和大面积森林等）趋向于从随机到有序，具有稳定生态特性，如大气的气体平衡。因此，大生态系统比其组分更加稳定，这是一个最重要的原理之一。因为它说明"某一组织水平的规律，并不适用于另一组织水平上"。同样，如果我们需要维持稳定，就必须把注意力放到大的景观或更大单位的经营与规划上。

观念三：存在着两种自然选择或两方面的生存竞争：有机体对有机体——导致竞争；有机体对环境——导致互惠共存。为了生存，一个有机体可能与另一有机体竞争而不和它的环境竞争，它必须以一种合作的方式适应或改造它的环境和群落。

观念四：竞争导致多样性而不是灭绝。物种常常通过改变自己的功能生态位以避免由于竞争产生的有害影响。

观念五：当资源缺乏时，互惠共存进化增强。当资源被束缚在有机生物量中（如成熟的森林）或当土壤和水分等营养贫乏时，物种之间为了共同利益的协同作用就具有了特殊的存活（在）价值。

观念六：一个扩展的生物多样性研究方法应包括基因和景观多样性，而不仅仅是物种多样性。保护生物多样性的焦点必须是在景观水平上，因为任何地区的物种变异都依赖于斑块（生态系统）和通道的大小、种类和动态。

观念七：容纳量是一个涉及利用者数量和每个利用者利用强度的二维概念。这两个特征互相制约，随着每个利用者（个体）影响强度的增加，某一资源可支持的个体数量减少。这个原理是十分重要的。根据它我们可以估测在不同生活质量水平下人类负载能力和决定在土地利用规划中留给自然环境多大缓冲余地。

观念八：污染物输入源的管理是处理污染危害的唯一途径。

观念九：从地球上有生命开始，总体而言，有机体是以一种有益于生命的方式（如增加氧气，减少二氧化碳）适应物理环境，同时也改变了它们周围的环境。

观念十：产生或维持能量流动和物质循环，总是需要消耗能量的。根据这个能量概念，不管是自然的还是人工的群落和生态系统，当它们变得更大更复杂时，就需要更多的有效能量来维持。比如，一个城市的规模增加一倍时，则需要多于一倍的能量（税收）来维持其有序（秩序）。

1.6.2 生态学的一般规律

生态规律是关于生命物质与环境相互作用的规律，是生命物质与环境构成的生态系统发育、演替的规律，也是支配物质运动的生态形式与生态过程的规律，是生态运动过程所内含的必然性或本质联系（陈贻安，1999；陈贻安，2006）。

1.6.2.1 相互依存与相互制约规律

相互依存与相互制约，反映了生物间的协调关系，是构成生物群落的基础。生物间的这种协调关系，主要分两类。

（1）普遍的依存与制约，亦称"物物相关"规律

有相同生理、生态特性的生物，占据与之相适宜的小生境，构成生物群落或生态系统。系统中不仅同种生物相互依存、相互制约，异种生物（系统内各部分）间也存在相互依存与制约的关系；不同群落或系统之间，也同样存在依存与制约关系，亦可以说彼此影响。这种影响有些是直接的，有些是间接的，有些是立即表现出来的，有些需滞后一段时间才显现出来。一言以蔽之，生物间的相互依存与制约关系，无论在动物、植物和微生物中，或在它们之间，都是普遍存在的。

（2）通过"食物"而相互联系与制约的协调关系，亦称"相生相克"规律

这一规律的具体形式即食物链与食物网。即每一种生物在食物链或食物网中，都占据一定的位置，并具有特定的作用。各生物之间相互依赖、彼此制约、协同进化。被食者为捕食者提供生存条件，同时又为捕食者控制；反过来，捕食者又受制于被食者，彼此相生相克，使整个体系（或群落）成为协调的整体。或者说，体系中各种生物个体都建立在一定数量的基础上，即它们的大小和数量都存在一定的比例关系。生物体间的这种相生相克作用，使生物保持数量上的相对稳定，这是生态平衡的一个重要方面。当向一个生物群落（或生态系统）引进其他群落的生物种时，往往会由于该群落缺乏能控制它的物种（天敌）存在，而使该物种种群数量暴发，从而造成生物灾害。

1.6.2.2 微观与宏观协调发展规律

有机体不能与其所处的环境分离，而是与其所处的环境形成一个整体。来自环境的能量和物质是生命之源，一切生物一旦脱离了环境或环境一旦受到了破坏，生命将不复存在。生物与环境之间通过食物链（网）的能量流、物质流和信息流而保持联系，构成一个统一的系统。一旦食物链（网）发生故障，能量、物质、信息的流动出现异常，生物的存在也将受到严重威胁。地球上一切生物的生存和发展，不仅取决于微观的个体生理机能的健全，而且取决于宏观的生态系统的正常运行。个体与整体（环境）、微观与宏观只有紧密结合，形成统一体，才能取得真正意义上的协调发展。

1.6.2.3 物质循环转化与再生规律

生态系统中，植物、动物、微生物和非生物成分，借助能量的不停流动，一方面不断地从自然界摄取物质并合成新的物质，另一方面又随时分解为原来的简单物质，即所谓“再生”，重新被植物所吸收，进行着不停顿的物质循环。因此要严格防止有毒物质进入生态系统，以免有毒物质经过多次循环后富集到危及人类的程度。至于流经自然生态系统中的能量，通常只能通过系统一次，它沿食物链转移，每经过一个营养级，就有大部分能量转化为热散失掉，无法加以回收利用；因此，为了充分利用能量，必须设计出能量利用率高的系统。如在农业生产中，应防止食物链过早截断，过早转入细菌分解；不让农业废弃物如树叶、杂草、秸秆、农产品加工下脚料以及牲畜粪便等直接作为肥料，被细菌分解，使能量以热的形式散失掉；而是应该经过适当处理，例如先作为饲料，便能更有效地利用能量。

1.6.2.4 物质输入输出的动态平衡规律

又称协调稳定规律，它涉及生物、环境和生态系统三个方面。当一个自然生态系统不受人类活动干扰时，生物与环境之间的输入与输出，是相互对立的关系，生物体进行输入时，环境必然进行输出，反之亦然。

生物体一方面从周围环境摄取物质，另一方面又向环境排放物质，以补偿环境的损失（这里的物质输入与输出，包含着量和质两个指标）。也就是说，对于一个稳定的生态系统，无论对生物、对环境，还是对整个生态系统，物质的输入与输出都是平衡的。当生物体的输入不足时，例如农田肥料不足，或虽然肥料（营养分）足够，但未能分解而不可利用，或施肥的时间不当而不能很好地利用，必然造成生长不好、产量下降。同样，在质的方面，当输入大于输出时，例如人工合成的难降解的农药和塑料或重金属元素，生物体吸收的量虽然很少，也会产生中毒的现象。即使数量极微，暂时看不出影响，但它也会积累并逐渐造成危害。

另外，对环境系统而言，如果营养物质输入过多，环境自身吸收不了，打破了原来的输入输出平衡，就会出现富营养化现象，如果这种情况继续下去，也势必破坏原来的生态系统。

1.6.2.5 生物和环境相互适应与补偿的协同进化规律

生物与环境之间，存在着作用与反作用的过程。植物从环境吸收水和营养元素，这与环境的特点，如土壤的性质，可溶性营养元素的量以及环境可提供的水量等紧密相关。同时，生物体则以其排泄物和尸体的形式将相当数量的水和营养素归还给环境，最后获得协同进化的结果。例如，最初生长在岩石表面的地衣，由于没有多少土壤着“根”，所得的水和营养元素就十分少。但是，地衣生长过程中的分泌物和尸体的分解，不但把等量的水和营养元素归还给环境，而且还生成不同性质的物质，能促进岩石风化而变成土壤。这样环境保存水分的能力增强了，可提供的营养元素也增多了，从而为高一级的植物苔藓创造了生长的条件。如此下去，以后便逐步出现了草本植物、灌木和乔木。生物与环境就是如此反复地相互适应和补偿。生物从无到有，从只有植物到动物、植物并存，从低级向高级发展，而环境则从光秃秃的岩石，向具有相当厚度的、适于高等植物和各种动物生存的环境演变。可是，如果因为某种原因，损害了生物与环境相互补偿与适应的关系，例如某种生物过度繁殖，则环境就会因物质供应不及而造成生物的饥饿死亡。

1.6.2.6　环境资源的有效极限规律

任何生态系统作为生物赖以生存的各种环境资源，在质量、数量、空间和时间等方面，都具有一定限度，不能无限制地供给，因而其生物生产力通常都有一个大致的上限。也因此，每一个生态系统对任何的外来干扰都有一定的忍耐极限；当外来干扰超过此极限时，生态系统就会被损伤、破坏，以至瓦解。所以，放牧强度不应超过草场的允许承载量；采伐森林、捕鱼狩猎和采集药材时不应超过能使各种资源永续利用的产量；保护某一物种时，必须留有足够使它生存、繁殖的空间；排污时，必须使排污量不超过环境的自净能力等。

1.6.3　生态学的法则

美国学者康芒纳（Barry Commoner）（1997）在其《封闭的循环》（The Closing Circle：Nature，Man and Technology）一书中，提出了四条生态学的基本法则。

1.6.3.1　生态学第一条法则：每一种事物都与别的事物相关（物物相关）

这一法则首先反映了生物圈中精密内部联系网络的存在以及由此产生的令人惊异的结果。其次，反映了生态系统的各个反馈特性会引起极其重大的扩大和强化过程。这一切都是由于生态系统的一个简单的事实所引起的——每个事物都是与别的事物相联系的，这个体系是因其活动的自我补偿的特性而赖以稳定的；这些相同的特性，如果超过了负荷，就可能导致急剧的崩溃；生物网络的复杂性和它自身的周转率决定着它所能承受的负荷大小以及时间的长短，否则就要崩溃；生态网是一个扩大器，其结果是：在一个地方出现的小小混乱就可能产生巨大的、波及很远的、延缓很久的影响。

1.6.3.2　生态学第二条法则：一切事物都必然要有其去向（物有所归）

这一法则既是对物理学的基本法则之一——物质不灭定律的通俗的重述，也表明，在自然界中是无所谓“废物”的。在每个自然系统中，由一种有机物所排泄出来的被当作废物的东西都会被另一种有机物当作食物而吸收。

不断地探究生态系统的事物“向何处去”的问题，是一个非常有效的追踪生态途径的方法。这也是一个消除先前的某种概念的很好的方法，那种概念认为某些东西在被扔掉时，就毫无用处地“走开了”；实际上，它只是从一个地方迁到另一个地方，从一种分子形式转化为另一种，它一直在任何一种有机体的生命过程中活动着，在一段时间里，它就隐藏在这种有机体之中。现今环境危机的主要原因之一就是，大量的物质成为地球上的多余物，它们被转化成新形式，并且被允许进入到尚未考虑到“一切事物都必然有其去向”的法则的环

境之中。结果，而且常常是，大量有害物质会在自然状况下，在并不属于它所在的地方累积起来。

1.6.3.3 生态学第三条法则：自然界所懂得的是最好的（自然最知）

生态学的第三条法则认为，一个现存的生物结构，或是已知的自然生态系统的结构，按照常识，就似乎是"最好的"。一种不是天然产生的，而是人工的有机化合物，却又在生命系统中起着作用，就可能是非常有害的。应该慎重地对待每一种人造的有机化学制品。从使用性上来说，这个观点意味着，所有的人造有机化合物，无论在生物学上有着任何活力，都应该像我们对待药品那样来对待，或者说我们应该小心谨慎地对待它们。当然，在成亿公斤的这种物质被生产出来，并且被广泛地散布到它可以接触到的生态系统中，并且影响着我们观察不到的大量的有机体的时候，这种谨慎和小心也就成为不可能的了。这也恰恰就是我们一直在用合成洗涤剂、杀虫剂和除草剂所做的那些事情。这些常常是灾难性的结果给了"自然界所懂得的是最好的"一个强大的佐证。

1.6.3.4 生态学第四条法则：没有免费的午餐（得必有失）

生态学的第四条法则来源于经济学。在生态学上，和在经济学上一样，这条法则都主要是警告人们，每一次获得都要付出某些代价。从某一角度来看，这个生态学法则包含了前三条法则。因为地球的生态系统是一个相互联系的整体，在这个整体内，是没有东西可以取得或失掉的，它不受一切改进的措施的支配，任何一种由于人类的力量而从中抽取的东西，都一定要被放回原处。每一次获得都要付出某些代价。为此付出代价是不能逃避的，虽然可能被暂时拖欠下来。

1.6.4 生态学七原理

美国环境学者、环境教育家泰勒·米勒（Tyler Muller）（1990）从资源保护、污染防治、物质和能量转化、生态学、经济学、政治学及伦理学诸方面，提出了关于为保证经济与环境持续发展所应遵循的众多的基本原理、原则和定律。其中，生态学原理有七条（陈静生等，2001）。

（1）生态偏移原理（principle of ecological backlash）：在自然界中人们所做的每一件事都可能产生难以预测的后果。

（2）生态关联原理（principle of ecological interrelatedness）：自然界的每一件事物都与其他事物相联系，人类的全部活动亦居于这种联系之中。

（3）化学上不干扰原理（principle of chemical non-interference）：人类产生的任何化学物质都不应干扰地球上的自然生物地球化学循环，否则地球上的生命维持系统将不可避免地退化。

（4）承受限度原理（law of limits）：地球生命维持系统能够承受一定的压力，但其承受力是有限度的。

（5）忍受范围原理（range of tolerance principle）：每一个物种和每一个生物个体只能在一定的环境条件范围内存活。

（6）承载量原理（principle of carrying capacity）：在自然界中，没有某一

物种的数量能够无限地增多。

(7) 复杂性原理 (principle of complexity)：自然界不仅比我们想象得复杂，而且比我们所能想象得更为复杂。

(8) 尺度原理。生态系统有着尺度上的悬殊差别。理解地球必须放眼全球，理解热带雨林应该在 100m 的尺度，而理解草甸可以在 1m 的尺度，理解地衣群落可以在 0.1m 的尺度。

■ 第1章参考文献：

[1] (美) 巴里·康芒纳著．封闭的循环——自然、人和技术 [M]．侯文蕙译．长春：吉林人民出版社，1997.

[2] E.P.Odum 著．九十年代生态学的重要观点 [J]．李俊清译．生态学杂志，1995 (1).

[3] 陈静生等．人类——环境系统及其可持续性 [M]．北京：商务印书馆，2001.

[4] 陈贻安．生态规律与 21 世纪 [J]．山西大学师范学院学报，1999 (9).

[5] 陈贻安．关于社会发展与生态规律的思考 [J]．北京交通管理干部学院学报，2006 (6).

[6] 杜欣明．信息生态学的学科建设与发展问题初探 [J]．现代情报，2006 (7).

[7] 戈峰．现代生态学 [M]．北京：科学出版社，2002.

[8] 李振基，陈小麟，郑海雷．生态学 [M]．北京：科学出版社，2007.

[9] 马世骏．生态规律在环境管理中的作用——略论现代环境管理的发展趋势 [J]．环境科学学报，1981 (1).

[10] 曲格平主编．环境科学词典 [M]．上海：上海辞书出版社，1994.

[11] 王如松．生态环境内涵的回顾与思考 [J]．科技术语研究，2005 (2).

[12] 谢晨．经济学和生态学相互发展历史回顾——早期思考 [J]．林业经济，2006 (4).

[13] 中国生态学学会编印，中国海外生态学者协会译．生态学未来之展望 [Z] .2005. http://www.frontiersinecology.org/specialissue/Ecovision-Chinese.pdf.

[14] 赵睦男．生态学译粹 [M]．台北：台湾省公共卫生研究所，1984.

■ 本章小结

生态学研究的基本对象是生物与环境之间的关系，以及生物及其群体与环境相互作用下的生存条件。个体、种群、群落和生态系统被称为“生态学研究的四个可辨别尺度的部分”。生态学诞生以后，产生了大量的生态学分支学科。生态学逐渐介入人类发展进程，是生态学有着众多的分支学科的重要原因。生态学研究方法的专门化与系统化同时并进，彼此汇合，是生态学学科方法体系日趋成熟的标志之一。生态学的发展趋势与人类发展面临的问题（资源短缺、人口剧增、环境恶化等）及其发展走向密切相关。生态学基本原理的归纳是一个有待持续关注的命题。

■ 复习思考题

1. 生态学的产生及发展经过了哪几个较主要的阶段？如何认识生态学与其他学科的关系？

2. 生态学的研究方法具有哪些基本的类型和特征？应该如何将生态学的研究方法与城市规划的研究方法进行结合？

3. 生态学的基本原理有哪些类型？如何认识它们之间的相互关系？

第2章　城市生态学概论及基本原理

本章介绍了城市生态学的基本知识，包括：城市生态学的概念、发展阶段、学科基础、研究层次和研究内容等；从城市发展的原因、城市运行稳定的基础、城市活动的能量和物质利用、城市发展的局限性、城市发展的关系等方面论述了城市生态学的基本原理。

2.1　城市生态学概念

城市生态学由芝加哥学派的创始人帕克（Robert Ezra Park，1864～1944）于1920年代提出。芝加哥学派是以美国芝加哥大学社会学系为代表的人类生态学及其城市生态学术思想的统称。兴盛于1920～1930年代，开创了城市生态学研究的先河，其代表人物有帕克、伯吉斯（E.W.Buurgess）、麦肯齐（R.D.Mckenzie）等。他们以城市为研究对象，以社会调查及文献分析为主要方法，以社区即自然生态学中的群落、邻里为研究单元，研究城市的集聚、分散、入侵、分隔及演替过程，城市的竞争、共生现象、空间分布格局、社会结构和调控机理；运用系统的

观点将城市视为一个有机体，一种复杂的人类社会关系，认为它是人与自然、人与人相互作用的产物，其最终产物表现为它所培养出的各种新型人格。芝加哥学派的代表作是 1925 年由帕克等人合著的《城市》(The City)。

至于城市生态学的定义，Peter M. Blau(1977) 认为麦肯齐 (1925) 最先从狭义上对它作出定义，"城市生态学是对人们的空间关系和时间关系如何受其环境影响这一问题的研究"。这一定义比较侧重于社会生态学的内容。

许多学者对城市生态学的发展作出了贡献，对城市生态学概念的理解及其定义也日益深化。现代城市生态学的定义一般为：城市生态学是研究城市人类活动与周围环境之间关系的学科，城市生态学将城市视为一个以人为中心的人工生态系统，在理论上着重研究其发生和发展的动因，组合和分布的规律（特征），结构和功能的关系，调节和控制的机理；在应用上旨在运用生态学原理规划、建设和管理城市，提高资源利用效率，改善城市系统关系和环境质量，促进城市的生态化发展。

根据研究对象的不同，城市生态学可分为城市自然生态学、城市经济生态学和城市社会生态学三个分支。城市自然生态学着重研究城市密集的人类活动对所在地域自然生态系统的积极和消极影响（包括城市植被、动物、微生物及城市气候、水文、土壤、景观等）以及城市生物和地理环境对城市居民的作用。城市经济生态学的研究重点是城市代谢过程和物流能流的转化、利用效率等。城市社会生态学着重研究城市人工环境对人的生理和心理的影响、效用及人在建设城市、改造自然过程中所遇到的城市问题，如人口、交通问题等。

2.2 城市生态学的发展阶段及概况

2.2.1 萌芽阶段

尽管城市生态学在生态学领域的各个分支中比较年轻，但生态学的思想却是伴随着城市的产生及城市问题的出现就已有了。由于当时尚未形成大的影响，故将 20 世纪以前称为城市生态学的萌芽阶段。

2.2.1.1 中国古代的生态学思想

首先，我国古代生态思想反映在人口思想、人与土地（食物）关系上。公元前 390 年商鞅提出了具有生态学思想的认识，即：①人口与土地必须平衡，并提出具体比例：方圆百里土地可养活 5 万人；生态系统的组成为山、丘陵 10%，湖沼 10%，溪谷、河流 10%，城镇道路 10%，劣田 20%，良田 40%。②主张增加农业人口，首次提出农业与非农业比例为 100 ：1，最多不小于 10 ：1。公元前 238 年，荀子提出了减少工商业人口国家才能强盛的主张，即工商业人口的多少取决于农业生产者所能提供的剩余粮食。公元前 289 年后的重要著作《管子》进一步主张商鞅的思想，土地与人口的比例改为方圆 50 里养 1 万人。到了近代 1885 年，包世臣提出了农业和非农业劳力比例关系，设每 20 个人按 6 个劳动力计，则士、工商占 1/6，农占 5/6。显然非农业人口的限制影响了城市的规模。

其次，在人与自然的关系上，我国古代也有一定的生态学思想萌芽。如《孟子》一书中载"数罟不入洿池，鱼鳖不可胜食"，意思是说鱼池中不用细网打鱼，则水产吃不完。《淮南子》："草木未落，刀斧不得入山林"，意即森林正在生长发育季节，不要上山砍伐林木。贾思勰所著的《齐民要术》一书中，生态学的观点非常突出，如"顺天时，量地理，则用力少而成功多"、"任情返道，劳而无获"、"良田宜种晚，薄田宜种早"、"良地非独宜晚，早宜无割，薄地宜早，晚必不成实也"，说明种植农作物符合当地气候和土壤的生态条件，可收事半功倍之效。

第三，在城市选址、城市布局、城市建设、城市经营等方面，中国古代城市也有一定的生态学思想。如在选址方面，古代中国城市注重生态与自然环境条件，讲究城市位置选在依山傍水（不受淹、且取水方便），肥田沃野（粮食高产）、森林资源丰富，宜农宜牧，气候宜人之处。春秋战国时代的《管子·度地篇》中就记载了关于居民点的选址要"高勿近阜而水用足，低勿近水而沟防省。"

2.2.1.2 国外古代的生态学思想

2000 多年前的古希腊就已有生态思想的萌芽。公元前 600 年，希腊地理学家美勒（Thalesole Milet）提出了生态区划的设想，按阳光照射引起地区温度和供水的不同，将地球分为北极带、夏热带、赤道带、冬热带和南极带等五大区。公元前 300 年古希腊的哲学家提奥夫拉斯特（Theophrastus）注意到了各地植物分布与气候和土壤等的关系，指出热带海边红树林等植物分布与气候、土壤之间的关系特征与类型。

2.2.2 初级阶段

20 世纪初，国外一批科学家将生态学思想运用于城市问题研究中，如英国生物学家格迪斯（Geddes）在《城市开发》（City Development，1904）和《进化中的城市》（Cities in Evolution，1915）中，就试图将生态学原理运用于城市的环境、卫生、规划、市政等综合研究中。20 世纪 20 ~ 30 年代，美国的芝加哥学派则将生物群落的原理和观点用于研究城市社会，并取得了一些成果，影响较大。

芝加哥学派明确提出了社会和城市研究的人类生态学方向。他们的研究集中在"当时大量的欧洲移民和乡村人口迁移造成美国城市迅速扩张引起的社会变化"上。首先，帕克等人运用一些生态学概念，如演替、竞争、新陈代谢来描述人口迁移的不同阶段的社区功能和社会秩序，并提出一些社会无序的标识，如疾病、犯罪、疯狂与自杀等。其次，该学派将城市看作一个封闭的功能系统（社区），这一功能系统可以视为有机体，特别关注有机体的时空变化特征。

2.2.3 蓬勃发展阶段

城市生态学的蓬勃发展始于 1960 年代后期。1962 年卡森（Rachel Carson）在《寂静的春天》一书中，揭示了城市生态环境遭受破坏的情况，引起广泛的关注。城市生态学在理论、方法与实践上都面临新的突破。

1971 年联合国教科文组织（UNESCO）制订"人与生物圈"研究计划，把对人类聚居地的生态环境研究列为重点项目之一，并开展了城市与人类生态研

究课题，提出用人类生态学的理论和观点研究城市环境。1970年代初，罗马俱乐部发表了《增长的极限》、《生命的蓝图》、《只有一个地球》等著作，对城市生态的研究起了极大的推动作用。麦克哈格（Ian. L. Mchrg）在《设计结合自然》（1969）中运用生态学原理，研究大自然的特征，充分结合自然进行设计，并创造了科学的生态设计方法，此后，1978年西蒙兹（J.O.Simonds）在《大地景观——环境规划指南》中进一步完善了麦克哈格的生态规划方法，对城市规划、景观规划和建筑学产生了重大影响。1973年日本的中野尊正等编著的《城市生态学》，阐述了城市化对自然环境的影响以及城市绿化、城市环境污染及防治等。1975年国际生态学会主办的《城市生态学》季刊创刊。1977年Berry发表了《当代城市生态学》，系统阐述了城市生态学的起源、发展与理论基础，应用多变量统计分析方法研究城市化过程中的城市人口空间结构、动态变化及其形成机制，奠定了城市因子生态学的研究基础。

进入1980年代，城市生态研究更是异军突起。1980年，第二届欧洲生态学术讨论会，以城市生态系统作为会议的中心议题。Forester，Vester和Hester对城市生态系统发展趋势进行了研究。H.T.Odum认为城市生态系统和自然生态系统有相似的演替规律，都有发生、发展、兴盛、波动和衰亡等过程，并且认为城市演替过程是能量不断聚集的过程。

此后，各类城市生态研究工作蓬勃发展，各种有关出版物、论文集和国际学术会议不断涌现。例如法兰克福、罗马、墨西哥城、多伦多、东京、香港、曼谷、柏林、莫斯科等几十个城市先后从不同角度开展了城市生态研究，取得了可喜的成效。

1992年6月，联合国在里约热内卢召开了具有划时代意义的“人类环境与发展大会”。这次会议将环境问题定性为21世纪人类面临的巨大挑战，并就实施可持续发展战略达成一致。其中人类住区及城市的可持续发展，给城市生态环境问题研究注入了新的血液，成为当代城市生态环境问题研究的重要动向和热点。

随着现代生态学的发展，现代生态学与城市研究的结合，自然地要求建立生态城市。自1970年代以来，国外学者分别从不同的角度来研究生态城市的内涵、主要特征、指标体系、发展规划思路与方向、基本框架、具体目标及步骤等。1987年美国生态学家理查德·瑞杰斯特（Richard Register）在其《生态城市：伯克利》（Ecocity Berkeley——Building Cities for a Healthy Future）中提出其所期望的理想的生态城市应具有的6点特征。1990年瑞杰斯特又提出了“生态结构革命”的倡议，并提出了生态城市建设的10项计划。国际生态学会城市生态专业委员会于1995年1月和5月召开了“可持续城市”系列研讨会，就城市可持续发展问题进行了深入讨论。1997年6月在德国莱比锡召开了国际城市生态学术讨论会，内容涉及了城市生态环境的各个方面，但研究的目标逐渐集中在城市可持续发展的生态学基础上，城市生态学和城市生态环境学已成为城市可持续发展及制定21世纪议程的科学基础。

国际上有关城市生态学的研究除了联合国教科文组织的人和生物圈计划外，国际生态学会（INTECEL）于1974年在海牙召开的第一届国际生态学大会上成立了“城市生态学”专业委员会。此外，国际森林研究组织联盟（IUFRO）在1986年的会议上建立了“城市森林”计划工作组，开展城市森林的研究。

世界气象组织（WMO）、世界卫生组织（WHO）、国际城市环境研究所（IIUE）、国际景观生态学协会（IALE）以及欧洲联盟（EU）、经济合作与发展组织（OECD）都开展了相关研究。

2.3　城市生态学的学科基础、研究层次及研究内容

2.3.1　城市生态学的主要学科基础

2.3.1.1　生态学

城市生态学从某一角度而言，是一应用生态学，是传统生态学及现代生态学应用于城市的产物，因此，生态学作为其学科基础是不言而喻的。

2.3.1.2　城市学

城市生态学是生态学与众多城市学相关学科的交叉结合后形成的新学科。"城市学"一词最早见于日本矶村英一的《城市学》(1975)，是以城市为研究对象，从不同角度、不同层次观察、剖析、认识、改造城市的各种学科的总称。它是一个学科群，而不是一门学科（图 2.1）。

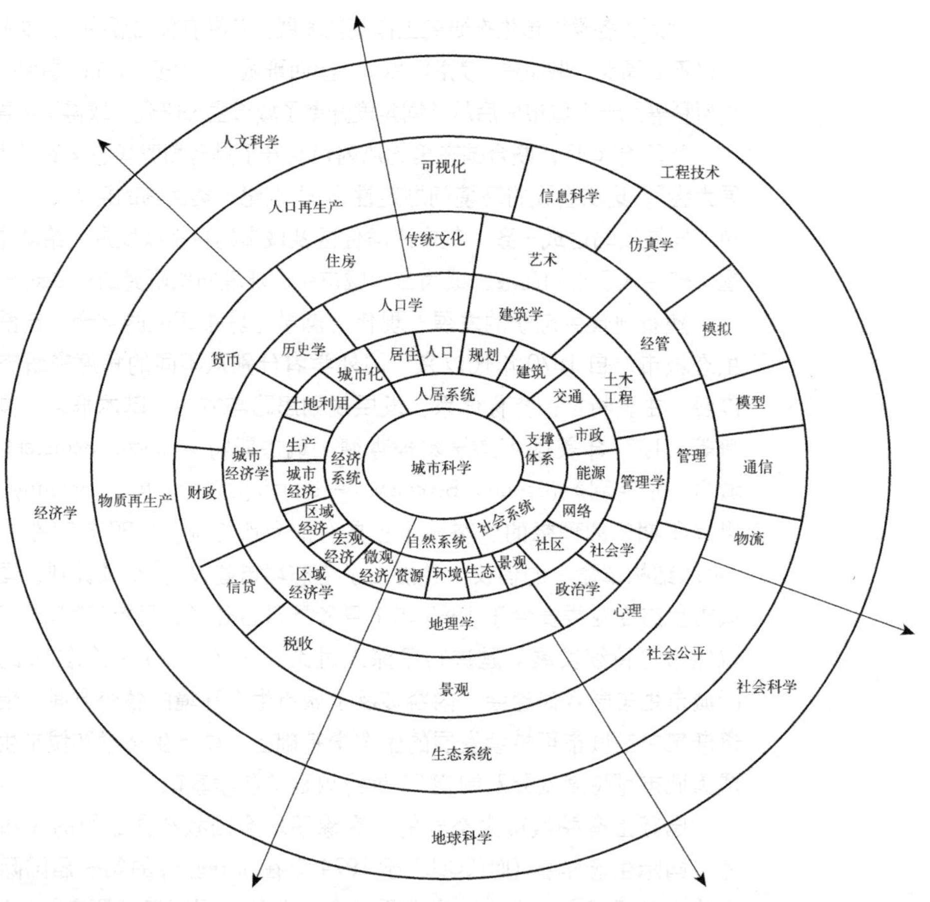

图 2.1　城市科学的学科构成

来源：顾朝林，陈璐，王栾井．论城市科学学科体系的建设．城市发展研究，2004（6）

城市学作为城市生态学的学科基础之一，既为城市学研究领域的拓展、研究思路的更新提供了条件，也为城市生态学的"成长壮大"提供了充足的养分。

2.3.1.3　人类生态学

人类生态学是研究人与周围环境之间的相互关系及其规律的科学。即研究当代人口、资源、环境与发展的关系，研究人类生态系统中各要素之间能量、物质和信息的交换关系。其研究方法是把人口、资源、环境视为一个巨大的生态系统进行综合研究。人类生态学真正成为一个独立的分支不过是五六十年的历史。人类生态学的产生和发展，是与人们对面临的生存危机的本质的认识及环境意识的提高分不开的。当今人类面临的众多的生态环境危机的挑战，其核心问题是"人口爆炸"，因此，人类生态学也就自然成为生态学中最引人瞩目的分支之一。

人类生态学具有异源性、综合性和实用性的特点。这是因为它是自然科学和社会科学的桥梁，吸引着不同学科的科学工作者的关注。生物学家、人类学家、心理学家、经济学家、地理学家……从各自不同的角度研究和发展人类生态学。从研究范围看，人类生态学要比城市生态学的范围宽、广。人类生态学注重分析人与其他空间场所的相互关系，而城市生态学更关注这种关系在城市中的表现。

2.3.1.4　地理学

地理学是以地区的山川、气候等自然环境及物产、交通、居民点为研究对象的学科。地理学与城市生态学在解决城市矛盾的诸多方面存在着相似之处，许多重要的概念相互交叠。例如，当代城市生态学家所着重分析的关键问题之一，即人类聚居地究竟是如何组织形成并不断变迁以适应环境的变化？而同样地，现代城市地理学家也在试图解释城市的环境如何影响人们在环境中的场所及空间行为。

此外，城市生态学的学科基础还包括：环境学、经济学、生态工程学等学科。其中，环境学是研究环境结构、环境状态及其运动变化规律，研究环境与人类社会活动间的关系，并在此基础上寻求正确解决环境问题，确保人类社会与环境之间演化、持续发展的具体途径的科学。城市人类活动的高强度对城市环境、区域环境乃至全球环境的影响和作用越来越大，城市环境治理和改善的要求越来越紧迫，环境学因而成为了城市生态学的学科基础之一。经济学是研究人类行为及如何将有限或者稀缺资源进行合理配置的科学。城市功能的运行、城市人类的行为都将消耗大量的资源，这类消耗资源的行为所带来的环境压力与日俱增，因此，资源的有效利用与生态化利用对于城市的延续意义重大。生态工程学定义有广义和狭义之分。前者以1993年美国科学院所主办的生态工程研讨会对"生态工程学"定义为代表："将人类社会与其自然环境相结合，以达到双方受益的可持续生态系统的设计方法。"后者定义相对具体化：生态工程学是运用物种共生与物质循环再生原理，发挥资源的生产潜力，防止污染，采用分层多级系统的可持续发展能力的整合工程技术，并在系统范围内同步获取高的经济、生态和社会效益的学科（http://baike.baidu.com/view/1181608.htm）。城市的规划建设管理对自然环境的变更的激烈程度决定了生态工程的必要性和紧迫性，因此，生态工程学应是城市生态学的重要学科基础之一。

2.3.2 城市生态学的研究层次

2.3.2.1 城市生物环境层次研究

所谓生物环境层次研究，即是从传统的生物生态学理论出发，把城市作为一种特定的生物环境，研究此种环境中各种生物生态问题。如城市的动植物区系分布，城市工业污染条件下的植物群落特点，鸟类行为变化等。这类工作如法兰克福的敏感度模型、邦卡姆（R. Bornkamm）的《城市生态学》等，后者试图以城市中植物生长及动物行为变化来揭示城市环境的状况，寻求解决污染、改善环境质量的途径。

2.3.2.2 城市生态系统层次研究

所谓生态系统层次研究，即是把城市作为以人类活动为主体的人类生态系统来加以考察研究。当代城市生态学的研究途径之一即是从生态系统的理论出发，研究城市生态系统的特点、结构、功能的平衡，以及它们在空间形态上的分布模式与相互关系。强调城市中自然环境与人工环境、生物群落与人类社会、物理生物过程与社会经济过程之间的相互作用。这些可以说是城市生态学研究的主导方向之一。

2.3.2.3 城市系统生态层次研究

系统生态层次的研究即是从区域和地理概念的高度来观察城市本身，站在历史发展的高度来考察城市问题，把城市作为整个区域范围内的一个有机体，通过研究城市的兴衰，揭示城市与其腹地在自然、经济、社会诸方面的相互关系，分析同一地区的城市分布与分工合作以及规模、功能各异的人类聚落间的相互关系；研究城市在不同尺度范围内的中心作用、吸引力和辐射作用；分析城市有机体在生态系统中的生态位势。这是目前世界上广为流行的一种城市和城市群研究途径。

2.3.2.4 全球层次

城市生态学研究的全球层次其原因有二：其一，从全球角度开展生态学研究，是现代生态学的发展趋势之一，全球生态学（生物圈生态学）的出现可为佐证。作为生态学的分支之一的城市生态学也应顺应这一学科发展趋势。其二，早在1990年8月于日本横滨举行的第五届国际生态学大会上，前国际生态学会主席F.B.Golley就指出，未来国际生态学会的三大重要任务之一就是发展城市生态学，因为当前人类面临的六大挑战（即人口、食物、资源、能源、工业发展及城市膨胀）都是与占人口40%以上的城市人口分不开的（Golly，1990）。由于城市发展对全球生态环境演化的巨大影响，并在一定程度上决定了全球生态环境的走向，因此，从全球层次进行城市生态学研究，显示了城市生态学对全球环境变化的重视和责任，也是具有深远历史意义的研究角度和研究层次。

2.3.3 城市生态学的研究内容

2.3.3.1 城市与生态环境相互关系的角度

从相对比较宏观的角度，城市生态学的研究内容可以从城市人类及活动与

生态环境之间的关系，或者两者之间的相互影响及作用的角度加以认识。如此，城市生态学的研究内容包括如下内容：

(1) 研究城市生态系统的主体——城市人口的结构、变化速率及其空间分布特征，以阐明城市人口与城市生态环境的相互关系的一个侧面。

(2) 研究城市物质代谢功能（物质与能量流动的特征与速率）与城市生态环境质量变化之间的关系。

(3) 研究城市发展及其制约条件，阐明城市发展与城市生态环境问题的相互关系。如自然资源（土地、水、矿藏等）的开发与利用对城市生态环境的影响。

(4) 研究城市生态系统与环境质量之间的关系，建立城市生态系统模型。

(5) 研究城市环境质量与城市居民健康的相互关系。

(6) 研究城市生态系统中除人以外的生物体的构成与变化，以及环境因子对生物体的影响。

(7) 从区域环境质量管理的角度，研究城市生态系统与其他生态系统（如农田、河流及海洋生态系统等）的相互关系。

(8) 研究社会环境对城市居民及其活动的影响。

(9) 研究各种生态环境质量指标的合理标准。

(10) 研究城市生态规划、城市环境规划的原理、内容与方法。

2.3.3.2 改善、控制城市生态环境的角度

从相对比较微观（技术）的层面和改善、控制城市生态环境的角度，城市生态学的研究内容比较集中于城市生态安全、生态工程的应用等方面，具体内容如下（王如松等，2000）。

(1) 乡村城市化、城镇化生态效应与生态风险分析的定量研究。

(2) 城市灾变生态评估、预测与控制研究，特别是城镇化过程的诱导性生态调控研究，包括大城市、中小城市和小城镇人口及人类活动规模，农村剩余劳动力去向和生态管理的研究。

(3) 居住区及人类活动密集区生态工程应用研究，包括城市生活质量、城市景观生态设计、立体绿化、生活垃圾及污水的循环利用等。

(4) 旧城改造的生态对策及污染、衰落城镇的生态恢复，包括为改善旧城的经济、社会和环境效应进行的系统研究以及针对城市住宅、交通及服务设施等问题的人类生态研究。

(5) 新建工矿及城镇的生态规划与设计、生态工程建设与调控的研究。

(6) 城镇可持续发展的先进实用技术的筛选、开发和应用，包括无公害型产品、无废或低废工艺、可再生资源的永续和高效利用、废弃物的循环再生工艺等。

(7) 城市特殊区域（如市场、街道、车站、工矿、机关或拥挤的公共汽车或火车上）的个体生态机理生态及疾病防治的生态医学研究。

(8) 国内外不同形态、规模城市可持续发展的比较研究，包括横向与纵向比较。

(9) 城市与其郊区及腹地生态经济支持关系与社会发展模式的研究，包括

相互协调与矛盾关系的定量模型。

(10) 城市可持续发展生态决策支持系统的研究，包括管理信息系统（数据库、图库和知识库等）、方法系统（各种定性与定量的方法和模型）和城市与人的相交界面等。

2.4 城市生态学基本原理

从某种角度而言，城市生态学是研究城市人口、城市要素、城市生态环境之间的相互关系及其规律的学科。为了使“相互关系”和“规律”的表达与应用具有一定的普遍性，对城市生态学基本原理的研究和表述就显示了其相当的必要性。

城市生态学的原理可以分成两种基本的类型：其一是应用生态学原理对城市发展的一些内在机理（规律）的概括和描述，即，对城市发生和发展的动因、城市要素组合和分布的规律（特征）、城市结构和功能的关系、城市调节和控制的机理的概括和描述；其二是对城市的生态化发展目标的阐释。

2.4.1 城市生态位原理：促进城市发展的内在原因

2.4.1.1 内涵

“生态位”(niche) 指物种在群落中所占的地位。一种生物的生态位既反映该物种在某一时期某一环境范围内所占据的空间位置，也反映该种生物在该环境中的气候因子、土壤因子等生态因子所形成的梯度上的位置，还反映了该种生物在生态系统（或群落）的物质循环、能量流动和信息传递过程中的角色（张光明等，1997)。生态位的大小用生态位的宽度来衡量。生态位的宽度是指在环境的现有资源谱当中，某种生态元能够利用多少（包括种类、数量及其均匀度）的一个指标。生态位宽度越大，说明其在生态系统中发挥的作用越大，对社会、经济、自然资源的利用越广泛，利用率越高，效益也越大，竞争力越强。反之，生态位宽度越小，在生态系统中发挥的作用越小，竞争力越弱。物种之间的生态位越接近，相互之间的竞争就越激烈，分类上属于同一属的物种之间，由于亲缘关系较接近，因而具有较为相似的生态位，可以分布在不同的区域。如果它们分布在同一区域，必然由于竞争而逐渐导致其生态位分离。大多数生态系统具有不同生态位的物种，从而避免了相互之间的竞争，同时由于提供了多条能量流动和物质循环途径而有助于生态系统的稳定。

而城市生态位 (urban ecological niche, urban niche, city niche) 的内涵是很丰富的。首先，城市生态位是一个城市的生境给人们生存和活动所提供的生态位，是城市提供给人们的或可被城市人类利用的各种生态因子（如水、食物、能源、土地、气候、建筑、交通等）和生态关系（如生产力水平、环境容量、生活质量与外部系统的关系等）的集合。就城市拥有的生态因子而言，具有数量属性和空间属性。而这种数量和空间属性对每个城市、城市的不同区位而言具有明显的差异，这种差异可以“城市占有率”来反映。其次，城市生态位反

映了一个城市的现状对于人类各种经济活动和生活活动的适宜程度，反映了城市整体的或分系统的、分区段的满足人类生存发展所提供的各种条件的完备程度。这里，"适宜程度"和"完备程度"实际上是对"城市宜居性"的表征。第三，城市生态位反映了一个城市的性质、功能、地位、作用及其人口、资源、环境的优劣势，从而决定了它对不同类型的经济以及不同职业、年龄人群的吸引力和离心力，以及对外部区域的影响力和辐射力。所以，从某种程度上而言，"城市生态位"概念的内涵涵盖了"城市占有率"、"城市宜居性"、"城市影响力"及"城市辐射力"等多个概念的内涵。

2.4.1.2 类型

城市生态位从城市人类的基本活动角度大致可分为两大类：一类是资源利用、生产条件生态位，简称生产生态位；一类是环境质量、生活水平生态位，简称生活生态位。其中生产生态位包括了城市的经济水平（物质和信息生产及流通水平）、资源丰盛度（如水、能源、原材料、资金、劳力、智力、土地、基础设施等）；生活生态位包括社会环境（如物质生活和精神生活水平及社会服务水平等）及自然环境（物理环境质量、生物多样性、景观适宜度等）。

城市生态位类型也可从整体（广域）和部分（窄域）的角度进行考察。一个城市既有整体意义上的生态位，如一个城市相对于其外部地域的吸引力与辐射力；也有城市空间各组成部分因质量层次不同所体现的生态位的差异。如有学者认为，城市市中心的生态位在城市各个空间组成部分是最优越的。上海在1980年代前期的"宁要浦西一张床，不要浦东一间房"的民谚，实际上是上海市民对浦东、浦西生态位价值判定的形象反映。

2.4.1.3 特征

（1）多维性

城市是自然—经济—社会复合生态系统，由多种要素构成。城市生态位也体现出多维特征，其组成因素包含了生产、生活、资源、自然、社会、经济等多种维度。城市生态位的多维性与城市的复杂性密切相关，体现了人类活动的多样性特征。

（2）竞争性

从资源角度而言，城市的资源是有限的，城市从外部获得的资源也是有限度的。城市各系统的增长和发展必然会使得某些资源成为限制因子。城市之间、城市各系统之间为了获得资源，就必然会彼此竞争，互相抑制。从空间和用地角度，城市之间、城市各系统之间也会对具有优越条件的空间和用地进行竞争。其余城市要素与生态因子基本上也是如此。

（3）开拓性

城市具有生长性。城市从某种角度而言，是一个可自我繁殖、自我增长的有机体（王如松．1998），具有不断增长和发展的内在需求及其本能，尤其表现在生产系统上：城市生产系统通过扩大再生产，不断地开拓和占领一切剩余的、尚未被利用的资源、技术、资金、土地、劳动力等，使城市规模扩大，势力增强——这种拓展性从某种程度上说，在一定的历史时期内，是无止境的。因为，城市的生态位只有得到持续的扩大，其对于外界的吸引力和辐射力才能得到增强，城市才能持续地获得资源。由此，资源需求—发展能力—生态位扩大—资源需求就构成了一个环状结构，使得城市生态位的宽度和范围不断得到增强。

(4) 趋适性

城市生态位的趋适性，实际上是对城市人类行为特征的概括。城市人类活动的趋适性从生态位角度而言就是在不同的层面上寻求并占据更为良好的空间位置，这是人类生产和生活活动的共同特征之一。这种趋适行为既包括人类适应环境的行为，也包括人类改造环境的行为；同时，也是人类在城市空间和区域中的迁移、流动行为原因的表征。对城市的主体——人及其集团而言，在城市发展过程中，不断创造、寻找、占据比原先更为良好的生态位是人们生理和心理的本能。人们向往生态位高的城市地区，从某种意义上说，是城市发展的动力与客观规律之一。因为，要满足人们的这种需求，城市就必须发展。从这个角度而言，城市生态位原理是解释促进城市发展的内在原因的原理。趋适性在某种程度上具有一定的盲目性和自利性，具有一定程度的“公用地”现象的特征，即，众多人群对良好质量的生态位的占据和追求，将可能导致城市局部地区或子系统的生态环境的破坏。

(5) 平衡性

平衡性，是对长周期的城市生态位总体运行方向及状况的描述，即，城市生态系统总是向着尽力减小生态位势的方向演替，这种演替将一定程度上保持城市之间以及城市内部各社区之间的相对稳定。因为，在城市发展的某一阶段，城市要素会倾向于向高生态位地区集聚，其结果是资源被过度开拓和利用，环境容纳量下降，机会减少，风险增加，从而降低了其生态位的水平，甚至变为负值，出现企业、人口流和资源流的停滞或倒流。这种负反馈式的平衡作用保持了城乡之间、城市之间以及城市内部各社区之间人口流和物质流的相对稳定，使得城市生态位水平走向一种相对的平衡状态（王如松，1998）。城市生态位的平衡性是组成生态位多种因子间的一种综合平衡，并不是否认某些生态位单因子间的差别的存在。城市生态位的平衡是相对的、暂时的，城市生态位的变化、差异则是绝对的、长期的，而后者可能正是推动无数城市不断变革的动力和原因。

此外，城市生态位的平衡性还表明，一个生态位差过大的城市或社会，是一种不稳定的城市或社会。在城市内部，其发展总是朝着尽量减少生态位差、最终达到协调发展的目标前进。从这个角度而言，在一个国家之内、一个城市之内，实现城市生态位水平的相对平衡是很重要的。

[专栏 2.1]：城市生态位的表征

城市生态位的表征最主要的目的是反映城市对各类生态因子、各种资源的占有程度，城市在一定范围内的地位及其作用。而要做到这些，可以通过如下两个方面着手。

(1) 态

指城市能源、资源的占有总量、人口数量、经济、科技发展水平等。它是城市发展过程中长期积累的结果。一般，城市生态位的“态”以“总量”的形式加以反映。

(2) 势

指城市的现实影响力和支配力（或者是影响力和辐射力）。包括：能量、物质的交换速率、生产率、人口增长率，经济增长率等。一般以人均值或比重值反映。

态和势的有机结合充分反映了城市生态位的宽度，即生态位的大小。

生态位的计算可用下列方程式来进行：

$$N_i=\frac{S_i+A_iP_i}{\sum_{j=1}^{n}(S_j+A_jP_j)}$$

其中，i，$j=1,2,\cdots,n$；N_i 为城市 i 的生态位，S_i 为城市 i 的态，P_i 为城市 i 的势，S_j 为城市 j 的态，P_j 为城市 j 的势，A_i 和 A_j 为量纲转换系数。

城市的态即是城市在特定时刻的状态，对于不同的城市或城市在不同的地区或不同的发展阶段可以采用不同的指标，也可能是多个指标的综合。而城市的势即是城市在特定时间内对环境的影响力或支配力，其测定也可采用不同的指标或多个指标的综合。上式中的分子项，即城市 i 的态 + A_i 乘以城市 i 的势可视为该城市的绝对生态位，与其他城市绝对生态位之和的比值则是该城市的相对生态位，即城市 i 的生态位。由此可见，一个城市的生态位的衡量必须在一定的区域范围内才能进行，才有意义。

来源：朱春全．生态位态势理论与扩充假说．生态学报，1997（3）．

[专栏 2.2]：城市生态位评价指标体系

基于“态”“势”的指标体系见下表。

城市生态位评价指标体系

	目标层	准则层	判别层	指标层
城市生态位指数	城市生态“态”	自然资源	资源优势度指数	土地、水、矿产
			交通指数	公路、铁路、航空
				供水能力（m^3）
		物质资源	设施水平指数	道路面积（m^2）
				电话用户（万户）
				发电能力（亿千瓦时）
				固定资产投资总额（亿元）
				金融机构存款余额（亿元）
		资本资源	资本推动指数	实际利用外资（亿美元）
				预算内财政收入（亿元）
				从业人数（万人）
		人力资源	人力资源指数	万人大专以上文化人数（人）
				人均公共教育支出（元）

续表

	目标层	准则层	判别层	指标层
城市生态位指数	城市生态"态"	科技资源	智力支持指数	专业技术人员人数（万人）
				科技费用投入（万元）
				专利申请数（项）
		城市效率	经济效率指数	人均 GDP（元／人）
				地均 GDP（万元 /km²）
	城市生态"势"	城市集散能力	城市集散指数	城市化率（%）
				第三产业比重（%）
				进出口总额（亿美元）
				客运总量（万人）
				货运总量（万吨）
				邮电业务量（万元）
				电信业务收入（亿元）
				社会商品零售总额（亿元）
		资源增长	发展速度指数	固定资产投资增长率（%）
				存款余额增长率（%）
				财政收入增长率（%）
				利用外资增长率（%）
				从业人数增长率（%）
				专业技术人员增长率（%）

来源：赵维良．城市生态位评价及应用研究［D］．大连理工大学，2008．

2.4.2 多样性导致稳定性原理：城市稳定、富于活力的原因

2.4.2.1 内涵

生物多样性可以在三个概念层次进行讨论，即：生态系统多样性，物种多样性和基因多样性。大量事实证明，生物群落与环境之间保持动态平衡的稳定状态的能力，是与生态系统物种及结构的多样、复杂性呈正相关的。也就是说，生态系统的结构愈多样、复杂，则其抗干扰的能力愈强，因而也愈易于保持其动态平衡的稳定状态。

多样性的主要类型之一的物种多样性对人类具有极其重要的意义。研究表明，在美国用途最广泛的150种医药中，118种来源于自然，其中74%源于植物，18%来源于真菌，5%来源于细菌，3%来源于脊椎动物（Grifo，F.，Rosenthal，J.ed.，1997，转引自欧阳志云等，1999）。

在城市中，多样性也是使城市产生活力、并使其达到稳定状态的重要因素。比如，城市多种资源（包括水、生物资源、矿物资源、能源）的供应及充足程度使城市的发展顺畅平稳；各种人力资源及多种性质保证了城市各项事业的发展对人才的需求；各种城市用地具有的多种属性保证了城市各类活动的展开；多种城市功能的复合作用与多种交通方式使城市具有远比单一功能城市大得多

的吸引力与辐射力；城市各部门行业和产业结构的多样性导致了城市经济的稳定性和整体的城市经济效益高；城市空间结构的自然构成元素如农田、森林、湖泊、河流、海滨、湿地、荒野、山体、山脊线、自然保护区等的丰富多彩，使得城市具有较强的艺术性和吸引力——所有这些，都是多样性导致稳定性原理在城市生态系统中的体现。

2.4.2.2 类型

从不同的角度，城市多样性可以分许多类型，如城市生物多样性、空间多样性、人口多样性、景观多样性、文化多样性、物种多样性、植被多样性、用地多样性等。城市用地多样性是指城市用地斑块的形状、类型、规模、数量、布局结构关系的丰富度和复杂度。用地多样性是城市多样性的重要类型，是城市健康发展和可持续发展的目标之一，也是城市可持续发展的外在表现之一。值得指出的是，以上诸类型皆属要素多样性，但城市生物（包括城市人类）活动多样性也是城市多样性的重要类型。而且，活动多样性是比要素多样性更为重要的多样性类型（Richard Register,1987）。因为，要素多样性不是目的，只是手段；而活动多样性则是目的，且说明了城市的活力。

2.4.2.3 城市多样性的特征

（1）天然性——城市存在的理由之一

城市多样性是城市的天然性特征之一，也是城市作为非农村居民点的核心特征之一。这是因为，作为一个人类的各种物质性财富和精神性财富高度集中的区域，城市具有高度的集聚性，具有形成多样性的先天条件（同样，紧凑性也类似）。多样性实际上是城市的"城市性"的表现。由城市发展历史可以发现，在城市的发展过程中，城市的多样性是普遍存在并起很大作用的。《清明上河图》描绘的就是一幅城市多样性的丰富多彩的画面。

（2）功能性——城市发挥作用的基础

城市多样性是城市功能发挥的基础条件之一，反过来，功能的丰富性、功能的重叠性也形成了城市多样性。城市的多样性正是通过城市各项物质要素所具有的满足城市人类和城市外部人类的各种需求的功能才得以实现和体现的。城市多样性的形成及发挥积极的作用，必然要与城市的基本功能（四大功能）发生联系，并且必然要与城市四大功能的正常发挥作用产生联系。只有城市多样性对城市的四大功能的运行产生积极的作用，城市多样性才有存在的价值和理由。

此外，城市多样性还对城市人类行为的综合和协调功能的达成起了至关重要的作用。刘易斯·芒福德指出，"城市环境中的每一种活动，都是开放性的乡村环境中所早已熟知，并且卓见成效地进行了许多世代的。但是，惟独有一种功能，却只有城市才能完成，这就是综合与协调这许许多多的人类活动，其具体方式就是人群的长期聚居及直接的、频繁的面对面的交往活动。"由此可见，城市特有的功能在于它能增强人类活动和往来的内容、种类、速度、程度以及延续性。

（3）物质性与非物质性（生物性）——属性的多元化

城市多样性的物质性由产业、用地、建筑、空间……等物质要素来体现。

城市的物质结构，如城市建筑、街区风格、地形地貌和可利用资源的多样性等等，使得城市多样性的物质性得到充分的反映。城市多样性的生物性则由城市中的生物（人与其他的生物）来体现，包括民族、族群、人种（人类）；种群、群落（人类以外的生物）等。

此外，城市的社会因素，如文化习俗、创业精神、包容能力、社会网络、法规制度、政府管理等等，对城市多样性的物质性与非物质性也产生了直接和间接的各种影响。

(4) 超加性——作用的放大性

美国学者斯科特·佩奇（Scott Page）很重视多样性带来的知识收益。他认为，“多样性”并不一定意味着种族、民族或者是宗教的多样性，而是一系列观点和技能的交叉，产生“超加性”，即解决问题的能力比其各部分之和还要大（王一竹，2007）。简·雅各布斯认为，城市需要一种相互交错、互相关联的多样性，这样的多样性从经济和社会角度都能不断产生相互支持的特性（简·雅各布斯，1961）。

2.4.3 食物链（网）原理：城市活动的能量、物质利用（流）原理

食物链（网）原理是对理想的城市能量、物质利用（流）状况，因而也是对城市生态化发展目标的阐释。该原理是对城市要素—结构—功能的关系揭示，也是对城市生态系统的调节、控制机理的阐释。

2.4.3.1 食物链（网）内涵及作用

在普通生态学里，食物链指以能量和营养物质形成的各种生物之间的联系。食物网则指一个生物群落中许多食物链彼此相互交错连接而成的复杂营养关系。

食物链是太阳能从一种生物转到另一种生物的载体，是物质和能量在不同物种之间流动和转变的特有方式，是大自然经过几亿年而形成的特有结构。因此，食物链是生态系统中的一种结构类型，或者其具有结构特征。食物链是维系生态系统平衡的重要手段，健全的食物链可以保持生态系统的稳定性。这是食物链的对生态系统的积极意义之一。

所有生物都不能离开食物链和食物网单独存在，食物链、食物网是一切群落赖以存在的基础。群落内的任何生物，都不是孤立存在的，它们之间存在着直接的和间接的营养联系，这种营养联系借助于食物链而达成。也就是说，没有脱离食物链、食物网而独立存在的生物（郭依泉等，1992）。食物网包含了系统中的所有物种相互之间的联结作用，所以，其表达和反映了所有物种之间的复杂关系。

食物网具有调节作用，有助于生态系统的稳定。在生态系统中，各种生物之间通过取食关系存在着错综复杂的联系，形成生态系统内的多种食物链互相交织、互相联结的食物网。如果食物网中一条食物链发生了障碍，可以通过网上的其他食物链来进行调节和补充，这样便增加了生态系统的稳定性。同时，食物网与生态系统的多样性及稳定性具有密切的关系。Odum 指出，食物网的复杂性与生态系统的物种多样性有关，较大的多样性意味着较长的食物链、更多的共生和负反馈控制的更大可能性，这减少了波动并因此而提高了稳定性。

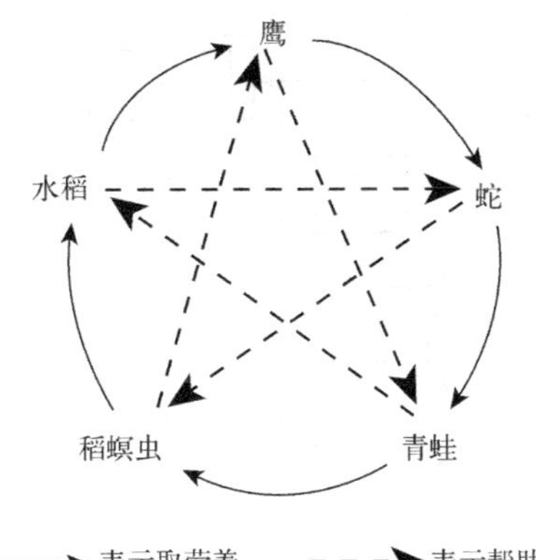

图 2.2 一个典型的食物链及其关系语义网
来源：冯乃勤等．基于生态学的复杂系统稳定性逻辑分析模型．计算机科学,2006（7）.

2.4.3.2 城市生态学的食物链网原理

（1）食物链（网）在城市中具有普遍性

城市生产、生活与所有的城市活动，都离不开城市中各个物种（要素）间的相互联系、相互供应、相互制约。城市中存在着无数条食物链和无数张食物网。不但在性质同一的系统内，而且在性质相异的系统之间，食物链和食物网都在互相作用和互相联系。从此意义上而言，城市食物链（网）具有普遍性。同时，食物链（网）的普遍性也与生态学的"相互依存与相互制约"、"每一种事物都与别的事物相关"、"自然界的每一件事物都与其他事物相联系，人类的全部活动亦居于这种联系之中"等原理或规律具有共性。

（2）食物链（网）在城市中具有复杂性

在自然界中，食物链存在着复杂的作用机制。食物链不仅有取食作用，而且也有（间接的）帮助作用（图 2.2）。

在城市中，食物链的这种复杂性主要表现为其多重作用。如发展城市小商贩对满足城市市民的需求有好处，但可能带来市容和卫生问题；而取缔小商贩，则可能会带来城市多样性的损失。城市食物链（网）的复杂性反映了城市生态系统具有的这一特点，即：城市的各个组分、各个元素、各个部分之间既有着直接、显性的联系，也有着间接、隐性的链网关系；各组分之间是互相依赖、互相制约的关系，牵一发而动全身。

（3）城市食物链具有脆弱性，易被入侵

城市生态系统中，无数固有的食物链及其形成的食物网具有某种意义的脆弱性，必须时刻警惕"加链引害"。如，一些自行进入或人类引入城市及城市食物链（网）的外来生物，在特定情况下，将会因为城市生态系统对其没有制约、限制的因素而无限生长，破坏城市原有的食物链和食物网上生物的生存，破坏食物链和食物网的稳定性，因而对城市造成负面影响。如对城市危害甚巨的水葫芦、"一枝黄花"、巴西龟等。

（4）可通过食物链和食物网的构筑，减少资源消耗，保护环境

是指可以产品或废料、下脚料为轴线，以利润为动力将城市生态系统中的生产者——企业相互联系在一起。

城市各企业之间的生产原料，是互相提供的。某一企业的产品是另一些企业生产的原料；某些企业生产的"废品"也可能是另一些企业的原料；如此之间反复发生密切的联系形成工业食物链（图 2.3）。因而可以根据一定的目的进行城市食物网的"减链"和"加链"。除掉或控制那些影响食物网传递效益、利润低污染重的链环，即"减链"；增加新的生产环节，将先前不能直接利用的物质、资源转化为有价值的产品，即"加链"。如有学者建议上海漕泾化学工业园可通过加链，建立石化—电力生态工业园（图 2.4）。实际上，城市最终排出的各种废物，是不能靠城市生态系统中的分解者彻底分解的，而需要人类采取各种环境保护措施来加以分解和处理，使得排放的废物低于其他子生态系统的承载力。这实际上也是一种"加链"。

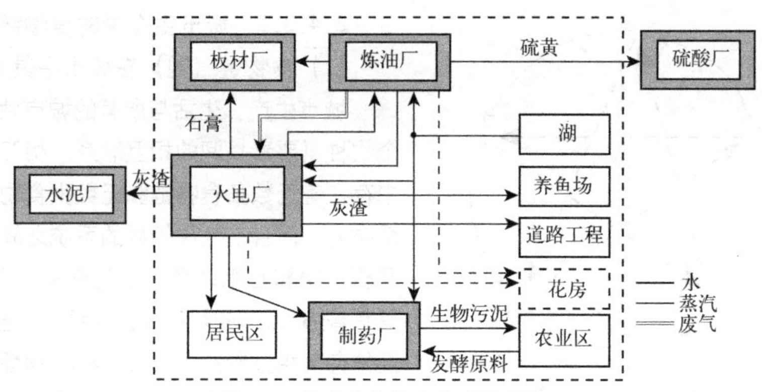

图 2.3　丹麦卡伦堡生态工业系统

来源：席旭东．矿山资源循环利用模式研究——矿区生态产业链结构设计．煤炭工业出版社，2006.

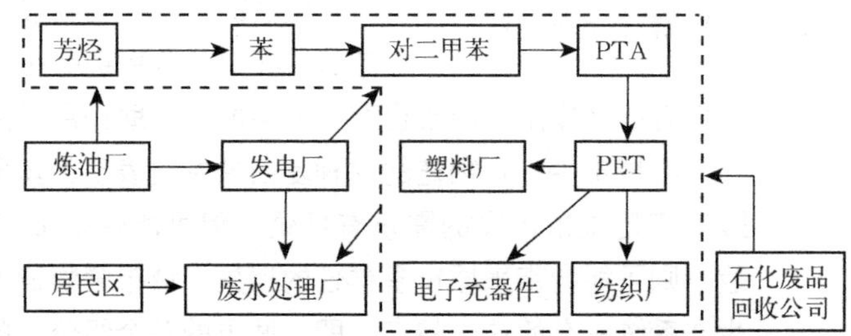

图 2.4　石化—电力生态工业园产Ｔ业共生模式

来源：王灵梅等．发展火力发电厂生态工业园的研究．环境科学与技术，2004（3）.

食物链及食物网理论用于工业系统，可指导设计人员在各企业部门之间构筑生态产业链，横向进行产品供应、副产品交换，纵向连接第二、三产业，实现物质、能量和信息的交换，完善资源利用和物质循环。生态产业链包括：①物质循环生态产业链；②能量梯级利用生态产业链；③水循环利用生态产业链；④信息链等。

2.4.4　限制因子原理：城市发展的关键因素原理

2.4.4.1　内涵

限制因子是对生物的生存和发展起限制作用的生态因子。任何生物体总是同时受许多因子的影响，其中任何条件如果超过生物的耐受极限，就成为限制因子。

限制因子原理具有两方面的内容，其一为李比希（Liebig）的最小因子定律（最低量律），即生物的生长发育是受它们需要的综合环境因子中那个数量最小的因子所控制。其二为谢尔福德（Shelford）的耐性定律，即生物的生长发育同时也受它们对环境因子的耐受限度（不足或过多）所控制。可能达到某种生物耐性限度的各种因子中任何一个在数量上或质量上的不足或过多，都能使该生物不能生存或者衰退。

对城市发展而言，也存在着多种限制因子。同时，波兰学者鲍·马利士（Bolestaw Malisz）提出的“门槛理论”与“最小因子定律”具有内在的一致性。此处，“门槛”是指那些真正阻碍城市发展并起制约作用的因素，不可绕越，即城市要扩大发展，必须克服这些制约因素。“门槛”是一个相对的概念，随

着时间的变化，经济技术水平的发展，“门槛”也将发生变化，城市的规模不同，“门槛”的内涵也亦不相同。“门槛理论”表明：城市在发展过程中，总是要克服一定的阻力，解决一定的矛盾，冲破一定的限制因素的。当这些阻力、矛盾、限制因素相对于原来的正常值有了一定程度的激化、增大以后，它们就变成了城市发展的限制，置城市于一个新的门槛之前。而城市要跨越这个门槛，迈向更新一级台阶，则需要做出更大的努力，投入更大的资金和人力。

系统论中的“水桶理论”与“限制因子原理”具有相似之处。即，一个由一块块木板组成的水桶，当其中一块木板特别低时，提高这块低的木板能使水桶盛水立刻增多；而当各块木板处于同一高度时增高其中1～2块木板，则完全不能使盛水增多。引申到城市范畴，这提示人们：城市发展要素在数量或供应上的不足或过度，对城市都会产生制约作用。

2.4.4.2 类型

城市发展的限制因子有多种类型，具体可归纳成三类：第一类是自然的或人为的地理环境障碍。如，高山、大河、洪水淹没区、沼泽地、喀斯特地区或者有重要保护价值的森林、风景资源、高产良田、经济作物区、机场、铁路站场、革命纪念地、文物古迹、矿藏采空区等等。这类“门槛”都能在地形图上区划出来。第二类是不能在地形图上表示的，一般是水、电供应能力，其供应能力往往决定了城市人口的上限。第三类是城市结构布局上的“门槛”，它是因城市人口大量增长，生活标准提高而必须改造现有城市结构布局形成的“门槛”（投资突增）（白明华，1981）。

2.4.4.3 分析

在城市发展过程中的特定阶段，影响其结构、功能行为的因素很多，但往往是处于临界量（最小、最具有限制作用的）生态因子（限制因子）对城市生态系统功能的发挥具有最大的影响力；有效地改善提高其量值或状态，会大大地改善城市发展的进程。如上海在浦东开发之前，黄浦江是浦东与浦西的地形阻隔因素（黄浦江上既没有隧道，又没有桥梁），是上海城市空间拓展的限制因子。只有在黄浦江上架起桥梁、开通隧道后，浦东才真正得到开发和重兴。就水资源而言，“引滦济津”工程、南水北调工程，分别都是解决天津、北京城市发展严重制约的关键举措。每一个克服了城市发展制约因子的城市，在其后的一段历史时期内，都将使城市发展进入一个快速发展的时期。

另一方面，城市某些系统、某些要素在数量等方面的过度供应或浪费，对城市发展产生的负面影响也是屡见不鲜的。这可能是谢尔福德的耐性定律中的“生态因子在数量上或质量上的过多供应，将使生物不能生存或者衰退”——即生态因子的过度供应所产生的负面作用在城市中的反映。也说明了城市的适度发展、平衡发展的重要性。

其一，“过大”倾向：大马路、大广场、大CBD、大草坪、大园区、大音乐喷泉……其二，“过高”倾向：表现在建筑层数、标准等方面的盲目攀比。有些小城镇为显示气派，硬性规定临街建筑一律不得低于五层或六层。巢多凤少，门庭冷落失去了小城镇淳朴的特色。其三，“过快”倾向：指急功近利的城市建设。不少城市盲目攀比、过度负债或搞摊派建造“标志性大道”、“某某

最大的广场”、“某某第一高楼”、“某某一流 CBD”、超豪华政府大楼等。其四，“过量”倾向：指竭泽而渔式的城市建设。如某城市其郊区协议征用的土地总面积比建成区还大。沿海不少城市2010年的用地指标，2001年就提前用完。问题的核心是片面“以地生财”，过量圈地（仇保兴，2003）。

此外，西方城市发展过程中出现的郊区化的种种严重问题，与城市土地供应过度亦有密切的联系。其遵循着如下的演变轨迹：土地廉价供应—城市过度蔓延—过度占用农田—过度依赖和发展小汽车—引发交通拥挤、环境污染、生态破坏等问题。

2.4.5 生态环境承载力原理：城市发展的局限性原理

2.4.5.1 定义

生态环境承载力概念与承载力、环境承载力及生态承载力概念有密切关系。

承载力在生态学中的含义是：在某种环境条件下，某种生物个体可存活的最大数量的潜力。环境承载力是指在一定时期、一定状态或条件下，一定的环境系统所能承受的生物和人文系统正常运行的最大支持阈值。环境承载力从广义上讲，指某一区域的环境对人口增长和经济发展的承载能力。从狭义上讲，即为环境容量。生态承载力是在保持生态系统的自我维持、自我调节能力的基础上，生态系统所能容纳的最大种群数量。

生态环境承载力是生态承载力与环境承载力概念的复合，包含了生态承载力和环境承载力两个概念的内涵。生态环境承载力指：某一地域在某个时间段内，在不破坏该地域生态系统（包括资源与环境系统）自我维持、自我调节能力的基础之上，在满足一定的社会生活水平基础之上，该地域所能容纳的一定活动强度的人口数量（或，所能承受的一定的人口数量下的活动强度）。

2.4.5.2 组成

(1) 资源承载力：主要指自然资源条件如淡水、土地、森林、矿藏、生物、能源等。从资源发挥作用的程度来划分，资源承载力又可分为现实的和潜在的两种类型。现实的：指在现有技术条件下，某一区域范围内的资源承载能力；潜在的：指技术进步，资源利用程度提高或外部条件改善促进经济腹地资源输入，从而提高本区的资源承载力。

(2) 社会经济承载力：主要社会经济条件，如劳动力、经济实力、科技水平所能承受的人类社会作用强度，它同样也包括现实的与潜在的两种类型。

(3) 污染承载力：又可称环境容量。是某地域大气、水体、土壤等环境要素的自净能力的反映。

2.4.5.3 特点

其一为前提性。即生态环境承载力的状况是由一系列的基础性前提条件决定的。这些条件包括：一定的时间和空间、一定水平的资源与环境条件、一定的生活水平、一定的安全水平、一定的活动强度等。其二，数量与活动强度相结合的表征。以人居环境而言，其生态环境承载力是以一定的人口数量及活动强度的结合作为表征方法的。第三，客观性和主观性的结合。客观性体现在在一定的实际状态下，某地域其生态环境承载力是客观存在的，是可以衡量和把

握的；主观性表现在生态环境承载力的状况和水平因人类社会行为的内容、规模、速度和强度的不同而不同，人类可以通过自身行为，特别是社会经济行为来改变生态环境承载力的大小，控制其变化方向。第四，区域性和时间性。地区不同或时间范围不同，生态环境承载力也可以不同。

2.4.5.4 城市生态学生态环境承载力原理内容

①生态环境承载力是城市发展的背景条件之一，它影响和制约了城市土地利用的方式以及强度。②生态环境承载力对该地域人的行为有一定的影响。当生态环境承载力水平较高，人的社会经济活动的自由度及强度可能较大；反之，当生态环境承载力水平较低，则人的活动的自由度及强度可能受到限制。③人的决策与人的行为对生态环境承载力有较大的影响。因为人的行为（性质、内容、强度）对土地利用、资源利用以及环境质量的走向都有着重要的影响，这些影响的累计必将影响生态环境承载力的状况。④生态环境承载力既受城市内部因素的影响，也受城市外部因素的制约。⑤城市生态环境承载力的改变会引起城市生态系统结构和功能的变化，从而决定了城市生态系统的演替方向。城市生态系统演替是城市适应外部环境变化及内部自我调节的结果。城市生态系统向结构复杂、能量最优利用、生产力最高的方向的演化称为正向演替，反之称为逆向演替。⑥城市生态系统的演替方向是与城市生态系统中人类活动强度是否与城市生态环境承载力相协调密切相关的。当城市活动强度小于生态环境承载力时，城市生态系统可表现为正向演替；反之，则相反。⑦城市发展受生态环境承载力制约，要将生态环境承载力的所有组成部分都作为城市发展的参照因素，如有所遗漏，则意味着城市发展有可能遗留隐患。

2.4.6 共生原理：城市发展的关系原理

2.4.6.1 内涵

"万物相形以生，众生互惠而成"（歌德）。共生（intergrowth）一词来源于希腊语，在生物学中最早由德贝里（Anton de Bary）于1879年提出，是指不同种属按某种物质联系而生活在一起。生态学认为，各种生命层次以及各层次的整体特性和系统功能都是生物与环境长期共生、协同进化的产物；生物之间、生物与环境之间，既有竞争、又有共生；在某种情况下，共生占主导；而且，只有共生，生物才能生存。因此，共生及协同进化是生态系统普遍存在的现象，共生关系是生物种群构成有序组合的基础，也是生态系统形成具有一定功能的自组织结构的基础。

共生关系的特征一般包括：①空间上的临近性。只有空间上临近的两个个体才可形成共生关系。②时间上的长期性。共生关系在时间上是长期性的，对一些生物体来说甚至是终身的，共生关系是随着共生的个体间生长而生长、发展而发展、消亡而消亡，是共存的关系，不同于短期的互利合作。③功能上的互补有利性。共生关系在功能上是一种互补关系，在性质上是一种互利互惠关系，共生的双方或各方通过共生作用来完成个体所不能完成的功能，在大范围内更具竞争力。④个体之间的差异性。共生的个体之间必须是异质性的，它们在内部结构和外在功能上都有较大的差异，相似或类同的个体间较难构成共生。⑤作用关系的协调性。共生是一种平衡态，是生物有机体之间高度协调的表现，是生物进化和社会、经济发展的一种关系选择（马远军等，2003）。

共生现象不仅存在于生物界，而且广泛存在于社会体系之中。对城市系统内部而言，城市中各子系统之间的主质参量性质不同决定了其属于异类共生单元。而城市系统中人口、经济、社会、科技子系统中都有人的活动这一重要因素的贯穿，人通过自身的活动与城市资源、环境发生联系，因此，城市各子系统之间有稳定的关联度，城市各共生单元主质参量也同时具有较大的兼容性。此外，城市系统各共生单元之间存在着社会经济制度这一共生面。在社会经济制度范围内，人与自然资源、环境可自由存在。一般而言，城市系统各子系统之间能够满足共生的必要条件（张旭，2004）。城市的整体与部分、政府与市民、不同人群之间，实际上都存在着共生的关系。共生关系比我们过去的等级制关系更符合生态、更符合真实的情况、更符合我们现代的社会（仇保兴，2010）。

城市共生关系的构成取决于一定的必要条件和充分条件（王慧钧，2008）。

必要条件包括：①候选共生单元之间存在着功能异质化或需求异质化。这使共生单元之间产生互补性相互作用成为必要、必需或可能。②社会宏观制度环境（如习俗惯例、法律、道德、信用体系、信息交流技术体系等）较完善。否则，没有文化传统、没有法律和道德规范，没有信用、没有相互交流的社会容易导致失序和混乱。③共生候选单元所生存的外部环境中具有生存资源的有限性、稀缺性及其他生存单元的竞争造成的环境压力。④近便的空间距离。这是城市为什么产生和存在的一个关键要素，也是为什么柯布西耶、索莱利、瑞吉斯特以及现代紧缩城市模式都强调城市应该“紧凑”的原因。

充分条件包括：①适当的共生界面的存在。共生界面是共生单元相互接触、相互沟通的媒介及前提性设施，它为共生单元通过空间交流信息、物质、能量、利益，形成实质联系与互补合作机制提供了重要的物质基础。例如城市中的广场、街道、公园、市场、学校、通信设施等，都属于城市中的共生界面。②存在利益互补关系。任何共生体系的形成都是因为双方或多方参与者能互相满足利益需要、产生更大的共生利益，或降低共生单元的生存成本，才有可能最终结成共生合作伙伴关系。如市场中交换关系之所以发生，必然是因交易行为对双方都更有利。③共生利益的分配能使双方明显获利，或者使受损方的损失在其承受限度之内。

2.4.6.2 类型

根据共生双方的利益关系，共生可以分为：共栖、互利共生和偏利共生。其中，共栖是指两个物体之间均因对方的存在而获益，但双方亦独立生存；互利共生是指两个物种之间，均从对方获益，如一方不存，另一方则不能生存。这种共生关系是永久性的，而且还具有义务性；偏利共生是指两个物种间，其中一种因联合生活而得益，但另一种也并未受害。

在城市中，共生的类型很多。黑川纪章主持的广州珠江口地区城市设计最突出的特色是以共生思想为基础，提出了10条共生原则：①自然和城市（人类）的共生；②不同时代的共生；③其他生物和人类的共生；④历史（传统）和现

代的共生；⑤经济和文化的共生；⑥科学技术和艺术的共生；⑦多种功能的共生；⑧城市和农业（渔业）的共生；⑨异质文化的共生；⑩传统产业和先进技术的共生（王蒙徽等，2002）。

此外，城市共生还包括：城市与农村的共生；区域与城市的共生；旧城与新城的共生（图 2.5）；城市中各种异质文化的共生；城市中各阶层的共生；城市大型设施与生物的共生等。

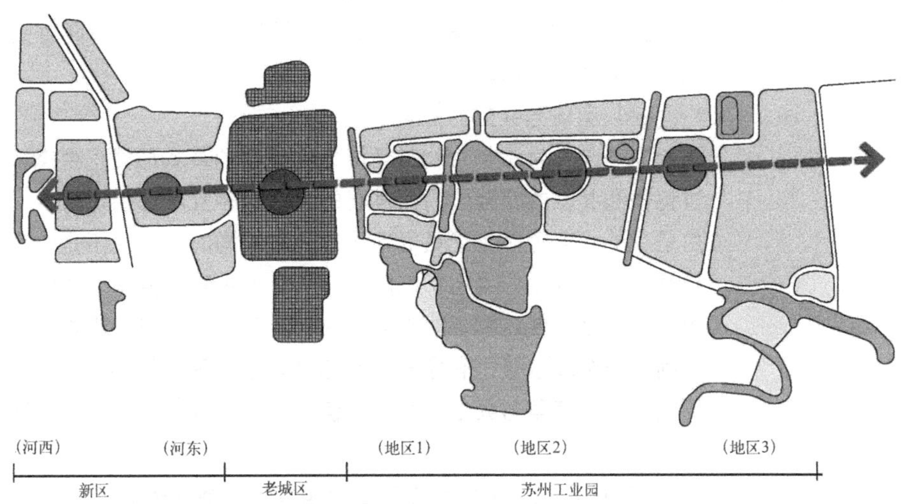

图 2.5　苏州城市发展的空间选择（老城与新区的空间位置）
来源：刘维彬．建筑与城市规划导论．东北林业大学出版社，2006．

2.4.6.3　城市生态学共生原理内容

（1）健全城市共生单元

共生单元是指构成共生关系的基本能量生产和交换单位，是形成共生系统的基本物质条件。城市系统共生单元从要素角度而言包括：城市人口、经济、科技、社会、资源和环境 6 大子系统（于秀霞，2007）。以上 6 大子系统个体质量的健全，对于城市共生关系的形成具有基础的意义。

（2）优化城市共生模式

城市系统共生模式是指城市各共生单元相互作用的方式或相互结合的形式，它既反映了城市系统共生单元之间的作用方式，也反映了作用强度。从相互作用方式上可分为共栖、互利共生和偏利共生等（于秀霞，2007）。要在城市规划与建设过程中，致力于优化共生模式，使城市运行的综合效益处于较好的状态。

（3）改善城市系统共生环境

城市系统共生单元之外的所有因素的总和构成城市系统共生环境。其构成往往复杂的，不同种类的环境对共生关系的影响也不相同。按影响方式的不同，可分为城市共生的直接环境和间接环境，按影响程度的不同可分为城市共生的主要环境和次要环境。城市共生环境的影响往往是通过一系列环境变量的作用来实现的，改善共生环境对于共生关系的形成和延续具有积极意义（于秀霞，2007）。

(4) 选择适宜的机制达成共生

城市要在各方面达到真正的共生，必须适时、适地地选择适宜的共生机制。以城镇群之间的共生关系而言，各城镇之间在产业结构、城市化进程、区域规划建设、基础设施建设、生态环境等方面的战略接轨尤为重要。通过"接轨"，增强了城镇群内各城市之间的要素流动和产业协作与分工，优势得到互补；同时，辅以畅通的水陆交通为载体的基础设施联动、以商品和要素流动为基础的市场联动以及以拓展综合服务功能为网络的城镇联动等，将使城镇群的共生效应得到较大的增强。这里，"接轨"可能是城镇群之间共生关系达成的重要机制（马远军等，2003）。

(5) 竞争与共生的协调

竞争与共生都是生物与环境之间关系的基本形式，生态系统的发展正是通过竞争和共生的相互作用而发展的。在这种互动作用过程中，竞争是手段，共生是目标，竞争是为了更好地达成共生。同时，共生不是一个被动过程，竞争自然就引发共生，共生抑制旧的竞争，产生新的竞争。新的竞争又引发新的共生，两者之间就这样相互作用、交替上升，从而推进事物的不断向前发展，直至到达一个高水平、有序的平衡态（马远军等，2003）。因此，在城市发展中，要适度调控竞争与共生的关系，使两者达到有机的协调与平衡。

[专栏 2.3]：卡伦堡生态工业园共生关系分析

卡伦堡工业共生体 1970 年代初开始形成，其发展是自组织但缓慢变化的"工业共生"演变过程（下图）。总结共生体 30 多年的发展历史，可以看出不断有新的成员加入，原有企业的发展规模不断扩大，也会出现某些单元的退出或是由于市场需求、原料供应等各种原因导致的规模缩小，但每一时段经历波动之后必然稳定于一个相对扩大的阶段。纵观整个共生体的发展，可以说它的演化是一个伴随物质能量流输入和输出的不断长大的过程。采用共生体成员数、共生关系数及成员间物料互换量作为功能块的控制参数进行分析，整理数据见下表。下表所示的园区系统成员的增多以及成员间物料互换量的增加都体现了该生态工业园区共生体规模的扩大。

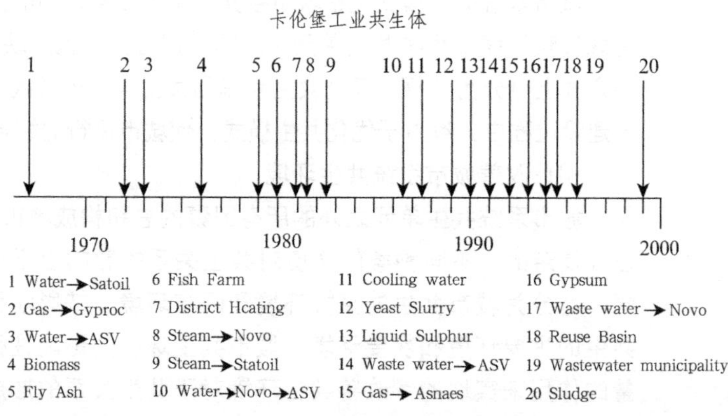

图 卡伦堡工业共生演变

卡伦堡工业共生体相关数据 表

年份	X_1 园区成员数 /个	X_2 共生关系数 /条	X_3 物料互换量 /t·(a^{-1})
1975	6	3	8000
1980	9	6	1308000
1985	9	9	1888000
1990	10	13	2790800
1993	11	16	2935800
1995	11	18	4593800
1998	12	19	4684800
2002	15	27	4729600
2005	20	31	4788120

来源：霍翠花，柴立和．生态工业系统的分形生长理论分析与模拟．自然科学进展，2007（11）．

[专栏 2.4]：城市大型设施与生物的共生——浦东国际机场与鸟的共生

在上海浦东机场建设的过程中，考虑了机场生态建设促进飞行安全隐患防范，尤其是在防范机场鸟击飞机规划中按生态学规律，实现“飞鸟飞机共享蓝天”的目标。具体措施包括（下图）：

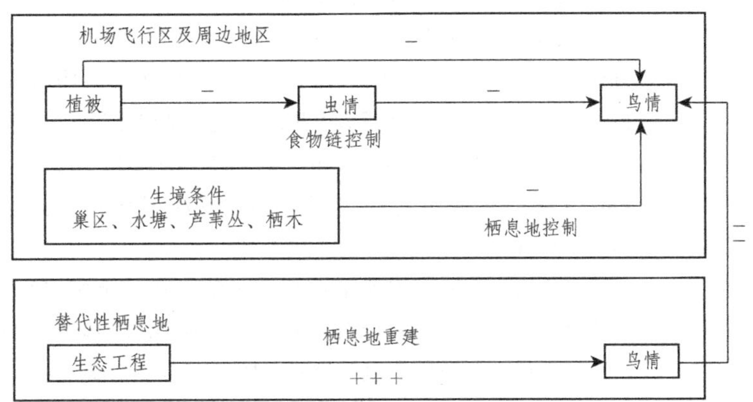

图 上海浦东机场飞行区生态建设原理示意

来源：陆健健，何文珊，童春富．浦东国际机场生态建设与民航飞行安全．上海建设科技，2005（1）．

①种青引鸟生态工程。在机场邻近地区（距离浦东国际机场约 15km 的九段沙）开展鸟类栖息地补偿与生态重建工作，减小进入机场区域的鸟流强度。②机场内鸟类适栖地的清除。③机场周边环境的整治。④草坪昆虫控制与食物链调控。⑤草坪割刈和土壤肥力。

■ 第2章参考文献：

[1] Grifo，F.，Rosenthal，J. edited. Biodiversity and Human Health [M] .Washington D C：Island Press，1997.

[2] Richard Register. Ecocity Berkeley——Building Cities for a Healthy Future[M]. North Atlantic Books，1987.

[3]（加）简·雅各布斯（Jacobs J.）著，美国大城市的死与生 [M]. 金衡山译 . 南京：译林出版社，2005.

[4] 白明华 ."门槛"理论在城市规划工作中的应用问题 [J]. 城市规划研究，1981（1）.

[5] 冯乃勤等 . 基于生态学的复杂系统稳定性逻辑分析模型 [J]. 计算机科学，2006（7）.

[6] 郭依泉，赵志模 . 群落食物网间的相似性测度 [J] . 生态学杂志，1992（3）.

[7] 霍翠花，柴立和 . 生态工业系统的分形生长理论分析与模拟 [J] . 自然科学进展，2007（11）.

[8] 陆健健，何文珊，童春富 . 浦东国际机场生态建设与民航飞行安全 [J] . 上海建设科技，2005（1）.

[9] 马远军，胡忠行，章明卓，李凤全 . 城镇群竞争与共生的作用机理分析 [A]. 中国地理学会人文地理专业委员会暨全国高校人文地理学研究会 2003 年年会论文集 [C]，2003.

[10] 欧阳志云，王如松，赵景柱 . 生态系统服务功能及其生态经济价值评价 [J]. 应用生态学报，1999（5）.

[11] 仇保兴 . 误区与对策选择 [J]. 长江建设，2003（4）.

[12] 仇保兴 . 复杂科学与城市的生态化、人性化改造 . 科学中国人，2010（11）.

[13] 黄宇驰 . 生态城市规划及其方法研究——以厦门为例 [D]. 北京化工大学，2004.

[14] 王灵梅，张金屯 . 发展火力发电厂生态工业园的研究 [J]. 环境科学与技术，2004（3）.

[15] 王慧钧 . 城市共生论 [R]. 中原城市群科学发展论坛，2008.

[16] 王蒙徽，余英，廖绮晶 . 广州珠江口地区城市设计国际咨询方案介绍 [J] . 城市规划，2002（1）.

[17] 王如松 . 城市生态位势探讨 [J]. 城市环境与城市生态，1998（1）.

[18] 王如松 . 转型期城市生态学前沿研究进展 [J]. 生态学报，2000（9）.

[19] 王如松，周启星，胡聃 . 城市生态调控方法 [M]. 北京：气象出版社 .2000.

[20] 王一竹 . 都市能量法则 [J]. 世界博览，2007（11）.

[21] 于秀霞 . 生态关系视角下生产性服务业研究——以盘锦市为例 [D]. 大连理工大学，2007.

[22] 张光明，谢寿昌 . 生态位概念演变与展望 [J]. 生态学杂志，1997（6）.

[23] 张旭 . 基于共生理论的城市可持续发展研究 [D]. 东北农业大学，2004.

[24] 赵维良 . 城市生态位评价及应用研究 [D]. 大连理工大学，2008.

■ 本章小结

城市生态学是研究城市人口与城市生态环境之间的相互关系及其规律的学科。城市生态学的产生和发展与人类对城市生态环境问题的关注不断加强有密切关系。城市生态学的学科基础比较多元，研究层次涵盖了人居环境的所有方面，其研究内容则可从城市与生态环境相互关系的角度，以及改善和控制城市生态环境演进的角度加以认识。城市生态学基本原理包括：城市生态位原理、多样性导致稳定性原理、食物链（网）原理、限制因子原理、生态环境承载力原理、共生原理等。

■ 复习思考题

1. 城市生态学与生态学是什么关系？

2. 如何认识城市生态学的发展阶段？当今城市生态学的研究内容有何特征？

3. 城市生态学的基本原理分别是从什么角度和层面进行阐述的？城市生态学基本原理与生态学基本原理有什么关系？

第3章　城市生态环境概论及保护与规划原理

本章论述了城市生态环境的内涵、结构与功能、演化的影响因素、生态环境与城市发展的相互作用等问题，从保护和规划两方面论述了城市生态环境的相关原理，并探讨了城市生态环境规划的目标、任务和过程等内容。

3.1　城市生态环境定义及特点

“城市环境研究”主要针对围绕着城市人类外部的物理环境进行，“城市生态研究”则研究城市人类与自然环境的关系。而将两者相结合，则形成了“城市生态环境（urban ecological environment）”，为全面认识城市人类的生存环境提供了一个全新的视角。城市生态环境既是城市发展的条件，又是城市发展的结果。城市生态环境质量的好坏直接影响了城市人口的生活质量以及城市发展水平。城市生态环境是一个城市重要的无形资产，在城市综合竞争力的评价因素中具有举足轻重的地位。在城市对人类社会经济进程的作用越

来越重要的大背景下，城市生态环境这一概念随着近年来各界对城市人类生存环境的重视而日益引起学界的高度关注。

3.1.1 城市生态环境的定义

关于城市生态环境的界定，可概括为如下几种类型：

（1）人工环境及复合系统

这一类对城市生态环境的界定，强调其人工环境及复合生态系统的特性（但同时并不偏废自然环境），其定义为：城市生态环境是高度人工化的环境集成，是城市人赖以生存的物质基础。它包含三个层次的含义：第一层次是自然环境，包含原生自然环境及被人类改变了的次生环境；第二层次是由人工建造的建筑物、道路及各项配套设施组成的人工环境；第三层次是由政治、经济和文化等各种因素所构成的社会环境。

（2）以人为中心的复合体（系统）

这一类界定强调以人为中心，其定义为：城市生态环境是指人类这一特定的生物体在城市这一特定空间的各种生态条件的总和。该定义是一个既包括自然生态条件，又包括社会、经济、技术等条件的一个广泛的范畴。

（3）环境要素与生态关系结合型

如果将环境要素与生态关系作为生态环境定义的核心内容，并且将城市生态环境作为生态环境的一个组成部分的话，则，城市生态环境的界定还可以有第三种类型，即，环境要素与生态关系结合型。从这一角度，可以对城市生态环境作如下定义：城市生态环境是包括城市人类在内的各种生命有机体的生存环境，是包括城市人类在内的各种城市生物生存、发展、繁衍、进化的各种生态因子和生态关系的总和。

3.1.2 城市生态环境的特点

（1）隐显性

反映了城市生态环境的状况在表征和表达方面的两个具有一定“对立”的特性。城市生态环境的隐性特征指其内涵所包括的生态关系，而其显性特征是指其生态因子的状况。显然，生态因子的状况是直观的、可感受的；而生态关系则相对难以直接感受和明晰地表达。这也是人们在使用“城市生态环境”一词时，往往表达和反映的主要是生态环境的状况，而非明确地意指“生态关系”的原因。但实际上，城市生态环境的生态关系属性对城市生态环境的状况起着内在的、重要的影响作用。

（2）整体性

反映了城市生态环境在构成要素方面的全覆盖性。简而言之，城市生态环境由自然、经济、社会三大系统交织而成。组成城市生态环境的各要素、各部分相互联系，互相制约，形成一个不可分割的有机整体。任何一个要素发生变化都会影响整个系统的平衡，推动系统的发展，以达到新的平衡。

（3）开放性

反映了城市生态环境在存续时所具有的与外部系统的关系特征。城市生态环境其物质能量需要与系统以外的环境进行广泛的交换。原材料、燃料要输入，产品、废物要输出，城市生态环境系统的稳定性既取决于环境因素的容量，也取决于与外界进行物质交换和能量流动的质量和水平。

（4）层次性

反映了城市生态环境在认识层面、空间层面以及隶属层面上的若干特性。

其一指城市生态环境概念的狭义和广义之分。狭义主要是指以自然属性为主的城市生态环境，包括生态因子（大气、水、土壤、能源、矿物、生物等生态环境要素）和自然属性的生态关系（含大气、水、土壤、能源、矿物等自然环境因子与生物二维的互动关系）。而广义的城市生态环境则除了自然属性的城市生态环境外，还包括城市经济和社会系统的内容。城市生态环境的演化既遵循自然发展规律,也遵循社会发展规律。为满足人类社会发展的需要,它既施行自然环境的资源、能源等物质功能；又施行社会经济环境的生产、生活、舒适、享受的功能。

其二是指城市生态环境在空间上的狭、广之分。城市生态环境是由城区及其郊区的自然生态系统、经济生态系统和社会生态系统三部分构成。可将前者视为狭义的城市生态环境，而将后者视为广义的城市生态环境。

其三指城市生态环境系统是隶属于人类生态环境系统的子系统，是人类生态环境的一部分。从区域角度而言，城市生态环境系统是生态环境系统中对应于乡村生态环境系统的子系统。当然，随着城市所掌握的经济与技术实力的增强，城市生态环境的影响和作用范围有日益扩大的趋势。

（5）人缘性

反映了人类对城市生态环境的作用特性。城市生态环境的“人缘性”是指城市生态环境的构成主体、作用力主体以及作用力表现形式皆与城市人类密切相关，人类的作用对城市生态环境的走向和发展趋势具有直接的影响。

在城市生态环境的构成主体方面，城市生态环境与自然生态环境的显著不同点之一是：人是城市的主体，是城市生态环境中最活跃和起决定作用的因素。虽然城市生态环境既有自然生态系统的某些特征，又具有不同于自然生态系统的突出特点。但它有个核心基点，即:相比于自然生态环境发展的自在性，城市生态环境更体现人之目的性。

（6）极限性

反映了城市生态环境在承受人类活动的强度、规模等方面的特性。

城市生态环境的极限性主要表现在城市生态环境容量的极限性。城市生态环境的容量又与城市环境容量有关。城市环境容量指城市特定区域环境所能容纳的污染物最大负荷量。城市生态环境容量除考虑自然环境对污染物的净化能力之外，还要考虑资源（土地、水、能源）对社会经济活动强度的承受能力。如城市的土地资源、水资源、能源等对人口和经济发展的承受能力。所以，城市生态环境容量是指在保证城市土地利用适宜、资源开发利用合理、生物受到保护、环境污染得到有效控制的前提下，城市所能容纳的适度人口和一定的经济发展速度。城市生态环境容量并非是常数或恒定值，它随时间、空间等因素的变化而变化。

城市生态环境的极限性在城市生态环境的不同方面具有不同的表现。城市自然生态环境结构具有有限的调节能力，在一定限度内可自行调节，在新的条件下达到平衡。城市社会经济环境结构，具有人工调节功能，靠人的智能和创造力可进行较大幅度的调节和控制。

3.2　城市生态环境的结构和功能

3.2.1　城市生态环境的结构

城市生态环境的结构可以从多种角度进行分析。从空间角度，可将组成城市生态环境的各部分、各要素在空间上的配置和联系称为城市生态环境结构。它是描述城市生态环境有序性和基本格局的宏观概念。城市生态环境内部结构和相互作用直接制约着其功能的发挥。组成城市生态环境的各要素之间、各部分之间的有机组合，使城市生态环境通过生物地球化学循环、投入产出的生产代谢，以及物质供需和废物处理，形成一个具有内在联系的统一整体。一方面，城市自然生态环境以其固有的成分以物质流和能量流等形式运动着，并控制着人类的社会经济活动；另一方面，人又是城市生态环境的主宰者，人类的社会经济活动不断地改变着能量的流动与物质的循环过程；人既是城市环境资源和物质的主要消费者，又是环境的污染者，对城市生态环境的发展和变化起着支配作用。这两个方面又互相作用、互相制约，组成一个复杂的以人类社会经济活动为中心的城市生态环境系统（图 3.1）。

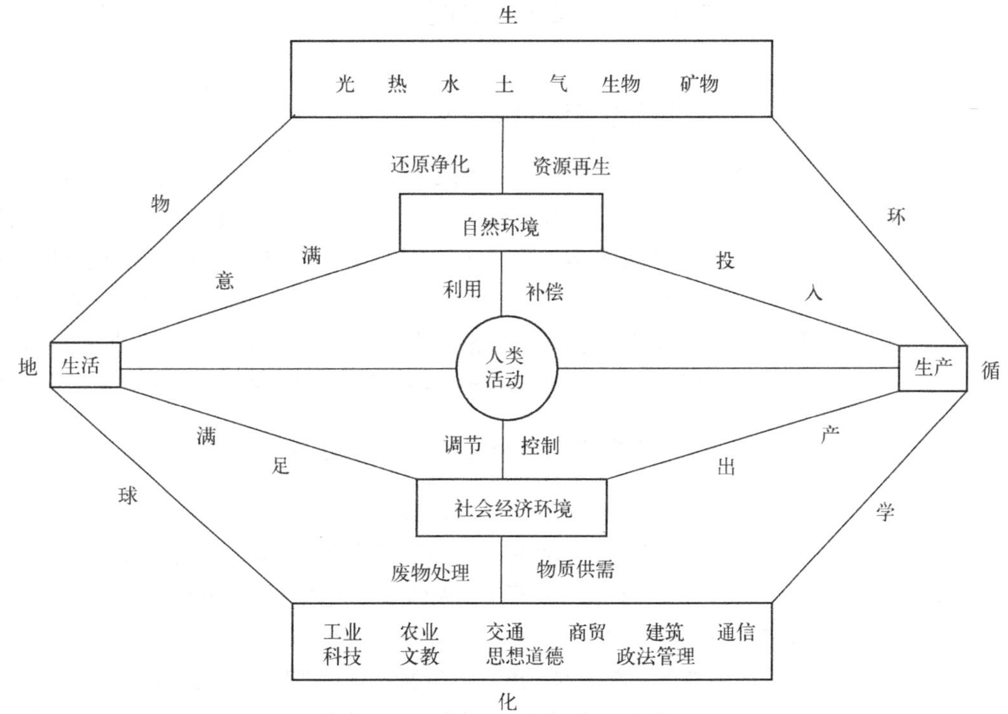

图 3.1　城市生态环境结构和功能示意图

来源：周毅．城市生态环境．城市环境与城市生态，2003（4）．

城市生态环境的结构复杂，功能多变，层次有序，等级分明，而且具有多向反馈的功能。城市自然生态环境的空间分布，遵循区域自然环境的水平和垂直分布规律；其时间变化，遵循区域自然环境变化的节律性。

3.2.2 城市生态环境的功能

城市生态环境中的自然环境和人工创造的社会环境、经济环境，分别承担着满足城市居民特定需要的功能。其中自然环境是城市产生和发展的物质基础，是人类生存和发展不可缺少的物质因素；城市自然生态环境具有资源再生功能和还原净化功能。它不但提供自然物质来源，而且能接纳、吸收、转化人类活动排放到城市环境中的有毒有害物质，在一定限度内达到自然净化的效果。自然环境中以特定方式循环流动着的物质和能量，如碳、氢、氧、氮、磷、硫、太阳辐射能等的循环流动，维持着自然生态系统的永续运动。这些物质也是人类生存和繁衍不可缺少的化学元素。城市自然生态环境的水、矿物、生物等其他物质通过生产进入经济系统，参与高一级的物质循环过程。它们都是城市社会经济活动不可缺少的资源和能源。社会经济环境具有生产、生活、服务和享受的功能。社会经济环境是在城市形成过程中，人类为了不断提高自己的物质文化生活而创造的。在这种创造过程中，人类既利用、改造了城市自然环境，又损耗和破坏了自己所生存的城市环境，并不断向其生存空间以外发展和开拓。所以城市生态环境随着城市的发展而不断地变化（图3.1）。

3.3 城市生态环境演化及影响因素

3.3.1 城市生态环境演化含义

城市生态环境演化是指其形成、发展、变化的状态和过程。可以通过城市生态环境的演化动力、演化过程在数量上的消长和质量上的变化、演化在内外关系上的封闭与协调表征等方面得到一定的反映。城市生态环境的演化受城市发展的多种因素的影响，经济技术水平、社会生产关系、城市文化特性、城市活动强度和活动类型、城市发展阶段、城市性质、城市物质流与能量流的特征、城市环境承载力水平及特征、城市管理与政策等等都是城市生态环境演化的影响因素。

3.3.2 城市生态环境演化趋势对城市发展的影响

城市发展是城市在一定地域内的地位与作用、吸引力与辐射力的增长过程，是满足城市人口不断增长的多层次需要的过程。城市发展有层次之分，指城市状态的变化在发展次序、发展阶段方面的反映。城市增长、城市结构变异、城市进步是城市发展过程中的三个不同层次。

而从城市生态学的角度，城市发展体现在城市生态系统的完善上，体现在城市生态系统的组成因素——城市人类与其生存环境关系的和谐程度的提高。城市人类的生存环境包括经济、社会、环境三个方面。城市发展应该是城市人

类与其生存环境的全面的、完整的、均衡的发展，应该是具有生态学意义上的城市生态系统的发展。

当城市生态环境演化正向发展时，对于城市生态系统的健康化具有积极意义，因此，对城市发展也将起积极作用；反之，将起负面影响。城市生态环境的演进决定了城市发展的走向。但同时，城市生态环境演化与城市发展之间有着互为因果的关系：城市生态环境的演化趋势在决定城市发展走向的同时，城市发展的强度、规模、形式等也对城市生态环境演进走向产生反作用。

从城市所处的生态环境演化阶段而言，各个不同的阶段生态环境的演化趋势是不同的。目前，我国城市正处在工业化—后工业化—信息化的不同的阶段，有的城市已经开始进入生态化的阶段，有的城市还位于工业化阶段。因此，城市生态环境演化趋势对每个城市而言也是各不相同的。有必要进行实事求是的分析。

3.3.3 城市生态环境演化的影响因素

3.3.3.1 城市生态环境演化与国家宏观环境特征有关

中国科学院可持续发展战略课题组在一项研究报告中指出，中国国土本身的自然结构和地理特征，给中国城市所带来的生态环境“应力”或“胁迫”，明显超出了全球平均水平。该报告指出，在中国国土面积中，65%是山地或丘陵，33%是干旱地区或荒漠地区，70%每年受到季风气候的影响，55%不适宜人类的生活和生产，35%经年受到土壤侵蚀和沙漠化的影响。耕地中30%属于酸性土壤，20%存在不同程度的盐渍化或次生盐渍化（财经界，2005年第7期）。

该课题组负责人牛文元（2005）指出，我国相对贫乏的人均资源和生存空间，决定了我国城市发展与生活质量的提高同世界平均水平比具有更大的艰巨性。统计表明，全世界陆地平均海拔高度约为830m，而我国内地是1475m，是世界陆地平均高度的1.78倍。也就是说，我国的平均生态环境应力成本是1.25，区域开发成本高于世界平均水平25%。牛文远认为，“总体上，我国城市发展成本普遍高出全球平均水平，城市发展任务艰巨。”这表明，中国国土自然结构和地理特征所决定的宏观环境特征，将不可避免地对我国城市生态环境的演化产生重要的影响。

3.3.3.2 城市生态环境演化与国家整体生态环境面临的主要问题有关

所在国家整体生态环境面临的主要问题是城市生态环境演化的重要影响因素之一。国家环保总局于2006年6月5日首次对外发布《中国生态保护》，全面介绍了中国生态保护情况。中国生态保护面临如下问题：生态环境脆弱，生态环境脆弱区占国土面积的60%以上；生态环境压力大，中国人均资源占有量不到世界平均水平的一半，但单位GDP能耗、物耗大大高于世界平均水平。中国城市绿地面积不断扩大，但城市绿地面积小、功效差等问题依然存在。杨朝飞（2004）认为，中国生态环境面临的六大主要问题（矛盾），分别为：粗放型经济增长方式与有限的生态承载能力之间的矛盾不断加剧；生态环境退化与自然资源短缺导致的局部与全局、眼前与长远利益之间的矛盾日趋激化；人民群众对生态环境质量的要求不断提高与生态环境日渐恶化的矛盾更加突出；

对自然生态环境脆弱性、复杂性的认识的滞后与经济开发利用的迫切性之间的矛盾不断升级；生态功能的重要作用与人为生态破坏的态势更加尖锐；国家对生态保护监管水平的要求越来越高与实际监管能力的严重滞后的矛盾日益明显。所有这些，都对我国城市生态环境演化趋势产生不可忽视的影响。

3.3.3.3 城市生态环境演化趋势与城市演化趋势密切相关

迄今为止，城市演化经历了四次飞跃：分别为工业化、后工业化、信息化和生态化。城市演化的每一个阶段，对城市生态环境的影响方式及特征都不同，因而城市生态环境的状况和质量也有相当大的差异。对某一个具体的城市而言，生态环境的演化趋势相当程度上取决于其所处的城市演化阶段，当然也一定程度上取决于上文所述的城市空间模式特征（表 3.1）。

3.3.3.4 城市生态环境与人口、经济、社会及城市发展的走向密切相关

以中国为例。首先，中国拥有 13 亿人口，每年 8%～9%的经济增长率，中国的经济及大多数城市的 70%以上的能源来自于煤炭，这些都对城市生态环境的走向带来极大的影响。其次，中国在未来几十年内，将出现工业化和城市化高潮，同时，还将出现城市化高峰与机动化高潮合并的现象。如果不能妥善地处理这些问题，将对城市生态环境产生较大的负面影响。第三，中国庞大的人口数量和人均资源消耗量增加将导致国内资源供给相对稀缺的问题。第四，经济发展加快、规模扩大将与城市生态环境容量产生矛盾。

城市演化趋势与城市生态环境演化趋势的关系 **表 3.1**

城市演化阶段及特征		城市生态环境特征及演化趋势	
城市演化阶段	社会经济特征	城市生态环境特征	城市生态环境演化趋势
前工业化	人口开始向城市集中 市场的形成带动工业的兴起 城市功能逐渐增多	经济规模不大，所消耗的资源与能源不多，城市与自然关系和谐	城市生态环境质量较好，城市人类与其生存环境关系和谐
工业化	城市的专业化分工日益重要 城市物质流、能量流强度加大 城市的经济中心地位得到确立 城市与农村差距拉大	经济规模日益扩大，对资源、能源的需求越来越大，城市拥挤与环境污染日益严重	城市人类与其生存环境关系出现剧烈冲突，城市生态环境日益恶化
信息化	城市的服务功能加强 城市的创意产业崛起 城市的辐射影响范围日趋扩大	经济运行方式的信息化导致产业的分散布局，城市经济的增长对资源与能源的绝对依赖开始发生变化，城市空间模式的分散化，产业结构的“轻型化”使城市生态环境得到较大改善	城市生态环境得到较大改善，城市人类与其生存环境的关系开始转向和谐的进程
生态化	可再生能源应用日益广泛 物质流循环日益充分 零废物、零排放成为重要的目标 生态工业、生态建筑、生态住区等城市生态要素逐渐形成	城市与农村关系协调 城市大气环境、水环境、土壤环境、声环境质量优良 城市绿化景观环境优良 城市历史文化环境得到保护	城市人类与自然、社会经济系统与环境系统关系日趋和谐 城市生态环境质量日趋优良 城市进入良性循环轨道

来源：作者整理。

3.4 生态环境对城市发展的影响和作用

3.4.1 生态环境对人口分布的影响

以中国古代为例。考察古代中国的人口分布可见，无论是原始人类的分布还是人口分布格局的变化，生态环境都对其产生重要的影响，这种影响和作用有时甚至居于首要地位（张子珩，2000）。

3.4.1.1 生态环境因素在人口分布及其格局变换中的作用

据程洪等人的研究，在其他因素不变的条件下，如果某地区平均温度降低 1℃，相当于该地区向北推移 200 ～ 300km。气候寒冷干燥对北方游牧民族地区表现出强大的生存压力，土壤沙化加剧，沙漠南进，因此人口必然向南迁移。有学者认为，封建社会北方民族的南侵始终与生态环境的压力有着直接联系。如导致人口分布格局重大变化的永嘉之乱、安史之乱和靖康之难正值中国气候史上第二个（公元 0 年～ 600 年）和第三个寒冷期（公元 1000 年～ 1200 年）。

3.4.1.2 古代中国生态环境的区域差异性对人口分布的影响

（1）黄土高原脆弱的生态环境对人口密度的制约

黄土高原分布的是原生黄土。对于农业生产而言，黄土高原合理的利用应是农牧结合。而这一土地利用方式与下游农业为主的土地利用方式相比，人口密度不可能很大，这是决定西北人口分布的自然环境基础。违背这一原则，过度农耕，则会使其生态环境发生不可逆转的变化，人口也不可能有大的发展。

（2）黄河泛滥对下游人口发展的影响

考察历史上黄泛频率可知，黄河上游黄土高原生态环境恶化与下游黄泛具有很强的相关性。据谭其骧等的研究，秦汉时期，由于黄土高原的大量开垦，黄河每百年的决溢次数平均为 5.7 次。东汉至魏晋南北朝时期，土地利用方式以畜牧业为主，因而河水决溢每百年平均只有 1.3 次。隋唐五代时期，土地利用方式是半农半牧，河水每百年决溢为 10.3 次。北宋至明清时期，黄土高原大量开垦农耕，河水每百年的决溢次数增加到 37.5 次，给农业生产造成巨大损失，这与上游生态环境恶化不无关系。黄河经常改道，使下游的农业生产受到重创，人口纷纷向南迁移，黄河下游在人口分布上的地位有所下降。

（3）长江中下游流域生态环境优势为中国人口迅速发展奠定了基础

古代中国是一个以农业为主的国家，而传统农业又特别依赖于风调雨顺，因此，气候对古代中国人口分布的影响是十分直接而突出的。长江中下游流域雨水丰沛，农田给水方便，水田的生产能力远比旱地高，可出产较多的粮食，容纳较多的人口，这一生态环境优势为中国人口迅速发展奠定了基础。

3.4.2 生态环境对城市形成与发展的影响

生态环境条件是城市形成与发展的基础条件。《管子 · 乘马》称：“凡立国都，非于大山之下，必于广川之上。高勿近旱而水用足，下勿近水而沟防省，因天材，就地利。”一般来说，自然环境较好的地区，农业、畜牧业可能比较发达，商品交换较频繁，进而城市发展较好。另一方面，建立在自然分工、自然经济基础上的农业社会，抵御自然灾害能力薄弱，城市的发展受到生态环境的限制。如我国夏代，夏后氏都城发生了十次迁徙，与生态环境的恶化皆有较直接的关系。

3.4.3 生态环境对城市化的推进作用

生态环境对城市化的推进作用，是通过下面四个方面实现的（程诚等，2008）：

（1）提高生态环境要素的支撑能力。城市化进程的加速需要生态环境要素的支撑。生态环境良好的区域，能保证城市水、优质空气的供给，能为城市居民提供宜人的人居环境。生态环境良好的区域，环境支撑能力强，有利于城市经济发展和城市空间拓展，进一步促进城市化发展。

（2）提高居住环境舒适度。良好的生态环境能够使城市居住环境的舒适度提高，从而吸引人口，加速城市化的进程。

（3）提高投资环境竞争力。良好的生态环境可提高投资环境竞争力，吸引投资项目和资金，加速城市化进程。如，良好的生态环境能够吸引高科技企业进入城市，从而推动高新技术产业发展，提高城市的科技竞争力，促进城市发展。

（4）促进城市有形资产增值。良好的生态环境是城市的一笔巨大无形资产，不仅能提高城市的身份和知名度、提高整个城市的运行效率和商务活动能力、提高对周边地区集聚和辐射能力，而且还能促进城市有形固定资产的大幅增值。

3.5 城市发展对城市生态环境的作用及影响

3.5.1 城市发展对城市生态环境作用及影响的宏观表现

主要表现为：①改变能量流：城市建设将原有的地表覆盖加以改造，于是反射率就会相应地变化，从而改变区域的能量收入；此外，工业生产又从区域外部输入化石燃料，或者输入其中已经物化能量的各种产品，它们向大气释放各种物质，改变了城市的能量流动；②改变物质流：城市从外调入的原材料及产品，向自然环境中排放污水和废气，从而改变城市的物质流。大量利用金属矿产，但利用率不高，大量弃置，使这些金属元素在城市环境中的浓度增加，而这些金属元素不少对人体是有害的。如汞、镉、铅等，会通过食物链危害人类；③打破力的平衡：城市建设中的人类活动将岩石、砂土从一地迁移到另一地，改变了地表形态和地貌过程，甚至创建新的地貌形态，打破了力的平衡，从而引发土壤侵蚀、塌方、滑坡等（周毅，2003）。

3.5.2 城市发展对城市生态环境作用及影响的胁迫效应

主要表现为城市化对水、土等资源的压力、城市化地区的环境污染等。后者所表现出来的污染效应，主要包括：物理效应（由声、光、热、电、辐射等

物理作用引起的生态环境效应）；化学效应（由物质之间化学反应所引起的生态环境效应）；生物效应（由环境因素变化导致生物系统变异的效果）。具体污染种类包括：城市排放大量温室气体，造成大气污染；改变气候特征，出现“热岛”效应；水分循环系统发生变化，水体质量下降；此外，还包含恶臭、噪声、固体废弃物、辐射、有毒物质污染，以及生物多样性降低和外来物种入侵等。上述这些负面效应大多由城市化过程的资源利用不当和土地利用方式的转换不当而引起（Grimm 等，2008）。

3.5.3　城市要素发展对城市生态环境的影响

城市发展对城市生态环境的作用及影响与城市要素的发展，如人口的增加、人类生产强度的提高以及城市用地拓展等具有直接的关系。图 3.2 反映了西安近半个世纪城区人口与气温变化的关系。从图 3.2 可见，1980 年以后城市人口的增加与气温升高的趋势一致，其中 1985 ~ 2006 年两者的相关系数达到了 0.85，说明气温变化与城市化的发展具有密切的关系。

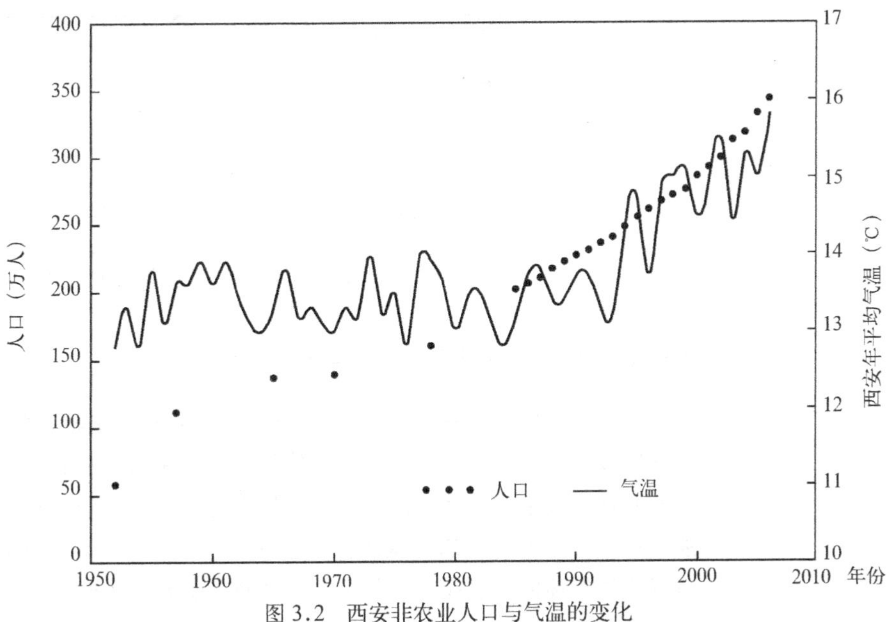

图 3.2　西安非农业人口与气温的变化

来源：高红燕等．西安城市化对气温变化趋势的影响．地理学报，2009（9）．

图 3.3 为江苏省 2006 年 13 个地级市人均 GDP 与环境压力指数的关系图。表明，江苏省 13 个地级市人均 GDP 与环境压力指数呈正相关关系，经济水平较高的地区环境压力较大。

图 3.4 为南京市栖霞区城市用地扩展系数与生态系统服务价值的关系。由图 3.4 可见，在剔除林地服务价值后，城市用地扩展系数与生态系统服务增加值呈强负相关关系。即，城市用地的扩展一定程度上是生态系统服务价值下降的原因之一。

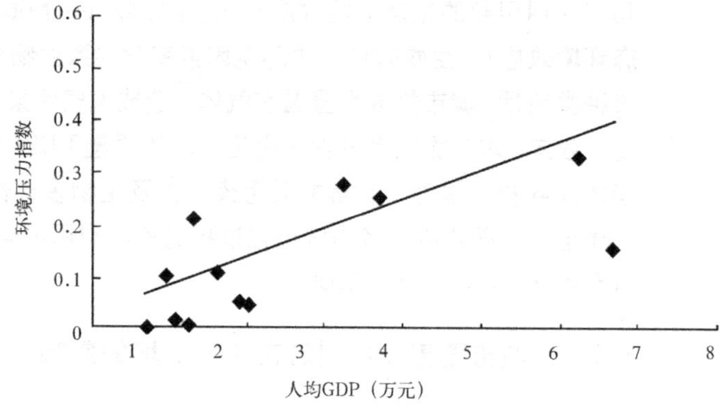

图 3.3　人均 GDP 与环境压力关系图

来源：梅景，赵清，骆文辉，徐为洲，许华宏．基于 PSR 模式的江苏省区域生态环境可持续能力评价．国土与自然资源研究，2009（2）．

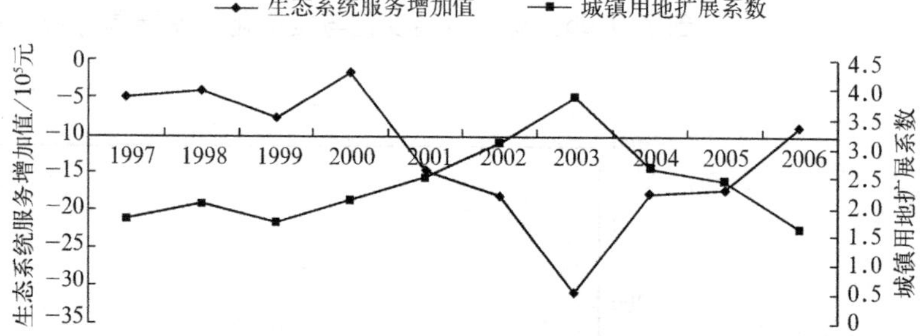

图 3.4　栖霞区城市用地扩展系数与剔除林地后的生态系统服务价值的关系

来源：陈强，濮励杰，梁华石，文继群．快速城市化地区城市用地扩展的生态环境效应评价——以南京市栖霞区为例．江西农业大学学报，2009（4）．

3.5.4　城市发展对生态环境的促进效应

尽管长期以来，许多人将生态环境问题直接归咎于城市发展。然而实际上，从本质看城市发展与生态环境之间并不必然存在根本性的矛盾，城市发展本身并非必然导致生态环境的恶化，导致其恶化的关键在于以何种方式推进城市发展的进程。同时，生态环境的保护也并不一定会阻碍城市发展的进程；相反，良好的生态环境能够在很大程度上推进城市发展。我们须着力做的只是发挥城市发展对生态环境的促进效应，包括（程诚等，2008）：

（1）城市发展的人口集聚效应。人口向城市适度集中，其土地使用效率和生产要素的使用效率比分散要高许多倍。同时，人口向城市的集中可以使农村生态环境的压力减轻，减轻了农牧业人口对生态环境的压力，农村土地因而可以实现规模经营，这就促使生态效率大大提高。农村生态环境状况良好，反过来为城市生态环境提供强有力的支撑，从而使城乡生态环境之间可以实现良性互动。

（2）城市发展的污染集中治理效应。人口在城市的集中，带来了产业的集中，而产业集中就可以减少大量运输费用，同时也可以实现污染集中治理，这有利于生态环境保护。

(3)城市发展的资源集约效应。城市化有利于对资源与能源的集约利用。首先，城市化意味着技术水平的提高，有利于先进的、符合生态的技术的推广应用，而技术水平是环境保护中的关键。其次，城市化意味着工业相对集中布局，这有利于资源的循环利用，既可以提高资源的使用效率，也可以减少污染。

3.6 城市生态环境保护及规划原理

3.6.1 城市生态环境保护原理

城市生态环境保护必须具有理论的指导。毛文永（2003）提出了若干生态环境保护的基本原理。包括：保护生态系统结构的整体性和运行的连续性；保护生态系统的再生产能力；以保护生物多样性为核心；保护特殊重要的生境；解决重大生态环境问题。根据城市生态环境与生态环境的共性及其特性，可提出如下的城市生态环境保护原理。

3.6.1.1 生态系统结构与功能的相应性原理

保护生态环境的首要目的是保护那些能为人类生存和发展服务的生态功能。但是，生态系统的功能是以系统完整的结构和良好运行为基础的，功能寓于结构之中，体现于运行过程中；功能是系统结构特点和质量的外在体现，高效的功能取决于稳定的结构和连续不断的运行过程。因此，生态环境保护要从功能保护着眼，从系统结构保护入手。通过保护城市生态系统的结构完整性达到保持生态系统环境功能的目的。生态系统结构的完整性一般包括：①地域连续性；②物种多样性；③生物组成协调性；④环境条件匹配性。

3.6.1.2 保持生态系统的再生产能力原理

即将城市经济社会与生态环境看作是一个相互联系、互相影响的复合系统，寻求相互间的协调，并寻求随着人类社会进步，不断改善生态环境以建立新的协调关系的途径。现阶段特别要注重自然资源尤其是可再生自然资源的可持续利用，即开发利用与再生增殖的协调。为保持生态系统的再生与恢复能力，一般应遵循如下基本原则：①保持一定的生境范围或寻求条件类似的替代生境，使生态系统得以就地恢复或易地重建；②保持生态系统恢复或重建所必需的环境条件；③保护尽可能多的物种和生境类型，使重建或恢复后的生态系统趋于稳定；④保护生物群落和生态系统关键种或建群种；⑤保护居于食物链顶端的生物及其生境；⑥对于退化中的生态系统，应保证主要生态条件的改善；⑦以可持续的方式开发利用生物资源。

3.6.1.3 以生物多样性保护为核心原理

即将保护生态环境的核心之一——生物多样性放在首要的和优先的位置上，评价人类活动对其产生的影响，并寻求有效的保护途径。生物多样性保护包括：保护生态系统的完整性；防止生境损失和干扰；建立自然保护区；可持续地开发利用生态资源等。在城市中，多样性除了生物多样性之外，用地多样性、网络系统多样性、景观多样性、产业结构和交通结构的多样性以及城市人口种群多样性也是城市多样性的重要内容。

3.6.1.4　关注特殊性原理

城市生态环境保护要将普遍性与特殊性相结合，关注特殊性问题。对城市生态环境而言，需要特别关注的对象和议题包括：保护特殊和重要生境；保护脆弱生态系统和生态脆弱带（包括：海陆交界带、山地平原过渡带、农牧交错带、绿洲—荒漠交界带、城乡结合部）；保护地方性敏感目标（包括：潜在的风景名胜点、水源地、各种纪念地、人群健康保护敏感目标和各种生物保护地等）。此外，城市低收入人群、城市贫民窟、城市特殊垃圾处理等也应予以特别的重视。

3.6.1.5　关注重大生态环境问题原理

将解决重大生态环境问题与恢复和提高生态环境功能紧密结合，以适应经济、社会发展和人类精神文明发展的不断增长的需求。从保障我国可持续发展出发，需要解决的最重大生态环境问题包括：水土流失、土地沙漠化、土地盐渍化和自然灾害等。城市中，城市安全、城市灾害、城市水土流失、城市热岛效应、城市石漠化、城市水源短缺等都是城市遇到的重大生态环境问题，都有必要予以关注。

3.6.1.6　重建退化的生态系统原理

退化的生态环境要素对城市生态环境产生较大的负面作用，通过重建退化的生态系统，尤其是恢复破坏或废弃土地的再利用，增加养育人类的自然资源，可减轻人类活动对残存自然生态系统的压力，提升生态环境的质量。包括：重建森林生态系统、重建农业生态系统、恢复与重建水域生态系统、恢复矿产开发废弃土地等。在城市中，恢复棕地、更新旧城、解决社会分异、生物入侵、地面下沉、生物灭绝等问题都是与重建退化的生态系统相关的议题。

3.6.2　城市生态环境规划原理

3.6.2.1　城市生态环境规划原理概述

城市生态环境规划原理是指导城市生态环境向生态化、可持续性方向发展的理念与原则。是一个亟待研究，但又是难度较大的课题。从一般意义而言，城市生态环境规划原理要致力于充分完整地阐释城市生态环境对城市形成发展所具有的影响力和作用力；阐释城市发展对城市生态环境的影响和作用的领域、方式和强度，要避免城市发展对生态环境的负面效应，积极发挥其正面效应；要保护好对城市的长久存续具有决定意义的生态环境要素、格局等因素；要致力于城市生态环境的可持续发展等。此外，城市生态环境规划原理要研究城市生态环境规划与城市规划的结合，要研究城市环境规划中对生态学原理和城市生态学原理的科学应用。

3.6.2.2　城市生态环境可持续规划原理

(1) 整体最优原理

整体最优原理是协调城市子系统与整体、城市与外部区域发展目标的指导

思想。其一，要以整体的观念考虑城市总系统与各子系统，以及子系统与子系统之间的相互关系和反馈机制，追求城市生态环境的整体和谐与优化，而不是单一子系统的优化。其二，城市生态环境规划应考虑与其关系密切的周边农村的生态环境状况、周边区域的状况，追求各方的整体、协调发展。其三，城市生态环境规划要将城市各子系统的目标与城市总体目标进行整合，并使各子系统目标同整体目标相协调，以求得全局性的优化方案（张雪花，2000）。

（2）要素协调原理

城市生态环境规划的目的之一是协调社会、经济和环境之间的关系，促使城市系统中生态流持续、稳定地运转。显然，这是一个庞大系统的多目标优化问题。对此，应辨识核心、抓住要素、力求平衡。如，《温州市城市生态环境规划研究与对策》(2003) 提出的以"人口—经济"为核心，以"人口、经济、资源、环境"4 项要素的平衡和协调为关键点的生态环境规划思路，为取得社会、经济和环境之间的协调发展提供了良好的条件（城市规划通讯编辑部，2003）。

（3）资源和环境容量的最优化利用原理

实现可持续发展是城市生态环境规划的主要目的，可再生资源利用及不可再生资源利用效益的最大化和环境容量的最优化利用是实现城市可持续发展的根本保证之一。资源利用效益最大化并非是竭泽而渔，而是在资源总量和需求总量之间寻求平衡点，根据资源供应量确定资源使用量，并在此基础上尽量提高资源使用的效益。环境容量最优化利用要将自然要素和人工设施的净化能力加以整合，最大限度地保护城市自然环境要素的净化能力，并在此基础上不断提高城市的环境容量水平，为城市发展提供更大的"自由度"和发展空间。

（4）结构生态化原理

反映了城市主要要素的生态化对于城市生态环境的优化所具有的积极意义。这里仅以产业结构与土地利用结构两个方面为例。

1）产业结构生态化原理　产业结构既是生产能力和消费需求的关联映像，又因相应的资源配置和能源消费结构影响着城市和区域生态环境的质量及可持续支撑的潜力。因此，改善城市和泛城市地区的生态环境必须依靠城市产业及其内部行业结构的有序调控，在促进经济发展、满足就业和生活消费需求的同时，借助产业、行业和产品的技术创新与清洁型生产工艺的改造，带动资源特别是能源消费的结构性转移，以节约资源和提高资源的利用效益，减少污染排放和减轻环境的负荷压力；不断改善和提高环境的质量（毛锋等，2002）。

2）土地利用结构生态化原理　城市的可持续发展需借助土地利用结构的合理调整，在保障工业、交通和城区第三产业发展、城乡居住用地和基本农作耕地需求的同时，通过生态廊道建设、果园和城市绿地面积的增加，以及林地面积的扩大和林分结构的优化，增强自然抗灾屏障和生态系统的消纳、调节功能；通过自然保护区和人文景观区面积的适度扩大，在保障生物多样性、维持特有和濒危物种繁衍与历史文化名胜观览的同时，增强生态自养功能和陶冶人们的自然、文化情操（毛锋等，2002）。

（5）空间生态化原理

1）产业和人口分布生态化　地理空间的自然特性和承载、调控能力，需要因地制宜的合理的产业和人口分布格局，才能有效地促进经济的发展，协同有序地改善生态环境。因此，制定城市的生态环境规划，必须立足于城市辖区内不同等级城镇的产业和人口的合理分布，旨在能持续主导城市社会、经济的有序发展（毛锋等，2002）。

2）城市圈生态化　城市圈生态化对城市地区及邻近区域的生态环境良性发展具有重要意义。城市圈生态化的达成与生态建设工程的实施关系密切，并一定程度上成为城市圈范围内生态环境优化的重要保障措施。如，湖北省2009年年底完成的《武汉城市圈两型社会建设试验区生态环境规划》，对武汉城市圈进行了生态功能区划分，分别为严格保护区、控制性保护利用区和引导开发建设区。并提出在2020年基本建成节能减排、循环经济、生态农业、生态林业、生态水系、清洁能源、生态恢复与环境整治、生态家园、生态安全保障能力建设等9大重点工程（李新龙等，2009）。

（6）规划举措生态化原理

指为了实现城市生态环境可持续发展，所采取的各类规划举措所应该具备的生态化内涵，包括：

1）预防和保护并重　对于已经存在的生态环境问题，在规划时一定要采取合理的措施予以解决；对于未知或还未表现出症状的生态环境问题也要有所预见。目前我国推行的规划环境影响评价制度，有利于在规划实施前对规划的环境影响评价进行预判，预见其建成后对社会、经济、生态环境的影响程度，从而提出一些合理化的建议。从某种意义上而言，应该是可持续性城市生态环境规划的重要组成部分之一。

2）生态保护与生态建设并举　我国的生态环境保护与建设的基本原则之一为生态保护与建设并举。城市生态环境规划应明确需保护的内容与空间范畴，在明确生态环境问题根源的基础上，规划切实可行的生态环境建设举措。通过保护与建设并举，将对城市生态环境起积极的作用。

3）多样性共生　任何一个系统中的子系统间总存在着互惠互利的共生关系。在城市生态环境规划过程中，要将城市生态系统置于整个生物圈范畴内进行规划，建立市区和郊区的复合共生系统。通过保护城区及周边的各种生物，使城市生态环境质量得到较大的提升，从而保持城市长久的活力。

3.7　城市生态环境规划的目标、任务和过程

3.7.1　城市生态环境规划的目标

城市生态环境规划的目标根据城市发展阶段、城市生态环境问题等，皆可

能出现一定的差异。从一般意义角度而言，城市生态环境规划的目标包含以下内容。

（1）资源保护及可持续利用目标：自然资源是城市人类赖以生存和发展的物质条件，所以，在城市生态环境规划中要有保护森林、草原、野生生物、矿产、土地、水等生态资源的规划目标。

（2）生态环境改善和治理目标：城市发展不可避免地对生态环境产生冲击，因此，城市生态环境规划要明确地制定防止水土流失、土地沙化、土地荒漠化、土地盐碱化以及建立自然保护区和风景区的规划目标。

（3）与生态城市建设结合的规划目标：生态城市是城市发展的高级形式，也是城市可持续发展的必由之路。城市生态环境规划目标要与生态城市建设相呼应。从这一角度而言，城市生态环境规划的目标应包括不同发展水平的城市、新城或旧城向生态城市转化的内容。如：①和谐——解决现有城市问题；②生态化——在解决问题的基础上，向更高水平的生态化前进；③生态城市——全面提升，可持续发展。

城市生态环境规划的目标也可从较宏观的角度阐释。如，毛锋等（2002）认为，从城市生态环境规划是城市有序发展和良性循环的基础而言，城市生态环境规划的目标为：保障城市的经济繁荣、景观优美、环境清洁、人居舒适和与泛城市地区自然环境的谐和。

此外，改善城市生态系统的结构、促进城市生态系统的良性循环和城市的可持续发展，也是从宏观角度对城市生态环境规划目标的表达形式之一。

3.7.2 城市生态环境规划的任务

从调查—方案—对策角度，城市生态环境规划的主要任务可表述如下：①摸清“家底”，即从城市发展的生态环境可支撑角度认识生态环境的受损程度、污染的危害和根源、环境未来的承载压力和容量、区域生态循环可调节的潜力，以及污染治理、生态补偿的社会需求与经济、技术支撑的能力。②从产业结构、土地利用结构和空间格局调整角度，在保障经济高效发展、社会稳定和人们生活质量持续提高前提下，节约资源、减少污染排放、加强生态屏障和消解能力的建设，以及有序地调控人口的就业和定居规模、调节产业的发展方向、完善城市基础建设与保护文化遗产和自然物种。③在不同时空域规划目标和方案确立的基础上，从社会、经济和生态调节机制与政策、法规、管理措施方面，探索和制定切实可行的对策方略。

从城市生态环境规划的具体内容角度，其规划任务包括：①城市生态环境调查；②城市生态环境要素及系统分析（见本书第 4 章～第 11 章、第 15 章）；③城市生态环境评价（表 3.2）；④城市生态规划（见第 13 章）；⑤城市环境规划（见第 15 章）；⑥生态城市规划（见第 16 章）；⑦城市要素生态化规划（见第 17 章～第 22 章）等。

生态环境可持续能力评价指标体系 **表 3.2**

目标层	系统层	因素层	指标层
生态环境可持续能力	环境本底	气候适宜性	年降雨量 (mm)
			平均气温 (℃)
		水资源供给	水网密度指数
		植被覆盖	植被覆盖指数
	环境压力	人类活动	人口密度
			建设用地面积占区域面积比重
		资源消耗	人均能耗（吨标准煤）
			人均水耗 (t)
		污染压力	废水排放强度 (t)
			SO_2 排放强度 (t)
			固体废弃物排放强度 (t)
			农药使用强度 (kg/hm^2)
			化肥使用强度 (kg/hm^2)
	环境效应	环境污染	环境质量指数
			酸雨频率
		生态退化	土地退化指数
			生物丰度指数
	社会响应	污染治理	环保治理投资占 GDP 比重
			工业废水排放达标率
			城市生活垃圾无害化处置率
			工业过程产生的烟尘去除率
		生态保护	自然保护区面积占区域面积比重
			有效灌溉耕地面积比

来源：梅景，赵清，骆文辉，徐为洲，许华宏．基于 PSR 模式的江苏省区域生态环境可持续能力评价．国土与自然资源研究，2009（2）．

3.7.3 城市生态环境规划的过程

制定一个城市的生态环境规划，需要按照一定的过程进行系统分析和有序探索。毛锋等（2002）运用系统科学和系统生态学的方法论，并结合广州市生态环境规划的实例，提出了城市生态环境规划的过程（图 3.5），具有一定的启发性。

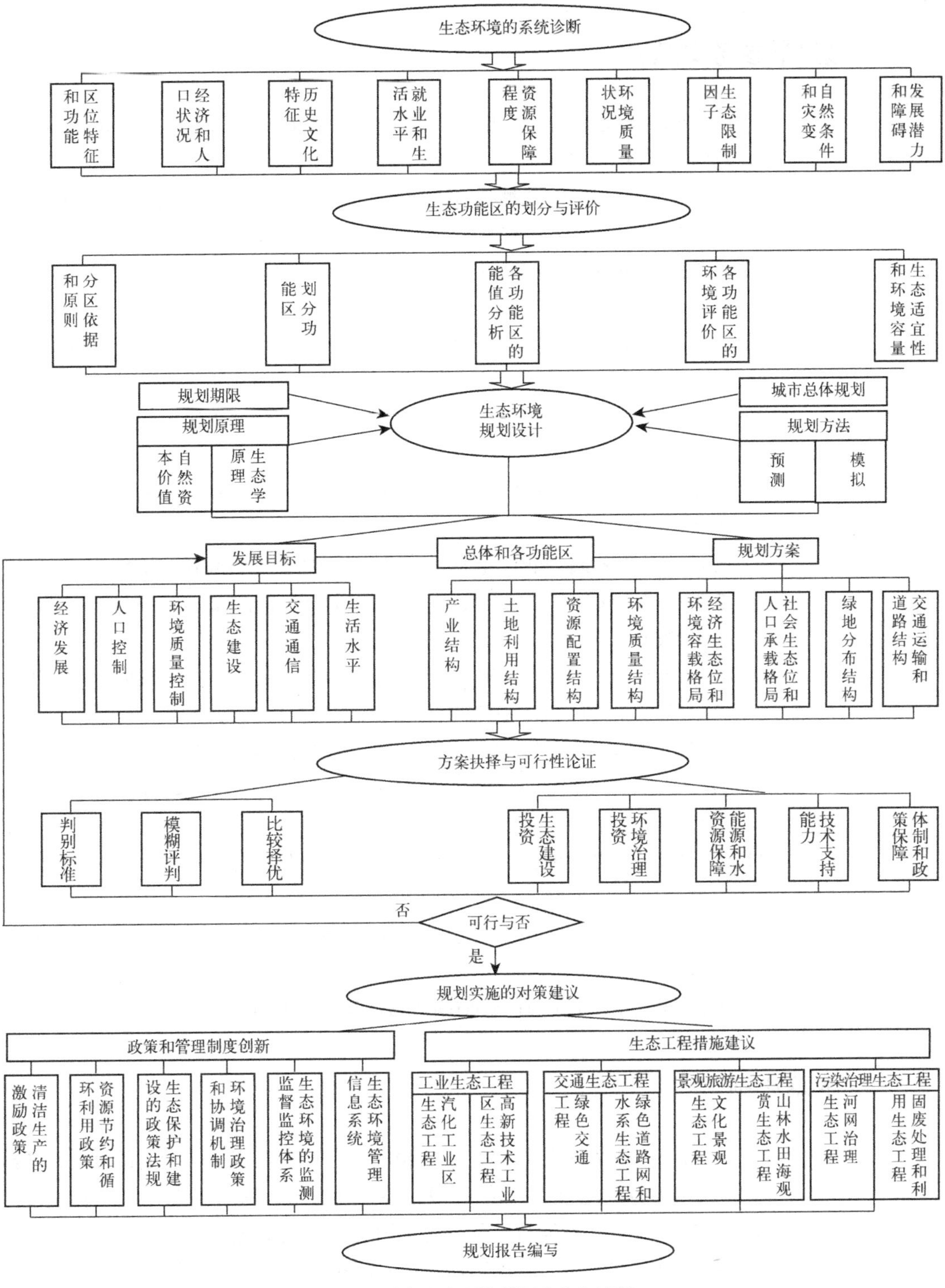

- 生态环境的系统诊断
  - 区位特征和功能
  - 经济和人口状况
  - 历史文化特征
  - 就业和生活水平
  - 资源保障程度
  - 环境质量状况
  - 生态限制因子
  - 自然条件和灾变
  - 发展潜力和障碍
- 生态功能区的划分与评价
  - 分区依据和原则
  - 划分功能区
  - 各功能区的能值分析
  - 各功能区的环境评价
  - 生态适宜性和环境容量
- 生态环境规划设计
  - 规划期限
  - 规划原理：自然资本价值；生态学原理
  - 城市总体规划
  - 规划方法：预测；模拟
- 总体和各功能区
  - 发展目标：经济发展；人口控制；环境质量控制；生态建设；交通通信；生活水平
  - 规划方案：产业结构；土地利用结构；资源配置结构；环境质量结构；经济生态位和环境容载格局；社会生态位和人口承载格局；绿地分布结构；交通运输和道路结构
- 方案抉择与可行性论证
  - 判别标准；模糊评判；比较择优
  - 生态建设投资；环境治理投资；能源和水资源保障；技术支持能力；体制和政策保障
- 可行与否（否 → 发展目标；是 → 规划实施的对策建议）
- 规划实施的对策建议
  - 政策和管理制度创新：清洁生产的激励政策；资源节约和循环利用政策；生态保护和建设的政策法规；环境治理政策和协调机制；生态环境的监测监督监控体系；生态环境管理信息系统
  - 生态工程措施建议
    - 工业生态工程：汽化工业区生态工程；高新技术工业区生态工程
    - 交通生态工程：绿色交通工程；绿色道路网和水系生态工程
    - 景观旅游生态工程：文化景观生态工程；山林水田海观赏生态工程
    - 污染治理生态工程：河网治理生态工程；固废处理和利用生态工程
- 规划报告编写

图 3.5　城市生态环境规划内容与过程

来源：毛锋，马强，邹积颖，丁芸．城市生态环境规划的原理与模拟探析．北京大学学报（自然科学版），2002（4）．

■ 第3章参考文献：

[1] Grimm, Nancy B., et al. Global Change and the Ecology of Cities.Science [J] .2008,319 (12).

[2] 陈强，濮励杰，梁华石，文继群．快速城市化地区城市用地扩展的生态环境效应评价——以南京市栖霞区为例[J]. 江西农业大学学报，2009 (4).

[3] 城市规划通讯编辑部．温州市城市生态环境规划研究与对策[J]. 城市规划通讯，2003 (21).

[4] 程诚，胡浩俊，张书杰．城市化与生态环境良性交互效应浅析[J]. 合作经济与科技，2008 (7).

[5] 高红燕，蔡新玲，贺皓，王骊华，寇小兰，张宏．西安城市化对气温变化趋势的影响[J]. 地理学报，2009 (9).

[6] 李新龙，李飞．投资五千亿实施四百多个项目，城市圈生态环境规划出台[N]. 湖北日报，2009-12-02.

[7] 毛文永．生态环境影响评价概论[M]. 北京：中国环境科学出版社，2003.

[8] 毛锋，马强，邹积颖，丁芸．城市生态环境规划的原理与模拟探析，北京大学学报(自然科学版)，2002 (4).

[9] 梅景，赵清，骆文辉，徐为洲，许华宏．基于PSR模式的江苏省区域生态环境可持续能力评价 [J]．国土与自然资源研究，2009 (2).

[10] 杨朝飞．生态环境形势与对策 [J]. 中国环境管理干部学院学报，2004 (1).

[11] 张雪花．城市生态环境规划原则内容方法的研究 [J]．中国环境管理干部学院学报，2000 (3).

[12] 张子珩．论生态环境对古代中国人口分布的作用 [J]．南京人口管理干部学院学报，2000 (2).

[13] 中国环境监测总站编．中国生态环境质量评价研究[M]. 北京：中国环境科学出版社，2004.

[14] 周毅．城市生态环境 [J]. 城市环境与城市生态，2003 (4).

■ 本章小结

城市生态环境的界定可从人工环境及复合系统、以人为中心的复合体（系统）、环境要素与生态关系结合型三种角度进行。城市生态环境具有独特的属性，具有结构／功能特征和自身的演化现象及演化规律，并对城市发展起着重要的影响和作用。反过来，城市发展也对生态环境的起着重要的影响和作用。探讨和研究城市生态环境保护及规划原理，对于深刻认识城市发展与生态环境相互作用和关系的规律及机制，促进城市可持续发展具有重要的意义和价值。

■ 复习思考题

1. 城市生态环境的结构和功能对城市生态环境的质量有何影响？
2. 城市生态环境演化的影响因素除了本章论述的以外还有哪些？
3. 城市发展对城市生态环境的作用和影响对于城市规划有何启示？

第2篇
要素分析—优化篇

本篇从要素角度对城市生态环境的物质、能源、信息、气候、地质与地貌、土壤、水文、生物等进行性质、功能和特征分析，并进行优化途径的探讨与阐述。其中，对城市生态环境要素的分析一般包括：各要素基本知识的介绍、其对城市发展及城市发展对生态环境要素的影响,以及某要素的可持续发展（优化）的途径等几个方面。本篇基本出发点之一为揭示城市生态环境要素与城市发展的相互关系，从城市规划和建设的角度阐述其可持续发展的途径，对于规划专业具有重要的意义和价值。

第4章 城市物质

本章论述了城市物质的概念及特征，阐述了城市物质对城市发展影响的表现，从物质流和物质代谢两方面介绍了城市物质分析的相关内容，并探讨了城市物质系统可持续发展途径的各个问题。

4.1 城市物质的概念及特征

4.1.1 城市物质的概念

自然生态系统中的物质主要指维持生物生命活动正常进行所必需的各种营养元素。它们是通过食物链各营养级传递和转化的。

城市有众多的组成要素，维持城市的运行也需要很多因素，其中重要的要素或因素之一是城市物质。从这两个角度而言，城市物质是指构成城市及维持城市运行所需要的成分。城市是人类的居住地之一，经济活动是城市形成和延续的重要因素。人类在其漫长的发展历史中经历了不同的经济形态，每一种经济形态都是一个很长的过程，并且都建立在与其相应的物质基础上。物质运动的基本形式和运动的物质主体决定了经济的发展方式和发展水平。因此，物质是城市存在和发展的基本形式之一，也是人类与自然界交流的基本途径。

4.1.2 城市物质的组成及类型

4.1.2.1 城市物质的组成

自然生态系统的物质必须依附于一定的物理环境才能对生物产生作用。对生物产生作用的物理环境（又称生物的物质环境）由大气圈、水圈、岩石圈及土壤圈组成，它们具有两个明显的基本特征：其一为空间性，即提供了生物栖息、生长、繁衍的空间场所；其二为营养性，即提供了生物长发育繁殖所需的各种营养物质。

从城市构成要素的角度看，城市物质的组成与自然生态系统以及其他人居环境的物质构成要素基本上没有本质的区别；如，都有大气圈、水圈、岩石圈和土壤圈这些自然性的物质要素。而从维持城市运行的角度看，城市物质的组成有其独特的性质，可以从来源、类型等方面进行考察。

4.1.2.2 城市物质类型

城市物质的类型，从各个角度、根据分析研究的侧重，可以有多种分类方式。

按照物理形态，物质可分为空气、水和固体物质三大部分。

从城市使用或消费的物质再生与否和可循环与否的角度，可以分成三种，即：可再生物质、可循环利用的不可再生物质、不可循环利用的不可再生物质。生物质、太阳能是可再生物质；铁、铜等金属是可循环利用的不可再生物质；而石油、天然气等作能源使用时被公认为是不可循环利用的不可再生物质（段宁，2005）。

如果从“流”的角度，则可将城市物质类型归纳为自然流（又称资源流）、货物流、人口流和资金流几种。

4.1.3 城市物质的特征

4.1.3.1 城市对物质资源的依赖性

城市对能源、资源的需求远大于农村（表4.1）。绝大多数城市都缺乏维持城市的各种物质，皆需从城市外部输入，离开了外部输入的物质，城市将立即陷入困境。如深圳在设市前，1980年本地系统可提供86%的食物能量，另外还有一部分能量输出，输出食物比输入食物量大，但2000年食物能量只有7%来自本地，93%源自其他外部生态系统。

农村和城市社会代谢规模对比　　表4.1

	农业社会	工业社会
直接能源投入 （GJ/人/年）	65GJ 生物资源： 3GJ蔬菜、食物 50GJ饲料 12GJ木材	250GJ 各种能源载体： 170GJ化石能源 5GJ水电 14GJ核电 61GJ生物物质

续表

	农业社会	工业社会
直接物质投入 (t/人/年)	约 12.8t 生物资源： 5t 蔬菜、食物 7t 饲料 0.8t 木材	21.2t 各类物质： 7t 生物质 5.1t 石油、煤、天然气 9.1t 矿物、金属及其他

来源：陶在朴．生态包袱与生态足迹——可持续发展的重量与面积观念．北京：经济科学出版社，2003；转引自：楼俞．城市物质代谢分析方法建立与实证研究——以邯郸市为例 [D]．清华大学，2007.

4.1.3.2　物质输入与输出并重

物质输入城市，并非完全应用于城市消耗，而是通过生产、加工、形成各种产品，这些产品城市自己消耗一部分，大部分产品和废物还得依靠外域其他系统消化。如上海 1992 年生产成品钢材 918×10^4t，上海自身仅消费 343×10^4t，有近 600×10^4t 钢材外运。这部分反映了城市物质输出的服务性特征。而从固体、气体、液体的输入与输出量考察，亦可反映城市物质输入的供应性和物质输出的环境负效应的特点（表 4.2）。

大伦敦的新陈代谢（人口 700 万）（单位：百万 t/年）　　**表 4.2**

	输入	输出
固体		
食物	2.4	
木材	1.2	
纸张	2.2	
塑料	2.1	
玻璃	0.36	
水泥	1.94	
砖，石料，沙，柏油	6.0	
金属	1.2	
工业与建筑垃圾		11.4
家庭、市政与商业废弃物		3.9
小计	17.4	15.3
气体		
氧气	40	
二氧化碳		60
二氧化硫		0.4
氮氧化物		0.28
小计	40	60.68
液体		
水	1002	
潮湿的、煮解后的污水淤泥		7.5
小计	1002	7.5

来源：Rodney R. White. Building the Ecological City. Woodhead Publishing Ltd，2002.

4.1.3.3 流动性与变异性

城市物质的重要特性之一是流动的、发生变化的（在数量、分布、质量、性质等方面）。比如，进入城市的物质，一部分被消耗，一部分作为“存量”积淀在城市中，还有一部分排（流）出城市外部。在此过程中，城市物质的数量、形态、质量及性质都有一定程度的变化。

4.1.3.4 以生产性物质为主

城市物质中生产性物质远远大于生活性物质。这是由于城市的最基本的特点是经济集聚（生产集聚），城市首先是一个生产集聚区域的特点所决定的。城市追求的是发展，发展过程中更需要各类生产物资作基础。如唐山市1981～1983年期间输入城市的农副产品为69.37×10^4t，而同期输入的生产原料产品为1080×10^4t，前者仅占后者的8%左右。

4.1.3.5 城市物质运行过程中产生大量污染物

由于科学技术的限制以及人们思想的局限，城市生态系统物质利用的不彻底导致了物质循环的不彻底，物质循环的不彻底又导致了物质使用过程中产生了大量废物。如，唐山市1983～1983年输出物质中共有废渣、废水、废气、产品四类，前三类皆为废物、有用的“产品”仅占全部输出物质的6%左右。这是由于城市对物质的使用由于技术的限制并不充分，其后果之一即是排放大量废弃物，造成环境污染。有学者指出：物质流与城市污染关系最为密切，即反映了这一问题（表4.3）。

4.2 城市物质（流）对城市发展的影响

4.2.1 物质丰盈程度对城市选址的影响

物产丰盈指农、林、牧、副、渔、矿、水等各种物质资源充裕。物产丰盈既能为城市的兴起提供必要的物质基础，又影响城址的选择。如，以农业经济为基础的城市占有城市的绝大多数，它们大都分布在农业经济最发达地区的中心区位，成为农产品集散地：既能使城市最大限度地得到供养，又能使农产品迅速集散。矿业城市的选址必然距离矿产资源较近，因其是指挥机关的所在地，又是矿工的居住地和满足矿工生产生活的供养地，不能距离矿区太远。就其他各类城市而言，城址的选择也必须具备物产丰盈这个基本条件，才能生存和发展。否则，可能会昙花一现，或始终处于落后的地位（马正林，1987）。

4.2.2 城市物质中隐藏流的比例反映了城市发展的环境代价和负面效应大小

隐藏流（hidden flow，HF。又称非直接流、生态包袱）是指人类为获得有用物质而动用的、没有进入社会经济系统的生产和消费过程的物质。隐藏流是经济系统物质代谢的重要组成部分，它形象地表达出人类为获得有用物质而造成的附加生态压力。一般城市的物质总需求中隐藏流占80%以上，如兰州市2004年隐藏流达87.02%（刘军，2006），天津市为90%（刘伟等，2006）。

4.2.3　城市物质的人均消耗强度反映了城市的经济结构特征

刘军（2006）的研究指出，兰州市人均物质消耗量明显高于发达国家的水平，2004 年是美国（1994 年）的 1.5 倍、德国（1996 年）的 1.85 倍、日本（1996 年）的 2.84 倍。与国内水平相比，兰州市人均物质消耗是国内平均水平（2003 年）的 2.92 倍，是上海（2003 年）的 1.68 倍。这表明，兰州市的经济发展主要依赖增加资源消耗，其经济结构偏“重”（刘军，2006）。

4.2.4　城市物质流对城市地质环境的影响

城市物质流对城市地质环境的影响主要是通过人为物质流的作用而体现的。Neumann Mahlkau（1999）将“人为物质流”定义为“人工物质搬运”，人类对地球表层的改造集中体现为人为物质流。

人为物质流在城市范畴内，由于人口的增长和经济的发展，使其规模日益膨大，其负面效应也越来越严重，结果之一是使地质应力场、地下水动力场、表生地球化学场等发生了不断地变化。这些变化深刻地影响着城市的地质环境，甚至引发地质灾害（图 4.1）。

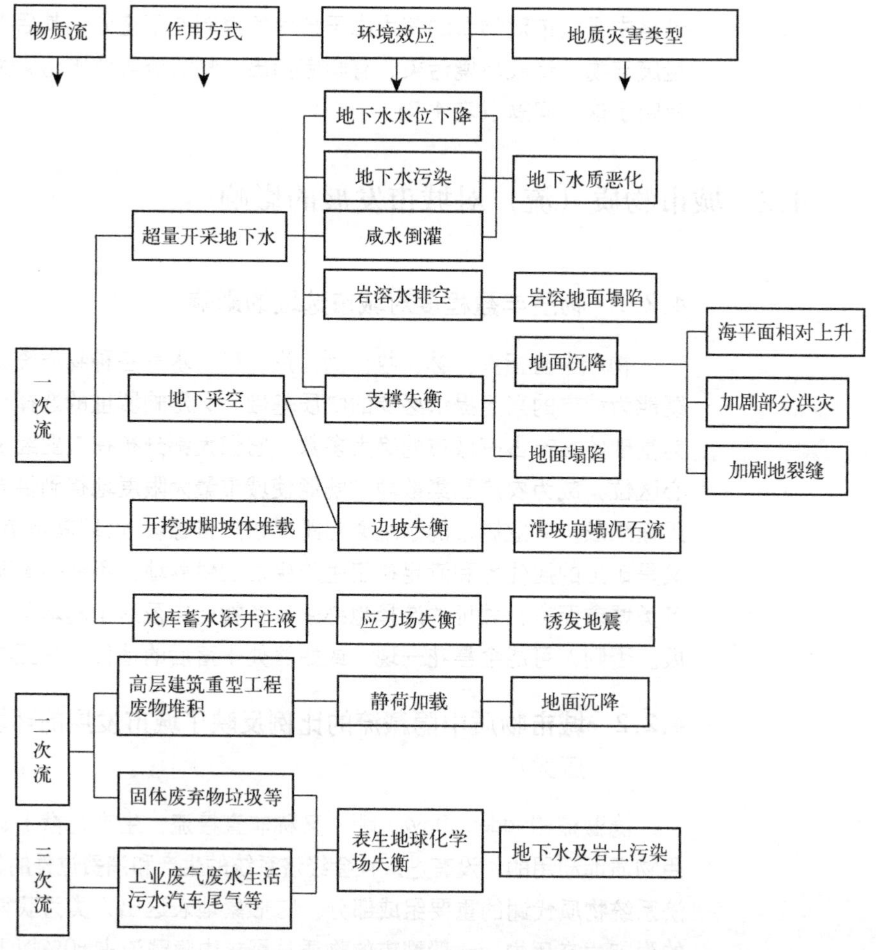

图 4.1　人为物质流与城市地质灾害

来源：罗攀．人为物质流及其对城市地质环境的影响．中山大学学报（自然科学版），2003（6）．

4.2.5 城市物质数量与城市规模的关系

周震峰（2008）对青岛市城阳区1995～2004年的物质代谢量与总人口变化进行相关分析，得到了物质代谢量与人口的相关系数（表4.3）。从表4.3可见，除生物质外，各类物质输入量与人口规模均表现出很高的正相关性。再考察物质输出，由表4.3可见，大气污染物、固体废物和物质总输出与人口因素也呈显著的正相关。

物质代谢量与人口数量的相关系数　　表4.3

人口	物质输入				
	生物质	化石燃料	矿物	制成品	总输入
	0.727*	0.982**	0.959**	0.964**	0.976**
人口	物质输出				
	大气污染物	水体污染物	固体废物	耗散性污染物	总输出
	0.851**	-0.602	0.928**	-0.963**	0.855**

注：(1) ** 表示1%的水平上显著，* 表示在5%的水平上显著。(2) 耗散性污染物主要指农业生产中未被充分利用的化肥、农药等物质。

来源：周震峰．区域物质代谢与人口增长的关系研究——以青岛市城阳区为例．南京人口管理干部学院学报，2008（3）.

4.3 城市物质效应分析之一：城市物质流分析

城市物质效应是指物质进入城市、并被城市使用后产生的各种影响和效果的总和。城市物质效应一般基于物质流分析（material flow analysis，MFA）加以认识。

4.3.1 物质流分析的内涵及意义

物质流分析是从质量出发，将通过社会经济系统的物质分为输入、贮存、输出三大部分，通过研究三者的关系，揭示物质在特定区域内的流动特征的方法。一般采用物理单位（通常用t）对物质从采掘、生产、转换、消费、循环使用直到最终处置进行结算，其分析的物质可包括元素、原材料、建筑材料、产品、制成品、废弃物及向空气和水里的排放物等（马其芳等，2007）。

物质流分析的基础是物理学上的热力学第一定律，该定律适用于一切层次上的物质流分析。任何物质流无论其形态如何变化，但其总质量守恒，即：物质的流入量＝物质的流出量＋物质存量的净变化。物质流分析主要涉及的是物质流动的源、路径及汇。这是物质流分析的显著特征之一。

物质流分析通过对投入到区域内的物质进行全过程追踪考察，可准确掌握区域投入、存储、输出的物质量和废物产生量，它为资源、废弃物和环境管理提供了方法学上的决策分析工具，为调控经济系统与生态环境间物质的流动方向和流量，进而达到减少资源投入量，提高资源利用效率，减少废物排放量的目的，提供了可能。

4.3.2 物质流分析的类型

依据考察目的不同，可将物质流分析分成两大类，具体反映在分析层面和对象的差异上。

第一类是针对具有时空边界的系统所展开的物质流分析（material flow analysis，MFA），对象尺度可以是家庭、企业、城市、区域、国家或更大范围。它关注对象系统中所有各种物质的输入、累积（存储）和输出情况。

第二类的物质流动分析（substance flow analysis，SFA）是关注某一种或几种元素（如铜、铁、铝等金属元素或者氮、碳、磷、硫等非金属元素）、化合物（如PVC、CFC等）或产品的流动过程，通过研究上述对象在特定时空系统中的流动规模、途径、结构与动力机制，从而识别特定环节上减缓资源消耗和减轻对环境负面影响的可行举措。SFA可以在各行业、产品或元素展开。SFA在农业和林业等生态领域的应用起源较早，而对工业物质的研究即工业代谢较晚（石磊，2008）。

4.3.3 物质流分析的框架

物质流分析的基本框架表现了物质的输入、输出、存量的关系。输入的物质中最主要的一部分是由域内自然环境中所开采出的各种原料（domestic extraction，DE），包括化石燃料、矿物质、生物等三部分，由于水资源的需求量较大，所以单列为一类（也有将空气也单列）。此外，输入的物质流还包括从域外进口的成品、半成品和原料，以及与生产这些物质有关的间接流。输入的物质流一方面成为该系统内部的物质净存储（量），如基础设施和耐用产品等；另一方面经过消费，成为通过系统边界返回到自然环境中的废弃物和排放物；此外还有一部分物质通过系统边界出口到域外。物质流分析的基本框架见图4.2。

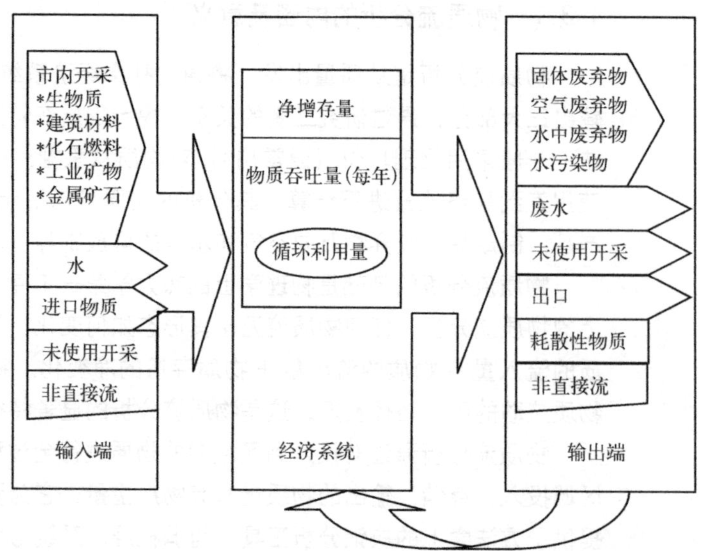

图4.2 物质流分析的基本框架

来源：李丁，汪云林，付允，牛文元．基于物质流核算的数据包络分析——国内19个主要城市的实证研究．资源科学，2007（6）．

4.3.4 物质流分析指标体系

物质流分析主要包括数据收集和整理、指标计算和分析等环节，其中，指标的选择和确定所起的作用较大，通过指标可以了解和监测经济增长所需的资源量和对环境的影响程度。

物质流分析中常用的指标主要有四类，分别是：物质输入指标、物质输出指标、物质消耗指标和物质使用强度及效率指标。各指标的计算公式见表 4.4（刘伟等，2006）。

除了表 4.4 所示的物质流分析指标外，还可以用如下综合指标反映城市物质流状况的某些方面的特征（赵云川，2006），包括：

单位 GDP 物质强度 = 直接物质投入量 /GDP

人均国内物质总排放 = 国内物质总排放量 / 人口数

人均国内生产过程物质排放 = 国内生产过程物质排放量 / 人口数（可细分为单项物质排放量进行比较）

人均国内物质消费 = 国内物质消费量 / 人口数

区域物质流主要分析指标　　表 4.4

指标分类	主要分析指标及计算公式
物质输入指标	直接物质输入量 = 区域内物质提取 + 进口
	物质需求总量 = 直接物质输入量 + 物质隐藏流 + 进口物质隐藏流
	进口物质隐藏流 = 进口物质的原料当量 × 物质隐藏流系数
	区域物质隐藏流 = 物质当量 × 物质隐藏流系数
物质输出指标	直接物质输出量 = 区域内物质输出量 + 出口
	区域内物质输出总量 = 区域内物质输出量 + 物质隐藏流
	总区域输出量 = 区域内物质输出总量 + 出口
物质消耗指标	区域内物质消耗 = 直接物质输入 − 出口
	总物质消耗 = 物质总需求 − 出口 − 出口物质的隐藏流
	物质存量净增长 = 直接物质输入 − 区域内生产排放 − 出口
	物质贸易平衡 = 进口 − 出口
强度和效率指标	环境纳污饱和度 =（大气、水体）污染物年排放量 / 污染物环境容量
	物质消耗强度 = 物质需求总量 / 人口数
	物质生产力 =GDP/ 物质需求总量

来源：刘伟，鞠美庭，于敬磊．区域物质流分析指标体系的研究．中国环境保护优秀论文精选．北京：中国大地出版社，2006.

4.4 城市物质效应分析之二：城市物质代谢分析

4.4.1 城市物质代谢的含义

“物质代谢”（Material Metabolism）是从物质流动的角度，描述物质使用的全过程。对生物圈而言，物质代谢状态良好，生产者、消费者和分解者的功能就越配套和谐，生物圈就朝着良性的方向发展（段宁，2004）。从人类使用物质的角度，物质代谢是指由资源开采、加工制造、产品消费、循环回用、废物处置等五个关键环节所构成的人类社会物质的生产和消费过程。

"城市物质代谢"概念最早由 Wolman Abel 于 1965 年提出，他将城市视为一个生态系统，认为城市物质代谢就是物质、能量、食物等供应给城市生态系统，然后又从城市生态系统中输出产品和废物的过程；1999 年，P.W.G. Newman 扩展了城市物质代谢的概念，认为在城市物质代谢分析过程中还应该考虑人类居住的适宜程度。其在 1999 年发表的论文中将城市物质代谢定义为：基于资源输入与废弃物产出分析的生物系统模式。Graedel 和 Allenby 认为对某一特定地区内部及其边界开展的产业生态学物质流分析即为区域代谢分析（楼俞，2007）。可以发现，城市物质代谢是指城市系统中物质输入、转化、储存以及废弃物排放等代谢过程。

4.4.2 城市物质代谢分析的意义

城市的发展往往伴随着资源耗用、环境污染和生态占用等问题，这些问题可以归结为城市物质代谢在时间、空间尺度上的阻滞与耗竭，其实质是人类与自然关系的生态问题。物质代谢分析可以系统地度量、解析特定时空尺度上的物质通量与分布，通过分析物质流动与资源消耗、经济增长和社会发展的结构变化来研究物质代谢的动力机制与调控策略。相应地，城市物质代谢分析可通过系统解析和度量城市系统的物质通量、分布及其机制，研究城市发展和建设过程中资源、环境和生态问题的形成过程和机理，并据此提出相应的调控策略。不同城市物质总输入与总输出的规模及组成不尽相同，其内部活动类型和影响因素也不同，通过物质代谢系统分析，可揭示不同城市系统的物质代谢特征以及规律（石磊等，2008）。

因此，城市物质代谢分析方法对于认识城市物质流的特征、问题及规律，对于改善城市物质代谢的状态，具有积极的意义和作用。

4.4.3 城市物质代谢分析重点

物质合成、分离、传递和输送以及强化和衰减涉及生物、化学、物理等一系列过程，并涉及不同物质的相互作用（例如一种物质循环率的提高可能导致另外一些物质循环率的降低，新物质的合成可能导致传统物质用量的减少等），因而高度复杂。

城市物质代谢分析的重点，是揭示城市化进程中普遍出现的、重大的机理性问题，并由此建立这些重大机理问题与一系列城市病之间的内在联系。例如，主要元素在典型城市环境下的代谢链网、赋存形态、交换机制及交换方式；重金属元素在城市居民食物链中的运动路径及赋存形态；城市典型水体自净能力的形成和衰退机理，能量和水的城市代谢过程；时空因素对城市物质代谢的影响机理；此外，还包括它们对生态环境、交通拥挤及其污染、人居环境、经济增长、城市居民就业等方面的影响等（段宁，2004）。

4.4.4 城市物质代谢分析的方法

目前，城市物质代谢的分析方法可以分为物质核算法、货币核算法和能量核算法。

物质核算法关注的是物质资源的分类及物质资源平衡表账户，通过收集统计数据分析城市系统中物质从“摇篮”到“坟墓”的整个生命周期的流动过程。但此方法仍有一些无法解决的问题，如核算单位的不统一、物质集成技术的不完善和对能量流的忽视。货币核算法对于分析生态系统服务和自然资本的经济价值是有效的，但是对于城市系统中有些功能的核算是以支付意愿获得的，带有很大的主观性。能量核算法是联系经济系统与生态系统的桥梁，能够提供城市物质代谢核算的统一量度。Odum 创立的能值分析理论，以能值（Energy）这一全新的价值度量尺度为量纲，以能值转换率和能值／货币比为转换介质，克服了传统分析方法中不同能质的能量无法比较和复杂生态系统中能流、物流、信息流、货币流无法统一度量的难题，实现了生态与经济价值的统一评价，使得采用能量核算方法研究城市系统代谢成为可能。

在实际工作中，可以根据情况确定具体的分析方法。

4.4.5 城市物质代谢效率分析

林亲铁等（2006）认为，物质代谢效率可采用如下 3 个参数进行评价，可以应用于城市物质代谢效率分析。

（1）单位产值物质需求量（MDPPV）。它是衡量经济系统某一年单位产值物质消耗总量的指标，可以采用式 4.1 表示：$MDPPV=[(DDMI+EL)+(IDMI+EL)]/TPV$ (4.1)

式 4.1 中，DDMI 为国内直接物质输入量，EL 为生态包袱，IDMI 为进口直接物质输入量，TPV 为总产值。

（2）人均物质消耗强度（AME）。它是衡量经济系统某一年人均资源消耗量的指标，可以采用式 4.2 表示：$AME=[(DDMI+EL)+(IDMI+EL)]/TP$ (4.2)

式 4.2 中，TP 为人口数。

（3）物质生产力（MP）。它是衡量经济系统某一年资源利用效率的指标，可以采用式 4.3 表示：$MP=GDP/MD$ (4.3)

式 4.3 中，MD 为物质需求总量。

一般来说，物质需求总量和物质消耗强度的数值越大，则物质生产力的数值越小，物质代谢效率越低，经济系统越背离循环经济的目标；相反，物质需求总量和物质消耗强度的数值越小，物质生产力的数值越大，物质代谢效率越高，经济系统则越趋近循环经济发展目标。

4.4.6 城市物质代谢的生态效率分析

张妍等（2007）对深圳市的物质代谢的生态效率进行了分析。其步骤是先计算物质代谢的资源效率和环境效率，在此基础上，再计算生态效率。

4.4.6.1 物质代谢的资源效率

从水、能源消耗两方面评估深圳市的资源效率。由表4.5可知，在1998～2004年间，深圳总用水效率、工业用水效率、工业用电效率、工业用能效率等大于1，工业资源消耗的增长速度已小于经济增长速度。总用电效率、生活用水效率和生活用电效率小于1，生活资源消耗的增长速度大于人口增长速度，未实现社会发展与资源消耗的“分离”。

2004年总用水资源效率、工业用水资源效率、工业用电资源效率、工业能源效率分别增长到1998年的1.786、1.956、1.067倍和1.369倍；可见，深圳市工业资源节约工作成效显著。

深圳市资源效率和环境效率　　表4.5

指数	年份						
	1998	1999	2000	2001	2002	2003	2004
总用水资源效率 (X_1)	1.000	1.043	1.134	1.268	1.416	1.624	1.786
总用电资源效率 (X_2)	1.000	0.962	0.879	0.925	0.872	0.899	0.881
工业用水资源效率 (X_3)	1.000	1.062	1.173	1.349	1.496	1.582	1.956
工业用电资源效率 (X_4)	1.000	0.977	0.891	0.966	0.911	1.071	1.067
工业能源效率 (X_5)	1.000	1.030	1.150	1.310	1.254	1.357	1.369
生活用水资源效率 (X_6)	1.000	0.959	0.899	1.037	1.004	0.866	0.853
生活用电资源效率 (X_7)	1.000	0.943	0.876	0.897	1.056	0.918	0.875
废水环境效率 (X_8)	1.000	0.922	1.010	1.361	1.408	1.626	1.760
废气环境效率 (X_9)	1.000	1.013	1.069	1.894	1.442	1.840	1.732
废渣环境效率 (X_{10})	1.000	1.109	1.063	1.300	1.621	1.654	1.689
SO_2 环境效率 (X_{11})	1.000	0.914	0.855	1.040	1.191	1.532	1.978
尘埃环境效率 (X_{12})	1.000	0.986	1.262	1.495	1.439	1.777	1.763
粉尘环境效率 (X_{13})	1.000	1.029	1.007	2.144	2.358	1.568	2.285

来源：张妍，杨志峰．城市物质代谢的生态效率——以深圳市为例．生态学报，2007（8）.

4.4.6.2 物质代谢的环境效率

选择单位工业增加值的工业废水、废气、固废、SO_2、烟尘、粉尘排放量等6项指标分析环境效率，反映工业部门的生产排污水平的高低。由表4.6可知，2004年废水环境效率、废气环境效率、废渣环境效率、SO_2环境效率、烟尘环境效率和粉尘环境效率分别增长到了1998年的1.760、1.732、1.689、1.978、1.763倍和2.285倍。可见，伴随深圳城市化进程的快速发展，工业环境保护工作取得了可喜的成果。

4.4.6.3 物质代谢的生态效率

选取表4.5中列出的13项效率指标进行因子分析，提取出两个主因子（累积贡献率为82.559%），满足了因子选取的原则，可作为城市生态效率分析的依据。第一主因子主要由粉尘环境效率X_{13}、废渣环境效率X_{10}、废水环境效率X_8组成，定义为城市环境效率，最大因子载荷量为0.940；第二主因子主要由

生活用水资源效率 X_6、工业用电资源效率 X_4 和工业用水资源效率 X_3 组成，最大的因子载荷量为 0.875，定义为城市资源效率。据此可以计算出深圳市不同年份的生态效率值（表 4.6）。

深圳市物质代谢生态效率 表 4.6

年份	组分得分		归一化得分		生态效率值
	R	P	R	P	$e=\sqrt{x^2+y^2}$
1998	−0.240	−1.176	0.391	0.183	0.432
1999	0.036	−1.141	0.453	0.191	0.491
2000	0.225	−0.797	0.494	0.267	0.562
2001	−0.695	0.468	0.290	0.548	0.620
2002	−1.642	1.019	0.079	0.671	0.675
2003	1.045	0.596	0.677	0.577	0.889
2004	1.272	1.033	0.727	0.674	0.991

来源：张妍，杨志峰．城市物质代谢的生态效率——以深圳市为例．生态学报，2007（8）．

4.5 城市物质系统可持续发展

以下主要从城市规划、建设的角度，阐述城市物质系统可持续发展的若干问题。

4.5.1 使狭义物质循环向广义物质循环转化

传统的狭义物质循环模式下循环利用的对象多为废金属、废塑料、废纸等回收难度小、价值高的废弃物，对于一些不易回收、经济利益不明显但具有较高生态效益的废弃物弃置不顾。传统的物质循环并未考虑如何提高资源生产效率并从源头减少废弃物产生，其本质上仍具有环境污染的“末端治理”行为的特征，并不能从根本上解决经济、资源、环境的持续发展问题。

广义物质循环的概念（图 4.3），即在采选、生产、消费以及消费后四个环节中，全面开展物质循环，从而实现资源与环境的持续承载。

广义物质循环的四个环节如下：

(1) 资源采选环节的循环：主要体现在通过改进工艺技术和开展综合利用提高资源的开采和利用效率，以及采选部门直接回收在原生资源开采和冶炼过程中产生的废品、废料、废渣等，以最大限度地开发利用原生资源（即图 4.3 中 Rce，其水平与资源利用效率 i 直接相关）。

(2) 生产环节的循环：主要体现在两个层面，即资源替代（图 4.3 中 S）和源头减少（图 4.3 中的 Rd），以及生产企业内部副产物的再利用和生产企业之间副产物及废弃物的再生利用（图 4.3 中 Rcp）。

(3) 消费环节的循环：与绿色消费行为密切相关，既包括消费者的绿色采购，也包括通过发展功能经济，提供产品维修、升级、旧物再用等措施延长产品使用寿命，从而最大化产品使用价值，减少物质消费总量（图 4.3 中 Rcc）。

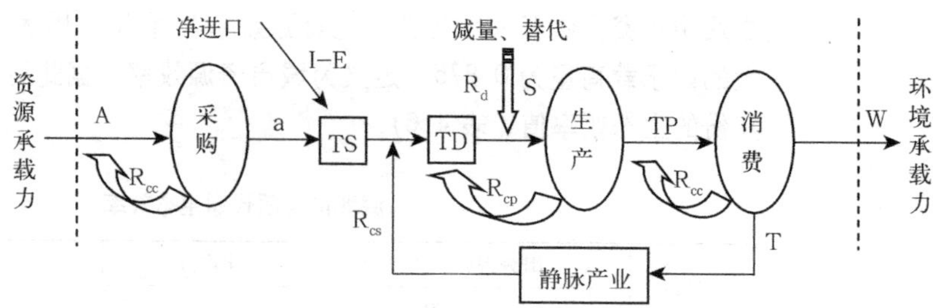

图 4.3 经济系统中广义物质循环模型

图中：A—国内矿石采掘量；a—国内资源供应量；Rce—采选环节的资源循环；a=A×i，其中：i—采选环节生产效率；TS—资源总供给；TD—资源总需求；I—资源进口量；E—资源出口量；Rd—源头减量；S—资源替代；Rcp—生产环节的资源循环；TP—社会总产品；Rcc—消费环节的资源循环；T—社会大系统废旧物资及废弃物回收；Rcs—社会大系统中的资源循环；W—废弃物排放。

来源：赵一平，孙启宏，段宁．广义物质循环模型及对循环经济的政策内涵．中国人口资源与环境，2006(3).

(4) 消费后的循环：即社会大系统中的循环，它以静脉产业为依托，实现废旧物资及废弃物的回收、分拣、加工及再生（图 4.3 中 Rcs），其加工后的再生资源绝大多数再提供给生产部门，与 Rcp 共同构成再生资源主要组成部分。

为了实现广义物质循环，有必要进行专门的城市物质规划，并在规划时将广义物质循环作为重要的指导原则。

4.5.2 城市常见废弃物质的生态化利用

城市物质流可持续发展之一是对城市常见的、大量的废弃物质材料的生态化利用。这种利用既能减少资源的消耗，又能改善环境质量。

4.5.2.1 建筑渣土的减量化、资源化

建筑渣土处置的方式对城市的环境经济有很大的影响，减量化、资源化是建筑渣土处置的基本原则；同时，建筑渣土的处置还应该与建筑设计、城市改造方式等予以紧密结合，才能够形成相对完善的建筑渣土生态化路径（陈子玉等，2006）。

(1) 国内外动态简析

发达国家总体来讲大多施行的是“建筑渣土源头削减策略”，即在建筑渣土形成之前，就通过科学管理和有效的控制措施将其减量化；对于产生的建筑渣土则采用科学手段，使其具有再生资源的功能。

德国对于建筑垃圾一般先粉碎，然后用磁铁除去金属杂质，再用于铺路。日本对于建筑垃圾的主导方针是：尽可能不从施工现场排出建筑垃圾；建筑垃圾要尽可能地重新利用；对于重新利用有困难的再适当予以处理。1991 年制定的《资源重新利用促进法》，规定建筑施工过程中产生的渣土、混凝土块、沥青混凝土块、木材、金属等建筑垃圾，必须送往“再资源化设施”进行处理。1988 年东京都对于建筑垃圾的重新利用率就已达到了 56%。据日本建设省统计，1995 年全日本废弃混凝土的资源化率达到 65%，2000 年则已高达 96%。欧盟也已经提出，2010 年使建筑垃圾再循环率达到 90%以上（谢文海，2008）。

美国的 CY–CLEAN 公司采用微波技术，可以 100%的回收利用再生旧沥青

路面料，其质量与新拌沥青路面料相同，而成本可降低1/3，同时节约了垃圾清运和处理等费用，大大减轻了城市的环境污染；对于经过预处理的建筑垃圾，则运往“再资源化处理中心”。美国被拆除的住宅建筑垃圾的70%（体积）被重新利用（表4.7），而被拆除建筑的垃圾接近所有建筑垃圾的一半（Rodney R. White，2002）。

美国被拆除的居住建筑垃圾去向估算（典型地区） **表4.7**

	体积（立方码*）	重量（t）
材料转换		
再使用和再出售：		
农用木材和覆盖物	49	8
砖	12	17.9
硬木地板	7	1.1
楼梯和楼梯板	4	0.4
窗	2	0.3
再使用和捐赠：		
浴盆／盥洗具／水槽	3	0.7
门	3	0.4
架子	0.5	0.1
橱柜	1	0.2
再循环：		
碎石	88	61.6
金属	13	2.3
沥青屋面板	10	3.5
被转换材料小计	192.5	96.5
被掩埋的材料		
石膏	48	21.6
着色木料	16	4.2
碎石	7	4.9
被掩埋的材料小计	71	30.7
被转换材料的比例	73%	76%

注：(1) 根据约斯特（Yost）1999：181；(2)“被转换材料的比例”以通常的建筑材料密度为基础；(3)“码”为英美体系中的一种基本长度单位，1码=3英尺=36英寸≈0.914米。

来源：Rodney R. White. Building the Ecological City. Woodhead Publishing Ltd, 2002.

(2) 渣土资源化利用的环境经济分析

从渣土的组成成分和目前我国的技术条件来看，渣土资源化不仅是可能的，而且也有很高的环境经济效益。据对南京市房屋建筑工地的调查，每万平方米建筑工地产生的可回收利用的渣土有270t，其利用率为90%左右，除去成本外，其直接的经济效益达65.7元/t。同时，每年排放的建筑渣土中有

1/5是优质黏土，可以直接用来制砖。按照目前的市场情况，每万块空心砖需 18.12m^3 黏土，每块空心砖的价格是0.25元，成本及设备折旧是0.12元。考虑到目前黏土空心砖是用耕地上的黏土作为原料的，对耕地有破坏作用，从环境保护角度看，利用了渣土中的优质黏土数量等同于保护了相对应的耕地数量（陈子玉等，2006）。

（3）我国建筑渣土减量化、资源化的对策

1）从源头构建城市建筑渣土减量化系统　首先，以“改造性再利用”的开发方式改造城市。这是因为，“旧城改造”是产生大量的建筑渣土的重要原因之一，提倡“改造性再利用”可以从根本上减少建筑渣土的产生量。“改造性再利用”就是保持建筑的基本特征，挖掘建筑的最大潜力，给旧建筑以新的活力，使建筑进入新的良性循环。

其次，以可持续发展理念设计城市建筑。在建筑的设计方案上应使建筑物更为坚固，使用耐久性更好的建材，从而使建筑物更经久耐用。在结构设计上应减少建筑垃圾产生，即没有建筑垃圾、没有零头料、没有不能重新使用的辅料。这就要求设计人员在建筑过程中，对建筑材料和建筑构件的通常尺寸有准确的认识，使用建筑材料和构件统一的标准。

再次，应考虑到建筑物将来的维修和改造时便于施工，且建筑垃圾较少。此外，也应考虑建筑物在将来拆除时建筑材料和构件能够再生利用。

2）建立建筑企业内部的建筑渣土循环系统　建筑企业内部的建筑渣土循环系统有重要的意义。可利用相关技术，直接利用建筑垃圾在建筑工地施工；另一方面也可以对建筑渣土采用机械和人工方法进行分类，可回收利用的直接回收利用。

3）构建城市建筑渣土利用系统　建筑渣土是与城市建设相生相伴的，建筑渣土的产生量是与城市建设深度和广度紧密联系在一起的。城市主管部门应将建筑渣土与其他自然资源一样来对待，对建筑单位无法完全利用、排放的建筑渣土，应与城市建设、城市及周边地区的生态环境建设和景观建设结合起来，统一规划和建设；将排放建筑渣土的单位和需要建筑渣土的单位有机地结合起来。同时也应该规划好建筑渣土的排放地，以免产生建筑渣土排放难的问题，也可以避免由此产生的一系列环境和社会问题。城市政府也应将储备的土地作为临时渣土处置场地，按经济规律对政府储备的土地进行“三通一平”的建设。这既可以解决建筑渣土的处置，也使政府储备的土地价格升值，渣土处置的资金也得到增多。建筑渣土的利用范围不应仅限于目前建设单位的用土，而应扩大建筑渣土的利用范围，例如：将优质黏土集中堆放，在堆放地建设黏土制砖厂，同时也应研发、推广直接利用建筑渣土制砖技术等。

4.5.2.2　城市废弃木材循环利用

（1）背景及必要性

木材是城市建设的重要物质之一，也是经济建设的重要物质，木材进口是我国的用汇大户。截至2005年11月，我国进口原木和锯材居世界第一位。进口木材及其制品占全社会木材消费量的比重已由1993年18%上升到 2003 年的 44%，成为继石油、塑料后的第三用汇大户。而中国木材进口依存度由 1996 年的 12%提高到 2004 年的 43.4%，2007 年提高到 65%（曹容宁等，2008）。随着木材制品在城乡建设和人民生活中的大量应用，废弃的木材也日益增多。

废弃木材被称为“第四种森林”，是重要的木材资源，加强废弃木材的循环利用是发展木材工业循环经济的重要措施，对解决我国木材资源短缺，减少环境垃圾处理费用，具有极为重要的现实意义。据美国环保署估计，美国每年有 5600 万 t 废木材和废纸被弃入垃圾堆，这在数量上相当于美国国有林 1990 年采伐额的 3 倍。我国每年产生的城市垃圾总量中废弃木材约为 8500 万 m^3，相当于我国 2004 年木材产量的 1.87 倍（赵昭霞等，2005）。因此，城市废弃木质材料的循环利用具有重要的意义。

欧洲一些国家制定了相关政策和措施，工厂利用城市拆迁的废弃建筑木材、旧家具等生产人造板，可得到政府的环保补贴。德国有一项废旧木材回收的管理法令，将废旧木材详细分类并提出相应的利用方向。我国废弃木材的循环利用刚开始，废弃木质材料利用技术、废弃木质材料资源种类、数量调查技术和性能评价技术、废弃木质材料循环利用技术等水平尚低。对城市而言，城市每年产生大量的废弃木材急需对其进行循环利用。

（2）废弃木材循环利用方式

废弃木质材料循环利用有两种方式，即物质循环利用和能量利用。其中物质循环利用是指对废弃木材回收后进行一次加工，制成各种人造板重新使用，也可以将废弃木材制成活性炭、工业炭或合成气体作为化学原料使用；而废弃木材的能量利用，是指将其作为工业燃料用于锅炉或发电，也可作民用的家庭燃料，详细见表 4.8。

废弃木材循环利用方式 **表 4.8**

利用方式		手段及产品
废弃木材物质循环利用	直接利用	对于那些较粗大的废弃木料如梁、柱、板材、枕木、桥梁及货柜、包装木箱、电缆木盘和进口物资垫舱木、漂沉木、车船解体拆卸下来的材料以及大型的家具等，如果没有腐朽与虫蛀或局部完好，经适当的除污、去缺、修补及翻新等处理后，即可直接再利用，加工成家具、建筑材料等
	循环利用	对废弃的木质材料与纤维资源进行粉碎、削片后再进行深加工利用，主要是加工成各种刨花板、纤维板、木塑复合材料；以及木塑复合材料、再生刨花板、定向刨花板（OSB）、无机胶结人造板
	用作肥料和饲料	将不能再循环利用的废旧木质材料及植物纤维资源在自然或人工条件下，降解或水解作为肥料和饲料使用
废弃木材能量循环利用		根据 2003 年 3 月德国颁布的有关废旧木材回收的管理法令，可以将废旧木材分为四类，其中一、二类废旧木材卖给木材加工厂进行再利用，即通过一次加工制成木屑板、纤维板、或各种家具，也可制成包装材料重新使用。三、四类废弃木材不能用于物质循环利用的，通常都是作为燃料使用，卖给发电厂用于锅炉发电

来源：根据“赵昭霞，孟水平．城市废弃木质材料的循环利用技术．中国资源综合利用，2005（11）”整理。

4.5.3　建材工业生产生态化

4.5.3.1　内涵

建材工业生态化是指在建筑材料的生产、使用、废弃和再生循环过程中，仿照自然界生态过程物质循环的方式对本行业企业生产的原料、产品和废物，其他工业部门产生的废料进行统筹考虑，通过副产物和废弃物的循环利用，既降低环境负荷，又减少企业废物处理成本和部分原料成本，缓解环境污染和经济发展的矛盾，达到资源、环境和经济发展的多赢。具体表现在：与生态环境的协调、满足最少资源和能源消耗、最小或无环境污染、最佳使用性能、最高循环再利用率等。

4.5.3.2　建材工业生态化的原则与内容

传统建材工业对原生资源的需求量很大，而自然界可利用的原生自然资源总是有限的，生态建材的生产对原生资源的利用应该遵循如下原则：不用或少用稀缺的原生资源；要慎用一次性占用的原生资源；科学地使用可恢复或可重复利用的原生资源。建材工业的生态化将使原生自然资源得到有效的利用和保护，自然生态系统得到良好的恢复，自然生态健康与自然资源利用得到统一。

建材工业生态化的具体内容表现在：

(1) 以"零排放"为目标

按照循环经济"减量、再用、循环"(即3R)的原则，最大限度地提高建材工业在能源和物料投入中的生态效率，降低单位产品的资源消费和污染物排放，从根本上解决建材工业目前所存在的资源、环境及发展等诸多方面问题，使建材工业实现在生态化基础上的可持续发展。

(2) 利用废弃物作为原料和燃料

建筑材料的生态化生产正在力求充分利用再生或废弃资源作为建筑材料的原材料，例如秸秆、木屑、再生塑料、粉煤灰、矿渣、煤矸石、石粉等废弃资源都正在成为生态建材的原材料，这种再生或废弃资源的替代也使原生自然资源的耗用得到进一步的减少。建材工业的生态化还利用可燃性垃圾作为建筑材料生产的燃料。人们将利用可燃性废物作为的燃料称为二次燃料。欧洲国家水泥企业以可燃废物为替代燃料所占燃料总量的比重一般在50%左右，最高者已达90%，燃料成本为0，甚至是负值，因而大大提高了其在世界水泥市场的竞争力（张淑焕，2004）。

(3) 建材产品的轻质化

建筑产品的轻型化可以减少自然资源的消耗，也带动了建筑整体的轻型化。如，新型住宅产业的发展正在使建筑的体重在同比的条件下减少1/3～1/2以上，同时，建筑材料的有效利用率提高到95%以上，仅此一项即可以测算出建材工业对原生资源的耗用得到了大幅度降低（薛孔宽，2005）。

(4) 赋予建材产品生态特性

建材产品的生态特性指建筑材料具有减少资源与能源消耗、改善环境的功能。如，环保型混凝土（包括减轻环境负荷型和生态型两大类）既能减少给地球环境造成的负荷，又能与自然系统协调共生，为人类构造更加舒适的环境（徐文远等，2005）。

①减轻环境负荷型混凝土：是指在混凝土的生产、使用直到解体的全过程中，能够减轻给地球环境造成的负担。这类混凝土包括在生产阶段使用免烧水泥和混合材料，减少由于煅烧水泥而产生的CO_2气体排放量；采用工业废渣制造轻骨料，或再生利用废弃的混凝土代替天然骨料，节省天然的矿物质资源，同时减轻固体废渣对环境的污染。在混凝土的施工过程中，具有免振捣、自密实性，减少施工噪声；在混凝土建筑物解体时，将废弃的混凝土再生利用，或开发能够消除混凝土的技术，减少固体垃圾量。

②生态型混凝土：指能够适应动、植物生长，对调节生态平衡、美化环境景观、实现人类与自然的协调具有积极作用的混凝土材料。它的目标是混凝土不仅仅作为建筑材料，为人类构筑所需要的结构物或建筑物，而且它是与自然融合的，对自然环境和生态平衡具有积极的保护作用。目前所开发的生态型混凝土品种主要有透水、排水型混凝土，生物适应型混凝土，绿化植被混凝土和景观混凝土等。

刘砚秋（2009）认为，日本的“生态水泥”生产具有区域共生方式之特点。生态水泥和城镇其他废弃物相组合，在区域再循环系统中处于核心地位（图4.4）。

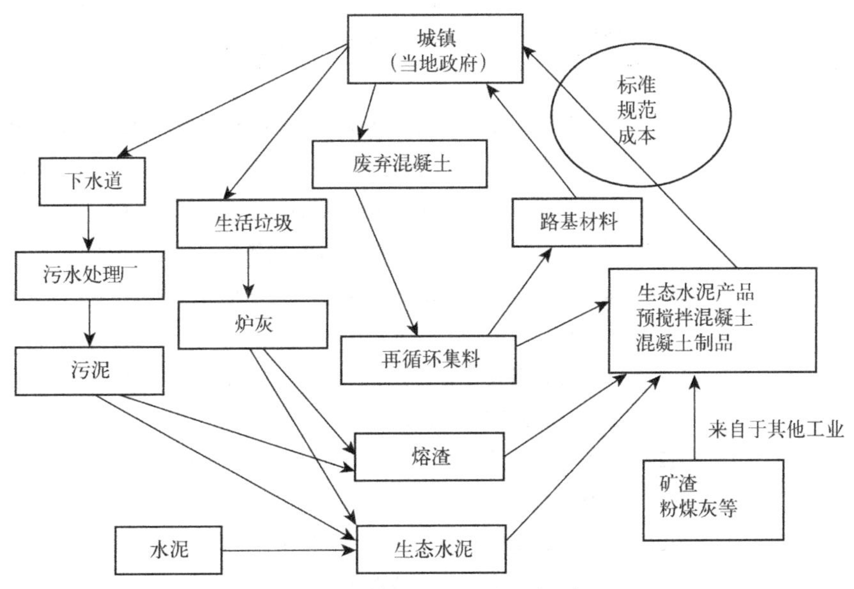

图4.4 生态水泥再循环系统一例

来源：刘砚秋．日本生态水泥的性能、应用与发展．新世纪水泥导报，2009（2）．

■ 第4章参考文献：

[1] Neumann Mahlkau P. Anthropogenic material flow——a geologic factor[A]. 第30届国际地质大会论文集（第2卷）：地学与人类生存、环境、自然灾害[C]. 北京：地质出版社，1999.

[2] Rodney R. White. Building the Ecological City[M]. Abington：Woodhead Publishing Ltd，2002.

[3] Ulrich Bemman，Sylvia Schadlich. Contracting Handbuch 2003. Energiekosten Einsparen：Strategien Umsetzung Praxisbeispiele[M]. Koln：Deutscher Wirtschaftsdienst，2003.

[4] 曹容宁，顾忠盈，问泽霞．中国进口原木存在的隐患及其对策研究[J]．林业经济问题，2008（6）.

[5] 陈子玉，曾苏，曾华．我国城市建筑渣土的减量化、资源化探讨[J]．南京晓庄学院学报，2006（4）.

[6] 段宁．城市物质代谢及其调控[J]．环境科学研究，2004（5）.

[7] 段宁．物质代谢与循环经济[J]．中国环境科学，2005（3）.

[8] 林亲铁，易春叶，唐跃文．循环经济发展中的物质代谢分析[J]．化工环保，2006（2）.

[9] 刘军．基于生态经济效率的适应性城市产业生态转型研究——以兰州市为例[D]．兰州大学，2006.

[10] 刘伟，鞠美庭，于敬磊．区域物质流分析指标体系的研究[A]．中国环境保护优秀论文精选[C]．北京：中国大地出版社，2006.

[11] 刘砚秋．日本生态水泥的性能、应用与发展[J]．新世纪水泥导报，2009（2）.

[12] 楼俞．城市物质代谢分析方法建立与实证研究——以邯郸市为例[D]．清华大学，2007.

[13] 罗攀．人为物质流及其对城市地质环境的影响[J]．中山大学学报（自然科学版），2003（6）.

[14] 马其芳，黄贤金，于术桐，陈逸．物质代谢研究进展综述[J]．自然资源学报，2007（1）.

[15] 石磊，楼俞．城市物质流分析框架及测算方法[J]．环境科学研究，2008（4）.

[16] 石磊．工业生态学的内涵与发展[J]．生态学报，2008（7）.

[17] 谢文海．建材工业环保现状与发展趋势[J]．承德石油高等专科学校学报，2008（3）.

[18] 徐文远，李文忠．混凝土对城市环境的负面影响与环保型混凝土[J]．东北林业大学学报，2005（1）.

[19] 薛孔宽．建材工业生态健康与循环经济[A]．生态健康与循环经济——第二届中国生态健康论坛文集[C]，2005.

[20] 于术桐，黄贤金．区域系统物质代谢研究——以江苏省南通市为例[J]．自然资源学报，2005（2）.

[21] 张淑焕．建材工业的生态化创新[J]．中国建材，2004（4）.

[22] 张妍，杨志峰．北京城市物质代谢的能值分析与生态效率评估[J]．环境科学学报，2007（11）.

[23] 张妍，杨志峰．城市物质代谢的生态效率——以深圳市为例[J]．生态学报，2007（8）.

[24] 赵一平，孙启宏，段宁．广义物质循环模型及对循环经济的政策内涵．中国人口资源与环境，2006（3）.

[25] 赵玉川．循环经济统计的重要模式——物质流核算[J]．中国发展，2006（2）.

[26] 赵昭霞，孟水平．城市废弃木质材料的循环利用技术[J]．中国资源综合利用，2005(11).

[27] 周震峰．区域物质代谢与人口增长的关系研究——以青岛市城阳区为例[J]．南京人口管理干部学院学报，2008（3）.

■ 本章小结

城市物质是构成城市及维持城市运行所必需的成分。城市物质效应是物质进入城市、并被城市使用后产生的各种影响和效果的总和。城市物质流分析和城市物质代谢分析是城市物质效应分析的重要方面。物质流分析通过对投入到区域内的物质进行全过程追踪考察，准确掌握区域投入、存储、输出的物质量和废物产生量，为达成减少资源投入量，提高资源利用效率，减少废物排放量等目标，提供了可能。城市物质代谢分析方法对于认识城市物质流的特征、问题及规律，对于改善城市物质代谢的状态，具有积极的意义和作用。城市物质系统可持续发展的重要方面包括：使狭义物质循环向广义物质循环转化、城市常见废弃物质的生态化利用、建材工业生产生态化等方面。

■ 复习思考题

1. 探讨城市物质（流）对城市发展的影响对城市规划有何意义？
2. 城市物质效应分析除了本章介绍的方法以外，还有无其他的方法？
3. 从城市规划专业角度，城市物质系统可持续发展应如何实施和推进？

第5章 城市能源

本章论述了城市能源的概念、类型及特征，从人类利用能源的阶段、能源对城市发展的影响、能源对城市生态环境的影响等方面分析了能源与城市发展的关系，阐述了城市能源发展趋势，探讨了城市能源系统可持续发展的若干途径。

5.1 城市能源概念与特征

5.1.1 城市能源概念及类型

所谓能源,《能源百科全书》指出："能源是可以直接或经转换提供人类所需的光热动力等任一形式能量的载能体资源。"

通常按能源的形态特征或转换与应用的层次进行分类。世界能源委员会推荐的能源类型分为：固体燃料、液体燃料、气体燃料、水能、电能、太阳能、生物质能、风能、核能、海洋能和地热能。其中，前三个类型统称化石燃料或化石能源。

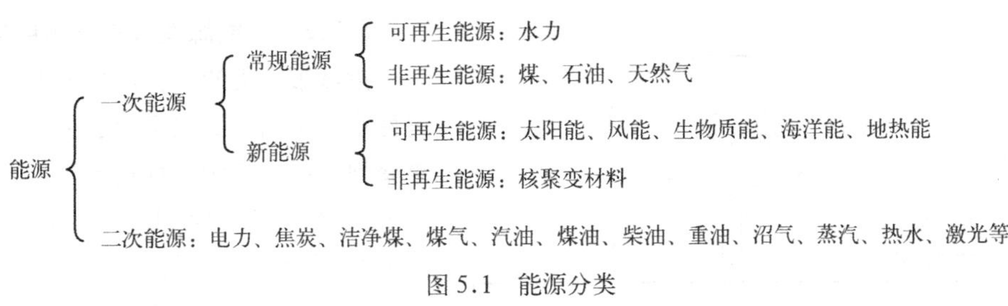

图 5.1　能源分类

来源：根据资料汇总。

根据产生的方式可分为一次能源和二次能源。一次能源是指自然界中以天然形式存在并没有经过加工或转换的能量资源；二次能源则是指由一次能源直接或间接转换成其他种类和形式的能量资源，例如：电力、煤气、汽油、柴油、焦炭、洁净煤、激光和沼气等能源都属于二次能源（图 5.1）。

城市是自然与人工复合生态系统，城市能源是一个由煤、油、电、气、水、热等众多要素所组成的有机综合体。城市的能源由两部分组成：其一，基于太阳的自然性能量环境；其二，来自于城市人类的人工性能源环境（能源供应）。从某种意义上说，人工性的城市能源，是城市得以维持、发展的重要因素之一。

5.1.2　城市能源的特征

能源具有三个基本的特征，即利用的相互替代性，传递与转化性，品质的差异性（封志明等，2004）。城市能源的特征，则有其独特性。

5.1.2.1　构成及运行的系统性

城市能源构成包括煤、油、电、气、水、热等众多要素。从纵向来看，城市能源各要素之间存在着互为前提、互补替代等错综复杂的关系。从横向来看，城市能源系统一般是由生产源工程、输配管线网、终端消费面这三个子系统所组成。作为一个系统整体，为了保证系统运行过程的最优化，这三个环节之间在容量、布局以及发展方向上均应当保持合理的比例关系，并形成最优组合方式，否则不仅会使系统的稳定性受到破坏，而且也必将给社会经济带来较大的损失（雷仲敏，2002）。

5.1.2.2　生产及消费的不均衡性

其一，指城市能源生产消费在空间分布上的高度集中；其二，指城市能源生产消费在时间延续上的波峰起伏。从空间分布来看，由于城市社会生产力的高度集聚，引起社会生产与消费的高度集中。从时间延续过程来看，城市经济活动和社会活动在时间运行过程中表现出一定的波谷起伏，给城市能源的生产消费带来一系列的不均衡。如电力消费的峰顶一般均在白天和上半夜，煤气消费的高峰则在一日三餐之时，热能供应则随季节变化而波动。城市能源在生产上的连续性、稳定性，同消费上所表现的不均衡性，给整个城市能源的生产和经营管理带来了特殊矛盾和问题，对能源管网容量、产品存储调配和整个城市能源产供用的管理，特别是安全运行带来一系列更高的要求（雷仲敏，2002）。

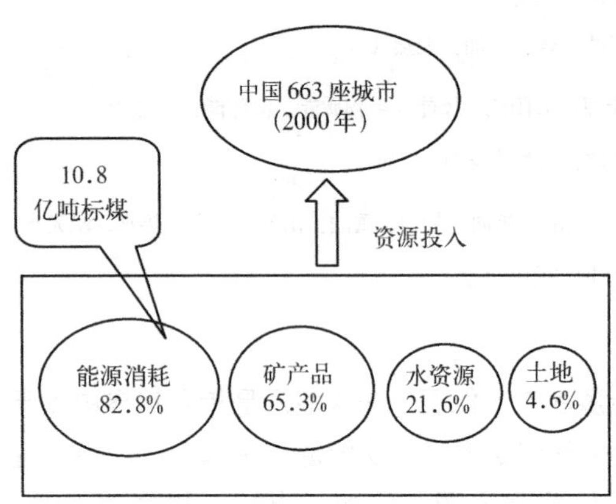

图 5.2 能源消耗在城市的高度集聚
来源：李艳梅．中国城市化进程中的能源需求及保障研究 [D]．北方交通大学，2007.

5.1.2.3 能源消耗在城市中的集聚现象

指城市人类的能源消耗量占人类全部的能源消耗量的比例达到很高的水平。作为能源消耗的集聚地，城市能源消耗占全球能源总消耗的 3/4 左右（严刚等，2007）。2000 年，中国 663 座城市消耗 10.8 亿吨标煤，占全国能源消耗总量的 82.8%。并且，能源消耗集中在城市的比例大大高于矿产品、水和土地等其他资源（图 5.2）。1985 年、1988 年，我国城市能耗比重达 85%以上，2003 年达 90%以上，2010 年、2020 年预测将接近 95%（周宏春等，2007）。

5.1.2.4 城市能源流动的网络

能源进入城市后，不同能源品种在各自的全生命周期内将被进行加工、转换、运输以及使用（消费）。在此过程中，城市能源流动因循着一定的结构网络，各种能源在数量和质量上也将发生一系列的变化（图 5.3）。图 5.4 为上海市能源流动图，反映了城市的能源流向，对不同能源品种在整个流动过程中的质和量予以了标定。

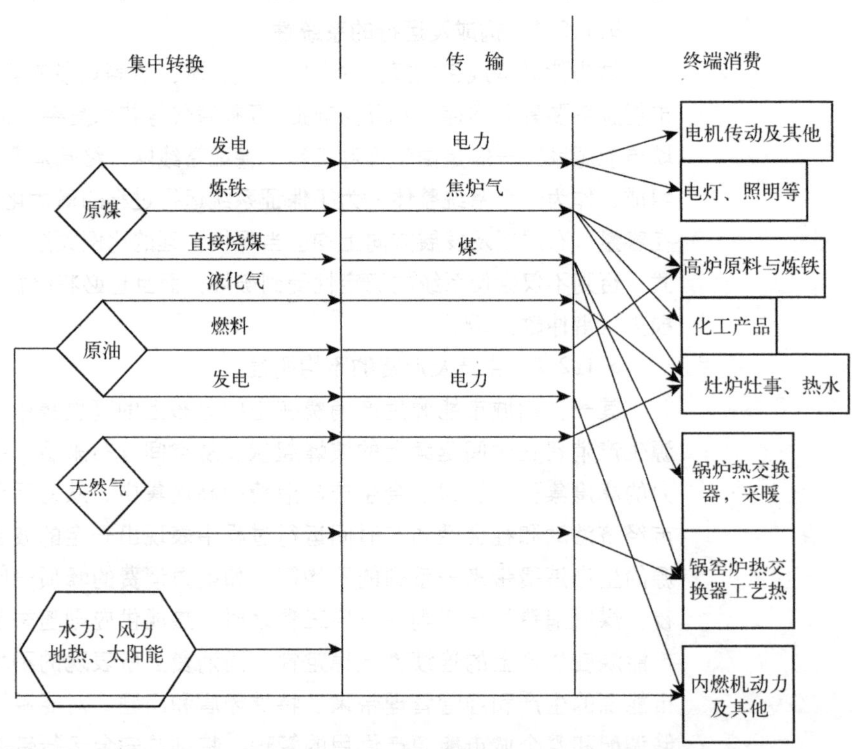

图 5.3 城市能源系统能流结构网络图
来源：张宁．城市能源供应的生态化评价研究 [D]．大连理工大学，2007.

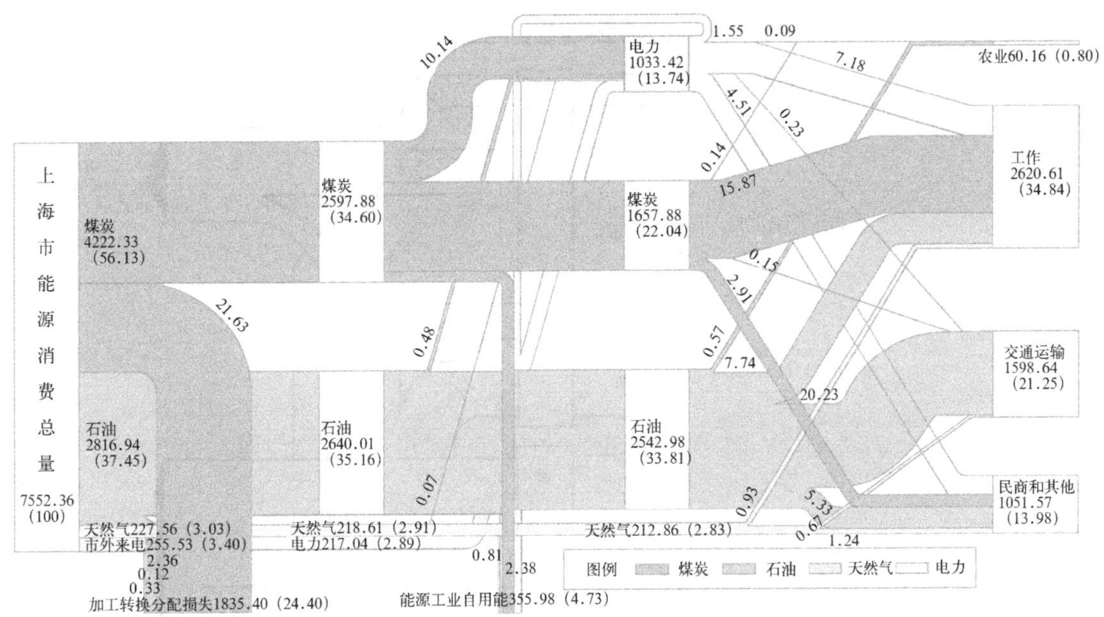

图 5.4 上海市能源流动图（2005 年，单位：万吨标准煤）

注：上图中数字以上海市 2005 年能源消费总量 7522.36 万吨标准煤（调整后的数据）为基数据（取为 100），其他两种数字标注分别是对应标准量以及其所占基数据的比例（以括号形式标注），各流程能源品种以下角标区分，即下角标 1 表示初始能源品种，下角标 2 表示经过加工转换过程后剩余的可直接利用能源品种，下角标 3 表示去除能源工业自用能后，终端消费部门所消费的能源品种。

来源：郝存．上海市能源利用研究及节能策略分析 [D]．上海交通大学，2008.

5.1.2.5 城市能源利用效率

城市能源的物理利用效率也是城市能源的重要特性之一。目前，国际上用于比较分析能源效率的指标是能源生产中间环节的效率与终端使用效率的乘积。中间环节主要包括能源的加工转换和运输分配。终端利用环节主要包括农业、工业、交通运输业和民用商业四个主要部门（表 5.1、图 5.5）。

上海市物理能源利用效率与国际比较 表 5.1

		上海市（2005）	国际先进	备注
1. 中间环节效率		70.87%	74.39%	日本 2000 年数据
2. 终端利用效率				
	农业	33.00%	36.00%	OECD1990 年代数据
	工业	59.57%	80.10%	美国 2002 年数据
	交通运输业	37.44%	46.35%	意大利 2003 年数据
	民用商业和其他	68.47%	74.88%	美国 2002 年数据

来源：郝存．上海市能源利用研究及节能策略分析 [D]．上海交通大学，2008.

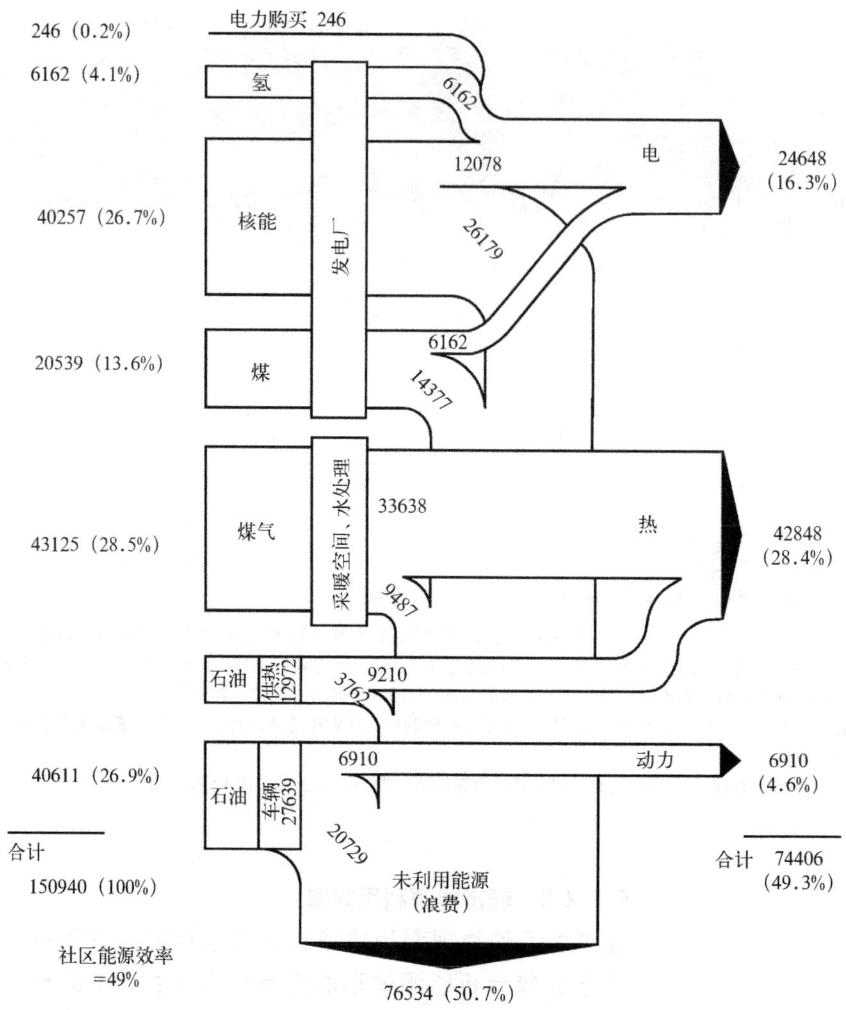

图 5.5　多伦多的能源利用及其效率

来源：Rodney R. White. Building the Ecological City. Woodhead Publishing Ltd, 2002.

5.2　能源与城市发展关系

5.2.1　人类利用能源的阶段与城市发展

在人类的发展历史上，能源一直扮演着重要的角色。以至于有的学者按能源使用类型的不同将人类的历史划分为三个不同的阶段：木柴能源时代，煤炭能源时代以及现在的油气能源时代。从人类开发利用能源的过程来看，可以分成四个阶段，每个阶段使用的能源类型，受能源的可得性、方便性等因素的影响。同时，城市与能源的关系，在每个阶段也发生着变化（表 5.2）。

5.2.2　能源对城市发展的影响

城市在漫长的发展过程中，能源因素对城市发展起着重要的作用。总体而

人类开发利用能源与城市发展的关系 表 5.2

人类开发利用能源的阶段	各阶段特征				城市与能源关系
	时期	主要使用的能源	主要特征及可再生能源的地位	能源使用与环境关系	
第一阶段	工业革命之前	炭薪	能源使用数量较少，可再生能源中的生物质能占主导地位，是低水平上的可持续使用阶段	能源使用未对环境形成威胁	供应充分，两者关系协调
第二阶段	工业革命之后	煤炭为主、石油为辅	大规模、掠夺性开发煤炭与石油。可再生能源未予考虑	能源使用对环境造成的负面影响呈增强趋势	开始形成对立和冲突，城市依赖能源。能源使用对城市环境造成危害
第三阶段	1973 年和 1979 年两次石油危机之后	石油为主、天然气、煤炭为辅	西方国家开始节约能源，提高能效并积极寻求替代石油的新能源，可再生能源提上议事日程	能源使用对环境造成的危害呈爆发态势	对立和冲突加剧，供应紧张。能源使用对城市环境的危害加剧
第四阶段	现阶段	石油、天然气、煤炭、可再生能源共存	继续节约能源与提高能效，常规能源出现短缺、可再生能源进入实际应用阶段，地位重要	总体上能源使用对环境的危害继续存在，局地有所缓和	总体对立和冲突继续存在，局地协调，局地严峻

来源：作者整理。

言，能源对城市选址、规模、人口迁移和城市形象等都有着重要和独特的影响（表 5.3）。从某种意义上而言，城市发展的历史是对能源依赖性越来越强的历史。

能源对城市发展的影响分析 表 5.3

能源对城市选址的影响	人类未拥有先进有效的能源技术、快捷和大体积的运输能力时，城市必须与能源产地直接相连。工业革命之后，能源的集中供应成为可能，加上运输能力的不断改良，城市首先从大型煤炭产地向四周延伸，之后沿着集中能源供应的主线展开
能源对城市规模的影响	当生化能源非常充足时，随着工业现代化进程，巨型城市的增多成为可能。而随着生化能源濒于枯竭，巨型城市也处于崩溃的边缘
能源对人口的迁移及城市化过程的影响	农村人口之所有向城市迁移的一个重要原因，就是由于农村缺乏可使用的有效的能源系统。这是农民迁入城市以及城市化的一种能源角度的解释
能源对建筑和城市形象的影响	当能源和材料的供应非常充足，建筑设计和城市规划得以不受地方条件限制自由地发展，从而使全球建筑走向了统一的建筑形式。这是世界城市面貌千篇一律的能源角度的解释。而一旦能源短缺成为普遍，人们就必须根据当地的气候条件来营造生存空间；全球范围内的城市就会出现多种多样的带有地方色彩的建筑结构、建筑风格和建筑材料，从而出现一种"太阳能建筑的演变"。由此可见，当能源充足时建筑与城市呈现统一而单调的形象，而当能源缺乏时则呈现多变和丰富的状态

来源：根据"（德）赫尔曼·舍尔著．黄凤祝等译．阳光经济：生态的现代战略[M]．北京：生活读书新知三联书店，2000"整理。

5.2.3 能源对城市生态环境的影响

不同的能源类型具有不同的污染效应（表 5.4），故能源消费结构相当程度上决定了城市生态环境的质量。在我国，以煤为主的能源结构是造成我国大气环境恶化的主要原因，85%的二氧化碳排放、74%的二氧化硫排放、60%的氮氧化物排放以及大气中 70%的烟尘由燃煤造成（智静等，2009）。

各类能源的碳排放系数 表 5.4

数据来源	煤炭消耗碳排放系数 t(C)/t	石油消耗碳排放系数 t(C)/t	天然气消耗碳排放系数 t(C)/t
DOE/EIA	0.702	0.478	0.389
日本能源经济研究所	0.756	0.586	0.449
国家科委气候变化项目	0.726	0.583	0.409
徐国泉	0.7476	0.5825	0.4435
平均值	0.7329	0.5574	0.4226

来源：胡初枝，黄贤金，钟太洋，谭丹．中国碳排放特征及其动态演进分析．中国人口．资源与环境，2008（3）．

赵延德等（2007）选取兰州市工业废水排放量等作为城市环境变量，原煤等作为终端能源消费组成变量，对两者做 1990～2002 年间的灰色关联度分析，结果如表 5.5 所示。由表 5.5 可见，原煤、热、电力和燃料油的消费对兰州市环境污染的影响最大，汽油和焦炭影响最小，这与相关变量在能源消费结构中所占的比重相关；以煤、油为主的能源结构及其变化将直接对兰州市环境产生影响，表现在废弃物产生和构成比例上。表 5.6 是 1990～2002 年兰州市能源消费结构与主要大气污染物之间的关联度分析。总体来看，兰州市能源消费结构中各种能源的消费量与污染物排放量的关联度大部分较大，对环境影响也比较显著。

兰州市能源消费结构与环境变量之间的关联度（1990～2002） 表 5.5

	原煤	焦炭	汽油	柴油	燃料油	石油液化气	热力	电力
工业废水	0.858	0.697	0.630	0.763	0.866	0.855	0.777	0.768
工业废气	0.812	0.648	0.527	0.757	0.749	0.604	0.854	0.835
工业粉尘	0.758	0.604	0.485	0.752	0.720	0.640	0.789	0.782
工业固废	0.881	0.654	0.570	0.764	0.771	0.750	0.776	0.777

来源：赵延德，张慧．城市能源消费结构变动的环境效应探析——以兰州市为例．水土保持研究，2007（2）．

兰州市能源消费结构与主要大气污染物之间的关联度（1990～2002） 表 5.6

	原煤	焦炭	汽油	柴油	燃料油	石油液化气	热力	电力
SO_2	0.778	0.570	0.528	0.608	0.773	0.695	0.617	0.612
NO_X	0.707	0.592	0.544	0.635	0.733	0.824	0.643	0.638
TSP	0.854	0.593	0.523	0.696	0.843	0.705	0.716	0.724

来源：赵延德，张慧．城市能源消费结构变动的环境效应探析——以兰州市为例．水土保持研究，2007（2）．

5.2.4 能源与城市发展的若干定量分析

5.2.4.1 城市化与能源关系

较多的学者进行了中国城市化水平与能源需求及供应之间的数量关系分析。Lei Shen 等（2005）的研究结果是中国的城市化水平与能源需求之间存在较强的相关关系，其中，城市化与煤炭、石油、天然气需求之间的相关系数都在0.7以上。城市化水平与能源供应之间也存在密切的关系。Lei Shen 等（2005）的分析结果是中国的城市化水平与煤炭、石油、天然气供给之间的相关系数都在0.8以上（李艳梅，2007）。

耿海青（2004）对1953～2002年中国的煤炭、石油、天然气消费量和城市化率进行拟合，发现相关系数都在0.9以上。谢品杰（2009）研究认为，1981年以来我国人口城市化水平、城市化综合指数对能源消费的弹性分别为1.7097和0.7928，即人口城市化和城市化综合指数每增长1%，能源消费将相应的增长1.7097%和0.7928%。

李艳梅（2007）的研究认为，中国城市化进程中能源消费变化的总体趋势为：平均而言中国城市化水平每提高1个百分点，一次能源消费总量增加0.7亿吨标煤。城市化水平与一次能源消费总量之间存在密切的关系，相关系数高达0.97（图5.6）。表5.7为中国城市化发展与一次能源消费的阶段特征。

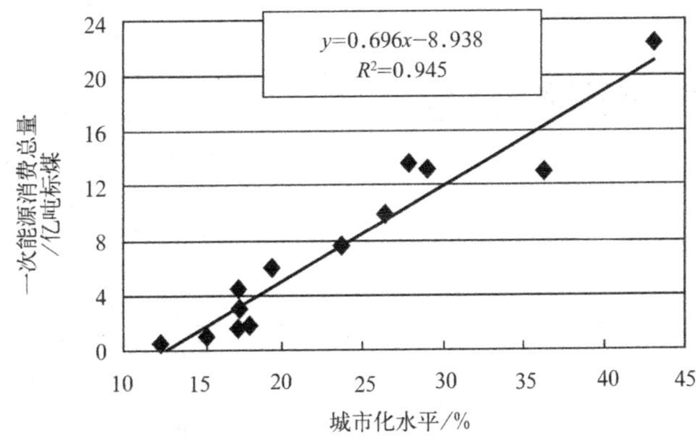

图5.6 中国城市化发展与能源消费总量变化的回归分析（1992～2005）

来源：李艳梅，中国城市化进程中的能源需求及保障研究[D]，北方交通大学，2007.

中国城市化发展与一次能源消费的阶段特征 表5.7

城市化水平与一次能源消费变化特征	1952～1980年	1981～2005年
城市化水平增幅（%）	6.93	22.83
城市化水平年均增长（%）	0.25	0.95
一次能源消费量增幅（亿吨标煤）	5.54	16.39
一次能源消费年均增量（亿吨标煤）	0.20	0.68
一次能源消费量增幅／城市化水平增幅（亿吨标煤/%）	0.80	0.72

来源：李艳梅，中国城市化进程中的能源需求及保障研究[D]，北方交通大学，2007.

5.2.4.2　城市人口和经济因素与能源关系

城市的终端能耗、人均能耗与城市的经济总量、城市人口总量、人均经济量等均具有密切的关系。根据科技部和国家环保总局联合启动的“清洁能源行动”中，中国18个城市的能源与城市经济发展的各项指标做相关分析，可得出中国城市能源利用与城市发展的若干数量关系及其特征，见表5.8。

中国城市能源利用的若干数量特征　　表5.8

因素		相关系数	样本量	意义阐释
城市GDP总量	终端能耗	0.9409	18	正相关关系密切，表明城市经济总量越大，能源消耗越大
城市GDP总量	人均能耗	0.2575	18	具有正相关关系的趋势，提示在一定的情况下，城市经济规模越大，人均能耗有可能也越大
城市GDP总量	单位GDP能耗	−0.3796	18	具有负相关关系的趋势，提示在一定的情况下，城市经济总量越大，单位GDP能耗越小
人口总量	终端能耗	0.620	18	正相关关系比较密切，表明城市人口越多，能源消耗越大
人口总量	人均能耗	−0.1518	18	具有负相关关系的趋势，提示在一定的情况下，人口规模大的城市，人均能耗可能越小。亦即人口规模大的城市，能源效率较高
城市市区人口比例	人均能耗	0.7270	18	正相关关系比较密切，表明城市市区人口比例越大，人均能源消耗越多。亦即城市市区人口是城市能源消耗的主体
农村人口比例	人均能耗	−0.7297	18	负相关关系比较密切，表明农村人口比例越大，人均能源消耗越少。提示：农村人口所消耗的能源远远小于城市人口
城市市区人口比例	终端能耗	0.3622	18	具有正相关关系的趋势，提示在一定的情况下，城市化水平越高，能源消耗量就越大
农村人口比例	终端能耗	0.3622	18	具有负相关关系的趋势，表明在一定的情况下，农村人口比例越大，城市总耗能量越少，亦即城市农村人口耗能量远远少于城市人口
终端能耗	第二产业能耗占城市总能耗比重	0.2812	12	具有正相关关系的趋势，提示在一定的情况下，第二产业能耗占城市总能耗比重越大，终端能耗就越大
终端能耗	人均能耗	0.4671	18	具有正相关关系的趋势，提示在一定的情况下，终端能耗越大，人均能耗也越大
人均能耗	单位GDP能耗	0.5164	18	具有正相关关系的趋势，提示在一定的情况下，人均能耗越大，单位GDP能耗也越大
人均能耗	第二产业能耗占城市总能耗比重	0.7605	12	正相关关系比较密切，表明第二产业能耗占城市总能耗比重越大的城市，人均能源消耗也越多。提示城市第二产业会增加城市的能源消耗
人均GDP	人均能耗	0.644	18	正相关关系比较密切，表明经济效益高的城市，人均能耗较小。提示经济效益高的城市，一般能源利用效率也较高，能源利用效率对于经济效益具有重要的促进作用
单位GDP能耗	第二产业能耗占城市总能耗比重	0.8545	12	正相关关系比较密切，表明第二产业能耗占城市总能耗比重越高的城市，其单位GDP能耗也越大。提示：第二产业能耗对城市能源利用效率起着负面影响，第二产业能源利用效果较低
人均GDP	单位GDP能耗	−0.2509	18	具有负相关关系的趋势，表明在一定的情况下，单位GDP能耗越大，人均GDP越小，亦即能源效率越低，经济效益越低

来源：沈清基．中国城市能源可持续发展研究：一种城市规划的视角．城市规划学刊，2005（6）．

5.3 城市能源发展趋势

5.3.1 城市与世界利用能源总体趋势的一致性

受世界人口不断增加、科学技术的进步和能源可得性不断降低的影响，总体而言，近三十年，世界人均能源消耗量稳中有升，而能源强度（单位 GDP 消耗能源）则不断降低（图 5.7、图 5.8）。

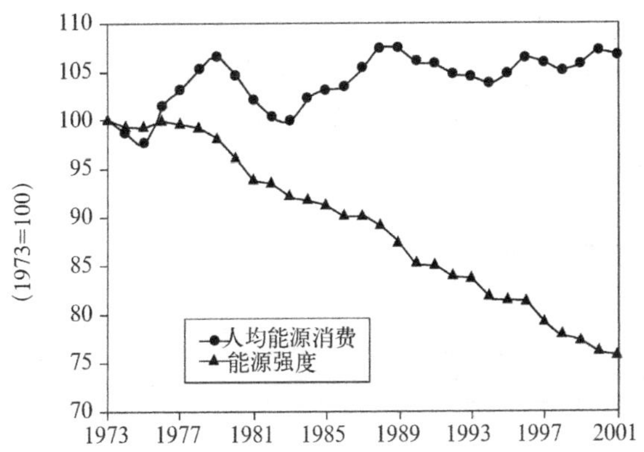

图 5.7 世界人均能源消费与能源强度变化趋势，1973～2000

来源：张九天．能源技术变迁的复杂性研究 [D]．中国科学技术大学，2006.

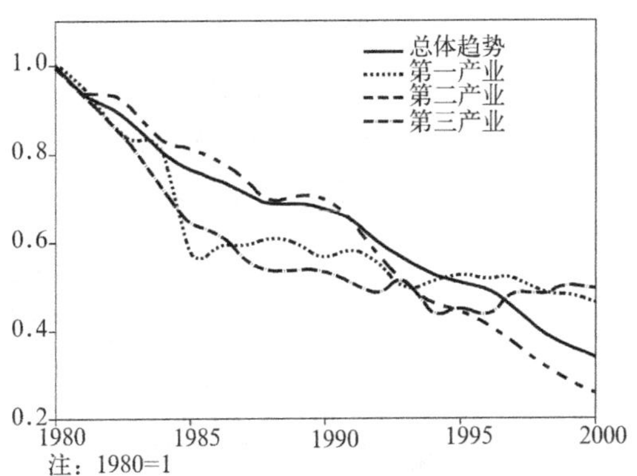

图 5.8 我国能源强度变化趋势

来源：张九天．能源技术变迁的复杂性研究 [D]．中国科学技术大学，2006.

城市的能源利用及消耗与世界利用能源的总体趋势具有部分的一致性。首先，表现在城市无论是能源消耗总量，还是人均消耗量，其数量皆在增加。如，北京 1990 年能源总需要量（标准煤）为 3100 多万吨，2000 年近 4000 万吨，2010 年将达到 5000 万吨左右（http://www.bjpc.gov.cn/fzgh/csztgh/200508/t130_12.htm）。上海 2007 年能源消费总量为 9670 万吨标煤，2008 年为 10207 万吨标煤（《中国能源统计年鉴 2009》）。其次，在能源强度方面，城市也与世界趋势一样，呈下降趋势（图 5.9）。

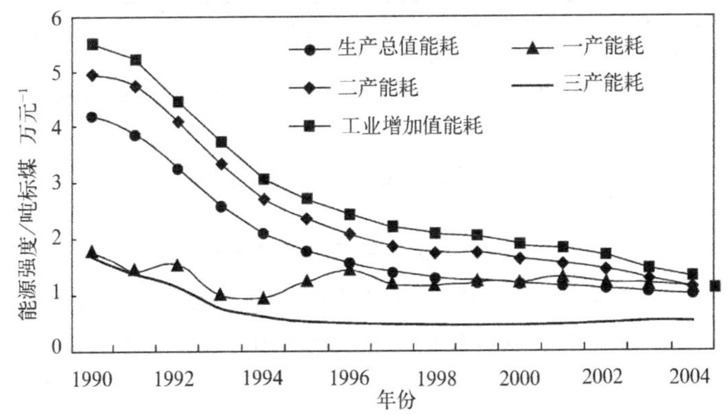

图 5.9 上海能源强度变化（1990～2004 年）

来源：林艳君．上海市能源消费特征极影响因素研究 [D]．华东师范大学，2006.

5.3.2 清洁能源成为城市能源的主要形式

清洁能源指无污染和污染程度小的能源类型，如太阳能、风能、水能、气体燃料及新能源等。从世界各国工业化历程看，无论是终端能源消费结构，还是一次能源消费结构，优质能源（含清洁能源）的比重上升是一个必然趋势。如，日本的新能源（含清洁能源）利用2010年与1999年相比，平均将增长10.7倍（表5.9）。我国2003年发布的《中国21世纪初可持续发展行动纲要》明确提到"改善能源结构，提高能源效率：大力发展天然气、水电、可再生能源、新能源等清洁能源，发展清洁燃料公共汽车和电动公共汽车"等。科技部长万钢（2010）指出，未来城市的发展趋势主要有5大特点，第一个特点即为清洁能源将成为城市能源的主要形式（过国忠，2010）。清洁能源成为城市能源的主要形式，将对城市生态环境起积极的作用，并能够一定程度上提升城市的环境容量。

日本新能源的供求预测情况　　表5.9

		1999年度		2010年度		
		原油换算（万kl）	设备换算（万kW）	原油换算（万kl）	设备换算（万kW）	与1999年度比较
自然能源（可再生能源）	太阳能发电	5.2	20.5	118	482	23倍
	太阳热利用	98	—	439	—	4倍
	风力发电	3.5	8.3	134	300	38倍
	生物质发电	5.4	8.0	34	33	6倍
	生物热利用	—	—	67	—	—
	温差能	4.1	—	58	—	14倍
再利用型能源	废弃物发电	115	90.0	552	417	5倍
	废热利用	4.4	—	14	—	3倍
	废液·废材	457	—	494	—	1.1倍
合计		693（1.2%）	—	1910（3.2%）	—	3倍

需要方的新能源

	1999年度	2010年度	与1999年度比较
机动车清洁能源①	6.5万台	348万台	53.5倍
天然气热电联产（CGS）②	152万kW	464万kW	3.1倍
燃料电池	1.2万kW	220万kW	183倍

注：①包括作为需要方的新能源的电动汽车、燃料电池车、混合型汽车、天然气车、甲醇车、替代柴油的LP燃气车。②包括燃料电池的热电联产。

来源：（日）都市环境学教材编辑委员会编，林荫超译．城市环境学．北京：机械工业出版社，2005.

5.3.3 分布式能源系统的兴起

分布式能源系统是指将能源系统以小规模、小容量、模块化、分散式的方式布置在用户端，双向传输冷、热、电能。由于可以提高能源利用率和供电（能）安全性，实现按需供能以及为用户提供更多选择，分布式能源系统成为全球电力行业和能源产业的重要发展方向。与传统的"集中式"能源系统不同，分布式能源系统依靠在能源消费地区附近安装太阳能电池板或燃气轮机等小型发电设备来有效补充或取代集中供电系统。消费者不仅可以从电网上购电，而且可以向电网销售电力。例如，安装太阳能电源板的家庭可以将未消费的电力销售给电网，从而增加供电总量。分布式能源系统的主要功能是所谓的"智能测量"，这项功能可以使电力实现双向传输。分布式能源系统的能源利用率远远高于将电力从发电厂向终端用户单向传输的集中供电系统（发电厂最终只能将燃料能源燃烧产生的1/3热能转化成电能，而近50%的热能流失，传输环节损耗近10%的热能）。

分布式能源系统同时具有良好的减碳作用。"在2005年，分布式能源系统发电量约占丹麦全国发电总量的一半，而碳排放量比20世纪90年代的水平减少了约一半"（http://www.bjjnhb.com/html/2010-1-14/480.html）。分布式能源系统所具有的提高能源效率的特征，使其成为城市能源系统的发展趋势之一。鉴于分布式能源系统的相关优势与特点，未来城市分布式能源将会是一种城市尺度分散——城区尺度多源集中——终端用户个别用能的模式（龙惟定等，2010）。

5.4 城市能源系统可持续发展

城市能源系统可持续发展具有广泛的内容。其与城市能源消费现状和特点、能源技术的发展、新能源规划重点、未来能源规划重点有关。下面将主要从能源系统与城市规划建设结合的角度，阐述相关的议题。

5.4.1 城市能源生态化供应

城市能源生态化供应是指在整个城市的能源供应链中综合考虑环境影响和能源利用效率的一种现代能源供应模式。它以循环经济、工业生态理论和能源供应链管理技术为基础，其目的是使能源从开采、加工、运输、使用到处理的整个过程中，对环境影响最小且能源利用效率最高，将能源供应链与环境协调起来，最终实现能源供应的可持续发展。其概念模型如图5.10所示。

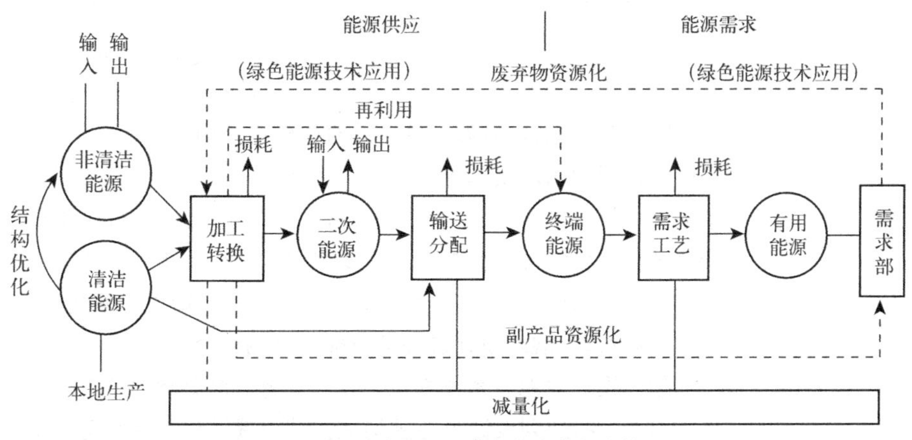

图5.10 城市能源生态化供应的概念模型

来源：陈利顺，戴大双．城市能源生态化供应模型研究．科技情报开发与经济，2006（5）．

5.4.2 城市发展与节能减排相结合

5.4.2.1 城市规划布局举措与提高能源效率相结合

城市规划及建设对城市的能源消耗具有重要的、长远的影响，将提高城市能源效率与城市规划的布局相结合，是城市能源系统可持续发展的重要方面。加拿大埃德蒙顿市阿伯塔邻里单元的能源效率战略致力于有意识地规划设计节能的邻里，通过各种促进节能的城市规划措施的综合运用，希望能够从整体上减少能源消耗和温室气体排放，同时又能复兴中心城区（表 5.10）。

加拿大埃德蒙顿市阿伯塔邻里单元的能源效率战略（部分） 表 5.10

1. 地区能源：明确能源使用的基本水平（密度），分布（用户数目）和多样性（使用时间）。紧凑的城市形态有利于小规模的地区能源生产
2. 水资源保护：减少水的需求，以减少上下水基础设施的能耗和排放物
3. 再循环和再利用：如生活垃圾堆制肥料，白色垃圾收集和工业中的再循环，这些都减少了填埋的垃圾量，因此也减少了运送垃圾的交通运输能耗
4. 当地的能源：地热、风能、太阳能、生物能、区域供热供冷、燃料电池能等等，开发一些当地的能源成为可能
5. 街道方向：街道方向在东西轴向偏离 30 度以内，以最有效地获得被动式太阳能和使用光电器的条件
6. 混合土地使用：当将越多的不同服务设施综合在一起，就能更多地减少交通量。而且，允许一些基本的服务设施配置在邻里单位附近，人们更可能以步行的方式完成日常出行
7. 多用途建筑和能源生产：多用途使用建筑可以使热和电力能耗更加平稳，增加使用当地能源的可行性
8. 多用途建筑和余热利用：很多商业活动都是热源，而居住区都是耗热单位。混合使用建筑，尤其像商业在底层，住宅在上层的形式，有利于能源节约
9. 街道网络：设计一种“出色的”街道网络，使邻里单元内具有更短的街区，这样可鼓励步行交通。街道设计考虑减少沥青使用，以减少生产沥青的能源消耗
10. 景观：景观设计要考虑建筑和风、太阳之间的关系，这样有利于减少采暖制冷对能源的消耗
11. 太阳方向：建筑的布置要有利于太阳能的利用，建筑的长边应朝南
12. 太阳能地区：制定特殊的标准，包括：屋顶倾斜度，太阳光照的要求，街道朝向和景观设计导则等。这些标准可以被应用于特殊的邻里单元（可能用于那些当地电力供应有限制的地方）或是城市区域
13. 反射率：建筑的颜色和其周边的环境对能源使用的影响很大。深色的建筑立面在暑期会产生过量的热量，增大空调负荷，对建筑外部环境产生更多不舒服的热量。在寒冷地区，有阳光的气候里，深色的建筑在冬天可以吸收热量

来源：Silsbe, Erin J. An Alternative to Sprawl: Using Energy Planning as a Tool for Urban Revitalization. M.E.Des:University of Calgary (Canada). 2002，转引自：林忠航，考虑能源的城市规划研究 [D]，同济大学，2007.

5.4.2.2 城市发展与减少二氧化碳排放相结合

城市规划布局及其运行都将产生和排放一定数量的二氧化碳，同时，排放量的大小与城市的能源结构也有一定的关系。因此，减少城市二氧化碳的排放量，既要优化城市能源结构，又要采取包括土地使用、交通运输、节约能源等在内的综合措施。表 5.11 为意大利博洛尼亚市减少二氧化碳的策略。

5.4.2.3 规划设计过程与节能减排相结合

规划设计对能源系统影响巨大，且将进而影响到城市及区域生态环境的质量。因而，将规划设计与能源消耗、节能减排相结合具有重要的意义。杨经文（1999）在论及生态设计的要点时，将生态设计与能源系统联系在一起，他指出，

意大利博洛尼亚市减少二氧化碳的策略 表 5.11

土地使用和固体垃圾	
1.	原料再循环：
	• 建造垃圾焚烧炉，为地区提供热能
	• 利用垃圾填埋场产生的沼气
	• 污水处理厂的废热再利用
2.	重新造林
	• 通过在草地上植树和灌木增加公共绿色空间单位面积的生物数量
	• 扩大公共绿色空间
空气质量和能源	
3.	交通运输
	• 提高公共交通系统的效率
	• 重建城市轻轨系统，并与地区铁路系统同步完善
	• 在城市中心区减少私人汽车出行
	• 为城市工人提供公交卡
4.	城市规划
	• 促进公共交通的发展
	• 扩大区域供热
	• 扩充节约能源的建筑法规
5.	能源节约
	• 减少医院、大学、居民区和政府机构的能源消费
	• 扩大天然气的供应范围
	• 发展新型住宅区，建设新型医院联合体
	• 对民用建筑供能设备进行改造
6.	可再生能源
	• 挖掘河渠系统水力发电的潜力
	• 在体育中心安装被动式太阳能热水器
教育	
7.	通过新的能源和环境机构对如下对象开展教育
	• 商业企业
	• 市民

来源：地方环境项目国际理事会，2000，细节来自：http://www.iclei.org/apiaiis/bolognap.htm and http://www.idei. org/aplans/portlup. Htm, Rodney R. White. Building the Ecological City[M]. Abington：Woodhead Publishing Ltd，2002.

生态设计就是要尽量全面地确保一个设计对生态系统和生物圈内的不可再生能源产生最小的负面影响（或者产生最大的有益影响）。生态设计的最低目标，是在目前的技术水平条件下设计一种物质和能源消耗较少的生活方式。

具体而言，城市规划设计过程与节能减排相结合主要包括：城市发展模式、城市布局、城市交通以及建筑设计等方面（表 5.12）。

规划设计过程考虑减少能源使用　　表 5.12

措施	内容
将城市发展模式与节约能源相联系	混合型土地使用、紧凑发展，使就业、居住和游憩功能彼此接近，分享基础设施，提供更多的使用公共交通的机会，减少能源消耗
城市布局结构考虑能源因素	城市布局尊重自然生态气候因素对城市人工环境形成的重要作用，城市人工环境与自然环境紧密结合，充分利用城市地区的可再生能源。建筑和街道尽可能面向太阳，街道的走向应有利于通风和防风。在居住区内引入不污染环境的生产活动，使生活和工作紧密结合，减少交通方面的能源消耗和环境污染
从降低能耗的角度考虑交通问题和交通规划	(1) 城市发展保持一定的人口密度。因人口密度越高，人均交通能耗越低；(2) 采用多中心的城市模式。因城市中心数量越多，越分散，交通能耗越少；(3) 增加中心区道路面积。因为该面积的增加可以减少因中心区交通拥挤带来的额外交通能耗；(4) 发展大运量低能耗的城市公共交通
重视建筑及设计对能源使用的作用	(1) 尽可能就地取材，减少材料运输的能源消耗，同时也有利于形成建筑的地方特色；(2) 优先使用可再生的原材料；(3) 在技术和经济允许的条件下，应用多功能、高效能的保温隔热材料以及性能优良的生物材料；(4) 增加建筑的使用寿命，以减少单位时间内资源消耗量；(5) 建筑设计中将保持生态持续性的能源作为建筑能源系统的动力，通过采用现代科技，扩大太阳能、风能和沼气的适用范围

来源：作者整理。

5.4.3　应用各类能源指标体系为调控城市能源系统奠定基础

5.4.3.1　城市能源安全指标体系

城市能源安全指：在国家能源安全得到保障的前提下，城市通过多元化的来源渠道和高效、稳定的基础设施为可持续发展提供充足、经济、可靠的能源供应（付峰等,2006）。城市能源安全主要指能源供应的稳定性(数量与质量方面)(表 5.13)，同时，能源使用的环境影响与能源效率也可作为能源安全的考量因素（表 5.14）。

城市能源安全指标体系结构　　表 5.13

指标	统计指标	基础数据
供应源	生产消费比	市辖一次能源生产量 / 城市总能耗
	加工消费比	市辖二次能源生产量 / 城市总能耗
	渠道多样化	—
	商业库存量	单种能源市辖企业库存量（煤制品、油制品）/ 单种能源城市日平均消费量
输配系统	单位能耗能源投资额	城市所在省份今年能源投资额总和 / 城市所在省份相应年份能源消耗量总和
	城镇人均可支配收入	城镇人均可支配收入
应急措施	能源应急机制	—
外部资源调配能力	行政级别	—
	影响范围	—

来源：付峰，张鹤丹，王惺，麻林巍，李政．中国城市能源安全指标体系研究．中国能源，2006（4）．

城市能源安全评价指标体系　　表 5.14

评价目标	要素指标	评价指标
城市能源安全评价指标体系	能源供应状况	能源自给率
		能源储备量

续表

评价目标	要素指标	评价指标
城市能源安全评价指标体系	大气环境质量状况	城区 SO_2 年日平均浓度
		城区 NO_2 年日平均浓度
		城区 PM_{10} 年日平均浓度
	能源效率指标	人均能耗
		万元 GDP 能耗

来源：孙天晴，马宪国．城市能源安全指标体系评价模型实证研究．开发研究，2007（6）．

5.4.3.2 城市能源系统评价指标体系

城市能源体系是一个复杂的系统，其在发展演化过程中，会不断地呈现出各种共性和特性问题。对一个特定的城市而言，需要借助一套指标体系，判断和评价城市能源系统的状态和运行态势。城市能源系统的指标体系应能表征能源体系的概貌、健康状况等特征。张鹤丹等（2006）提出的城市能源指标体系选择了 3 个主题、8 个次主题和 22 个指标（表 5.15）

城市能源系统评价指标体系　　表 5.15

主题	次主题	指标
规模	生产规模	一次能源产量
		二次能源产量
	消费规模	城市总能耗及其占全国的比例
		城市总能耗年均增长率
		能源分品种消耗量（煤油气电）
		规模以上工业能耗
		主要高耗能产品产量
		机动车保有量
强度	能耗强度	万元 GDP 单耗
		万元 GDP 电耗
		万元 GDP 单耗年均增长率
		工业能源消费强度
	用能水平	能源消费弹性系数
		电子消费弹性系数
		人均能耗
		燃气普及率
可持续性	经济	相对能耗指数（EI）*
	环境	当前空气质量（SO_2，NO_2，可吸入颗粒物）
		可开发后备能源
	社会	能源投资力度
	体制	重大社会经济事件
		城市行政级别

注：* 城市能耗相对指数 EI 为各市实际的万元 GDP 能耗与该市万元 GDP 能耗参考值（REPG）的比值。该衡量指标反映了各市能耗强度与中国可持续发展模式下能耗强度的对比，为不同经济发展水平的城市能源消耗强度互相比较提供了较好的依据。

来源：张鹤丹，王惺，付峰，白泉，李政．中国城市能源指标体系初探．中国能源，2006（5）．

5.4.3.3 城市能源供应的生态化评价指标体系

城市能源生态化供应的本质是以循环经济、工业生态理论为基础，在整个城市能源供应链中综合考虑环境影响和能源利用效率的现代能源供应模式，使得能源从转换、传输到消费的整个过程中，对环境影响最小和能源利用效率最高，最终实现能源供应的可持续发展。综合而言，城市能源生态化供应指标体系构建的目标主要包括：①优化城市能源的配置；②改善城市的生态环境；③综合衡量城市能源供应各领域之间的协调程度，以便政府确定城市能源生态化供应进程中的优先顺序，同时给决策者了解城市能源供应情况提供有效的信息工具（张宁等，2007）。表 5.16 为城市能源供应的生态化评价指标体系。

城市能源供应的生态化评价指标体系　　表 5.16

A 名称	B 名称	C 名称	三级指标说明
城市能源生态化供应水平	能源结构优化水平(B1)	煤炭占能源消费比重（C_1）	煤炭使用量／能源使用总量 ×100%
		燃气占能源消费比重（C_2）	燃气使用量／能源使用总量 ×100%
		电力占能源消费比重（C_3）	电力使用量／能源使用总量 ×100%
		可再生能源占能源消费比重（C_4）	可再生能源使用量／能源使用总量 ×100%
		能源消费弹性系数（C_5）	能源消费量年平均增长速度／国民经济年平均增长速度
	能源减量化利用水平(B2)	燃煤转换率（C_6）	燃煤加工转换产出率／煤投入总量 ×100%
		燃煤集中供热率（C_7）	燃煤供应面积／总供热面积 ×100%
		能源输送设备生态化改造率（C_8）	单位 GDP 能耗（万吨标煤／万元）
		节能设备普及率（C_9）	表示能源设备普及水平（100%）
		单位 GDP 能耗（C_{10}）	表示节能知识普及水平（100%）
		节能知识普及率（C_{11}）	对城市能源输送设备生态化改造进行资金投入
	能源循环利用水平(B3)	电厂余热利用率（C_{12}）	电厂余热利用量／供热总量 ×100%
		企业废物排放率（C_{13}）	企业废气排放量／废气排放总量 ×100%
		城市垃圾发电率（C_{14}）	城市垃圾发电量／供电总量 ×100%
		城市垃圾供热率（C_{15}）	城市垃圾供热面积／总供热面积 ×100%
		燃煤废弃物利用率（C_{16}）	燃煤废弃物的利用水平（100%）
	生态环境质量水平(B4)	城市垃圾无害化处理率（C_{17}）	城市垃圾无害化处理量／城市垃圾总处理量 ×100%
		燃煤废气处理率（C_{18}）	燃煤废气处理量／废气总量 ×100%
		火力发电废气排放率（C_{19}）	火力发电废气排放量／工业废气总量 ×100%

来源：张宁，戴大双，谢猛．城市能源供应的生态化评价研究．沿海企业与科技，2007（5）．

5.4.3.4 能源生态足迹评价

能源使用的高效性是能源系统可持续发展的重要特征之一。从生态足迹角度而言，能源生态足迹是能源使用造成的各类影响的综合表征，实际上也明确地反映了能源效率的状况。能源足迹的生态化水平较高则是人均能源生态足迹、能源生态足迹产值、能源生态足迹强度等方面具有较好的符合生态经济效率的表现。其中，能源生态足迹产值（Value of energy foot-print，VEF）体现单位能源生态足迹产生的经济价值，定义为人均 GDP 与人均能源生态足迹的比值。通过 VEF 分析，可将某一国家（区域）经济与能源、生态环境发展定量化处理，探索其能源效益与发展趋势。当 VEF 较高时，其意义为：经济发展较良好；单位土地面积产值较高；单位能源生态足迹创造的经济价值较高等。能源生态足迹强度（Energy footprint intensive，EFI）则是能源生态足迹与 GDP 的比值，表征每增加一个单位 GDP 所需要占用的能源足迹面积。EFI 越大则能耗越大，能源足迹效益越差（邹艳芬，2009）。

邹艳芬（2009）对中国 1980～2007 年的能源生态足迹进行了测度，能源种类包括煤炭、石油、天然气、水电 4 类，GDP 按照 1978 年的不变价折算（表 5.17）。

中国 1980～2007 年能源生态足迹测度表　　表 5.17

年份	人均能源生态足迹（hm^2/人）	能源生态足迹产值（万元/hm^2）	能源生态足迹强度（hm^2/万元）	年份	人均能源生态足迹（hm^2/人）	能源生态足迹产值（万元/hm^2）	能源生态足迹强度（hm^2/万元）
1980	0.42	0.11	9.44	1994	0.70	0.47	2.11
1981	0.41	0.12	8.52	1995	0.74	0.60	1.68
1982	0.42	0.13	7.97	1996	0.78	0.70	1.42
1983	0.44	0.13	7.65	1997	0.75	0.84	1.19
1984	0.47	0.14	7.10	1998	0.71	0.96	1.04
1985	0.50	0.15	6.47	1999	0.69	1.05	0.95
1986	0.52	0.18	5.70	2000	0.67	1.14	0.88
1987	0.55	0.19	5.23	2001	0.71	1.19	0.84
1988	0.58	0.21	4.80	2002	0.76	1.23	0.81
1989	0.59	0.23	4.28	2003	0.81	1.27	0.79
1990	0.60	0.26	3.86	2004	0.88	1.31	0.76
1991	0.63	0.28	3.57	2005	0.93	1.45	0.69
1992	0.64	0.33	3.04	2006	0.96	1.57	0.64
1993	0.67	0.39	2.57	2007	0.98	1.71	0.58

根据 1978～2008 年中国统计年鉴及能源年鉴计算得出。
来源：邹艳芬．中国能源生态足迹效率估计．中国矿业，2009（8）．

显然，可持续发展的城市能源系统的能源足迹应在“人均能源生态足迹”、“能源生态足迹产值”、“能源生态足迹强度”三个方面都具有较优的状态，这是提高其能源效率的重要途径和环节，实际上也是能源系统具有“高效性”和“生态性”的最重要的表现之一。

5.4.4 将可再生能源与城市可持续发展结合起来

5.4.4.1 将城市可再生能源发展规划纳入规划体系

在世界范围内，可再生能源已经引起各国城市的高度重视。欧盟上世纪末启动的可再生能源行动计划中，将建立 100 个可再生能源聚居点作为重要的目标之一。在城市可再生能源规划方面，2006 年 1 月 1 日起正式生效的《中华人民共和国可再生能源法》第八条规定：“省、自治区、直辖市人民政府管理能源工作的部门根据本行政区域可再生能源开发利用中长期目标，会同本级人民政府有关部门编制本行政区域可再生能源开发利用规划，报本级人民政府批准后实施"。这表明，城市可再生能源规划已经成为国家规定的规划类型之一。

已经有一些地区和城市进行了可再生能源规划。如香港的《可持续发展：为我们的未来作出抉择》（香港可持续发展委员会，2004）对香港为何要考虑可再生能源、香港发展可再生能源的领域、规模、代价、正负效应和可能情景，以及香港发展可再生能源的若干关键问题做了分析和阐述。柳州市城市可再生能源规划通过对柳州市可再生能源利用现状和问题的分析，论证了该市发展可再生能源的必要性和迫切性，并论述了实现这一规划的技术措施、政策保障等（公旭中等，2003）。

城市不仅要考虑能源规划，而且还应该考虑可再生能源规划。城市可再生能源规划只有与城市规划协调、配合，才能收到效果。目前，我国已经将发展可再生能源置于国家可持续发展战略的高度，城市规划在这方面应该有所作为，将可再生能源规划作为城市规划的重要组成部分。城市可再生能源规划要根据条件在城市的各个层次展开。欧盟的可再生能源行动计划，分别将建筑群、新居民小区、疗养地、小村庄及封闭的岛屿和山区小镇、农村较大的居民区、现有的乡镇及大岛屿作为可再生能源规划的不同的层次（吕东等，1999）。这对我国具有借鉴意义。

5.4.4.2　致力于可再生能源与城市元素的一体化

可再生能源的重要特点之一，是将大自然的能量转变为能源，这一转变过程需要借助于物质性的媒介，而城市中大量存在的物质性元素，如建筑、道路、广场等都提供了良好的生产可再生能源的"媒介"及其载体。因此，致力于可再生能源的生产与城市元素的一体化既是一个非常重要的命题，也是一个实际可行的领域。欧盟可再生能源政策白皮书就将社区内可再生能源一体化作为欧盟可再生能源开发的重要组成部分之一（白华，1999）。

对建筑而言，应赋予其"生产性"的特征——即生产可再生能源的能力。如生态建筑可以利用太阳能电池板生产电力，亦可在屋顶绿化生产氧气和水。《加拿大城市绿色绿色基础设施导则》（A Guide to Green Infrastructure for Canadian Municipalities）认为，在建筑物的层面上，一体化的绿色基础设施系统（其中重要的内容之一是可再生能源）可体现在墙、屋顶、入口和其他建筑物的组成成分上，它们应能够获取能量、水和风并使之容易传输，处理和隔绝污染。这些收集和隔离系统使建筑能够生产清洁的水及再生水、光伏电等。在邻里的层面上，这一系统则与土地使用和其他的资源流整合在一起（Sebastian Moffatt，2001）。要提高建筑的生产和利用可再生能源的能力，需要加强建筑与太阳能的一体化设计。在我国，"建材型太阳能发电系统和太阳能热水系统"是实现我国太阳能与建筑一体化的重要方向。

此外，庭院灯、路灯、栅栏这一类小型的城市元素，都可与可再生能源的生产相结合。生态厕所、生态墙（体）、太阳能住宅、太阳能办公楼、太阳能校舍、太阳能厂房、太阳能库房、太阳能干燥房、太阳能温室等、太阳能人工湖、太阳能游泳池、太阳能取暖制冷门窗等，也都是城市元素与可再生能源一体化的典型事例。

5.4.4.3 将“转废为能”(Energy from Waste)作为城市可再生能源利用的重要方面

《能源百科全书》指出:“能源是可以直接或经转换提供人类所需的光、热、动力等任一形式能量的载能体资源。”这一定义部分说明了转废为能是能源的重要来源之一。纵观全球，各国的城市垃圾均以快于其经济增长近3倍的速度增长，我国城市垃圾的排放量正在以每年递增10%以上的速度增长，超过了世界平均增长的速度(战廷文等，2002)。已经对城市环境构成日益严重的威胁。

有学者指出，城市中“生物质能开发应以发展城市垃圾发电为主。”我国城市生产过程中物质利用率低，生活垃圾产生量大，消解城市大量的废弃物既是解决城市环境污染的重要方面，也是解决城市能源的重要途径，“转废为能”在我国城市有着极大的潜力。发达国家的城市都将城市垃圾发电作为重要的能源来源之一。日本垃圾焚烧处理总量达全国城市垃圾总量的87%(2002年)。大阪市几乎对全部应焚烧的垃圾都进行了处理。瑞士、新加坡等国家垃圾焚烧发电普及率也均达80%以上。国外城市转废为能的部分方法见表5.18。

国外城市转废为能方法(部分) 表5.18

利用城市垃圾发电	
利用城市垃圾供热	
利用城市垃圾制造液体燃料	利用下水道污泥高压热裂解制重油
	利用下水道污泥蒸馏轻油
	利用下水道污泥制取混合燃料
利用城市垃圾制造固体燃料	利用加压干馏法制垃圾煤
	成型垃圾燃料
利用城市垃圾制造气体燃料	厌氧发酵法制取可燃气
	利用高温裂解法制取燃气

来源:根据“战廷文等.城市垃圾的能源利用技术.应用能源技术,2002(5)”整理。

5.4.4.4 城市产业结构与节能和利用可再生能源相结合

城市产业结构与城市能源使用有着密切的关系，其中，第二产业的能耗及能效与城市整体的能源效率也有着密切的关系。据表5.8，北京、天津、重庆、沈阳、西安等18个城市的第二产业能耗占城市总能耗比重与单位GDP能耗的相关系数为0.8545(2000年，n=12);第二产业能耗占城市总能耗比重与人均能耗的相关系数为0.7605(2000年，n=12)(沈清基，2005)。这表明，第二产业能耗占城市总能耗比重越高的城市，其单位GDP能耗也越大，提示第二产业能耗对城市能源利用效率起着负面影响。表5.19也反映了类似的问题。

城市产业结构与节能和可再生能源利用相结合，应从如下几方面着手:①促

中国第二产业能源消耗密度（t/万元）与第一产业和第三产业的比较　　表 5.19

	1985 年	1990 年	1995 年	1998 年	2000 年	2001 年	2002 年	平均值
第二产业能源消耗密度是第一产业的倍数	8.52	9.19	7.43	6.23	5.08	4.78	4.90	7.42
第二产业能源消耗密度是第三产业的倍数	7.74	8.19	7.77	5.79	4.72	4.78	4.9	7.06

注：根据“郭纹廷，王文峰．缓解我国能源瓶颈的影响因素分析．中国地质大学学报（社会科学版），2005，(2)”数据计算。

进城市产业结构的先进化和向第三产业的转型。②在城市产业结构中考虑“节能型产业”。③改变节能理念、在城市中扶植专职节能行业。美国在 1970 年代两次能源危机之后进行的研究发现，将投资用于终端节能，比用于建设新的能源供应系统更加经济有效，结果催生了“能源需求侧管理”的新型能源管理模式。④大力发展城市可再生能源产业。包括可再生能源项目研究、开发、产品、市场等，都是城市可再生能源产业的重要方面和内容。城市可再生能源产业既能对改善城市环境起极大的推动作用，又是城市经济的新的增长点和亮点（表 5.20）。

保定市可再生能源产业发展情况　　表 5.20

产业类型	发展情况
风电产业	形成了完整的风电整机、风电部件研发与制造产业聚集区
太阳能产业	形成了光伏组建生产、光伏系统控制及逆变装置生产，光热产品制造，光伏电站系统设计、建设、运营、光伏 LED 照明装置生产在内的企业群。产业链涉及光伏、光电产品、研发、制造、应用多个环节
输变电、节能产业	已培育出了一批节电领域重大原始自主创新项目。在输电、配电、用电三大环节拥有多项创新技术，包括大电网稳定系统控制技术、大型电动机串级调速节电技术、复合光电缆技术等

来源：于群．保定：“低碳”理念助推生态文明．城市住宅，2008（5）．

5.4.4.5 将发展可再生能源与建设生态型城市相结合

2002 年 8 月召开的第五次国际生态城市大会通过的《生态城市建设的深圳宣言》指出：“在城市设计中大力倡导节能、使用可更新能源、提高资源利用效率以及物质的循环再生”。在一定程度上说明了可再生能源与生态城市及其规划关系密切。生态城市是城市发展的高层次的阶段及形式之一，生态城市在能源使用方面，无疑应该与高效率、可再生等特性结合在一起。据对国外一些著名的生态城市（镇、居民点）在能源及可再生能源方面的规划建设要点的分析，可以得出结论：生态城市规划建设中，能源的生态化利用或者说是可再生能源的利用是必不可少的（表 5.21）。

从生态城市指标体系而言，可再生能源利用已经成为生态城市指标的重要方面。王庆（2010）指出，清洁能源普及率及可再生能源比重已成为生态城市的重要指标；而生态城市示范项目中，可再生能源的开发利用无不占据了重要位置。任福兵等（2010）构建的低碳社会的评价指标体系中，能源系统的权重最大，而新能源及可再生能源又是能源系统中权重最大的。

国外生态城市规划在可再生能源方面实例小结 表 5.21

城市名称	国家	起始年代	建设规模	能源及可再生能源方面的规划建设要点
Berkeley	美国	1980s	整个城市	隔热材料／太阳能、地热能和风能／废物循环利用
Cleveland	美国	2001	20 个住宅单元	注重生态建筑设计 能源高效使用 积极的太阳能设计 考虑生活循环消耗
Arcosanti	美国	1970	860 英亩，规划 5000 人	生态建筑设计 太阳能建筑技术
Erlangen	德国	1970s	10 万人	强化试行节水、节能及节约其他资源的方法 家庭废物管理（回收体系）
Halifax	澳大利亚	1992	$24hm^2$，350 ～ 400 户居民	土墙建筑（回归／储热／吸声） 太阳能 特殊基础设施（中水／太阳能／水生物污水处理厂）
Whyalla	澳大利亚	1996	$15hm^2$，2.6 万人	废水回用 垃圾堆肥 太阳能的利用 生态建筑设计
Indre Norrebro	丹麦	1997	3 万人	减少试验区内水的消费量 减少电消费量 回收家庭垃圾／减少城区垃圾生产 建立 60 个堆肥容器，回收 10%的有机垃圾制作堆肥 回收 40%的建筑材料
Midrand	南非	2000s	生态村庄规划 30 户住宅	绿色能源（少烟高效燃煤设计／节能天花板／太阳能热水器） 回收中心（废物循环利用，包括手工再生纸生产）
Curitiba	巴西	1970s	市区人口 180 万	将垃圾作为能源

来源：根据"吴斐琼．生态之路：国内外生态城市规划建设动态与评述及对东滩的启示．区域城镇生态建设——东滩生态化建设高层论坛文集．同济大学出版社，2005"整理。

■ 第5章参考文献：

[1] Rodney R. White. Building the Ecological City[M]. Abington：Woodhead Publishing Ltd，2002.

[2] Sebastian Moffatt. A Guide to Green Infrastructure for Canadian Municipalities，2001，http：//www. sheltair.com.

[3] 白华．欧盟可再生能源起飞运动[J]．全球科技经济瞭望，1999（9）．

[4] 白强，杨润声．5% 的大型公用建筑消耗 50% 的能源［N］．竞报，2005-03-01．

[5] 代玲，修世术，李爱彦．旅馆废水利用方案及其经济效益分析［J］．建筑热能通风空调，2004（4）．

[6] 封志明．资源科学导论［M］．北京：科学出版社，2004．

[7] 耿海青．能源基础与城市化发展的相互作用机理分析［D］．北京：中国科学院地理科学与资源研究所，2004．

[8] 公旭中，梁亚娟，许德平，王永刚，梁丽明．柳州市可再生能源利用和发展规划[J]. 可再生能源，2003（3）.
[9] 过国忠．万钢在世博会“科技创新与城市未来”主题论坛上表示，中国将从四个方面推动城市可持续发展 [N]．科技日报，2010-06-21（1）.
[10] 郝存．上海市能源利用研究及节能策略分析 [D]．上海交通大学，2008.
[11]（德）赫尔曼·舍尔著．黄凤祝等译．阳光经济：生态的现代战略[M]．北京：生活读书新知三联书店，2000.
[12] 雷仲敏．城市能源规划及其投资决策选择的若干问题——城市居民用能方式选择及其损益分析 [J]．青岛科技大学学报（社会科学版），2002（4）.
[13] 李艳梅．中国城市化进程中的能源需求及保障研究[D]. 北京交通大学，2007.
[14] 龙惟定，白玮，梁浩，范蕊，张改景．低碳城市的城市形态和能源愿景[J]. 建筑科学，2010（2）.
[15] 吕东，刘浩．欧盟启动可再生能源行动计划[J]. 全球科技经济了望，1999（1）.
[16]（美）帕克（Parker，Sybil P.）主编，程惠尔译．能源百科全书 [M]．北京：科学出版社，1992.
[17] 任福兵，吴青芳，郭强．低碳社会的评价指标体系构建[J]. 江淮论坛，2010（1）.
[18] 沈清基．中国城市能源可持续发展研究：一种城市规划的视角[J]. 城市规划学刊，2005（6）.
[19] 王庆．可再生能源利用成生态城市重要指标 [N]．中国建设报，2010-04-12.
[20] 谢品杰．我国城市化进程中的能源消费效应分析 [D]．华北电力大学，2009.
[21] 严刚，杨金田．城市能源利用与环境保护的综合管理初探 [J]．环境污染与防治，2007（10）.
[22] 杨经文．设计的生态（绿色）方法 [J]．建筑学报，1999（1）.
[23] 战廷文，祖庆喜，战秀英．城市垃圾的能源利用技术 [J]．应用能源技术，2002（5）.
[24] 张鹤丹，王惺，付峰，白泉，李政．中国城市能源指标体系初探 [J]．中国能源，2006（5）.
[25] 张宁，戴大双，谢猛．城市能源供应的生态化评价研究 [J]．沿海企业与科技，2007（5）.
[26] 赵延德，张慧．城市能源消费结构变动的环境效应探析——以兰州市为例 [J]．水土保持研究，2007（2）.
[27] 智静，高吉喜．北京市能源结构调整过程中生态环境压力的转移[J]. 生态经济，2009（8）.
[28] 周宏春，鲍云樵，渠时远．城市能源与环境 [J]．世界环境，2007（5）.

■ 本章小结

城市能源是城市得以维持、发展的重要因素之一。人类利用能源的阶段与城市发展具有内在的关系，能源对城市生态环境质量也具有关键的影响，因而，城市能源发展趋势对城市未来的发展具有重要的作用。从城市规划的角度研究城市能源系统可持续发展具有相当的紧迫性，可从如下途径着手：城市能源生态化供应、城市发展与节能减排相结合、应用各类能源指标体系为调控城市能源系统奠定基础，以及将可再生能源与城市可持续发展结合起来等。

复习思考题

1. 能源与城市之间的关系如何分析？对城市规划有何意义及作用？

2. 能源发展趋势的涵义是什么？能源发展趋势对城市规划有何影响？

3. 除了本章介绍的城市能源系统可持续发展的内容以外，你认为还有哪些其他的内容？

第6章 城市信息

本章论述了信息和城市信息的概念及特征，信息与城市生态系统的关系，探讨了信息对城市社会经济、功能、空间、交通及生态环境的影响，介绍了城市信息分析的方法，阐述了城市信息系统可持续发展的若干途径。

6.1 城市信息概述

6.1.1 城市信息的概念与特征

信息是城市以及城市生态系统的组成要素之一，是城市发挥其功能的重要条件。一般认为，居住、工作、游憩和交通是城市的四大功能。实际上，城市也具有信息功能。所谓城市的信息功能，是指城市拥有现代化的通信基础设施，具有产生、接受、储存、处理和使用、交换、传播信息的网络和系统；城市具有能够以信息系统连接生产、交换、分配和消费的各个领域和环节，高效地组织社会生产和生活的功能。城市的信息功能集中表现为对信息的处理，往往输入城市的是分散、无序的信息，而输出城市的是有序、有效的信息。信息流是附于物质流中的，报纸、广告、书刊、信件、照片、电话、电视、电讯通信等都是信息的载体；人的各种活动，如集会、交谈、讲演、表演等，也在交流信息。信息的流量大小反映了城市的发展水平和现代化程度（康慕谊，1997）。

城市信息除了信息的一般特征外，还具有其独特性。如：①积累性。指城市信息在城市内部具有连续的积累或积淀，反映了城市作为人类悠久的聚居区的历史内涵；②内生性。指作为知识中心的城市自身蕴涵了集聚信息的内在要求；③资源性。信息是城市发展的重要资源之一，且其重要性越来越重要。此外，城市信息的时空性、变换性有其特别意义，前者是因为满足城市居民日常生活、工作需要各类时间和空间信息内容；后者反映了城市具有的处理信息的强大能力。

在城市信息的类型上，城市信息包括功能性信息和结构性信息。功能性信息指具有商品价值特性的信息。包括：经营信息（生产信息、流通信息）、生活信息（物质生活及精神生活信息）、科技信息（科技情报、期刊等信息）和社会信息（政治、军事信息）等。结构性信息指城市各条条块块间的控制性信息。如上下级关系、家庭关系等、横向反馈信息（部门之间、城市人类之间以及城市与外部环境之间关系等）等（王祥荣，2000）。

城市人类是城市信息流的载体，每个城市居民既是信息的源，也是信息的汇，还是信息的加工厂。而每一个家庭、社会团体、企事业单位和学校，则是按照一定信息规则组织起来的信息加工集团，各自通过汲取、加工和传播某些专门信息来维持自身的正常运转和为社会其他部门服务。表6.1与表6.2是相关城市与地区的信息利用特征。

2006年2月25日四市在EBAY易趣、淘宝网的信息量　　表6.1

	北京	上海	广州	深圳
EBAY易趣信息量（单位：条）	164444	516265	75703	48219
所占比例	11.1%	34.8%	5.1%	3.2%
淘宝信息量（单位：条）	231724	313330	81178	60938
所占比例	16.1%	21.8%	5.6%	4.2%
信息量排名	2	1	3	4

来源：黄晓斌，柯丽．地方信息资源的网络化开发利用研究——广州市网络信息资源建设的实证分析．情报科学，2007（2）．

2004年香港和广州信息资源网络开发与利用情况比较　　表6.2

	香港	广州
政府网站网上办事项目	210项	601项
居民使用电子政务比率	28.5%	约3.8%
企业自建网站率	14.8%（其中大型企业67.7%，中型企业39.2%，小型企业10.6%）	大型企业100% 中小企业约48.4%
企业使用电子商务比率	53.0%	43.5%
电子商务交易额	276亿港元	230亿人民币
居民上网率	64.9%	25.9%
居民使用电子商务比率	96.5%	16.3%

来源：黄晓斌，柯丽．地方信息资源的网络化开发利用研究——广州市网络信息资源建设的实证分析．情报科学，2007(2)．

6.1.2 信息与城市生态系统的关系

6.1.2.1 城市是信息的集聚点

城市对其周围地区有集聚力，其体现之一即是信息。城市人口、生产、交通、金融、娱乐、交换活动等高度集中，需要大量的信息，故其周围的各种信息会被城市所吸引，从而导致信息在城市中的高度集聚。城市也是区域的信息集中地、是国家信息化的主要组成部分。

6.1.2.2 城市是信息的处理基地

城市的重要功能之一，即是对分散输入的、无序的信息进行加工、处理。城市有现代化的信息处理设施和机构，如新闻传播系统、邮电通信系统、科研教育系统；此外还有高水平的信息处理人才。进入城市时还是分散的无序的信息，输出时却是经过加工的、集中的、有序的信息。

6.1.2.3 城市是信息高度利用的区域

城市各项活动的正常进行片刻也离不开信息，人类各种信息在城市中得到了最充分的利用。城市只有不断地提高从外部环境接受信息、处理信息、利用信息的能力，才能调整自身的发展过程，在竞争中处于有利地位（表6.1）。

6.1.2.4 城市是信息的辐射源

城市对其周围地区除了凝聚力之外，还有强大的辐射力，这是体现城市对人类社会进步产生影响的重要方面。城市辐射力有多种形式，其中之一即是信息的辐射。城市拥有的先进的信息设施是完成这一功能的保证。

6.1.2.5 城市功能的发挥需要信息

城市信息是城市功能发挥作用的基础条件之一。城市生态系统的信息流最基本的功能是维持城市生存和发展。信息与物质、能源共同组成社会物质文明的三大要素。城市生态系统中，正是因为有了信息流的串结，系统中的各种成分和因素，才能被组成纵横交错、立体交叉的多维网络体，不断地演替、升级、进化、飞跃。

6.1.2.6 城市信息流量与质量反映了城市现代化水平

城市生态系统内部本身的运转以及它与外部区域的联系离不开信息流。城市信息的流量反映了城市的发展水平和现代化程度。城市信息流的质量则表明了信息的有用程度，它综合反映了信息的准确性，时效性、影响力、促进力等各种特征（表6.2）。

6.2 信息对城市发展的影响

6.2.1 信息对城市经济发展的影响

6.2.1.1 促进经济

据有关资料，一个100万人口的城市，当信息化达到基本运用程度时，在整个投入不变的前提下，城市的GDP可以增加2.5～3倍（金江军，2005）。

(1) 信息对城市经济的运行性效应

信息系统对城市的经济系统所产生的积极作用一般称为运行性效应，包括宏观经济中的运行性效应和微观经济中的运行性效应两种。前者主要指信息搜寻成本的降低使市场机制运行更有效率；市场交易成本的降低使经济运行更有效率。后者主要是指企业借助信息网络以及信息系统管理软件和技术，提高了企业的决策水平和管理水平。

(2) 信息产业对经济增长的倍增作用

信息业对经济增长贡献巨大。美国自 1990 年以来，经济增长的 38%来自信息服务产业（单薇，2002）。同时，信息产业与经济增长关系密切。徐辉等（2003）指出，信息产业丰裕度指数的对数值每增加一个单位，可引起同一时期 GDP 指数的对数值提高 0.2527 个单位。每投入 1 元的信息通信费用，对工业销售的边际贡献为 43.3 元。根据航天 710 所测算，企业每增加 1 个单位的信息成本，可获得 13 单位的收入增长。

6.2.1.2 完善经济

(1) 推动传统产业的改造升级

世界范围内几乎所有的传统产业都被电子计算机和网络武装和扩展，这在一定程度上使传统产业转变为现代产业。此外，信息技术的广泛运用，使传统物质生产比重下降，新兴劳务生产的比重上升；使高消耗能源和资源型的加工部门相对减小。

(2) 运用信息技术提高供给有效性，消除发展瓶颈

信息技术水平的提高能增强供给有效性，消除经济发展的瓶颈，从而完善经济。徐辉等（2003）指出，制约哈尔滨市工业经济效益的瓶颈是产品需求的高端化和产品生产的低端化引致的供求矛盾。这一矛盾可以通过信息产业的发展、实现产业结构的高度化来解决。

(3) 促进经济主体的自我完善

信息产业所催生的“新经济”使得各经济主体的“自我完善”意识不断提高，从而有利于整个经济体系的完善化。如，一个钢铁铸造业要跟上“新经济”的发展，就要使用计算机技术降低成本，减少能源消耗，消除环境污染；一个大型农场，为适应“新经济”竞争的需要，农场主就会开着有卫星定位系统的播种机，播种着经过基因处理的种子（储节旺等，2005）。

6.2.1.3 创新经济

目前，集成电路产业、计算机及其外部设备产业、信息服务业等一大批信息产业迅速崛起并发展壮大，已成为世界经济增长热点。如美国信息产业在其国民经济中所占的比重不断上升，对经济增长所作的贡献已超过了 1/3，比过去美国经济的三大支柱（钢铁、汽车和建筑业）加在一起的贡献率还要大（肖泽群等，2008）。美国信息业的发展使“新经济”得到了快速发展，已成为推动美国经济增长的强大动力。1999 年销售额就已经超过汽车等其他传统产业（储节旺等，2005）。

6.2.2 信息对城市功能的影响

6.2.2.1 促进城市居住功能要素的复合化

目前，在发达国家，信息化、分散化的城市产业可以灵活地与居住环境融合，人们在社区中通过信息高速公路实现网络就业，形成复合社区，这种多功能复合社区与传统社区最大的区别在于除居住功能外，其他多种功能在社区空间上复合。这一居住模式对外依靠信息高速公路和快速交通干线进行信息和物质的交流，对内通过信息化营造功能齐全、环境宜人的人居环境，提升了社区功能的智能化水平，增强了社区的活力与多样性。

6.2.2.2 强化城市服务功能

伴随着城市信息化的推进和现代信息技术的广泛应用，现代城市“信息集散地”的功能大大增强，也使得服务功能成为城市功能中最基本、最重要的功能之一。城市服务功能是实现各类要素自由流动和优化配置的基本保障之一，城市服务功能将使城市成为区域与国家发展的中心，更好地带动周边地区的经济社会发展。

6.2.2.3 提升城市的聚集和辐射功能

信息技术的发展使城市成为区域的信息中心，信息中心所具有的强大的能力，使得城市的聚集和辐射功能越加容易实施。对于城市生产功能而言，既可能产生新形式的集中的生态工业园区，也可能使生产活动分布在各个地域。现代化程度很高的城市商务中心，随着信息化水平的提高，其集聚力和辐射力可能更加强大。

6.2.3 信息对城市空间的影响

麻省理工学院教授米切尔（William J.Mitchell）指出：“信息时代产生的新的城市结构和空间组合将会深刻地影响我们享受经济机会和公共服务的权利、公共对话的性质和内容、文化活动的形式、权力的实施以及由表及里的日常生活体验。”（《City of Bits》，1995）。

6.2.3.1 信息影响城市空间的几种可能

（1）信息化使城市空间的扩散化趋势加强

传统的城市发展一般关注有形的发展，如地域面积、人口数量、国民收入等。信息化将改变城市发展的概念，使城市得到无形扩展、空间得到极大的延伸、距离感及其限制下降。信息技术提供了这样一种可能，即允许城市各种功能发挥的形式不受空间的限制，而根据其各自的发展战略需要自行选址。

（2）信息化使城市空间的集聚化趋势加强

在全球经济一体化的形势下，信息量最大及信息传输最完善的地点，首先属于城市群内区位条件最好、人口规模最大的超级城市，城市逐步成为巨量信息的复合体。因此，多功能、高质量的协调合作需求又有将城市各种功能在中心区重新集聚的趋势。集聚化趋势促使了中心地区的进一步发展和繁荣，城市中心的中枢功能更为强大。

在现实环境中，城市空间的扩散化和集聚化趋势并不是泾渭分明，往往是两种趋势同时产生。如，分散化趋势使得制造业从城市中分离出来，而集聚化趋势使得高层管理机构加速向中心城市集中（马超群等，2008）。

6.2.3.2 信息影响城市空间的途径

信息影响城市空间发展可通过直接和非直接两个渠道来实现。前者是指信息技术本身对城市地理空间带来的影响；后者则指信息技术在生产生活中的应用，使得公司、个人、政府、机构等空间组织行为发生变化，进而导致社会经济乃至空间结构的变化（甄峰，2001）。

6.2.3.3 信息技术产生的电子空间与城市物质空间的关系

电子空间与城市物质空间的关系是复杂的。这种复杂性使城市成为一个拥有不同空间类型的复合体——其中一些是真实的，另一些是电子的（孙世界，2001）。两者关系可概括为三个效应：替代效应、增殖效应和增强效应（表 6.3）。

电子空间与城市物质空间的效应 表 6.3

电子空间对城市物质场所产生的不同效应	具体表现与内容
替代效应	远程工作一定程度上替代了环境污染的、昂贵的传统通勤交通
	利用电子空间的新工作模式替代昂贵的城市中心办公空间
	虚拟现实和远程会议系统替代面对面会议与会面
	后台办公室（back-office）在成本便宜的地方服务于城市中心内的公司总部并具有其他高级功能
	虚拟社区和 BBS、E-mail 和电脑会谈替代城市物质空间
	电子娱乐空间替代城市中心的剧院和电影院
	“电子银行”替代传统银行
增殖效应	即时和可靠的电讯联系促使一些额外的交通产生
	移动数据处理技术使有效办公时间增加
	远程信息处理技术创造出新的交易活动
	先进的信息技术及应用促进了城市物质空间和经济的大发展
增强效应	电子空间和网络的应用增强了物质网络如道路、铁路、航空、能源和水系统的容量、效率和吸引力，通过远程信息处理更加有效地调控对物质场所的利用情况

来源：根据“孙世界．信息技术与城市物质形态互动初探．新建筑，2002（4）”整理。

6.2.4 信息对城市交通的影响

6.2.4.1 信息流对人（客）流的部分替代

获取信息是人们出行的目的之一。现代信息技术大大缩小了人们在接受和传递信息方面所受的时间和空间限制，人们对于交通运输的依赖性正在减小（表 6.4）。

各种运输方式客运量中潜在的被信息传递方式替代的比重（%） 表 6.4

运输方式	铁路	公路	航空	水路
以信息联系为出行目的的百分比	64.1	57.7	86.0	75.2
可被现有通信方式替代的百分比	41.5	34.6	39.9	29.7
可被高级通信方式替代的百分比	15.1	7.5	15.1	12.4

来源：中国科协交通决策咨询专家组著．中国交通运输发展战略与政策．北京：人民交通出版社，1992.

6.2.4.2　信息流对货物运输的部分替代

信息流及信息技术的发展对货物运输有着一定的替代作用，表现在：①信息技术产品在国际贸易中所占比重上升和产品的知识含量上升，引起国际贸易货物量下滑；②使用信息技术、信息产品、信息服务可以较大幅度地替代国民经济活动中各项基本资源（物质、能源、人力等）的使用和消耗；③邮件的非实物化趋势。1995 年中国函件总量为 79.6 亿件，1997 年下降为 70 亿件。是信息流替代物质流的例证之一（真虹，2001）。

6.2.4.3　信息技术与城市交通的互动特征

包括：①增强效应，即信息化会产生附加的交通量。因为信息服务的提升增加了网络上的人数和有关商品及服务的新的信息量，最后导致增加对交通基础设施的需求。例如，车载电话和移动通信的发展可能会引起更多的交通。莫克塔瑞恩（Mokhtarian，1990）认为："如果没有发明电话，整个经济将彻底与今天不同，我们想要的大部分交通将不会发生。"②长期效应，尤其是土地利用模式的长期效应。信息技术的应用既可能支持土地利用的再集中，也有可能在另一些地区促进更多的分散土地利用及相应的交通设施投资。在这里，不仅是电子流（远程通信和远程信息处理）对物质流（交通和其他基础设施）的替代，而且是同时共同增长（孙世界，2001）。

6.2.5　信息对城市生态环境的影响

6.2.5.1　信息资源的利用减少了物质资源的消耗

信息经济的基础性资源是信息资源，作为非物质资源的信息资源替代了工业生产中过度投入和消耗的物质型资源。信息经济对信息资源的充分利用可大幅度减少物质资源的消耗，从而一定程度上对生态环境具有正面的影响。

6.2.5.2　生产过程的信息化有利于生态环境

其一，信息设施作为一种生产性基础结构，直接作用于生产过程，大幅度提高了第一产业和第二产业的生产力。其二，在信息经济中，生产过程将主要（并非全部）表现为信息的收集、处理和传播，而不是物资的消耗或转换。其三，信息经济中的主要生产工具，将不再是纯粹的机械工具和设备，而基本上是以数字式的先进信息技术武装的工具和设备。信息化将使生产力成百倍、千倍地提高，同时还能够消除污染，实现清洁生产（杨茹，2001）。

6.2.5.3　知识产品的消费有利于生态环境

信息社会知识产品将成为消费主流，而这有利于生态环境。首先，知识产品消费是以知识信息等无形产品为消费对象，其消费过程几乎不向外界排放废弃物。其次，知识产品的消费将促进知识产品的生产，而知识产品的生产将有效地避免对自然物质资源的掠夺性开发。再次，人类在知识产品消费的导向下，将更有效地利用物质资源，极大地减少对自然环境的破坏（杨茹，2001）。

6.2.5.4　信息经济的发展促进了正向生态效应

信息经济的发展在满足人类社会信息需求的同时实现着信息资源的价值和使用价值，同时也提高了人类获取和利用信息资源的意识和能力。信息经济为人类社会提供的知识密集型的信息产品和信息服务，不仅可以作为最终消费品用于消费，还可以作为人类人力资源质量提高的投入品，提高人类社会成员的整体素质，可促进人类实现信息充分条件下的人类与自然协同发展的决策和行为。这也是信息经济发展所产生的最大的正向生态效应（韩萍，2008）。

6.3　城市信息分析

6.3.1　信息资源测度

信息资源是一种使信息可以再使用而建立起来的信息源，或者说，信息资源是一种储备的可被一种或多种类型的用户重复使用的信息源。信息资源是当今世界发展的极其重要的无形资源，主要表现为六种形式：①纸质文献型信息资源；②电子数字型信息资源；③磁性或模拟型信息资源；④实物型信息资源；⑤传播型信息资源，如口头交流、非记录性传说或传闻等信息资源；⑥主体型信息资源，如以教育等手段发展起来的个人知识和技能等。

信息资源可以根据研究目的从不同的角度进行测度。可以通过建立指标体系的方法进行（图 6.1）。

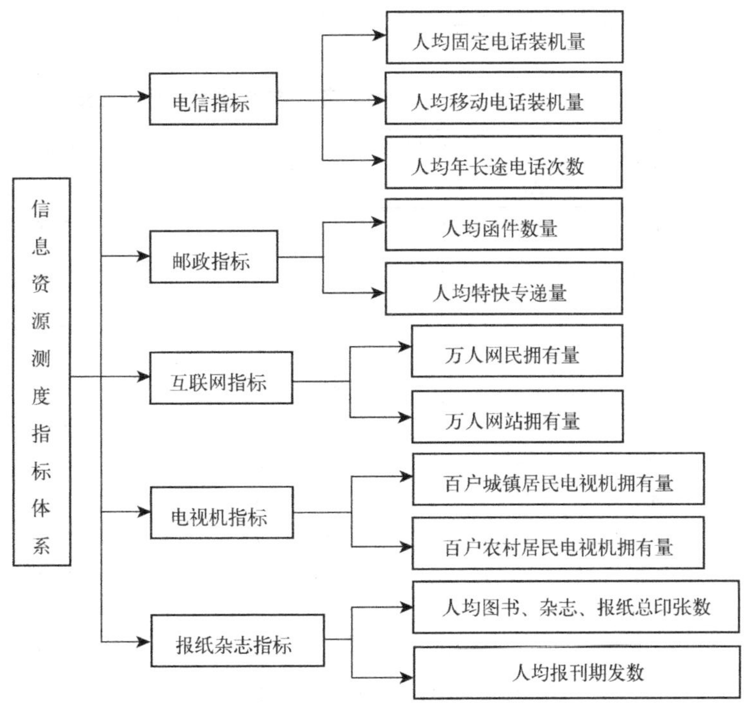

图 6.1　信息资源测度指标体系

来源：俞立平．信息资源内涵及其传播、处理对经济增长的作用机制研究．图书情报工作，2006(3)．

也可通过信息资源丰裕系数评价模型对信息资源进行测度和分析。该模型通过选择信息资源内若干具有代表性的基本要素来进行测度，包括：数据库资源、专利和商标资源、图书报刊资源、视听资源等（真虹等，2001）（表 6.5）。

部分国家和地区信息资源丰裕系数 表6.5

年份＼国家	中国	美国	加拿大	日本	英国	澳洲	法国
1970	0.8110	2.3850	2.0440	1.7435	1.8938	1.8020	1.7248
1980	0.9761	2.8991	2.6220	2.5310	2.3679	2.2890	2.1848
1984	1.0141	3.0481	—	2.5071	2.5071	—	2.3780
1990	1.2635	3.4163	3.0280	2.6885	2.6885	2.5540	2.5227
1991	1.2743	3.4768	3.0655	2.7290	2.7290	2.5912	2.5539

来源：真虹，刘红，张婕姝．信息流与交通运输相关性理论．北京：人民交通出版社，2001.

6.3.2 城市信息辐射力分析

城市信息辐射力是节点城市信息活动影响能力带动和促进区域地理空间向网络空间发展演变的最大地域范围。刘春亮等（2007）对我国的直辖市和省会城市的信息辐射力进行了计算和分析。首先计算各城市信息指数（表6.6），在此基础上进行辐射空间测算（表6.7）。城市信息指数一级指标为信息基础设施、用户信息素质；二级指标包括上网计算机数、网站数量、注册域名数量、上网用户普及率、用户平均每周上网天数、用户文化水平、信息搜索所占比例等。

节点城市信息指数复合指标一览表 表6.6

序号	省会城市	信息基础设施			用户信息素质				信息指数
		A_1	A_2	A_3	B_1	B_2	B_3	B_4	
1	北京	5.80	10.00	10.00	4.56	10.00	7.29	10.00	57.56
2	上海	7.35	5.75	4.62	3.20	10.00	8.24	9.40	48.56
3	广州	10.00	6.65	4.40	2.52	9.13	8.82	10.00	51.53
4	沈阳	1.27	0.75	0.53	2.48	8.70	8.12	9.00	30.84
5	武汉	1.94	0.50	0.32	2.34	9.13	9.06	8.60	31.88
6	南京	2.43	1.08	0.81	4.09	9.57	8.71	10.20	36.88
7	成都	1.24	0.27	0.22	3.27	8.70	8.71	8.40	30.80
8	西安	0.44	0.12	0.12	3.46	7.61	10.00	7.80	29.55
9	天津	0.39	0.17	0.15	9.85	8.70	8.47	10.20	37.93
10	济南	1.31	0.44	0.35	5.20	9.57	7.41	10.60	34.87
11	福州	0.47	0.40	0.23	8.66	9.78	9.65	9.00	38.19
12	南昌	0.21	0.06	0.02	5.14	7.32	8.82	8.17	29.74
13	郑州	0.39	0.13	0.09	2.48	7.83	8.83	7.80	27.55
14	合肥	0.29	0.08	0.04	4.89	7.82	8.81	7.69	29.65
15	石家庄	0.75	0.25	0.15	3.47	8.91	8.71	9.20	31.44
16	兰州	0.13	0.03	0.02	6.30	7.39	2.47	7.20	23.55
17	哈尔滨	0.05	0.12	0.10	3.89	9.35	9.53	6.80	30.35
18	长春	0.01	0.24	0.11	3.78	9.13	7.65	8.60	30.07
19	太原	0.13	0.03	0.02	6.73	7.83	8.82	9.20	32.76

续表

序号	省会城市	信息基础设施			用户信息素质				信息指数
		A_1	A_2	A_3	B_1	B_2	B_3	B_4	
20	呼和浩特	0.05	0.01	0.01	10.08	6.74	9.41	7.80	34.10
21	银川	0.01	0.02	0.01	2.07	7.83	9.65	7.20	26.78
22	乌鲁木齐	0.13	0.03	0.01	10.00	7.83	9.53	10.00	37.52
23	西宁	0.01	0.01	0.02	3.53	6.96	8.59	8.00	27.30
24	昆明	0.25	0.02	0.07	3.41	10.00	8.59	8.60	30.93
25	贵阳	0.11	0.02	0.02	3.15	6.96	7.88	7.40	25.54
26	拉萨	0.10	0.02	0.11	2.62	7.39	8.71	8.80	27.75
27	重庆	0.65	0.20	0.14	2.86	9.13	9.88	9.00	31.87
28	长沙	0.28	0.08	0.05	4.82	8.04	9.65	5.80	28.72
29	杭州	1.54	1.31	0.65	5.66	10.00	9.65	8.20	37.01

注：A_1 上网计算机数（占全国比例 %），A_2 网站数量（占全国比例 %），A_3 注册域名数量（占全国比例 %），B_1 上网用户普及率（%），B_2 用户平均每周上网天数，B_3 用户文化水平（本科以下所占比例 %），B_4 信息搜索所占比例（%）。

来源：刘春亮，路紫．我国省会城市信息节点辐射空间与地区差异．经济地理，2007（2）．

中国部分省会信息节点城市辐射空间大小 表 6.7

节点城市	辐射空间面积	节点城市	辐射空间面积	节点城市	辐射空间面积	节点城市	辐射空间面积	节点城市	辐射空间面积
上海	47.77	北京	50.11	广州	48.67	沈阳	40.12	武汉	40.75
南京	43.39	重庆	40.75	杭州	43.45	西安	39.29	哈尔滨	39.81
成都	40.10	天津	43.87	济南	42.40	石家庄	33.04	昆明	40.17
福州	43.99	郑州	29.41	长沙	38.73	南昌	23.00	兰州	34.60
贵阳	36.33	合肥	36.21	太原	41.26	乌鲁木齐	43.69	呼和浩特	42.00
海口	37.83	西宁	37.56	银川	37.30	拉萨	35.80		

来源：刘春亮，路紫．我国省会城市信息节点辐射空间与地区差异．经济地理，2007（2）．

根据表 6.6 的“信息指数”与表 6.7 的“信息辐射空间面积”，可计算我国省会城市的信息指数与城市信息辐射空间面积的相关系数，其结果为 R=0.7577，（保证率为 99%）。这表明，城市信息水平是提高城市信息辐射力及范围的重要因素。

6.3.3 城乡居民及不同人群信息条件比较

谢俊贵等进行了湖南信息分化调查（调查时间：2002 年 12 月～2003 年 3 月），结果表明：城乡两大社区居民群体和不同收入、不同职业、不同教育程度的人群中，信息条件的分化和差异十分明显（谢俊贵等，2007）。如，城市居民拥有上网进户线的比例为 35.2%，农村居民为 5.0%，两者相差 6 倍。不同文化程度家庭拥有的信息技术条件的差异见表 6.8，不同身份者家庭拥有信息条件差异见表 6.9。

不同文化程度家庭拥有先进信息技术条件的比例（%） 表 6.8

文化程度	彩色电视机	家用电话	移动电话	掌上电脑	家用电脑	手提电脑	上网进户线
小学	58.4	38.9	25.7	0.9	4.5	1.8	4.4
初中	74.9	59.9	50.9	2.4	7.9	2.1	6.3
高中／中专	89.8	82.1	68.4	4.4	20.7	2.2	19.2
大专	91.7	91.7	83.5	5.8	35.3	5.8	31.3
大学本科	89.6	86.1	77.8	9.7	41.9	10.6	34.0
研究生	93.8	93.8	75.0	12.5	68.8	18.8	56.3

来源：谢俊贵，周启瑞．我国信息弱势群体的人口特征分析——基于湖南信息分化调查及相关资料．怀化学院学报，2007(4)．

不同身份者家庭拥有先进信息技术条件的比例（%） 表 6.9

身份类别	彩色电视机	家用电话	移动电话	掌上电脑	家用电脑	手提电脑	上网进户线
干部	97.1	94.3	89.3	6.2	44.3	7.4	41.4
工人	96.1	89.1	78.2	5.2	23.6	5.7	24.6
服务人员	88.8	79.9	71.6	2.2	12.9	0.7	11.9
知识分子	86.5	82.8	73.3	8.3	35.2	6.9	23.9
农民	62.0	42.2	31.8	1.4	3.5	0.9	2.6
其他	85.6	82.2	66.3	7.4	28.7	7.1	25.8
总体	84.3	76.4	66.0	5.4	25.0	5.0	21.5

来源：谢俊贵，周启瑞．我国信息弱势群体的人口特征分析——基于湖南信息分化调查及相关资料．怀化学院学报，2007(4)．

6.3.4 城市信息化水平测评

6.3.4.1 国外若干信息化水平测评方法

(1) 信息产业测评法："波拉特法"

"波拉特法"即"经济结构法"，由美国经济学家波拉特建立。它利用投入—产出法和部门分类法，将信息行业从国民经济的各个部门中识别出来。利用"产业—职业结构矩形"数据库和"产业—资本流通矩形"数据库，计算出三项指标：①信息劳动者占总就业人口的比重；②信息产业产值占 GDP 的比重；③信息产业增加值占 GDP 的比重，从而评估出信息经济对 GDP 的贡献率。

(2) 七国信息化指标体系

由国际电信联盟于 1995 年提出，主要用于评价西方七国（美、加、法、日、英、德、意）信息化发展现状，包括电话主线、蜂窝式电话、ISDN、有线电视、计算机、光纤指标等，是一个注重信息基础设施的指标体系。

(3) 信息社会指数

由国际数据公司（IDC）于 1996 年提出，包括计算机基础设施、通信基础设施、网络基础设施、社会基础设施 4 个一级要素，共 23 项指标。其最大优点在于加入了大量具有时代特征的信息化指标，但与七国信息化指标体系一样，忽略了社会信息化的其他内容。

(4) 英国信息化评估体系

包括 4 个一级要素、12 个二级要素、35 个三级要素和 118 个四级要素。

4个一级要素分别是环境、准备度、应用和影响，其中，"环境"由市场环境、政策法规环境和信息基础设施环境3个二级要素组成；"准备度"由公众准备度、企业准备度和政府准备度3个二级要素组成；"应用"由公众应用、企业应用和政府应用3个二级要素构成；"影响"由公众影响、企业影响和政府影响3个二级要素构成。

6.3.4.2 我国城市信息化水平测评指标及评价结果

2002年7月，信息产业部发布了《城市信息化水平测评指标方案（试行）》，作为城市信息化水平测评的依据。表6.10、表6.11是"2004年中国城市信息化发展水平测评报告"中对我国50个城市的信息化水平的测评结果。该评测报告的信息化指标以2002年信息产业部提出的《中国城市信息化指标体系方案（试行）》为基础，经适当修改而形成（李农，2005）。上海城市信息化测评指标体系见表6.12。

2004年中国城市信息化测评指标数据统计概况　　表6.10

指标名	样本最大值	样本最小值	样本平均值	测评基准值
城网带宽	2344409	10000	237924	1172205
宽带接入	32.41	2	9.82	16.21
计算机量	76.7	5	34.43	38.35
固话普及	69.3	13.47	36.39	36.39
移动电话	156.26	13.6	46.74	78.13
电视机数	178	105	131.56	131.56
人均GDP	56754	6000	22283	28377
受教育年	10.26	6.32	8.29	8.29
信息产业	31	1	8.21	15.50
政策法规	4	1	4.79	4.79
互联网网民	4681	100	1542	2341
上网企业	80	1	22.75	40
学生用机	17	2	6.43	8.5
网站排名	73.2	22	50.73	50.73
信息消费	26.8	12.99	20.47	20.47

来源：李农．中国城市信息化2004年发展测评结果．上海信息化，2005（4）．

2004年中国50城市的信息化发展指数　　表6.11

序号	城市	发展指数	序号	城市	发展指数	序号	城市	发展指数
1	上海市	151.8	12	南京市	88.1	23	长沙市	75.2
2	深圳市	150.1	13	大连市	87.4	24	威海市	75.1
3	北京市	130.9	14	青岛市	85.7	25	江门市	74.8
4	广州市	125.8	15	沈阳市	84.4	26	武汉市	73.2
5	珠海市	120.0	16	福州市	83.7	27	长春市	70.5
6	杭州市	103.5	17	济南市	83.4	28	南昌市	68.7
7	厦门市	101.5	18	南宁市	83.1	29	桂林市	68.5
8	天津市	100.0	19	东营市	79.7	30	昆明市	67.4
9	宁波市	98.8	20	烟台市	76.9	31	哈尔滨市	67.2
10	无锡市	97.2	21	成都市	76.0	32	扬州市	66.8
11	海口市	89.1	22	大庆市	75.4	33	西安市	65.5

续表

序号	城市	发展指数	序号	城市	发展指数	序号	城市	发展指数
34	呼和浩特	64.9	40	石家庄	59.3	46	银川市	57.6
35	乌鲁木齐	64.9	41	合肥市	59.1	47	鞍山市	55.2
36	重庆市	62.7	42	西宁市	59.0	48	芜湖市	55.0
37	贵阳市	61.5	43	包头市	58.8	49	南通市	54.5
38	绵阳市	61.3	44	郑州市	58.4	50	兰州市	52.4
39	太原市	60.6	45	阳泉市	58.3		平均指数	75.6

来源：李农．中国城市信息化2004年发展测评结果．上海信息化，2005（4）．

上海城市信息化测评指标体系 表6.12

指 标	有效城市数量	2003年		2007年		2010年	
		先进水平	上海	先进水平	上海	先进水平	上海
国际出口宽带（M）	14	8612	7695	15000	17000	20000	25000
计算机普及率（台／千人）	14	576	314	645	500	670	620
互联网网民普及率（人／千人）	14	127	324	620	505	730	710
家庭宽带上网比例（%）	11	34	19	69	50	91	76
家庭信息消费比例（%）#	13	29.70	21.10	31	24	36	28
持卡消费比例（%）	7	55	20.7	—	35	—	50
在线企业比例（%）	11	72	61	90	80	95	90
电子商务交易额占全社会商品销售总额的比例（%）	10	10.23	6.73	27	20	35	25
政府信息支出占政府预算的比例（%）	5	3.4	—	4.1	—	4.5	—
信息产业增加值占GDP的比例（%）	11	10.34	10	12	11	11	16
IT固定资产占全社会固定资产投资的比例（%）*	7	21.4	10.3	24	19	26	25

说明：(1)“有效城市”是指对此项指标，已获取该城市至少一年的数据；(2)“先进水平”即“发达国家中心城市的先进水平”；(3)“—”表示未取得相关数据或无法进行有效预测；“#”由于家庭信息消费的统计口径不同，此处统计采用宽口径；“*”上海只计算IT固定资产投资，国外计算所有ICI投资。

来源：丁波涛，王贻志，郭洁敏．上海城市信息化水平的测评、预测与国际比较．图书情报工作，2006（6）．

6.4 城市信息系统可持续发展

6.4.1 认识信息化对传统城市学科发展的影响

信息社会的城市，不论其规模大小、性质异同，实际上都具有相应区域的信息中心这一“首位主导功能”。只有这一功能充分发挥作用，其他功能才能各展其长。城市的个性，将由信息的“次位主导功能”来确定。这将是信息社会城市功能的主要特征。这表明，城市信息功能对其他城市功能具有一定程度的决定性意义。

信息科学对城市科学的发展也具有重要的影响及意义（表6.13）。一方面，与城市信息科学交叉的传统城市类学科，都应研究信息化对城市的影响；另一方面，还应该将与城市信息科学有关的其他信息类学科，包括信息经济学、信息工程学、信息管理学等与城市学学科相融合。如，形成城市信息经济学、城

信息时代的城市科学 表 6.13

序号	传统城市科学	信息化对传统城市学科的影响
1	城市地理学	信息化对城市空间布局的影响、虚拟城市地理学
2	城市经济学	信息化对城市经济的影响，城市信息产业发展
3	城市管理学	信息化对城市管理办法的影响，城市电子政务
4	城市社会学	信息化对城市社会分化的影响、数字鸿沟问题、“信用城市”建设问题
5	城市生态学	信息化对城市生态的影响，城市生态状况监测
6	城市规划学	信息化对城市规划的影响，城市信息化的规划问题
7	城市人口学	信息化对人口流动方式的影响
8	城市环境学	信息化对改善城市环境的作用，信息技术在城市环境监测中的应用
9	城市地质学	城市地质数字化（如建立城市三维地质信息系统）
10	城市灾害学	信息化对城市减灾的作用，“平安城市”的构建
11	城市发展学	城市可持续发展问题
12	城市交通学	城市智能交通建设问题
13	城市土地学	城市土地合理开发利用问题，土地利用监测
…	…	…

来源：金江军，潘懋，承继成．论信息时代的城市发展．国土资源信息化，2005（2）．

市信息工程学、城市信息管理学等学科。金江军等（2005）认为，以城市信息科学为主导学科之一，建立包含城市规划学、城市管理学、城市经济学、城市社会学等学科在内的现代城市科学，是推进城市科学发展的重要途径之一。

6.4.2 发挥信息在城市生态系统中的积极作用

主要方面是发挥信息在城市生态系统中的物质性和能源性效应。所谓信息的物质性和能源性效应是指利用信息既可以扩大物质和能源的利用范围，又可以减少对物质和能源的使用和消耗（肖泽群等，2008）。

（1）信息资源对物质和能源资源具有替代作用

产品和劳务等方面的信息，可以有效降低物质、能源的消耗；网上银行、网上医院、远程教育等可以减少人们不必要的出行，降低交通的能源耗费；信息网络使企业可以根据市场客户的需要及时调节生产和销售，实现商品的“零库存”，从而减少资源和能源的消耗。

（2）信息可以使资源和能源发挥更大功效

如，运用信息技术改进企业的流程工艺，可以增强产品生产的精确程度，减少原来因人工操作失误而造成的浪费，从而降低对资源和能源的消耗；可以优化工业化进程中的各种资源，使生产要素进行合理的配置。

（3）可以通过构建虚拟化场景节省物质和能源

企业通过建设虚拟办公室，可进行无纸化办公；通过建立虚拟设计室，设计人员可建立虚拟样机，并进行评价和改进；通过 CAM 进行制造工艺设计，在设计的同时进行成本预测，执行事前成本控制程序，达到节约资源、节约成本的效果。

（4）信息化是解决能源危机的有力措施

能源危机已成为城市可持续发展的主要障碍之一。从国外传统产业城市发展经验看，信息化是产业城市在不增加自然资源投入的情况下，解决能源危机的有力措施之一。城市通过信息化改造、替代传统产业，优化经济结构和运行机制，提高生产效率、降低能源消耗、减少环境污染，最终达到保障传统产业城市可持续发展的目的（王晓慧，2008）。

6.4.3 把握信息社会城市空间发展的特点和趋势，进行城市规划创新

信息社会城市空间的发展趋势是一种综合的状态。信息社会知识的流动性促进了生产的小型化、分散化，进而加速了城市结构的扩散。但经济的高层管理、传统的物质因素以及人类的情感因素等仍旧要求城市空间的适度聚集，因而未来的城市结构在相当长的一段时间内将表现为扩散与聚集的趋势共存（侯鑫等，2005）。

基于信息社会城市空间发展特点和趋势的城市规划创新包括：①在城市规划的知识体系中，要融入适应信息社会的知识体系（表6.14）。②要重新对城市空间类型进行定义。互联网为人们的生存提供了“第二生存空间”。城市规划除了关注传统的城市物质空间外，对此“第二生存空间”也必须引起足够的重视。在信息城市中，家庭与工作、公共与私有、电子与物质的界限越来越模糊。当城市物质和电子空间以新的方式被利用时，城市规划的理论与方法必须进行变革。③致力于信息技术应用与城市物质形态的整合。城市是信息技术应用的节点和发动机，信息网络是城市内和城市间的重要联系手段。信息技术应用模式与物质形态在城市中的集中具有一定的一致性，同时，信息技术也为城市的扩散提供了一定的条件。信息技术与城市物质形态之间的关系是复杂多变的。两者的关系在相当程度上是互补的，但也可能互相“销蚀”。要善于利用信息技术的好的一面，避免其负面影响。

传统功能主义知识体系与迈向信息社会的知识体系的比较 **表6.14**

内容	传统功能主义知识体系	迈向信息社会的知识体系
经济环境	民族经济与跨国经济	区域化与全球经济
技术背景	工业技术	信息技术为代表的高新技术群落
价值体系	工具理性	工具理性与价值理性并重
关注核心	经济快速发展	人类社会可持续发展
思维模式	分析为主	分析与综合并重
科学发展	工程技术科学为主	“软科学”（自然科学与社会科学不断融合）
研究方法	分析理论，科学实验方法	控制论，混沌理论，信息论，突变理论，模糊理论
人与自然关系	对立，“征服自然”	和谐，“天人合一”
精神状态	濒于丧失精神家园	迈向诗意的栖居

来源：侯鑫，曾坚，王绚．信息社会城市空间的新特点．天津大学学报（社会科学版），2005（3）．

6.4.4 城市环境信息化与城市生态系统信息的空间化

6.4.4.1 城市环境信息化

（1）城市环境信息化的概念

现代城市是信息的主要融会点，同时也是环境问题突出的地方。实施城市环

境保护需要大量的环境信息支持，城市环境信息化是数字城市的一个有机组成部分，也是国家环境信息化的重要组成部分。城市环境信息化可理解为信息技术在城市环境保护的应用过程，某种意义上来说就是将包括城市自然地理、经济社会、环境监测、环境统计、污染源申报登记、污染源分布及源强、自然资源和环境容量等各方面的环境信息数字化，使城市环境管理适应于信息经济时代。

(2) 城市环境信息系统

环境信息85%以上与空间位置有关，GIS很自然地就成为环境保护的有力工具。结合GIS和环境模型的城市环境信息系统（EGIS）的主要功能是获取、存储、管理和表达各种环境信息，对环境质量状况进行有效的监测、模拟、分析和评价，从而为环境工作提供全面、及时、准确和客观的信息服务和技术支持（图6.2）。

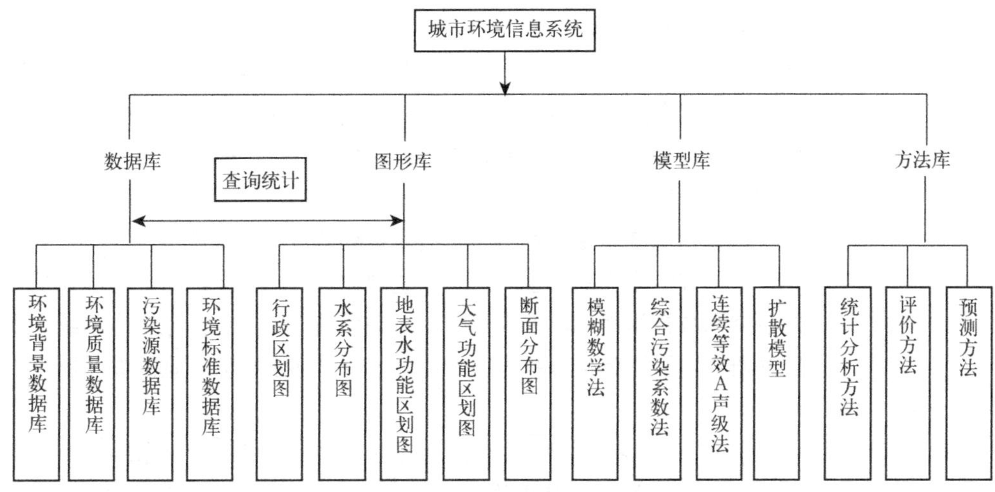

图6.2 城市环境信息系统逻辑结构图

来源：梁媛，刘小松，孙亚军，杨国勇．某城市环境信息系统的建立及其关键技术．苏州科技学院学报（工程技术版）2003（1）．

6.4.4.2 城市生态系统信息空间化

以下从三方面介绍生态系统信息空间化的研究（于贵瑞等，2004），可以作为城市生态系统信息空间化的较好的参考。

(1) 生态系统综合信息的构成

1）生态系统结构信息 生态系统结构是生态系统研究的基础，不同类型生态系统的结构具有明显的地理空间分布特征。主要包括生态系统组分结构、土地利用、生态系统类型的精细分类、生态系统结构变化与周围环境的关系等。

2）生态系统功能信息 生态系统的生命要素（C、N、S、P等）与水循环和能量流动、生态系统生产力与环境服务等是生态系统功能研究的主要内容，也是生态环境建设与生产实践中所关心的重要生态信息。

3）各类专项信息 信息生态系统的各类专题研究需要生态系统的各种信息，当前的全球变化、生物多样性、碳循环、水循环、土地利用变化和生态系统服务功能等研究领域是应用生态学的研究热点，也是生态系统信息的主要服务对象。

(2) 生态系统基础信息的空间化研究

1) 气象／气候信息　包括太阳辐射、降水、温度、湿度等最基本的要素，以及由此可进一步生成的各类气候学指标。气象／气候信息的空间化研究，主要是利用现有的地面气象观测资料，采用GIS、数学模拟与遥感等技术手段，充分考虑地形和地理因子对气象要素空间分布的影响而展开的。

2) 水分信息　水分信息主要是指一定尺度的水资源（地表水和地下水）以及与生态系统密切相关的土壤水分等信息的空间分布。水分信息的空间化主要通过野外定点采样、GIS 技术和数学模型三者结合完成。

3) 土壤信息　土壤信息在空间上具有极大的变异性，主要包括土壤类型、土壤机械组分、土壤养分、土壤水分、土壤肥力等级以及生产性能等。土壤具有强烈的地带性特征，为利用 GIS 内插技术进行空间化提供了基础。

4) 植被与生物信息　主要指植被空间分布、土地覆盖与土地利用、植被特征参数（叶面积指数等）、生物多样性、野生生物资源、濒危和保护物种、种子和基因资源等。植被与生物信息的空间化主要是在传统的野外科学考察基础上，利用 GIS 技术并与遥感技术相结合，将空间化的信息与野外考察资料相互印证与补充完成。

(3) 中国陆地生态系统空间信息系统建设的基本构想

中国陆地生态系统空间信息系统的建设如图 6.3 所示，主要包括 9 个层次的研究和数据积累。城市属于陆地生态系统，因此，陆地生态系统空间信息系统的研究对于城市生态系统空间信息系统的建设具有一定的参考价值。

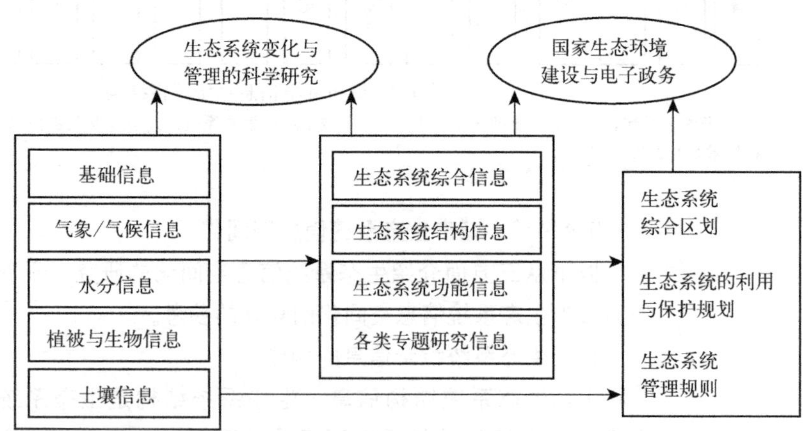

图 6.3　中国陆地生态系统空间信息系统建设的整体构思

来源：于贵瑞，何洪林，刘新安，牛栋．中国陆地生态信息空间化技术研究(I)——气象／气候信息的空间化技术途径．自然资源学报，2004（4）．

6.4.5　将城市信息化与城市可持续发展结合起来

6.4.5.1　协调城市信息化与城市可持续发展的关系

城市信息化是信息化在城市中的发展过程。由于城市在人类社会经济中的重要作用，以及城市作为地域和国家的信息中心的角色，信息化主要是在城市中发生和进行的。

城市信息化建设是维系城市可持续发展的重要支柱。现代城市的发展往往伴随着资源的过度利用，资源的有限性愈来愈束缚城市的发展。信息化城市的支柱产业主要是信息产业，对物资资源的占有强度将比传统城市有所降低。与传统的城市物质经济交易通行“物以稀为贵”的原则不同，信息经济通行的是应用越大的原则。城市信息化建设为消除制约城市发展的因素提供了保证，使城市支撑体系发生质的变化，可使人居环境质量不断优化，从而使城市的可持续发展成为可能（段尧清，2001）。实际上，城市信息化与城市生态环境已经一并成为衡量现代城市的发展基础发展质量和发展水平的主要的客观标准。信息时代城市可持续发展过程就是城市信息化和生态环境不断改善的过程。

6.4.5.2 协调城市信息化与城市生态化的关系

首先，信息化与生态化两者的关系表现为互为依存。生态化必需的生态建设为信息化发展提供了优良的生态环境，而信息化建设则是保障和实现生态环境优化的物质技术手段。但信息化的发展也存在污染的一面。电子信息技术产品的快速更新换代，大量迅速被淘汰的废旧电子产品将成为新的污染源。信息产业本身产生的污染并不能完全通过自身来解决，还必须通过生态建设来加以排除。其次，从生态化的目标——生态城市而言，城市信息化是生态城市建设的重要目标之一，城市信息网络的建设是反映生态城市管理水平的一个重要标志。

6.4.5.3 使信息化在生态城市建设中发挥较大的作用

信息化可以在很多方面支持生态城市的建设。如，天津生态市建设与决策支持系统框架设计中，建立以“3S”集成技术信息平台为依托、以城市生态信息数据库为支撑、以生态系统模拟模型为内核、辅以人工智能技术，集生态数据观测、采集、传输、管理、分析处理及发布为一体的现代化城市生态环境综合评价与决策支持系统，对天津市整体生态环境的演变进行长期不断的动态监测与评价，从而及时跟踪制定和采取各种保护性措施（图6.4）。

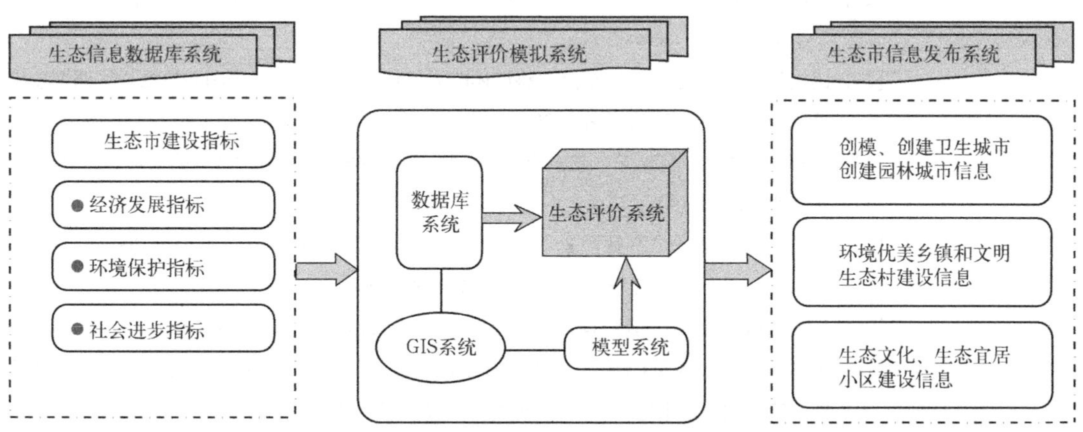

图6.4 天津生态市建设决策支持系统总体结构

来源：解辉．基于信息生态学的天津生态市建设与决策支持系统框架．天津科技，2007（5）．

第6章参考文献：

[1] David G. Gilles1 and Raymond C. Loehr. Waste Generation and Minimization in Semiconductor Industry [J].Journal of Environmental Engineering, 1994(1):72-86.

[2] Mokhtarian P. Relationships between telecommunications and transportation. Transportation Research, 24A, 1990.

[3] 陈玉霞 . 信息技术对休闲的双重效应 [J]. 学术交流，2002（3）.

[4] 储节旺，谢阳群 . 美国信息产业对新经济发展的作用研究[J]. 铁道运输与经济，2005(7).

[5] 单薇 . 信息服务业发展的倍增效应 [J]. 经济经纬，2002（2）.

[6] 段尧清 . 城市信息化水平测评的理论与方法研究 [D]. 华中师范大学，2001.

[7] 韩萍 . 信息经济的生态效应与西部生态建设 [J]. 西南林学院学报，2008（4）.

[8] 侯鑫，曾坚，王绚 . 信息社会城市空间的新特点[J]. 天津大学学报（社会科学版），2005(3).

[9] 黄晓斌，柯丽 . 地方信息资源的网络化开发利用研究——广州市网络信息资源建设的实证分析 [J]. 情报科学，2007（2）.

[10] 金江军，潘懋，承继成 . 论信息时代的城市发展 [J]. 国土资源信息化，2005（2）.

[11] 金江军 . 城市信息化及其评价指标体系 [J]. 电子政务，2005（3）.

[12] 康慕谊 . 城市生态学与城市环境 [M]. 北京：中国计量出版社，1997.

[13] 李农 . 城市信息化规划后评估 [J]. 上海信息化，2007（7）.

[14] 李农 . 中国城市信息化 2004 年发展测评结果 [J]. 上海信息化，2005（4）.

[15] 李贤毅，程博雅 . 武汉城市信息化评价体系分析 [J]. 信息通信，2008（3）.

[16] 刘春亮，路紫 . 我国省会城市信息节点辐射空间与地区差异 [J]. 经济地理，2007（2）.

[17] 刘秀珍，华彬 . 废光盘的回收与利用 [J]. 环境保护，2000（1）.

[18] 马超群，何艳芬 . 信息化作用下的城市发展研究 [J]. 西安邮电学院学报，2008（4）.

[19] 孙世界 . 信息化城市：信息技术与城市关系初探 [J]. 城市规划，2001（6）.

[20] 王祥荣 . 生态与环境 [M]. 南京：东南大学出版社，2000.

[21] 王晓慧 . 传统产业城市信息化发展研究 [J]. 中国集体经济，2008（15）.

[22] 肖泽群，李文群，黄立平 . 现代信息对生产力提升的作用机制研究 [J]. 管理，2008（1、2 合刊）.

[23] 谢俊贵，周启瑞 . 我国信息弱势群体的人口特征分析——基于湖南信息分化调查及相关资料 [J]. 怀化学院学报，2007（4）.

[24] 徐辉，余森平，邱淑芳 . 信息产业的发展对实现经济增长方式转变的倍增效应 [J]. 上海企业，2003（4）.

[25] 徐姗，韩民春 ."信息要素"对经济增长的贡献研究——基于中国 2001—2006 年 Panel Data 的经验分析 [J]. 情报杂志，2009（6）.

[26] 杨茹 . 信息社会中的城市环境保护问题 [J]. 上海环境科学，2001（5）.

[27] 于贵瑞，何洪林，刘新安，牛栋 . 中国陆地生态信息空间化技术研究——气象 / 气候信息的空间化技术途径 [J]. 自然资源学报，2004（4）.

[28] 真虹，刘红，张婕姝 . 信息流与交通运输相关性理论 [M]. 北京：人民交通出版社，2001.

[29] 甄峰，信息技术作用影响下的区域空间重构与发展模式研究 [D]. 南京大学，2001.

■ 本章小结

信息对城市社会经济及生态环境系统具有重要的作用和影响。对城市信息系统进行深入分析是提高城市生态环境运行效益、促进城市信息系统可持续发展的重要基础。城市信息分析的主要内容包括：信息资源、信息辐射力、信息条件和信息化水平等；城市信息系统可持续发展的主要途径包括：发挥信息在城市生态系统中的作用、根据信息社会城市空间发展的特点和趋势进行城市规划创新、城市环境信息化与城市生态系统信息的空间化，以及将城市信息化与城市可持续发展结合起来等。

■ 复习思考题

1. 信息（流）对生态系统演进的作用和对城市发展所起的作用有何差异？

2. 城市信息分析的本质是什么？除了本章论述的城市信息分析方法以外，还可以用哪些方法对城市信息（流）进行分析？

3. 何为城市信息系统可持续发展？城市信息系统可持续发展对于城市规划及建设具有什么作用？

第7章　城市气候

本章介绍了城市气候的基本知识，阐述了气候与人居环境及城市的相互作用和影响，论述了城市规划气候条件分析的意义和方法，探讨了改善气候的若干城市规划内容与方法。

7.1　城市气候概述

7.1.1　城市气候的定义

城市气候是在地理纬度、大气环流、海陆位置和地形所形成的区域气候背景及基础上，在城市下垫面和城市人类活动影响下形成的一种不同于城市周围地区的地方性气候，是城市作为一个整体所具有的气象状况的多年特点。城市气候与城市的下垫面和人类活动密切相关。城市消耗大量燃料，排放的人为热显著地改变了下垫面环境，从而改变了该地区原有的区域气候状况。从某种程度上而言，城市造成了自身的气候。

7.1.2 城市气候的类型

可以将与城市运作系统关系密切的气候条件分为三个层次：即宏观气候、中观气候和微观气候（局地气候）。宏观气候是城市所在区域的气候条件的总和，包括日照、降雨、温度、湿度和常年风向等；中观气候是指城市所在地区特殊的自然地理因素对宏观气候的修正，如山区、河谷、滨海（水）或森林，这种局部性特殊地理因素对城市的影响会相当显著；微观气候主要是指各种人为因素，包括人为空间环境等对城市局地气候的影响，如相邻建筑物之间的空间关系可影响到外环境的日照、通风、温湿度等。

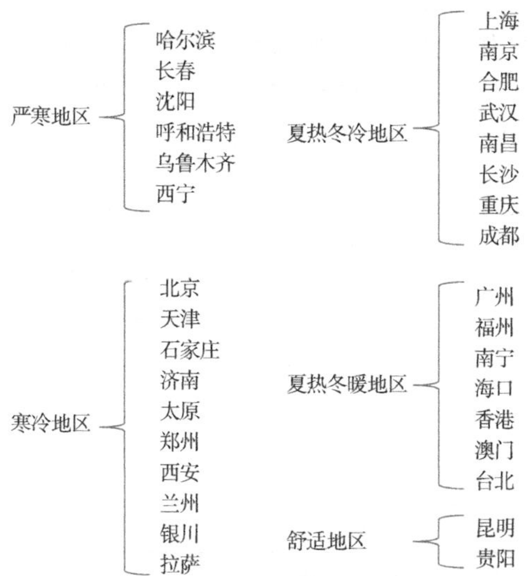

图 7.1 中国建筑气候区划与部分城市对应关系

来源：根据大卫与露茜尔·派克德基金会，威廉与弗洛拉·休利特基金会，能源基金会．中国可持续能源项目，http：//www.efchina.org/documents/CSEPBrochureCN.pdf．绘制。

7.1.3 城市气候的分区

城市气候分区是根据温度、湿度、日照、风力等气象因素，对各类城市进行气候类型分区。城市气候分区与建筑气候分区有着密切的关系（图 7.1）。表 7.1 是根据热带、亚热带、暖温带等气候区统计的中国城市分布。由表 7.1 可见，具有适宜人类居住的亚热带和暖温带是中国城市最集中的地区。表 7.2 是我国城市气候类型区划。

中国气候区城市分布统计表（1999 年） **表 7.1**

气候区	热带	亚热带	暖温带	中温带	寒温带	青藏高原区	全国
城市数	64	299	177	121	1	5	667
占比率（%）	9.61	44.83	26.54	18.14	0.15	0.75	100.0

来源：根据《中国城市统计年鉴》（2000 年）与中国气候区分布图整理。

我国城市气候类型区划 **表 7.2**

城市气候类型	温度状况	湿度状况	气候特征	气候调节任务	地域分布
寒冷城市	7 月平均温度≤ 25℃ 1 月平均气温≤ −10℃	7 月平均相对湿度≥ 50%	冬季寒冷、年日均温度低于 5℃的日期长，夏季温度不是很高	冬季保暖、防风是城市规划设计必须考虑的	主要包括东北全境和内蒙古东部地区、新疆部分地区
温和城市	7 月平均温度≤ 28℃ 1 月平均气温≥ −10℃	7 月平均相对湿度≥ 50%	冬季不是十分寒冷，夏季不是十分炎热	既要考虑冬季的保暖，也要考虑夏季的降温问题	北方中原地区、西南和西北大部分地区
湿热城市	7 月平均温度在 25℃～30℃之间，1 月平均气温≥ 0℃	7 月平均相对湿度≥ 50%	夏季炎热潮湿	通风与降温是城市规划设计中需重点考虑的，同时要适当考虑冬季的问题	江南以及华南和西南的部分地区
干热城市	7 月平均温度≥ 18℃，1 月平均气温在 −5℃～−20℃之间	7 月平均相对湿度 <50%	干旱、太阳辐射强、夏季炎热、年温差和日温差大、风沙大	防风沙、改善温度条件和防止过量的太阳辐射	新疆的大部分地区
炎热城市	7 月平均温度在 25℃～29℃之间，1 月平均气温 >10℃	7 月平均相对湿度≥ 50%	全年温度较高，夏季潮湿、炎热	通风与降温是城市气候设计的主要任务，基本可以不考虑冬季的气候调节问题	华南的大部分地区

来源：柏春．城市设计的气候模式语言．华中建筑，2009（5）．

7.2 气候对人居环境及城市的影响

7.2.1 气候与人类栖居集中度的关系

气候与人类的栖居集中度有着密切的关系。一般而言，气候适宜度越高，生态环境质量也越好，从而人类的栖居集中度也越高。中国人口明显集中分布于气候适宜程度较高的地区，气候适宜度与人口密度成正比关系（表 7.3）。

中国人居环境气候适宜性评价 表 7.3

	土地面积（$\times 10^4 km^2$）	比例（%）	人口总量（$\times 10^4$ 人）	比例（%）	人口密度（人 / km^2）
不适宜区	218.62	22.77	197	0.16	1
临界适宜区	135.22	14.09	2052	1.62	16
一般适宜区	391.80	40.81	72809	57.47	190
中度适宜区	136.92	14.26	31654	24.98	237
高度适宜区	77.44	8.07	19986	15.77	264

来源：唐焰等．基于栅格尺度的中国人居环境气候适宜性评价．资源科学，2008（5）．

7.2.2 气候对城市选址的影响

城市选址与气候条件有着很大关系。早期城市的形成依赖农业的发展，与之相关的三大要素：水、耕地和能源供给对气候和自然环境有着较强的依赖性，这一点可从大多数世界古老文明城市位置所在找到佐证。这些城市均出现在自然条件相对优越的区域，即北回归线和北纬 30° 之间，气候和土壤适合动植物生长、雨水充沛、建筑取材方便（徐小东，2005）。

城址选择原则之一为：气候温和，物产丰盈。其中，物产丰盈很大程度上也是气候温和的直接结果之一。根据对全世界 20 万人以上城市的统计，热带城市占总城市的 7.6%，干燥带占 5%，温带占 72.6%，冷带占 14.8%，寒带占 0%（矶村英一，1988）。全世界绝大多数城市分布在温带上，这证明了温带气候冷热恰当，适宜于人类的生存。可见气候条件是影响城址选择的重要因素之一。

7.2.3 气候对人居环境聚居形式特征的影响

7.2.3.1 气候对建筑及聚居空间风格的影响

从世界范围看，气候深刻影响着全球不同地域的建筑样式和聚落景观风貌。例如，北非城镇紧凑、密集的簇群形态与干旱、炎热的气候条件相对应；而东南亚村落稀疏、松散的形态结构则与炎热、潮湿的气候条件相对应。在中国东北地区，寒冷干燥的气候决定了其古代民族的居住形式以穴居和半地下穴居为主，“无屋宇，并依山水掘地为穴，架木于上，以土覆之，状如中国之冢墓，相聚而居”。北美洲爱斯基摩人将营地位置选在能避免过分暴露在北极酷烈的自然力的地方，用冰制造的圆顶小屋也一直被人们描绘成是北极严寒和多风气候条件下理想的生态居屋（冷红等，2003）。

城市风格也深受气候影响，北方气候干燥寒冷、平原多风沙，普遍采用棋盘路网，城市形态敦厚。南方湿热多雨，山水平畴，城市形态自由。

7.2.3.2 气候对建筑材料的影响

气候一定程度上影响了对建筑材料的选择。以涂料为例。根据对北京、上海、广州、深圳以及香港居住建筑外墙材料的调查发现，我国由北到南的城市住宅外墙涂料的使用比例逐渐下降，面砖的使用比例逐渐上升；北京的居住建筑绝大部分以涂料为主，到了香港则绝大部分以面砖为主。这种现象主要是由气候原因造成的：广州、深圳、香港等城市地处我国南部，湿热多雨，要求居住建筑的外饰面材具有良好的耐水性和自洁性，能够在雨水的冲刷下长时间地保持不渗漏、不变形、不褪色、易于清洁，在这方面，面砖普遍优于涂料，因此，便成为南方城市的理想选择（夏海山等，2007）。

7.2.3.3 气候对城市色彩的影响

从光照和温度角度分析，建筑外表的色彩决定了建筑物对太阳辐射的吸热能力。因此，从节能角度来看，在气温高、日照多的地区，建筑与城市环境主要考虑降温隔热，宜采用反光率较强的清淡色调；而气候严寒，日照少的地区，主要考虑保温采暖，宜选用中等明度的暖色。例如，长春市于1930年代留下来的建筑都采用深暗的暖色，哈尔滨的建筑也多以暖色为主调。

从湿度、降水、雾与能见度角度分析，可以发现，在多雨地区，建筑外部的色彩容易受到雨水的冲刷而污染变色。在连绵多雨或雾气弥漫等气候恶劣地区，由于空气湿度大，透明度差，建筑的外部色彩如果选用较深的鲜明色，如橙色、中黄、明黄等色彩，有利于弥补视觉上的单调沉闷。

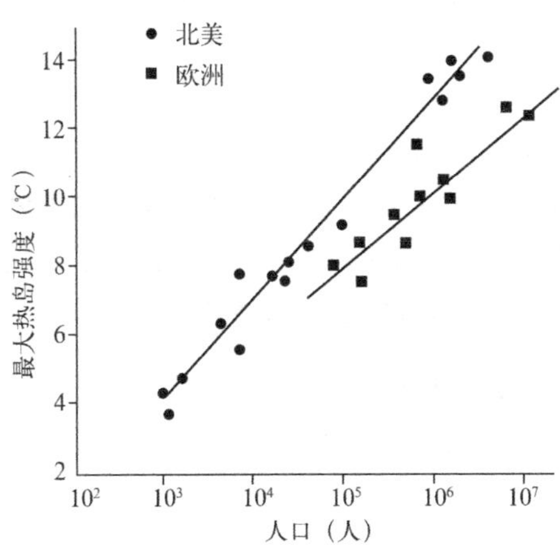

图7.2 北美和欧洲最大热岛强度与居民人口关系

来源：陈喆，魏昱．规划与设计中城市气候问题探讨．新建筑，1999（1）．

7.3 城市发展对气候的影响

7.3.1 城市人口规模对气候的影响

城市人口对气候的影响主要是由人口的集聚以及因集聚而产生的各项活动对气候产生的作用而呈现的。如，Oke.T.R认为城市人口是反映城市热岛效应的典型因子，他拟合了北美与欧洲20多个城市的城乡温差与人口的变化曲线图（图7.2）。1953年，米奇尔（Mitchel）根据美国77个城市的人口数与热岛强度的资料进行统计分析，发现其平均的相关系数高达0.86。奥库（Okur）指出：城市人口数的对数和城市内外之温差（热岛强度）的最大值呈正相关。

城市化产生的局地气候变化 **表 7.4**

气候要素	与郊区对比	气候要素	与郊区对比
污染物		温度	
凝结核	多 10 ~ 100 倍	年平均	高 0.5℃ ~ 3.0℃
灰尘微粒	多 10 ~ 50 倍	冬最低（平均）	高 1.0℃ ~ 2.0℃
气体化合物	多 5 ~ 25 倍	夏最高（平均）	高 1.0℃ ~ 3.0℃
辐射		无霜期	多 10%
总辐射	少 10% ~ 20%	相对湿度	
紫外辐射	少 30%	年平均	小 6%
日照辐射	少 5% ~ 15%	冬	小 2%
能见度（<10km）	少 5% ~ 15%	夏	小 8%
云量	多 5% ~ 10%	风 速	
雾，冬季	多 100%	年平均	小 20% ~ 30%
雾，夏季	多 20% ~ 30%	极大风	小 10% ~ 20%
降水		平静无风	多 5% ~ 20%
总量	多 5% ~ 10%		
日数（<5mm）	多 10%		
降雪	少 5% ~ 10%		

来源：H.E.Landsber，1981，转引自：广州市气象局，广州市农业局编．城市生态环境与气象．广东省地图出版社，2004.

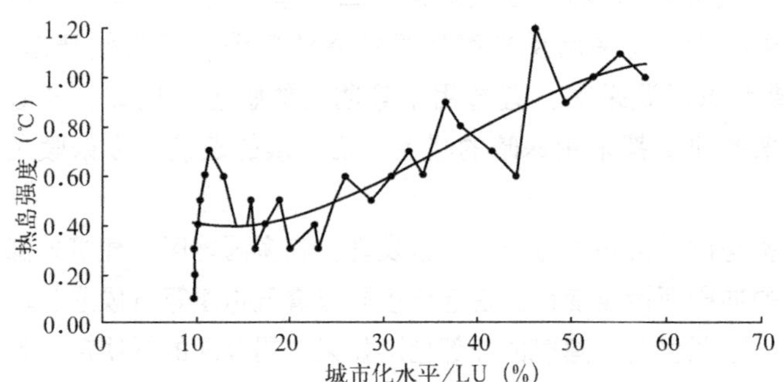

图 7.3 合肥市热岛强度与城市化水平模拟曲线图

来源：刘玲．合肥城市化进程及其气候效应研究 [D]．安徽农业大学，2008.

7.3.2 城市化对热岛效应的影响

城市化对气候的影响可以表现在许多方面（表 7.4）。刘玲（2008）的研究显示，城市化是影响合肥市热岛强度的主要因素。1975 ~ 2005 年间，合肥市城市化水平与热岛强度相关性达到极显著水平，R^2=0.706，如图 7.3 所示。

7.3.3 城市地表特征对气温的影响

7.3.3.1 建筑密度对城市气温和风速的影响

城市建筑密度越高，单位人为热量值也越大（表 7.5）。兰兹葆将白天城市高于郊区的温度值与建筑密度进行对照，发现两者呈线性关系。即建筑密度愈大，白天城市与郊区的温度愈大，亦即热岛效应愈显著（胡崇庆，1980）。

根据建筑物密度的最大人为热量取值 **表 7.5**

建筑物密度	最大人为热量 /（$W \cdot m^{-2}$）
>80%	80
60% ~ 80%	60
30% ~ 60%	30
10% ~ 30%	10
<10%	5

来源：陈炯，郑永光，邓莲堂．城市建筑物对城市边界层三维结构影响的数值模拟．北京大学学报（自然科学版），2007（3）.

图 7.4 为日本对总建筑占地率与风速比平均值关系的研究结果。由图 7.4 可见，总建筑占地率与风速比平均值有非常高的负相关性。当地区的总建筑占地率相同时，通常中高层集合住宅区用地的风速比平均值比低层住宅区用地要略高 0.26 左右。

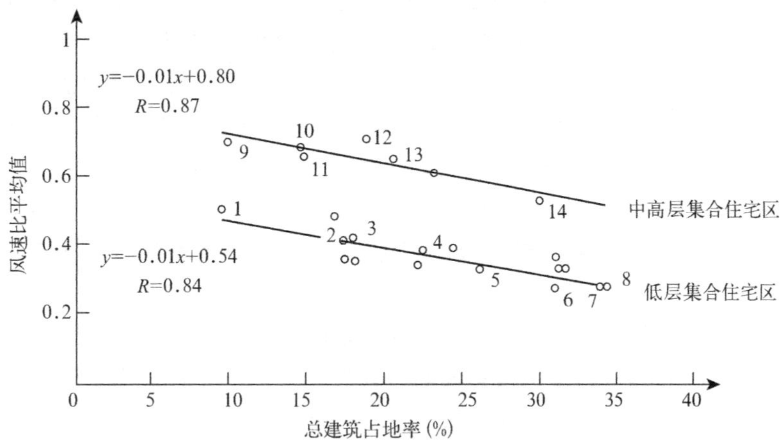

图 7.4　总建筑占地率与风速比平均值的关系

注：图中 1 ~ 8 是由 1 ~ 2 层高建筑的独立式住宅构成的低层住宅区，9 ~ 14 是中高层集合住宅区。

来源：（日）都市环境学教材编辑委员会编．林荫超译．城市环境学．北京：机械工业出版社，2005．

7.3.3.2　建成区规模对城市气温的影响

建成区规模包括城市建成区面积和城市房屋面积，其对温度有着“增温效应”。一方面是因为城市面积的扩张使周边较冷空气对城市区域的混合输送作用减弱；另一方面是因为城市建成区面积越大，接受太阳辐射也越大。李书严等（2008）的研究表明，北京建成区温度（y）与城区面积（x）呈线性相关，相关系数为 0.6387（显著性水平 $\alpha<0.05$），线性方程为 $y=-6.1449+0.002x$，相当于每增加 10km² 的城区面积，温度增加 0.02℃（图 7.5）。

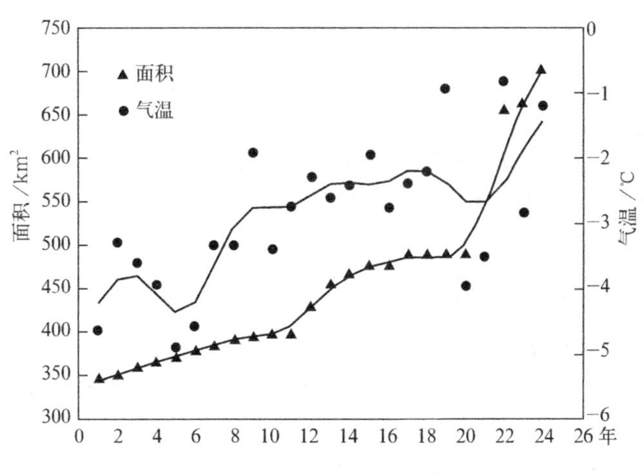

图 7.5　北京建成区面积（km²）和冬季平均温度的变化

来源：李书严，陈洪滨，李伟．城市化对北京地区气候的影响．高原气象，2008（5）．

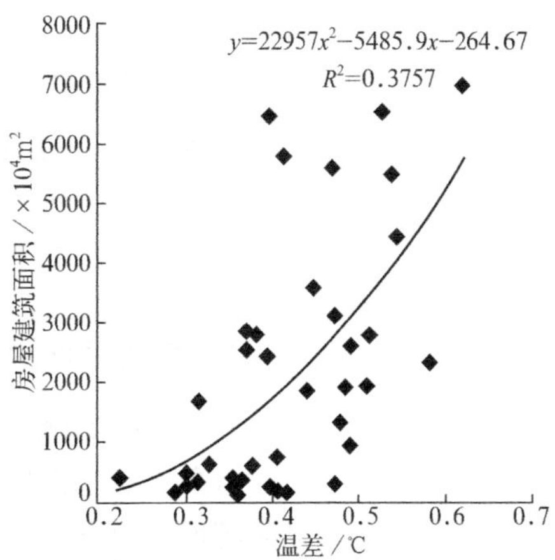

图 7.6　1962 ~ 2000 年北京城郊温差与城市房屋建筑面积的散点分布

来源：徐祥德，周秀骥，施晓晖．城市群落大气污染源影响的空间结构及尺度特征．中国科学 D 辑地球科学，2005（增刊 I）．

徐祥德等（2005）分析了 1962 ～ 2000 年北京城市房屋建筑面积与城郊温差，发现两者呈显著相关特征，相关系数达 0.42，通过了 $\alpha=0.05$ 的显著性检验。这表明，北京城市化迅速发展，已导致城市热岛总体效应日趋显著（图 7.6）。

7.3.3.3 城市地表覆盖类型对气温的影响

城市不同的地表覆盖对城市气温的影响有差异，不同的地表覆盖之间的转化对城市的温度也会发生特定的影响。王伟武（2004）对杭州市的研究表明：①城市地表对城市气温变化影响的贡献大小顺序为：城市综合区 > 城市工业区 > 城市农居点 > 城市水域。②从自然水体为主向城市住宅区演变的区域、从农用地为主向农居点演变的区域、从农用地为主向工业用地演变的区域、从农用地为主向城市综合用地演变的区域，年内最小日平均气温所在旬积温分别上升 15.31℃、15.90℃、15.95℃和 16.10℃。

图 7.7 显示了日本关东地区的城市、耕地、森林、海水面对气温上升的影响程度。该图表明，城市具有在一年中使气温上升的作用，而耕地和森林通常会使气温下降；海水从春天到夏天有冷却作用，而在冬季有加热作用。

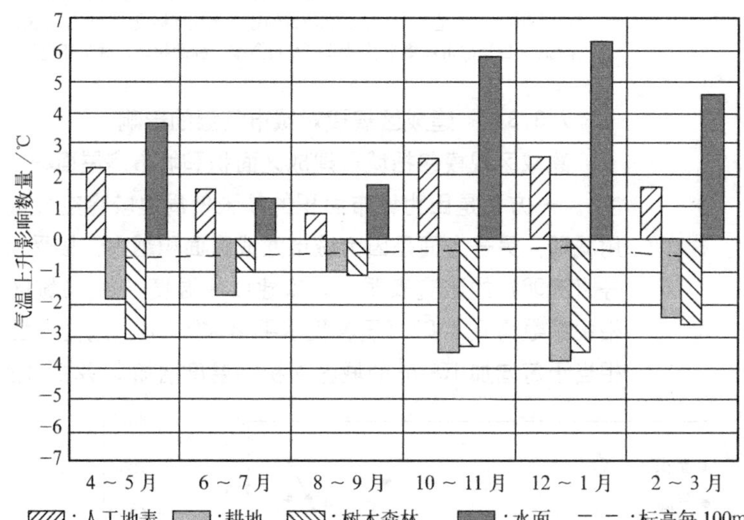

图 7.7 不同的土地利用形态对气温上升的影响数量

来源：（日）都市环境学教材编辑委员会编．林荫超译．城市环境学．北京：机械工业出版社，2005.

7.3.4 城市空间形态对气候的影响

7.3.4.1 城市形态对风速的影响

城市空间形态对气候影响的表现之一为城市人造空间形态对气候的影响。蒋维楣等（2005）的研究指出，北京城市发展对城市气候环境的影响之一为通风能力不断降低。北京旧城中心区是故宫、中南海等皇家园林。为了保持古都风貌，规划规定在旧城范围内不建高层建筑，高层建筑都向二环外、三环及四环发展，并有明显增高、加密的趋势。未来北京城将形成近郊环形的高层建筑包围旧城区的格局，类似地形上的盆地，这将严重影响城区气流运动，增加静

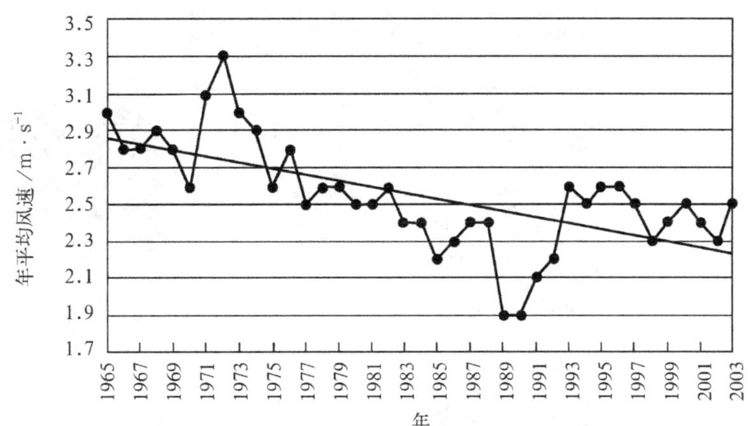

图 7.8 北京城区 1965 ~ 2003 年逐年平均风速变化曲线

来源：汪光焘，王晓云等．城市规划大气环境影响的尺度评估技术体系的研究与应用．中国科学D辑—地球科学，2005（增刊Ⅰ）．

风、小风频率，空气质量也将面临严峻问题。资料表明，北京城区年平均风速比郊区低 43%（图 7.8）。如果郊区风速为 3.4m/s（相当三级风），则城区内只有 1.9m/s（相当于二级风）。

7.3.4.2 不同类型居住区的地表温度

居住区的不同布局形式对气温也会产生一定的影响。薛瑾（2008）的研究指出，杭州市多层行列式布置的小区的地表温度整体上高于高层点式布置的小区。前者为 33.435℃，后者为 31.868℃（图 7.9）。

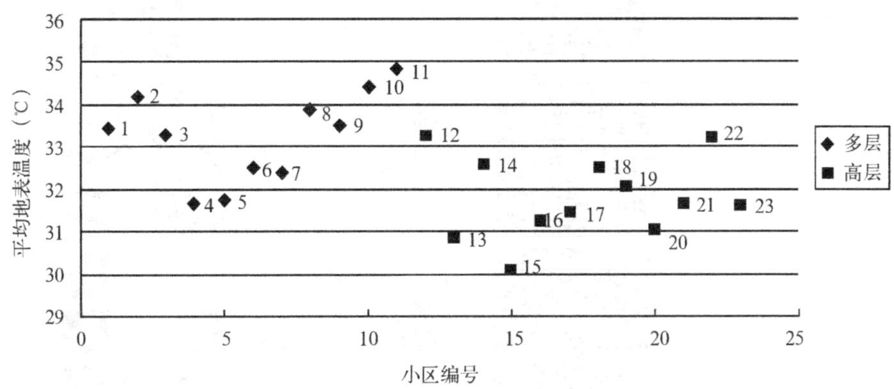

图 7.9 杭州市居住小区地表温度散点分布图

来源：薛瑾．城市热岛产生的空间机理与规划缓减对策［D］．浙江大学，2008．

7.3.4.3 不同住宅区的建筑布局方式对通风的影响

日本通过风洞实验研究不同的建筑布局方式对通风的影响。由风洞实验得到的各测试点的风速数据，除以没有模型的平坦状况的风速数据，得到风速比。风速比越大，说明其测试点的通风就越好。各地区的建筑物布置和风速比的出现频率分布图如图 7.10 所示。

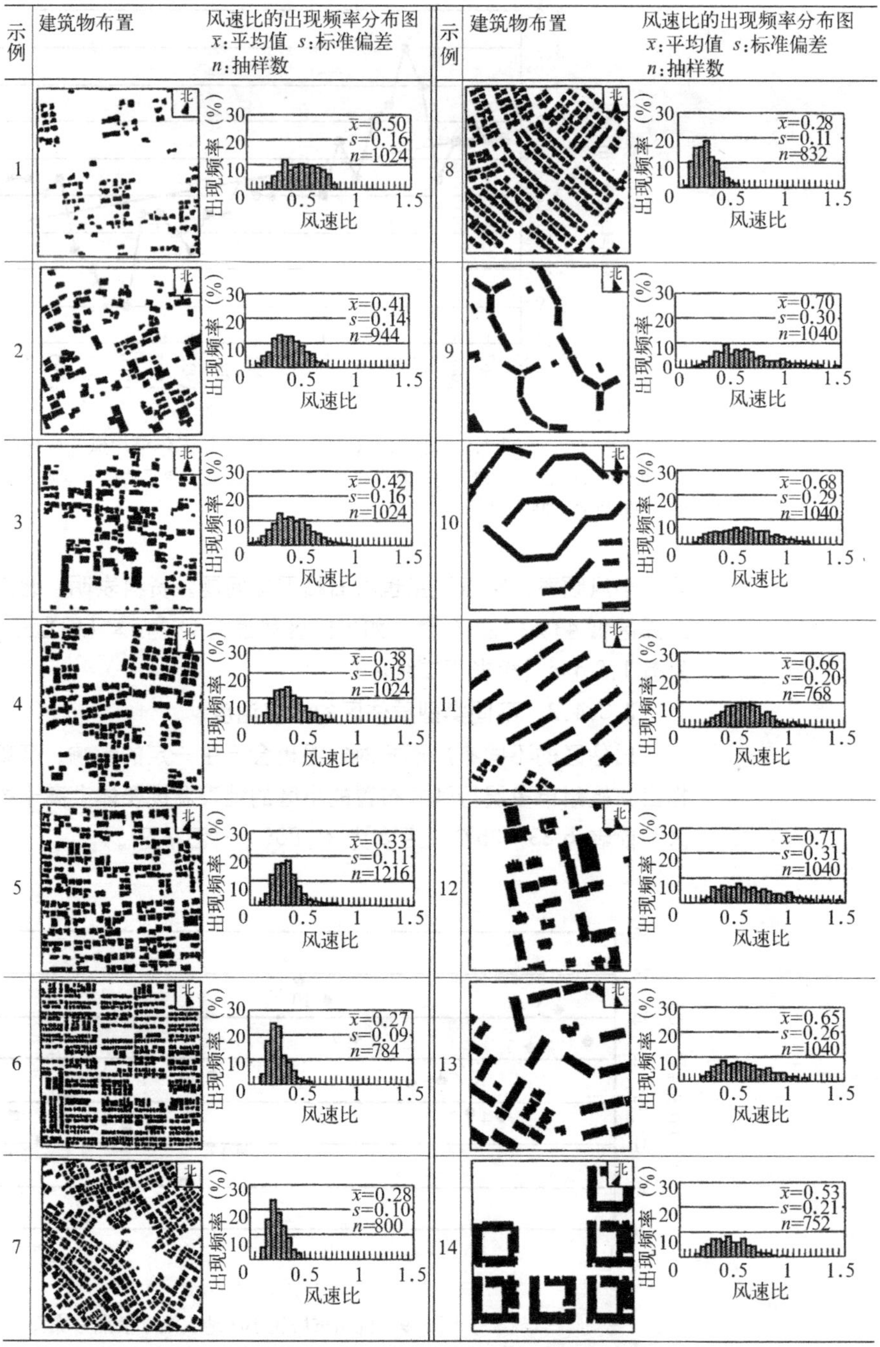

示例	建筑物布置	风速比的出现频率分布图 $\bar{x}$：平均值 s：标准偏差 n：抽样数	示例	建筑物布置	风速比的出现频率分布图 $\bar{x}$：平均值 s：标准偏差 n：抽样数
1	北	$\bar{x}$=0.50 s=0.16 n=1024	8	北	$\bar{x}$=0.28 s=0.11 n=832
2	北	$\bar{x}$=0.41 s=0.14 n=944	9	北	$\bar{x}$=0.70 s=0.30 n=1040
3	北	$\bar{x}$=0.42 s=0.16 n=1024	10	北	$\bar{x}$=0.68 s=0.29 n=1040
4	北	$\bar{x}$=0.38 s=0.15 n=1024	11	北	$\bar{x}$=0.66 s=0.20 n=768
5	北	$\bar{x}$=0.33 s=0.11 n=1216	12	北	$\bar{x}$=0.71 s=0.31 n=1040
6	北	$\bar{x}$=0.27 s=0.09 n=784	13	北	$\bar{x}$=0.65 s=0.26 n=1040
7	北	$\bar{x}$=0.28 s=0.10 n=800	14	北	$\bar{x}$=0.53 s=0.21 n=752

（各分布图纵轴：出现频率（%），0、10、20、30；横轴：风速比，0、0.5、1、1.5）

图 7.10　各地区的建筑物布置和风速比的出现频率分布图

注：图中 1 ~ 8 主要是由 1 ~ 2 层高建筑的独立式住宅构成的低层住宅区，9 ~ 14 是中高层集合住宅区。

来源：（日）都市环境学教材编辑委员会编．城市环境学．林荫超译．北京：机械工业出版社，2005．

7.4 城市规划的气候条件分析

7.4.1 城市规划的气候条件分析的意义

气候条件对城市规划与建设有多方面的影响。城市规划的气候条件分析的目的是“趋利避害”。即最大限度地利用气候资源，利用气候环境的正面作用和效应，最大限度地避免灾害性气候带来的负面效应。

城市规划的气候条件分析具有较丰富的内容。如，分析城市地区的太阳辐射强度、主导风向、气温分布等气候特征，可为城市功能区的布局、街道的走向、房屋的排列和设计提供依据；也可使城市避免热污染和大气污染，以及进行建筑朝向、间距的确定，防风、通风的工程设计，工业区、生活居住区的合理布局等提供依据。对城市的气候灾害的分析，可最大限度地“避害”，将有助于城市规划布局时选择安全的基地和安全的布局结构形态，以及选择适当的城市功能和运营强度。对城市气候从景观生态学角度进行分析，将有利于从宏观层面把握城市气候在城市空间上的变化趋势，为调控城市的气候分布提供支撑。

存在着诸多的由于忽视城市规划的气候条件分析而造成的不良后果的案例。如，位于山区的北京市京西电厂，由于设计选址没有认真论证气象条件而盲目施工，待投产运行时，发现烟体滞留在山谷里排不出去，造成周围严重空气污染，只好被迫减少发电机组。一个按 40 万 kV 发电量建设的电厂，后只能安装 12 万 kV 的发电机组，造成巨大浪费。类似的还有湖北松木坪电厂、微水电厂等以及广东马坝冶炼厂，皆因没认真考虑气象条件，烟体排放不出去，被迫减产或停产（高绍凤等，2001）。沈阳历史上形成的铁西工业区处于盛行风向上方，当时考虑的重点是可开发利用的土地、经济成本核算等方面，但并不符合城市气候规划原则，为此付出的是全市污染加剧的代价（姜晓艳等，2008）。

7.4.2 城市“温度景观”分析

城市温度在城市中有其空间分布，不同的用地（景观）类型也会有其独特的温度空间分布，将景观分类与温场空间分布叠加，就可以鉴别各种温度景观分区，并可进一步构建温度景观转移矩阵、图谱以及温度景观评价体系。从温度景观的角度进行城市规划气候条件分析应该是很有意义的。

贡璐（2007）将乌鲁木齐市分成 6 类温度景观类型。发现随着城市化进程的发展，该市市内高温建设用地面积最大且增加面积较多（表 7.6）。温度景观多样性指数、破碎度指数、聚集度指数都有不同程度的变化（表 7.7）。由表 7.7 可见，该市温度景观的异质性和破碎化程度在增加，斑块呈现密集格局。

基于景观的乌鲁木齐市温场分区的面积与百分比　　表 7.6

温度景观	1987 年		1999 年		2005 年	
	面积 (km^2)	百分比 (%)	面积 (km^2)	百分比 (%)	面积 (km^2)	百分比 (%)
较高温城乡建设用地	8.66	1.23	21.51	3.05	22.58	3.20
高温城乡建设用地	92.81	13.17	106.73	15.14	136.42	19.35
特高温城乡建设用地	15.10	2.14	25.17	3.57	32.57	4.62
高温裸地	446.00	63.27	353.42	50.13	351.15	49.81
低温绿地	138.86	19.70	194.58	27.60	157.97	22.41
低温水体	3.52	0.50	3.55	0.50	4.27	0.61
合计	704.96	100.00	704.96	100.00	704.96	100.00

来源：贡璐．干旱区城市热岛效应定量研究——以乌鲁木齐为例 [D]．新疆大学，2007.

乌鲁木齐市各年度温度景观格局总体特征值变化　　表 7.7

指标	特征值		
	1987	1999	2005
景观总面积（hm^2）		70496.10	
斑块数量（个）	7696	12929	11390
平均斑块面积（hm^2）	9.1601	5.4525	6.1893
多样性指数	1.0395	1.2394	1.2834
均匀度指数	0.5801	0.6917	0.7163
优势度指数	0.7522	0.5525	0.5083
破碎度指数	0.1092	0.1834	0.1616
聚集度指数	58.9862	49.2430	48.9043

来源：贡璐．干旱区城市热岛效应定量研究——以乌鲁木齐为例 [D]．新疆大学，2007.

7.4.3　城市气候指标分区分析

城市受地形和海拔影响，市域范围内气候具有水平和垂直差异。为对城市气候特征的空间分布有所把握，并将这种空间分布作为人居环境布局的依据之一，需对各气候因子进行分级（区）。通过分析不同气候分级区域中各土地利用类型的分布特征，来研究不同气候条件下土地利用的空间格局。湖南醴陵市气候因子分级（区）主要依据当地气候资源空间分布差异特点按等间距进行分级（图 7.11）（文倩等，2009）。

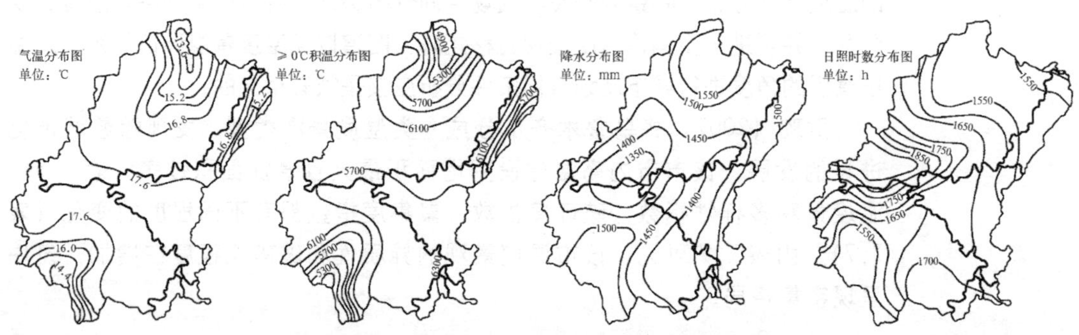

图 7.11　醴陵市年均气温、积温、降水和日照时数空间分布

来源：文倩，崔卫国，何利．局地气候条件下的土地利用空间格局分析——以湖南醴陵市为例．水土保持研究，2009（2）.

7.4.4 城市气候适宜性评价

根据人居活动的适宜度与气候因素的密切程度，可选用气温、湿度、风、日照、特殊天气等气候要素，建立城市气候适宜性评价指标体系（表 7.8）。

城市气候适居性评价指标体系及分级标准　　表 7.8

子系统	因子	很适宜	适宜	较适宜
气温	年平均气温 / ℃	14 ~ 16	12 ~ 14、14 ~ 16	<12，>16
	气温年较差 / ℃	≤ 20	20 ~ 27	>27
	7 月平均最高气温 / ℃	≤ 28	28 ~ 32	>32
	1 月平均最低气温 / ℃	≥ 0	0 ~ −5	<−5
	年平均气温日较差 / ℃	≤ 8	8 ~ 10	>10
	日最高气温≥ 35℃年日数 / 天	≤ 0.5	0.5 ~ 9	>9
	日平均气温稳定≥ 10℃初终间日数 / 天	≥ 225	225 ~ 195	<195
湿度	年平均相对湿度 /%	60 ~ 65	50 ~ 60，65 ~ 75	<50，>75
	年平均降水量 /mm	600 ~ 800	400 ~ 600，800 ~ 1000	<400，>1000
	降水≥ 25mm 年日数 / 天	≤ 3	3 ~ 8	>8
	积雪初终间日数 / 天	≤ 5	5 ~ 60	>60
风	年平均风速 /m/s	≤ 1.8	1.8 ~ 2.5	>2.5
	最大风速 /m/s	≤ 16	16 ~ 23	>23
	春季平均风速 /m/s	≤ 2.3	2.3 ~ 2.8	>2.8
日照	年平均日照时数 /h	2200 ~ 2500	2000 ~ 2200，2500 ~ 2800	<2000，>2800
	年平均总云量	≤ 5	5 ~ 6.5	>6.5
	年晴天日数 / 天	≥ 80	80 ~ 65	<65
特殊天气	雾天年日数 / 天	≤ 10	10 ~ 20	>20
	大风年日数 / 天	≤ 8	8 ~ 18	>18
	沙暴年日数 / 天	<0	0 ~ 1	>1

来源：李雪铭，刘敬华．我国主要城市人居环境适宜居住的气候因子综合评价．经济地理，2003（5）．

人居环境气候适宜性与气候要素时间分布均匀度有密切关系。例如，昆明的年平均气温 14.9℃与北京年平均气温 12.3℃相差不大，但由于季节温度变化的差异，昆明的人居环境气温适宜度要远高于北京。因此，对人居环境气候适宜性的评价既要考察气候要素的平均状态，又要分析气候各要素在时间上的分布均匀度（离散程度），这样才能对人居环境气候适宜度作出更为客观的评价。刘新有等（2008）借鉴经济学中用于评价社会财富分配平等程度的基尼系数，提出了人居环境气候各要素时间分布均匀度的量化评价方法——气候要素分布均匀度基尼系数。昆明市人居环境气候适宜度的评价结果见表 7.9。

基于基尼系数的昆明市人居环境气候综合评价　　表 7.9

评价项	气温	相对湿度	日照率	风速	极端天气
年均值得分	0.9625	1.0000	0.9308	0.9850	0.6074
基尼系数	0.8322	0.9318	0.8372	0.8656	—
综合得分	0.8010	0.9318	0.7792	0.8526	0.6074
权重	0.2780	0.2230	0.1940	0.1940	0.1110
加权得分	0.2227	0.2078	0.1512	0.1654	0.0674

来源：刘新有．基尼系数在人居环境气候评价中的运用．热带地理，2008（1）．

7.5 规划建设气候论证与评价

7.5.1 规划与建设的气候可行性论证

2000年1月1日起实施的《中华人民共和国气象法》规定：各级气象主管机构应当组织对城市规划、国家重点建设工程、重大区域性经济开发项目和大型太阳能、风能等气候资源开发利用项目进行气候可行性论证。

2009年1月1日起，我国开始实施《气候可行性论证管理办法》。规定，城乡规划、重点领域或者区域发展建设规划，重大基础设施、公共工程和大型工程建设项目，重大区域性经济开发、区域农（牧）业结构调整建设项目，大型太阳能、风能等气候资源开发利用建设项目等与气候条件密切相关的规划和建设项目，都要进行气候可行性论证。

《气候可行性论证管理办法》中提出的气候可行性论证，是指对与气候条件密切相关的规划和建设项目进行气候适宜性、风险性以及可能对局地气候产生影响的分析、评估活动。既强调气候本身对建设项目的影响（表7.10），也需要兼顾项目建成后可能对周边气候带来的影响。

气候对部分项目的影响及评估内容 表7.10

评价项目	评价与评估内容
气候对交通项目影响的评价和预估	建立气候对交通流量、交通安全的评价指标体系，建立气候交通评价专用数据库，建立气候对交通的定量气候影响模式或模型，采用定量模式和定性评价相结合方式，评价气候对交通运输流量、交通安全等方面的影响，并根据中、长期天气气候预测结果及前期的气候变化特点，对未来交通建设和运输提出合理的对策建议以及风险评价，加强暴雨洪涝、高温、沙尘暴、大雾、冰雪、积冰、冻土等天气气候事件对交通运输和安全性的预评估、跟踪评估及灾后评估
气候对能源项目的影响评价和预估	建立气候对电力、热力、油气能源的科学评价指标体系，分别建立气候电力评价模型、气候热力评价模型、气候油气评价模型，结合历史气候资料和电力、热力、油气等专用资料，评价气候对电力、热力、油气等能源使用情况的影响，为用户提供能源调度、降低损耗的决策支持信息。同时，评价电力、热力和油气消耗对气候及气候变化带来的影响。根据气候预测结果，预估电力和能源需求变化趋势
气候对健康的影响评价和预估	建立气候对人类健康影响评价指标体系，建立气候与人类健康评价专用数据库，采用定量模式和定性评价相结合方式，评价气候及气候变化对人体正常生理活动过程的影响及其规律，评价健康人体在不同气候条件下的适应性，评价气候及其变化与人类某些疾病的相互关系，分析不同季节多发病的发生率以及不同气候对人体疾病的发生、发展过程的影响及其程度。确定不同气候地区的疾病分布，探讨各种气候因素与特定疾病的内在关系，包括不同气候条件下疾病繁殖、传播的影响及其规律性。评价气候对人体健康的不利影响和有利作用。对人类的生存环境变化进行预估

来源：根据："王淮林等．我市出台措施避免城市建设和气象环境相互影响恶化，重大项目将必经气候论证，深圳商报，2006年12月30日"整理。

[专栏 7.1]：城市新区规划气候论证内容

1. 基本气候背景分析

选用与城市新区地理特征、大气环流特征相同或相似的气象站作为参证站。利用参证站的气象资料，作为气候可行性论证的基础气候资料。基本气候背景分析包括：基本情况调查、天气系统分析、温度状况、降水状况、湿度状况、地面风特征、日照时数、蒸发状况以及其他气候要素（雷暴日、雾日等）。

2. 气候灾害风险评估

包括：暴雨洪涝、雷暴、热带气旋、高温天气、冰雹、大雾、大风、地质灾害等。进行以下评估：气候灾害的平均发生频率及年际变化情况、城市新区所在地的气候灾害的等级、气候灾害可能对城市新区的影响、提出趋利避害的对策。

3. 工程气象参数推算

工程气象参数计算包括以下几项：极端最高气温推算、极端最低气温推算、最大风速推算、最大降水推算、污染气象条件计算（风玫瑰图、风污染系数、大气稳定度、混合层厚度以及风向、风速、稳定度联合频率）。

4. 气候环境影响预评估

首先，进行气候对城市新区的影响评估：对城市新区施工、运营中可能产生气候灾害的地点和危害程度做出初步预测，并提出减少损失的措施；分析城市新区建设产生的三废（废气、废水、废渣）对生态环境及自然资源、自然保护区可能产生的影响，并做出初步预测及提出防治措施；进行同一区域多个建设项目之间气候环境影响的预测，对气候环境、社会经济等条件进行综合分析，提出区域内各建设项目最佳布局方案；分析气候变化对人类健康、生物病原体和媒介的影响。其次，进行城市新区建设对气候的影响评估：对项目场址以及周围区域的气温影响评估，对降水的落区以及降水量的变化影响评估，对风向风速的变化影响评估，对其他气候要素（湿度、蒸发量等）的影响评估。

来源：谢东．城市新区规划气候可行性论证方法探讨．中国气象学会 2007 年年会天气预报预警和影响评估技术分会场论文集，2007.

7.5.2 开发项目气候敏感性评价

城市开发项目将占用土地、耗费资源，其运行也将对地域气候环境产生影响。随着对城市发展对气候环境影响的认识越来越深入，世界范围内对开发项目的气候环境影响评价也越来越重视。2004 年 10 月英国发布了《应对气候变化的规划——对更好实践的建议（The Planning Response to Climate Change: Advice on Better Practice）》，提出了关于可持续发展的社区建设的“规划指引和建议”。英国规划大臣 Keith Hill 指出：“气候变化是我们所必须解决的一个严重问题，这个报告对于规划师如何在其职责范围内作出其力所能及的贡献是一个相当有用的建议”。《建议》提供了一套对开发项目的气候敏感性进行评估的指标，重点是评估新开发项目是否适应当前和未来潜在的气候影响、是否可以减少温室气体的排放。表 7.11 为英国布里斯托尔市（Bristol）开发项目气候敏感性评价指标。

布里斯托尔市开发项目气候敏感性评价　　表 7.11

A. 风险评估

A1）选址是否在目前或未来的某一危险区域内（参考《UKCIP O_2 气候变化情景》）。而该危险是由气候变化影响或极端天气而造成的，比如：

- 海平面上升。
- 风暴潮，异常的高水位和潮汐洪水。
- 突如其来的洪水，缓慢行进的洪水和蔓延的洪水。
- 由地下水引起的洪水。
- 陆地腐蚀／下沉。
- 风破坏（直接的和间接的）。
- 淡水的缺乏。

A2）开发是否增加了当地潜在的与气候相关的危险性？

- 地表径流的加剧。
- 造成其他地区的洪水或地下水系统发生变化。
- 对新的或加强的洪水或海岸防护设施压力的增加。
- 用于防风或提供庇护的树木覆盖面积减少。
- 生态栖息地遭到破坏和分裂。
- 水资源压力的增加。

B. 对适应性的设计考量

发展是否采用了那些能加强气候影响适应性／忍耐性的措施：

B1）洪水风险和暴雨状况，比如：

- 在大规模的开发中，结合景观特色去吸收洪水。
- 可持续的城市排水系统的细化。
- 确保房屋修建的选址高于潜在的洪水水位。
- 增强建筑物外墙抗拒暴雨侵蚀的防护能力。

B2）干旱和异常的热气候，比如：

- 详细说明水循环和雨水收集的特征（只在维护和安全问题可以被处理的开发项目）。
- 将被动的通风和更大的热量集中相结合。
- 将"阴凉"和景观美化、公共空间的设计和结合。
- 将能防止过量太阳能的吸收的措施相结合，比如遮光架。
- 如果可能的话，将区域制冷系统相联接。

B3）暴风雨（雪）和强风，比如：

- 通过设计降低空气动力学的负荷。
- 结合景观美化提供对常年季风的防护。

B4）应急规划，比如：

- 对应急车辆的评估。

C. 减少温室气体的排放的设计考量

发展是否采用了那些能减少温室气体排放的特征：

C1）能源有效性，比如：

- 通过建筑物的朝向和平面布局来优化太阳能的被动采集。
- 结合被动的太阳能设计特点。
- 在紧凑的建筑形式和面阳面之间取得平衡，以减少热量损失。
- 利用被动通风以抵制机械的空调。

C2）将垃圾减少到最少和对材料的选择，比如：

- 为可循环利用的材料提供储藏和收集的条件。
- 从可持续的资源中，对低能耗生产的材料有一个详细说明。
- 对来自当地资源和供应商的材料有一个详细说明。

C3）可持续能源的利用，比如：

- 结合可再生能源技术，或以后将之用于建筑上。
- 采用高密度，混合使用的方式，将可持续能源供应（例如燃烧生物材料的热电联产）和区域供热／制冷相结合。

C4）水的有效利用，比如：

- 对高效的水设备装置（比如淋浴、冲水厕所）做详细说明。
- 鼓励雨水收集并用以户外，比如花园浇水和景观美化。
- 在维护和安全问题能够得到保证的前提下，鼓励大型建筑中的中水的循环使用。

C5）运输排放，比如：

- 确保行人、公共交通和自行车道的可达性。
- 提供自行车停放、保管的设施。
- 对新的商业开发项目编制出行规划。
- 通过规划职责和协议，发展公共交通。

来源：王新哲，周珂.《应对气候变化的规划——对更好实践的建议（英）》评介. 上海城市规划，2006（2）.

7.6　改善气候的若干城市规划内容与方法

7.6.1　改善城市气候环境的色彩规划

7.6.1.1　色彩对城市气温的影响

城市色彩对城市的气候环境有着独特的影响。建筑气候学家 Givoni 认为，材料表面的温度取决于投射到不同朝向表面上的太阳辐射强度，但此种辐射对表面所产生的热作用，首先取决于外表面的颜色，任何辐射强度的热作用都随着颜色的亮度与气流速度的增强而减弱。如，夏季在广州红砖墙面比白色石灰粉刷墙面的表面温度要高6℃（韦湘民等，1994）。

城市色彩之所以对温度有影响，其原因与城市的能量守恒和气温高低及城市吸收或反射的可见光数量有关。一个城市的反射率主要取决于屋顶、道路、停车场等设施的颜色。城市的反射率是决定城市吸收太阳光数量的重要因素，一般，黑色的反射率较低，白色的反射率较高。因此，城市建筑物的色彩尤其是屋顶的色彩能影响城市气温，这是因为密集型城市中屋顶面积占据了城市表面积的相当一部分。在炎热地区，通过白色的屋顶，增加城市的反射率，可以降低城市白天的温度。有数据表明如果将反射率从0.25改为0.40，在夏日能量使用高峰期用于制冷的能量会从总能耗的45%减少到21%（Akbrai，2001）；而在寒冷地区，采用相反的措施可以取得令人满意的增加城市辐射热的效果。不同色彩的热吸收系数和反射效果见表7.12、表7.13。

不同色彩的热吸收系数（Ps）　　表7.12

色彩	热吸收系数
白、淡黄、淡绿色、粉红色	0.2～0.4
灰色—深灰色	0.4～0.5
浅褐色、黄色、浅蓝色、玫瑰红色	0.5～0.7
深褐色	0.7～0.8
深蓝色—黑色	0.8～0.9

来源：柳孝图．建筑物理．北京：中国建筑工业出版社，2000．

不同色彩的反射效果　　表7.13

色彩	反射率	反射效果
白	84%	最好
乳白	70.4%	较好
浅红	69.4%	较好
米黄	64.3%	较好
浅绿	54.1%	较好
浅蓝	45.5%	中等
棕	23.6%	较差
黑	2.9%	最差

来源：柳孝图．建筑物理．北京：中国建筑工业出版社，2000．

7.6.1.2　城市整体色彩反射率计算

从对城市气候调节的角度而言，城市的色彩体系的确定需要计算城市整体的色彩反射率。可以借助美国加州大学伯克利分校的劳伦斯研究所提出的城市“色彩整体反射率”统计来进行。在这种方法中，将白色表面的反射率定为

α=0.90，中等黄色表面 α=0.43，深棕色表面 α=0.12，对整个城市的有效反射率可按下式计算：有效反射率 = $\sum(A_{\bar{I}}\alpha)/\sum A_{\bar{I}}$。

$A_{\bar{I}}$ 为各种不同颜色表面的面积，α 为各种颜色的表面反射率。通过调查将城市中具有各种不同颜色表面的面积及其各自的反射率按上面公式计算，得出的有效反射率作为整个城市的反射率。对于大部分的温带、热带城市，为有效降低夏季城市的热岛强度，可通过城市面层色彩体系的构成，如提高明度较高的浅色系的比例，进而提高城市的"色彩整体反射率"（柏春，2009）。

7.6.1.3　考虑气候因素的城市色彩规划

城市色彩的改善可以通过色彩规划实现，同时，也应当在色彩规划中考虑色彩对城市热环境及气候的影响。城市色彩规划一般分为三个步骤，即城市色彩规划分区、确定区块主题色彩、特殊景观和标志性建（构）筑色彩规划。对城市热环境的考虑应纳入到每一个步骤中（图 7.12）。

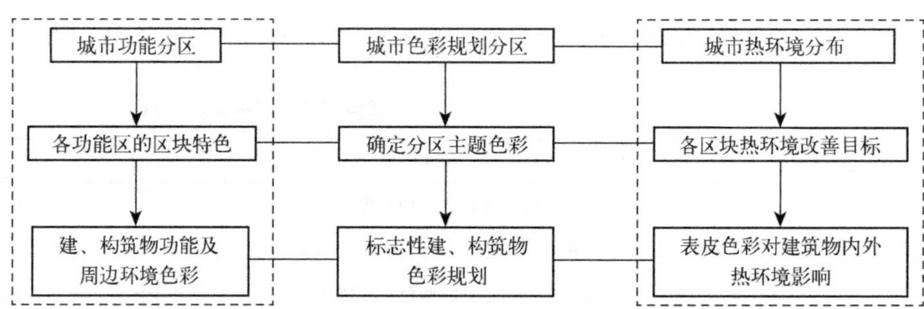

图 7.12　在传统城市色彩规划中纳入对城市热环境的考量

来源：薛瑾．城市热岛产生的空间机理与规划缓减对策［D］．浙江大学，2008．

7.6.2　提高城市下垫面透水率的规划措施

城市下垫面或地表面的不透水率与气候（温度）有着密切的关系。研究显示，北京 2004 年不透水面百分比 ISP 与地表温度 LST 的相关系数 R=0.752，两者呈正相关。ISP 每上升 0.1，平均地表温度相应升高 0.86℃（袁超，2008）。可见，提高城市下垫面透水率具有积极的生态意义。

7.6.2.1　切实施行提高城市透水能力的相关标准

鉴于城市地面透水能力对生态环境的显著影响，许多国家和地区均在各自的绿色建筑标准中制定了相关的细则，提倡实施开放式、透水性的地面铺装。我国 2006 年颁布实施的《绿色建筑评价标准》规定，住宅建筑和公共建筑的室外透水地面面积比重分别不低于 45%和 40%（黄春风，2009）。认真施行这一标准对于提高城市的透水能力具有重要意义。

7.6.2.2　将下垫面透水率作为重要的规划控制指标之一

我国长期以来用绿化覆盖率、绿地率及人均公共绿地 3 项指标作为城市环境建设的重要衡量标准。实际上，城市下垫面的透水率也是重要的反映城市生态环境质量的指标。温哥华的生态城市建设指标之一为场地的平均透水面积为 54%（张添晋等，2003），台北市的生态城市指标体系中，也包含了"城市透水面积比”指标。美国一般规定城市地区的平均不透水面积比应小于30%（陈爽等，2006）。由于透水率的定义明确清晰，类型简单（建筑及硬质路面），易于量算，因此，作为城市规划的补充参数，可增强标准的可操作性，同时丰富规划的生态内涵。

7.6.2.3 提高城市透水性的若干措施

综合国内外经验，提高城市地面透水性的措施可归纳为以下几个方面：①控制建设用地的比例。因建设用地越大，相应的硬地也越大，因此，控制城市的建设用地，实际上也是提高城市透水性的措施之一；②扩大城市绿地面积。绿地具有最佳的雨水渗透和涵养功能，增加绿化面积，是提高地面透水能力最有效也是最基本的方法之一；③采用透水性硬化地面。即将目前采用的不透水硬化法改为透水硬化法，使新建居民小区、道路、广场和停车场等成为透水地面，以便雨水入渗回补地下水；④将建设透水性地面与铺装、雨水资源化利用设施相结合。通过建设雨水汇流设施、蓄渗回灌设施、储水利用等设施，可促使城市雨水的高效利用，也提高了城市的透水性。

7.6.3 改善气候的城市风道规划

7.6.3.1 城市风道的生态作用

城市风道具有通风降温和降低污染的作用。城市风道将温度较低的郊区风带入城市，或将城市中的“凉风”送往温度较高的区域，通过空气交换，降低温度。模拟显示，对武汉城区合理建设城市风道后，理想情况下街区温度最多可下降3～5℃，其他周边地区的温度和通风情况也在一定程度上得到改善（李鹍等，2006）。同样，对北京“楔形绿带”规划的模拟显示，规划前后城区地面温度变化显著：北风情况下，北部几条楔形绿地周围0.5～1km范围的温度可降低0.5℃，楔型绿地下风方向的降温范围可达3km。西直门和东直门附近温度降低4～5℃（佟华等，2005）。

城市的自然调节能力。城市风道能使郊外清凉和洁净的空气进入城市，并带来新鲜的氧气，为其他环境因子创造了调节气候的条件，从而增强了城市的整体健康水平。

7.6.3.2 城市风道的构建原则

设计城市风道时应当遵循如下原则：①与城市夏季主导风向一致，并适当考虑局地风。如，北京的主导风向为北风和南风，所以北京的绿地系统规划采用的是南北走向的“楔形绿带”规划方案。武汉地区具有天然的城市冷源——长江和汉江。因此，在进行城市道路规划时，不仅要考虑主导风向为东南风，同时应当考虑顺应江风的方向，尽量将凉爽的江风吹入城区，给城区降温。②因地制宜，充分利用本地的天然资源。穿城而过的江河、星罗棋布的湖泊、城市郊区的生态农业园区、郊区森林等均可作为调节城市温度的天然冷（风）源。③人工要素与自然要素相结合。城市风道在充分利用自然要素的基础上，也要利用人工要素，如道路。自然要素如江、河、湖在可能情况下应尽量互相贯通，形成网络。道路则应与两侧绿带相结合，尽量扩大道路的通风宽度。如法国巴黎香榭丽舍大街，在街道外侧建立第二人行道为路人服务。这在满足美化城市，提高城市活力的同时，也为通风道的扩宽创造了条件（李鹍等，2006）。

7.6.3.3 城市风道的构建途径

可以通过如下途径构建城市风道（朱亚斓等，2008）。

（1）通过适宜的城市总体规模和空间结构营造有效的通风道

城市规模越大，越容易产生热岛效应。通风道若要发挥良好的通风降温效果，其尺度和规模都要随之增大，而通风道越长其有效性会大大降低。因此，城市应选择适宜的规模，既可降低通风道建设的难度，又能提高通风道改善环境的作用。此外，建立多中心的城市空间结构将有助于降低城市规模，也能减少郊区风进入市中心的障碍，从而提高通风道调节气候的能力。

（2）通过构造良好的城乡边缘结构营造有效的通风道

良好的城乡边缘结构有利于郊区自然风导入城市。在城乡边缘地带设置永久性的环城绿带等生态绿地，将为郊区至城市的通风道创造良好的导入口。据相关文献：在 2m/s 的微风条件下，如果林带疏密得当，大气中性（没有垂直对流也没有逆温层），污染源靠近地面并距离林带分别为 10m、100m、150m 时，50m 宽的林带吸尘率依次为 80%、38%、30%。因此，营建城市通风道时，森林离城市越近，生态效果越明显。另外，增大城郊气候的接触面，如采取指状交错的边缘过渡形态，可以缩短郊区至城市的通风道距离，并增加通风口的数量。

（3）通过良好的城市外部空间形态营造有效的通风道

1）建筑空间总体布局　城市建筑物的空间布局对城市中风的运动影响较大。城市高密度的高层建筑极不利于城市通风。建筑密度过大，阻碍了空气流动。为了给通风道创造条件，宜把高层建筑布置在城市的下风向，同时分布在城市中心，而越靠近城市边缘区，建筑高度应越低。

2）城市道路　城市交通干道为有利于通风，干道两侧不宜种植树冠张开的乔木，应选择灌木和直立树木，使街道上空敞开。商业步行街或人行道宜与城市通气道结合布局，但要和干道隔离。对于与干道、步行道结合的道路，可在干道两侧向外依次设置宽度 20～30m 的密林带，种植稀疏、低矮的植物。这样可形成理想的干道模式（图 7.13），排污的同时又利于空气流通。一般的城市主干道路只有 40～80m，为了达到良好的通风效果，应采用“梯度开发”的模式（图 7.14）。

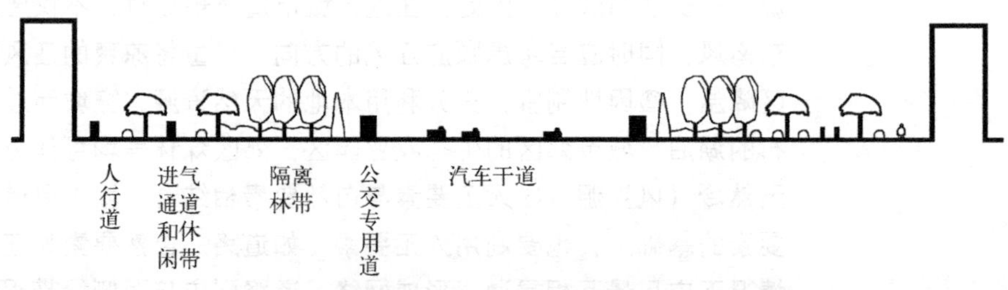

图 7.13　有利于城市通风道的城市建筑空间总体布局
来源：李敏．现代城市绿地系统规划．北京：中国建筑工业出版社，2002.

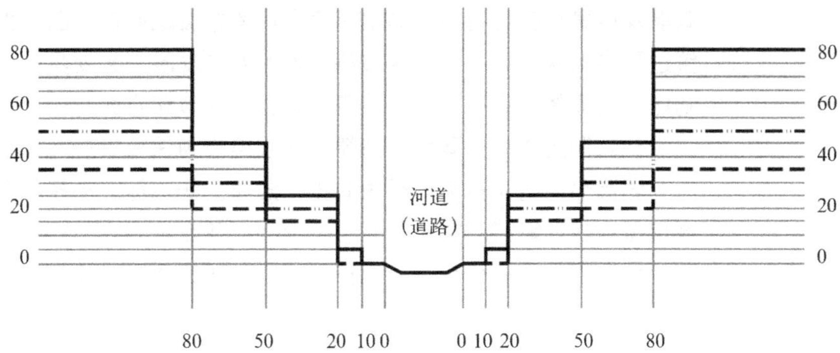

绿环两岸建筑高度控制说明：

—— 为绿轴两岸建筑高度常用控制线，每 500m 内，出现概率必须大于 90%

—·— 为绿轴两岸建筑高度特殊控制线，每 500m 内，出现概率必须小于 10%

– – – 为绿轴两岸建筑高度申请控制线，每 1000m 内，出现概率必须小于 5%，且需要通过论证。

图 7.14 广义通风道剖面模式

来源：武汉新区城市特色研究型项目，2007.

3）公共开放空间　城市公共开放空间通畅性较好、污染相对较低且拥有改善空气质量、形成空气流动的绿色植被，因此适合作为城市风道。公共开放空间有线状空间（江、河、林荫道、绿色小径、生态廊道等）和非线状空间（城市广场、各种绿地等），前者是引风元素，引导风的流动；后者具有造风功能，这是因为以绿地为主的公共开放空间为低温区，植物本身由于自身的生长需要和叶面的蒸腾作用消耗大量热量而降温，其与周边城市区域的温差造成了空气的流动。

7.6.4 缓解热岛的规划措施

7.6.4.1 缓减城市热岛的规划流程和对策体系

（1）分析城市的热岛效应与多尺度地表空间的关系

要从城市、街区、建筑单体三个尺度展开城市热岛空间特征的分析，为后续的影响城市热因子的识别提供依据。在城市尺度，主要利用遥感技术提取地表信息、绘制温度等专题地图，建立热研究的宏观数据背景；在街区尺度，可利用空间分辨率较高的遥感图像，并结合地面的现场观测，以获得相对精确的研究数据；在建筑单体尺度，主要应用实地考察的方法，如借助热像仪等工具，获取建筑表面的热场数据。

（2）识别影响城市热岛的不同空间尺度的主要因子

通过一定的监测与分析过程获得城市热岛地表空间的特征信息后，对影响市热岛产生的空间原因进行剖析，掌握不同空间尺度下影响城市热环境的主要要素。因子识别的准确性将对后续规划缓减对策的提出及对策的有效性造成影响。

（3）针对识别结果，提出有效的针对性规划缓减对策

以前面的研究为基础，针对性地提出热岛缓减的对策。对策既要能够促使

政府及市民在各种行为活动中有意识地考虑缓减城市热岛，引导人们在行为决策过程中向着有利于改善城市热环境的方向发展，又要具备一定的强制性约束功能，切实将热岛缓减的对策落实到各个环节和方面。

（4）制定相应的政策、法律、法规等作为保障措施

城市热岛的缓减需要相关政策、法律、法规等的支持和保障，这也是完善城市热岛规划缓减对策体系必不可少的一部分。

城市规划减缓城市热岛的技术流程与对策体系具体见图 7.15。

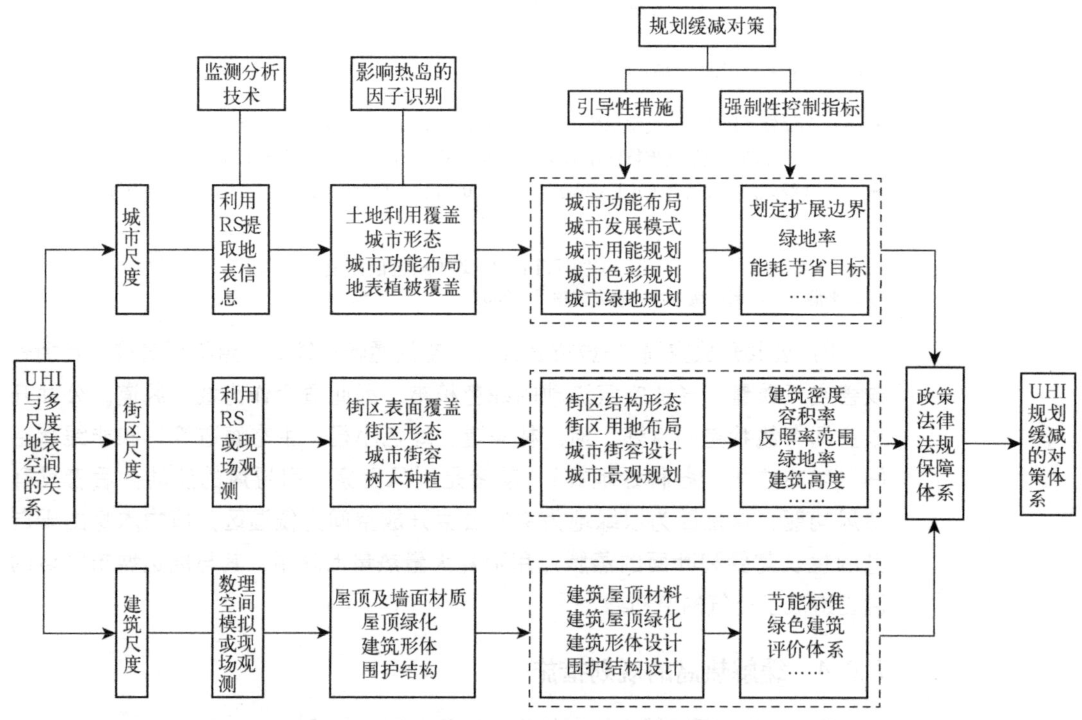

图 7.15 城市热岛规划缓减的技术流程和对策体系

注：上图中，UHI 指城市热岛

来源：薛瑾．城市热岛产生的空间机理与规划缓减对策［D］．浙江大学，2008．

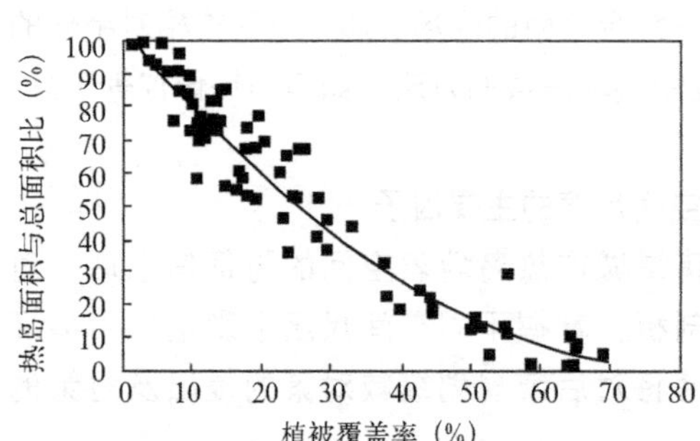

图 7.16 植被覆盖率与热岛比例的关系

来源：李延明，郭佳，冯久莹．城市绿色空间及对城市热岛效应的影响．城市环境与城市生态，2004（1）．

7.6.4.2 减缓城市热岛的主要措施

根据目前的研究，城市热岛的缓减措施可以分为四类：①增加表面反射率（屋顶、路面等）；②增加植被覆盖和水体；③减少人为热量的释放（能源、空调、小汽车等）；④优化城市结构和土地利用（城市规划和城市设计、建筑设计等）。

以②为例，北京市的研究表明：热岛比例与植被覆盖率成明显的负相关关系（图 7.16）。当一个区域植被覆盖率达到或大于 30%时，绿地对热岛效应将产生较明显的削弱作用，覆盖率进一步提高，热岛影响可以得到更加有效地控制（李延明等，2004）。

以③为例，可以通过提高空气的扩散系数 η，缓解城市热岛效应：

$$\eta = g / (g_1 + g_2)$$

式中，g 为每天该区排出的热量，g_1 为每天进入该区的热量，g_2 为每天该区产生的热量。进行城市规划的时候需同时考虑减小该区的产热量和进入量，并增大排出量。如有一方面考虑不周，将导致该区的热量增加，热岛效应加重（刘淑丽等，2003）。表 7.14 总结了国外学者提出的缓减城市热岛的主要措施。

缓减城市热岛效应的主要措施　　表 7.14

缓减措施分类	具体缓减措施	空间尺度
增加表面反照率	反射性表皮	建筑
	提高湿度和反照率	建筑
	使用浅色翻新屋顶和路面	城市
	高反照率表面	建筑
	高反照率表面	街区
	浅色表面	建筑、城市
	高反射屋顶	建筑
增加植被覆盖	使用生物材料进行屋顶绿化	建筑
	种植遮阳树木	城市
	遮阳树木	城市
	提高树木覆盖	居住区
	增加树木种植	城市
	提高植被覆盖	街区
	增加城市植被	城市
	屋顶绿化	建筑
减少人为热量释放	减少机动车行驶	城市
	减少人为活动释放的热	城市
	减少空调使用	街区
优化城市结构和土地利用	景观设计	城市
	风道设计、城市规划	城市
	建筑降温设计	建筑
	土地利用规划	居住区
	城市设计因素	居住区

来源：薛瑾．城市热岛产生的空间机理与规划缓减对策［D］．浙江大学，2008．

7.6.4.3 不同尺度的减缓城市热岛效应的对策

不同的空间尺度，影响城市热岛效应的因素是不同的。在城市尺度下，土地利用／覆盖类型、城市形态、城市功能布局模式、城市地表植被覆盖等是影响热岛效应的因素；在街区尺度下，街区表面的覆盖类型、街区形态、街谷形态是影响城市热岛产生和空间分布的因素；在建筑单体尺度下，建筑屋顶及墙面材质、屋顶绿化、建筑形体、建筑围护结构是影响室外热环境的主要因素（表7.15～表7.17）。

城市尺度下城市热岛的规划缓减对策 **表7.15**

规划缓减对策	
易于通风、散热的城市空间结构	使主干道与夏季盛行风的方向一致，形成“风道” 控制城市上风向的建筑高度和密度，防止大量热量和温室气体的滞留
紧凑的、多中心城市发展模式	高密度紧凑型发展，限制城市低密度外延扩展，划定城市发展边界线 鼓励适当中高密度的土地混合开发 构筑城市多中心结构，体现集中下的分散
开展城市用能规划	明确节能减排目标 分析能源结构，预测能源需求 进行能源平衡与优化，开发利用新型高效环保能源，减少温室气体排放
提高城市绿地规划的热环境改善效应	提高绿地覆盖率，针对不同下垫面规划植被 均衡布置绿地斑块，协同周边乡村绿地构筑绿地网络 用乡土树种代替大面积草坪和引进树种
城市色彩规划中纳入对城市热环境的考量	将功能区与不同的热环境等级相结合，从而形成色彩规划分区 确定区块的主题色彩时，与区块热环境的改善目标结合 对色彩造成的建筑物内外的热环境影响做出判断，结合其他因素确定建筑色彩

来源：薛瑾．城市热岛产生的空间机理与规划缓减对策［D］．浙江大学，2008．

街区尺度下城市热岛的规划缓减对策 **表7.16**

规划缓减对策	
创造开敞空间	保护原有的水塘、植被等开敞空间 结合风向布置开敞空间，利于通风和散热 考虑建筑物周围空间的高度、结构，减少面向夏季盛行风向建筑面的垂直投影面积
街谷设计及道路、建筑平面布局	通过街谷走向、高宽比、建筑立面设计，创造舒适的街谷热环境 通过设计手法，合理处理道路与建筑平面关系
树木种植	树木种植在建筑物的南侧和西侧太阳辐射强烈的地方 树木的阴影应当能够遮蔽高温的街道表面和人行道 加强立体绿化
采用低温材料和高反照率表面铺装	对反照率进行等级划分 采取激励措施 把握替换高反照率材料的时机

来源：薛瑾．城市热岛产生的空间机理与规划缓减对策［D］．浙江大学，2008．

建筑单体尺度下室外热环境的改善对策 **表7.17**

改善措施	
有选择性的进行屋顶绿化	将屋顶绿化纳入城市发展规划 编制屋顶绿化的技术导则 提供财政等政策方面援助 优先对屋顶面积与建筑高度比值大建筑屋顶进行绿化 优先对南侧和西侧的低层部分进行屋顶绿化

续表

改善措施	
优化建筑形体设计	减少建筑面宽，加大建筑进深 增加建筑物的层数 加大建筑物的长度或增加组合 设置底层架空柱、遮篷等
采用保温隔热的围护结构	开发新型节能墙体材料、提高窗材料的热阻、设置遮阳设施 制定节能建筑的标准和评价体系
高反照率屋顶材质	对反照率进行分定等级 采取激励措施 把握替换高反照率材料的时机

来源：薛埄．城市热岛产生的空间机理与规划缓减对策 [D]．浙江大学，2008．

第7章参考文献：

[1]（日）都市环境学教材编辑委员会编．城市环境学 [M]．林荫超译．北京：机械工业出版社，2005．

[2]（日）矶村英一主编．城市问题百科全书 [M]．王君健等译．哈尔滨：黑龙江人民出版社，1988．

[3] 柏春．城市“气候性面层”对于缓解城市热岛的意义 [J]．中外建筑，2009（4）．

[4] 领导决策信息杂志编辑部．光化学烟雾阴影是北京“蓝天计划”的拦路虎 [J]．领导决策信息，2005（7）．

[5] 陈爽，张秀英，彭立华．基于高分辨卫星影像的城市用地不透水率分析 [J]．资源科学，2006（2）．

[6] 高绍凤，陈万隆，朱超群，朱瑞兆，吴息，郑有飞．应用气候学 [M]．北京：气象出版社，2001．

[7] 贡璐．干旱区城市热岛效应定量研究——以乌鲁木齐为例 [D]．新疆大学，2007．

[8] 广东省地方史志编纂委员会．广东省志：自然灾害志 [M]．北京：气象出版社，2001．

[9] 胡崇庆．城市人口与气候 [J]．人口与经济，1980（6）．

[10] 黄春风．城市地面铺装的环境影响分析及对策 [J]．福建建筑，2009（3）．

[11] 姜晓艳，张文兴，张菁，于清野．沈阳城市化发展对市区气候影响及根据气候特点进行城市规划的建议 [J]．环境保护与循环经济，2008（10）．

[12] 冷红，郭恩章，袁青．气候城市设计对策研究 [J]．城市规划，2003（9）．

[13] 李鹍，余庄．基于气候调节的城市通风道探析 [J]．自然资源学报，2006（6）．

[14] 李延明，郭佳，冯久莹．城市绿色空间及对城市热岛效应的影响 [J]．城市环境与城市生态，2004（1）．

[15] 刘淑丽，卢军，陈静．将城市热岛效应分析融入 GIS 中应用于城市规划 [J]．测绘信息与工程，2003（4）．

[16] 刘新有．基尼系数在人居环境气候评价中的运用 [J]．热带地理，2008（1）．

[17] 刘引鸽．气象气候灾害与对策[M]．北京：中国环境科学出版社，2005.

[18] 齐康．城市环境规划设计与方法[M]．北京：中国建筑工业出版社，1997.

[19] 孙亚东，邓斌，魏春璇，贾黎．合肥城市化进程对气候的影响[J]．安徽农业科学，2008（26）.

[20] 佟华，刘辉志，李延明，桑建国，胡非．北京夏季城市热岛现状及楔形绿地规划对缓解城市热岛的作用[J]．应用气象学报，2005.

[21] 王伟武．地表演变对城市热环境影响的定量研究[D]．浙江大学，2004.

[22] 王新哲，周珂．应对气候变化的规划——对更好实践的建议（英）评介[J]．上海城市规划，2006（2）.

[23] 韦湘民，罗小未．椰风海韵——热带滨海城市设计[M]．北京：中国建筑工业出版社，1994.

[24] 文倩，崔卫国，何利．局地气候条件下的土地利用空间格局分析——以湖南醴陵市为例[J]．水土保持研究，2009（3）.

[25] 夏海山，王凌绪．气候因素影响下的城市色彩[N]．大众科技报，2007-06-26.

[26] 徐祥德，周秀骥，施晓晖．城市群落大气污染源影响的空间结构及尺度特征[J]．中国科学D辑：地球科学，2005（增刊Ⅰ）.

[27] 徐小东．基于生物气候条件的绿色城市设计生态策略研究[D]．东南大学，2005.

[28] 薛瑾，城市热岛产生的空间机理与规划缓减对策[D]．浙江大学，2008.

[29] 杨菁．光化学烟雾的形成机理及防治措施[J]．安阳师范学院学报，2007（5）.

[30] 袁超．基于光谱混合分解模型的城市不透水面遥感估算方法研究——以北京城区为例[D]．中南大学，2008.

[31] 张添晋 蔡惠玲．国内外生态城市环境指标分析比较之研究[R]．http://www.erm.dahan.edu.tw/re_and_en_paper/2003/other/2003_38.pdf.

[32] 章轲．研究显示：上海极端气候事件有增加趋势[N]．第一财经日报，2009年11月10日 http://finance. ifeng. com/roll/20091110/1448352. shtml.

[33] 朱亚斓，余莉莉，丁绍刚．城市通风道在改善城市环境中的运用[J]．城市发展研究，2008（1）.

本章小结

城市气候与城市的下垫面和人类活动特征密切相关。城市规划的气候条件分析和规划建设的气候论证分析，有助于在城市规划与建设中辨析城市所在地域的气候特征及其变化规律，科学处理其与城市的相互关系。城市规划具有改善城市气候条件的可能，主要途径包括：考虑城市气候环境的色彩规划、提高城市下垫面透水率的规划措施、改善气候条件的城市风道规划和缓解热岛的规划措施等。

复习思考题

1. 气候对城市人居环境的影响与城市发展对气候的影响有何区别？
2. 城市规划与规划建设的气候条件分析有哪些基本的内容和方法？
3. 城市规划专业对改善城市气候环境可以发挥什么作用？

第8章 城市地质与城市地貌

本章介绍了城市地质和城市地貌的基本知识，阐述了城市地质及地貌环境与城市发展的关系，论述了城市发展面临的地质与地貌问题，探讨了城市地质和地貌系统可持续发展的若干途径。

8.1 城市地质环境的概念及组成

8.1.1 城市地质环境的概念

地质环境是岩石圈上部同人类活动密切相关，又与自然环境其他系统相联系的地球表层岩土体空间，它的上界是地表，下界是人类工程、技术活动达到的地壳深度。地质环境与大气环境、水环境、生态环境共同构成了人类生存与发展的环境系统。随着人类的出现和社会的发展进步，人类工程经济活动已成为影响地质环境的巨大营力。综合性、客观性、动态性和地域性是地质环境的基本特征（韩文峰等，2001）。

城市地质环境是指包括城市发展所影响的区域和深度范围内地质条件、地质资源、地质灾害、地质环境问题等的总和，是地质环境在城市区域的空间体现。在城市区域，几乎不存在原生地质环境，主要是人类与自然地质作用共同形成的城市次生地质环境。因此，城市地质环境主要指人类活动及其与次生地质环境的相互作用的总和。城市地质环境包括对城市发展有利的地质资源和良好的地质条件，也包括对城市发展不利的地质灾害、环境地质问题及不良地质作用与现象。

8.1.2 城市地质环境的组成

地质环境由第一、第二、第三地质环境构成。第一地质环境（亦称原生地质环境），是指未受到人类活动影响的地质环境。第二地质环境（亦称次生地质环境），指人类进行地质资源开发利用、工程建设等活动，及从事的经济活动等所改造了的地质环境。第三地质环境，指人类活动及其与原生、次生地质环境的相互作用的总和（表8.1）。

城市地质环境的基本要素　　表8.1

基本要素	物质成分	地质构造	动力作用
主要内容	岩石、土壤	地质构造与新构造	内外动力地质作用（包括地质灾害）
	地表水、地下水	地质构造	地球物理、地球化学作用
	矿产	地形、地貌	岩土和水中的物理化学、生物化学作用

来源：（俄）奥西波夫著，苑惠明等译．莫斯科城市地质．中国地质调查局，2004．

8.2 地质环境与城市发展

8.2.1 地质环境对城市发展的作用

地质环境在各个方面对城市的发展起到了巨大的作用，体现在以下几个方面（刘长礼，2007）：

（1）地质环境为城市提供了大量的天然建筑材料。城市中所有的建筑物和构筑物、道路和桥梁，绝大部分都是由作为地质资源的天然建筑材料修建起来的。没有蕴藏于地层中的天然建筑材料，就不可能有城市建筑的辉煌。

（2）地质环境为城市提供了宝贵的空间资源。城市发展离不开空间资源。地质环境为城市的扩展提供了地面和地下空间资源。城市发展空间由地面向地下延伸、部分城市功能由地面转入地下，这是世界城市发展的必然趋势，也是衡量一个城市现代化的重要标志。

（3）地下水资源为城市提供了水源，支撑了城市的发展。我国有400多个城市开采利用地下水，在全国城市用水量中占30%，北方城市以开采利用地下水为主，华北地区和西北地区城市利用地下水供水分别占72%和66%（中国地质调查局水文地质环境地质研究所，2005）。地下水资源为城市提供了丰富而优质的供水水源，强有力地支撑了城市的发展。

(4) 地质景观为城市旅游、娱乐业提供了丰富的地质景观资源。地质景观是旅游风景区的基础。已有的自然风景名胜区，绝大部分与地质密切相关：或为经过长期的动力地质作用形成的自然地质景观，或为利用独特的岩体条件人为制造的人文景观，或为古人类活动遗迹，或为利用古生物、古动物化石建立的博物馆、所。换言之，绝大部分的旅游风景城市，都是在各具特色的地质景观的基础上建立和开发的。

(5) 矿业城市因地质资源开发而建，随地质资源利用而兴。我国有矿业城市 134 个，占 688 个城市的 19.5%。这些城市依靠地质矿产资源建立和发展起来，还将依赖地质资源的科学开发利用持续发展下去。地质资源是支撑庞大的城市体系的重要组成因素之一。

8.2.2 地质环境与城市发展的关系类型

综合分析我国一些主要城市的历史兴衰与地质环境的关系，可初步划分为 5 种类型（孙培善，2004）：

(1) 地质环境变化较小，稳定兴盛的城市。例如苏州城为春秋时代建成的吴国都城，已有 2000 余年的历史，在地面以下有 6 ~ 7 层各时代的文化层，厚 3 ~ 4m，主要建筑物多在原址上重建，吴国城门的名称一直沿用至今。

(2) 随地质环境演变而兴衰迁移的城市。例如由于最新地质构造运动，随着山间盆地与河流地貌演变而多次兴衰、迁移的西安市、洛阳市等；随着永定河山前冲洪积扇地貌演化由西南向东北迁移的燕上都、汉广阳城、金中都城、元大都城直至现在的北京城等。

(3) 随地质环境变化多次兴衰重建的城市。如由于最新构造沉降运动，历史上多次遭洪水淹没、泥沙掩埋的开封城、徐州城等。现在这些城市地表以下不同深度有各时代的古城遗址；今天的唐山市就是在 1976 年遭强烈地震破坏后，在废墟上建成的。

(4) 因地质环境巨变而衰亡的城市。例如由于最新构造沉降运动，康熙十九年（公元 1680 年）沉没于洪泽湖底的湘州城，因河流干涸、土地沙漠化而毁灭的楼兰古城、统万城等。

(5) 因发现丰富的地质资源而兴起的现代化城市。例如在戈壁滩上兴起的甘肃金昌市（号称中国镍都），在北大荒兴起的石油城——大庆市等。

8.3 城市发展引发的地质问题、地质灾害及分析

8.3.1 城市地质问题

8.3.1.1 城市地下水开发引起的地质问题

(1) 地面沉降

世界范围内 80% 的地质灾害是无节制地开采地下水造成的（表 8.2）。据全国地下水资源与环境调查，1990 年代我国主要有 16 个省（市、区）46 个城市出现地面沉降，沉降面积约为 48700km^2；2003 年，我国有 50 多个城

世界部分城市地面沉降情况统计表 表 8.2

城 市	沉降面积 (km^2)	最大沉降速率 ($cm \cdot a^{-1}$)	最大沉降量 (m)	发生沉降的主要时间	主要致因
东京	1000	19.5	4.60	1892 ~ 1986	超采地下水
大阪	1635	16.3	2.80	1925 ~ 1968	超采地下水
加州圣华金流城	9000	46.0	8.55	1935 ~ 1968	
洛斯贝诺斯－开脱尔曼市	2330	40.0	4.88	? ~ 1955	
加州长滩市	32	71.0	9.00	1926 ~ 1968	开采石油
亚利桑那州凤凰城	310		3.00	1952 ~ 1970	
墨西哥城	7560	42.0	7.50	1890 ~ 1957	超采地下水
上海		10.1	2.667	1921 ~ 1987	超采地下水
天津	8000	21.6	3.01	1959 ~ 1983	超采地下水
西安	250	12.7	1.70	1960	抽水沉降

来源：罗攀．人为物质流及其对城市地质环境的影响．中山大学学报（自然科学版），2003（6）．

市发生地面沉降，沉降面积扩大到 93855km^2，形成了长江三角洲、华北平原和汾渭盆地等地面沉降严重地区。沉降中心累计沉降量超过 2m 的有上海、天津、太原、西安、沧州、常州等城市。天津最大沉降量甚至超过了 3m（刘长礼，2007）。

（2）地面塌陷

刘江龙等（2007）将广州市地面塌陷灾害分为岩溶塌陷和工程地面塌陷两类。后者是由城市经济活动和工程强度加大、地表和地下工程建设直接诱发或间接导致的。据不完全统计，1995 ～ 2005 年广州市发生的经济损失超过 5 万元的人为工程地面塌陷达 26 次，直接经济损失达 1500 万元以上。

8.3.1.2 城市地表工程建设引起的地质问题

（1）水土流失

城市工程建设中，修筑堤岸和堤坝，倾卸物料，筑坡、挖掘等产生地形改变，导致城市地区水土流失严重。再者，城市高层建筑的深基坑、大重量改变了地下水的流场，也易造成地表之下的水土流失。有资料表明，南方某新兴城市由于土地开发和修筑公路等工程经济活动，破坏了岩上体原来固有的环境，造成大面积水土流失，总计经济损失达 7 亿元人民币（曾丽等，2007）。

（2）边坡失稳

城市建设中人工边坡越来越多，规模越来越大，而自然边坡也由于建设中破坏了其原始状态，使其产生边坡失稳的概率不断增大。1972 年 6 月 18 日香港岛半山区宝珊道一切割斜坡发生 270m 长和 60m 宽的滑坡，把一幢 12 层高的大厦推倒，还毁坏了另一幢大厦的一部分，使 67 人丧生。1990 年代中期南京和尚山山体滑坡，南京炼油厂沿江路滑坡，镇江云台山山体滑坡，这些直接威胁市民生命财产的安全（曾丽等，2007）。

8.3.1.3 城市地下工程建设引起的地质问题

（1）地面变形

地下工程在施工中或竣工后，出现地面变形问题是最常见的环境地质问题。如日本东京地铁施工中地面突然出现大陷坑，致使4辆机动车落入坑中。南京市交通银行大楼建设基坑开挖后出现涌沙及流沙，挡土桩向基坑内倾斜达20cm，使其东南的某电影院严重开裂破坏，被迫停业拆除（曾丽等，2007）。

（2）地质生态环境恶化

地下工程通常采用化学灌浆来进行护壁或堵漏，化学灌浆材料多数具有不同程度的毒性，特别是有机高分子化合物（环氧树脂、乙二胺、苯酚）毒性复杂，浆液注入构筑物裂隙与地层之中，然后通过溶滤，离子交换、复分解沉淀、聚合等反应，不同程度地污染地下水，导致公害。

8.3.1.4 城市垃圾堆放引起的地质问题

适宜的垃圾填埋场选址是城市地质工作的一个重要方面。在城市垃圾卫生填埋工程中，地质环境既是垃圾填埋的载体，又是填埋工程的重要组成部分，同时也是垃圾填埋的主要污染对象。垃圾填埋场对地质环境影响比较突出的是重金属、氯和氮等污染问题。垃圾废弃物产生的污染液对周围土壤、地下水等具有十分严重的污染，而且治理困难、代价昂贵。

8.3.2 城市地质灾害

8.3.2.1 城市地质灾害的性质

地质灾害是指由于地质作用使地质环境产生突发的或渐进的破坏，并造成人类生命财产损失的现象或事件。一些宏观性、危害性更大的地质问题被包括在城市地质灾害的范畴之内，如：地震、火山活动、泥石流、海水入侵、海岸侵蚀等。我国城市地质灾害所造成的直接经济损失约占各种自然灾害损失总和的1/4以上，每年损失超过200亿元以上，伤亡人数逾千人，已成为世界上受地质灾害危害最严重的国家之一（刘长礼，2007）。

城市地质灾害与地理指标的优劣性及其致灾性有关。宾夕法尼亚大学的埃恩蒂斯曾用定量评价的方法对世界124个国家和地区进行地理指标综合分析，中国的得分为3.3分（世界最高分为23分），地理指标得分低，说明我国自然灾害发生的潜在可能性大。此外，温室效应、全球变暖、海平面上升所带来的地质灾害在我国沿海城市也有不断蔓延和扩大的趋势。另外，环境污染所诱发的新的地质灾害正在引起关注（高亚峰等，2008）。

8.3.2.2 城市地质灾害的类型

（1）按地质动力学分类

城市地质灾害的形成按地质动力学的标准主要分为内动力地质作用地质灾害和外动力地质作用地质灾害两种类型（图8.1）。

（2）按地质体（环境）变化速度分类

按此分类原则城市地质灾害可以大致分成突发性城市地质灾害和渐变性城市地质灾害两大类（图8.2）。

（3）按地理地貌分类

根据地质灾害发生区的地理或地貌特征，可分为山区地质灾害，如崩塌、滑坡、泥石流等，平原地质灾害，如地面沉降等。

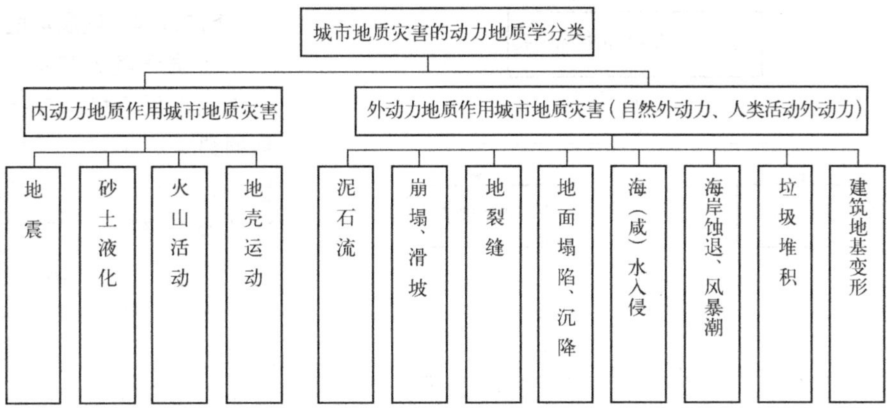

图 8.1　城市地质灾害动力地质作用分类

来源：高亚峰，高亚伟．中国城市地质灾害的类型及防治．城市地质，2008（2）．

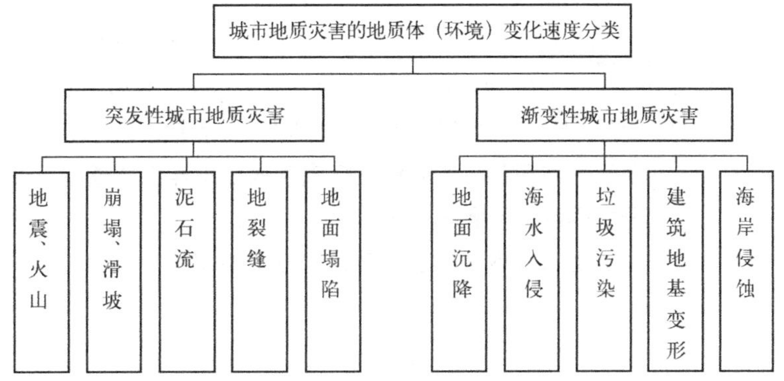

图 8.2　城市地质灾害地质体变化速度分类

来源：高亚峰，高亚伟．中国城市地质灾害的类型及防治．城市地质，2008（2）．

8.4　城市地质环境的可持续发展

曾经有一位法国地质学家明确指出：城市地质是城市可持续发展的关键（庄育勋，2008）。这在相当程度上反映了城市地质环境对城市可持续发展的制约作用。

8.4.1　城市地质环境可持续发展的若干重要概念

8.4.1.1　地质环境质量

地质环境质量是指在一个具体的地质环境内，环境的总体或环境的某些要素，对人类的生存和繁衍以及社会经济发展的适宜程度。地质环境质量可分为原生地质环境质量和次生地质环境质量两种。认识一个地区或一个城市的地质环境质量的状况是其可持续发展的基础条件之一。评价一个地区地质环境质量的优劣可从自然地质条件的稳定性、人为干扰的程度和原生地球化学背景值几方面考虑。

图 8.3 为根据“重要性、普遍性、差异性”原则，筛选出的黑河市地质环境质量评价指标。

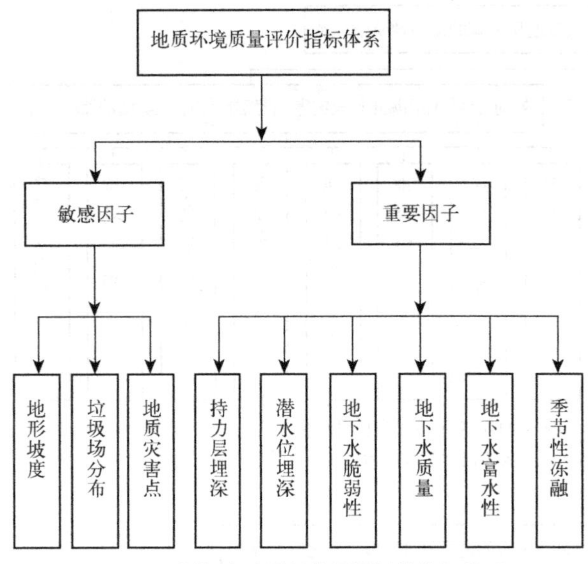

图 8.3 黑河市地质环境质量评价指标体系

来源：娄本军，田大勇，孔庆轩，朱晓媛．运用综合指数方法对黑河市地质环境质量的初步评价．水文地质工程地质，2007（5）．

8.4.1.2 地质环境容量

地质环境容量有狭义和广义之分，狭义的地质环境容量指地质环境对污染物的最大容纳能力；广义的地质环境容量指地质环境对人类在地质环境中各种活动的承受能力，除了污染承受能力之外，还包括地质环境对人类工程活动（地上建筑和地下建筑等）的承受限度。地质环境容量可以由三个指标进行评定，即：地质环境的地质结构与状态改变的最大忍受程度（临界值）、地质资源阈限量和有害物的阈限值（魏子新等，2009）。为使人类的人居环境得到可持续的发展，人类对地质环境的利用应当是有限度的，必须在地质环境容量允许的限度内从事活动。地质环境的容量应根据当地的地质环境特征和人类向地质环境索取及排弃物的类型，通过实际调查、长期监测分析等综合步骤加以确定。

上海市地质环境容量评价框架如图 8.4 所示。

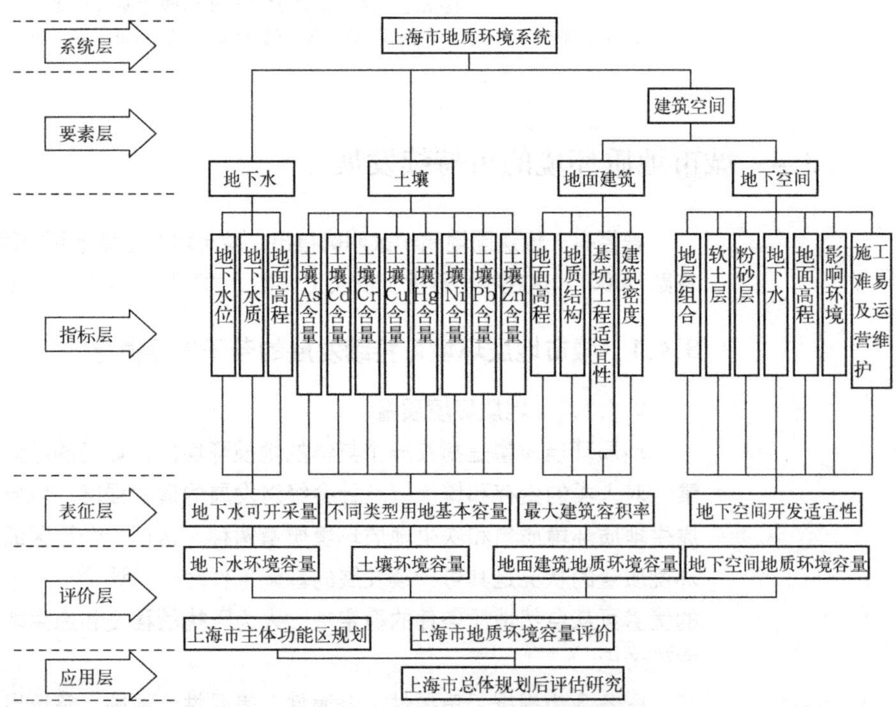

图 8.4 上海市地质环境容量评价框架

魏子新，周爱国，王寒梅，刘金宝，甘义群．地质环境容量与评价研究．上海地质，2009（1）．

8.4.2 城市地质环境可持续发展的若干方面

8.4.2.1 重视城市选址阶段的地质问题

综合国内外有关城市选址地质环境研究成果，城市选址阶段的地质环境议题主要包括区域（地壳）稳定性、地基稳定条件、资源条件和地形地貌条件等。以下主要介绍前两项。

(1) 区域（地壳）稳定性

区域稳定性主要是指由于地球内动力作用引起的构造活动，特别是断裂活动、地震活动以及由此引起的灾害地质现象对一个地区安全性的影响。对一个城市来说，区域地质构造稳定对该城市的兴起是至关重要的。新建城市应尽量避开区域稳定条件不好的地区。

区域稳定性评价以活动断裂研究为基础。在城市选址时应尽可能避开活动断裂。美国的圣安德烈斯断层是一条长期活动并引起多次地震的深大断裂，从1970年代起当地政府就规定在该断裂带两侧20km范围内不再兴建城镇、设施、工厂等（孙培善，2004）。当场地不能避开活动性断裂时，应对其发震、错动、蠕动等分别进行评价，以便在工程规划设计时采取相应措施。在对场址进行区域稳定性的具体分析时，应确定活动性断裂的特征，要对研究区地壳结构的稳定性进行评价，结合其他资料，划分出研究区的稳定等级。

(2) 地基稳定条件

城市各项工程建设都需有良好的地基条件。若在新城选址时注意研究地基条件，可使日后城市建设免遭地质灾害。我国湖北郧县为避开丹江水库，1969年县城整体搬迁另建新城。在建城6年后，全县城新建的房屋中有90%以上变形、开裂，无法继续使用，造成直接经济损失约2000余万元。后查明，在迁城时没有对新城址进行工程地质条件研究，将新城建在由膨胀土组成的二级阶地上，膨胀土的变形使房屋产生破坏。后来，对该地区的地基条件进行了系统研究，查明了膨胀土的土体结构、平面、空间的分布规律，在第二次搬迁时避开了膨胀土阶地面，将房屋置于阶地冲沟谷底的砂砾石层上，从而避免了悲剧的重演（孙培善，2004）。

因此，在选择城址时应尽量寻找地基承载力较高、变形较小、地质灾害（坡、崩塌）发生可能性较小的地区。当无法避开地基稳定条件差的地区时，应系统研究场地工程地质条件，从规划、设计等方面避重就"轻"，将灾害限制在有限的范围内，或是有针对性地采取防范措施，防患于未然。

8.4.2.2 辨析影响城市发展的地质条件和因素

城市发展规模与发展水平受地质基础条件制约，城市地质环境承载力分析是城市发展与规划必需的基础工作。夏既胜等（2008）在分析了昆明盆地的地质基础条件之后，从正负两面阐述了影响昆明城市发展的主要地质环境条件，并对其影响程度进行了分析。采用GIS的空间叠置技术，对昆明市市域区和规划区新建、扩建区域进行了地质环境承载力的分级。将昆明市分为三类区域：第一类为适宜建设区，第二类为适度控制建设区，第三类为中度

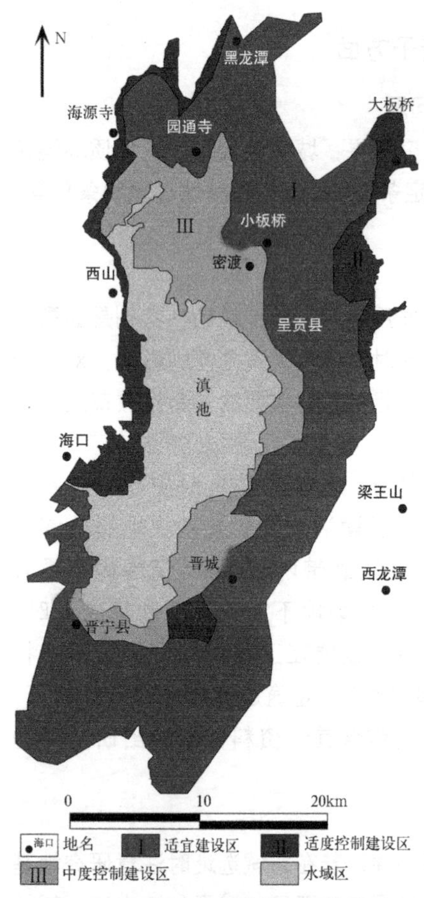

图 8.5　工程地质条件控制下的昆明城市发展分级图

来源：夏既胜．基于 GIS 的昆明城市发展地质环境承载力分析．地球与环境，2008（2）．

控制建设区（图 8.5）。

8.4.2.3　进行城市地质环境适宜性评价和分区

地质环境适宜性是指地质环境对人类开发利用地质环境或地质资源活动的适应能力或适应程度，是地质环境质量表现形式之一。与地质环境功能质量相对应，两者成正比例的相关关系，即地质环境功能质量越好，地质环境适宜性越强。

在进行城市地质环境适宜性评价时，一般根据城市不同功能分区，遵循协调发展、最大效能、前瞻性和预测性等原则，在充分考虑自然地质条件的基础上，研究组成地质环境的各种组分特征，研究预测规划区建成后对地质环境的影响，使地质环境与人类活动相适应，又不发生环境地质问题或诱发不良地质现象。

按城市功能，可以对地质环境按下列分区进行适宜性评价（刘长礼，2007）：

（1）建筑地基适宜性分区。以埋深 100 米的地层为持力层，根据工程地质条件，评价地基的承载力，绘制地基承载力等值线图，结合与城市景观的协调性和和谐性，评价与不同类型建筑物（高层或重型建筑、工业或民用建筑等）的适宜性。

（2）地下水资源利用适宜性分区。根据水文地质条件、地下水资源、地下水质量及污染评价结果，圈定已有水源地或具有供水意义的潜在开采水源地，按照《地下水质量标准》GB/T 14848—93、《生活饮用水卫生标准》GB/5749—85 及农田灌溉、工业用水等标准，评价其分别与生活饮用、农田灌溉、工业用水或生态用水的适宜性，指出其适宜的开采强度和方式。

（3）城市垃圾填埋适宜性分区。以垃圾场对水土环境的污染评价结果为基础，综合分析场地的地质稳定性、地层防护条件、水文地质特征，评价其适宜性。

（4）地下工程适宜性分区。地下空间可以用于地下交通、商业、娱乐、防空、仓储、停车等，各类用途对地质条件要求不尽一样，在调查的基础上，开展不同用途的地下空间适宜性评价，指出开拓过程中可能遇到的地质问题及其防治对策。

（5）地质材料开采适宜性分区。根据地质材料的种类、埋藏位置、开采条件、地质环境、开采可能诱发的不良地质现象等，分“适宜、较适宜和不适宜”三个等级评价开采适宜性。

（6）生态农业适宜性分区。根据城市规划区外围农业用地的地球化学调查资料，及当地作物的种植实践，评价其与作物（包括蔬菜、园林、果林、粮食作物等）种植的适宜性。

（7）城市（镇）布局及其功能地质环境适宜性。综合上述评价结果，对城

市总体规划布局及其功能的地质环境适宜性进行综合评价。

(8) 城市自然资源保护区。根据前述调查结果，对城市地质景观（遗迹）、森林、土地、地下水、地表水等资源，并按《中华人民共和国环境保护法》、《中华人民共和国水污染防治法》、《地下水质量标准》GB/T 14848—93、《生活饮用水卫生标准》GB/5749—85 等相关法律或标准圈定防护带。

(9) 休闲娱乐区。建设原则之一为随坡就势，不随意改变自然景观，要最大限度地保护和利用山川、植被等资源，要有多层次的休闲娱乐区。休闲娱乐区要考虑地质稳定性、不良地质现象等对休闲娱乐安全的影响，要求地形地貌景观与建筑物景观相适应、相协调。

(10) 港口、码头的地质环境适宜性分区。根据影响海岸、河岸稳定性的地质、地形、地貌条件和外动力地质作用（冲刷或侵蚀、淤积等），综合评价港口、码头建设的地质环境适宜性。

另外，还可根据具体需要，选用合适的方法，开展仓储用地、工业用地、重大工程用地等分区评价。此外，也可通过对城市地质环境各要素的分析，将城市用地适宜性分为三类：适宜的、适宜但是有限制的和不适宜的。具体划分方法可参考表 8.3。

城市用地建设适宜性分类 **表 8.3**

工程地质条件要素	地区的适宜程度		
	适宜的	适宜的，但是有限制	不适宜的
地形	坡度为 0.5% ~ 10%（< 3°）的平原，相对高差（地形切割深度）小于 10m，水平方向切割脆弱（洼地、凹地、侵蚀沟槽间距大于 2 ~ 5km）	坡度小于 0.5 % 或 10% ~ 20%（至 11°）的平原。而在山地坡度可达 30%（16° ~ 17°）相对高差 10 ~ 25m，水平方向切割中等或较强（0.5 ~ 2km）	强烈切割的平原，坡度大于 20%（11°），而在山地大于 30 %（16° ~ 17°），相对高差大于 25m，水平方向切割强烈（< 0.5km）
地质构造	岩土均一，适宜作一般标准型基础的天然地基。建筑物的稳定性和正常运营条件能得到保证	岩土成分和性质欠佳，利用时有一定的局限性并要慎重对待，才能保证建筑的稳定性和正常运营条件。可以采用特殊类型的基础，人工改善岩土性质和其他的工程措施	岩土软弱，欲保证其上建筑物的稳定性，应采用特殊类型的基础，人工改善岩土的性质和采用结构措施，并遵守一定的施工条件
地下水	地下水埋深大于建筑基础砌筑深度，不需要防水措施	需采用专门措施（降低水位、疏干、隔水、防侵蚀等措施）来保证建筑物的正常施工，稳定和运营条件	要求采用复杂的专门措施来防止地下水对建筑物的稳定、运营和施工的影响
地质作用和现象	不需要采用专门措施来防止地质作用和现象的不良影响	要求采用专门措施以防止地质作用和现象对地区、建筑物和人类活动及生活的不良影响	要求采用复杂的防护措施
区域性淹没	不会被保证率为 1%（百年一遇）的洪水所淹没	不会被保证率为 1% ~ 4%（25 年一遇）的洪水所淹没	可被保证率大于 4%（低于 25 年一遇）的洪水所淹没

来源：孙培善．城市地质工作概论．北京：地质出版社，2004．

8.4.2.4 针对不同类型地质环境开展城市规划

不同的城市处于不同的地质环境背景之下，根据不同的地质环境，在城市发展规划中针对已经存在和可能发生的地质环境问题，采取恰当的措施，是城市规划的重要目标之一（曾丽等，2007）。

（1）矿业城市

应在城市规划中体现以下方面的内容：地面塌陷的防治；矿渣堆放场地的选择及其综合利用；选矿企业场地的选择及废水处理和回用，尾矿坝的稳定性和可能存在的坝基渗漏以及对坝下居民点的影响；露天矿山的边坡稳定性评估以及可能产生的崩塌、滑坡、泥石流等地质灾害;矿山闭坑后，矿山环境的恢复、治理和土地复垦等。

（2）沿海城市

沿海城市所在地区的构造活动会引起地面沉降、地裂缝，查明基底构造与地面沉降、地裂缝的关系，对城市规划和建设具有重要意义。沿海城市开采地下水还应避免海水入侵含水层。此外，港口码头建设、海水养殖与滩涂的开发利用、海岸带的工业布局等，都应充分考虑地质环境影响。

（3）平原城市

平原区的城市规划要了解地下含水层的埋藏和分布情况。在地下水的补给区，要圈定卫生防护带，种植防护林，严禁在该地区建可能对地下水造成污染的工厂、城市垃圾填埋场、污水处理厂等。对空气、水源污染严重的工厂该搬迁的就要搬迁，该关、停、并、转的就要采取措施限期治理。规划地铁线路和地下工程，应尽可能选在不含水地层中。在有条件的地方，可利用雨水、渠水、河水、水库弃水进行人工引渗、人工补给地下水，改善地下水水质。在山前冲洪积扇的顶部地区，砂卵石层裸露地表，耕作土层薄，选址建厂时要慎重。有些地方把这些地带看作荒地，在选择厂址时，只考虑尽量少占耕地，取水方便（山前地带含水层富水性强），但建成投产后往往成为城市的主要污染源。

（4）山区城市

山区城市多分布在河谷盆地中，在规划时应考虑防范暴雨可能引发的泥石流、山体滑坡、崩塌，以及洪水侵蚀两岸堤坝导致的决堤，水库蓄水后的浸没和诱发地震等地质灾害。要将地质灾害监测和预警系统建设纳入城市规划，对城市交通线路、桥梁、高层建筑、水库，要采取必要的防范措施。

（5）岩溶地区

西南岩溶地区的城市规划要对土层厚度小于15m的地区加强保护，避免破坏植被、加剧水土流失和石漠化发展。岩溶塌陷是这一地区城市建设中经常遇到的地质环境问题，在城市规划区内不仅要了解土层的厚度、岩性，还要了解基岩（石灰岩）表面凹凸不平的溶蚀古地貌及断裂构造，特别是要查明地下溶洞、落水洞、地下暗河的分布情况，防止不均匀沉陷。

（6）黄土高原地区

西北黄土高原地区的城市规划要注重防治水土流失以及湿陷、崩塌、滑坡、泥石流等地质灾害。尤其在黄河流域，要避免泥沙淤积造成河水浸没，导致沿岸地下水位抬升，对建筑物基础造成破坏。

（7）高寒冻土地区

在高寒冻土地区，随着全球气候变暖，冰川融化，雪线上升，局部地下水位将有所抬升，因此，在城市规划和建设中要对融冻和膨胀问题引起足够的重视，并采取相应的防范措施。

8.5 城市地貌概念及构成

地貌是指地球表面形态特征，是地球表面各种高低起伏形态的总和。地球表面（简称"地表"）的形态特征及其空间分布、物质组成及结构，以及其形成和演变规律，对人类活动和文化分布具有重要的影响。地貌的属性可以从物质构成、几何形态及时空尺度几个方面进行界定。

城市地貌是自然营力与人类造貌营力共同作用而形成的，由自然地貌、人工地貌和自然－人工地貌构成。自然地貌是城市赖以形成和发展的基础，在城市发展过程中，自然地貌从宏观上控制着城市的形态、结构和扩展方向，对城市的地域结构、形态、景观、功能等多方面均有深刻的影响。

8.6 城市地貌的表征和类型

8.6.1 城市地貌表征

城市地貌表征是指以某种特定的手段和角度表达城市地貌的状况与特征。可以通过地貌起伏、切割密度等指标表达平原城市、丘陵城市、山地城市的城市地貌特征（表8.4～表8.6）。

自贡市地貌环境的要素统计　　表8.4

地貌要素	高丘	中丘	低丘	缓丘
平均高差（m）	161.2	113.0	51.2	—
平均切割深度（m）	125.5	74.2	33.5	—
沟谷面积比重（%）	25.3	41.2	53.7	64.4
沟谷密度（$km \cdot km^{-2}$）	3.10	3.25	3.71	2.59

来源：刁承泰．试论城市地貌环境与城市道路系统的关系——以四川省几个城市为例．地理研究，1991（1）．

重庆市的地表相对高度*　　表8.5

相对高度（m）	河面	0～20	20～35	35～60	60～80	80～100	100～150
面积（km^2）	29.92	97.24	87.60	62.32	16.08	6.44	3.4
所占比重（%）	9.87	32.09	28.91	20.57	5.31	2.13	1.12

* 表中所列数据，是$0.2 \times 0.2km^2$单位面积内相应数据的统计结果。

来源：刁承泰．试论城市地貌环境与城市道路系统的关系——以四川省几个城市为例．地理研究，1991（1）．

重庆市的沟谷密度*　　表8.6

沟谷密度（$km \cdot km^{-2}$）	河面	0～1.25	1.25～5	5～10	10～15	<15
面积（km^2）	29.92	30.48	62.48	107.68	59.84	12.60
所占比重（%）	9.87	10.06	20.62	35.54	19.75	4.16

* 表中所列数据，是$0.2 \times 0.2km^2$单位面积内相应数据的统计结果。

来源：刁承泰．试论城市地貌环境与城市道路系统的关系——以四川省几个城市为例．地理研究，1991（1）．

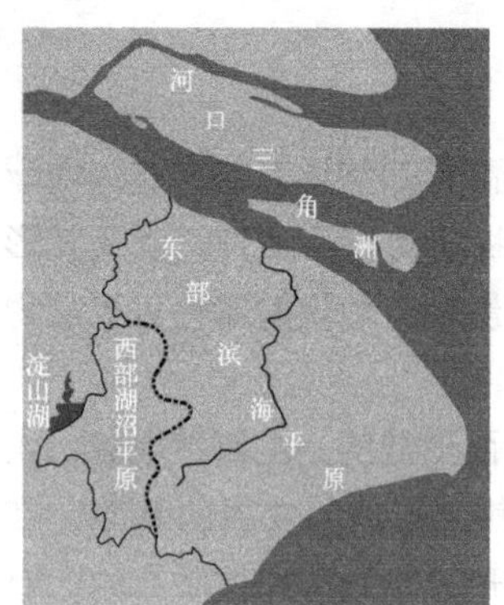

图 8.6　上海市地貌区划图

来源：严钦尚，许世远．长江三角洲现代沉积研究．上海：华东师大出版社，1987．

8.6.2　城市地貌分类

8.6.2.1　简单分类

所谓简单分类是从较大尺度、较宏观的地貌形态角度进行的分类（表 8.7、图 8.6）。

8.6.2.2　综合分类

综合分类是依据较多的因素，从较多的角度进行的分类。有时也是为了说明城市地貌的某些特殊性质、或为了研究城市地貌的特定问题而进行的分类（表 8.8）。

成都市地貌类型面积统计（1993 年）　　**表 8.7**

地貌类型	面积（km^2）	占成都市总土地面积（%）
平　原	5069.1	40.13
扇形平原 倾斜平原 台　地 河 漫 滩 河谷平原	1003.7 1510.6 2012.4 501.8 40.6	7.95 11.96 15.93 3.97 0.32
丘　陵	3487.6	27.61
浅　丘 深　丘	1914.7 1572.9	15.16 12.45
山　地	4075.1	32.26
低　山 中　山 高　山	1552.6 1145.1 1377.4	12.29 9.07 10.90
合　计	12631.8	100.0

来源：景仁刚，邹春来，樊晓刚．自然因素对城市人居环境的影响——以成都市自然因素中的地形地貌和气候为例．四川建筑，2008（2）．

武汉市城市地貌分类　　**表 8.8**

地貌分级	划分指标	命名原则	类　型	武汉市
Ⅰ级	内营力	区域地貌背景	平原城市 丘陵城市 山地城市	东部平原城市（中国东部平原）
Ⅱ级	内外营力对比	城市地貌部位	平原中部、边缘等 丘陵内部、外围等 山地内部、外围等	平原边缘城市（江汉平原东缘）
Ⅲ级	外营力和第三营力及地貌尺度	地貌群体特征	小人工地貌	人工平原，人工“丘陵”，人工盆地，人工河道，人工湖
			小自然地貌	垅，岗，丘，阶地，湖泊，平原，滩涂，河流
Ⅳ级	地貌个体（要素）及地貌尺度	地貌个体特征	微人工地貌	建筑物（高、中、低层）， 道路（柏油，水泥、石质、土质）， 路堤，湖堤，人工岛
			微自然地貌	自然堤，沙堤，小型洼地，水下边滩，潜洲

来源：穆桂春，高建洲．城市地貌学的理论和实践．西南师范大学学报，1990（4）．

8.7 地貌因素对城市发展的影响

8.7.1 地貌形态对城市建设的影响

在影响城市选址、内部结构及发展的因素中，地貌形态（包括位置、坡向（度）、高差、切割度（深度、密度））起着重要作用。

以坡度为例。地表的坡度愈陡，开挖量就愈大，基本建设投资就愈高。坡度太缓（如0.2%），则又不利于排水。不同的城市建筑项目有不同的适宜坡度（表8.9）。

城市各项建设用地适宜坡度　　表8.9

项目	坡度/%	项目	坡度/%
工业*	0.5～2	铁路站场	0～0.25
居住建筑	0.3～10	对外主要公路	0.4～3
城市主要道路	0.3～6	机场用地	0.5～1
次要道路	0.3～8	绿地	可大可小

注：*工业如以垂直运输组织生产，或车间可台阶式布置时，坡度可增大。
来源：孙培善．城市地质工作概论．北京：地质出版社，2004.

城市道路系统受地形起伏的影响最大。一方面，道路穿过起伏地区长度会有所增加，与平坦地区相比增加的道路长度可用下式表示：$\Delta l=\sqrt{l^2+4h-1}$。式中，Δl为比平坦地区增加的道路长度，l为平坦地区的道路长度，h为地面相对高差。另一方面，当地面坡度超过道路建设范围要求时，必须增加长度来降低坡度。与平原城市相比，山地城市和丘陵城市的道路网平均坡度为5%时，建设费用增加8%，道路网平均坡度为8%时，建设费用增加18%（刁承泰，1991）。平坦的地势有利于交通和城市的建设。在平原地区修筑公路、铁路及进行城镇建设，其投资一般要比山区、丘陵区低30%～50%（景仁刚等，2008）。

8.7.2 地貌环境对城市生态环境的影响

克罗基乌斯（B.P. Крогиус）（1982）指出，地貌作为生态因子，对全球生态环境的作用主要有以下几点值得重视：①生态环境的地带性（包括水平地带性和垂直地带性）主要受地貌的支配。②生物区系的形成和发展受地貌发育史的支配，大陆漂移和板块学即可说明。

地貌对生态环境的影响主要体现在地貌在各自然资源的形成、分布和组合中的作用。集中反映在地貌对局部气候（热、降水组合）环境、水环境、土地环境、生物（分布和多样性）环境的影响。地貌要素在一定程度上控制着其他生态与环境因子的分布与变化（表8.10）。

大气污染的程度受气象条件左右，而地貌环境，如地貌组合形态、起伏大小、展布方向等等，对近地面气流产生很大影响。如中、高山往往引起气候的垂直分异，迎风坡形成雨屏，背风谷地成为高温中心，甚至产生"焚风效应"。"山

不同地形与气候等环境要素的关系　　表 8.10

地形	升高的地势			平坦的地势	下降的地势			
	丘、丘顶	垭口	山脊	坡（台）地	谷地	盆地	冲地	河漫地
风态	改变风向	大风区	改向加速	顺坡风／涡风／背风	谷地风		顺沟风	水陆风
温度	偏高易降	中等易降	中等背风坡高热	谷地逆温	中等	低	低	低
湿度	湿度小，易干旱	小	湿度小，干旱	中等	大	中等	大	最大
日照	时间长	阴影早时间长	时间长	向阳坡多，背阳坡少	阴影早差异大	差异大	阴影早时间短	
雨量				迎风雨多，背风雨少				
地面水	多向径流小	径流小	多向径流小	径流大且冲刷严重	汇水易淤积	最易淤积	受侵蚀	洪涝洪泛
土壤	易流失	易流失	易流失	较易流失			最易流失	
动物生境	差	差	差	一般	好	好	好	好
植被多样性	单一	单一	单一	较多样	多样	多样		多样

来源：全国首届山地城镇规划与建设学术讨论会论文选辑，转引自：刘贵利. 城市生态规划理论与方法. 南京：东南大学出版社，2002.

顶风大，峡谷风急，陡坡风猛，死谷风静”生动地表明了“风态”与地貌环境的密切关系（尹启后，1982）。

盆地地貌环境静风频率较高，逆温强烈，对大气扩散十分不利。其环境静风频率一般都在33%以上，如重庆30%，成都40%，兰州62%。城市上空常常烟雾笼罩，尘土弥漫，日照和太阳辐射减小，空气恶化，容易形成光化学烟雾（尹启后，1982）。

如，重庆市谷地地貌环境引起的大气污染，可说明地貌环境对城市生态环境的影响。重庆的大气污染除与污染源有关外，还与受地形影响产生的风场特征和逆温层密切相关。重庆城区四周高中间低的地貌结构有利于山风环流的形成。夜间山地降温快，而市区和两江水面降温慢，其上空出现暖层结构，从而引导城区两侧山地下泄的冷空气沿地形倾斜面和两江河谷吹向市区。两股气流在地势最低的“锅底”——市中区辐合上升，从而将城市周围工业区排出的污染物向市中区输送集中。同时将城区暖空气抬升，形成高度较低的离地逆温层。逆温层抑制了下层气流运动，多微风和静风，极不利于市中区大气污染物扩散，从而形成市中区大气污染高浓度中心（徐刚，1991）。

8.7.3　地貌环境对城市安全的影响

在城市特定的地域内，自然地貌和城市人工地貌动力叠加释放，可产生一系列城市环境、城市灾害问题。例如，长江中下游沿江分布的城市，由于城市建设的需要而大量的填湖造地、削高填低，而且截断湖泊与湖泊、湖泊与江河、江河与江河相互间的连通，改变了自然系统，大气降水产生的大量积水无处可去，城市极易被洪水围困。

在某些植被遭受破坏，水土强烈流失，或块体运动严重的地区，地貌环境

的急速演化，可以迫使城镇迁移，甚至消亡。据调查，在没有植被覆盖的黄土地面上，一次暴雨可使沟谷进展 20 多米。陕西洛川县城在历史上曾搬迁三次，均因沟谷强烈发展，破坏地基和供水源地所致。1933 年以前，岷江上游峡谷中 1000 余人口的迭溪县城，在一次地震所引起的崩塌中被全部掩埋。墨西哥尤卡坦半岛上的吐鲁马城，在一次大滑坡灾害中全部沉入海底。像这类病害地貌对城市聚落建筑的破坏实例很多（尹启后等，1982）。

8.7.4 地貌环境对城市提升发展的影响

城市提升发展是指目前大多数城市的生态环境质量受到了较严重的威胁，要使城市生态环境得到较大的改善，除了对影响城市生态环境质量的因素采取针对性的措施外，还需要在用地方面选择具有优良性质的（包括地貌环境）区域作为城市发展的新址，以满足城市进一步发展的需要。此外，一些特殊的城市功能，也需要选择具有良好生态环境（包括地貌环境）的用地进行发展。欧美发达地区早在 40 年前就出现了所谓的“乡市”（rural+urban=rurban）。这些乡市多半气候适宜、景观悦目，是城市提升发展的重要区域。无疑，这些区域也必须具有地貌环境的可行性和优异性。

在一些夏季酷热城市的郊区，选择满足避暑、休闲需要的用地，是提升这些城市发展的举措之一。如，福建主要城市周边均分布有相当面积的平缓高地，海拔大多在 600 ~ 1000m 之间，比相关中心城市市区的海拔高出 500 ~ 700m，与市区的距离大多在 20 ~ 50km 范围内，且通达性较好。从自然环境中最不易改变的地形、气候、水资源和地理位置等要素上看，这些平缓高地开发建设为主要城市避暑休闲和夏季会务活动的区域是比较理想的，很有可能成为提升城市发展的举措之一（吕刚等，2008）。

8.8 城市发展对地貌的影响

8.8.1 城市发展引起的地貌形变及其致灾性

8.8.1.1 城市地貌形变及其致灾性

与地面沉降有所不同，地貌形变不仅指垂向上“地面标高的损失”，更重要的是强调相对于周边地区地貌形态的空间动态变化及由此引起其他自然地理要素的相应变化。

以上海为例。上海在 19 世纪中叶后，城市发展速度逐渐加快，城市人类对地貌环境的影响日渐强烈，地貌形变逐渐明显。相关学者将上海城市地貌形变过程划分为五个阶段：形变雏形期（1843 ~ 1920 年）、较强形变期（1921 ~ 1956 年）、强烈形变期（1957 ~ 1965 年）、缓慢形变期（1966 ~ 1989 年）、加速形变期（1990 ~ 2002 年）。

自 1921 年上海发现地貌形变开始，迄今最大的累计沉降量已达 2.63 米，影响范围达 400km^2（杨新安等，2000），主要集中在经济繁荣的中心城区。1990 ~ 2000 年上海中心城区地面平均累计沉降量达 156.9mm，地貌形变问题

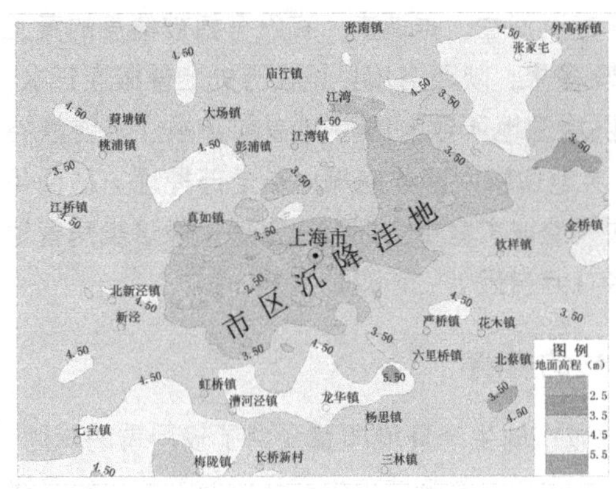

图 8.7　上海市区地形图

注：根据上海市地质调查研究院提供的地形图分析处理。

来源：李良杰．上海高强度人类活动与城市地貌环境演化 [D]．华东师范大学，2005．

愈加严峻。上海在中心城区已形成了边缘高程为 4.0m 的蝶形沉降洼地，高程小于 3.5m 的面积已经超过 150km^2（图 8.7）。

地貌形变给上海带来的危害是巨大的：安全高程不断丧失，使海平面相对上升，加大风暴潮汛的成灾风险，迫使防汛墙不断加高；市区排涝能力不断下降，加重涝灾灾情；房屋、道路、桥梁等建筑结构破坏（图 8.8）。

建筑（施工）活动对地貌形变也会产生影响。以上海为例，上海高层建筑的桩基础都要打在持力层上，持力层以上的土层由于地下水的抽出导致压缩，产生地面沉降。上海的高层建筑在 1990 年代后急剧增加。1990 年，中心城高层

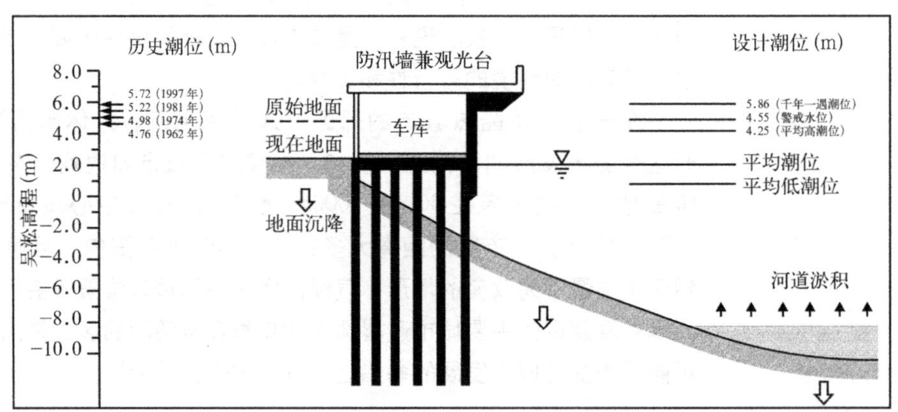

图 8.8　上海中心城区地面沉降、河道预计、黄浦江潮位上升和防汛墙工程关系图

来源：戴雪荣，师育新，俞立中，李良杰，何小勤．上海城市地貌环境的致灾性．地理科学，2005(5)．

建筑有 705 幢，2006 年竣工幢数达 4500 幢左右，居世界各大中城市之冠（冯克康，2006）。高层建筑工程施工对地面沉降的贡献率达到 32%（张维然等，2002）。上海限采地下水的控沉成果很大部分被近年来日趋活跃的工程施工所抵消（李良杰，2005）。

8.8.1.2　地貌形变的致灾性

指地貌形变所产生的负面环境效应。以上海为例。从孕灾机制看，城市地貌形变直接造成洪水对上海的最大威胁，即由于河流在穿越沉降幅度较大的中心城区时水位的相对抬升甚至上岸；其次，由于河流水位的上涨和流速减慢，很容易造成沉降区河段的淤积；第三，市区河段的沉积往往是工业和生活垃圾或其他污染物的“汇”，同时又以“源”的形式污染地表水体和影响水环境；第四，地表水位抬升后地下水位同样被抬升，致使城区地基软化、排水不畅、内涝加重，甚至出现沼泽化趋势；第五，引起海水倒灌和盐水入侵，植被生境趋于单一；第六，城市气候变得更加潮湿，加重了湿热风化作用，同时也为细菌、病毒的滋生提供了有利条件；第七，引起已有港口、码头和桥梁的相对下沉，公路（含

隧道）与管道系统的扭曲断裂等。上海地面沉降造成的经济损失初步估算已超过3000亿元人民币（曾正强等，2003）。另有研究估算，1921～2000年上海因地面沉降所加重的潮灾和涝灾经济损失分别为1754.59亿元和847.77亿元（戴雪荣，李良杰等，2005）。

8.8.2　城市建成区地貌类型不断增加并复杂化

以济南市为例。该市城区的扩展具有这样一个规律：初期，人们选择最佳地貌部位建城，而后的扩展也多先占用有利的地段，然后则要利用和改造不利地貌条件来扩大城区。从地貌角度而言，济南古城的选址较为理想。古城地处平原，北邻济水，南依山地，交通便利，地势高爽。随后明清时的好子城以西扩、东扩为主，兼向南部发展。新中国成立后到1957年，良好的地貌部位被利用之后，迫使济南城市向地貌不理想的地段扩展。随着城市的不断扩展，济南建成区所跨地貌类型区逐渐增多。目前，城区所具有的地貌类型多样化，自南向北依次为：丘陵、洪积平原、冲洪积平原、冲积平原（刘秋锋，2002）。

8.8.3　城市下垫面性质的变化

8.8.3.1　伴随着城市建成区的增加而出现的耕地、水面的减少

如，1986～2005年，太仓城镇建成区面积增加近1倍，耕地面积与水面面积均减少近1/4（表8.11）。图8.9为1920、1950、1970、1980年代的天津地区湿地的萎缩情况对比。也可部分说明在高度城市化地区，城市下垫面演化的某种趋势（Mingna Wang等，2010）。

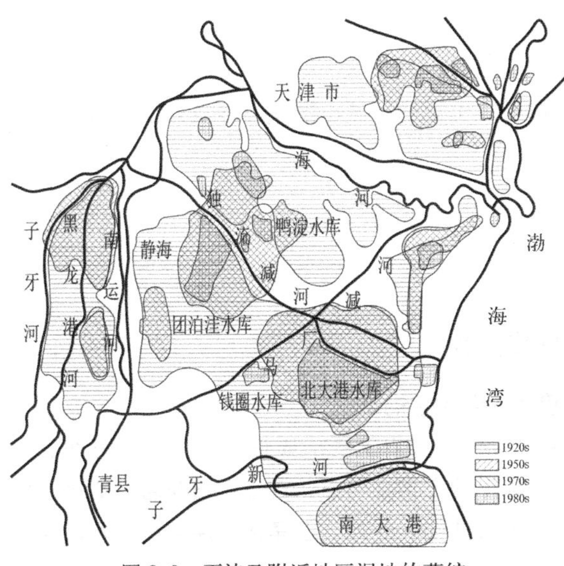

图8.9　天津及附近地区湿地的萎缩

来源：根据“Mingna Wang，Dayong Qin，Chuiyu Lu. Modeling Anthropogenic Impacts and Hydrological Processes on a Wetland in China. Water Resource Manage,2010 (24)”绘制．

8.8.3.2　城市下垫面的人工地貌规模与城市化发展呈正相关关系

李雪铭等（2005）计算得到大连市UML（城市人工地貌）表面积与城市化综合指数的相关系数为0.953（表8.12）。从表8.12也可见，城市人工地貌在总体

太仓市土地利用变化　　表8.11

年份		水面	城镇城建区	水田	旱地	总面积（km²）
1986	面积/km²	106	74	399	64	642
	占流域的%	16	11	62	10	100
1996	面积/km²	87	126	379	50	642
	占流域的%	14	20	59	8	100
2005	面积/km²	79	174	346	43	642
	占流域的%	12	27	54	7	100

注：水面面积中未包括长江水面面积。

来源：朱映新．苏州市降雨径流关系及下垫面变化对径流量影响研究［D］．河海大学，2007．

城市化综合指数和城市人工地貌指数　　表 8.12

年份	城市化综合指数	UML 总面积	UML 总体积	UML 平均高度(m)
1985	3.315504	3.733365	0.07689	18
1986	3.358024	4.515428	0.081942	18
1987	3.37654	5.747916	0.091785	18.5
1988	3.395103	7.850705	0.102077	19
1989	3.412307	10.10838	0.119364	19.3
1990	3.42444	12.51039	0.138892	20
1991	3.456151	15.55413	0.164869	20.5
1992	3.517291	18.83239	0.194113	22
1993	3.584911	22.8077	0.230723	23
1994	3.700218	26.91484	0.277329	23.5
1995	3.766545	31.73043	0.328547	27
1996	3.822596	37.30849	0.395044	27.2
1997	3.842254	43.25356	0.468385	29.32
1998	3.847426	50.01326	0.565562	29.8
1999	3.879448	57.57036	0.688258	31
2000	3.912294	65.94343	0.85806	32.6
2001	3.941398	74.94174	1.051724	33

来源：李雪铭，张春花，周连义，杨俊．城市人工地貌过程对城市化的响应——以大连市为例．地理研究，2005（5）．

积和平均高度方面皆有较大的增长，也说明了城市发展对地貌人工化演化趋势的影响。

8.9　城市地貌环境可持续发展

8.9.1　提高城市地貌环境的安全性

8.9.1.1　加深对城市地貌环境致灾性的认识

地貌环境的致灾性是泛指地球表层由于工程地质性质的某些缺陷而当人类工程活动超过其承受极限时表现出的灾害性特点。黄土、石灰岩、矿山开发及新构造发育地区的致灾性已为大家熟知，此外，三角洲平原地区含水沙层同样具有致灾性。

可以从多方面认识地貌环境潜在的致灾性。如，戴雪荣等（2005）认为，上海的地貌环境在地貌物质、地貌过程、地貌形态三方面均存在着一定程度的致灾性，对上海的城市安全构成了一定的威胁（戴雪荣，师育新等，2005）。

地貌环境的致灾性与人类活动的强度与频繁度密切相关。如，由图 8.10 可见，上海近地表 0～50m 通常是建设活动最为频繁的深度范围，因而也是透水和流沙最易发生的深度段。

地貌环境的致灾性还与其形成年代新老有关。年代越老（或成陆越早）其工程地质性质相对越稳定，反之就越差。上海金山石化、浦东国际机场地处潮坪地带，地貌年龄仅为 600 年。工程地质稳定性相对较差，工程成本也就明显偏高。磁悬浮线位于浦东东部——上海最年轻的陆地上，且其延伸方向与陆地生长方向一致，不但工程地质稳定性差，而且横向差异显著，无论在施工过

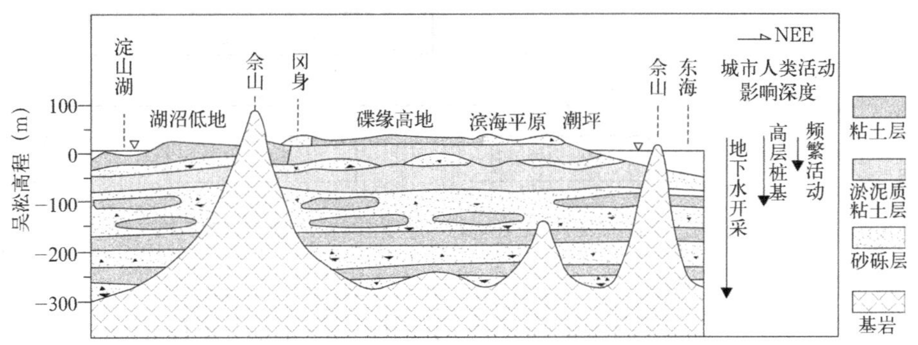

图 8.10 上海地区地貌第四纪综合示意剖面及人类活动的地貌作用深度

来源：戴雪荣，师育新，俞立中，李良杰，何小勤．上海城市地貌环境的致灾性．地理科学，2005（5）.

程中还是建成之后都会承受很大的地貌灾害风险（如不均匀沉降）。

8.9.1.2 开展灾害地貌的预测预报和危险区划研究

灾害地貌的预测预报和危险区划分是减灾防灾的两个重要的方面。在对灾害地貌现状进行深入研究的基础上，通过对灾害地貌发展趋势的较准确的中长期预测和短期（甚至超短期）预报，可以为灾害地貌的预防和治理提供科学的依据，使人们有的放矢，因害设防。在我国的灾害地貌研究中，有过一些成功的经验和样板。例如，1985 年 6 月 12 日，发生在长江二峡中湖北省秭归县境内的新滩大滑坡，由于研究人员的长期定位观测所进行的分析研究和准确的短期预报，以及当地政府采取了得力的紧急避难措施，幸免了一场大灾难，使滑坡区内的 1371 人无一伤亡（唐晓春等，1998）。

对天然的地貌条件（如地表形态、地貌营力过程、地面组成物质、风化程度和蚀积强度等）的认识，加之对地震烈度和深大断裂的认识，在城市建设中是十分必要的。在城市建设中及再建或扩建中，应先做好城市的地貌分区，并对城市的地貌营力发展过程做好必要的预测。对较大城市的建设和城市群的布局，因人口较多，投资巨大，灾害地貌预测就显得更为重要（丁锡祉，1988）。

8.9.2 进行城市地貌环境质量评价

英国学者 Douglas 在《城市环境》一书中指出，地形对城市的适宜性问题，城市内部某些地点对于具体建筑物的适宜性问题，以及城市发展对土壤和地形稳定性的影响问题，是城市地貌研究的主要问题（黄巧华，2000）。此处，“适宜性”、“稳定性”的判断等都需要建立在对地貌环境质量评价的基础上。

城市地貌环境质量综合评价是从整体上考察城市地貌问题，以适当的指标体系定量表征城市地貌环境质量，对城市地貌环境质量进行综合评价，进而建立和健全相应的监测系统，并将其纳入城市环境总体管理的轨道，指导城市规划与建设。山地城市地貌环境质量综合评价技术路线及地貌环境质量评价指标分级标准见图 8.11 和表 8.13。

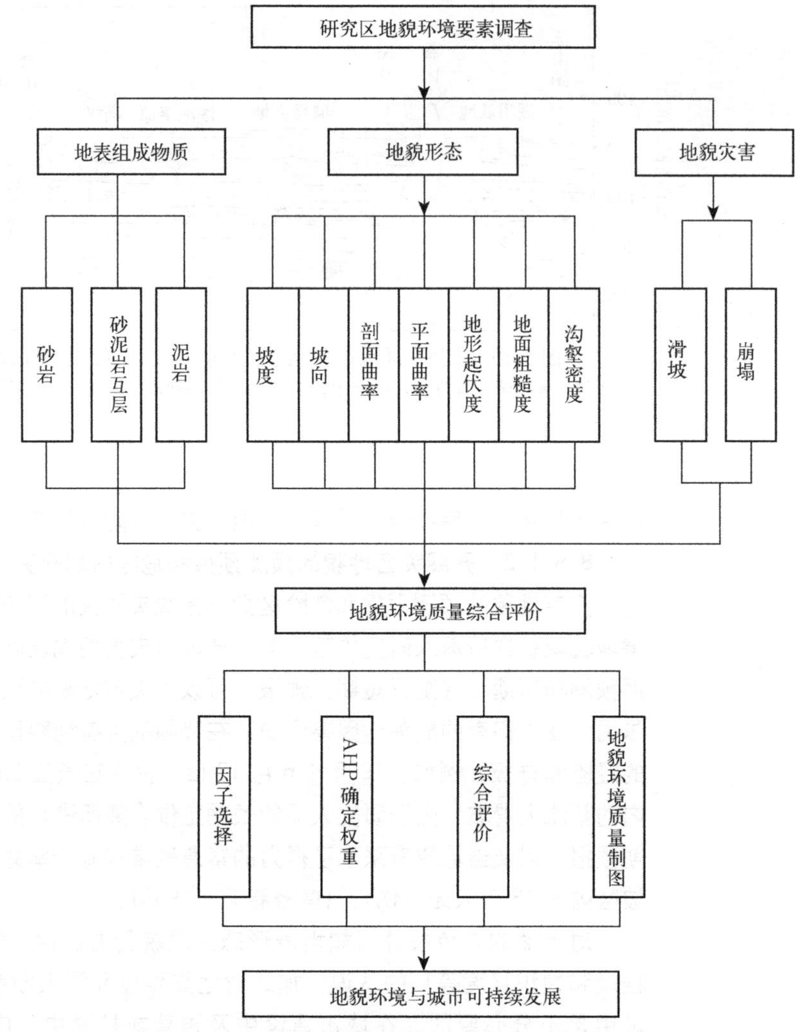

图 8.11　山地城市地貌环境质量综合评价技术路线

来源：孔圆圆．基于山地城市规划的地貌环境质量综合评价——以重庆蔡家组团为例 [D]．西南大学，2007.

山地城市地貌环境质量评价指标分级标准　　　　**表 8.13**

目标层	子目标层	指标层	Ⅰ	Ⅱ	Ⅲ	Ⅳ
地貌环境质量综合评价	地表组成物质	砂岩	Ⅰ	—	—	—
		砂泥岩互层	—	Ⅱ	—	—
		泥岩	—	—	Ⅲ	—
	地表形态要素	坡度（%）	0 ~ 8	8 ~ 15	15 ~ 25	>25
		坡向	东南	西南	东北	西北
		剖面曲率（%）	0 ~ 7.5	7.5 ~ 15	15 ~ 22.5	>22.5
		平面曲率（%）	0 ~ 17	17 ~ 34	34 ~ 51	>51
		地面起伏度（m）	0 ~ 25	25 ~ 50	50 ~ 75	>75
		地面粗糙度	1	1 ~ 1.5	1.5 ~ 2	>2
		沟壑密度（%）	0 ~ 5	5 ~ 10	10 ~ 15	>15
		岩性	砂岩	砂泥岩互层	泥岩	—
		坡度（°）	0 ~ 7	7 ~ 15	15 ~ 25	>25

续表

目标层	子目标层	指标层	Ⅰ	Ⅱ	Ⅲ	Ⅳ
地貌环境质量综合评价	地貌灾害	降雨条件	3日累计降雨量小于30mm	3日累计降雨量大于30mm	1小时雨强大于30mm，日降雨量大于50mm	1小时雨强大于50mm，日降雨量大于100mm
		植被条件	茂密	密	稀疏	稀少
		人类活动	较弱	乱堆乱弃	人为加载	不合理高切坡

来源：孔圆圆．基于山地城市规划的地貌环境质量综合评价——以重庆蔡家组团为例［D］．西南大学，2007．

8.9.3 将改善城市地貌环境与提高城市生态环境质量相结合

城市生态修复与城市地貌条件密切相关，将两者相结合，就能达到事半功倍的效果。如唐山市将趋利避害，利用城市地貌条件进行生态修复和生态重建作为规划的重要目标之一。地震导致的采空区塌陷是唐山市的三大灾种之一，被称为“百年沉降区”。对此异常不利的条件，唐山震后规划一是“避”，就势构筑了园林化的、组团式的城市格局；二是在以后的城市建设中，充分利用采空塌陷区形成的蓄水功能，营建具有自然森林风貌，集游憩、观赏和水上活动为一体的休闲公园——南湖公园。2008 年，唐山市将南湖核心区命名为南湖生态风景区，并与周边区域共同构建 91km^2 的南湖生态城。南湖地区的生态修复和重建是利用地貌条件，趋利避害、生态修复及重建的案例之一（沈清基等，2008）。

8.9.4 将城市地貌环境改善与城市特色和历史文化特色保护相结合

8.9.4.1 对特色地貌的保护和维护

特色地貌具有科研、科普和旅游开发价值，也反映了城市的地貌资源的精华。某种程度上具有地貌遗产的属性。广东封开县有 4 种属于广东之最的特色地貌，最著名的为“一石成山”的斑石。斑石是几乎无缝隙的花岗岩丘陵，海拔 261.3m，长 1370m，长轴 NNE 向，宽 650m，奇丽壮观，令人惊叹。澳大利亚的国宝——艾雅斯岩（Ayers Rock）虽然比封开的斑石大，但远不如斑石那样无缝隙、完整和光滑。因此，封开这处斑石比艾雅斯岩更能体现一石成山的美景，是我国一处难得的风景地貌资源（刘尚仁等，2003）。此类具有地貌遗产特点的特色地貌的维护对于该地区具有重要的意义。

8.9.4.2 恢复城市优质原始地貌

城市优质原始地貌是城市特色的重要组成部分。在高度城市化的今天，纯粹、彻底的城市优质原始地貌的恢复具有相当的难度。然而，优质城市地貌格局的恢复还是有较大的可能性。如，武汉市提出了在已经破坏的地貌资源上复苏武汉市的优质原始地貌，保持城中山、城中湖、城中河的地貌格局，利用武汉城市特有的自然地貌来推进武汉的城市建设。

如何将长江水引入东湖，使东湖水和长江水连通，形成一个循环的水系成为很多人研究的课题。2002 年 9 月，“水专项”启动，这种由单纯生物治污转向生态环境治理的构想，是将湖泊联网，再接通汉水、长江，达到“流水不腐”的效果。2005 年，总投资 4.3 亿元的汉阳“六湖连通”工程启动，将散布在汉阳地区高楼大厦间的墨水湖、南太子湖、北太子湖、龙阳湖、三角湖、后官湖连成一体，可望利用地理落差，让长江、汉江之水入湖，实现“一船摇遍汉阳”的美妙设想（赵静，2007）。

第8章参考文献：

[1] Mingna Wang, Dayong Qin, Chuiyu Lu. Modeling Anthropogenic Impacts and Hydrological Processes on a Wetland in China. Water Resource Manage, 2010 (24).

[2] 陈春根，史军．长江三角洲地区人类活动与气候环境变化[J]．干旱气象，2008（1）．

[3] 城市加速发展，地质工作准备好了吗——访中国地调局基础部主任庄育勋[OL]．国土资源网，2008年7月17日．www．clr．cn/front/read/read．asp?ID=137854．

[4] 戴雪荣，李良杰，俞立中，师育新，顾成军．上海城市地貌形变与防汛墙地理工程透析[J]．地理研究，2005（6）．

[5] 戴雪荣，师育新，俞立中，李良杰，何小勤．上海城市地貌环境的致灾性[J]．地理科学，2005（5）．

[6] 丁承泰．试论城市地貌环境与城市道路的系统关系——以四川省几个城市为例 [J]．地理研究，1991（1）．

[7] 丁锡祉．简论城市地貌学[J]．山地研究，1988（2）．

[8] 冯克康．再述上海高层建筑减轻自重的问题[J]．结构工程师，2006（2）．

[9] 高亚峰，高亚伟．中国城市地质灾害的类型及防治[J]．城市地质，2008（2）．

[10] 韩文峰，宋畅．我国城市化中的城市地质环境与城市地质作用探讨[J]．天津城市建设学院学报，2001（1）．

[11] 黄巧华．国外城市地貌研究综述[J]．福建地理，2000（3）．

[12] 景仁刚，邹春来，樊晓刚．自然因素对城市人居环境的影响——以成都市自然因素中的地形地貌和气候为例[J]．四川建筑，2008（4）．

[13] 克罗基乌斯著，钱治国等译．城市与地形[M]．北京：中国建筑工业出版社，1982．

[14] 李良杰．上海高强度人类活动与城市地貌环境演化[D]．华东师范大学，2005．

[15] 李雪铭，张春花，周连义，杨俊．城市人工地貌过程对城市化的响应——以大连市为例[J]．地理研究，2005（5）．

[16] 刘江龙，刘会平，吴湘滨．广州市地面塌陷的形成原因与时空分布[J]．灾害学，2007(4)．

[17] 刘秋锋．济南市城市地貌演变及其对排水防洪的影响研究[D]．山东师范大学，2002．

[18] 刘尚仁，刘瑞华．广东封开的几种特色地貌[D]．热带地理，2003（1）．

[19] 刘长礼．城市地质环境风险经济学评价[D]．中国地质科学院，2007．

[20] 吕刚，骆培聪，郑衡宇．福建主要城市周边平缓高地与避暑休闲气候关系分析[J]．亚热带资源与环境学报，2008（4）．

[21] 中国地质调查局水文地质环境地质研究所．全国地下水资源及其环境调查评价成果报告[C]，2005．

[22] 沈清基，马继武．唐山地震灾后重建规划：回顾、分析及思考[J]．城市规划学刊，2008（4）．

[23] 孙培善．城市地质工作概论[M]．北京：地质出版社，2004．

[24] 唐晓春，唐邦兴．我国灾害地貌及其防治研究中的几个问题[J]．广州师院学报（自然科学版），1998（11）．

[25] 魏子新，周爱国，王寒梅，刘金宝，甘义群．地质环境容量与评价研究[J]．上海地质，2009（1）．

[26] 徐刚．山地城市地貌环境问题研究[J]．中国环境科学，1997（3）．

[27] 许世远，黄仰松，范安康．上海地区地貌类型与地貌区划．载：严钦尚，许世远．长江三角洲现代沉积研究[M]．上海：华东师范大学出版社，1987．

[28] 尹启后，陈年，徐茂其．地貌与环境保护[J]．重庆环境科学，1982（5）．

[29] 曾丽，王晓明．我国城市地质环境面临的问题及对策[J]．今日国土，2007（12）．

[30] 曾正强，陈华文，张维然等．上海市地面沉降灾害经济损失评估[C]．地质环境经济论文集．北京：中国大地出版社，2003．

[31] 张维然，段正梁，曾正强，康一亭．上海市地面沉降特征及对社会经济发展的危害[J]．同济大学学报，2002（9）．

[32] 赵静．武汉地貌资源变迁与城市化进程之关系[J]．学习月刊，2007（11）．

本章小结

地质环境对城市的发展具有双向的影响和作用。认识地质环境与城市发展的关系类型有助于科学处理城市与地质环境的关系。城市地质环境可持续发展需考虑的主要包括：重视城市选址阶段的地质问题、辨析影响城市发展的地质条件和因素、进行城市地质环境适宜性评价和分区、针对不同类型地质环境开展城市规划等几个方面。

城市地貌是自然营力与人类造貌营力共同作用而形成的。城市地貌表征是指以某种特定的方式表达城市地貌的状况与特征；城市地貌分类是使各类型内的地貌特性具有最大的相似性，不同类型间具有最大的差异性。两者对于科学处理城市与地貌环境的关系均具重要意义。城市地貌环境可持续发展主要包括：提高城市地貌环境的安全性、进行城市地貌环境质量评价、将城市地貌环境改善与城市生态环境质量的提高相结合，以及将城市地貌环境改善与城市特色和历史文化特色保护相结合等。

复习思考题

1. 地质环境及地貌因素对城市发展有何影响及作用？两者对城市发展的影响和作用有何差异？

2. 城市发展是否必然会引发地质问题及地质灾害？

3. 城市地质环境可持续发展和城市地貌环境可持续发展有哪些途径？

第9章 城市土壤

本章介绍了城市土壤的基本知识，论述了土壤与城市发展之间的相互影响和相互作用，阐述了城市土壤环境问题，探讨了若干城市土壤系统可持续发展的途径。

9.1 城市土壤的概念、类型及生态功能

9.1.1 城市土壤的定义

土壤是在地球表面生物、气候、母质、地形、时间等因素综合作用下所形成的能够生长植物、具有生态环境调控功能、处于永恒变化中的矿物质与有机质的疏松混合物（吕贻忠等，2006）。

土壤主要由矿物质、有机质、水分和空气四部分构成。其中矿物质是土壤的主体，一般占土壤固体部分的95%，土壤有机质的贫富是评价土壤肥瘠的重要标志。

Stroganova（1998）将城市土壤定义为：具有由城市产生的物质的混合、填充、埋藏和（或）污染而形成的，厚度大于50cm人为土表层的土壤。我国学者章家恩和徐琪（1997）认为，城市土壤是指在原有自然土壤的基础上，处于长期的城市地貌、气候、水文与污染的环境背景下，经多次直接或间接的人为干扰而组装起来的具有高度时空变异性而现实利用价值较低的一类特殊的土壤。

9.1.2 城市土壤的类型

城市土壤是一种人为扰动土。按照人类活动对城市土壤影响方式的不同，城市土壤可分为动态土和静态土两类（何会流，2008）。①动态土：是由于施工或建设，处于不断上下翻动、混合和迁移的土壤。这类土壤质量变化剧烈，偶然性比较大；②静态土：主要分布在城市公园、花园和城郊农田、森林公园、动植物园、旅游区等。静态土局部受人为影响较大，但其过程相对缓和，且有一定的规律性。

表9.1为1994年德国城市土壤工作组从土壤形成基质对城市土壤进行的分类。

德国城市土壤分类方案 表9.1

基本特性	含量	形成的土壤（诊断层）
有机液体		侵入土（Bl）
固体有机	痕量	石质土（Ci）
物质	<1%	（Ai，C）
	1% ~ 30%	松岩性土、薄层土、准黑色石灰土、黑色石灰土（Ah，C）
	>30%	还原土（Ay or Br）
硫化物		酸性硫酸盐土（Bj）
碳酸盐	<2%	松岩性土（未固结的沉积物），薄层土（基岩）
	2% ~ 75%	准黑色石灰土（钙积松岩性土）
	>75%	黑色石灰土和其他自然发生的土壤

来源：卢瑛，龚子同．城市土壤分类概述．土壤通报，1999（S1）．

9.1.3 城市土壤的生态功能

9.1.3.1 城市土壤功能

城市土壤是城市生态系统的重要组成部分，具有多重功能。Blum（1998年）认为土壤功能包括以下方面。①农业和林业生产的基础；②过滤、缓冲和转化能力；③生物基因库和繁殖场所；④原材料来源；⑤容纳基础设施建设；⑥构成景观并保存自然和文化遗产。欧洲委员会2002年将土壤功能分为粮食和其他生物产品功能、存储过滤和转换功能、栖息地和基因库功能、自然和文化景观功能以及原材料来源功能。表9.2和表9.3是城市土壤功能示例。

城市土壤主要功能 表 9.2

分 类	描 述
生产功能	为人类生存提供粮食和其他农业产品；如耕地、菜地、鱼塘、畜牧养殖场等
承载功能	为人类活动提供平台；工矿、居住区、交通、体育设施、休闲场所
生态功能	存储水、矿物质、有机质和其他化学物质，向大气中排放 CO_2，CH_4 和其他气体；绿地、公园，提供废弃物的循环场所用地以及垃圾的存放地
原材料	提供建筑所需的诸如黏土，沙土等原材料
栖息地和基因库	为生活在土壤及其表面拥有独特基因的各种生物体提供栖息地

来源：孙志英，吴克宁，吕巧灵，赵彦锋，李玲，韩春建．城市化对郑州市土壤功能演变的影响．土壤学报，2007（1）．

郑州市土壤功能分类系统 表 9.3

一级功能	二级功能	含义及对应土地利用类型
生产功能	粮食生产	水浇地、旱地
	蔬菜生产	菜地
	果品生产	园地
生态功能	生物栖息	水域、林地、园地、水浇地
	养分循环／径流调节／水源涵养	林地
	气候调节	林地、园地
	土壤保护／气候调节	林地
	废物处理	水域
承载功能	承载／存储功能	农村居民点、城镇以外的独立工矿、城市用地、交通用地

来源：韩春建，吴克，刘德元，宋建军，许凯．城市化进程中土壤功能演变及其生态环境效应研究．河南农业科学，2009（6）．

9.1.3.2 城市土壤功能演变

城市土壤功能的演变是伴随城市化进程展开的。城市化导致的人为活动使土地覆被、土地利用结构、地表特征等发生变化；在土壤功能多样化演进的同时，也伴随着其功能的部分消失；在土壤质量方面，由于以上两个原因，也发生了一定程度的退化；所有这些，都可归结为土壤的生态环境效应（图 9.1）。

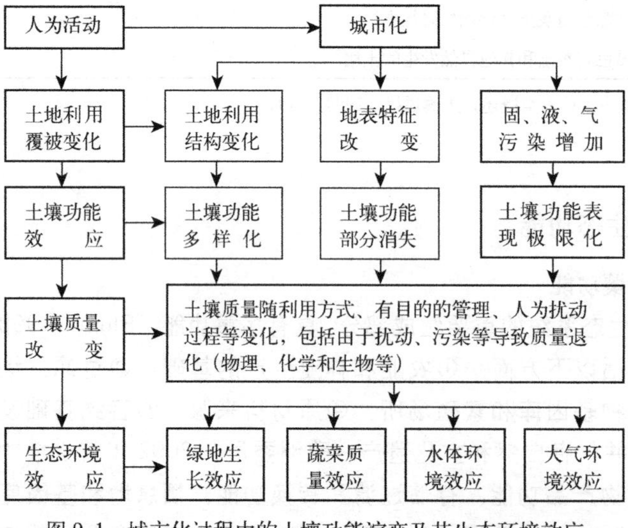

人为活动
城市化
土地利用覆被变化
土地利用结构变化
地表特征改变
固、液、气污染增加
土壤功能效应
土壤功能多样化
土壤功能部分消失
土壤功能表现极限化
土壤质量改变
土壤质量随利用方式、有目的的管理、人为扰动过程等变化，包括由于扰动、污染等导致质量退化（物理、化学和生物等）
生态环境效应
绿地生长效应
蔬菜质量效应
水体环境效应
大气环境效应

图 9.1 城市化过程中的土壤功能演变及其生态环境效应

来源：张甘霖．城市土壤的生态服务功能演变与城市生态环境保护．科技导报，2005（3）．

9.1.3.3 城市土壤的生态功能

（1）气候调节

城市土壤的气候调节功能主要由对热量的调节体现，包括：①城市土壤是城市植被生长的介质和场所，城市土壤和植被共同调节气候；②虽然城市土壤因为孔隙度小，具有比城郊或农村的土壤更大的热容量和导热率，但其与建筑材料相比，热容量和导热率较小，其吸收的热量比上述建筑材料要小，所以其夜间以长波辐射形式辐射的热量要小，对减缓城市化区域的城市热岛效应有重要的作用（张甘霖等，2006）。

（2）水分调节

土壤是一个多孔体系，相当于一个巨大的“水库”。土壤的水分调节功能指土壤对水的入渗、截留和储存调节，表现为三个方面：①存储在土壤中的水分为城市植被的生长提供了所需的水分；②土壤对雨水的入渗、截留和存储可以减少地表径流，对城市的洪涝灾害有调节作用。③城市土壤中的水分为植物的蒸腾作用提供了必要条件，为调节城市的温度发挥了重要作用（张甘霖等，2006）。

（3）污染物净化

有机和无机污染物的大部分最终将进入城市土壤系统，“土壤－植物”系统对土壤污染的净化作用主要是通过土壤的吸附、降解和根部的吸收实现的，主要的途径包括：①植物根系的吸收、转化、降解和合成作用；②土壤中真菌、细菌和放线菌等生物区系的降解、转化和生物固定作用；③土壤中动物区系的代谢作用（张甘霖等，2006）。

9.2 土壤对城市发展的影响

9.2.1 土壤对城市选址的影响

城市发展初期，自然环境是起决定作用的首要因素。其中肥沃的土壤是城址选择时备受关注的主要条件之一。《度地篇》中的“故圣人之处国者，必于不倾之地，而择地形之肥饶者，乡山，……”说明了这一点。

古代主要以农业生产为主，在城市选址时对土壤的肥沃程度要求较高。自然环境优越的古三河地区是中国最早的城市密集地区，我国夏代、商代古人就在这一带建城设邑。夏代都城的城市选址都处于伊河与坞罗河交汇的三角洲地带，山水相连，土壤肥沃，适于发展农业生产。商代都城的迁徙同样在不同程度上受到土壤肥力的影响。周代商后，退还关中营建基业，关中的膏腴沃壤养育壮大了周人，而此时中原三河地带在原始落后的生产方式作用下，土地使用过度而日渐衰竭，已不堪负载集中稠密的人口，从而使中国古代城市建设的重心历史性地转移到了关中地区（田银生，1999）。

9.2.2 土壤对城市经济发展的影响

土壤肥沃程度对农业生产的影响非常大，亦使我国古代到近现代的城市在经济发展方面都受到了土壤的影响。我国长江中下游地区水网密集、土壤肥沃，号称“鱼米之乡”，在满足自身需求外将过剩的农产品进行交换，促进了商业、手工业及城市经济的发展。

我国古代经济重心从唐宋时期开始逐渐南移在很大程度上受到自然环境变化的作用（郑学檬，2003）。其中土壤的变化对经济重心的迁移也起到了一定的作用。唐宋时期，黄土高原表土流失、养分丧失，土质变差，土壤肥力大减，耕地完全丧失。华北平原由于黄河不断泛滥使土壤沙化和盐碱化。与此同时，长江中下游地区的土壤质量逐渐优化，肥力提高；同时通过围田，获得了更多宝贵的土壤资源。南宋初有“三十年间，昔之曰江、曰湖、曰草荡者，今皆田也”的记载。由于南方土质优化，使得南方粮食产量提高，成为重要的粮食生产基地，从而带动了经济发展。

项明权（2010）根据《宋史·地理志》所载人口数进行统计，南方人口大幅增长，耕地面积超过北方（1077 年，南方诸路耕地面积 318 万顷，北方诸路耕地面积 143 万顷）；南宋时开始流传“苏湖熟，天下足”、“天上天堂，地上苏杭”等谚语，正是对太湖流域土肥粮丰、经济繁荣的生动写照。

9.2.3　土壤对城市环境质量的影响

土壤是一个巨大的缓冲体系，具有一定的抗衡外界环境变化的能力。土壤能缓冲酸碱变化，能对进入土壤中的污染物进行代谢、降解、转化、消除或降低毒性或固定有害物质，也可使有害物质活性降低等，从而保护生物、地下水和大气。例如，在垃圾填埋场的土壤中，垃圾渗滤液在土层中运移时，土颗粒对污染物具有吸附和降解作用，对环境中污染物质的迁移、转化和归宿有着直接的影响（张志红等，2009）。

另外，土壤系统中其他微生物的存在能对病毒存活和吸附产生显著的影响。王秋英等（2007）指出，不同性质土壤对不同病毒的吸附存在极大差别，红黏土对病毒的强大吸附能力表明，红黏土或与红黏土性质类似的材料在净化被病毒污染的水域时可能是一比较理想的病毒吸附剂。

然而，受到污染的土壤也会对城市环境质量起到负面影响。例如，受到重金属污染的土壤会使土壤中的重金属元素释放出来（李宇庆等，2004），经雨水淋洗，将进一步污染地下水和地表水，从而危害城市环境质量。

9.2.4　土壤对城市雨洪削减效应的影响

城市种植植物的土壤对雨洪有一定的削减效应。研究发现，城市土壤的入渗速率差异较大，以文教区和居民生活区为最大，其后依次为公园、商业活动区、道路交通区（图 9.2）。

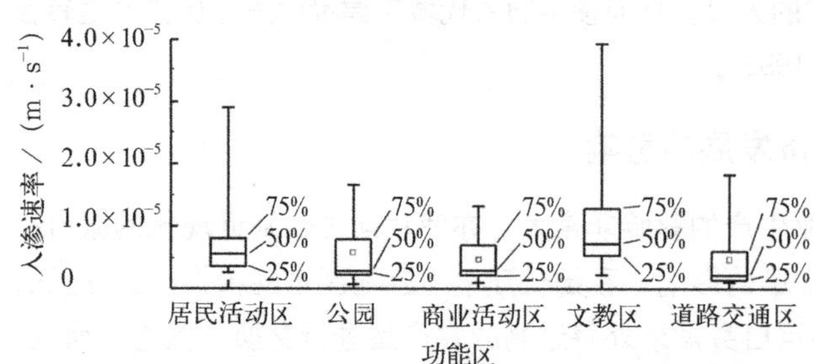

图 9.2　上海市各功能区城市绿地土壤入渗速率的分布概率

来源：聂发辉，李田，姚海峰．上海市城市绿地土壤特性及对雨洪削减效应的影响．环境污染与防治，2008（2）．

土壤具有的容纳、传输水分的能力，是防治城市洪涝灾害的重要途径之一。城市绿地对雨水径流的蓄渗效应主要体现在雨水下渗和雨水蓄积两方面。城市绿地土壤入渗速率的大小和下凹程度是决定绿地蓄渗雨水效果的关键因素。从表 9.4 可见，上海市下凹式绿地的蓄渗率明显高于平绿地。在适当条件下，绿地宜建设成下凹式绿地，可充分发挥城市土壤对雨洪的削减功能。

不同设计参数下城市绿地的雨水蓄渗率　　表 9.4

功能区	土壤稳定入渗速率／（m·s^{-1}）	下凹深度／cm	雨水蓄渗率／%
文教区	1.0×10^{-5}	0	24.1
		5	57.7
		10	91.2

续表

功能区	土壤稳定入渗速率 / $(m \cdot s^{-1})$	下凹深度 /cm	雨水蓄渗率 /%
居民生活区	5.0×10^{-6}	0	12.1
		5	45.6
		10	79.1
公园	3.0×10^{-6}	0	7.2
		5	40.8
		10	74.3
商业活动区	2.0×10^{-6}	0	4.8
		5	38.4
		10	71.9
道路交通区	1.5×10^{-6}	0	3.6
		5	37.2
		10	70.7

注：上海地区一年一遇 1h 降雨量约为 35mm；汇流区地表径流系数取 0.8。

来源：聂发辉，李田，姚海峰．上海市城市绿地土壤特性及对雨洪削减效应的影响．环境污染与防治，2008（2）．

9.3　城市发展对土壤系统的影响

自农业耕作以来，人类就开始对土壤生态系统施加影响。早在 7000 年以前，我国就开始了土壤的农业利用，1600 多年前就施用石灰改良土壤了（武志杰，1993）。人类生产活动对土壤生态系统有积极影响和消极影响两方面的作用。前者如我国太湖地区及尼罗河三角洲上千年的土壤利用、荷兰建造的大量圩田、中欧 1000 多年的土壤生产利用等；后者包括水土流失、土壤的沙漠化、土壤的污染与灌溉地的次生盐渍化等（图 9.3）。

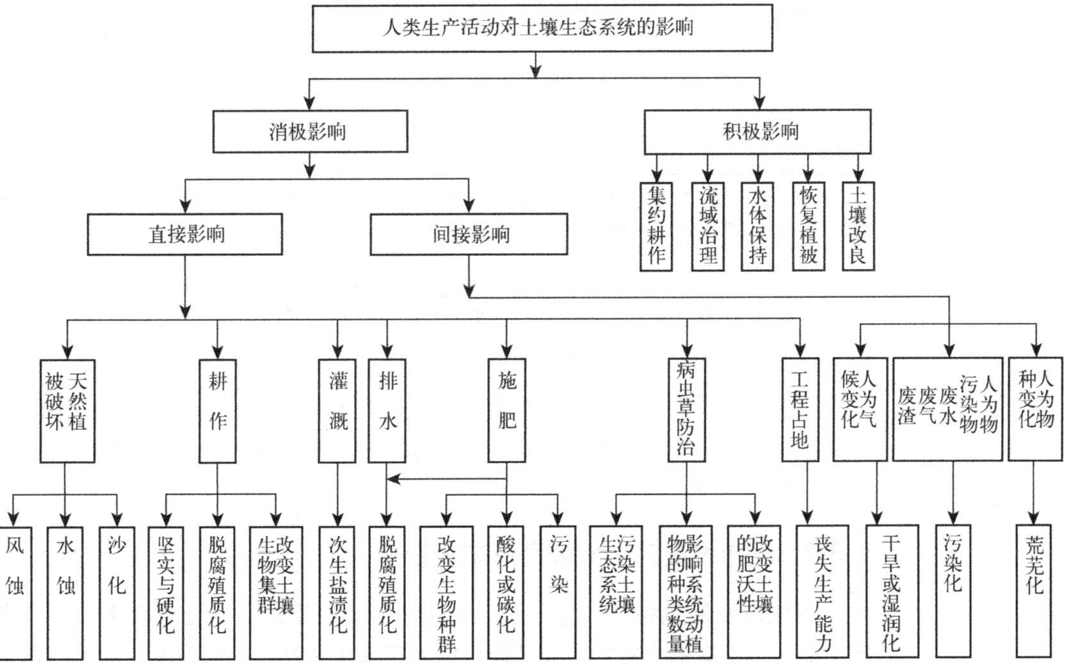

图 9.3　人类生产活动对土壤生态系统的影响

来源：武志杰．人类生产活动对土壤生态系统的影响．生态学杂志，1993（4）．

9.3.1　城市发展对土壤资源的影响

城市快速扩张与新兴城镇建设导致了周边地区土壤资源（耕地）减少。中国在城市化发展较快的 1990 ~ 1995 年，全国净减少耕地 200 多万 hm^2，1983 ~ 2006 年净减少耕地 1222.16 万 hm^2（杨刚桥等，1998；岳云华等，2011）。1990 ~ 1995 年，太湖地区耕地面积下降 5.9%，人均耕地从 0.68 亩下降到 0.62 亩，明显低于联合国规定的人均耕地警戒线 0.795 亩。在南京—上海一线，从 1960 年代到 1990 年代末期，短短 30 年内城市面积已经急速增加了 400% 以上。该地区已有大约 40% 的土壤资源转化为城市用地（王莜明等，2001）。

又如，郑州市区 1990 ~ 2003 年建设用地面积增加了 18.45%，其中农用地对建设用地增加的贡献率达到了 80% 以上（孙志英等，2007）。1990 年到 2000 年，珠三角的耕地、林地、牧草地面积均有减少；同时伴随着建设用地的增加（表 9.5）。

珠江三角洲地区 10 年来土地利用变化的幅度（hm^2）　　表 9.5

土地利用类型	1990 年土地利用现状	2000 年土地利用现状	10 年间的土地利用变化
耕地	1058367	753789	−304578
园地	240120	249429	9309
林地	1777068	1772855	−4213
牧草地	1566	962	−604
居民点及工矿用地	313740	538659	224919
交通用地	35943	65491	29548
水域	543930	629305	85375
未利用土地	187702	158440	−29262
总面积	4158436	4168930	

来源：陈玉娟，管东生，Peart．珠江三角洲快速城市化对区域植被固碳放氧能力的影响研究．中山大学学报（自然科学版），2006（1）．

Tian 等（Tian G.，Liu J.，2005）通过遥感监测发现，1990 ~ 2000 年间我国的城市扩张用地中，85.6% 来自包括耕地、林地、草地、果园在内的农业土壤。杭州城市扩张占用的都是优质土壤，其中优质黄松土的损失面积占损失总量的 38.11%。土壤资源质量等级最高（Ⅰ）的土壤资源的损失量占总量的 43%（邓劲松等，2009）。

9.3.2　城市发展对土壤表面形态的影响

在城市发展过程中，绝大部分转化为城镇建设用地的土壤发生了地表密闭，失去了原有的生态功能，从而对区域环境生态产生深刻影响。由于不再具有良好的渗透、吸收以及容纳功能，密闭的地表不仅改变径流分布，而且对暴雨洪水的产汇流特性产生明显的影响，加大了洪涝灾害发生的风险。研究表明，当地表密闭度达 12%、平均洪水流量为 17.8m^3/s 时，洪水汇流时间为 3.5h；当密闭度到 40%时，平均洪水流量将增至 57.8m^3/s，洪水汇流时间将减至 0.4h（陈杰等，2002）。在对北京市的研究中发现，年平均洪水的大小随不透水面积的增加而增加，不透水面积的作用随洪水重现期的增加而减小，一个全部城市化流域的年平均洪水为一相似天然流域的 4 ~ 5 倍（刘金平等，2000）。

另外，包括大气干湿沉降、路面老化、交通工具废气排放、制动与轮胎磨损、融雪化学制剂、绿化带施肥与农药喷洒等至少 7 种来源的污染物质由于城市地表密闭而直接通过径流进入流域地表水，导致区域性水环境问题，从而对整个地区的生态系统造成危害。

9.3.3 城市化过程中的水土流失

水土流失也称土壤侵袭，水土流失包括水资源和土壤资源两方面的损失。随着我国城市化进程的快速发展，城市所在地区水土流失现象日益突出。有关部门曾对国内 57 个城市进行调查，水土流失面积约占调查城市建成区总面积的 24%。城市是人类活动最为剧烈的地区，据统计，城市水土流失的 93.5% 是由人为因素导致的（孙志英，2004）。

表 9.6、表 9.7 为珠三角城市水土流失情况。

珠江三角洲水土流失面积统计表 **表 9.6**

	水土流失总面积（hm^2）	自然水土流失		人为水土流失	
		面积（hm^2）	占流失总面积比例	面积（hm^2）	占流失总面积比例
广州	24841.6	15742.9	63.39%	9098.75	36.63%
深圳	23173	6817.28	29.42%	16355.7	70.58%
珠海	6047.17	1180.99	19.53%	4866.18	80.47%
佛山	10699.1	4439.26	41.49%	6259.89	58.51%
江门	24678.8	11953.4	48.44%	12725.5	51.56%
东莞	14713	3616.56	24.58%	11096.5	75.42%
中山	1599.56	191.641	11.98%	1407.92	88.02%
惠州市区	1210.339	539.674	45.59%	670.665	55.41%
惠阳市	10714.57	5379.143	50.20%	5335.427	49.80%
惠东县	38576.996	26560.184	68.85%	12016.812	31.15%
博罗县	9801.472	4754.596	48.51%	5046.876	51.49%
肇庆市区	2990.22	2105.429	70.42%	884.593	29.58%
高要市	8888.54	7550.024	84.94%	1338.516	15.06%
四会市	12116.129	10231.698	84.45%	1884.431	15.55%
珠江三角洲	190050.496	101062.779	53.18%	88987.717	46.82%
全省	1421757	1152018	81.03%	269739	18.97%
全省其他地区	1231706.504	1050955.221	85.37%	180751.24	14.67%

来源：广东省水利厅水保农水处，等．广东省土壤侵蚀遥感调查及水土保持信息系统建立研究项目报告 [R]，1999；转引自：万方秋．珠江三角洲地区城市水土流失类型和强度分级研究 [D]．华南师范大学，2003．

各地各种人为水土流失类型面积占人为流失总面积的比例（%）　　表 9.7

	采矿	采石取土	修路	陡坡开垦	开发区	水电工程	其他	坡耕地
广州	0	27.66	7.93	0	47.68	0	0	16.73
深圳	0	16.58	1.70	0.15	58.12	1.6	0	21.87
珠海	0	16.22	10.15	0	65.84	0	0	7.44
佛山	3.63	4.91	0.37	0	82.98	0	0.13	7.97
江门	0	6.80	4.98	3.00	48.72	0	0	36.50
东莞	0	14.26	1.64	1.09	48.53	0	0	34.487
中山	4.45	9.24	8.07	0	78.25	0	0	19.17
惠州市区	0	8.19	0	0	71.93	0	0	19.17
惠阳市	0.27	11.68	0.88	0	45.94	0	0	41.28
惠东县	0	0.89	0.28	0	45.94	0	0	41.28
博罗县	0	7.33	0	0	40.552	0	0	52.15
肇庆市区	0	9.38	19.03	17.55	8.11	0	0	45.93
高要市	0	0	23.58	6.98	8.93	0	0	45.93
四会市	1.30	5.69	5.58	1.12	24.02	0	0	62.03
珠江三角洲	0.34	11.252	3.53	0.90	46.27	0.24	0.02	37.11
全省	1.99	4.78	2.28	4.67	27.02	0.23	0.65	58.83
全省其他地区	2.80	1.46	1.67	6.52	17.55	0.2	0.96	68.86

来源：广东省水利厅水保农水处，等．广东省土壤侵蚀遥感调查及水土保持信息系统建立研究项目报告［R］，1999；转引自：万方秋．珠江三角洲地区城市水土流失类型和强度分级研究［D］．华南师范大学，2003．

山东济南、潍坊、泰安等 7 市在 1986 年至 1995 年期间，水土流失面积已经占到了城区面积的 30%，每年流失土石量 187.6 万 t，其中的 1/3 淤积在河道和排水道（http://www.guxiang.com/dili/zg/zhuangti/luishi/zhuangti（7）.htm）。

城市水土流失的危害主要表现为：①恶化城市生态环境，破坏景观。②降低土地生产力。③污染水源。④淤塞排洪渠道、河道，诱发洪涝灾害。⑤破坏生物多样性。⑥对城市基础设施构成威胁；⑦影响投资环境。严重的水土流失不但影响生态环境，而且限制了一些对环境质量要求较高行业的发展（邓岚，宋桂琴，2001）。

9.3.4　城市化进程中农业结构的调整对土壤资源的影响

随着经济发展和城市化进程的深入，人群的消费结构必然发生显著变化，这些变化又势必导致农产品结构的大幅度调整（Kern M.，2000）（图 9.4）。

农产品结构的调整将带来农业土壤资源利用形式的变化。在过去 30 年中，我国用于蔬菜种植的土壤资源面积增加了 4 倍，果树种植面积增加了 8 倍。与之相反，油料种植面积减少了 50%，谷物类基础农产品的种植面积也相应减少（图 9.5）。城市化过程带来的城郊农业的快速发展，是全国农业结构调整和土壤资源利用方式变化的一个重要方面。可以预料，随着城市化步伐的加快，我国城市与城郊型农业必将有更大的发展，这种高投、高产、高效、高集约的土壤资源利用方式对土壤质量以及区域环境生态的演变将产生显著影响。一方面，更加充分发挥了土壤的生产与生态功能；另一方面，强烈的人为活动以及高强度外源物质的输入打乱了土壤系统原有的物质循环过程，土壤环境容量逐渐减小，土壤污染风险逐步加大，可能导致土壤环境生态功能削弱。

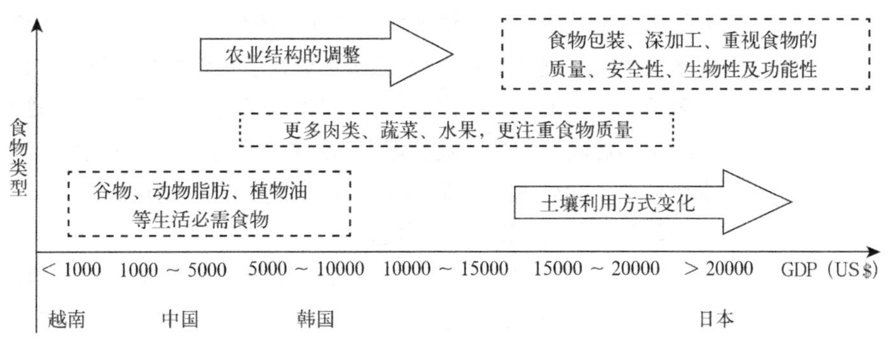

图 9.4 城市化与农业结构变化导致农业土壤资源利用方式的变化（根据 Kern，2000）

来源：Kern M. Future of Agriculture. Global Dialogue EXPO 2000, the Role of the Village in the 21st Century：Crops, Jobs and Livelihood. Hanover, Germany, 2000 转引自：李桂林，陈杰，孙志英，檀满枝．城市化过程对土壤资源影响研究进展．中国生态农业学报，2008（1）.

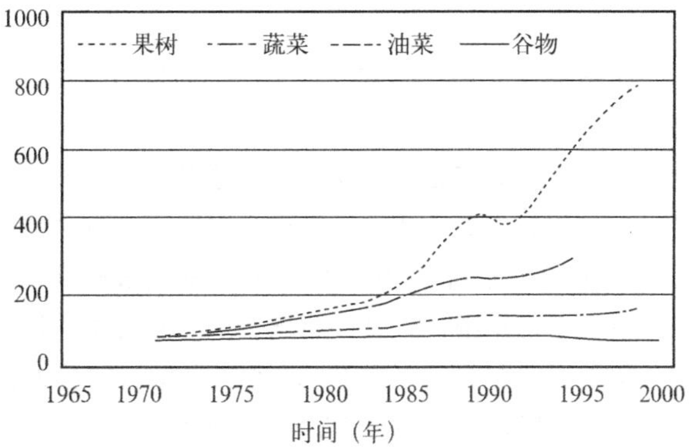

图 9.5 城市化快速发展导致我国农业种植结构发生明显变化（根据 FAOSTAT1998）

来源：陈杰，陈晶中，檀满枝．城市化对周边土壤资源与环境的影响．中国人口 · 资源与环境，2002（2）.

9.4 城市土壤环境问题

9.4.1 城市土壤环境问题的组成

9.4.1.1 城市土壤物理退化

在城市环境中，无所不在的大于 2mm 的粗骨物质的存在是城市土壤的重要特点之一，粗骨物质的存在影响了土壤水分的运动，使其更多地以优势流的方式进行，导致污染物的传输过程更容易实现，而土壤的过滤功能不能充分发挥，土壤污染对地下水质量的影响可能更直接。

城市土壤另一个与环境相关的物理问题是普遍存在的压实现象。压实主要体现在土壤容重增大、孔隙度减低和紧实度增加。如南京市的土壤容重在 1.14 ~ 1.70g/cm^3 之间，大部分土壤表层容重超过了植物生长所需要的理想值；香港的行道树的土壤容重平均为 1.67g/cm^3，也说明压实严重（Jim C.Y.，1998）。

土壤压实是土壤物理退化的一种非常重要的形式。土壤被压实后，结构破坏，孔隙减少，容重增加，土壤透气性、水分渗透性及饱和导水率减小，土壤有效水含量减少，水分调节能力下降（杨金玲等，2006）；土壤强度相应增加，树木根系的穿透性阻力增大；压实也导致了土壤中矿物质与水的接触面积减小，O_2 和 CO_2 的扩散变慢。由于这些因素的结合，土壤压实对城市生态系统产生了不良的影响，包括：减少地下水的自然回灌；增加地表径流量，使降雨径流洪峰加快、加大；增加地表河流的污染物负荷；加剧热岛效应；影响植物生长等。

9.4.1.2 城市土壤化学退化

城市土壤在城市物质循环过程中扮演着终端接纳者的角色，因而是多种与人为活动相关的废物的汇，这些终端产物主要是人类生活的排泄物和生产的废弃物。

根据中科院南京土壤所2006年在南京郊区蔬菜基地做的定点测试，仅有40%的土壤处于安全等级，30%的土壤已经受到污染。浙江省的调查显示，全省Ⅰ类和Ⅱ类土壤占调查区总面积的82%，其余18%的土壤均受到了不同程度的污染。（虞锡君，2009）。迄今已有很多的研究表明，城市土壤中物质聚集主要包括以磷素富集为主的养分积累、以重金属和有机物污染为代表的污染物积累。

（1）城市土壤磷素富集和富营养化

磷是生命元素，所有生命形式都需要磷素的维持。在过去大规模使用磷肥的50年中，全球总共约10亿t的磷被开采使用，有大约2.5亿t磷没有返回农业生态系统，这其中相当大的一部分进入城市生态系统中——主要是城市土壤中（张甘霖，2005）。考虑到全球城市相对比例不足2%的陆地面积，在如此小的区域内磷的储存量是巨大的。

针对南京城市土壤的研究表明，大部分城市土壤具有明显高于农业土壤的磷素含量。在许多历史悠久的城市中，土壤磷素的富集随着城市的建立就已经开始（Zhang G L，et al，2001）。土壤中高浓度的磷素对环境产生很大威胁，南京市城市土壤的研究表明，当磷素的含量超过某一警戒值的时候，磷素向环境的释放量会骤增（Zhang G L，et al，2005），对城市水体存在潜在的风险。

除了磷素以外，其他的养分元素如氮也在城市和城郊土壤中富集，与此相伴的是土壤盐分浓度较高。总之，城市土壤处于一种养分积累状况比较明显的“富营养”状态。

（2）城市土壤重金属污染

城市土壤中重金属含量一般比周围农业土壤和森林土壤要高，城市化过程加强了土壤重金属的外源输入速率。城市土壤的外源重金属主要来源于家庭活动、废弃物处理、交通运输、采矿和冶炼、制造业、发电厂、化石燃料燃烧等。其中，Pb主要来源于含铅汽油的燃烧排放。机动车轮胎中含有添加剂Zn，轮胎磨损产生的含Zn粉尘是城市土壤中Zn的主要来源。研究表明，交通是城市土壤中Cu、Zn、Pb污染的主要来源。表9.8、表9.9和图9.6是我国城市土壤中重金属元素的相关信息。

在目前的城市建设中，经常大规模地置换城市土壤，而对这些土壤物质缺乏应有的环境风险评估，这是非常值得注意的问题，因为被置换的城市土壤很有可能成为其他地方（如郊区）的污染源（张甘霖等，2007）。

我国部分城市土壤中重金属元素的平均含量水平比较　　表 9.8

研究城市	城市特点	重金属含量水平 (mg/kg^{-1})												
		As	Cd	Co	Cu	Cr	Hg	Mn	Mo	Ni	Pb	Se	Sn	Zn
北京	综合型	/	2.92±0.24	/	41.9±18.7	/	/	531.5±91.6	/	73.5±17.3	54.8±25.9	/	/	109.7±44.2
长春	工业型	11	0.36	/	42	60	0.31	/	/	/	76.9	/	/	224
成都	旅游型	/	/	/	28.3±10.7	195.1±165.1	/	/	/	7.7±7.1	142.1±70	/	/	23.4±21.0
重庆	综合型	/	0.55±0.86	/	24.8±20.7	/	/	/	/	/	48.1±32.8	/	/	69.8±41.2
广州	综合型	/	75.7±1.59	24.1±5.16	13.6±3.83	148±140.6	1.30±0.8	/	/	578±606.9	47.5±15.86	/	2.84±1.28	41.0±34.6
杭州	旅游型	/	1.1	1.47	/	2.42	<0.05	/	/	84.28	0.49	/	/	/
兰州	工业型	7.15±1.96	0.140±0.1	16.1±2.1	66.1±84.0	84.7±17.0	0.05±0.02	799.3±173.3	/	41.4±5.9	107.3±62.6	/	/	162.6±123.9
南京	综合型	/	3.63±2.20		48.1±48.7	238±271	/	1187±955	/		74.2±69.5	/	/	282±342
上海	综合型	/	/	/	/	/	/	/	/	/	22～2910.6	/	/	/
深圳	综合型	39.8±123	0.54±0.6	11.7±2.6	38.2±16.2	78.4±21.6	0.39±0.3	543.1±116	1.51±0.9	34.3±17.6	43.3±26.1	0.42±0.27	5.13±2.3	144.1±90.1
沈阳	资源型	10.6±3.5	/	/	95.1±130.2	167.3±195.7	0.64±0.72	687±192	/	/	230.5±431	/	/	421.5±156.0
乌鲁木齐	综合型	10.2	0.3	/	33.9	77.2	0.2	/	/	38.5	35.7	/	/	98.1
西安	综合型	6.86±2.98	0.35±0.84	/	32.6±19.8	29.7±13.4	0.47±0.41	/	/	12.8±5.3	75.9±109.9	/	/	106.7±75.1
香港	综合型	9.02±3.49	0.98±0.51	/	24.6±11.9	26.6±5.5	0.31±0.26	/	/	25.6±7.7	32.6±11.9	/	/	96.8±29.2

* 注：城市特点按城市功能和城市规划来分

来源：和莉莉，李冬梅，吴钢．我国城市土壤重金属污染研究现状和展望．土壤通报，2008 (5).

南京市不同功能区土壤重金属元素含量水平比较　　表 9.9

功能区	重金属元素含量水平（$mg \cdot kg^{-1}$）				样本数
	Pb	Zn	Cu	Cd	
老工业区	283.8±72.1	218.3±76.6	48.9±9.6	2.4±0.7	8
老居民区	141.6±67.3	382.6±104.5	80.8±45.9	1.65±0.65	8
新开发区	24.4±5.2	164.7±41.2	16.3±7.7	0.89±0.3	7
商业区	119.8±110.2	334.0±145.6	58.2±48.9	0.8±0.6	10
城市广场	54.5±29.8	280.2±170.6	32.2±27.3	0.9±0.5	13
风景区	66.1±33.7	202.4±18.5	30.3±41.2	0.98±0.67	10
平均值	117.1±103.7	273.7±31.6	39.9±39.9	1.13±0.68	
背景值	24.8	76.8	20.0	0.19	

来源：刘玉燕，刘敏，刘浩峰．城市土壤重金属污染特征分析．土壤通报，2006（1）．

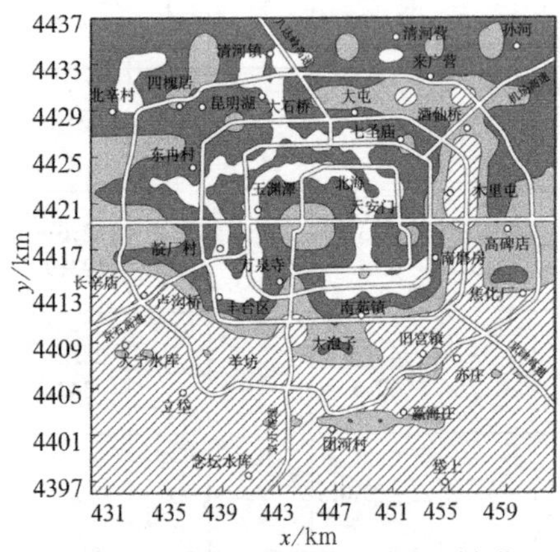

图 9.6　北京市土壤重金属污染评价结果

来源：严加永，吕庆田，葛晓立．基于空间分析技术的城市土壤污染评价．地球科学与环境学报，2007（3）．

（3）城市土壤中的有机污染物

持久性或难降解有机污染物（POPs）和持久性或难降解有毒化合物（PTS）通过挥发、淋溶和扩散等在城市土壤中迁移或逸入空气、水体中，对生态系统和人类的生命造成极大危害。多环芳烃（PAHs）是煤，石油，木材，烟草，有机高分子化合物等有机物不完全燃烧时产生的挥发性碳氢化合物，是重要的环境和食品污染物。土壤是PAHs（多环芳烃）重要的汇，PCBs（多氯联苯）是一类人工合成的化合物，是重要的工业原料，土壤也是PCBs主要的汇，如英国土壤中PCBs占环境总量的93.1%。

表9.10列出了最近几年调查的一些城市市区和郊区表土中多环芳烃的残留浓度。根据荷兰Maliszewska-Kordybach在1996年对土壤中多环芳烃污染的分类标准（<200μg/kg未污染，200～600μg/kg轻度污染，600～1000μg/kg中度污染，>1000μg/kg严重污染），可以发现表9.10中城市市区和工业区附近多环芳烃残留多为严重污染。总的来说，多环芳烃在世界各大城市中心的残留浓度大多达到严重污染水平（彭驰等，2010）。

国内外不同城市土壤中多环芳径的残留浓度　　表 9.10

城市	采样点数量	土壤类型	最小值	最大值	平均值	中值	年份
北京	30	城市	467	5470	1637	1251	2006
北京	31	城市	219	27825	3917	—	2005
阿格拉	319	城市	3100	28500	12140	—	2006
奥尔良	19	城市	906	7285	—	2927	2004
卑尔根	87	城市	ND	20000	—	1600	2007
加德满都	39	城市	184	10279	1556	—	2007
那不勒斯	5	城市	677	5293	—	—	2006
曼谷	30	城市	12	380	—	—	1999

续表

城市	采样点数量	土壤类型	最小值	最大值	平均值	中值	年份
天津	29	城市	915	2765	—	1780	2007
大连	11	公路	780	12232	6506	—	2007
大连	6	公园／居民区	398	902	650	—	
南京	32	工业区	312	27580	—	—	2006
塔拉戈纳	8	工业区	ND	3525	1002	—	2004
新奥尔良	19	郊区	527	3753	—	731	2004
韩国	226	郊区	23	2834	236	—	2003
广州	43	郊区	42	3077	—	—	2005
香港	138	城市和乡村	ND	19500	140	—	2006

ND：未检出　—：无数据

来源：彭驰，王美娥，廖晓兰．城市土壤中多环芳烃分布和风险评价研究进展．应用生态学报，2010（2）．

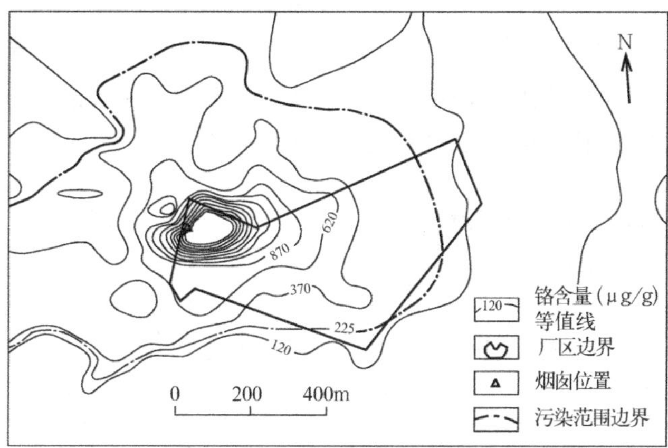

图 9.7　南京某合金厂厂区土壤中铬含量等值线（单位：μg/g）

来源：张辉，马东升．南京某合金厂土壤铬污染研究．中国环境科学，1997（1）．

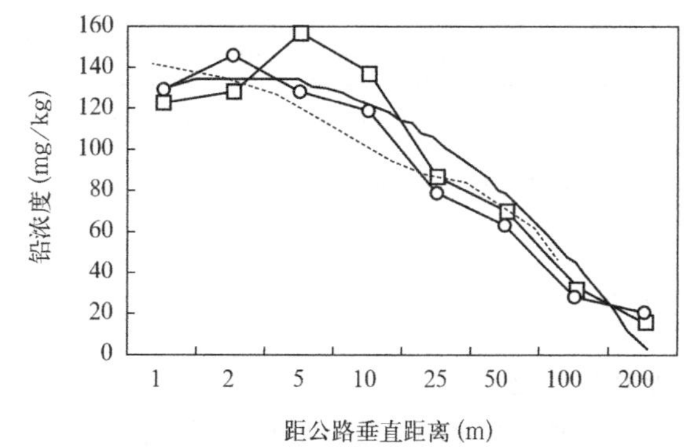

图 9.8　沈阳市三台子出城公路两侧土壤中铅含量（单位：μg/g）

来源：王金达，刘景双，于君宝，王春梅，王艳．沈阳市城区土壤和灰尘中铅的分布特征．中国环境科学，2003（3）．

9.4.2　城市土壤污染物输入模式

9.4.2.1　斑块（点）污染（点状污染）

斑块（点）污染主要指由非烟气排放的废弃物处理、垃圾填埋、采矿、制造业等所形成的一些有限范围的离散污染斑块。有烟气排放的工矿企业所造成的土壤重金属污染也可以归入此类。该类污染源除了形成一个污染程度较高的斑块外，还对周边更大的范围有梯度递减的污染影响。张辉等（1997）研究表明：某铬厂厂区范围污染叠加量已达背景值含量的 4.4 倍，污染以车间烟囱为中心，形成直径范围达 1.5km 的污染斑块（图 9.7）。

9.4.2.2　廊道污染（带状污染）

廊道污染主要指由于道路网沿线土壤接纳汽车尾气沉降而形成的污染廊道、排污水道两侧的土壤富集污水中的无机及有机污染物而形成的污染廊道。公路两侧土壤中铅含量与到公路边沿的距离符合高斯衰减分布模型，公路两侧土壤中铅的 99％以上累积量分布在 50m 的范围内。据报道，江苏公路沿途土壤受污染率达到 80％～90％。采样分析表明，沪宁高速沿途污染最为严重，部分地段小麦中含铅量甚至超过了国家标准6.98倍（李进等，2006）。在乌鲁木齐市交通密集易形成堵车的路段，土壤中重金属富集的量较高，在交通顺畅或车流量少的路段，土壤中重金属含量相对较低（菲尔汗·汉杰尔等，2002）。以公路交通为代表的廊道污染，随着垂直于公路的水平距离的增加，公路两侧的污染物含量总体趋势逐渐降低（图9.8）（王金达等，2003）。

9.4.2.3 基质污染（面源污染）

基质污染主要指由于地面扬尘、工业排烟、汽车尾气以及其他各种化石燃料燃烧等在城市区域形成弥散的污染性气团，其中污染物质沉降于城市和周边土壤中，形成基质污染类型。基质污染程度往往随城区距离增大而减少。沿纽约市140km长的“城区—郊区—农区”森林生态样带，土壤中Cu、Ni、Pb的含量随着该区与市中心距离的增加而降低，且城区土壤中的Cu、Ni、Pb含量分别是农区土壤中含量的4倍、2倍、2倍。香港与广州城市土壤中的重金属含量分布也表现出类似的特征，即城区土壤所有的重金属平均含量最高，而城郊的农业土壤（果园、菜园、作物土壤）和公园土壤居中，林地土壤含量则最低（陈同斌等，1997；管东生等，2001）（表9.11）。城市表层土壤中Cu、Zn、Pb、Mn等重金属的含量与它们在大气降尘中多年含量均值具有一定的相关性（Tyutyunik Y G，1993）。

香港不同类型土壤中表土的重金属含量 **表9.11**

土壤类型	重金属含量（mg/kg）									
	As		Cd		Cu		Pb		Zn	
	平均值	标准差	平均值	标准差	平均值	标准差	平均值	标准差	平均值	标准差
林业土壤（n=12）*	9.53b**	2.25	0.64c	0.08	9.77b	5.33	43.3b	30.9	33.4a	16.1
菜园土壤（n=21）	13.5a	6.02	1.27a	0.86	19.8a	17.6	38.2b	26.7	62.4abc	31.8
果园土壤（n=9）	17.4a	9.44	1.44a	0.79	30.9a	20.7	120a	80.1	68.9ab	12.4
乡村土壤（n=6）	10.7b	2.28	0.74bc	0.32	9.14b	3.44	40.6b	15.5	51.0bc	18.0
城市土壤（n=10）	16.5a	4.57	0.94ab	0.31	16.1a	4.73	89.9a	52.6	58.8abc	5.52

* 表中第一栏括号内的数值为样品数；** 表中平均值后面标记相同小写字母（即：a、b或c）的数值表示同一栏中不同土壤之间的差异没有达到P=0.05显著性水准。

来源：陈同斌，黄铭洪，黄焕忠等．香港土壤中的重金属含量及其污染现状．地理学报，1997（3）．

9.4.3 城市土壤的污染效应

9.4.3.1 土壤污染的水环境效应

在城市区域，土壤既发挥着水体净化器的功能，过滤吸纳降雨和径流中的污染物质，同时，长期城市化过程中积聚的大量污染物质也对水体构成了污染威胁。如，南京城市土壤中的有效磷（Olsen-P）平均含量约64mg/kg，这对地表水和地下水的富营养化是一个威胁。表9.12说明浅层地下水受到土壤磷元素富集的影响非常明显。对南京市的初步研究表明，城市区域地下水中氮、磷和重金属都不同程度的超标，与受到污染的城市土壤中氮、磷和重金属元素有密切关系。

南京市浅层地下水溶解态磷和总生物有效态磷与土壤有效态磷之间的关系（样本数 =8） 表 9.12

计算所使用的土壤层次	相关方程	相关系数	显著性
最大磷积层	P–P=0.0124（O–P）–0.557	0.794	<0.01
	D–P=0.0119（O–P）–0.681	0.767	<0.01
剖面各层加权平均	P–P=0.0217（O–P）–0.805	0.942	<0.001
	D–P=0.0211（O–P）–0.945	0.922	<0.001
地下水位处土层	P–P=0.0163（O–P）–0.751	0.940	<0.001
	D–P=0.0158（O–P）–0.610	0.917	<0.001

来源：张甘霖，卢瑛，龚子同，杨金玲．南京城市土壤某些元素的富集特征及其对浅层地下水的影响．第四纪研究，2003（4）．

9.4.3.2 土壤污染对城市空气的影响

城市内土壤扬尘污染物携带量高，传播高度低，对城市空气影响明显。仇志军等（2001）的研究指出，上海市大气颗粒物中大约有31%来自土壤扬尘。土壤受到重金属污染后，含重金属浓度较高的污染表土容易在风力的作用下进入到大气中，导致大气污染。此外，被污染土壤中的有机废弃物或有毒化学物质能阻塞土壤孔隙，破坏土壤结构，影响土壤的自净能力；被污染的土壤容易腐败分解，散发出恶臭气体，严重污染空气（表 9.13）。

乌克兰城市土壤上层重金属与城市空气气溶胶中多年平均含量相互关系的回归分析（x，mg/m^3） 表 9.13

金属	回归方程	显著性水平 5%–M 下
锰	$Y=1465x^{0.233}$	14.27
锌	$Y=95.2+62.25x$	32.55
铜	$Y=18.72+5.45x$	26.68
铅	$Y=10.14+200.1x$	45.98

来源：孙炳彦译，都市土壤中重金属含量对城市大气污染水平的依赖性，环境科学动态，1999（2）．

9.4.3.3 土壤污染的生物效应

城市土壤污染的生物效应，主要体现在对人体健康的影响方面。城市土壤污染对人体产生危害主要有两条途径：①城郊土壤蔬菜系统中污染物的积累与食物链传递；②人体对土壤或尘土的直接吸入。国内外许多研究认为城市（郊）蔬菜是城市居民污染暴露的主要途径之一（张甘霖，朱永官等，2003）。通过对居民一个阶段的蔬菜摄入量调查和蔬菜中污染物含量分析，可以建立运移模型来预测区域人群对主要污染物的摄入量。系统研究土壤污染通过食物链对人体健康风险的评价体系，对我国污染土壤管理和农产品安全生产具有重要的理论价值和实际指导意义。

此外，儿童血液中 Pb 含量等间接结果表明，污染的城市土壤扬尘是影响人体健康的重要因素。美国的研究表明，城市儿童血铅与城市土壤铅含量呈显著的指数关系。Mielke 等提出对应城市儿童临界血铅浓度的城市土壤铅总量为80mg/kg（Mielke H. W.，1999）。尽管我国目前还没有制定针对城市居民

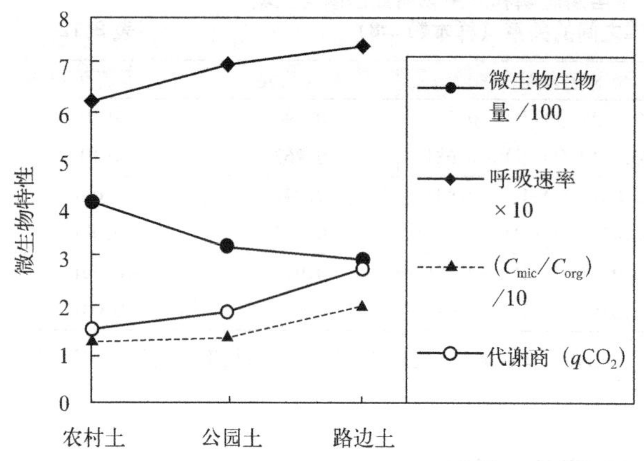

图 9.9　不同土类微生物特征的变化

注：C_{mic}/C_{org}——土壤微生物量碳与总有机碳的比值；qCO_2——微生物基底呼吸强度与微生物生物量的比值（R_{mic}/C_{mic}）。

来源：杨元根，E.Paterson，C. Campbell. 城市土壤中重金属元素的积累及其微生物效应. 环境科学，2001 (3).

健康的土壤环境标准，但应用Mielke的儿童健康标准的土壤铅全量指标，则工业区土壤铅含量全部超标，而老居民区和商业区超标75%以上，个别地点（如加油站附近，汽车修理站附近）测到的土壤铅全量竟达到700mg/kg以上（蒋海燕等，2004）。这些地点对儿童的长期活动是十分危险的。

此外，城市土壤遭受污染后，还可导致土壤微生物特性的显著变化。在英国Aberdeen的一项研究表明，与农业土壤相比，城市土壤的微生物的基底呼吸作用明显增强，但微生物生物量却显著降低，微生物的一些生理生态参数值明显升高，对能源碳的消耗量和速度也明显提高（图 9.9）。

9.5　城市土壤系统可持续发展

9.5.1　土壤系统可持续的含义及基本内容

土壤生态系统可持续性可定义为：土壤系统持久地维持或支持其内在组分、组织结构和功能动态健康及其进化发展的潜在和显在的各种能力的总和（廖和平等，2002）。土壤生态系统可持续性由土壤生态整合性、自维持活力、抵抗力和自组织力等要素构成，基本内容见表 9.14。

土壤生态系统可持续性的基本内容　　表 9.14

组成要素	基本定义	基本特征
生态整合性	土壤生态系统内在的组分、结构、功能以及它外在的生物物理环境的完整或整体性	①既包含生物要素、环境要素（如光、温等）的完备程度，也包含生物过程（如生理、遗传、生殖等）、生态过程（如演替）和物理环境过程（如水文循环）的健全性；②强调组分间（如营养层结构）的依赖性和功能过程（生态流）的关联性与和谐性；③涉及生态系统的多个组织层次和多个尺度（时空）意义
自维持活力	土壤系统通过内在的汲留，转换机制利用和转化系统内和周围环境中可利用的物质和能量，以支持其生存、演替或进化的基本需求的能力	①对资源（养分、能量、信息等）的利用或转换速率和效率的提高；②对环境资源（养分、能量等）的可汲取和可持留程度；③系统内环境资源的自生、异生与替代性使用能力（如对有害毒物的降解与转化回收能力）
抵抗力	土壤生态系统协调其内部组分相互作用（如种间竞争）格局，系统功能动态（如生态流过程）以及灵活地适应，吸收、衰减或抵抗外界环境胁迫或压力的能力	①系统组分之间内在平衡：单一组分的增长是有限的；②系统内源性反馈机制：负反馈作用常常占优势；③关键组分，关键诱导着系统动态变化；④在环境胁迫系统具有以组分变化（物种的消失或变导）补偿和替代系统功能多样性的机制
自组织力	土壤生态系统充分有效利用环境可获得的能量（如太阳能）及外部扰动来改进、重建和发展其内在的组织结构和功能以达到一个相对发展或进化状况的能力	①自组织过程是土壤生态系统对环境压力利用的系统反应；②对每一个系统自组织过程将至少有一个最适运作点，它是驱动系统演化的内外诸动因相互作用的结果，这样推动系统达到并维持在该点；③利用可得到的环境能量，系统通过能量降解和物质分解合成代谢生成新的组织结构

来源：廖和平，沈琼，邱道持，谢德体. 土壤生态系统可持续性评价研究. 西南师范大学学报（自然科学版），2002 (1).

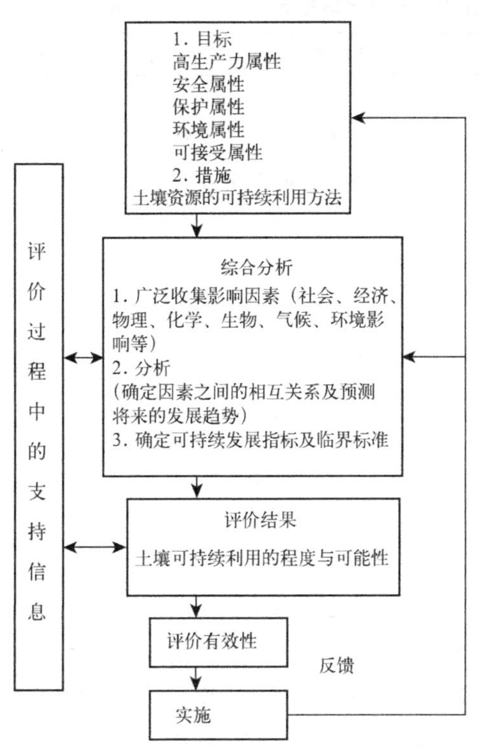

图 9.10 土壤可持续利用评价框架

来源：李法云，付宝荣，商照聪，崔久满．对土壤可持续利用的探讨．辽宁大学学报（自然科学版），1998（3）．

9.5.2 土壤可持续利用评价

9.5.2.1 土壤可持续利用评价目标

一些研究认为世界经济的增长已超过了生态界限，其中，土地退化速度的加快和土壤肥力的下降是其中两个主要的因素。土壤可持续利用应使土壤生产力保持在较高的水平，应达到如下五个目标（李法云等，1998）：①保持或提高土壤生产力；②减少土壤生产力降低的各种潜在危险性；③保持土壤资源的质量与潜力，防止土壤退化；④减少土壤利用对环境的负影响；⑤社会经济可承受性。

9.5.2.2 土壤可持续利用评价原则

土壤可持续利用评价是更好地利用土壤资源的一个重要方面，应遵循以下几个原则（Syers，J. K. 等，1995）：①土壤可持续利用评价与时间尺度紧密相联，在一个不甚明确的时间尺度上预测可持续性是不现实的；②土壤可持续利用评价与空间尺度紧密相联，只有明确评价的空间范围，可持续性评价目标才更为明确；③土壤可持续性评价应根据土壤的物理、生物、化学、社会、经济特性来制定。土壤的可持续性利用具有区域性；④土壤可持续性评价是一个多学科的行为。因而进行可持续评价时，各方面都需专门调查。

9.5.2.3 土壤可持续利用评价的框架

在进行土壤可持续利用评价时，应进行系统的逻辑分析，尽可能将影响土壤可持续利用的所有因素考虑在内，并考虑评价区域的可持续利用指标及临界值，评价框架如图 9.10 所示。

9.5.3 土壤侵蚀敏感性评价

土壤侵蚀敏感性是指在自然状况下发生土壤侵蚀可能性的大小。土壤侵蚀敏感性评价是为了识别容易形成土壤侵蚀的区域，评价土壤侵蚀对人类活动的敏感程度，并根据区域土壤侵蚀的形成机制，分析其区域规律，明确可能发生的土壤侵蚀类型、范围和可能程度（刘红艳等，2008）。

9.5.3.1 土壤侵蚀敏感性因子的确立与分级标准

区域土壤侵蚀受自然因素和人为因素的影响，其中自然因素包括气候、水文、地形地貌、土壤和植被等，人为因素包括土地利用方式和水土保持措施等。刘红艳等（2008）主要根据美国土壤侵蚀通用方程对济南市土壤侵蚀敏感性进行评价。确定土壤侵蚀敏感性评价因子为：坡长坡度、土壤质地、降雨侵蚀、植被覆盖因子。确定了济南市土壤侵蚀敏感性主要影响因子评价指标的等级（表 9.15）。

土壤侵蚀敏感性评价因子和分级标准　　表 9.15

级别		不敏感	轻度敏感	中度敏感	高度敏感	极敏感
坡度	分级	0° ~ 3°	3° ~ 7°	7° ~ 13°	13° ~ 22°	>22°
	得分	2	4	6	8	10
土壤可蚀性	分级	≤ 0.15	0.15 ~ 0.28	0.28 ~ 0.40	0.40 ~ 0.51	>0.51
	得分	2	4	6	8	10
降雨侵蚀力	分级	≤ 250	250 ~ 260	260 ~ 270	270 ~ 280	>280
	得分	1	3	5	8	10
植被覆盖率	分级	>45%	30% ~ 45%	20% ~ 30%	10% ~ 20%	<10%
	得分	1	3	5	8	10

注：多年平均降雨侵蚀力单位为：m · t · cm/（hm^2 · h · a）。

来源：刘红艳，孙希华，张玉堂．基于 GIS 的济南市土壤侵蚀敏感性评价研究．水土保持通报，2008（2）.

9.5.3.2 单因子土壤侵蚀敏感性评价

单因子敏感性评价图形库和属性库是在地理信息系统软件 ArcGIS 的 Arcedit 和 Grid 模块支持下完成的。利用 ArcGIS 中的数学运算功能，对选定的因子进行分级和量化处理，并进行矢量数据向栅格数据的转换。转换后的数据值越大，说明该因子对生态环境敏感性的作用就越大（刘红艳等，2008）。

（1）坡度因子。坡度信息从 1 ：10 万 DEM 中提取，利用 Arc Info 的 Slope 命令生成坡度图，按照表 9.22 中分级标准进行重分类。

（2）土壤可蚀性因子。根据相关农业普查资料，在 ArcGIS 中经数字化得到矢量的土壤图，利用查图表法计算各土壤类型对应的土壤可蚀性值，再利用 ArcGIS 中的 Polygrid 命令转成 200m × 200m 栅格形式的土壤可蚀性图，按照表 9.22 中分级标准进行重分类。

（3）降雨侵蚀力因子。首先计算、绘制多年降雨侵蚀力因子 R 值分布图。先用 ArcGIS 中的 Arcpoint 命令将降雨侵蚀力等值线离散化，转化成点，然后采用 Spline 内插法得到降雨侵蚀力 R 值栅格分布图，栅格大小为 200m × 200m，再根据表 9.22 中降雨侵蚀力因子的分级标准进行重分类。

（4）植被覆盖因子。利用卫星不同波段探测数据组合而成，主要使用 NDVI 植被指数。NDVI 是植物生长状态以及植被空间分布密度的最佳指示因子，是单位像元内的植被类型、覆盖形态、生长状况等的综合反映，与植被分布密度呈线性相关。由近红外波段与可见光波段数值之差和这两个波段数值之和的比值得到。

9.5.3.3 土壤侵蚀敏感性综合评价方法

土壤侵蚀敏感性受上述多个因子影响，为此采用土壤侵蚀敏感性综合指数对该研究区土壤侵蚀敏感性状况进行评价，并利用 GIS 软件绘制土壤侵蚀敏感性分布图。参照美国土壤侵蚀通用方程，土壤侵蚀敏感性综合指数以降雨侵蚀力、土壤可蚀性、坡度和植被覆盖率 4 个因子的几何平均数来表示。

$$S_j = \sqrt[4]{\prod_{i=1}^{4} P_{ij}}$$

式中：S_j—土壤侵蚀敏感性综合指数；P_{ij}—评价因子；j—评价单元；i—第

i 个评价因子。

按土壤侵蚀敏感性综合指数的高低，将该研究区土壤侵蚀敏感性等级分为5级（表9.16）。在对济南市土壤侵蚀敏感性的评价中，利用ArcView软件的交叉分类命令得到土壤侵蚀敏感性评价结果。利用该结果可以对不同土壤侵蚀敏感程度的分布状况进行分析。

土壤侵蚀敏感性综合指数分级 **表9.16**

敏感性等级	敏感性评价	敏感性综合指数	面积 /km^2	占总面积比例 /%
1	不敏感	0.0 ~ 3.5	1029.28	12.77
2	轻度敏感	3.5 ~ 4.5	5050.38	62.66
3	中度敏感	4.5 ~ 5.5	1019.92	12.65
4	高度敏感	5.5 ~ 6.5	523.12	6.49
5	极敏感	6.5 ~ 10.0	437.20	5.42

来源：刘红艳，孙希华，张玉堂．基于GIS的济南市土壤侵蚀敏感性评价研究．水土保持通报，2008（2）．

9.5.4 恢复城市土壤生态功能的若干途径

9.5.4.1 完善绿地系统

与城市土壤的生态关系联系最紧密的是城市植被，城市土壤是城市植被的生长的载体。因此，城市土壤的分布与城市绿地分布具有密切的关系，恢复城市土壤生态功能更多是要从承载着城市植被的土壤入手。城市绿地系统必须形成整体结构，并从宏观到微观进行实施。完善的绿地系统将提供良好的城市土壤空间分布格局，从而发挥土壤的生态服务功能（生产、过滤、缓冲、转化、生物基因繁殖等）。

9.5.4.2 降低城市土壤封闭度

城市中大量的不透水地表严重地影响了城市土壤生态服务功能。在城市建设中尽可能采用多种透水地面如嵌草砖、无砂混凝土砖、多孔沥青路面等铺筑地表，可减少城市地区不透水面积。具有一定渗透能力的地表既具有一些重要的生态功能（如滞留雨水、减少地面径流、补充地下水等），同时又能满足城市建设和人的生活需求（张甘霖等，2006）。另外，在减少地表封闭的同时，还应该避免土壤的压实，这样可以保证土壤良好的渗透性和水分储蓄能力，更好地发挥其生态服务功能。

9.5.4.3 合理施肥，科学培肥土壤

城市土壤养分失调较为普遍。合理施用化肥，调节有机肥与无机肥施用比例，适当减少化肥施用量和增加有机肥的施用量，有利于改善和提高土壤肥力、防止耕作土壤退化。常用以下办法：①对城市土壤进行测土施肥，此种方法最为科学也最为有效，但是需要一定的资金和技术支持；②合理利用城市有机物。每年秋季将城市的枯枝落叶，废弃草坪草收集起来，集中堆积腐熟作为有机肥施入土壤；③直接购买农家肥；④利用城市污泥以及废弃物。将城市污泥和垃圾腐熟后进行无害化处理，施入土壤中（李佩萍，2010）。

9.5.4.4 加强城市土壤的治理和改良

对影响人体健康和污染环境的城市土壤，根据其有害物在水中的溶解析出程度，从低到高可依次采用覆盖栽培、隔水工程（用隔水薄板）、隔断工程（用混凝土围住污染土壤）等防治措施。植物修复是利用植物来恢复并重建退化或污染的土壤环境，也可用于污染的城市土壤的治理。城市土壤不良的性质会影响到树木的生长，必须采取措施进行改良。对于不适宜绿化植物栽植的区域，先改土，再绿化；对于已栽植的树木由于土壤原因而生长不良，要进行改土复载，可采用每年部分改土或换土，以减少对树根的损伤（卢瑛等，2002）。

城市土壤中特有的建筑垃圾以及化工废弃材料对植物生长有不良的影响，在进行绿化时应当彻底清理掉。通常做法是在即将绿化地段机械开沟，然后人工拣出内含物，最后将土体堆回，在其上栽植植物。一般处理的最佳时间为深秋季节，此时城市中乔灌木已经落叶，草坪干枯，在土壤改良中可以将枯枝落叶随土壤一起埋入沟中，既可以增加土壤有机质含量，又可以减少处理枯枝落叶的成本（李佩萍，2010）。

[专栏 9.1]：　通过“表土剥离”保护土壤系统生态功能

①“表土剥离”概念

表土是由枯叶、落叶、动物尸体经微生物分解后形成的土壤，表土以下的无机物土是完全无助于植物生长的，因此在城市建设中必须防止表土的破坏，一般可通过“表土剥离”进行保护。所谓“表土剥离”，即在土地整理开发中，将耕地肥沃的耕作层约 30cm ~ 50cm 厚的土壤，在耕地转为建设用地前，先行剥离出来运至土地整理项目中，垦造新耕地，提高耕地肥沃程度。

②表土剥离的应用

目前，我国表土剥离技术更多地用在矿区的土壤恢复中，包括矿山生态复垦中的表土剥离工艺（条带复垦表土外移剥离法、梯田模式表土剥离法）和生态预复垦的表土剥离工艺（付梅臣等，2004）。在广阔的城市区域土壤系统以及城市绿地系统中也应当广泛应用表土剥离，从而保持表土的生态服务功能。表土保护的方法首先要有表土的利用计划，必须先规划表土堆积场并进行表土回填平衡计算，在工程施工之前，所有表土必须先移至堆积场集中保护，待完工前再移入待耕种的耕地和公园绿地作为区域的覆盖表土（图 1 和图 2）。

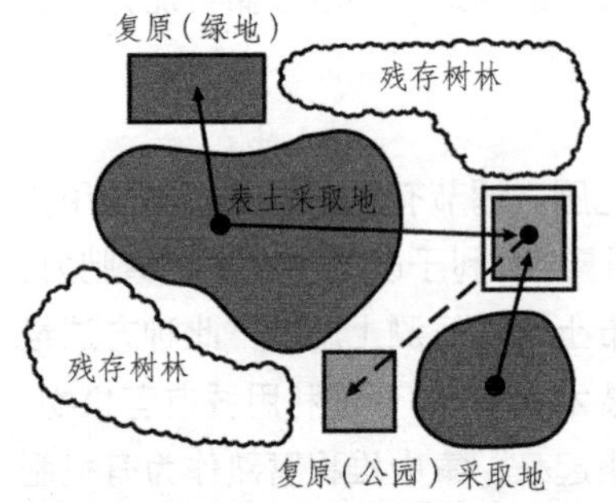

图 1　表土保存计划

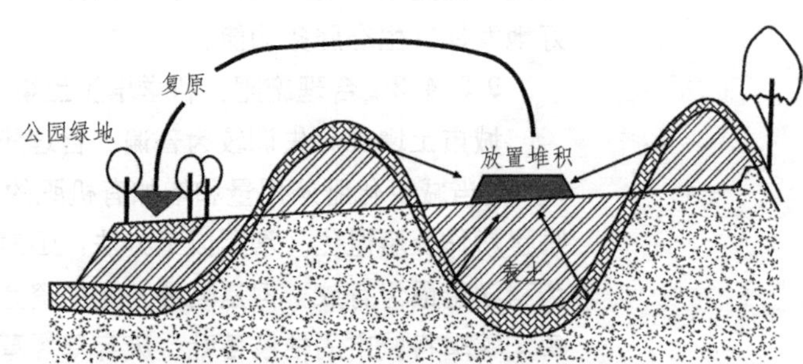

图 2　表土施工方法

来源：（中国台湾）林宪德主编．绿建筑设计技术汇编．建筑研究所，2001．

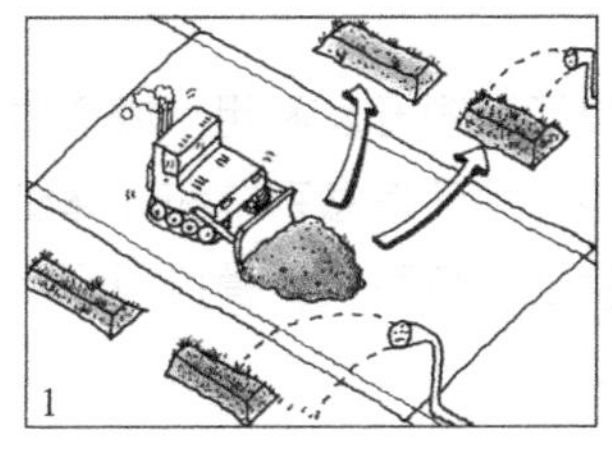
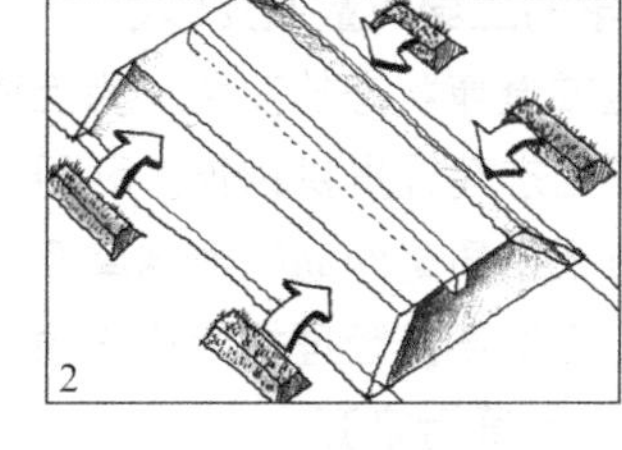
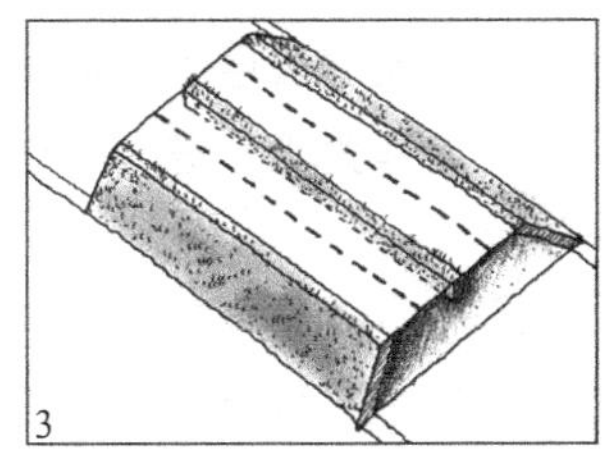
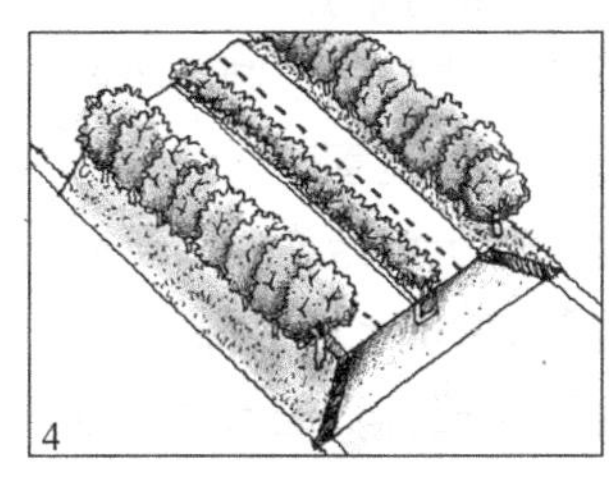

图3 道路工程表土保存示意图
来源：（中国台湾）林宪德．城乡生态．詹氏书局，1999．

在高速公路或道路的修建中，更加需要积极应用表土剥离技术，尤其是穿越城市外围区域的森林、耕地等建设的道路，对土壤系统的生态功能破坏严重，需要通过表土剥离技术保护土壤。森林、耕地等区域的表土是植物群落的种源库，富含腐殖质，为了保护植物群落的演替，应当在建设过程中保留表土，在建设完成后，再将原有表土恢复回去（如将原来的表土回铺到道路的边坡上），保护土壤生态功能（图3）。

③表土剥离的表土堆放规范

在表土剥离过程中，对于堆放的表土为了避免干燥风化而伤害土壤中微生物的生存，堆放表土也要有一定的规范。依德国规范，表土不宜堆置成大体积，表土底部必须小于3m，高度必须小于1.3m，而且必须有洒水养护之阴凉处，上面最好种植豆科植物或以落叶草皮覆盖。回填绿地的表土厚度约在1.0m左右，有表土的绿地才能保有分解微生物、昆虫的活动，植物群落生态才容易迈向成熟稳定（图4）。

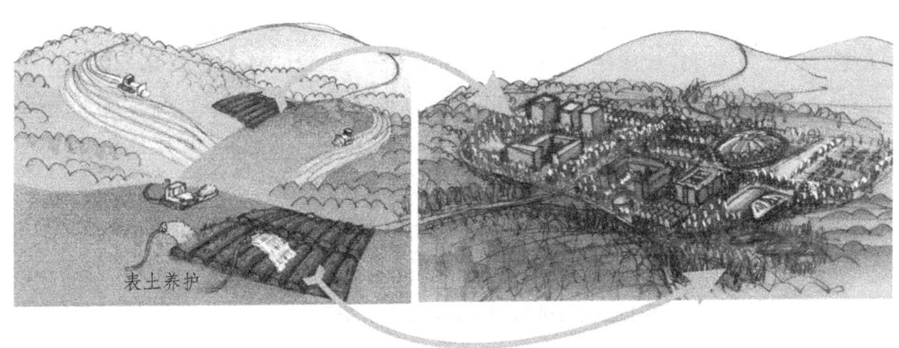

图4 表土保存示意图
来源：（中国台湾）林宪德．热湿气候的绿色建筑．詹氏书局，2003．

9.5.5 加强城市规划建设中的土壤保护

9.5.5.1 进行城市土壤调查研究

城市土壤资料是城市规划建设基础资料之一，是决定城市园林植物种类的重要依据。城市土壤调查研究目的是了解城市土壤的肥力特征和污染状况及其空间分布，为城市规划建设提供科学依据。如，城市土壤的调查结果，将能够使城市绿化工作根据不同地段土壤的厚度、结构、质地、养分、pH值和植物的生态适应性栽植不同的植物及品种（杨瑞卿等，2006）。

9.5.5.2 建立科学的土壤质量监控体系

适时监测土壤质量或健康状态的变化，为土壤资源合理开发利用、城市的持续发展和环境保护及生态建设提供依据。利用遥感、地理信息系统和计算机模拟等技术，建立城市土壤质量的动态数据库及其管理信息系统，模拟预测土壤质量的变化趋向，为土壤质量管理提供科学的依据。

9.5.5.3 减少城市土壤污染源

在城市建设和发展中，应严格控制污染物的排放，保护土壤表层土，加强对土壤挖掘、堆放和运移的过程管理。城市污染物虽然可以作为肥源进入园林土壤，但使用不当也会造成土壤污染，阻碍城市健康发展。

9.5.5.4 充分利用和保护土壤资源

由于土壤受到破坏和污染，很难治理和恢复，因此，在进行城市规划和建设过程中，应该首先确定园林绿化区的位置，并加以保护。对于即将被城市建设占用的农田，在施工前，要将肥沃土堆积储存，供绿化所需，或由绿化部门运走，用作其他绿化工程换土的土源（杨瑞卿等，2006）。

第9章参考文献：

[1] Craul PJ.A Description of Urban Soil and Their Desired Characteristics [J]. Journal of Arboriculture. 1985 (11)：330 ~ 339.

[2] Jim C Y. Soil Compaction at Tree-planting Sites in Urban Hong Kong. In：Neely D，Watsono GW.eds.The Landscape BelowGround II：International Society of Arboriculture， Champaign，Illinois，1998.

[3] Mielke H W，Gonzales C R，Smith M K，et al. The Urban Environment and Children's Health：Soils as an Integrator of Lead，Zinc，and Cadmium in New Orleans，Louisiana， USA. Environmental Research Section A，1999，81：117 ~ 119.

[4] Syers J K，Hambin A，Pushparajah E.Indicators and Thresholds for the Evaluation of Sustainable Land Management[J]. Canadian Journal of Soil Science，1995,75 (4)：423 ~ 437.

[5] Tian G，Liu J，XieY，etal. Analysis of Spatio-temporal Dynamic Pattern and Driving Forces of Urban Land in China in 1990s Using TM Images and GIS [J]. Cities，2005 (6).

[6] Tyutyunik Y G. Dependence of the Content of Heavy Metals in Urban Soils on Atmospheric Pollution [J]. Eurasian Soil Science，1993，25 (4)：18 ~ 21.

[7] Zhang G L，Burghardt W，Yang J L. Chemical Criteria to Assess Risk of Phosphorus Leaching from Urban Soils [J]. Pedosphere，2005，15 (1)：72 ~ 77.

[8] Zhang G L，W Burghardt，Y Lu，Z T Gong. Phosphorus-enriched Soils of Urban and Suburban Nanjing and their Effect on Groundwater Phosphorus [J]. Plant Nutr. Soil Sci，2001,164：295 ~ 301.

[9] 陈杰，陈晶村，檀满枝．中国城市化对周边土壤资源与环境的影响［J］．中国人口．资

源与环境，2002（2）.
[10] 陈同斌，黄铭洪，黄焕忠等．香港土壤中的重金属含量及其污染现状[J]．地理学报，1997（3）.
[11] 邓劲松，李君，张玲，王珂，许红卫，施拥军．城市化过程中耕地土壤资源质量损失评价与分析[J]．农业工程学报，2009（6）.
[12] 邓岚，宋桂琴．我国城市水土流失研究进展初探[J]．水土保持学报，2001（5）.
[13] 菲尔汗 · 汉杰尔，潘丽英，陈勇，娜孜拉 · 扎曼别克，王涛．汽车废气中的铅对城市土壤污染状况调查[J]．干旱环境监测，2002（3）.
[14] 付梅臣，陈秋计，谢宏全．煤矿区生态复垦和预复垦中表土剥离及其工艺[J]．西安科技学院学报，2004（6）.
[15] 管东生，陈玉娟，阮国标．广州城市及近郊土壤重金属含量特征及人类活动的影响[J]．中山大学学报（自然科学版），2001（4）.
[16] 何会流．城市土壤生态特征及管理方法研究[J]．安徽农业科学，2008（16）.
[17] 蒋海燕，刘敏，黄沈发，沈根祥，吴健．城市土壤污染研究现状与趋势[J]．安全与环境学报，2004（5）.
[18] 李法云，付宝荣，商照聪，崔久满．对土壤可持续利用的探讨[J]．辽宁大学学报（自然科学版），1998（3）.
[19] 廖和平，沈琼，邱道持，谢德体．土壤生态系统可持续性评价研究[J]．西南师范大学学报（自然科学版），2002（1）.
[20] 刘红艳，孙希华，张玉堂．基于GIS的济南市土壤侵蚀敏感性评价研究[J]．水土保持通报，2008（2）.
[21] 刘金平，杜晓鹤，薛燕．城市化与城市防洪理念的发展 [J]．中国水利，2009（13）.
[22] 李进，孙立军，杜豫川．道路与交通对城市生态环境的影响和防治措施[J]．中国市政工程，2006（4）.
[23] 李佩萍．城市土壤特性及其改良[J]．中国城市林业，2010（1）.
[24] 林宪德．城乡生态[M]．中国台北：詹氏书局，1999.
[25] 林宪德主编．绿建筑设计技术汇编．中国台北：建筑研究所，2001.
[26] 林宪德．热湿气候的绿色建筑[M]．中国台北：詹氏书局，2003.
[27] 李宇庆，陈玲，仇雁翎，等．上海化学工业区土壤重金属元素形态分析[J]．生态环境，2004（2）.
[28] 卢瑛，龚子同，张甘霖．城市土壤的特性及其管理[J]．土壤与环境，2002（2）.
[29] 吕贻忠，李保国．土壤学[M]．北京：中国农业出版社，2006.
[30] 彭驰，王美娥，廖晓兰．城市土壤中多环芳烃分布和风险评价研究进展[J]．应用生态学报，2010（2）.
[31] 仇志军，姜达，陆荣荣等．基于核探针研究的大气气溶胶单颗粒指纹数据库的研制[J]．环境科学学报，2001（6）.
[32] 孙志英．城市化对土壤质量演变的影响研究——以郑州市为例 [D]．河南农业大学，2004.
[33] 孙志英，吴克宁，吕巧灵，赵彦锋，李玲，韩春建．城市化对郑州市土壤功能演变的影响[J]．土壤学报，2007（1）.

[34] 田银生．自然环境——中国古代城市选址的首重因素[J]．城市规划汇刊，1999（4）．

[35] 王秋英，赵炳梓．土壤对病毒的吸附行为及其在环境净化中的作用[J]．土壤学报，2007（5）．

[36] 王莜明，吴泉源．城市化建设中与土地集约利用[J]．中国人口 · 资源与环境，2001（52）．

[37] 武志杰，人类生产活动对土壤生态系统的影响[J]．生态学杂志，1993（4）．

[38] 项明权．古代经济重心南移及对社会主义建设之启示[J]．重庆三峡学院学报，2010（2）．

[39] 杨刚桥，韩桐魁．论城市土地集约利用[J]．地域研究与开发，1998（2）．

[40] 杨金玲，张甘霖，赵玉国等．城市土壤压实对土壤水分特征的影响——以南京市为例[J]．土壤学报，2006（1）．

[41] 杨瑞卿，汤丽青．城市土壤的特征及其对城市园林绿化的影响[J]．江苏林业科技，2006（3）．

[42] 岳云华,冉清红,孙传敏,谢德体．政府在耕地减少中的责任和在耕地保护中的作为[J]．国土与自然资源研究，2011（2）．

[43] 张甘霖．城市土壤的生态服务功能演变与城市生态环境保护[J]．科技导报，2005（3）．

[44] 张甘霖，卢瑛，龚子同，杨金玲．南京城市土壤某些元素的富集特征及其对浅层地下水的影响[J]．第四纪研究，2003（4）．

[45] 张甘霖，吴运金，龚子同．城市土壤——城市环境保护的生态屏障[J]．自然杂志，2006（4）．

[46] 张甘霖，朱永官，傅伯杰．城市土壤质量演变及其生态环境效应[J]．生态学报，2003（3）．

[47] 张甘霖，赵玉国，杨金玲，赵文君，龚子同．城市土壤环境问题及其研究进展[J]．土壤学报，2007（5）．

[48] 张辉，马东升．南京某合金厂土壤铬污染研究[J]．中国环境科学，1997（1）．

[49] 郑学檬．中国古代经济重心南移和唐宋江南经济研究[J]．岳麓书社，2003．

[50] 张志红，孙保卫，于岩，陈素云．北京地区不同类型土壤的吸附和降解性能[J]．北京交通大学学报，2009（4）．

本章小结

城市土壤具有生态功能，城市化过程中的土壤功能发生着特殊的演变，并产生了特殊的生态环境效应。城市土壤与城市发展之间存在着双向的影响和作用。城市土壤所产生的各类环境问题将对城市人居环境的发展产生深远的影响。土壤生态系统可持续性指：土壤系统持久地维持其内在组分、组织结构和功能动态健康及其进化发展的潜在和显在的各种能力的总和。城市土壤系统可持续发展的主要内容包括：开展土壤可持续利用和土壤侵蚀敏感性评价、恢复城市土壤的生态功能，以及加强城市规划建设中的土壤保护等方面。

复习思考题

1. 土壤对城市发展的影响及城市发展对土壤的影响如何表征?

2. 城市土壤环境问题应如何进行分析与评价?

3. 城市土壤环境可持续发展途径除了本章提出的内容以外，是否有可能予以拓展?

第10章 城市水文

本章介绍了城市水文的基本知识，探讨了城市水文条件与城市发展之间的相互影响和相互作用，对可持续的城市水文系统及规划途径从六个方面进行了探讨和阐述。

10.1 城市水文概念

城市水文是发生在城市及其邻近地区的包括水循环、水平衡、水资源、水污染在内的水的运动及其影响和作用的总的状况。城市水文与传统的流域江河水文主要有以下区别：①城市不透水面积的比重很大，径流系数明显偏高，降雨大部分直接进入排水管道或河道；②城区汇流时间很短，极容易产生地表洼地积水；③水体污染物相对集中，污水相应增多，从而对居民生活和城市河湖生态环境造成影响；④许多城市还同时面临水资源紧缺的严峻形势。因此，城市水文较之流域江河水文更为复杂，要求也更高。

10.2 城市水文条件对城市发展的影响

10.2.1 水文条件对城市选址的影响

10.2.1.1 水与城市的起源

从水因素角度而言，城市的起源可追溯到远古的治水活动。在蛮荒时代，洪水滔滔，为了生存，人们“湮高坠库，雍防百川”，即用泥土沿人们居住的地方筑起一道土围子，以不受洪水侵袭，这就是城市的前身。

伴随着生产力的发展，出现了剩余产品，随之就有了私有财产交换的场所——“市”，围绕着“市”而使居民集聚，成为初期的城市。因为“市”的人口密集，商品交换、生活、生产、交通都离不开水，它的选址首先就是水的条件，河、湖、泉和井都是城市的主要水源。在早期文献中，经常出现“市井”的字样，权威的解释认为，“古未有市及井，若朝聚井汲水，便将货物于井边货卖，故言市井”。这就是“因井为市”的道理。

10.2.1.2 水与城市选址

城市的城址大多数位于河流的沿岸，绝不是偶然现象，而是城市城址选择的普遍规律。城市都需要较大的地理空间，而河流沿岸的土地一般比较平坦，能满足城市的需要。河流沿岸土壤肥沃，农业经济发达，城市粮食就近供应是多数城市解决粮食问题的基本方法。城市靠近河流是城市解决水源的主要途径。城市必须选择在交通便利的地区，河流及其沿岸是水陆交通最便利之所在。如上海之黄浦江、天津之海河、济南之小清河、南昌之赣江、长沙之湘江、广州之珠江……。

据统计，我国非农业人口超过30万的117个城市无一不是靠水筑城的，其中大多数都是紧靠大、中河流。25个人口在100万以上的城市，除北京外，全部沿主要江河和海岸线分布（赵明，2003）。世界上人口100万以上的特大城市，除中国以外有45座。除墨西哥城外全都沿主要江河、湖泊分布（陈光庭，1998）。

10.2.2 水文条件对城市生命力和特色的影响

10.2.2.1 水与城市兴衰

水对城市的生存与发展有巨大作用，水可以使城市充满生命与活力，也可以使城市走向衰落与消亡；由于水源的枯竭，致使城市变成荒芜废墟的例子，在世界各地屡有发现。我国古代有四大名镇，即昌江河畔的江西景德镇、珠江三角洲上的广东佛山镇、长江与汉江汇合处的湖北汉口镇以及古运河畔的河南朱仙镇。如今，其余三镇兴旺发展，唯独朱仙镇已湮没无闻。汉口、佛山、景德镇不断兴旺的历史与水因素密切相关，而朱仙镇因运河年久堵塞，水运不畅，商贸渐衰，城市随之逐渐失去活力。新疆丝绸之路上的楼兰古城的湮灭也是因为缺水。

10.2.2.2 水与城市景观特色

水对城市景观具有很大影响，水体往往是城市滨水景观体系的骨架和主要构件。如，“水绕郊畿襟带合，山环宫网虎龙蹲”的北京，“水光潋滟晴方好，山色空濛雨亦奇”的杭州，“据龙蟠虎踞之雄，依负山带江之胜”的南京，“片叶浮沉巴子国，两江襟带浮图关”的重庆，“四面荷花三面柳，一城山色半城湖”的济南……就是一个个典型的例证。

不同的水体条件形成并强化了城市空间的特色，渗透到城市生活的方方面面，如江南水乡实质上已成为城市特色、地域文化的象征，说明水已成为促进城市特色形成的重要因素。杭州因西湖而名扬天下；苏州有“水城”之美称；济南被誉为“泉城”；成都因江水“灌棉”，色泽鲜艳，织锦业发达，号称“锦城”；广州城内众多的河渠湖池，出产大量的水产品，使“食在广州”名闻遐迩；西安有渭、泾、沣、涝、潏、滈、浐、灞诸河形似脉络环绕古都，形成“八水绕长安”的城市特色。

10.3 城市发展对城市水文的影响

10.3.1 城市化对水文生态系统的作用特征

城市人类在城市生态系统中所处的地位是其他任何一种生物所不能同等对待的。城市人类通过自身的活动——城市化，对其所处的水文生态系统产生显著的影响，其作用特征与方式表现为以下几个方面（张学真，2005）

10.3.1.1 作用历时的持续性与干扰程度的深刻性

作为城市生态主体的人类，长期在城市地区从事相同或相似的生产活动。科技的进步与经济的发展，改善了人们的消费观念和消费水平，城市居民的生活活动对水文生态系统的影响也空前加剧，而且这种影响由于城市人类活动的持续性也将长期存在。上述原因使受到强烈干扰的城市水文生态系统难以恢复其原来的自然景观特征。特别是一些永久性的人工建筑如城市建筑、水库、公路等将彻底改变原有的自然景观，即使保留下来的自然景观的植被类型、土壤理化性质、水文循环方式等也发生了深刻的变化。因此，城市发展对水文生态系统的影响是长期的、深刻的。

10.3.1.2 影响范围的广泛性与方式的多样性

随着人口的增加和人类活动能力的不断增强，城市化影响范围逐步由城区向区域乃至流域延伸。城市发展对水文生态系统的作用方式也是多种多样的。以流域为例，从上游到下游，从支流到干流，房屋建筑、修公路、建水库，到处都有人类的永久性建筑和人工控制的景观。人类通过工程建设改变城市地表景观特征，通过城市供排水建设彻底改变城市水文循环，城市的“三废”排放对城市水文生态系统产生日益深刻的影响。不论从城市化对水文生态系统影响作用的广泛性，还是作用方式的多样性，均已成为城市面临的现实问题。

10.3.1.3 影响结果的双重性

城市发展对水文生态系统的影响和作用具有双重性。城市化既是水文生态系统内的一种建设性过程，具有维持系统稳定的作用，同时也是一种破坏性过程，使系统内的某些成分和格局发生变化。城市化影响结果具有双重性，同样也使评价城市发展对水文生态格局的影响后果这一问题更加复杂化。

10.3.1.4 干扰活动与作用后果的尺度

在自然条件下，水文生态系统内的中小尺度干扰可以被大尺度下的干扰所掩盖，这种现象是非常普遍的。一条支流发生洪水不会造成整个水系的洪水泛滥，而一个水系的多数支流同时发生洪水，那么干流也必然出现洪峰。城市水文生态格局与动态变化是与自然环境相适应的，而且形成了一种相互依赖的运行机制。城市化对水文生态系统的影响在干扰尺度、作用强度等方面都超过自然干扰，而且是反复不停地对某一局部水文生态条件施加作用。如城市河流上游引水与城市河段污水排放的共同作用使得城市河流水环境恶化。城市发展对水文生态系统作用的广泛性和影响程度已不再是小尺度的问题。

10.3.2 城市发展对地表径流的影响

地表径流又称地面径流，是指降雨中既没有被土壤吸收、也未在地表积存、却向下坡流去、汇集于排水沟和小溪中的那部分水量。只有当降雨强度超过了入渗速率且地表贮水容量贮满时，才会发生地表径流。城市发展对地表径流的影响可主要从以下几个方面考察。

10.3.2.1 城市发展对径流量和径流系数的增强效应

秦莉俐等（2005）指出，可用年均径流深度和径流系数来反映城镇化对径流的长期影响，用年均径流深度分析比较相同降雨情况下流域城镇化对径流的影响；径流系数实质上是径流深度与同期降水深度之比值，反映降雨量中产生径流的量的多少，消除了降雨对径流的影响，可以应用在不同降雨情况下城镇化对径流影响的比较。USEPA（美国环境保护署）（2005）在阐述城市化对城市水文环境的影响时，将“地表径流量比例”作为重要的指标之一（表10.1）。表10.2反映了城市中心区与邻区在地表径流方面的巨大差异。

城市化对城市水文环境的影响　　　表10.1

下垫面类型	蒸发量比例	地表径流量比例	浅层入渗量比例	深层入渗量比例
自然地表结构	40%	10%	25%	25%
不透水下垫面10%～20%	38%	20%	21%	21%
不透水下垫面35%～50%	38%	30%	20%	15%
不透水下垫面75%～100%	30%	55%	10%	5%

来源：USEPA.National Management Measures to Control Nonpoint Source Pollution from Urban Areas[R].United States Environmental Protection Agency Office of Water Washington, DC.2005，转引自：程江．上海中心城区土地利用/土地覆被变化的环境水文效应研究［D］．华东师范大学，2007.

北京市城市中心区与郊外平原区水量特征值比较　　　表10.2

	降水量/mm	径流总量/mm	地表径流/mm	地下径流/mm	蒸发量/mm	地表径流系数	地下径流系数
城市中心区	675.0	405	337	68	270	0.50	0.10
郊区平原区	644.5	267	96	171	377	0.15	0.26

来源：刘琳琳，何俊仕．城市化对城市雨水资源化的影响．安徽农业科学，2006（16）.

10.3.2.2 城市发展对地表径流的污染效应

地表径流污染是指在降雨过程中雨水及其形成的径流在流经城市地面时携带一系列污染物质（耗氧物质、油脂类、氮、磷、有害物质等）排入水体而造成的水体面源污染。可由如下几个方面反映：

(1) "化学过程线"和"污染过程线"

"化学过程线"(chemograph)和"污染过程线"(pollutograph)，分别指化学物质和污染物浓度与对应时间的曲线，反映单一暴雨事件中单一水质参数随时间的变化情况，其主要特点是都是在暴雨开始时污染浓度迅速增加（梁瑞驹，1998）。罗鸿兵等（2009）指出，深圳市福田河区域入河径流排放口的总污染特征（污染过程线）具有明显的初期效应，以COD、SS、BOD5尤为明显，30min左右存在一个浓度陡降的趋势，中后期缓慢下降。这表明，对初期雨水的处理是十分必要的。

(2) 非点源（面源）污染

指在降雨径流的淋溶和冲刷作用下，大气、地面和土壤中的污染物进入江河、湖泊、水库和海洋等水体而造成的水环境污染。城市地表径流是典型的非点源污染，具有地域范围广、随机性强、成因复杂等特点。非点源污染已成为水环境污染的重要因素，美国60%的水污染起源于非点源（USEPA，1995，转引自尹炜等，2005）。

世界各国城市污水治理的实践表明，单纯控制点源，即使达到"零排放"水平，仍然不能保证水体水质不进一步恶化，因为面源污染对水环境的威胁也十分严重。在一些污水（点源）已作二级处理的城市，受纳水体中BOD年负荷的40%～80%来自雨洪产生的径流。在强暴雨期，94%～95%的BOD直接来自雨洪径流。

(3) 空间及时间差异性

空间差异性首先表现在城市与郊区在污染负荷方面的差距（表10.3），其次指城市径流污染在城市的各个功能区的污染程度差异。时间差异是指城市径流各种污染物对受纳水体的影响有先后、长期和短期之差别（图10.1）。

城市和郊区单位面积产生的污染物总量 表10.3

污染物质	城市负荷（kg/km^2）	农村负荷（kg/km^2）
水量	86300	675
SS	237	0.8
TS	199	5.6
N	25.7	0.6
氯化物	37.5	0.7
K	23.7	1
Mg	11.6	0.2
碳酸氢盐	61.3	3.4

来源：翁焕新. 城市水资源控制与管理. 浙江大学出版社，1998.

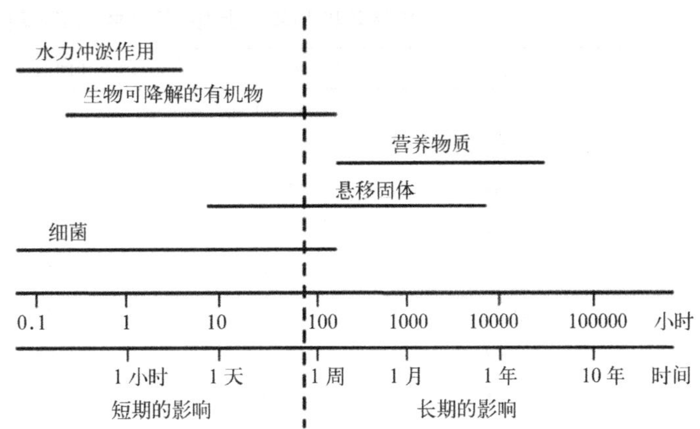

图 10.1 城市径流水质问题的时间尺度

来源：朱元甡，金光炎．城市水文学．北京：中国科学技术出版社，1991．

由图 10.1 可见，雨洪径流向径流受纳水体输入细菌、悬浮固体分别属短期和长期影响因素；后者会沉积并引起富营养化，对生态系统产生长期影响。

（4）污染贡献率大

据美国资料，河流水质污染成分 50%以上来自地表径流，城市下游的水质 82%受地表径流控制，并受城市污染的影响（王立红等，2003）。（表 10.4）。

人类活动导致的河流、湖泊、河口水质恶化的主要污染源 **表 10.4**

污染物来源排名	纳污水体与污染物比例		
	河流	湖泊、池塘、水库	河口
1	农业（59%）	农业（31%）	城市点源（28%）
2	水利工程（20%）	水利工程（15%）	城市径流（28%）
3	城市径流（12%）	城市径流（12%）	大气降尘（23%）

来源：程江，上海中心城区土地利用／土地覆被变化的环境水文效应研究［D］，华东师范大学，2007．

10.3.3 城市发展对河网水系的影响

10.3.3.1 城市发展对河网水系影响的表现

（1）人工化

城市发展过程中河道的人工渠化及两岸护坡，是河网人工化的集中表现。城市化水平与河网自然度之间存在着负相关关系（袁雯等，2005）。上海外环线内 9 个行政区的人口密度和河网自然度的相关系数为 −0.8314，在 0.01 水平上显著相关，表明：人口密度越大，河网自然度越低。

（2）缩减与衰退

城市发展对河网水系的作用从负效应角度考察，主要体现长度、面积、密度等方面的减少。如，近 30 年深圳市河网总长度减少 355.4km，总条数减少 378 条，河网密度从 0.84km/km^2 降低到 0.65km/km^2（周洪建等，2008）。表 10.5、表 10.6 说明了上海城市化进程中出现的河网水系衰退的情况。

1984 年和 1999 年上海各区（县）河面率比较 **表 10.5**

区（县）名称	1984 年河面率（%）	1999 年河面率（%）	变化百分比（%）
中心城区	11.30	5.20	−54.01
浦东新区	12.87	9.04	−29.76
闵行区	11.40	9.15	−19.74
嘉定区	9.80	7.67	−21.73
宝山区	7.58	6.77	−10.69
金山区	7.93	7.13	−10.09
松江区	10.13	8.82	−12.93
青浦区	21.40	17.02	−20.47
南汇区	14.30	8.54	−40.28
奉贤区	12.47	7.00	−43.87
崇明县	4.47	5.38	20.36
全市	11.12	8.40	−24.46

来源：唐敏．上海城市化过程中的河网水系保护及相关环境效应研究［D］．华东师范大学，2004．

上海市中心城区河道消失原因和用途 **表 10.6**

消失主要原因与用途	1949 ~ 2003 年			
	消失数目（条）	比例（%）	消失长度（km）	比例（%）
市政建设	138	61.3	176	58.5
修建住宅	55	24.5	80	26.6
建校建厂	12	5.3	16	5.3
其他	20	8.9	29	9.6

来源：程江．上海中心城区土地利用／土地覆被变化的环境水文效应研究［D]，华东师范大学，2007．

10.3.3.2 城市发展与河网水系的关系

（1）城市发展对河网水系的负面影响（负相关）

众多学者注意到了城市发展对河网水系的负面影响，并对两者之间的负相关关系予以定量表达。陈德超等（2002）指出，上海市区河流长度随年代推移而减小，而城市化率则逐年递增，二者显示了很好的负相关关系，相关系数高达 −0.95，说明河流长度受城市化的负面影响强烈。陈德超（2003）指出，浦东河网密度与城市化呈典型的负相关关系，河网密度与空间城市化的相关系数为 −0.93162，河网密度与人口城市化的相关系数为 −0.94223。

（2）城市发展对河网水系影响的阶段性特征

城市发展在区位、强度、价值取向方面随着发展阶段的差异而会显示出较明显的变化，这种变化也会体现在城市化与河网水系的关系上。周洪建等（2008）的研究指出，深圳城市发展与河网萎缩的关系在不同的城市化水平下有较明显的差异。当城市化水平低于 30% 时，深圳城镇用地扩展与河网萎缩，尤其是河网支流的萎缩存在显著正相关；当城市化水平大于 30% 时，城镇用地扩展对河网的影响较小，两者并有可能呈正相关关系（图 10.2）。

由图 10.2*a* 可见，城市化水平与河网密度存在明显的负相关关系，其

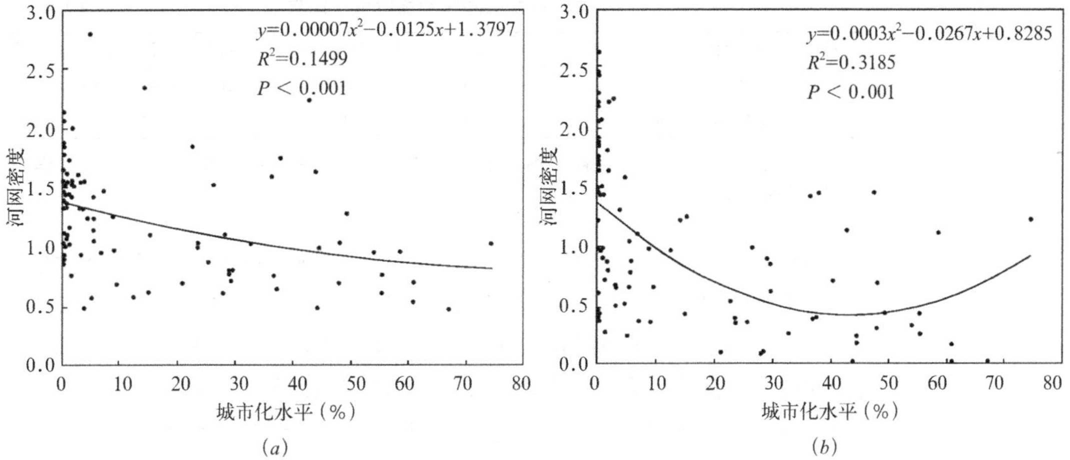

图 10.2 深圳 31 个二级流域城市化水平与河网密度（a）、河网支流密度（b）的关系

来源：周洪建，史培军，王静爱，高路，郑憬，于德永．近 30 年来深圳河网变化及其生态效应分析．地理学报，2008（9）．

中与河网密度的相关系数为 −0.38（31 个流域 3 个不同年份，N=93，显著水平为 0.01），与河网支流密度的相关系数为 −0.49（N=93，显著水平为 0.001），说明了城市化过程中城镇用地扩展与河网密度降低的同步性，尤其是与河网支流缩减的同步性。当城市化水平达到 30% 以上时，河网密度却呈现出随城市化水平提高而增加的趋势（图 10.2*b*），这与 Chin（2006）的研究结果中所指出的城市化会导致区域河网密度增加相一致，即城市化对河网的影响会伴随着城市化进程发生反向变化，从填压、侵占河流用地到保护、恢复河网（周洪建等，2008）。

10.3.4 城市发展对地下水系统的影响

10.3.4.1 城市发展对地下水位的影响

（1）地下水位下降及带来的影响

对大多数城市而言，由于人口的增加和工农业生产取水的增加，城市地下水下降是一个较普遍的现象。2001 年度，全国 186 个地下水水位检测站的城市和地区中，地下水下降的占 62%（王意惟等，2004）。城市地区地下水过量开采与补给欠缺的直接结果是出现状如漏斗的区域性地下水水位降落（表 10.7）和地面沉降（表 10.8）。

上海地下水降落漏斗中心水位标高（m） 表 10.7

含水层	原始	年份					
		1963	1985	1990	1995	2000	2005
2	2.0	−37.0	−6.2	−8.2	−14.1	−17.9	−15.6
3	2.0	−40.0	−16.0	−20.0	−29.0	−35.0	−32.0
4	2.0	−19.0	−28.0	−31.1	−46.8	−48.0	−50.3
5	2.0	−20.0	−34.4	−37.9	−40.0	−46.0	−69.1

来源：龚士良．上海地下水流场变化及对地面沉降发展的影响．水资源研究，2009（3）．

我国地面沉降较严重城市一览表 **表 10.8**

城市	天津	上海	沧州	苏州	常州	无锡	唐山	嘉兴	福州	宁波	湛江	南通
沉降量 /m	2.78	2.7	1.131	1.056	1.05	1.0	0.801	0.75	0.679	0.45	0.413	0.3
面积 /km^2	1 300	850	—	150	200	100	1100	600	—	120	—	—

来源：方武均，丁峰，葛萍涛，杨枫，吴相山，宋赵君．地下水超采引起的地面沉降问题及解决思路．科技情报开发与经济，2008（26）．

地面沉降导致地面高程损失、雨后积水、市政设施破坏、河流泄洪能力下降、市区内河成为“地上悬河”、沿海风暴加剧、防汛设施的防御标准降低、土壤盐渍化等。国土资源部的统计数字显示，1960 年代以来，上海市因地面沉降而造成的直接经济损失达 2900 亿元，其中潮损 1755 亿元、涝损 848 亿元、安全高程损失 189 亿元（周志芳等，2004）。长三角部分城市地面沉降经济损失估算见表 10.9。

长三角部分城市地面沉降经济损失估算（单位：亿元） **表 10.9**

地　区		直接经济损失	间接经济损失	损失总量	
上海		144.53	2753.69	2898.22	
江苏	苏州	25.745	77.235	102.98	166.49
	无锡	—	—	49.29	
	常州	—	—	13.69	
浙江	嘉兴	—	—	85.0	
合计		—	—	3149.71	

来源：郭坤一，于军，方正，赵建康，冯小铭，王润华，张于平，梁晓红．长江三角洲地区地下水资源与地质灾害．海岸带地质环境与城市发展论文集，2004．

（2）地下水位上升及带来的影响

在特定的情况下，一些城市地区也会产生地下水上升的现象，其具有双重影响。一是使地下水漏斗缓减，地下水水量增加，对地下水系统具有一定的积极意义；二是带来一些负面效应。以下，就地下水位上升的负面影响作些介绍。

如，兰州市西固地区地下水位上升（最大上升幅度达 6 ～ 10m，面积将近 30km^2），该地区 40% 以上的人防工程充水，部分建筑物损坏。地下水上升还引发城郊土地沼泽化，失去耕种价值；岩土结构变化从而增加施工成本。据评估，仅在西固地区，地下水位上升造成的经济损失就达 12.24 亿元（窦贤等，2008）。

怀特（Rodney R.White，2002）将城市地下水位上升看成是“新兴环境问题”。他指出，因为伦敦近期抽取的地下水比过去 200 年少，一场更为隐蔽的“水威胁”正在伦敦形成。大量耗水的工业，如酿酒厂和食品加工厂，逐渐迁离伦敦。而 19 世纪到 20 世纪伦敦建造的建筑依据的是当时呈普遍现象的较低的地下水位。现在地下水位重新上升，伦敦许多建筑的地基因而受到了威胁。这种危险是双重的。其一，上升的地下水威胁了建筑的地基并增加了它们遭受洪灾的可能性。其二，地下水上升区的地面通常遭到几十年来工业和商业活动的高度污染。因此，上升的地下水可能转移污染物并且将它们引入城市供水系统之中。在许多坐落于沉积盆地的工业城市，如曼彻斯特和巴黎，都发现了同样的问题。

10.3.4.2 城市发展对地下水补给的影响

城市发展对地下水补给的影响是双向的。既会导致地下水补给的减少，又会导致地下水补给的增加。就补给因素而言，包括输供水系统、排水系统的渗漏和地下水开采（对周边水源的袭夺）三方面。

高守英（2004）根据济南多年平均降水入渗系数下的土地利用类型转移矩阵，分析城市用地与耕地、草地、林地之间的转化数据，计算降水入渗减少量。计算方法为：城市扩展使降雨入渗补给减少量 = 降水入渗下垫面转化为城市用地面积 × 降水量 × 入渗系数。高守英认为，济南城市扩展占用农田、草地、林地，导致下垫面的密闭化，是引起地下水补给量减少的主要原因（表 10.10）。

济南市扩展占用耕地使降水入渗减少量　　表 10.10

类型	降水值	耕地入渗系数	1995 ~ 1998 年占用耕地面积（km^2）	降水入渗减少量（万 m^3）	1998 ~ 2000 年占用耕地面积（km^2）	降水入渗减少量（万 m^3）
平原	620	0.2972	1.3	24.0	0.5	9.2
	640	0.31	2.1	41.7	7.5	148.8
	660	0.3	0	0	0.1	2.0
丘陵	640	0.2712	1.7	29.5	0.3	5.2
	660	0.2668	4.7	82.8	0.9	15.8
	680	0.2658	0.2	3.6	0.1	1.8
	700	0.2617	0.4	7.3	0	0
山地	660	0.2318	0	0	0	0
	720	0.265	0.1	1.9	0	0
合计			10.5	190.8	9.4	182.8

来源：高守英．济南市城市扩展对地下水补给的影响研究［D］．山东师范大学，2004．

然而，城市发展同时也会增加地下水的补给。于开宁（2001）认为，石家庄地区在观测时段内地下水超采，石家庄市地下水补给量高居该市所有行政区之首，离市区最近的鹿泉市、正定县分列二、三位，明显地反映出城市化对地下水补给量的诱发增量的存在。其作用机制表现为城市化导致地下水开采量增加，从而对周围井场产生大规模袭夺，使侧向补给成为地下水补给最主要的方式（表 10.11）。

石家庄地区 1973 ~ 1995 年间地下水补给项占总补给量的比例（%）　　表 10.11

行政区 / 补给项	$Q_{动态}$					
	石家庄市	正定县	栾城县	鹿泉市	藁城市	全区
降雨入渗	9.4	25.4	35.7	11.5	35.6	21.6
井灌回归	2.9	8.8	15.1	2.7	14.0	7.7
渠灌回归	18.4	16.5	16.6	11.7	30.8	19.0
渠灌田间	0.2	0.2	3.4	4.1	—	1.3
侧向补给	69.1	49.1	29.1	70.0	19.6	50.4
合计 /$10^4m^3 \cdot a^{-1}$	32905.2	29886.7	13001.7	27818.9	27267.1	130879.6

来源：于开宁．城市化对地下水补给的影响——以石家庄市为例．地球学报，2001（2）．

10.3.4.3 城市发展对地下水水质的影响

地下水是我国城市的重要水源之一。我国 20%～35%的工业和城市生活用水依赖地下水（张彦，2009）。城市的高强度运行和污染治理的滞后，使得我国城市地下水污染较为严重。据对 47 个以地下水为主要水源的城市的调查，有 43 个城市的地下水受到不同程度的污染（李跃林等，2004）。

王滨等（2009，2010）对徐州和泰安市城市发展的各项指标与地下水环境演化的各项指标进行了相关性分析（表 10.12、表 10.13），各相关系数均大于 0.7，说明城市发展的各项指标与地下水环境退化的各项指标呈显著线性相关性。

徐州城市高速发展与地下水环境演化各指标相关系数统计表　　表 10.12

指标	七里沟降落漏斗面积 km^2	丁楼降落漏斗面积 km^2	丁楼地下水位 m	丁楼地下水总硬度 mg/L
建成区面积 /km^2	0.82	0.79	0.86	0.91
城市 GDP/ 亿元	0.74	0.70	0.84	0.93
城市人口 / 万人	0.97	0.87	0.93	0.87

来源：王滨，程彦培，陈立，张发旺．城市高速发展对徐州地下水环境演化的驱动作用．地球与环境，2009（4）．

泰安城市高速发展与地下水环境退化指标相关系数计算表（显著水平 α=0.05）　　表 10.13

指标	样本数	地下水位埋深	降落漏斗面积	NO_3^- 含量	总硬度
人口密度	13	0.901	0.960	0.829	0.886
城市 GDP	10	0.728	0.892	0.771	0.803

来源：王滨，朱振亚，蔺文静，陈立，张发旺．泰安城市高速发展背景下地下水环境退化研究．水土保持通报，2010（1）．

10.4 可持续的城市水文系统及规划

10.4.1 城市水量平衡

水量平衡指地球上任一区域或水体，在一定时段内，输入的水量与输出的水量之差等于该区域或水体内的蓄水量。城市水量平衡分析是调控城市人水关系、使城市水文系统保持最佳状态的重要内容之一。

根据水量平衡的定义，可综合考察整个城市的水量平衡问题。为探讨城市的水量输送与迁移情况，图 10.3 中分层次构造了室内、室外、管网系统模型，最后合并成城市整体水系统（包括进入城市流域的水资源系统）。系统模型以开发新水源、减少需水量为核心，表达节水活动、雨水利用、灰水回用和管网修复等工程方案，右栏中列出对应左栏假设方案下的水量平衡等式（李树平等，2009）。

在城市水量平衡模型中，可将指标分为环境、经济和社会服务指标，初设指标及其计算方法见表 10.14。其中环境指标针对水资源、用水和排水，主要以百分比率表示。社会服务指标与人口有关，而经济指标与设备投资和同期 GDP 增长有关。

层次	计算公式
室内 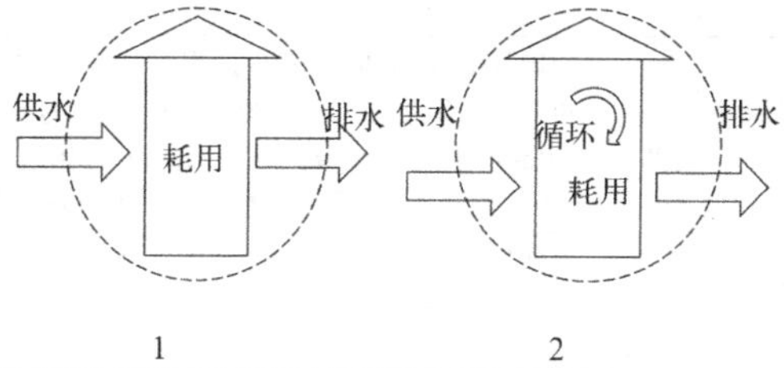 1：供水、耗用、排水 2：供水、循环、耗用、排水	1）减少耗用量（修复漏损、普及节水）： 耗用 = 供水 − 排水 2）增加循环单元： 循环水 = 排水 + 耗用 − 供水
室外 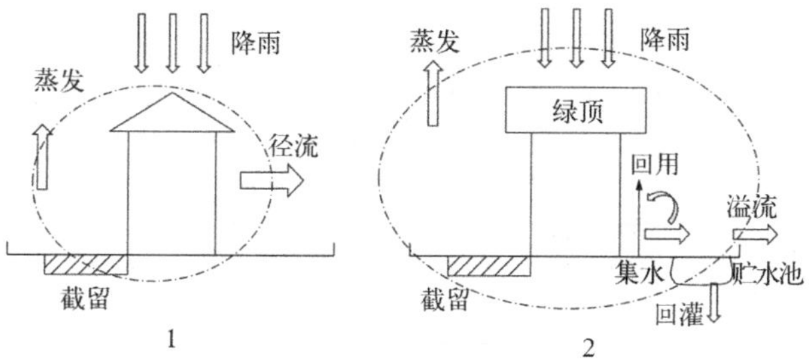 1：降雨、蒸发、径流、截留 2：蒸发、降雨、绿顶、回用、溢流、集水、贮水池、截留、回灌	1）设计地表／屋顶铺装： 径流 = 降雨 − 截留 2）设计积水设施、雨水利用设备： 利用 = 降雨 − 溢流 − 截留； 利用 = 集水 − 溢流 = 回用 + 回灌； 径流 < 池容积：集水 = 降雨 − 截留； 径流 > 池容积：集水 = 池容积
管网 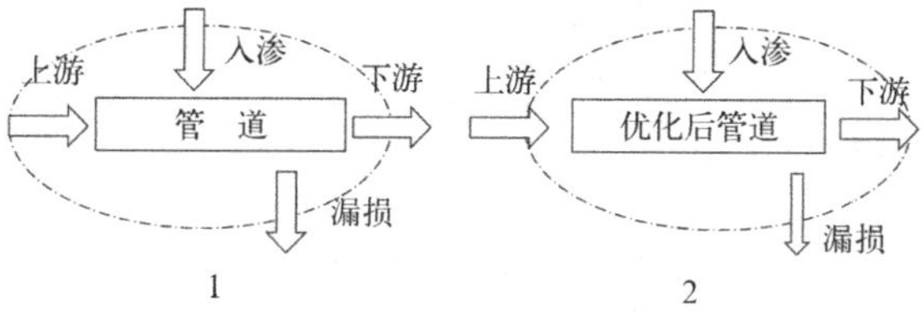 1：上游、入渗、管　道、下游、漏损 2：上游、入渗、优化后管道、下游、漏损	1）增设新管道与水设施： 净水能力建设 = 新增取水量 = 需水量 − 原有取水量 处理能力建设 = 直排量 = 废水量 − 处理量； 2）修复旧管道、提高水设施效率： 漏损 − 入渗 = 上游 − 下游
城市（市内外与管网） 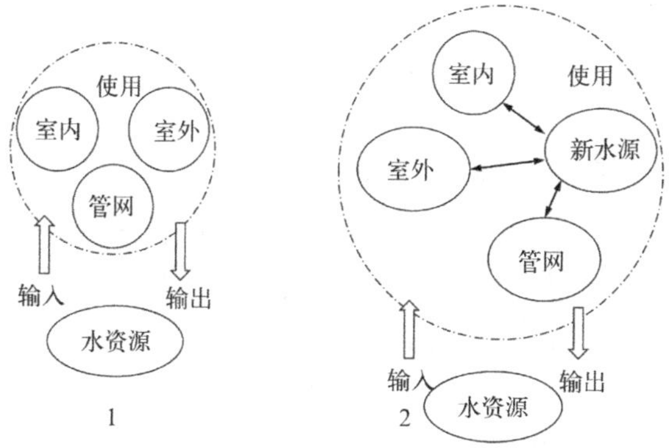 1：使用、室内、室外、管网、输入、输出、水资源 2：室内、使用、室外、新水源、管网、输入、输出、水资源	1）增设节水设施和水处理单元： 输入 = 使用 = 室内 + 室外 + 管网 = 输出 2）开发新水源： 输入 + 新水源 = 室内 + 室外 + 管网 = 输出 新水源 = 回用水 + 雨水 + 减少漏损率
注	
每一层次有1、2两种选择方案； 同一层次中，不同方案的相应位置箭头粗细变化定性表示该系统单元的水量变化； 管网系统包括管道、净水厂、污水处理厂等水设施	室内循环：灰水回用，工业水循环； 室外回用：灌溉和再生水回用； 室外渗透：来自绿地或贮水池； 室外截留：绿化、街道和屋顶的雨水初损

图 10.3　水量平衡模型及计算公式

来源：李树平，余蔚茗．城市水量平衡模型．中国人口 · 资源与环境，2009 年专刊．

城市水量平衡评价指标 **表 10.14**

<table>
<tr><th>指标</th><th>类型</th><th>计量单位</th><th>定义</th><th>备注</th></tr>
<tr><td>年径流量</td><td rowspan="13">环境指标</td><td>mm</td><td>区域年地表水资源量／区域评价面积</td><td>表示一个地区地表水量的多少。根据中国径流地带区划分标准：年径流深大于 900mm 的地区为丰水带；200 ～ 900mm 为多水带；50 ～ 200mm 为过渡带；10 ～ 50mm 为少水带；径流深不足 10mm 为缺水带</td></tr>
<tr><td>地下水资源模数</td><td>万 m^3/km^2</td><td>区域地下水资源量／区域土地面积</td><td>表示一个地区地下水资源量的大小。分级评价标准 30 万 $m^3/km^2 \cdot a$ 为水量极丰富线，以 2 万 $m^3/km^2 \cdot a$ 为水量极贫乏线，以 5 ～ 20$m^3/km^2 \cdot a$ 为水量中等线</td></tr>
<tr><td>产水系数</td><td></td><td>区域水资源量／区域年降水量</td><td>反映气候环境变化引起的水资源变化大小。以 0.10 为低水平线，以 0.60 为高水平线，以 0.50 为中水平上限</td></tr>
<tr><td>水资源开发利用率</td><td>%</td><td>100%× 水资源的开发利用量／水资源量</td><td>反映区域的水资源开发程度。通常认为 <20% 为可持续的；在 20% ～ 30% 之间为脆弱的；>30% 为不可持续的</td></tr>
<tr><td>地表水控制利用率</td><td>%</td><td>100%× 地表水源供水量／地表水资源量</td><td>反映地表水资源开发利用程度，以 10% 为高水平线，以 50% 为低水平线，20% ～ 30% 为中等水平线</td></tr>
<tr><td>地下水控制利用率</td><td></td><td>实际开采量／可开采量</td><td>用浅层地下水开采率度量。取 30% 为低开采程度线，100% 严重超采线</td></tr>
<tr><td>生活用水比例</td><td>%</td><td>100%× 区域生活用水量／区域总用水量</td><td rowspan="2">不同收入水平的地区用水比例（%）<table><tr><th></th><th>生活</th><th>工业</th><th>农业</th></tr><tr><td>低收入地区</td><td>4</td><td>5</td><td>91</td></tr><tr><td>中等收入地区</td><td>13</td><td>18</td><td>69</td></tr><tr><td>高收入地区</td><td>14</td><td>47</td><td>39</td></tr></table></td></tr>
<tr><td>工业用水比例</td><td>%</td><td>100%× 区域工业用水量／区域总用水量</td></tr>
<tr><td>工业用水重复利用</td><td>%</td><td>100%× 重复利用量／（生产中取用水量＋重复利用水量）</td><td>以 30% 为低水平线，以 90% 为高水平线，40% ～ 70% 为中等水平线</td></tr>
<tr><td>工业废水排放达标率</td><td>%</td><td>100% × 达到国家排放标准的工业废水量／工业废水排放总量</td><td>表面工业废水处理系统的减污效果。按国家环境保护部规定，指标值为 100%</td></tr>
<tr><td>污径比</td><td></td><td>污水排放量／地表径流量</td><td>在一定程度上反映江河湖库等地表水体的污染状况与程度。目前通常认为当污径比大于 0.05 时，就会发生严重污染</td></tr>
<tr><td>污水再生利用率</td><td>%</td><td>100%× 经废水处理系统处理达到规定水质标准后被再利用的水量／废水处理系统总排水量</td><td>表示废水处理系统处理过的中水再利用情况</td></tr>
<tr><td>城市饮用水源地合格率</td><td>%</td><td>100%× 城市饮用水源地合格数／城市饮用水源地数</td><td>90% 为低水平线，100% 为目标</td></tr>
<tr><td>人均水资源占有量</td><td rowspan="4">社会服务指标</td><td>m^3／人</td><td>区域水资源量／区域总人数</td><td>是国际上衡量一个国家或地区可再生淡水资源状况的公认标准指标。目前把人均年占有水资源量 1700m^3 定为缺水警告数字</td></tr>
<tr><td>人均综合用水量</td><td>m^3／人</td><td>区域年总用水量／区域总人口</td><td>人均综合用水量是随生活水平而异。510m^3／人为高水平线，以 1100m^3／人为低水平线</td></tr>
<tr><td>自来水普及率</td><td>%</td><td>100%× 自来水供水人口数／总人口</td><td>其最大值为 100%</td></tr>
<tr><td>供水管网漏损率</td><td>%</td><td>100%（年供水量－年有效供水量）／年供水量</td><td>反映城市供水利用程度。通常人为 <12% 为可持续的，12% ～ 18% 之间为脆弱的，>18% 为不可持续的</td></tr>
<tr><td>用水弹性系数</td><td rowspan="3">经济指标</td><td></td><td>区域同期用水增长率／区域同期 GDP 增长率</td><td>反映用水量对经济增长的弹性影响，是判断用水的节水水平和内部重复利用率大小的指标，一般应小于 1.0。通常以 1.0 为最低水平线，以 0.00 为高水平线</td></tr>
<tr><td>新水源开发</td><td>m^3／万元</td><td>新增水量／设备投资</td><td rowspan="2">一般要求节约用水所引起的费用应小于增加用水所需的费用。可利用经济杠杆激励节约用水、减少排污和增加雨水利用</td></tr>
<tr><td>节水效率</td><td>m^3／万元</td><td>节省水量／设备投资</td></tr>
</table>

来源：李树平，余蔚茗．城市水量平衡模型．中国人口 · 资源与环境，2009 年专刊．

10.4.2 城市生态环境需水

10.4.2.1 定义

广义的生态环境需水是指“特定区域、特定时段、特定条件下，生态环境达到某一水平时的总需求水分”。狭义的生态环境需水是指“特定区域、特定时段、特定条件下，生态环境达到某一水平时的总需求水资源量”（左其亭等，2006）。

10.4.2.2 类型

可以根据生态环境保护目标的差异，对生态环境需水进行分类：

（1）现状水平生态环境需水量：即在现状条件下，生态环境达到现状水平时的需水量。

（2）天然水平生态环境需水量：即在天然状态下，生态环境达到天然水平时的需水量。

（3）最大目标生态环境需水量：即在外界条件（包括气候、水资源条件）完全充分保障的条件下，生态环境达到良好水平时的最大需水量。最大目标生态环境需水量是生态环境需水的极大值。

（4）最低目标生态环境需水量：即在一定条件下，生态环境质量很差但还能维持生态系统完整时的最小需水量。最低目标生态环境需水量是生态环境需水的极小值。

（5）适宜目标生态环境需水量：即生态环境质量达到适宜水平时，生态环境的需水量。适宜目标生态环境需水量处于极大值和极小值之间。

（6）优化目标生态环境需水量：即在生产、生活、生态用水条件下，水资源配置达到最优目标时，分配给生态环境的水量：其值应该处于最大需水量和最小需水量之间。

（7）情景生态环境需水量：即在任何假设条件下计算的生态环境需水量，是情景分析计算的结果。

计算生态环境需水量的关键问题：一是要界定“生态环境达到什么水平或目标”；二是要选用合适的、能进行情景分析的计算模型；三是要获得相应的模型参数。

10.4.2.3 城市河流生态需水的组成和计算步骤

城市河流的生态环境需水主要由维持水生生物生存需水、维持水沙平衡、水盐平衡需水、河流稀释自净需水、平衡水面蒸发需水、维持岸边植物生长需水、景观效应和保持一定的地下水位需水等几个方面组成。

城市河流生态环境需水计算步骤包括：①分析水质和水量现状，确定河流的主要致损因子；②确定河流生态系统的受损强度，即生态系统结构、功能和关系的破坏程度，对决定采取自然恢复还是人工干预，具有重要的影响；③根据河流不同的致损因子和不同的受损强度，以及河流的功能特点，明确河流的管理目标，确定生态系统是否需要改建或重建，选择适合的计算模式计算合理的生态需水量。

10.4.2.4 城市水生态系统最小生态需水量

城市水生态系统最小生态需水量是保持城市水生态系统健康存在的最小

城市水生态系统最小生态需水量（单位：10^8m^3） **表 10.15**

	蒸发*	渗漏*	维护湖泊自身	污染稀释净化	河流生态基本流量	$W_{河湖}$
最小生态需水量	1.08	0.66	0.011	14.88	4.03	20.331
百分比（%）	5.31	3.25	0.05	73.19	19.82	100

* 为消耗性需水

来源：高凡．珠江三角洲地区城市水环境生态安全评价研究——以广州市为例［D］．中国科学院研究生院，2007.

需水量。广州市的水生态系统最小生态需水量见表 10.15。

从表 10.15 可见，广州市水生态系统生态需水量中所占比例最大的为污染稀释净化需水，说明水质污染对水生态系统最小生态需水量的巨大影响。(高凡，2007)。

[专栏 10.1]： 城市生态环境需水量计算公式

城市生态环境需水量由绿地系统和河湖系统生态环境需水量组成。绿地系统需水量包括绿地植被蒸散需水量，植被生长制造有机物需水量，以及支持植被生存的土壤含水需水量组成；而河湖系统需水量的计算分为水面蒸发需水量、水底渗漏需水量、湖泊作为栖息地存在的自身需水量、湖泊换水需水量和河道基流需水量 5 项（下表）。

城市生态环境需水量计算公式 **表**

公式	参数解释
$W_{绿E}=A_P \cdot E_{PJ}$	$W_{绿E}$ 为绿地蒸散需水量(亿 m^3)；A_P 为植被覆盖面积(hm^2)；E_{PJ} 为植被蒸散量(mm/a)；
$A_P=A \cdot \alpha-(A_1+A_r)$ ①	A 为市区的面积（km^2）；α 为包含水面的城市绿化覆盖率（%）；A_1、A_r 分别为湖泊和河流原有面积（hm^2）
$W_P=W_{绿E}/99$ ②	W_P 为绿地植被制造有机物需水量（亿 m^3）
$W_S=A_P \cdot H_S \cdot \rho_S \cdot \xi_i$	W_S 为土壤含水量（亿 m^3）；H_S 为土壤深度（m）；ρ_S 为土壤容重（g/m^3）；ξ_i 为土壤含水量系数（%）
$W_{水E}=(A_1 \cdot \theta_i+A_r) \cdot E_W$ ③	$W_{水E}$ 为水面蒸发需水面（亿 m^3）；θ_i 为湖泊水面面积比例（%）；E_W 为河湖水面蒸发量（mm/a）
$W_{渗}=K \cdot A_1 \cdot \theta_i$ ④	$W_{渗}$ 为湖泊年渗漏水量（亿 m^3）；K 为经验取值或系数
$W_{栖}=A_1 \cdot \theta_i \cdot h_1$ ⑤	$W_{栖}$ 为湖泊自身存在需水量（亿 m^3）；h_1 为湖泊平均水深（m）
$W_{换水}=A_1 \cdot \theta_i \cdot h_1/T_t$	$W_{换水}$ 为湖泊换水需水量（亿 m^3）；T_t 为换水周期（a）
$W_{河道}=D \cdot h_r \cdot \delta_i \cdot v \cdot 365\times24\times3600$ ⑥	$W_{河道}$ 为河道基流需水量（亿 m^3）；D、h_r 分别河道断面平均宽度和深度（m）δ_i 为断面浸润面积占全断面的比例（%）；v 为流速（m/s）

注：式中 i，j 分别表示不同的生态环境质量指标等级。

说明：①城市绿化覆盖率能在一定程度上反映绿化的生态效益，但绿地面积统计一般将水面包括在内，因此实际绿地面积应减去湖泊和河流的面积；②取植被生长制造有机物需水量与植被蒸散需水量的比例为 1 ： 99；③湖泊水面面积一般小于湖泊面积，用 θ 表示两者的比例。城市水面面积为湖泊水面面积与河流水面面积之和，并认为河流水面面积等于河流原有面积；④湖泊渗漏需水用单位面积上的渗漏深度来推求；⑤湖泊作为水生动植物的栖息地和城市居民的休闲娱乐场所同时要求适宜的水面和水深；⑥采用Tennant法的思想，通过对河道断面浸润面积在整个断面上面积比例进行设定来计算河道基流。

$$W_{绿地}=\begin{cases} W_{需K}-W_{用K} & W_{需K}>W_{用K} \\ 0 & W_{需K}\leqslant W_{用K} \end{cases}$$（K为绿地蒸散、植被制造有机物、土壤含水）

$$W_{河湖}=W_{水E}+W_{渗}+W_{栖}+W_{换水}+W_{河道}-R_{河湖}$$

$$W_{城市}=W_{绿地}+W_{河湖}$$

式中，$W_{城市}$为城市生态环境需水量（亿m^3）；$W_{绿地}$、$W_{河湖}$分别为绿地系统和河湖系统生态环境需水量（亿m^3）；$W_{需K}$、$W_{用K}$分别为绿地第K种需水量和天然补给水量（亿m^3）；$R_{河湖}$为河湖水面上的降水量（亿m^3）。

来源：田英，杨志峰，刘静玲，崔保山．城市生态环境需水量研究．环境科学学报，2003（1）.

10.4.3 城市水源地生态风险评价

10.4.3.1 城市水源地生态风险评价框架

生态风险（ecological risk）是指一个种群、生态系统或整个景观的正常功能受外界胁迫，从而在目前和将来减少该系统内部某些要素或其本身的健康、生产力、遗传结构、经济价值和美学价值的可能性。它是指在一定区域内，具有不确定性的灾害、事故及人类行为对生态系统及其组分可能产生的不利作用，包括生态系统结构和功能的损害，从而危及生态系统的安全和健康。美国环境保护署（USEPA）将生态风险评价的基本内容分为问题的形成、分析过程、风险表征及风险管理等几个部分。城市水源地生态风险评价的基本框架见图10.4。

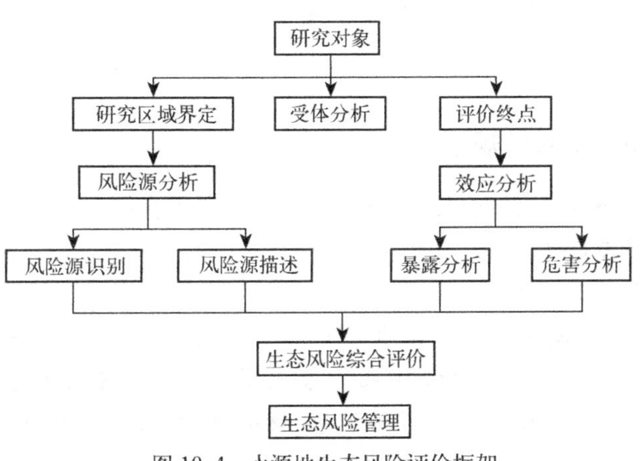

图10.4 水源地生态风险评价框架

来源：郭先华，崔胜辉，赵千钧．城市水源地生态风险评价．环境科学研究，2009（6）.

10.4.3.2 城市水源地风险识别

风险识别的目的是辨识对水源地具有直接或间接影响的因素，可能是自然因素或人为因素；也可能是突发性或渐进型因素。此外，还包括对较大范围或对水生生态系统各层次有潜在危害的因素的识别（表10.16）。

水源地生态风险源与胁迫因子 表10.16

风险类别	胁迫因子	生态风险源
渐进型	有毒有害物	点源（工矿企业三废排放、化学品泄漏等）、面源（农业污染、城镇化、交通运输、大气沉降、酸雨等）、地质条件影响、固体废物及生活垃圾堆场等
	氮磷营养物	工矿企业三废排放、湖泊沉积物、面源（城镇化、旅游业、农业、大气沉降、流域水土流失等）等
	水量变化	地下水超采、流域内其他工农业用水
	生物因子	外来生物入侵

续表

风险类别	胁迫因子	生态风险源
概率型	气象因子	干旱、洪涝、极端气温等
	突发事故	危险化学品泄漏等突发性污染事故、蓝藻或水华爆发

来源：郭先华，崔胜辉，赵千钧．城市水源地生态风险评价．环境科学研究，2009（6）．

10.4.3.3　水源地生态风险评价指数体系

河流和湖泊型的水源地评价指标如图 10.5 所示。地下水水源地与湖泊及河流的评价稍有不同，除以上四个指数外，还包括敏感性指数。

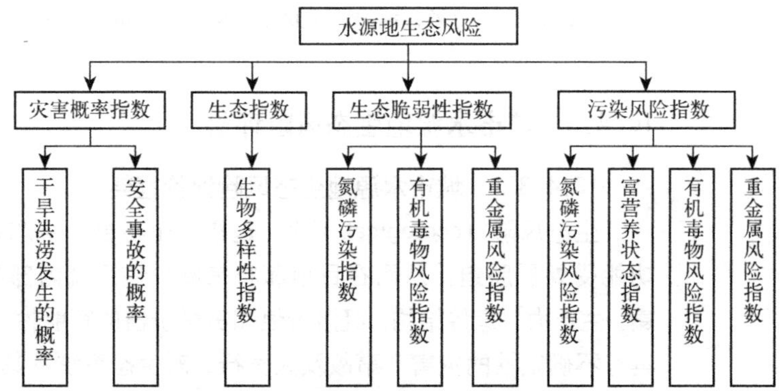

图 10.5　水源地生态风险评价的指数体系

来源：郭先华，崔胜辉，赵千钧．城市水源地生态风险评价．环境科学研究，2009（6）．

10.4.4　可持续的城市水文系统规划

可持续的城市水文系统规划是一个相当大的命题，下文择要介绍。

10.4.4.1　低冲击开发技术

（1）国外暴雨管理策略的发展

国际上暴雨管理技术的发展主要分为两个阶段，第一阶段是最佳管理措施技术（BMPs，Best Management Practices），第二阶段是低冲击开发技术（LID，Low Impact Development）。低冲击开发是一种新的BMPs设计理念，该理念是将BMPs设计更加分散化、多功能化和本地化，通过较低的造价及维护成本低的BMPs实现面源污染控制、洪峰削减、景观生态及水土保持等多种功能。低冲击开发在暴雨管理的目标上具有更高的要求，主要是对综合径流系数的要求：传统暴雨管理目标只对暴雨洪峰径流系数提出控制目标，而最新的低冲击开发技术在控制洪峰径流系数的基础上提出了对开发后的综合径流系数的控制。

（2）常用雨水低冲击开发技术

1）滞留塘　滞留塘通过永久性池和延时滞留部分容纳径流污染控制量，从而降低洪峰流量和控制面源污染。滞留塘需要有足够的汇水面积或者地下水位以保证在旱季有基流可以维持塘内水位。

2）雨水湿地　雨水湿地具有地表多水、土壤潜育化和植物种类多等特点。

它利用自然生态系统中的物理、化学和生物的三重协同作用，通过过滤、吸附、共沉、等离子交换、植物吸收和微生物分解来实现对雨水的高效净化。

3）雨水过滤设施　雨水过滤系统是一种收集并临时储存雨水，之后通过砂、有机物、土壤等滤料对雨水进行过滤，从而达到净化雨水的目的的设施。雨水过滤系统与给水处理的过滤原理相似，都是通过各种滤料的拦截、吸附等作用对水中的各种非溶解物进行去除。雨水中的主要污染物是 COD 和 SS，这些污染物通过过滤后大部分能被去除。雨水过滤系统在过滤前设置了临时储存雨水的容积，滤料一般选择土壤、砂和有机质。

4）植被草沟　植被草沟宜用于道路、高速公路、居民区（干草沟）等用地。雨水在浅沟中靠重力流输送，所以浅沟的纵向坡度非常重要。取值偏小，则流速慢，污染物的去除效果相对较好，但渗透量增大，并且容易积水；取值偏大，流速随之变大，雨水损失量减少，处理效果相对下降，甚至会造成冲蚀。

5）雨水入渗设施　雨水入渗系统是采用天然或者人工的条件使得雨水渗透到地下，既减少了雨水的排放，同时也能涵养地下水。雨水入渗一般采用入渗沟、入渗洼地、渗透管沟及渗透井。雨水入渗系统的设计需要详细考虑地下水（滞水层）的水位状况及土壤渗透系数。为了保证足够的净化效果，规定最高地下水位以上的渗水区厚度至少保持在 1m 以上。雨水入渗设施的土壤渗透系数宜采用 $10^{-6} \sim 10^{-3}$m/s，当渗透系数大于 1×10^{-3}m/s 时，雨水在到达地下水时没有足够的停留时间，土壤的净化作用会比较差。

6）植生滞留槽　又称生物滞留槽、"雨水花园（rain garden）"，一般由预处理草沟（也可不设）、植物、浅层存水区、覆盖层、种植土壤层、沙滤层、砾石垫层、排水系统和溢流装置组成。生物滞留槽综合了目前大多数污染去除技术，包括存水区的固体沉淀作用、土壤层和沙滤层的物理过滤作用、植物吸附和离子交换作用及生物修复作用等。由于其功能的多样性，生物滞留槽已经成为城市面源污染低冲击设计技术中非常重要和最常用的技术之一。植物滞留槽应用广泛。

7）透水路面　透水路面是一种应用非常广泛的入渗形式，它既不破坏道路的原有功能，也起到了雨水入渗的作用。

8）雨水收集装置　雨水收集装置在国内使用很普遍，其主要形式分为：天然水塘、地下收集池及各种收集桶。

9）LID 树池　树池是市政道路绿化一种非常常用的形式，将树池连接起来设计成 LID 树池是一种非常经济、景观性良好的雨水入渗方式（图 10.6）。

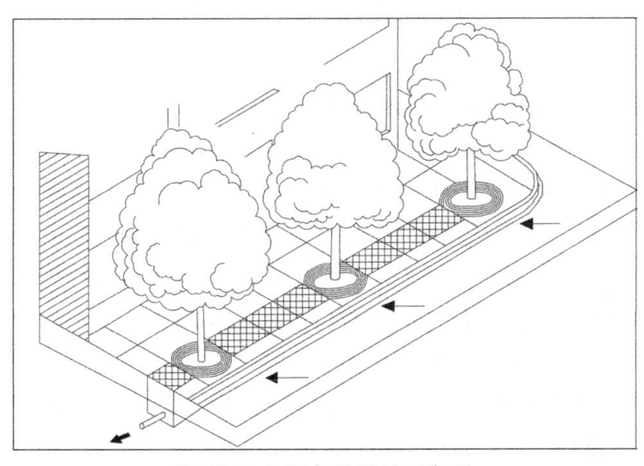

图 10.6　LID 树池设计示意图

来源：唐绍杰，翟艳云，容义平．深圳市光明新区门户区——市政道路低冲击开发设计实践．建设科技，2010（13）．

（3）常用雨水低冲击开发技术评价

在众多的雨水综合利用技术（包

括BMPs和低冲击开发技术）中，应对其达到设计目标，适合集水区特点和经济性、景观性、公众接受度和维护方面进行综合评价。表10.17、表10.18分别列出了各项低冲击开发技术的不同类别的评价结果。

设计目标评价——低冲击开发技术　　表10.17

技术设施	洪峰控制	综合径流系数控制	面源污染控制	雨水收集利用	综合评估
滞留塘	中	中	中	中	中
雨水湿地	中	好	好	中	好
入渗设施	中	好	好	差	好
过滤设施	中	差	好	好	中
植被草沟	中	好	中	差	中
植生滞留槽	好	中	好	好	好
透水路面	好	好	中	差	好
雨水收集	好	好	中	好	好
LID 树池	中	中	中	差	中

来源：唐绍杰，翟艳云，容义平．深圳市光明新区门户区——市政道路低冲击开发设计实践．建设科技，2010（13）．

经济、景观、公众接受及维护评价——低冲击开发技术　　表10.18

技术设施	建设成本	景观结合	维护	公众接受度	综合评估
滞留塘	中	中	难	差	差
雨水湿地	中	好	中	好	好
入渗设施	中	中	中	好	中
过滤设施	中	差	中	好	中
植被草沟	低	好	中	好	好
植生滞留槽	中	好	易	好	好
透水路面	中	好	易	好	好
雨水收集	高	中	难	好	中
LID 树池	低	好	易	好	好

来源：唐绍杰，翟艳云，容义平．深圳市光明新区门户区——市政道路低冲击开发设计实践．建设科技，2010（13）．

10.4.4.2 不同集流介质的雨水资源化潜力分析

规划地区不同的集流介质在一定程度上决定了雨水资源化潜力的大小，有必要进行不同集流介质的雨水资源化潜力分析。陈守珊（2007）对天津市八一小区进行了此项分析。该小区面积61万m^2，其中，建筑物占地面积244000m^2，道路91500m^2，绿地面积183000m^2，绿化率30%，按下式计算小区内建筑屋面、道路、绿地等雨水集流介质的雨水资源可实现潜力。

$$Ra=P\cdot A\cdot \psi\cdot a\cdot 10^{-3}$$

式中，Ra为年雨水资源可实现潜力，m^3；P为年平均降雨量，mm；A为集流面积，m^2；ψ为径流系数；a为季节折减系数。

天津市多年平均降雨量为575mm，汛期为6～9月，降雨主要集中在7～8月份，雨水利用主要考虑汛期(6～9月份)，季节折减系数参照北京地区取0.85。

不同地面雨水资源可实现潜力计算结果　　表 10.19

用地类别	面积（m^2）	径流系数	季节折减系数	年雨水资源可实现潜力（m^3）
建筑屋面	244000	0.9	0.85	107330
道路	91500	0.9	0.85	40249
绿地	183000	0.15	0.85	13416
合计	160995			

来源：陈守珊．城市化地区雨洪模拟及雨洪资源化利用研究［D］．河海大学，2007．

由上式计算建筑屋面、道路、绿地等雨水集流介质的雨水资源可实现潜力，计算结果见表 10.19。

小区杂用水需水总量包括绿化用水、浇洒道路和汽车冲洗，年总需水量为 104250m³。由表 10.19 可见，小区可利用雨水量完全可满足小区日常杂用水的需求，多余雨水还可用于其他用途，比如小区内景观水体补水。

10.4.4.3　城镇雨水系统生态设计

曹长春等（2008）对阳朔县城雨水系统进行了"生态设计"。最主要的特点为雨水的排放不采用管道排放，而是采用浅沟—池塘—溪流系统。原因为管道排水投资大、古镇施工困难、雨水通过管道快速排入漓江，既浪费水资源，又增大下游的防洪难度。

该县城水系分布如图 10.7 所示，雨水通过沟渠进入城区池塘，再由池塘流向桂花溪与双月溪，最后汇入漓江。既节约投资、又美化环境，但问题在于地表浅沟—池塘—溪流系统能否保证雨水的正常排放，其排放能力与雨水管道相比孰优孰劣，这是雨水系统生态设计的核心所在。

对两条溪流各断面过流能力的计算表明，只要入口断面 1 和出口断面 10 满足要求，其余断面将满足设计。对断面 1、10 进行水力计算，断面 1 汇水面

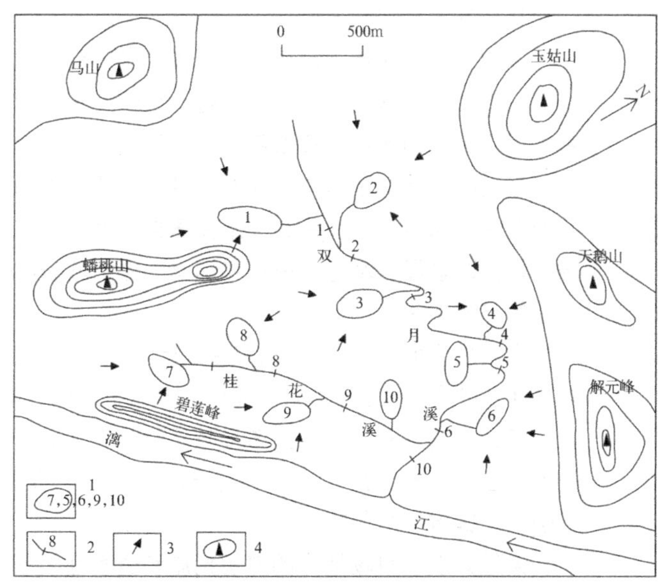

图 10.7　阳朔县城水系分布图

1—池塘及编号；2—过水断面及编号；3—雨水流向；4—等高线及山峰

来源：曹长春，刘勇，韦世凡，王海滨，周建．阳朔县城水环境系统生态设计．桂林工学院学报，2008（1）．

积为县城新建区，断面 10 汇水面积为新建区和老城区，目前调节容积最大的池塘在断面 1 以上，其余在老城区范围。当雨水先进入池塘充满其调节容积后，这段时间加上雨水在渠道中的流行时间可以延长雨水到达断面的时间，降低暴雨强度及渠道断面的排泄流量。新建区原是农田菜地，由于注意绿化和路面渗水补给，径流系数取 0.4。老城区绿化、水景、道路正按新的观念进行改造，为减轻环境压力，原居民也陆续迁出，其径流系数也取 0.4。水力计算表明，雨水浅沟—池塘—溪流系统能经受 20 年一遇的暴雨。

现根据水环境系统生态化设计已将阳朔县城 10 个池塘的水面恢复，池底清淤，恢复有效容积。沟通雨水与池塘的联系，打通池塘与双月溪和桂花溪的联络沟渠，同时将双月溪和桂花溪的渠壁和渠底进行整修，恢复其通水能力。采用池塘对雨水进行调节后，渠道内流量大大减小，断面 1 经池塘调节后可以通过 10 年一遇的暴雨强度流量，断面 10 则可通过 20 年一遇的暴雨强度流量。对明渠首端进行改造，加宽加深断面，恢复一些被填埋的水面，可保证 20 年一遇的暴雨强度流量，远高于一般县城 1 年一遇的雨水管道排放要求。

经雨水生态化改造后，阳朔县城地面渗透水增加，地下水水位水量得到恢复，多年不见出流的井水已再现昔日胜景。池塘水面恢复，既能调蓄雨水，又可提供水资源，为县城添加了新的水景。

10.4.4.4 以水为中心的城市设计

20 世纪末期至今，澳大利亚提出了以水为中心的城市设计（又称作水敏性城市设计，water sensitive urban design），将城市整体水文循环和城市的发展和建设过程相结合，旨在将城市发展对水文的环境影响减到最小。它包括工程措施和非工程措施，强调最佳规划实践（BPPs）和最佳管理实践（BMPs）的结合，应用的尺度从城市分区到街区、地块（孔祥锋，2007）。

（1）基本目标和原则

水敏性城市设计将暴雨雨水看作一种可利用的资源，强调规划设计、水文管理措施、水处理工程技术的整合，综合实现水的生态、景观和美学价值，其基本目标和原则包括（蔡凯臻等，2008）：

最大限度地保留城市中原有池塘、溪流、湖泊、河道等自然水体，保持原有地形特征和自然排水路线，维持适当的地下蓄水层，保护地表水和地下水资源，防止过多侵蚀水道、坡地和堤岸，保护城市水循环的自然过程和城市水循环圈的整体平衡。

最大限度地保护原有滨水植被和土壤等透水地面，结合生态化水处理设施，减少地表径流中的沉积物和污染物，改善进入城市接受水源的暴雨径流水质。

建筑、道路和场地规划布局与暴雨收集、运送和处理系统结合，促进暴雨径流和建筑、场地中其他废水的处理和再利用，促进开发项目用水的自我供应，减少对于城市供水的需求。

通过开发项目场地内的滞留措施和透水性较差区域的最小化，减少来自开发项目的暴雨径流流量、速度和峰值，降低城市区域洪涝灾害的风险。

将公共开放空间的规划布局和景观处理与暴雨排泄路线及暴雨管理措施相结合，保护当地水环境的生物多样性和生物栖息地，建立多用途的生态化暴雨排泄廊道，最大限度地实现水的生态、景观等多重价值。

(2) 设计对策

在物质空间设计层面，水敏性城市设计主要对公共开放空间、道路、建筑及其场地、景观要素进行设计和组织，并注重与景观化和生态化的雨水设施相结合，使暴雨径流从建筑→场地→道路→公共开放空间，经过各个层次的雨水保持、滞留、渗透、处理和再利用，再排泄到城市干线排水管道之中（表10.20）。

图10.8～图10.10分别为公共开放空间的水敏性设计、道路的水敏性设计的案例。

暴雨管理过程中的不同阶段及相应措施 表10.20

阶段	技术措施
源头控制——建筑及其场地内	• 建筑层面的雨水收集和再利用：种植屋面、屋顶花园、雨水水箱等 • 场地内的雨水保持、过滤措施：透水地面、植草洼地等
运输控制——暴雨径流远离建筑和道路的运送过程	• 水敏性道路设计：结合植草洼地和缓冲带、过滤沟渠和生态保持装置
流泻控制——在暴雨径流离开地段或集水处的地点	• 建造湿地及开放空间 • 暴雨保持、滞留、过滤设施 • 污染初步处理设施

来源：蔡凯臻，王建国．城市设计与城市水文管理的整合——澳大利亚水敏性城市设计．建筑与文化，2008（7）．

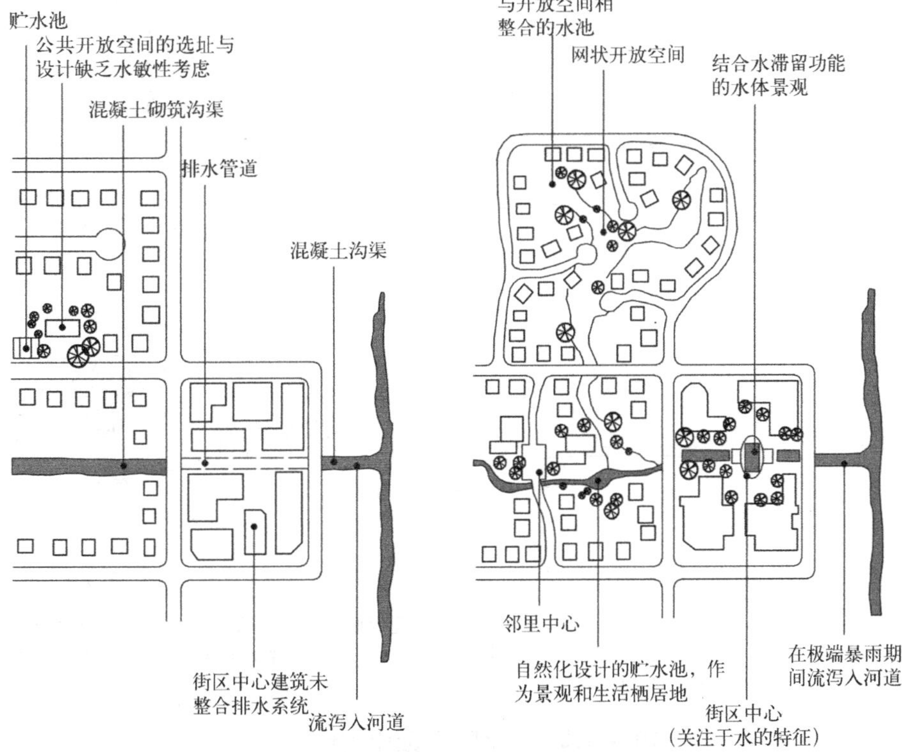

图10.8 公共开放空间：传统设计与水敏性设计比较

来源：蔡凯臻，王建国．城市设计与城市水文管理的整合——澳大利亚水敏性城市设计．建筑与文化，2008（7）．

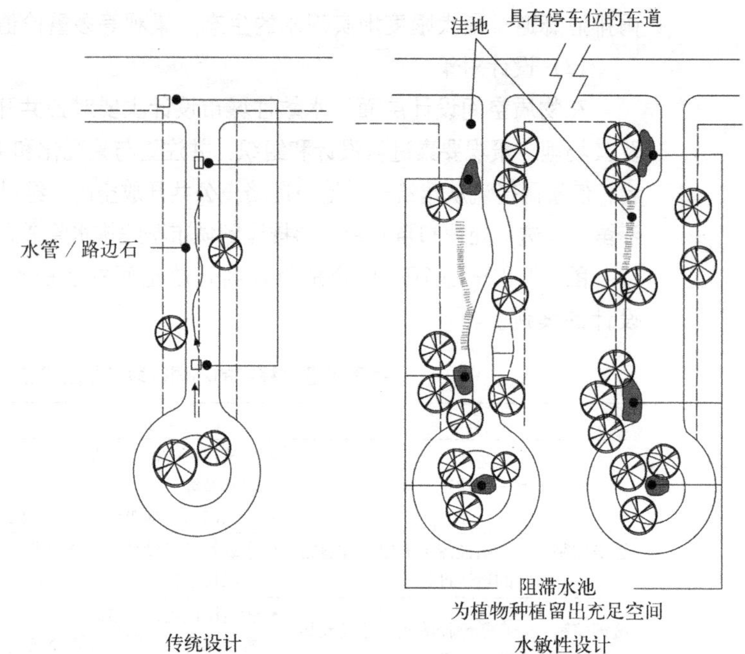

图 10.9 道路平面：传统设计与水敏性设计比较

来源：蔡凯臻，王建国．城市设计与城市水文管理的整合——澳大利亚水敏性城市设计．建筑与文化，2008（7）．

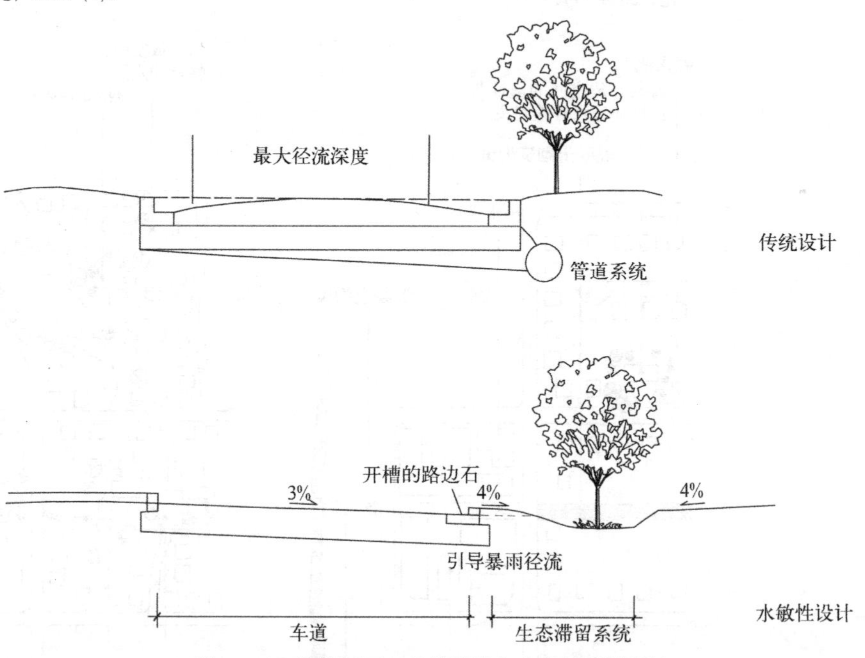

图 10.10 道路断面：传统设计与水敏性设计比较

来源：蔡凯臻，王建国．城市设计与城市水文管理的整合——澳大利亚水敏性城市设计．建筑与文化，2008（7）．

10.4.4.5 集水区的规划设计

集水区指收集雨水的地区。《香港水务设施条例》将其定义为："集水区指雨水和其他来源的水汇集其中的任何地面，或用以汇集雨水或其他来源的水的任何地面，并由该地面或拟由该地面汲水作供水用途者。" 集水区分为直接集水区和间接集水区。直接集水区是指雨水可自然流入到指定点的汇流区域；间接集水区则指借助外力或工程措施将其雨水引入指定点的汇流区域。

一些缺水城市的集水区规划实践值得重视。如，香港集水区总面积达30025hm^2，占香港总面积的近30%，其中直接集水区面积10015hm^2。通过集水区收集的淡水平均每年可达2.95亿立方米，占总耗量的30%，数目相当可观。香港致力于保护集水区内的水质，保持集水区内的生态系统以及尽量以经济运作模式安全地收集、储存地表水。香港政府制定专门的法规保护集水区不受破坏。优美的水环境和良好的生态资源为市民提供了旅游休闲的好去处。香港思汇政策研究所的研究报告认为，以集水区为主的自然保护资源，每年可创造65亿港元的经济价值（不包括其减少污染、减轻洪灾、吸引外来投资等效益）。

新加坡面积近700km^2，人口约450万，是一个严重缺水的国家，人均拥有量211立方米，排名世界倒数第二，该国的用水50%需要从马来西亚进口。受岛国地质条件限制，新加坡严禁开采地下水，以防止地面沉降，因而获取水资源的主要途径之一就是采集雨水。经多年实践，新加坡成功采取了适合岛国特色的集水区计划，积累了一整套行之有效的经验和办法。根据世界水资源权威机构的评估，新加坡每年的"水量流失"只有5%，是全球失水量最低的国家。

2002年，新加坡拟定了国家"四大水喉"长期水供应的策略，确保水供应的多元化：国内集水区的水源（雨水收集）、进口水、新生水、海水淡化。

集水区水源，是新加坡的"本土水源"，新加坡已拥有17个蓄水池和一个暴雨收集池系统，面积占该国总面积的2/3；新加坡明确规定，在做土地规划时，都要规划集水区（陈曦，2009）。

新加坡的集水区大致分成三类：受保护集水区、河道蓄水池以及城市暴雨收集系统。新加坡的集水区环境保护主要在用地规划、监测水质及控制污染方面着力。新加坡推出了一项"ABC"计划，即"活跃、美丽、干净"（Active, Beautiful, Clean），清淤疏浚，美化环境，配套建立休闲娱乐设施，使这些蓄水池及河道不但能够收集雨水，而且也变成民众旅游休闲的好去处（李满，2006）。建有专门搜集雨水的麦里芝（MacRitchie）蓄水池与中央集水区，它们在补给城市水源的同时，给高度都市化的新加坡人一个接近大自然的去处，在地狭人稠的小岛上，给野生动物及植物提供了保护及栖息空间（图10.11）。

集水区一座楼高7层的瞭望塔，"日落桐塔"（Jelutong Tower），让游人眺看远处的蓄水池和周围的树林。

图10.11 新加坡麦里芝集水区公园景观

来源：汪霞．城市理水：基于景观系统整体发展模式的水域空间整合与优化研究［D］．天津大学，2006.

在芝加哥，集水区的规划设计是城市建设的一个重要部分。在城市的很大范围内设置了暴雨集水区（或称集水盆地）用以在暴雨水到达城市排水系统之前集流雨水。集水区的设计考虑到了多种功能。以梅尔维纳集水区为例，暴雨季节可贮存雨水；在盆地底部设置有游戏、排球、篮球等活动场地用以在无雨季节供人们娱乐休闲之用；冬季，盆地一角的土质护岸则成为滑雪、速降等运动的场所，盆地入口处的铺装表面上，其蓄积的雨水在冬季成为滑冰的天堂。集水区的规划设计除了具有洪泛控制、水质净化的功能外，还为城市的休闲娱乐、空气净化、动物栖息、城市绿地等做出了贡献，从而实现了水域空间价值的最大化（汪霞，2006）。

第10章参考文献：

[1] Rodney R. White. Building the Ecological City[M]. Abington：Woodhead Publishing Ltd，2002.

[2] USEPA. National Water Quality Inventory Report to Congress Executive Summary[M]. Washington DC：USEPA，1995.

[3] M.J. 霍尔. 詹道江等译. 城市水文学[M]. 南京：河海大学出版社，1989.

[4] 蔡凯臻，王建国. 城市设计与城市水文管理的整合——澳大利亚水敏性城市设计[J]. 建筑与文化，2008（7）.

[5] 曹长春，刘勇，韦世凡，王海滨，周建. 阳朔县城水环境系统生态设计[J]. 桂林工学院学报，2008（1）.

[6] 陈德超，李香萍，杨吉山，陈中原，吴朝军. 上海城市化进程中的河网水系演化[J]. 城市问题，2002（5）.

[7] 陈德超. 浦东城市化进程中的河网体系变迁与水环境演化研究[D]. 华东师范大学，2003.

[8] 陈光庭. 城市发展与河流关系三议——成都府南河综合整治成功联想[J]. 城市问题，1998（1）.

[9] 陈守珊. 城市化地区雨洪模拟及雨洪资源化利用研究[D]. 河海大学，2007.

[10] 陈曦. 新加坡：小国大谋略——一个缺水城市国家的“水”故事[N]. 南京日报，2009-07-03.

[11] 程江. 上海中心城区土地利用/土地覆被变化的环境水文效应研究[D]. 华东师范大学，2007.

[12] 窦贤，林林. 地下水位上升威胁兰州城市安全[N]. 地质勘查导报，2008-04-01.

[13] 甘一萍. 北京：提升再生水水质有保障[J]. 建设科技，2008（19）.

[14] 高守英. 济南市城市扩展对地下水补给的影响研究[D]. 山东师范大学，2004.

[15] 孔祥锋. 城市雨水利用的生态设计研究[J]. 中国科技信息，2007（11）.

[16] 李满. 新加坡：珍惜水资源建起“集水区”[N]. 经济日报，2006-09-20.

[17] 李树平，余蔚茗. 城市水量平衡模型[J]. 中国人口·资源与环境，2009年专刊.

[18] 李跃林，肖文明，张云，城市化及其地下水质量与人体健康关系. 城市环境与城市生态. 2004（1）.

[19] 梁瑞驹. 环境水文学[M]. 北京：中国水利水电出版社，1998.

[20] 罗鸿兵，罗麟，黄鹄，何强，刘娉．城市入河径流排放口总污染特征研究[J]．环境科学，2009（11）．

[21] 秦莉俐，陈云霞，许有鹏．城镇化对径流的长期影响研究．南京大学学报（自然科学），2005（3）．

[22] 唐绍杰，翟艳云，容义平．深圳市光明新区门户区——市政道路低冲击开发设计实践[J]．建设科技，2010（13）．

[23] 汪霞．城市理水：基于景观系统整体发展模式的水域空间整合与优化研究[D]．天津大学，2006．

[24] 王立红等．绿色住宅概论[M]．北京：中国环境科学出版社，2003．

[25] 王意惟，李奎山．城市水文研究应注意的问题[J]．东北水利水电，2004（6）．

[26] 尹炜，李培军，可欣，苏丹，李海波，郭伟．我国城市地表径流污染治理技术探讨[J]．生态学杂志，2005（5）．

[27] 于开宁．城市化对地下水补给的影响——以石家庄市为例[J]．地球学报，2001（2）．

[28] 袁雯，杨凯，徐启新．城市化对上海河网结构和功能的发育影响[J]．长江流域资源与环境，2005（2）．

[29] 张学真．城市化对水文生态系统的影响及对策研究——以西安市为例[D]．长安大学，2005．

[30] 张彦，地下水污染与人体健康（保定人文），2009-05-06．http://hi.baidu.com/renrenkonghuoshui/blog/item/53272a345b28781991ef3921.html．

[31] 周洪建，史培军，王静爱，高路，郑憬，于德永．近30年来深圳河网变化及其生态效应分析[J]．地理学报，2008（9）．

[32] 周志芳，朱海生．城市地质灾害中的地下水环境效应[J]．地球科学进展，2004（3）．

[33] 左其亭，王中根著．现代水文学[M]．郑州：黄河水利出版社，2006．

本章小结

城市水文是发生在城市及其邻近地区的包括水循环、水平衡、水资源、水污染在内的水的运动及其影响和作用的总的状况。城市水文条件与城市发展之间存在着双向互动作用。可持续的城市水文系统及规划主要包括如下内容：城市水量平衡、城市生态环境需水确定、城市水源地生态风险评价、可持续的城市水文系统规划等几个方面。其中，可持续的城市水文系统规划包括：低冲击开发技术应用、不同集流介质的雨水资源化潜力分析、雨水系统生态设计、以水为中心的城市设计、集水区的规划设计等。

复习思考题

1．城市水文条件对城市发展的影响应如何表征和评价？对城市规划有何意义？

2．城市发展对城市水文的影响应如何表征和评价？对城市规划有何意义？

3．可持续发展的城市水文系统有何特征？如何达成？

第11章 城市生物

本章从植物、动物、微生物三方面介绍了城市生物的基本知识，阐述了城市生物对城市与人类的作用及影响、城市发展对城市生物的影响，探讨了城市生物系统可持续发展的若干途径。

城市生物是指生存于城市地区的生物，包括城市动物、城市植物、城市微生物，其对于城市物质转化和能量循环、城市生产与生活都具有较重要的影响和作用。城市是以人类为主、具有高度人工化的形态和空间，但天然的生态环境，包括各种生物仍是城市发展的物质基础。

11.1 城市植物的类型和特征

一般可从表 11.1 的第一栏的几个方面进行城市植物类型划分。

城市植物分类 **表 11.1**

<table>
<tr><th>分类标准</th><th>植被类别</th></tr>
<tr><td rowspan="5">以“生境—群落”
生态学特征为标准
（康慕谊，1997）</td><td>耐践踏植物群落</td></tr>
<tr><td>一年或多年生喜氮植物群落</td></tr>
<tr><td>多年生湿润宅旁植物群落</td></tr>
<tr><td>宅旁半干旱植物群落</td></tr>
<tr><td>墙头植物群落</td></tr>
<tr><td rowspan="3">根据人为活动对
植被影响的强度
（大泽雅彦，1985，1988）</td><td>人工栽培群落</td></tr>
<tr><td>残存自然群落</td></tr>
<tr><td>城市杂草群落</td></tr>
<tr><td rowspan="5">按植物对环境的适应能力
（Wittig 等，1985）</td><td>极嫌城市植物</td></tr>
<tr><td>嫌城市植物</td></tr>
<tr><td>中性城市植物</td></tr>
<tr><td>适生城市植物</td></tr>
<tr><td>极适生城市植物</td></tr>
<tr><td rowspan="3">根据绿地景观表现形式
（赵运林等，2005）</td><td>耕地</td></tr>
<tr><td>林地</td></tr>
<tr><td>草地</td></tr>
<tr><td rowspan="3">结合城市植物及其覆盖的特点
（蒋高明，1993）</td><td>自然植被</td></tr>
<tr><td>半自然植被</td></tr>
<tr><td>人工植被</td></tr>
</table>

来源：根据相关文献整理。

城市植物的特征包括：

（1）城市植物区系群落结构单一化

植物区系指一定地区范围内全部植物的分类单位，包括所有的科、属和种的数量。城市植物的区系种类组成较少。无论是水平结构还是垂直结构都较简单。在城市行道树的区系组成上更体现出这种特色，如悬铃木、香樟和广玉兰是我国华东城市行道树中最常见的种类（王祥荣，2000）。

（2）城市植被归化率高

城市范围内，由人类引进的或伴人植物的比例明显较多，外来种对原植物区系成分的比率，即归化率的比重越来越大，并已成为城市化程度的标志之一。因此，在城市绿化的过程中，最大程度地保留和选择反映地方特色的树种是城市生态学工作者关心的问题，亦是城市生态建设的标志之一。

（3）城市植物园林化格局

城市植物在人类的规划、设计、布局和管理下，大多呈园林化格局。乔、灌、草、藤等各类植物的配置，城市森林、树丛、绿篱、草坪或草地、花坛等皆是按人的意愿进行布局的。人工园林养护措施减弱了环境对城市植物的胁迫。

（4）城市植物全球范围内的趋同性

人类的偏好使城市中植物种类的组成在全球尺度上趋同（Grimm，2008）。此外，相似的干扰模式（如人工土壤和城市热岛）也是使城市之间的植物种类组成和植被具有一定的相似性的原因。如，德国北部城市杜赛尔多夫的植物区系与北京植物区系的相似性为10%。Kunick（1982）对中欧九个城市植物区系的比较表明，在所有被统计的种类当中，有15%的种为这九个城市所共有；如果仅仅对这些城市中工业用地范围内的植物种类进行统计，则相似程度高达50%。

11.2 城市动物的类型及特征

11.2.1 城市鸟类

鸟类是城市生态系统的重要组成部分，对环境变化表现出很高的敏感性。城市鸟类的空间分布因城市生态环境而异。中野尊正（1986）对东京市区650个观察点的大山雀调查资料分析发现，大山雀的出现与植被分布的状态有关（表11.2）。植被越丰富的地区，鸟类的种类和数量也越多。鸟类对生境具有高度的敏感性。不同类型生境中由于植被类型和人为干扰不同，鸟类群落结构也各不相同（表11.3）。

东京市区大山雀栖息繁殖与植被关系　　表11.2

环境状况	观察点数／个	听不到鸟声点／%	仅听到鸟声点／%	能看到幼鸟点／%
几乎无森林的地区	95	90	9	1
有少量森林点状分布	400	24	42	34
植被丰富带状点状分布	155	2	49	49

来源：中野尊正，沼田真等著，孟德政，刘德新译．城市生态学．北京：科学出版社，1986．

上海市不同生境鸟类群落结构特征比较　　表11.3

生境类型	物种数	优势种	多样性	均匀性	优势度
林地生境	81	6	3.7297	0.8487	0.0414
农田生境	38	1	1.6766	0.7003	0.0540
交通绿化林带	45	3	2.0506	0.8014	0.0769
居民区绿地	21	1	1.1468	0.7667	0.0931
公共绿地生境	72	4	3.6039	0.8427	0.0410

来源：陆祎玮．城市化对鸟类群落的影响及其鸟类适应性的研究[D]．上海：华东师范大学，2007．

11.2.2 城市小型兽类

城市小型兽类以爬行动物和哺乳动物数量和种类居多，与城市环境状况密切相关。Jenni G.Garden等（2010）通过对澳大利亚布里斯班市的爬行类动物的生存栖息环境研究后发现了若干影响小型兽类生活的五个因素（图11.1）。

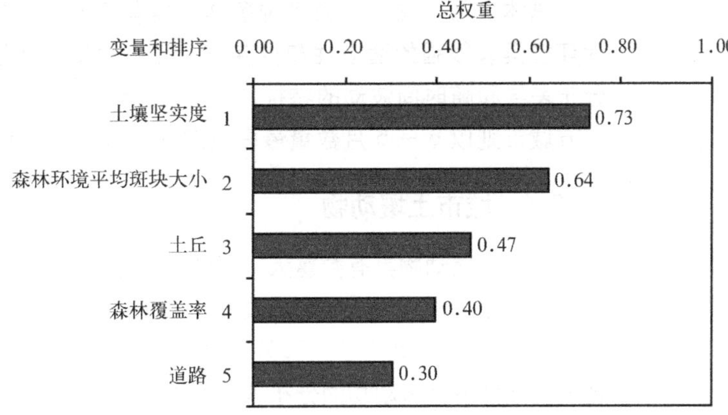

图 11.1　布里斯班市影响爬行动物种群丰富性的因子及其重要性排序
（变量按照总权重计）

来源：Jenni G.Garden，A.McAlpine，Hugh P.Possinghan. Muti-scaled Habitat Considerations for Consercing Urban Biodiversity：Native Reptiles and Small Mammals in Brisbane，Australia. Landscape Ecol，2010 (25).

11.2.3　城市昆虫

按照对人类的直接经济利益可将城市昆虫分为有害昆虫（表 11.4）和有益昆虫。城市中的有益昆虫则包括：供人们赏玩的蟋蟀、作为观赏鸟类饲料的黄粉虫等；帮助植物授粉的蜜蜂、甲虫、蝇虻等。

常见的城市有害昆虫类别及其害处　　**表 11.4**

害虫类别	分类或常见种类	特点
卫生类有害昆虫	蚊、蝇、蜚蠊（俗名蟑螂）、蚤、虱子、臭虫、蚂蚁、螨、隐翅虫、蜈蚣等	与人类关系密切、适应人类生活环境能力强，直接为害和干扰人类的生活，传播各类疾病，危害人体、宠物健康，如虫媒传染病（莱姆病、西尼罗病毒病、登革热等）
绿化和园艺类有害昆虫	以鳞翅目为主的咀食类；以蚧、蚜、虱、叶螨等同翅目为主的吸食汁液类；以鞘翅目天牛类为主的钻蛀类；以危害根部为主的地下害虫类	广泛分布于城市园林园艺植物中，种类繁多、数量庞大、食性各异，为害方式多种多样
建筑类有害昆虫	白蚁、天牛、粉蠹、长蠹、窃蠹、木蜂等	危害建筑房屋、木装饰、家具等，其数量增加与城市化进程加快有着重要的关系。如，旧城改造和拆迁使得新建大楼中白蚁获得了更优越的栖息繁衍环境，对于基础防蚁或旧材灭蚁的忽视使得白蚁可以大量迁移；而在新的环境中，各类天敌十分缺乏，白蚁等有害昆虫提高了适应新环境的能力
仓库类有害昆虫	蚁、衣鱼、书虱、窃蠹、皮蠹等	危害仓库、图书、干药材，多为定居型有害昆虫，缺乏天敌，繁殖较快
食物类有害昆虫	米象、麦蛾、谷蠹、印度斑螟、黄粉虫、黑粉虫、粉螨、米扁虫等	多隐藏于粮食之中，体型均较小，多为定居型有害昆虫

来源：根据相关资料整理。

总体来看，城市昆虫多种多样，具有高出生率和繁殖速率，且对人工生活环境具有很强的适应性和依存度。昆虫数量变动较大，存在着明显的空间分布差异和随时间波动的特征。如，南方城市的蝇密度一般6月及9月较高，北方城市则以5～6月数量最多（宋永昌等，2000）。

11.2.4 城市土壤动物

城市土壤动物具有数量大、多数为变温动物等特点，对城市土地利用形式的快速变化、城市环境质量的改变及由此所带来的一系列影响能够做出较为灵敏的响应（Mcintyre N E，2001）。从城市土壤动物水平分布特点来看，不同土地利用类型下土壤动物的分布差异明显（表11.5）。

不同土地利用类型下各类群土壤动物占全捕量的比例　　表11.5

土壤动物类群	土地利用类型			统计数据		
	农田	废弃地	绿地	个体总数	百分比（%）	多度
线蚓类	26	15	643	684	34.10	+++
螨类	48	54	108	210	10.47	+++
弹尾类	272	29	243	544	27.12	+++
双翅类幼虫	12	58	30	100	4.99	++
线虫类	10	26	122	158	7.88	++

注：全捕量是指实验中所获得的土壤动物的样本的总数量。

来源：杨冬青，高峻，韩红霞．城市不同土地利用类型下土壤动物的分布初探．上海师范大学学报，1003（4）．

11.2.5 城市户养动物

城市户养动物（domestic animals）包括具有人类观赏、陪伴作用、科学实验、经济用途等动物，如各种观赏性和陪伴性的鸟、猫、狗、鱼等，供实验用的鼠、兔等，以及其他种类的经济动物。城市动物园是观赏户养动物的集中场所，成为濒危、珍稀野生动物物种保护的重要空间。

11.3 城市微生物的类型与特征

11.3.1 空气中的微生物

11.3.1.1 室外空气中的微生物

室外空气中的微生物是由水体、土壤及生物生长活动，并由气流、尘埃、土粒等搬运而进入大气的。城市内不同区域、不同时间内空气微生物的含量存在差异。郑芷青等（2009）的研究表明，大气微生物在5个功能区中的排序是：交通枢纽＞工业区＞商业区＞居住区＞绿化带（表11.6）。从室外微生物的

大气微生物平均含量与绿化和人流、车流和绿化状况的关系　　表 11.6

地点	大气微生物含量（cfu/m³）	人流车流状况	绿化状况
深圳火车站出口	15210	人多车多	绿化极少，建筑多
深圳湿地公园	4700	人少车少	邻近大海，空旷草地
深圳商业中心	15800	人流多	极少绿化带，建筑密集
广州、深圳无绿化带	23029	人多车多	绿化少
广州、深圳公园和绿化带	6265	人与车较少	绿化好
广州深圳交通口	18679	车多繁忙	绿化少

来源：郑芷青，谢小保，欧阳友生，王春华，曾海燕，陈仪本．珠江三角洲城市群大气微生物优势种群及时空分异特征．地理研究，2009（3）．

不同高度空间气挟菌类数量分布　　表 11.7

菌别	高度		
	2m	20m	40m
真菌数	2720*	1490	740
需氧菌数	9560	5120	2210
厌氧菌数	9180	3500	860
合计	21460	10110	3810

* 表示每立方米菌落形成数。

来源：张宗礼．城市（天津）空气中的灾害性微生物．灾害学，1988（1）．

垂直分布来看，微生物在空气中的浓度与地面的高度呈对数下降（表 11.7）。

11.3.1.2　室内空气中的微生物

室内空气中的微生物的主要来源是人、动物和植物。通风不良、空气污浊、空间狭小、器具堆放较多、人群拥挤的场所，空气中微生物的数量就多。密闭空气中的微生物含量较开敞的室内空气中更高，为微生物的生存提供了所依赖的环境。由此使得人体可吸入颗粒物（IP，AD ≤ 10μm）增多，感染传播和物理性损伤的机会增加（表 11.8）。

TSP 和 IP 的质量浓度对照　　表 11.8

环境条件	TSP 浓度（μg/m³）	IP 浓度（μg/m³）	IP 浓度 /TSP 浓度
密闭环境	9272	8859	95%
室外环境	17624	14919	85%

来源：于芳，何新星，谢琼，姜洁．密闭环境中悬浮颗粒物上附着微生物的检测．航天医学与医学工程，2000（3）．

11.3.2　城市水体中的微生物群落

水体中微生物来源是多方面的，包括大气、土壤、植物、动物和人。水中的微生物种类很多，有细菌、病毒、真菌、藻类以及钩端螺旋体和原生动物等。水中细菌组成差别甚大，取决于水中的有机物和无机物成分、pH 值、浊度、光、温度、氧气、压力等。地下水由于土壤过滤的结果，细菌比地面水少。地面水随着水体的富营养化，受污染物影响，各种细菌增多。河水中还有弧菌、螺菌、硫细菌、微球菌、八叠球菌、诺卡氏菌、链球菌、螺旋体等。

11.3.3 城市土壤中的微生物群落

土壤有"微生物天然培养基"之称。土壤中微生物的数量最大，类型最多，是人类利用微生物资源的主要来源。土壤中的微生物群落包括细菌、放线菌、真菌、螺旋体、藻类、病毒和原生动物，其中细菌占70%～90%。绝大多数土壤微生物对人类是有益的，有的能将动植物的尸体及排泄物分解为简单的化合物，供植物吸收；有的能将大气中的氮固定，使土壤肥沃。但也有一部分土壤微生物是人类及动植物的病原体，在传播疾病中起着重要作用。如，形成芽孢的致病菌进入土壤能存在几年甚至几十年。炭疽杆菌在土壤中可生存15～60年，破伤风杆菌、产气荚膜杆菌和肉毒杆菌等都能长期存在于土壤中。土壤微生物的分布因土壤结构、成分、含水量以及土壤理化特性的不同而有很大差异，而且随着土壤深度的增加，各类微生物都急剧减少（表11.9）。

不同深度土壤中的土壤微生物数量 **表11.9**

深度（cm）	土壤				
	需氧菌	厌氧菌	放线菌	真菌	藻类
3～8	7800	1950	2080	119	25
20～25	1800	379	245	50	5
35～40	472	98	49	14	0.5
65～75	10	1	5	6	0.1
135～145	1	0.5	—	3	—

来源：郁庆福，杨均培主编．微生物学．北京：人民卫生出版社，1984．

11.4 城市生物对城市与人类的作用及影响

11.4.1 城市生物的生态环境指示作用

11.4.1.1 城市植物的生态环境指示作用

城市植物在指示和监测环境污染方面有重要的作用。有些植物对各类污染的反应，要远比人敏感的多（表11.10）。

对大气污染具有指示作用的植物 **表11.10**

有毒气体	指示植物的种类
二氧化硫	紫花苜蓿、枫杨、白杨、白腊、白桦、麦类、蕨类、波斯菊、百日草、艾草、三叶草、地衣、棉花、莴苣、甜菜、向日葵、芝麻、葱、苹果、大豆、南瓜、葡萄等
氟化物	雪松、云杉、梅、杏、地衣、苔藓、唐菖蒲、玉米、苹果、葡萄等
臭氧	女贞、梓树、银槭、矮牵牛、丁香、秋海棠、菜豆、烟草、菠菜、萝卜、番茄、洋葱、甜瓜、葡萄、燕麦、马铃薯等

续表

有毒气体	指示植物的种类
过氧乙酰硝酸酯	早熟禾、向日葵、牵牛花、菜豆、番茄等
氮氧化物	悬铃木、紫花苜蓿、向日葵、番茄、豌豆、烟草等
乙烯	皂荚、兰花、万寿菊、黄瓜、番茄等
氯气	复叶槭、桃、萝卜、白菜、葱、韭菜、百日草等

来源：作者整理与汇总。

11.4.1.2 城市动物的生态环境指示作用

城市动物的环境敏感性和适应性使得其可以作为生态系统健康状况的晴雨表。日本学者发现害虫的增多与该地的食虫鸟燕雀的数量锐减或绝迹有关；而该鸟类数量的变化，又是由空气污染所引起的（中野尊正等，1986）。

土壤动物可以作为土壤污染的生态指标。一般来说，城市土壤动物多样性越大，说明该区域生态系统的结构越稳定。高艳等（2007）对上海世博会会址城市土壤动物的研究表明：土壤动物类群的丰富性和优势类群组成情况说明该区域内的大部分采样点适合亚热带主要土壤动物类群的生长繁殖，土壤小生境适合园林绿化。

可以从某些动物的出现或增加来反映城市环境的变化。M.Cristaldi 等（1986）发现鼠患的增加与环境脏乱有关。动物的畸变与环境污染中的有害物质及生活污水污染中的有害物质进入食物链有关，如在核电站厂区、污染沟边捕获的鼠，其精子的畸变率显著提高。

11.4.1.3 城市微生物的生态环境指示作用

城市微生物的数量和分布能够直接反映城市的环境质量。如通过土壤中异养菌的分离和计数，可了解受测土壤中微生物群系的结构和数量的改变，从而评价土壤被污染的状况及程度。吴胜春等（2000）研究了金属富集植物 Brassia juncea 根际土壤微生物的变化，探讨了微生物对重金属的敏感度；张瑞福等（2004）研究了甲基对硫磷长期污染的微生物生态效应。结果表明与对照土壤相比，污染土壤呼吸作用下降 29.93%，而氨化作用和硝化作用则增强。

11.4.2 城市生物效应

11.4.2.1 城市生物的正面效应

城市植物的正面效应包括：改善小气候、净化和美化环境、形成碳汇系统、减少噪声等。城市植物的经济效益主要指城市植物的生态服务功能所具有的经济价值。王平建（2005）计算了上海城市园林绿地直接生态服务功能价值（表 11.11）。可以看出，上海的湿地和农田的直接价值（经济价值）远大于城市园林绿地和林地。

动物作为生态系统中的消费者，有些为人类提供食物，有些作为衣物来源，还有些作为交通工具和通讯工具，满足了人类的生活需求。一些城市动物对于调节城市居民的生活情绪、缓解生活压力具有重要的作用。城市动物也丰富了城市景观，给人工化的城市带来了自然气息。由表 11.12 可见，绝大多数野生

上海城市绿地直接价值表（亿元）　　表 11.11

年份	城市园林绿地	农田	湿地	城市森林	合计
1995	1.040	77.71		0.45	153.616
1996	1.045	87.64		0.67	163.771
1997	1.057	85.20		0.47	161.143
1998	1.070	89.10		0.84	165.426
1999	1.087	87.86		0.98	164.343
2000	1.112	89.81		1.41	166.748
2001	1.136	95.53		3.52	174.602
2002	1.195	97.21	74.416	7.75	180.571
2003	1.235	98.17		13.05	186.871
2004	1.262	109.32		13.14	198.138

来源：王平建．城市绿地生态建设理论与实证研究——以上海市为例[D]．复旦大学，2005．

加拿大滑铁卢市居民对各种野生动物喜爱程度的调查表　　表 11.12

动物种类	喜爱程度*/%	不喜欢的原因
一种啄木鸟	98	
北美红雀	97	窃食樱桃
金鱼	97	
啄木鸟	97	
红翼山鸟	97	
发声鸟	97	
金莺	97	
山雀	97	
粟鼠	86	破坏植物，翻食垃圾
灰松鼠	68	窃食蔬果，翻食垃圾，破坏房舍，进入民宅
红松鼠	68	
棉尾兔	64	窃食蔬菜，剥食树皮
土拨鼠	64	窃食农作物，翻食垃圾
香鼠	32	窃食垃圾，在草皮上掘洞
蝙蝠	18	传染狂犬病，闯入民宅
鼬鼠	10	在草皮上掘洞，窃食金鱼

* 喜爱者占调查者的百分比。
来源：董雅文．城市景观生态．北京：商务印书馆，1993．

动物深受人类喜爱，已经成为城市居民日常生活中精神承受的一部分。

城市动物也可产生一定的积极社会效应，如伴侣动物对老年人的影响。2003 年，美国兽医学和生物学专家通过研究发现，伴侣动物和其年迈的主人之间相互影响、相互依赖的关系有利于老年人的生理和心理健康。拥有伴侣动物的老人生活更愉快，寿命更长。此外，关爱动物的活动可以促进人们之间的相互交流；城市动物尤其是伴侣动物的增加促进了动物医学人才的就业等。

11.4.2.2　城市生物的负面效应

(1) 干扰和破坏

城市动物也会对人类造成干扰。如，由于鸟类聚居造成的飞机事故屡有发生。1970 年，波士顿机场一架飞机与一群飞鸟相撞，导致飞机失事，60 人死亡。

再如，动物经常制造噪声，对居民的日常作息造成干扰。如蝉的鸣叫声一直深受日本人喜爱，蝉也一向是日本传统中的受保护对象。但一种鸣叫能力极强的熊蝉肆虐，其鸣叫声巨大，达到 95 分贝，且繁殖能力强，于 2007 年被日本政府正式宣布为噪声污染（http://scitech.people.com.cn/GB/6126150.html）。

城市动物中的鼠类、部分鸟类等对城市基础设施具有破坏作用，鼠类啃咬电缆、电线，由此造成的突发事故很多。1938 年美国纽约曾因电缆被老鼠咬坏而造成全市停电；美国城市火灾约有 1/4 是由老鼠啃坏电缆、电线而造成的；意大利全国动力系统的事故中，约有 1/3 是老鼠引起的（田双双，2007）。北京地铁也曾因电缆被老鼠咬断，造成停车事故，导致成千上万的旅客被困在地道（http://blog.tianya.cn/blogger/post_show.asp?BlogID=3035117&PostID=27603028&idWriter=0&Key=0）。

（2）对健康的负面影响

1）城市动物对人类健康的影响　城市动物影响人类身体健康主要体现在传染疾病、直接伤害人体等方面。Mark Woolhouse 指出，目前感染人类的已知病原体有 1407 种，其中 58%来自动物（杨先碧，2009）；城市中直接伤害人体的动物常与人类伴生。艾运生等（2009）对武汉市汉阳区 2005 ~ 2007 年因动物致伤的 8825 人进行的调查发现，致伤动物以犬为主，占 67.28%，猫占 23.06%，鼠占 8.27%，其他动物致伤占 1.40%。

2）城市微生物对人类健康的影响　空气中真菌对人的危害性可以概括为三方面：①污染食品；②引起变态反应（对呼吸道）；③引起真菌病。

水中病毒常引起水源性病毒病流行。1940 年代，Melnick 在排入纽约市河流的污水中找到了脊髓灰质炎病毒，并证明其与当地小儿麻痹病的流行有关。1955 ~ 1956 年，印度暴发了一次水源性肝炎，患者近 3 万例，死亡 73 例。1980 年代，浙江及上海也先后爆发过甲肝大流行，流行病学调查结果认为其和进食受病毒污染的贝壳类有关。通过水传播的病毒性疾病还有急性肠胃炎、结膜炎等。

绝大多数土壤微生物对人类是有益的，但也有少部分可以传染疾病。病原体污染的土壤可以直接或间接引起肠道传染病，如伤寒、痢疾；可以污染伤口产生破伤风、气性坏疽等创伤性感染；被炭疽杆菌污染的草地、牧场、动物饲养室可引起草食动物炭疽病的发生、流行，且在相当长时间内不断传播。带有病原体的土壤，往往也是城市食品如罐头、冷饮、牛乳等污染的来源。

11.4.3　城市生物入侵

生物入侵是城市中最常见的生物灾害之一，是指某种生物从外地自然传入或人为引种后成为野生状态，并对本地生态系统造成一定危害的现象。物种入侵已成为导致城市生物多样性降低的重要原因之一（梁晓东等，2001），已经成为世界性问题。生物入侵包括入侵微生物、入侵植物和入侵动物，具有生态适应能力强，繁殖能力强，传播能力强等特点。

生物入侵的危害包括：①严重破坏生物的多样性，加速物种的灭绝；②严重破坏生态平衡。如引自澳大利亚而入侵我国海南岛和雷州半岛林场的薇甘菊，由于其大量吸收土壤水分从而造成土壤极其干燥，对水土保持十分不利；

③对其他生物生存及人类健康构成威胁。如起源于东亚的“荷兰榆树病”曾于1910年和1970年两次引起大多数欧洲国家的榆树死亡。又如40年前传入我国的豚草，其花粉导致的“枯草热”会对人体健康造成极大的危害；④造成巨大的经济损失。据估计，美国每年因入侵种造成的直接和间接经济损失达1370亿美元，全球经济损失则高达数千亿美元，而我国仅因几种主要外来入侵物种造成的经济损失，就超过500亿元人民币。目前我国每年因水葫芦造成的经济损失接近100亿元．而每年光是打捞费用就高达5～10亿元（张润志等，2002）。

11.5　城市发展对城市生物的影响

11.5.1　城市化对城市生物生境与区系的影响

11.5.1.1　城市生物生境调查与表征

对城市生物生境的调查和表征要采用多种手段和方法。陆祎玮（2007）选择了对鸟类影响较大的5个生境参数进行测量（表11.13），并以此为基础，分析上海市不同生境鸟类物种数（图11.2）、鸟类的居留比例（表11.14）。

上海市鸟类群落生境参数　　表11.13

生境参数	说明
距市中心的距离	实测值。根据地图测量，单位：km，以人民广场为中心
植被覆盖率	估测值。分为5个等级：1表示绿化覆盖率小于1%；2表示绿化覆盖率在1%～10%之间；3表示绿化覆盖率在10%～30%之间；4表示绿化覆盖率在30%～50%之间；5表示绿化覆盖率大于50%
植物多样性	估测值。表示植物物种数目。分五个等级：1表示植物种数少于100种，2表示植物种数有100～150种，3表示植物种数有150～200种，4表示植物种数有200～250种，5表示植物种数有250种以上
建筑指数	估测值。表示样方内建筑的比例。分为5个等级：1表示建筑比例低于1%；2表示建筑比例在1%～10%之间；3表示建筑比例在10%～40%之间；4表示建筑比例在40%～70%之间；5表示建筑比例高于70%
人为干扰	实测值。分为5个等级；1表示样方内无人；2表示样方内有1至2人；3表示样方内有3至5人；4表示样方内有6至10人；5表示样方内有10人以上

来源：陆祎玮．城市化对鸟类群落的影响及其鸟类适应性的研究[D]．华东师范大学，2007.

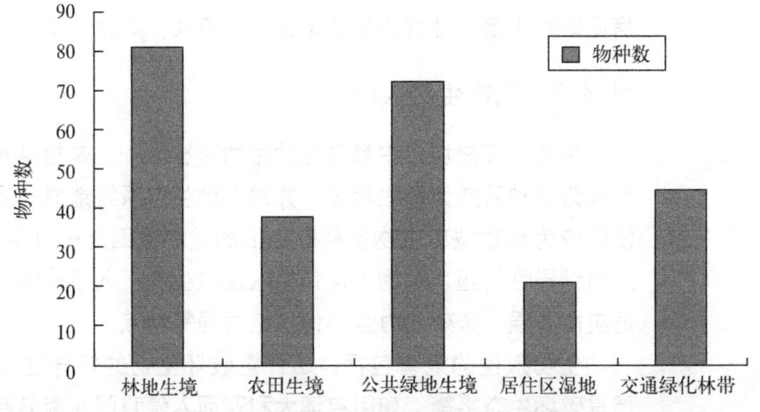

图11.2　上海市不同生境鸟类物种数比较

来源：陆祎玮．城市化对鸟类群落的影响及其鸟类适应性的研究[D]．华东师范大学，2007.

上海市五种生境鸟类居留型比例　　表 11.14

居留型	林地生境	农田生境	交通绿化林带	居民区绿地	公共绿地生境
夏	14.81%	23.68%	11.11%	4.76%	9.72%
冬	27.16%	15.79%	20.00%	23.81%	27.78%
留	28.40%	42.11%	44.44%	61.90%	36.11%
旅	29.63%	18.42%	24.44%	9.52%	26.39%
合计	100%	100%	100%	100%	100%

来源：陆祎玮．城市化对鸟类群落的影响及其鸟类适应性的研究 [D]．华东师范大学，2007．

陆祎玮（2007）的研究进一步指出，影响鸟类栖息地包括自然因子、人为因子。自然因子中与鸟类关系密切的是食物和栖息生境。不同生境的栖息地参数与鸟类群落结构参数相关分析结果见表 11.15。从表 11.15 可见，距市中心越近，鸟类多样性就越小，优势种越少；植被越完善鸟类种类数和多样性就高；建筑指数及人为干扰对鸟类的影响并未达到显著水平，但这两个指数均对鸟类群落产生负面影响。

不同生境栖息地参数与鸟类群落结构参数的相关分析　　表 11.15

鸟类群落参数 / 栖息地生境参数	物种数	优势种	多样性	均匀性	优势度
距市中心的距离（km）	0.595	0.939*	0.991**	0.772	0.869
植被覆盖率	0.939*	0.948	0.926*	0.878	0.661
植物多样性	0.991**	0.926*	0.541	0.813	0.849
建筑指数	−0.772	−0.878	−0.813	−0.264	−0.382
人为干扰	−0.869	−0.661	−0.849	−0.382	−0.194

注：*$P<0.05$，**$P<0.01$

来源：陆祎玮．城市化对鸟类群落的影响及其鸟类适应性的研究 [D]．华东师范大学，2007．

11.5.1.2　城市化对植物生境及区系的影响

在城市地区，植物生存环境受到不同程度的破坏，主要表现在六个方面（孟雪松等，2004）：①自然景观破碎化，廊道类型增加、廊道断裂和廊道总长度增大，斑块数量增多和各个斑块面积缩小以及斑块形状趋向不规则化，导致城市植物覆盖破碎化；②城市地区土壤污染，对植物产生有害影响；③城市土壤中的水分比农村明显偏低，影响到城市植物的生长；④城市空气污染对植物有不利影响；⑤城市热岛效应等其他环境变化制约植物的生长。

由此产生的后果一方面是乡土植物种类的减少，另一方面是归化植物的增多。归化植被种类百分数明显呈现出从郊区向城市逐渐增多的趋势。如加拿大“一支黄花”对我国城市原生植物造成了一定危害（方勃等，2005）。另外，前联邦德国的研究表明，外来种和世界广布种的增多是城市植物重要的区系特征之一（江源等，1999）。

相关研究表明：城市中植物种类的多寡与人口数量和人口密度密切相关。在中小型城镇，通常有 530 ~ 560 种植物种类；人口 10 万 ~ 20 万的城市，植物种类在 650 ~ 730 之间；人口 25 万 ~ 40 万的老城区，植物种类在

900～1000之间；而人口超过百万的城市，植物种类也通常超过1300种。原因包括：城市居住形态、不同土地利用等构成了各种独特的生态环境；人类的社会活动直接或间接地将各种植物种类带入人类所居住的区域。贸易合作增多，以及交通的便利，区域间流动更为频繁，增加了非本土植物种群的渗入。

此外，城市化对植物群落分布有着重要的影响。张金屯等（1999）发现植物的群落分布从城区到郊区再到农区，植被结构逐渐复杂化，种类组成有明显变化，种类有更替现象（表11.16和图11.3）。

植被变化数据与人文因素的关系 **表11.16**

人文因素	回归方程	R_2	P
城市土地利用率（%）	$y=2.9356-0.02468x$	0.791	<0.001（n=19）
交通密度	$y=8.32441-1.56397x$	0.880	<0.001（n=19）
公路密度	$y=7.3897-3.062135x$	0.776	<0.001（n=19）
人口密度	$y=4.07829-0.83316x$	0.883	<0.001（n=19）

来源：张金屯，Pickett STA．城市化对森林植被、土壤和景观的影响．生态学报，1999（5）.

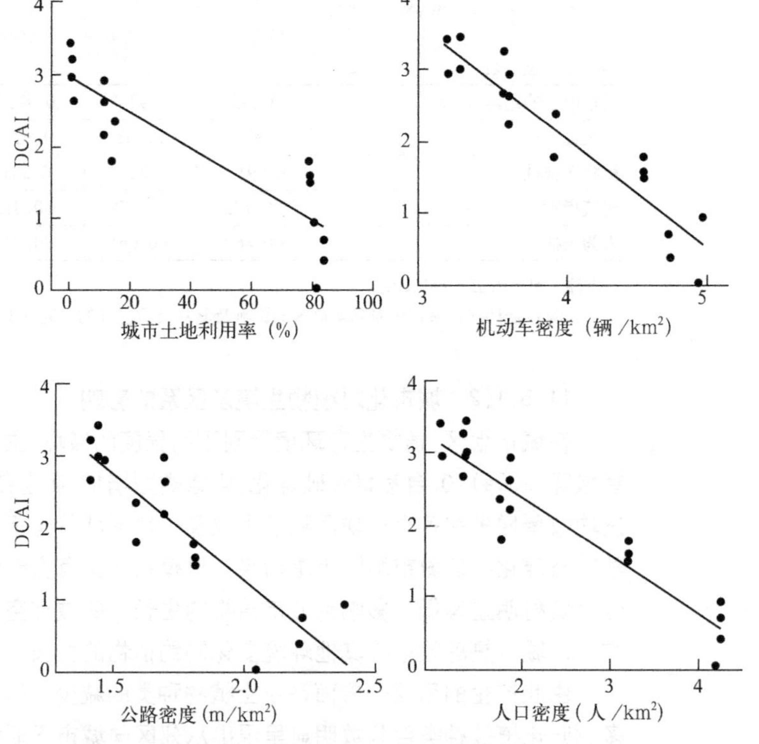

图11.3 植被与人文因素的关系

注：DCAI为植被变化数据。

来源：张金屯，Pickett STA．城市化对森林植被、土壤和景观的影响．生态学报，1999（5）.

11.5.1.3 城市化对动物生境及区系的影响

在城市化背景下，城市开敞空间的减少、植被覆盖率的下降、环境污染等对野生动物栖息地和隐蔽条件、食物来源状况等产生了一定的负面影响。

Mariana Villegas（2010）对玻利维亚拉巴斯市57个本地鸟类种群与城市化关系进行研究，结果发现：城市化水平越低，鸟类的丰富性与充足性越高，且都与植被覆盖和本地植被成正相关关系，与建筑覆盖、野鸽的充足性、人流率、车流率成负相关。城市化最高的地区分布的是能够适应人类干扰的动物，如麻雀、鸽子、画眉鸟等；城市化较低的地区则以本地鸟类分布最广。与海拔高度对鸟类丰富性和充足性相比，城市化对其影响更大（表11.17）。

鸟类种群多样性与充足性与当地栖息环境和城市发展程度的线性回归分析结果 **表11.17**

层组	鸟类种群丰富性			鸟类种群充足性		
	Beta	R^2	P	Beta	R^2	P
海拔	0.049	0.002	0.621	0.044	0.002	0.66
建筑覆盖	−0.672	0.452	0.001	−0.383	0.147	<0.001
植被覆盖	0.703	0.495	<0.001	0.423	0.179	<0.001
本地植被	0.372	0.139	<0.001	0.224	0.05	0.022
人流率	−0.535	0.286	<0.001	−0.373	0.139	<0.001
车流率	−0.342	0.117	<0.001	−0.196	0.038	0.046
野鸽的充足性	−0.536	0.288	<0.001	−0.354	0.125	<0.001

注：Beta为相关性系数，R^2为决定系数，P为显著性水平。

来源：Mariana Villegas，Alvaro Garitano-Zavala. Bird Community Responses to Different Urban Conditions [J]. Urban Ecosyst，2010（13）.

城市化对动物区系的影响既有负面的，对部分动物种群则亦有正面作用。

（1）负面影响

城市环境下生境和植物群落的减少，相当程度上是城市动物区系减少的原因。据日本东京鸟类调查，三个观察点繁殖鸟的种类从1951年的16种减少到1971年的8种，与城市环境质量变差，鸟类栖息地变得越来越单纯有关（中野尊正等，1986）。北京市城区1930～1940年代，曾有4种鹭科鸟类在劳动人民文化宫内的树上筑巢，在北海和中南海一带有雁形目19种栖息生存；到1960年代，上述鸟类在这些地区绝迹；到1980年代，北京城内原有分布较普遍的一些大中型鸟类，如天鹅、斑鸠、三宝鸟、黑卷尾、黑枕黄鹂等也基本绝迹，原来数量较多的灰喜鹊也急剧减少，而对人工建筑物有着密切依赖关系的麻雀则成为北京城市环境中鸟类的绝对优势种（魏湘岳等，1989）。上海市由于土地大规模的开发利用，野生动物的栖息地丧失，影响了上海市区野生动物的种类和数量（表11.18）。

2000年上海地区生态环境评估报告中调查的动物种类 **表11.18**

动物类别	记录种类	调查种类	备注
鱼类	250	114	现存的鱼类以经济鱼类为主
两栖动物	14	8	数量减少明显
爬行动物	37	21	种类稀少且多分布在郊区和边远地区
鸟类	424	312	留存的鸟类以候鸟为主，其中留居本地区繁殖的留鸟44种
哺乳动物	42	15	猫、狗獾等种类零星分布，大灵猫、小灵猫、穿山甲、赤狐已经或濒临绝迹，仅有环境适应性较强的哺乳动物分布在郊区和农田地区

来源：根据"国家环境保护总局．国生态现状调查与评估（华东卷）．2000"整理。

(2) 对部分动物的正面影响

对于个别动物种群而言，城市化在维系其安全与食物充足的生存环境方面也具有正面影响：①城市为一些动物提供了充足的食物来源，创造了其不受其他野兽侵袭的条件。城市发展过程中，原有的大型兽类动物消失，不仅保护了人类的安全，也对一些小型动物提供了安全的栖身之所。对于一些有害昆虫而言，城市中缺少鸟类等天敌，使其生存环境更为安全，有利于其繁殖栖息。②城市化为某些城市特有动物创造了更适合生存的环境。例如，中欧地区的一些动物种类，只在城市中有，农村地区没有，通常被称为城市特有的动物种群。Marcus Hedblom（2010）对瑞典34个城市和郊区鸟类进行的调查表明，常见的34种中有13种鸟类在城市地区的数量大于郊区，说明其更适应人工环境，而仅有7种鸟类在郊区的种群数量表现出大于城市的特征。③人为性的城市绿地、城市公园、自然保护区建设，以及宠物收养、动物治疗、关爱动物等活动，很大程度上丰富了城市动物的多样性。

11.5.1.4 城市化对微生物区系的影响

人类大量的建设活动使得城市中尘埃增加，导致空气中微生物赖以传播的途径增多，使得城市环境更加恶化，人类患病的几率增加。水体的富营养化也成为滋生水体微生物的温床。土地使用功能的改变，还引起土壤中微生物数量的变化，从而导致生物多样性的改变。王如松等（2000）通过对浙江绍兴小城镇发展的计算表明，工业用地土壤和居住用地土壤的Simpson指数较农业土壤都低（表11.19）。这表明，农业土地转化为小城镇居住建设用地和工业地，导致了一定区域内微生物多样性程度的降低。

以表层15cm土壤中微生物为计数的生物多样性变化[①] **表11.19**

土壤类型	物种总数	细菌	放线菌	真菌	原生动物	λ[②]
农业土壤	4	86.13	11.13	2.15	0.59	0.775
工业用地土壤	4	99.04	0.70	0.14	0.12	0.981
居住用地土壤	4	97.56	1.34	0.58	0.52	0.952

注：①细菌、放线菌、真菌、原生动物的计数均为其在物种总数中所占的百分比。

②λ为Simpson指数：$\lambda=1-\Sigma(P_i)^2$，其中，P_i为群落中第i个类群的个体比例。

来源：王如松，周启星，胡聃．城市生态调控方法．北京：气象出版社，2000．

11.5.2 城市发展对生物多样性的影响

11.5.2.1 城市发展对植物多样性的影响

城市化的人为干扰使城市地区植物物种数逐渐减少，既有间接对植物产生的不利影响，又有通过樵采和践踏对植物产生的直接危害。如北京市中心高密度建筑区自然植物不到10种，城区的紫竹院有50多种；近郊区圆明园有287种，樱桃沟有433种，位于远郊区的金山有511种。Sharpe D M（1986）对美国威斯康星州城市植被的研究也表明：当地原生植物物种数量在城区较城市周边乡村明显减少，在城市中心区仅保存着1/3的原生物种（李俊生等，2005）。孟雪松等（2004）对北京城市生态系统中植物种类的多样性进行的研究表明，不

北京城区各功能区植物物种多样性比较 表 11.20

城市功能区	乔木多样性	灌木多样性	草本多样性
公园	0.9393	0.9497	0.8665
学校校园	0.9388	0.7407	0.6030
居民小区	0.9116	0.9033	0.6216
道路	0.8548	0.8454	0.8329
体育中心及单位场院	0.7631	0.8140	0.2954
广场及公共建筑	0.7615	0.9010	0.7817
荒地	0.5939	0.6683	0.8730

来源：孟雪松，欧阳志云，崔国发，李伟峰，郑华．北京城市生态系统植物种类构成及其分布特征．生态学报，2004（10）．

同城市功能区植物多样性差异显著（表 11.20）。

11.5.2.2 城市发展对动物多样性的影响

城市化一定程度上引起了动物多样性的减少。其原因包括：绿地率低、绿地布局破碎化、环境污染严重以及人类保护动物的意识差等。以城市化对土壤动物的影响而言，大量建筑物的耸立及地面的硬化，土壤结构及理化性质均发生改变，致使土壤动物区系及微生物区系等随之发生变化。以蚯蚓为例，城市中去除林下地被层植物，扫去落叶，地面被人踏实等都影响蚯蚓的生存。某些蚯蚓还受大气污染影响（中野尊正等，1986）。

赛道建等（1997）的研究表明，济南市鸟类群落的多样性与人类生活空间的活动多样性成反比（表 11.21），即人类活动最为频繁的商业区、工业区，鸟类多样性最低；人类活动相对较少的风景防护林地，鸟类多样性最高。

济南市鸟类群落多样性 表 11.21

绿地类型	种数	*H*	*D*
街道	5	1.4027	0.0342
居民区	8	1.6013	0.0409
公园学校	28	3.5851	0.1419
风景防护林地	41	4.0896	0.5980
商业区	3	0.5763	0.0109
工业区	3	0.6019	0.0233

注：*H* 为 shannon−Wiener 指数，*D* 为 Simpson 公式，通常用以衡量物种多样性和优势度。

来源：赛道建，孙海基，史瑞芳，闫理钦，陈兆波，田丽，张永艳．济南城市绿地鸟类群落生态研究．山东林业科技，1997（1）．

11.6 城市生物系统可持续发展

11.6.1 城市发展应考虑生物利益

11.6.1.1 城市发展的生态伦理观

城市在发展过程中极大地依赖自然，并对周边地区及其他系统产生了诸多影响。处理好城市与其他系统之间的关系是实现城市可持续发展的重要举措，其中的一个重要方面就是生物系统的可持续发展。生态伦理观是指导城市发展及城市规划、建设、管理的基本价值准则之一，其理论依据是生态伦理学。

生态伦理学（ecological ethics）是一门新兴的应用性伦理学。其核心观点是生态价值观和生态道义观，强调大自然的价值并非只是人的工具的价值，应将自然纳入人类社会活动的道德范畴（李王鸣等，2007）。城市发展的生态伦理观具体体现在以下方面：①承认生物系统的内在价值。生物多样性未知的潜在价值对人类的生存和发展所起到的重要作用是难以估量的，城市发展必须建立在承认生物系统内在价值的基础上；②城市发展必须遵循生态规律。生态规律是生态领域的事物和现象内部的本质联系，遵循生态规律可促进生物系统的发育和进化；③城市应当履行保护生物多样性的责任；④遵循生物多样性保护和经济发展相协调的准则。

11.6.1.2 人为创造生物生存需要的环境条件

（1）提供食源，满足动物生存条件

在高度人工化的城市生态环境中，生物营养循环的链条被切断，城市绿地、水体等环境中缺乏动物所需食物。城市建设和管理要考虑城市动物的食物需求，采取种植可提供食物的树木等措施，使食物链得以重新建立，让各种动物逐渐恢复正常的自然觅食习惯。张志明（2003）认为，北京除种植金银木、君迁子、柿树、海棠、核桃等食源植物外，还需要增加浆果植物、块根茎植物。

（2）提供水源，保障动物的饮水安全

城市自然水体格局的改变不仅使陆生动物水源减少，也直接导致了水生动物种类和数量的减少。在城市景观建设中，通过收集自然降水，重新恢复已经消失的自然水体，为动物提供安全的水源，将有助于动物多样性的恢复。将距离水源较近的区域划定为动物保护范围，可避免人类对动物的干扰。

（3）创造城市动物隐蔽的栖息环境，利于其生存和繁殖。

根据生态学原理，任何种类的动物均具有一定的生存面积阈值，当生存面积低于该阈值时，某种动物将很难生存下去。城市中连续的"绿色空间"越大，越能提供高质量的动物生存空间。尽管一些城市中保持着较高的绿地率，但由于城市绿化过分强调"以人为本"，缺乏"自然为本"，城市动物尤其是小型兽类和鸟类因缺乏良好的隐蔽场所而无安全感，高大树木的减少使树栖鸟类缺乏筑巢场所，水体中挺水植物的缺乏导致水鸟没有繁殖地。因此，城市绿化要提倡"森林化"，提倡乔、灌、草的立体种植模式；水体改造要提倡"自然化"，以充分发挥其生态功能；树种选择要"乡土化"，既保证植被的健康生长，也为乡土动物提供最合适的栖息地；小生境创造要实现"多样化"，吸引更多种类的动物到城市中栖息。

（4）实施招引和释放等工程技术

招引和释放是促进城市动物多样性的重要途径之一，尤其以鸟类的招引最为常见。通过人工筑巢、种植鸟类食源的植物等方法，可吸引鸟类在城市中安家。通过招引和释放等工程，使得部分居民小区也能营造适应城市动物生存的环境。有一定绿化面积的居民小区，有条件吸引鸟类和多种蝶类、鸣虫。在居民不常走近的小区边缘，可种植耐阴的松柏类乔木，为小松鼠营建家园。宜尽量选种本地植物，同时考虑鸟类喜欢的果树，如枇杷、火棘等。尽可能营造真正的水生态环境，如有自然植被护岸的小池塘和小溪流，只要留足空间和土壤，有活水流动或承接雨水，池塘里就会有水生植物和蛙、鱼、鸟等动物出现（薄小波，2010）。

（5）加强动物救助

动物救助和管理也是开展动物多样性保护的重要内容。在美洲，预防虐待动物协会（SPCA）是承担保护动物和收容流浪动物、制止虐待动物的最主要机构，还有一些其他的私人或福利团体设立的动物收容所、动物医院等。北京市野生动物救助中心在城市公园、开放式绿地等处营造野生动物栖息所必须的自然环境，释放经治疗后可以在野外生存的野生动物以及经科学论证适宜释放的物种，均为有益的尝试（张志明等，2003）。

11.6.2 城市规划与生物多样性紧密结合

11.6.2.1 运用生物多样性信息指导城市规划

城市规划中生物多样性保护的基本思路之一是将生物多样性信息应用到城市规划工作中，利用城市规划对城市发展的调控作用，落实城市生物多样性的保护。生物多样性信息既包括精确的科学信息，如物种组成、物种多样性、物种生存环境条件及特征、物种数量规模等；也包括非科学信息，如当地居民及自然主义者的意见（V.Yli-Pelkonen，2006）。城市生物多样性信息管理及规划应见图11.4和图11.5。

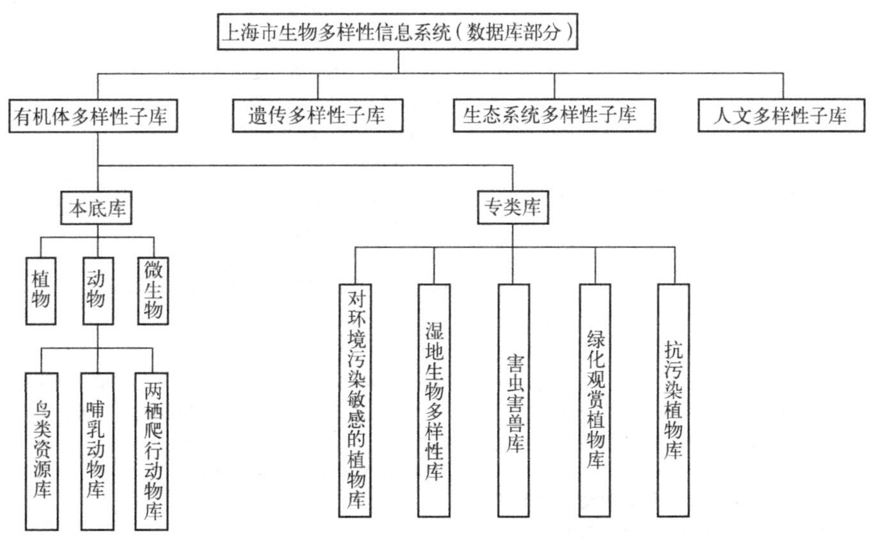

图11.4 上海市生物多样性信息系统（数据库部分）结构图

来源：赵斌，唐礼俊，吴千红，陈家宽．上海市生物多样性信息管理系统的建立和应用．生物多样性，2000（2）．

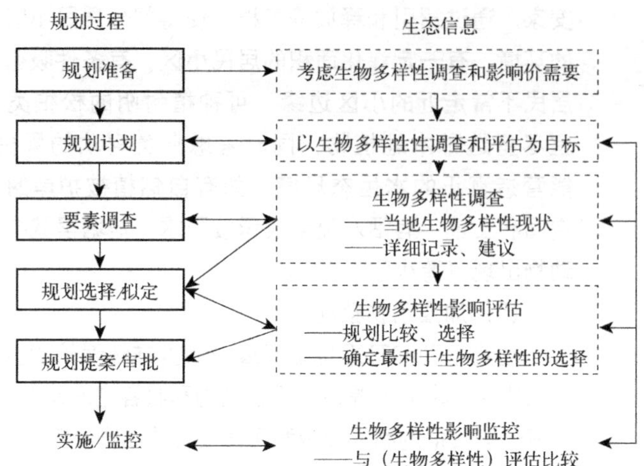

图 11.5　芬兰土地利用规划过程中来自生物多样性（BD）调查和评估的生态信息

来源：V.Yli-Pelkonen，J.Niemela.Use of Ecological Information in Urban Planning：Experiences from the Helsinki Metropolitan Area，Finland [J].Urban Ecosyst，2006 (9).

11.6.2.2　生物多样性保护与城市规划相结合

城市规划对生物多样性有着重要的影响，城市规划如遵循城市生物多样性保护规划的原则和方法，促进而不是损害城市生物多样性，则，生物多样性保护将能得到实质性的推进。英国 2002 年发布的《针对英格兰东南部地区规划和发展部门的生物多样性指南》强调任何层次的规划都应该在充足的生物多样性信息基础上进行；明确地将土地利用规划与生物多样性加以联系，将规划系统与生物多样性的走向和发展趋势加以联系；提出了通过规划系统达到生物多样性行动规划目标的关键和若干举措（表 11.22）。

通过规划系统达到生物多样性行动规划目标的关键　　　　表 11.22

	生物多样性目标	规划理由与机制	土地使用规划中的举措
1	保护目前重要的动植物生活环境区域，防止它们被进一步蚕食	发展规划中生物多样性政策明确表达和建设场所的确定是分等级（按国际级、国家级、地方级）进行的。建设场所生物多样性的保护借助于发展控制过程以取得	建设场所的维护和保护
2	维持当前重要种群的存在，防止其进一步的散失	在发展规划中对生物多样性保护政策加以明确的表达 生物多样性的保护借助于发展控制的控制和规划职责及规划条件的应用以取得	生物种类的维护和保护
3	在自然景观中扭转动植物生活环境的破碎和种间隔离现象 将种群和其生活环境加以连接 在现存的关键场所维持和增强生物活动的网络和区域 通过有效的管理使野生动植物的迁居、散布和遗传性质的交流成为可能	执行《自然野生生物生存环境保护法》(1994 年）第 37 条 在发展规划和有关的自然景观特征的鉴定中对政策予以明确的说明 规划条件和规划职责都将予以应用	管理和完善对于主要的野生动植物的散布、迁移和遗传变化起重要作用的自然景观
4	在发展规划区域调查和鉴别重要的自然保护特色	城市和乡村规划法（1990 年）11 条和 30 条	获得适当的有关野生动植物、动植物生活环境、地质学和地形的信息，为发展规划作准备

续表

	生物多样性目标	规划理由与机制	土地使用规划中的举措
5	识别和理解发展规划对生物多样性的潜在的冲击	从规划的主题到法定的环境影响评价的角度考虑规划对环境的冲击 城市和乡村规划(环境影响评价)(英格兰和威尔士)法规，1999 年	进行法定的规划对环境的影响评估和预测
6	对发展规划所在地野生动植物及其生活环境进行充分的特征调查和评估 识别发展对野生生物及其环境的潜在的冲击，识别这些冲击的特性，识别提交的规划方案对缓解这些冲击提出的举措的有效程度 增加对生态特征、生态过程和生态关系等生态学特征的认识	从规划项目到法定的环境影响评价两方面考虑对环境的冲击	从收集必须的资料到决定规划的申报等方面训练建设项目申请者的能力
7	对野生动植物及其生活环境，要根据英国生物多样性报告实现恢复和完善的目标，包括提高野生生物的生活环境质量、增加其活动范围、扩大野生生物种群的分布和数量等方面		恢复和增进生物多样性
8	在建设过程中，保护生物多样性的特质 避免对野生生物生活环境的不利影响 避免对野生生物的伤害 补偿野生生物生活环境因建设造成破坏的损失 完善和保护自然保护区的特色 使人们能够接近和享受自然		在发展控制中，利用规划条件对生物多样性加以控制
9	采取缓和生物多样性减少的举措，如使原有生物重新复苏、引进原来生物的替代者、培育新的生物类型等 保证土地管理满足自然保护的需要 对减轻危害生物多样性举措的效果进行监测 在需要的地区采取维护生物多样性的补救措施 进行远距离的野生动植物生存状态的调查 为自然保护提供土地 创造新的野生生物生活环境，并展示其新的地质学特征 恢复野生生物的生存环境，重新引入野生动植物 改变和置换野生生物及其生存环境 提供金融方面以及其他形式的支持		在发展控制中，利用规划职责对生物多样性加以控制
10	在生物地理区域例如自然区，对重要的生物多样性的特点进行描述和评价，以便告知建设者关于野生生物生存环境的营造、保护和完善方面的内容		识别环境资本的特征
11	取得对野生生物没有净损害的新发展	利用规划条件和规划职责以避免对野生生物的有害影响并弥补所造成的损失	避免和缓解对野生生物生存环境的影响，如有有害的影响则应进行适当的补偿
12	取得监测信息以判断有关野生生物及其生存环境的保护、补偿、完善和管理的措施是否被采取，是否与目标符合（与规划许可所要求的那样）		监测生物多样性

来源：沈清基．土地利用规划与生物多样性——《针对英格兰东南部地区规划和发展部门的生物多样性指南》评价．城市规划汇刊，2004 (2).

国外注意到了规划师对生物多样性的影响。德国在考核城市规划设计人员时，不仅要求城市规划设计师有很强的专业技能，而且也要求有较丰富的生物学专业知识，保证城市规划设计对地域动植物的保护成为他们必须遵循的原则，德国已将动植物保护纳入了城市规划评比的范畴（景志强，2004）。

将生物多样保护的目标融入城市规划和设计对于降低生态风险具有重要的作用。Karen 等（2010）对澳大利亚东南部的 Molonglo Valley 地区 80 个采样点的鸟类进行调查，发现河岸地区、桉树林地的物种多样性更高，进一步发现与林地种群相关的五个主要的要素分别是：土地利用、林木覆盖和组成、桉树林再生、灌木覆盖和土地覆盖属性。以此为依据，提出将鸟类保护的调查及结果融入城市规划与设计的五个建议（表 11.23）。

澳大利亚 Molonglo Valley 地区林地鸟类保护成果融入城市设计的建议　　表 11.23

建议	措施		受益物种举例
	城市地区	半城市地区	
1. 保留桉树林	围绕现有的大型桉树发展设计将小型林地纳入城市开敞空间	通过积极管理促进林地的健康和功能	褐刺嘴莺 深红玫瑰鹦鹉
2. 保持高品质河岸地区	在河流与城市区域规划足够的缓冲区 河岸地区限制娱乐活动	恢复原生树木和灌木覆盖 以地方特有种替换杂草	灰孔雀 红眉斑啄果鸟
3. 通过余留的景观区域保护零散的树木	围绕现有的零散树木规划开敞空间 减少树木周围的集约化管理	防止零散树木的清理	槲啄花鸟
4. 鼓励通过再生更换树木	保护再生区域 通过积极植树模仿自然再生	采取低投入、快速轮牧的做法	棕尾刺嘴莺
5. 保持一个结构复杂的栖息地	城市开敞空间内维持或提高枯叶、灌木和原木的覆盖	防止农场“整理”的做法 种植本地的菇类或花丛，优先清理黑莓	细尾鹪莺 东玫瑰鹦鹉 红眉松雀 银眼鸟

来源：Karen Stagoll，Adrian D. Manning，Emma Knight，Joern Fischer，David B. Lindenmayer. Using Bird-habitat Relationships to Inform Urban Planning [J]. Landscape and Urban Planning，2010 (98).

11.6.3　编制城市生物多样性保护规划

1992 年 6 月，中国正式签署了《生物多样性公约》，标志着中国开始了履行国家和全球的生物多样性保护的义务。我国在风景名胜区建设和城市绿地系统规划中都规定了与生物多样性保护相关的人工植被和树种的规划内容。2005 年国家建设部印发的《国家园林城市申报与评审办法》通知中，首次提出了单独编制《城市生物多样性保护规划》的要求，将该规划编制和《城市绿地系统规划》的编制并列，作为国家园林城市申报的必备条件之一。

11.6.3.1　规划编制依据

(1) 中国气候区划。一个地区的生物多样性水平受气候等环境条件所决定。

不同气候区之间动物、植物的最大环境容量在数量、种类方面会有差异。

(2) 中国植被区划。植物种类和植被类型的规划应以中国植被区划为参考，植物的乡土性和地带性与植被区划有密切关系。

(3) 中国动物分布区划。动物的分布受地区自然条件的制约，编制多样性规划应参考相关的动物分布区划资料。

(4) 地方古树名木分布。古树名木是长期适应当地气候条件留存的活文物，古树名木的长寿命是对当地气候最好的适应结果，对树种规划有重要的指示作用和参考价值。

11.6.3.2 城市植物多样性保护规划

植物多样性保护除了保护观赏价值高的植物种类外，一般指的是乡土种类的最大数量保护和自然植物群落类型的保护。植物多样性保护不仅要满足园林景观美学的需要，更重要的是要为生态系统的正常运行服务，其种类选择要以为鸟类、昆虫、食草动物等消费者提供食物的植物种类为标准。观果植物的数量和挂果期的合理分配可为留鸟提供正常的食物；观花植物的数量和开花的季节分配要为蜜蜂等昆虫提供食物等，生物多样性保护中的植物规划要体现这些特点（郝日明等，2010）。

城市植物多样性保护规划要强调植物景观的天然性，重视乡土树种和本地植物的引入和维持。西方国家城市都力争保持植物种类的多样性，包括藻类、地衣、苔藓、蕨类、裸子和被子植物等，以保证城市生态系统功能提高和健康发展。例如，比利时布鲁塞尔市有 730 多种植物，约为全国植物区系的一半；柏林有园林植物 1243 种，罗马有 1400 多种。丰富的植物群落结构和多样化的物种类群能更多地容纳昆虫、鱼类、两栖类等脊椎动物和无脊椎动物，野生动物生存更加容易（M.Lindegarth，2001）。

在城市中加强城市森林的建设是提高本地植物多样性的重要途径，这是因为森林系统是生物多样性最为丰富的生态系统之一，通过城市森林建设可为城市植物多样性保护提供强有力的支撑。

11.6.3.3 城市动物多样性保护规划

(1) 栖息地规划

生物多样性丧失的主要原因是栖息地的破坏和丧失，动物多样性保护可以通过规划栖息地的方法，营造动物生存所需要的生境。

1）森林型栖息地　根据动物的食性，规划种植生长坚果、浆果以及核果的植物，保证其在时间分布上的连续性。传粉昆虫的栖息地规划，可结合观花种类的配植，为诸如蜜蜂、蝴蝶、食蚜蝇等传粉昆虫提供蜜源。通过种植松、杉或其他结坚果的树木，招引松鼠等啮齿类动物。倒木对哺乳动物和两栖动物而言是很重要的隐蔽物，腐烂的倒木还可以增加昆虫的丰富度，从而可以提高食虫鸟类的生存能力（周宏力等，2006）。城市绿地在不影响安全的地段，可适当保留地面的枯木、落叶和残枝以利于多样性保护。

2）湿地型栖息地　通过恢复湿地生态系统的水生植物、水生动物体系，可为水生鸟类提供食物和栖息场所。在兼顾安全的前提下，尽可能采用梯形泥质护岸，不仅提高水体的自净能力，而且使护岸边到水体中心，水深逐渐增加，水中氧气含量呈递减趋势，可为不同水生动物和微生物以及水生植物创造多样的生境。再如，可以在湿地护岸边建立小型自然保护区，不仅能丰富城市生物多样性、改善景观，同时对水生鱼类的数量起到调节作用（郝日明等，2005）。

3）农田型栖息地 农田中含有丰富的鱼类、两栖类和软体动物类（蜗牛、贝类、田螺、蚯蚓等），可以给栖息在自然生态系统中的水鸟等野生动物提供丰富的食物来源 农作物开花结实可以吸引传粉昆虫以及食籽鸟类（张毅川等，2005），应科学使用化肥、农药，有效提高农田栖息地的多样性。

4）灌丛草地生境 城市边缘或近郊地带存在大量荒芜地，其植被以灌丛草地为主，为植物和动物提供了多样性的生境。然而，一些城市的郊区风景林地建设将这些荒地除去，代之以人工种植的树木，忽视了原有栖息于此的动物的需求，破坏了其赖以生存的食物链和食物网。在进行郊区风景林地、防护林地建设的同时，因地制宜地保留一些原有的灌丛草地生境，有利于本地动植物生存环境的保护。

（2）生态廊道

生态廊道是实现各生态景观单元在空间上有效连接的线性或带状景观生态空间类型（官卫华等，2007）。生态廊道既可以为野生动物提供特殊生境和栖息地，也可以增加生境斑块的连接性，给缺乏空间扩散能力的物种提供一个连续的栖息地网络，增加物种重新迁入机会（古新仁等，2001）。城市中保存的空地、自然保留地（森林、灌丛、草地、河流、湿地、废弃的铁路、水库、墓地、深坑等），均可看作生物栖息的生境或生态走廊。北京市海淀区上庄水库在建设防洪新闸时，在新闸旁修建了一条宽2m、长160m、呈“S”形布局的鱼类专用通道，就是一种较好的处理方式（北京市发展和改革委员会，2008）。近年来出现的三种“野生动物通道”包括：路上式生物通道，道路下式生物通道，涵洞式生物通道三种类型。

在生态廊道建设中应注意以下几点：①廊道必须具有原始景观自然的本底及乡土特性，应是自然的或是对原有自然廊道的恢复，任何人为设计的廊道都必须与自然的景观格局相适应（俞孔坚等，1998）。②廊道建设要以实现绿色生态网络为最终目标，充分考虑如何将城市绿地系统和城外自然环境联系起来，减少“岛屿状”生境，增加开敞空间和各生境斑块的连接度和连通性，为城市动物的迁移提供可能。③廊道的选址要建立在对动物迁移行为充分调查的基础上。④环城公路旁绿化林带、滨河绿地等廊道的植物配植要充分考虑为迁移动物提供食物、栖息和隐蔽的场所，采用复层群落模式，增加挂果植物种类和数量（贾文轲等，2009）。

闫水玉等（2010）提出的都市地区生态廊道规划方法框架如图11.6所示，番禺地区生态廊道分区控制标准见表11.24。

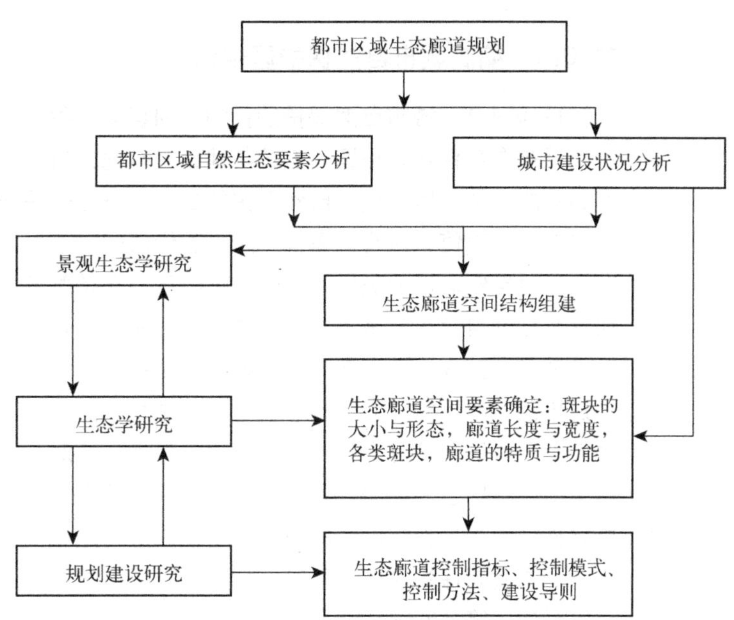

图 11.6 都市地区生态廊道规划方法框架

来源：闫水玉，赵柯，邢忠．都市地区生态廊道规划方法探索．规划师，2010（6）．

番禺地区生态廊道分区控制指标 表 11.24

生态单元	类型	控制标准
块状生态单元类型及其控制标准	山林地	最小面积为能够保证现有动植物种群自我维持的面积，一般为 1 ~ 3km^2
	陆地湿地	最小面积为能够保证现有动植物种群自我维持，同时能够为鸟类迁徙提供足够的栖息地和食物的面积，一般为 2 ~ 5km^2
	湖泊	应遵循湖泊生态系统演进的相关自然规律，防洪线以内应保留
	滩涂湿地	正在形成过程中的河口和海岸区应保留
	自然保护区	其核心区、缓冲区均为控制范围
	农业生产地	以大型河道和城市快速干道为边界，保持相应农业生态系统的完整性，考虑因素有优质农产品的遗传稳定，田园旅游产品的多样性及传统文化分布的地域感等
带状生态单元及其控制标准	生物走廊	满足典型小型哺乳动物、小型留鸟在斑块之间的迁移需求，并兼顾相应的防护作用，提供良好的自然景观，最小宽度不应小于 1km
	自然水系走廊	确保现有水面不再被侵蚀，一般城区河段保持两侧岸线加绿地各控制宽度为 0.3 ~ 0.5km 的廊道带；自然河道两侧各控制宽度为 1km 的廊道带，同时在其两侧保证宽度为 3 ~ 5km 的农林发展带，组成具有综合生态功效的廊道
	空气走廊	促进城市内部空气流动，利于清新空气输入、污浊空气排出，一般宽度应为 120m 以上
	景观视廊	为促使建成环境与自然景观相融合，且为了兼具城市发展隔离带的性质，其宽度控制不得小于 1km；廊道中有高速公路、铁路通过的地段，其宽度应控制在 2 ~ 3km
	防护林带	具有防灾功能的海滩防护林带，其宽度控制在 3 ~ 4km；具有减灾功能的内河防护林带，其宽度控制在 0.3 ~ 1km

来源：闫水玉，赵柯，邢忠．都市地区生态廊道规划方法探索．规划师，2010（6）．

11.6.4　编制城市自然保护区规划

11.6.4.1　城市自然保护的目的、内容与对象

城市自然保护是保留、保护与建设具有地方自然历史特色的、为当地居民所必需的自然生境。城市自然保护的目的，一是确保地方政府在制定规划时给予自然历史价值以应有的重视，防止有价值的地点向不利方向发展；二是将城市建设对自然环境的破坏减少到最低限度；三是改善城市居民的居住环境，使居民更接近自然；四是提高城市的吸引力和经济效益。

城市自然保护的主要内容包括：①保护与当地居民生活、活动密切相关的自然景色；②保护对当地科学文化有促进意义的生境；③保护有自然历史价值的地点、地质遗产等。具体保护的对象包括：①对都市具有重要性的地点、生境类型、特殊生物；②对城区具有重要性的地点，半自然植被；③对地方具有重要性的地点，密集城区的自然生境；④生物走廊、穿城绿带、连接野生生物生境；⑤城郊保护区域：篱笆、水沟、牧场、草地、灌木丛、林地、自然遗产地等（沈一等，2004）。

11.6.4.2　城市自然保护区的概念及类型

自然保护区是指对有代表性的自然生态系统、珍稀濒危野生生物种群的天然生境地集中分布区、有特殊意义的自然遗迹等保护对象所在的陆地、陆地水体或者海域，依法划出一定面积予以特殊保护和管理的区域。城市自然保护区是指城市辖区内具有一定面积的自然或近自然区域，具有保持生物多样性、乡土物种，景观保护和保存复杂基因库等重要的生态功能。城市自然保护区类型与世界保护区分类系统和国家自然保护区类型划分体系有关（表 11.25）。但同时，结合城市实际情况进行类型划分也是很基本的方法。

中国自然保护区类型划分　　　　表 11.25

类别	类型
自然生态系统类	森林生态系统类型
	草原与草甸生态系统类型
	荒漠生态系统类型
	内陆湿地和水域生态系统类型
	海洋和海岸生态系统类型
野生生物类	野生动物类型
	野生植物类型
自然遗迹类	地质遗迹类型
	古生物遗迹类型

来源：薛达元，蒋明康．中国自然保护区类型划分标准的研究．中国环境科学，1994（4）．

李植斌（1999）认为，城市自然保护区可分为自然生态型、名胜观光型和生态农业示范园区等类型。怀化市将该市的自然保护区分成：科研自然保护区、国家公园、自然遗迹自然保护区、野生生物物种自然保护区、自然生态系统自然保护区、资源管理自然保护区等（梁娟等，2010）。

11.6.4.3 城市自然保护区规划设计原则和空间划分

景观生态学原理为自然保护区设计提供了理论框架。1975 年，戴芒得曾据此提出自然保护区设计的 6 条原则（理）：①一个大的自然保护区要比小的自然保护区保存的物种多；②一个单一的大的自然保护区要比总面积与其相等的几个小保护区为好（假设生境类型相同）；③如果必须设计多个小保护区，应使它们尽量靠近一些，以减少隔离程度；④几个保护区呈簇状配置，要比线状配置为好；⑤将几个保护区用廊道联系起来，可便于物种的扩散；⑥应尽量使保护区成圆形（杨彪，2001）。

景观生态学理论中一般将自然保护区划分为三个功能分区：核心区、缓冲带和实验区（过渡区）。其中核心区需绝对严格保护；缓冲区是在核心区外围为保护、防止和减缓外界对核心区造成影响和干扰所划出的区域；实验区是可进行科学实验的区域（表 11.26）。

三个城市自然保护区空间划分及数据　　表 11.26

	核心区	缓冲区	实验区
武汉上涉湖湿地自然保护区规划	核心区 1190hm^2，占保护区总面积的 28.7%	缓冲区 551.75hm^2，占总面积的 13.3%	实验区包括保护区边界以内，缓冲区界限以外的大部分区域。面积为 2407 hm^2，占总面积的 58.0%
深圳市福田红树林自然保护区规划	核心区的面积约 169.07ha，占保护区总面积的 44%	缓冲区的面积为 50.66hm^2，占总面积的 113.8%	实验区面积 142.29hm^2，占总面积的 38.7%
江苏大丰市麋鹿自然保护区规划设计	30000hm^2，占 34.1%	17600hm^2，占 20%	37400hm^2，占 42.5%

来源：根据资料整理：(1) 孙骅声，马锦辉，谭维宁. 深圳市福田红树林自然保护区规划. 城市规划，2000 (8)；(2) 白涛，江建国，雷正玉，罗崇德，周建华. 武汉上涉湖湿地自然保护区规划建设与利用. 湖北农业科学，2010 (8)；(3) 黄霞. 景观生态学在自然保护区中的应用——以江苏大丰市麋鹿自然保护区规划设计为例. 内蒙古林业调查设计，2006 (1).

11.6.4.4 自然保护区规划方法

目前对自然保护区合理布局规划常通过以下 4 种主要途径（李霄宇等，2010）。

(1) 生物地理区划法（BD）

生物地理区划是指按照生物分布规律或相似性对某一地域范围进行综合区划。生物地理区划法作为自然保护区体系规划的基础有其局限性，由于生物地理分区是在全球尺度上提出的，因而它的实际操作性很差，只能提供可供选择的各类群落类型，并不能解决哪些类型应该得到保护以及保护区应该建立在哪些地区等问题。

(2) 生物多样性热点地区分析法（HA）

Myers（1988）在分析热带雨林受威胁程度的基础上，提出了热点地区的概念；并根据物种的特有程度和受威胁程度，首次提出了全球 18 个热点地区（Myers，1990），经修订后确定为 25 个热点地区（Myers，2000）。此概念对生物多样性的保护具有重要意义，但其多以物种为选择标准，植被类型和生境考虑较少（Pimm 等，1998）；只是提供了一个哪些地区应该优先保护的分析方法，并没有告诉人们如何去进行保护（Ginsberg，1999）。

（3）保护空缺分析法（GAP）

保护空缺分析法概念的雏形来自Burley对"保护GAP"的解释，他把保护GAP定义为：确定和分类生物多样性的各种因素以及调查现有保护区系统的一种方法（Burley，1988）。这个方法也就是要确定哪些应该得到保护的因素（如植被类型、栖息地类型、物种等）在现有的保护区中未被体现或很少被体现出来。最后，这些信息将被用来确立下一步保护行动优先要考虑的因素，如设计未来的保护方案和规划土地利用等。

GAP分析就是基于Burley的这个非常简单的概念而提出的。GAP分析是寻找保护区系统中未被代表或充分代表的物种及植被类型，进而确定其所在区域的过程。GAP分析强调至少应该使区域内每一物种和植被类型在已有保护区系统内出现一次，没有出现的植被类型或"热点区"就是Gaps（空白点）。而这些Gaps正是未来濒危的对象。

保护空缺分析法将寻找热点地区与保护对策结合了起来，认为在地区尺度上探讨生物多样性保护时，应该找出物种多样性高、对人类活动敏感地区、特有物种集中分布地区和代表性的生态系统，使之得到充分保护。

（4）生态系统服务功能分析法（EFR）

生态系统服务功能是指生态系统与生态过程所形成及所维持的人类赖以生存的自然环境条件与效用。生态服务功能分析法是以生态重要性评价（其核心为生态系统服务功能）为基础，结合GIS技术来进行保护区体系规划的一种方法。它通过分析和评价生态系统所提供的各种不同生态服务功能，生态环境敏感性和重要物种生境评价的分布特征，提出优先保护的生态系统和地区。生态服务功能分析法作为一种新的自然保护区体系规划途径，突破了单纯的以生物多样性为保护目的的思路，更强调生态服务功能的综合性，与自然保护区设立的目的更加吻合。

11.6.4.5 城市自然保护区规划的主要思路

以景观生态学为基础，多学科协作。除了生态学理论的应用外，多学科的交叉及协作是城市自然保护区规划建设成功的关键。地理学、水文学、园艺学、生物学、城市规划学、社会学等，都在其中起重要作用。

注重生态过程的恢复和重建。生态过程是指生态系统要素间的相互作用和联系，是城市自然保护的主要对象。健全生态过程可使自然生态系统具有自稳定性和低投入维持的特点，并形成生物多样性的基础。生态过程包括生物过程和非生物过程。生物过程如某一地段内的植物生长，有机物的分解和养分的循环利用过程，水的生物自净过程，生物群落的演替，物种的空间迁徙、扩散过程等；非生物过程如风、水和土的空间流动等。

多目标、多层次规划设计。城市自然保护不可能像自然保护区建设那样隔离于人的影响之外。城市自然保护活动一般都兼顾多种目标。城市绿地系统同时具有生物廊道、城市景观塑造、城市户外空间营建、历史遗迹保护及教育、游憩、观光等多种功能。这种多功能、多目标的方法，消除了传统规划方法将自然保护与开发对立起来的局面，为自然引入城市提供了条件。城市自然保护区具有层次性特征。从规划实施到管理，需要不同层次组织部门的相互协调和共同参与，涉及不同自然条件、社会经济条件以及文化、历史、政治等诸多方面的协作（沈一等，2004）。

图 11.7 为大丰市麋鹿自然保护区规划设计的流程。

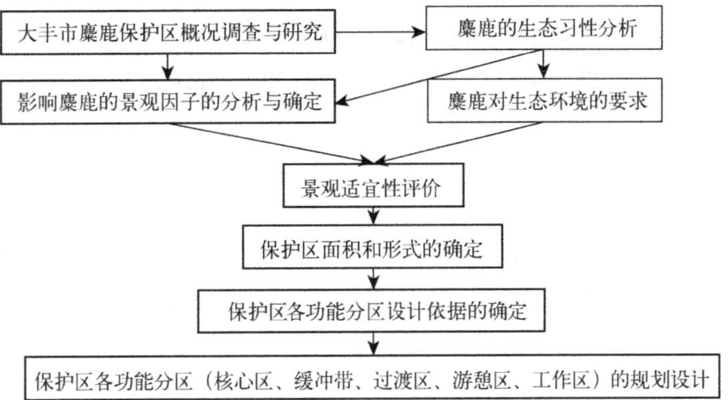

图 11.7 大丰市麋鹿自然保护区规划设计流程

来源：黄霞. 景观生态学在自然保护区中的应用——以江苏大丰市麋鹿自然保护区规划设计为例. 内蒙古林业调查设计，2006（1）.

第11章参考文献：

[1] Grimm NB, Faeth SH, Golubiewski NE. Global Change and the Ecology of Cities [J].Science, 2008, 319 (8) : 756-760.

[2] Jenni G. Garden, Clive A. McAlpine, Hugh P. Possinghan. Multi-scaled Habitat Considerations for Conserving Urban Biodiversity: Native Reptiles and Small Mammals in Brisbane, Australia [J] .Australia. Landscape Ecol, 2010,25 (7): 1013-1028.

[3] M. Lindegarth. Assemblages of Animals around Urban Structures: Testing Hypotheses of Patterns in Sediments under Boat-mooring Pontoons[J] .Marine Environmental Research, 2001,51 (4): 289-300.

[4] Marcus Hedblom, Bo Soderstrom. Landscape Effects on Birds in Urban Woodlands: an Analysis of 34 Swedish Cities [J] . Journal of Biogeography, 2010,37 (7): 1302-1316.

[5] Mariana Villegas, Alvaro Garitano-Zavala. Bird Community Responses to Different Urban Conditions in La Paz, Bolivia [J] .Urban Ecosystems, 2010,13 (3): 375-391.

[6] Mcintyre N E. Ground Arthropod Community Structure in a Heterogeneous Urban Environment [J] .Landscape and Urban Planning, 2001,52 (4): 257-274.

[7] Sharpe D M, Stearns F, Leitner L A, et al. Fate of Natural Vegetation During Urban Development of Rural Landscape in Southeastern Wisconsin [J] . Urban Ecology, 1986,9 (3-4): 267-287.

[8] V.Yli-Pelkonen，J. Niemela. Use of Ecological Information in Urban Planning：Experiences from the Helsinki Metropolitan Area. Finland[J] .Urban Ecosystems，2006,9 (3)：211-226.

[9] 艾运生,李林,唐峰. 武汉市汉阳区 8825 例动物致伤患者特征与狂犬病干预效果分析 [J]. 公共卫生与预防医学，2009 (3).

[10] 北京市发展和改革委员会. 2007 年北京市生态环境建设发展报告 [M]. 北京：中国环境科学出版社，2007.

[11] 北京市发展和改革委员会. 2008 年北京市生态环境建设发展报告 [M]. 北京：中国环境科学出版社，2008.

[12] 薄小波. 上海，请为野生动物留个家 [N] . 文汇报，2010-05-31.

[13] 方勃，徐国余. 加拿大"一支黄花"特征特性及防制对策 [J]. 现代农业科技，2005 (3).

[14] 高艳，卜云，栾云霞，杨毅明，柯欣. 城市新规划地土壤动物群落组成和多样性：以上海市世博会会址为例 [J]. 生物多样性，2007 (2).

[15] 古新仁，刘苑秋. 景观生态学原理在城市生物多样性保护中的应用探讨 [J]. 江西农业大学学报，2001 (3).

[16] 官卫华，何流，姚士谋，等. 城市生态廊道规划思路与策略研究——以南京为例 [J]. 现代城市研究，2007 (1).

[17] 郝日明，王智，祝世恭. 论《城市生物多样性规划》的编制 [J]. 中国园林，2010 (1).

[18] 郝日明，许瑛. 城市湿地在未来城市绿地生态系统建设中的地位与作用 [J]. 江苏林业科技，2005 (6).

[19] 贾文轲，郝日明. 城市生物多样性保护规划探讨 [J]. 江苏林业科技，2009 (2).

[20] 江源，刘硕. 城市土地利用下的植物物种资源特征分析 [J]. 自然资源学报，1999 (4).

[21] 景志强. 物种多寡考量城市规划 [J]. 环境，2004 (1).

[22] 李俊生,高吉喜,张晓岚,郑筱梅 . 城市化对生物多样性的影响研究综述 [J]. 生态学杂志，2005 (8) .

[23] 李王鸣，应云仙. 生态伦理——城市规划视角纳新 [J]. 城市规划，2007 (6).

[24] 李霄宇，葛静茹，白庆红，邢韶华，崔国发. 自然保护区体系构建方法综述 [J]. 林业经济，2010 (9).

[25] 李秀艳，沈叶红，刘军，孟飞琴，吕淑华 . 微生物在城市绿地消减暴雨径流污染过程中的作用 [J]. 应用与环境生物学报，2010 (2).

[26] 李植斌. 城市土地可持续利用理论与评价 [M]. 北京：中国科学技术出版社，1999.

[27] 梁娟，李俊. 怀化市自然保护区分类与有效管理研究 [J]. 怀化学院学报，2010 (2).

[28] 梁晓东，叶万辉 . 美国对入侵物种的管理对策 [J]. 生物多样性，2001 (1).

[29] 陆祎玮. 城市化对鸟类群落的影响及其鸟类适应性的研究 [D]. 华东师范大学 .2007.

[30] 孟雪松，欧阳志云，崔国发，李伟峰，郑华 . 北京城市生态系统植物种类构成及其分布特征 [J]. 生态学报，2004 (10).

[31] 赛道建，孙海基，史瑞芳，闫理钦，陈兆波，田丽，张永艳 . 济南城市绿地鸟类群落生态研究 [J]. 山东林业科技，1997 (1).

[32] 沈一，陈涛. 城市自然保护理论及其应用 [J]. 四川建筑，2004 (5).

[33] 宋文昌等. 城市生态学 [M]. 北京：华东师范大学出版社，2000.

[34] 田双双．鼠灾：老鼠的天敌哪儿去了？[J]．科学与文化，2007（9）．
[35] 王如松，周启星，胡聃．城市生态调控方法[M]．北京：气象出版社．2000．
[36] 王祥荣．生态与环境：城市可持续发展与生态环境调控新论[M]．南京：东南大学出版社，2000．
[37] 魏湘岳，朱靖．北京城市及近郊区环境结构对鸟类的影响[J]．生态学报，1989（4）．
[38] 吴胜春，骆永明等．重金属污染土壤的植物修复研究Ⅱ：金属富集植物Brassica Juncea根际土壤中微生物数量的变化[J]．土壤，2000（2）．
[39] 闫水玉，赵柯，邢忠．都市地区生态廊道规划方法探索[J]．规划师，2010（6）．
[40] 杨彪．景观生态学原理与自然保护区设计[J]．林业调查规划，2001（7）．
[41] 杨先碧．动物传染病日益威胁人类生存[J]．世界科学，2009（5）．
[42] 俞孔坚，李迪华．生物多样性保护的景观规划途径[J]．生物多样性，1998（3）．
[43] 张瑞福，崔中利，何健，黄婷婷，李顺鹏．甲基对硫磷长期污染对土壤微生物的生态效应[J]．农村生态环境，2004（4）．
[44] 张润志，桑卫国，孙江华，薛大勇，康乐．生物入侵与外来入侵物种的控制[J]．前沿，2002（6）．
[45] 张毅川，乔丽芳，陈亮明．景观规划设计与城市动物多样性的保护与恢复[J]．规划师，2005（10）．
[46] 张志明，张林源，胡严等．北京城市生态与野生动物保护管理[J]．北京林业大学学报（社会科学版），2003（1）．
[47]（日）中野尊正，沼田真等著，孟德政，刘德新译．城市生态学[M]．北京：科学出版社，1986．
[48] 周宏力，孔维尧，邹红菲等．哈尔滨城市野生动物管理技术与对策[J]．东北林业大学学报，2006（5）．

本章小结

城市生物主要包括城市植物、城市动物和城市微生物。城市生物与城市发展之间存在着相互影响和作用的特征。城市生物对城市生态系统的运行产生影响，而城市发展对城市生物的影响则主要表现在生物生境与区系、生物多样性等方面。城市生物系统可持续发展主要内容包括：城市发展应考虑生物利益、城市规划与生物多样性紧密结合、科学编制城市生物多样性保护规划及城市自然保护区规划等几个方面。

复习思考题

1. 城市生物的类型有哪些？其特征如何？城市生物对城市生态环境有何意义？

2. 城市生物与城市发展之间存在着何种关系？如何表征？对城市人类有何影响？

3. 从城市规划角度，城市生物系统可持续发展是否有意义？

第3篇

系统分析—规划篇

本篇从系统角度对城市生态和环境进行分析与评价，论述城市生态规划与环境规划的相关议题。其中，城市生态分析包括：城市生态关系分析与评价、城市生态系统分析与评价；城市环境分析包括：城市环境容量分析，城市大气污染、水污染、固体废物污染、噪声污染分析等；城市生态规划包括：规划原则与步骤，规划类型、技术方法与指标体系等；城市环境规划包括规划内容、编制程序，并且深入探讨了“城市规划建设过程中改善城市环境的举措”这一命题。此外，本篇还论述了生态城市理论及规划的相关内容。包括：生态城市的概念及特征、生态城市规划的理论基础、规划内容与程序、规划方法与技术及相关规划案例等。

第12章 城市生态分析与评价

本章论述了城市生态关系的理论问题，探讨了城市生态关系分析内容、分析路径和方法，以及城市生态关系评价指标等问题；介绍了城市生态系统的基本知识，从城市土地利用／覆被变化、生态系统服务价值、生态系统分析框架与指标体系等方面介绍了城市生态系统分析的方法；介绍了从健康、承载力和生命力三方面进行城市生态系统评价的方法。

12.1 城市生态关系分析与评价

12.1.1 城市生态关系的概念与类型

12.1.1.1 城市生态关系的概念

(1) 生态关系概述

“关系”是事物之间相互作用、相互影响的状况和特征，其反映了事物与事物之间的各种性质的联系。人们认识某一事物，在很多情况下需从认识、分

析这一事物同其他事物的关系类型及其特征入手。齐康在论述城市及建筑空间的基本原理时指出:“萨特说，存在就有意义。而我认为，关系更有意义（引自:齐康 2003 年 1 月 16 日在中央电视台科教频道所做的学术报告）。”

“关系”同样是生态学和城市生态学的一个关键概念之一。生态学研究对象、生态学的定义与“关系”密切相关。如，生态学的定义之中就包含着两个“关系”：生态学是研究生物之间的关系、生物与环境之间的关系的学科。

所谓生态关系（ecological relationships）是指生物与生境间的双向作用而建立起的相互影响的总和；是人类生存活动的基础性、系统性关系存在。从主观角度，生态关系是生命体在与生境相互作用中形成的总体价值体系；从客观角度而言，生态关系是人类建设人居环境时须遵守的必然性规律。

虽然生态关系有时指代正面的内涵，但实际上，生物之间以及生物与环境之间的关系类型是多样的，因而，如果将生态关系作为中性词来看的话，生态关系的类型也可能具有三种基本的类型。这是因为，任何物种对其他物种的影响只可能有三种形式，即有利、有害或无利无害的中间态（可分别用 +，－，O 来表示）。全部种间关系只是这三种作用形式的可能组合。表 12.1 列出了所有 8 种重要的相互作用类型。

生物种群之间的相互关系 表 12.1

序号	关系类型	物种 A	物种 B	关系的特点
1	竞争	－	－	彼此相互制约
2	捕食	+	－	种群 A 捕食种群 B
3	寄生	+	－	种群 A 寄生于种群 B 并对 B 有害
4	中性	○	○	彼此互不影响
5	共生	+	+	彼此相互依存
6	互惠	+	+	彼此相互有利
7	偏利	+	○	对种群 A 有利，对种群 B 无影响
8	偏害	－	○	对种群 A 有害，对种群 B 无影响

来源：杨忠直．企业生态学引论．北京：科学出版社，2003．

（2）城市生态关系概念

城市作为一个生态系统存在着三个基本属性：生物属性、动态属性和相关属性（杨培峰，2004）。实际上，“相关属性”即“关系属性”。城市的关系属性的表达主要是通过生态关系来体现的。所谓城市生态关系（ecological relationships）是以人为中心的城市生态系统与周边环境的相互影响、相互作用，以及城市生态系统各组成部分之间的相互影响和作用的总和。城市生态关系对于城市的发展具有特殊的意义，城市或城市生态系统中重要、关键因子之间的相互影响及作用决定了城市生态环境质量状况及演化趋势。

12.1.1.2 城市生态关系的类型

（1）空间层面

主要是从宏观、中观和微观层面区分城市生态关系的类型。宏观层面包括城市与乡村的关系，城市生态系统与自然界的关系以及城市与区域范围内其他城市的关系等；中观层面包括城市人类与城市自然环境（土地、水等自然资源、能源以及城市生态系统中的其他生物）之间的生态关系，城市人类与城市社会环境（城市的历史文化背景、居民的整体素质、城市的科技力量以及城市的公共服务水平）之间的生态关系，以及城市人类与城市经济环境（城市经济实力、产业结构、所有制结构等）之间的生态关系；微观层面包括城市社区中的居民与社区环境之间的关系，主要是社区内的社会生态关系。

（2）要素层面

要素层面而言的城市生态关系类型众多，凡是城市人类与自然环境、城市与自然环境相关的范畴的成对的因素，皆可归于此类。要素层面的生态关系类型，一是单要素中的组成因素之间的生态关系，如，Howard T.Odum（2002）对能源系统要素的生态关系进行了探讨；International Honors Program （IHP） 提出了城市景观的生态关系（http://www.ihp.edu/file_de-pot/0-10000000/30000-40000/32966/folder/84825/RG09-10 Ecology and Comparative Conservation Practices, Syllabus.pdf）。要素层面的双要素及以上的生态关系其类型较多，如，城市人类与环境的关系、城市与农村的关系、人地关系等。

12.1.2 城市生态关系的影响因素

（1）物质实体

城市物质实体（physical entities）及其相互作用对城市生态关系具有一定的影响力。Nancy B.Grimm 等指出，城市中新的物质实体对城市生态关系而言，会形成新的标准，这些新的标准影响了城市生态关系的状况（Land-Use Change and Ecological Processes in an Urban Ecosystem of the Sonoran Desert, http://caplter.asu.edu/docs/proposals/caplter97/comp_prop.pdf）。

（2）生态流－食物链

城市生态系统的生态流主要包括物质流、能量流、信息流等，生态流的状态是否正常对生态系统各要素的关系和谐有重要影响；食物链是生态系统运行时所需原料和能量来源及其生态产品分流外运的基本渠道，因而食物链畅通就成了生态系统运转的一个重要条件．食物链只有环环相扣，才能保证其渠道的畅通，一环脱节就有可能导致生态结构和生态关系的破坏。

（3）城市人类行为

前已叙及，"以人为中心"是城市生态关系的特征之一，实际上，城市人类行为也在相当程度上影响了城市生态关系的动态。如，David Hopman（2009）认为，人类在城市中的"'再居住（Reinhabitation）'意味着修复场所的生态关系，建立一种具有社会内涵、在环境方面可行的未来的景观"（http://www.uta.edu/ucomm/researchmagazine/2009/features/Sustainable-solutions.php）。这表明，人类的城市建设行为对新的城市生态关系的形成或改变旧的城市生态关系有很大的影响力。

12.1.3 城市生态关系理想状态的若干表现

12.1.3.1 自然界演替规律与人类需要的结合

城市生态关系应既符合自然界演进和演替规律，又符合人类社会需要。概而言之，自然界演替规律与人类需要的结合，经济社会发展规律与自然规律的结合应是城市生态关系理想状态的重要表现。

12.1.3.2 城市与郊区构成一个完整、统一的生态关系

城市与郊区地域相连，生物生产、能量流动、物质循环以及信息流动密切而频繁，两者已经是城市生态系统的共同组成部分。郊区的生态结构已经影响到城市内部的发展；反之，城市内部的生态也将对郊区产生一定的影响。城市与郊区构成一个完整的、统一的城市生态关系，将对维系城市生态系统的稳定和可持续发展具有积极的意义。

12.1.3.3 和谐性

城市生态关系理想状态之一为和谐性。和谐的城市生态关系包括城市人类活动和区域自然环境之间的服务、胁迫、响应和建设关系，城市环境保育和经济建设之间在时、空、量、构、序范畴的耦合关系，以及城市人与人、局部与整体、眼前和长远之间的整合关系（王如松，2009）。

12.1.3.4 正向与共生性

种群之间的正相互作用具有积极的作用和意义，因此，城市生态关系的正向关系也是具有积极意义的。Ewa Liwarska-Bizukojc 等（2009）认为，工业生态系统、生态工业园应致力于创造正向关系（positive relationships），即，各企业之间形成正相互作用。实际上，就生态工业园而言，共生关系（symbiotic relationships）也是具有理想属性的生态关系类型。

12.1.4 城市生态关系分析

12.1.4.1 基于要素角度的分析内容

（1）城市人类与环境的关系

城市人类与环境的关系是一个丰富的议题，可以从较多的方面进行分析，其中比较重要的内容包括：城市人类健康与环境质量的关系；自然生态系统健康与城市生态健康的关系；城市发展对人类以外生物的影响；城市人类活动对环境质量的影响等。值得注意的是，城市人类活动并不仅仅对自然环境质量产生负面影响，前者对后者的正面作用也是应该予以重视的。

（2）城市与农村的关系

一方面，城市与农村的关系是生态学家关注的问题，如，Nancy B. Grimm 等指出，E.P.Odum（1997）使用了一种“寄－主模型”去解释非自养的城市与具有生产能力的农业和自然景观之间的关系（Land-Use Change and Ecological Processes in an Urban Ecosystem of the Sonoran Desert，http://caplter.asu.edu/docs/proposals/caplter97/comp_prop.pdf）。另一方面，一些生态学家也对城市发展对农村的“侵害”，提出了尖锐的批评。如E.P.Odum 把

城市称为“生物圈唯一的寄生虫”，认为，“大城市的规划和发展不顾这样的事实：大城市是寄生于乡村的，乡村以某种方式供应食品、水、空气并降解巨大数量的废弃物”（Costanza R.，2000）。中野尊正等（1986）认为，“城市是在破坏自然、损伤自然中逐渐扩大起来的，城市各种活动以其产生的废弃物质在继续破坏城市及其周围的自然和自然环境”——这些都表明，城市与农村的关系是值得认真研究的课题。

（3）城市社会生态关系

城市社会生态关系是城市社区中的居民与社区环境之间以及居民之间的关系，属于微观层面的城市生态关系类型。城市社会生态关系分析可能的议题包括：种族隔离、居住空间分异、文化与社区、社会生活状况与社会生态足迹、社会交往频率与密度、生活方式与生态关系等。

（4）人地关系

一些学者对人地关系极端重视，如德国的李希霍芬（F.von.Richthofen）（1833～1905）认为人地关系研究是地理学的最高目的（宋豫泰，2002）。

人地关系概念，由其“具有许多关系和规定”的特征所决定，具有不同层次的含义：在基本层次上，它是一般的人口与土地关系，是人口数量与土地面积的关系；在中间层次上，它是人力资源与土地资源的关系（人口与资源的关系），同时也是人口与食物供应的关系（人口与生产资料的关系）；在综合层次上，它既是人口与经济发展的关系，还是人口、环境与可持续发展的关系（朱国宏，1996）。人地关系的基本问题见图12.1。

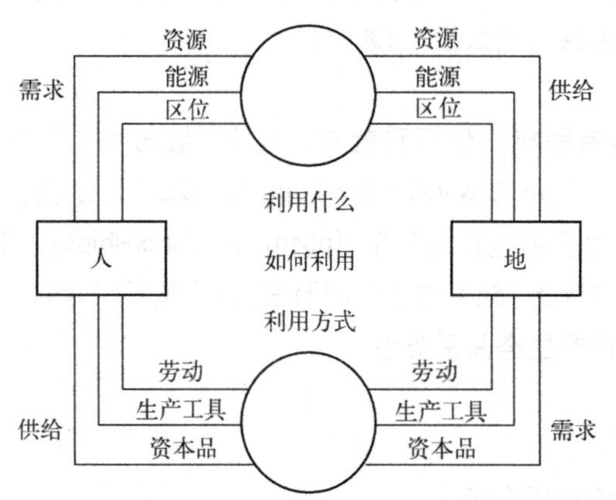

图12.1　人地关系的基本问题

来源：朱国宏，人地关系论：中国人口与土地关系问题的系统研究，上海：复旦大学出版社，1996.

人地关系分析内容包括：人地比率（人均耕地面积）分析；人地关系的作用机制分析（图12.2）；人地系统的响应特征分析等（表12.2）。

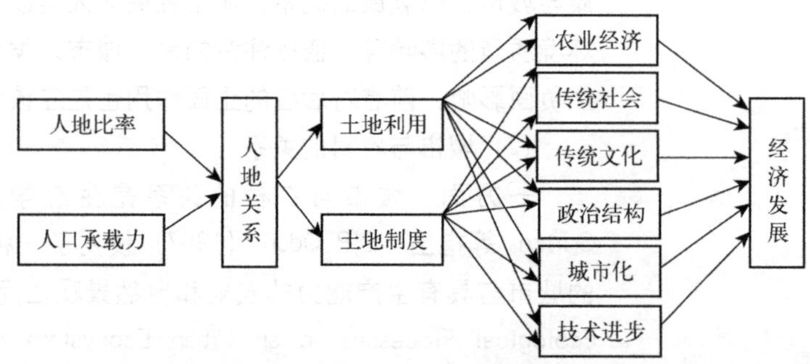

图12.2　人地关系作用机制图示

来源：朱国宏．人地关系论：中国人口与土地关系问题的系统研究．上海：复旦大学出版社，1996.

人地相互作用的响应特征 表 12.2

恢复性	敏感性	
	低	高
高	只有在很差的管理之下，生存环境才可能恶化	生存环境易恶化，在好的管理之下易恢复
低	有一定抵御能力，但超过一定阈值后，难以恢复	易恶化，环境管理措施无效，人类不宜干预

来源：王劲峰．人地关系演进及其调控：全球变化、自然灾害、人类活动中国典型区研究．北京：科学出版社，1995.

(5) 企业生态关系

企业生态关系是指企业与其生存环境之间具有生物种群关系特点的相互关系。企业生态关系的主要特征包括：①以利益为中心的动态联盟；②竞争与互利并存；③进化特性；④企业生态系统的自适应性等（龙怒，2006）。企业生态关系分析内容包括：企业间关系类型的判断；企业互惠共生的类型判断（有非对称性互惠共生和对称性互惠共生两种）；企业互惠共生关系的特点和作用；企业生态关系有效性分析等。

12.1.4.2 基于关系状态角度的内容

城市生态关系可能存在着的状态类型包括正相互作用和负相互作用两大类。具体而言，又可以分成协调关系（共生关系）、对立关系和中间关系三种类型。基于关系状态判断的角度对城市生态关系分析，可与前述的要素分析相结合，即在对城市生态关系各要素进行分析的同时，对各要素进行关系状态类型的分析。其目的是给出某要素的生态关系类型。当然，也可构建生态系统关系状态分析方法，并依据该方法进行分析。

12.1.5 城市生态关系的分析路径与方法

12.1.5.1 城市流分析

城市生态系统的功能是靠其中的物流、能流、信息流、货币流及人口流来维持的。它们将城市的生产与生活、资源与环境、时间与空间、结构与功能，以人为中心串联起来。弄清了这些流的动力学机制和调控方法，就能基本掌握城市这个复合体中复杂的生态关系（王如松，1988）。

12.1.5.2 生态关系有效性分析

生态关系有效性是指建立联系关系的各方既定目标实现的程度，可以作为分析合作关系效果的指标。如，对于企业间合作关系的有效性，主要从满意程度、目标完成程度以及下一步合作的意愿三方面加以表征（图 12.3）。显然，生

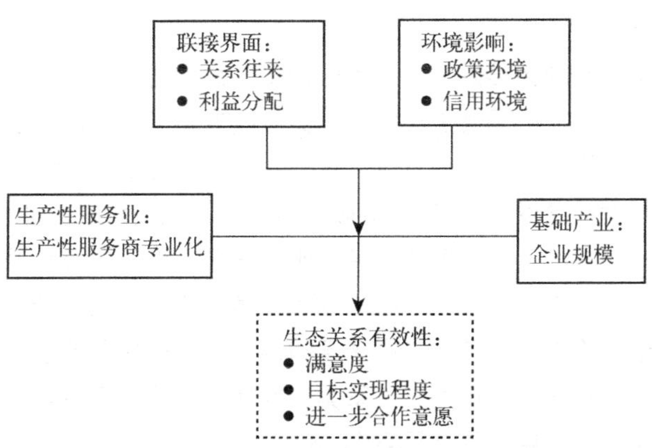

图 12.3 生态关系有效性影响因素分析框架

来源：于秀霞．生态关系视角下生产性服务业研究——以盘锦市为例 [D]．大连理工大学，2007.

态关系有效性分析方法可以进行一定的推广，使之适用于各类城市生态关系的分析。

12.1.5.3 计算机仿真及模拟

城市生态关系分析有必要借助于计算机技术，通过城市关键因素、反馈和功能的识别，通过城市问题、过程和可选择政策的局部模拟和计算机城市仿真(urban simulation)，对城市生态关系加深认识（Alan R. Berkowitz 等，2002）。

12.1.5.4 若干数学方法

数学方法与前述的计算机仿真和模拟方法相比，具有更明显的工具性和通用性。如，董志等（2005）以北京市陶然亭公园内的月季园为例，应用 DCA（Braak1988 设计的 CANOCO 软件包标准程序中的 DCA)、TWINSPAN (VESPAN 软件包中，HILL1979 设计)、综合多样性指数（物种丰富度和均匀度两种涵义的结合）等数量分析方法，对北京市园林绿化植物进行生态关系的研究。王数数等（2007）应用种间联结测定方法进行植物种群之间生态关系的分析等。

12.1.6 城市生态关系评价

12.1.6.1 概述

从评价方法而言，城市生态关系评价可以采取指标法、区位商法（以人地关系为例，即，某城市的人－地关系水平与区域或全国水平的比较)、趋势演变法（某城市的人－地关系在一定时间范围内的变化状况)、空间法（某城市的人－地关系在空间上的变化)、生态位法、生态足迹法等。

从评价对象而言，可以进行单项评价，也可以进行综合评价。单项评价的内容较多，如对前所述的基于要素角度的城市生态关系分析内容，皆可作为评价的对象。综合评价的途径之一是对城市生态关系的总体状况如协调度、共生度和平衡度进行评价（方芳，2004)。

12.1.6.2 城市生态关系评价体系的层次

就综合评价而言，根据城市生态关系的研究内容，以及构建评价指标体系的可查性、可比性、定量性等基本原则，采取自上而下，逐层分解的方法，可将城市生态关系评价分为五个层次。

第一层次为目标层。第二层次为准则层，采用协调度、共生度和平衡度三个准则来度量城市生态关系状况。协调度是对城市人类与城市环境要素之间生态关系的和谐与稳定程度的度量，共生度是对城市生态系统和乡村生态系统以及自然界之间关系的共生程度的度量，平衡度是对城市与外部系统关系的衡量。协调度和共生度通过纵向比较得出，平衡度通过横向比较得出。第三层次为领域层，根据城市生态关系评价的具体内容分为五个领域。第四层次为项目层，将各个领域进行细分，由于计算方法的差异，协调度和共生度下属的领域进一步共细分为九个项目，各自代表一种城市生态关系类型的状态；平衡度下属的两个领域未细分。第五层次为指标层，具体见表 12.3。

12.1.6.3 城市生态关系评价指标体系

见表 12.3。

城市生态关系评价指标表　表 12.3

第一层次（目标层）	第二层次（准则层）	第三层次（领域层）	第四层次（项目层）	第五层次（指标层）
A1 城市生态关系	B1 协调度	C1 城市人类与资源、能源的生态关系	D1 城市人类与土地资源的关系	E1 市区人口密度（人 /km^2）
				E2 人均耕地面积（亩 / 人）
				E3 人均绿地面积（m^2/ 人）
				E4 人均建设用地（m^2/ 人）
				E5 人均自然保留地面积（m^2/ 人）
			D2 城市人类与水资源关系	E6 人均用水量（t/ 人 · 年）
				E7 人均水资源（m^3/ 人）
				E8 地下水稳定度（%）
				E9 地表水质量
				E10 饮用水源水质达标率（%）
			D3 城市人类与能源关系	E11 人均年消耗能源量（t/ 人 · 年）
				E12 清洁能源比重（%）
		C2 城市人类与环境的生态关系	D4 城市人类与其他生物环境关系	E13 城市中动物资源种类（类）
				E14 城市中植物资源种类（类）
				E15 人均 NNP（生物资源）
			D5 城市人类与自然环境关系	E16 人均废气排放（t/ 人 · 年）
				E17 人均废水排放（t/ 人 · 年）
				E18 人均固体废弃物排放（t/ 人 · 年）
				E19 人均 SO_2 排放（t/ 人 · 年）
				E20 人均烟尘排放（t/ 人 · 年）
				E21 人均造林面积（m^2/ 人）
				E22 污染治理投资占 GDP 比重（%）
				E23 废水达标排放率（%）
				E24 废气达标排放率（%）
				E25 废气处理率（%）
				E26 固体废弃物综合利用率（%）
			D6 城市人类与城市社会环境关系	E27 恩格尔系数
				E28 基尼系数
				E29 失业率（%）
				E30 城市化水平（%）
				E31 人均道路面积（m^2/ 人）
				E32 人均居住用地（m^2/ 人）
				E33 科教文卫投入比重（%）
				E34 人均社会商品零售总额（元 / 人）
				E35 千人拥有的国际互联网用户（户 / 千人）

续表

第一层次（目标层）	第二层次（准则层）	第三层次（领域层）	第四层次（项目层）	第五层次（指标层）
A1 城市生态关系	B1 协调度	C2 城市人类与环境的生态关系	D7 城市人类与城市经济环境关系	E36 人均国内生产总值（元）
				E37 人均 GDP 增长率（%）
				E38 人均固定资产净值（元／人）
				E39 人均固定资产投资水平（元／人）
				E40 人均储蓄额（元／人）
				E41 经济效益指数（工业产值利润率）
				E42 产业多样性指数
	B2 共生度	C3 城市与外部系统的生态关系	D8 城市生态系统与乡村生态系统关系	E43 城市人均消费支出与农村人均消费支出比值
				E44 城市人均文化消费支出与农村人均文化消费支出比值
				E45 城市人均文化消费占人均消费支出比例（%）
				E46 农村人均文化消费占人均消费支出比例（%）
				E47 城市和农村社会保障覆盖率比值
				E48 城乡收入水平差异（城乡人均收入比）
				E49 城区用地占全市用地比重（%）
				E50 城区产值占全市产值比重（%）
				E51 城区人口占全市人口比重（%）
				E52 城区用电占全市用电比重（%）
				E53 城区用水占全市用水比重（%）
				E54 城区 GDP 占全市 GDP 比重（%）
				E55 城区排放三废占全市排放三废比重（%）
				E56 非农产值占总产值比重（%）
			D9 城市生态系统与自然生态系统关系	E57 自然灾害发生率
				E58 环保投资占 GDP 比重（%）
				E59 森林覆盖率（%）
				E60 自然保护区面积比重（%）
				E61 水土流失率（%）
				E62 盐碱化率（%）

续表

第一层次（目标层）	第二层次（准则层）	第三层次（领域层）	第四层次（项目层）	第五层次（指标层）
A1 城市生态关系	B3 平衡度	C4 城市人类与资源、能源的生态关系的排序	D10，同 C4	E63 市域人口密度（人 /km^2）
				E64 人均建设用地（m^2/ 人）
				E65 市域人均公共绿地（m^2/ 人）
				E66 人均生活用水量（t/ 人 · 年）
				E67 人均能源消耗量（t/ 人 · 年）
				E68 人均用电量（kwh/ 人）
		C5 城市人类与环境的生态关系的排序	D11，同 C5	E69 千人国际互联网用户（户 / 千人）
				E70 人均工业废水排放量（t/ 人 · 年）
				E71 人均工业废气排放量（t/ 人 · 年）
				E72 人均工业固体废弃物产生量（t/ 人 · 年）
				E73 人均国内生产总值（元 / 人）
				E74 人均居住面积（m^2/ 人）
				E75 居民人均可支配收入（元 / 人）
				E76 居民人均消费支出（元 / 人）

来源：方芳．城市生态关系研究——以连云港市为例［D］. 同济大学，2004.

12.2　城市生态系统分析

12.2.1　城市生态系统的定义、构成与特征

12.2.1.1　城市生态系统的定义

对城市生态系统的理解，因学科重点、研究方向等不同，有着一定差异。《世界资源报告 2000—2001》认为：城市生态系统是一个生物群落，该群落是以人类为优势种或关键种的，而建成环境是控制着生态系统自然结构的主导因素，城市生态系统自然范围的界定同时取决于人口和基础设施的密度。《环境科学词典》将城市生态系统定义为：特定地域内的人口、资源、环境（包括生物的和物理的、社会的和经济的、政治的和文化的）通过各种相生相克的关系建立起来的人类聚居地或社会、经济、自然的复合体 （曲格平，1994）。

12.2.1.2　城市生态系统的构成

城市生态系统的构成是指该系统内包括哪些组成部分或子系统。它着重反映系统的空间因素及其相互作用。由于不同专业的研究角度和出发点不同，所以对城市生态系统构成的认识及划分也各不相同。如强调城市是人类聚居、生存的环境可将城市生态系统看成是由城市人类及其生存环境两大部分组成的统一体。其中城市人类是由不同的人口结构、劳力结构和智力结构的城市居民所组成的；而城市人类生存环境是由自然环境和经济、社会文化及技术物质环境组成的（图 12.4）。

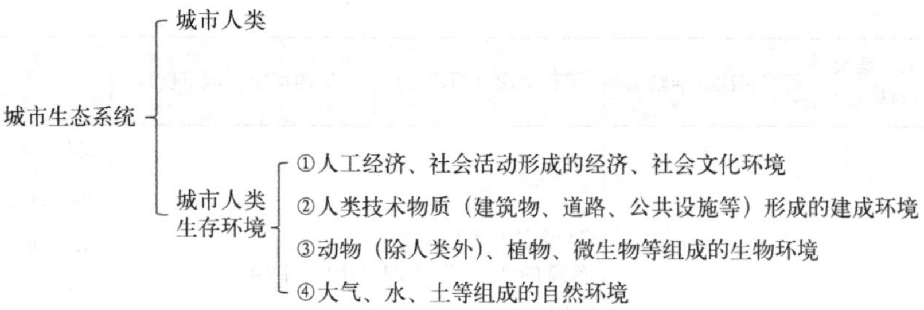

城市生态系统
- 城市人类
- 城市人类生存环境
  - ①人工经济、社会活动形成的经济、社会文化环境
  - ②人类技术物质（建筑物、道路、公共设施等）形成的建成环境
  - ③动物（除人类外）、植物、微生物等组成的生物环境
  - ④大气、水、土等组成的自然环境

图 12.4 城市生态系统构成

来源：沈清基．城市生态与城市环境．上海：同济大学大学出版社，1998．

12.2.1.3 城市生态系统的特征

(1) 若干国外学者观点

关于城市生态系统的特征，国外学者一些论述给人启发，如《Advance in Urban Ecology》指出城市生态系统有如下特征：①层级性（hierarchies）；②突现性（emergent properties）；③多重均衡（multiple equilibria）；④非线性（nonlinearity）；⑤非连续性（discontinuity）；⑥空间异质性（spatial heterogeneity）；⑦路径依赖（path-dependency）；⑧弹性（resilience）（Marina Alberti，2008）。

Machlis 等（1997）指出，相对于非人类支配的系统来说，城市生态系统具有低稳定性、不同的动态（在各个时间和空间尺度上复杂和高度变化）、更多的非本地物种、不同的物种组合（通常是简化的、总处于变化中的）和独特的动能（极度逆熵）。它们在基础设施、人类组织和社会制度方面有着丰富的时间和空间上的异质性 （Machlis GE 等，1997）。Rüdiger Wittig（2008）总结了城市与自然陆地生态系统的 5 个重要的生态差异（表 12.4），可部分看出城市生态系统与自然生态系统的若干不同特征。

城市和自然陆地生态系统之间重要的生态差异　　表 12.4

特　征	城　市	自然生态系统
主要能量来源	化石燃料（煤、石油、天然气）、核能	太阳能
营养素和其他物质的来源	大部分来自外部	大部分内部提供
表层结构	表面密闭；纵向结构以人工硬表面为主	表层为可渗透的土壤；大多数情况下表层为植被所覆盖
能量流和物质流	材料的高度输入输出系统；几乎没有任何内部的物质循环	系统内部有较高的物质再循环
废物处置	通常在城市外围有很多垃圾堆存场所	很少输出营养素

来 源：Rüdiger Wittig. Principles for Guiding Eco-City Development[A]. Margaret M. Carreiro, Yong-Chang Song, Jianguo Wu Editors. Ecology, Planning, and Management of Urban Forests: International Perspectives[M]. Springer, 2008.

(2) 城市生态系统的特征

1）人为性　指城市生态系统是人工生态系统，是以人为主体的生态系统

（表 12.5）；城市生态系统的变化规律由自然规律和人类影响叠加形成，但人类社会因素的影响在城市生态系统中具有举足轻重的地位；城市生态系统中的人类活动影响着人类自身。

世界部分城市中人与植物的生物量 **表 12.5**

城市	人口生物量（a）$t/1000km^2$	植物生物量（b）$t/1000km^2$	a/b
东京（23 个区）	610	60	10
北京（市区）	976	130	7.5
上海（市区）	1080	120	9.0
伦敦（市区）	410	250	1.6
纽约（市区）	859	100	8.6
巴黎（市区）	525	139	3.8
洛杉矶（市区）	720	118	6.1
莫斯科（市区）	380	140	2.7
孟买（市区）	1050	109	9.6

来源：王祥荣．生态与环境：城市可持续发展与生态环境调控新论．南京：东南大学出版社，2000.

2）不完整性　指城市生态系统缺乏生态学意义的“分解者”，城市生态系统的“生产者”（指绿色植物）不仅数量少（表 12.5），而且其作用也发生了改变；城市物质循环不充分，基本上是线状的而不是环状的。

3）开放性　指城市对外部系统兼具依赖性和辐射性两种特性，这两种特性构成了城市生态系统开放性的内涵。

4）高“质量”性　指城市构成要素的空间高度集中性与其表现形式的高层次性。具体表现在物质、能量、人口、信息等的高度集中，尤其是人口的高度集中（图 12.5）。城市生态系统在生活、生产、流通等方面具有非常严密的组织，是其高质量性得以维持的保证。

5）复杂性　指城市生态系统是一个迅速发展和变化的复合人工系统，是一个功能高度综合的系统，是一个异质性、多样性、弹性程度较高的系统。

6）脆弱性　指城市生态系统不是一个“自给自足”的系统，它需靠外力才能维持；城市生态系统食物链简化，系统自我调节能力弱，营养关系出现倒置等，决定了其为不稳定的系统，也决定了城市生态系统的脆弱性。

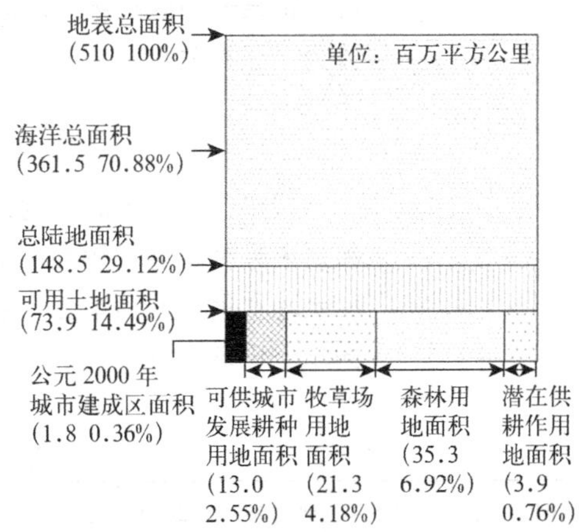

图 12.5　地球表面的总面积及分配情况示意图（单位：百万平方公里，百分数表示占总面积百分比）

来源：徐肇忠．城市环境规划．武汉：武汉大学出版社，2002.

12.2.2 城市生态系统分析

城市生态系统在一定的结构构成下，在城市人类的作用下，其功能及运行会呈现特定的状态。对此进行分析是深刻认识城市生态系统的重要途径。城市生态系统分析包括丰富的内容，下文择要叙述。

12.2.2.1 城市土地利用／覆被变化分析

城市土地利用／覆被变化分析是城市生态系统分析的基本内容之一。Alberti（1999）指出，在城市生态系统中，土地利用的决策既直接地影响了物种组成（如物种的引入和去除）、也间接地影响某些“自然”干扰动因，如火灾和洪水的缓和等。

（1）土地利用变化幅度分析

各土地利用类型面积总量的变化，可以反映出区域土地利用变化的总趋势以及土地利用结构的变化（位欣等，2006）（表 12.6）。

1996 ～ 2004 年黄石市土地利用分类变化表 **表 12.6**

土地利用类型	1996 年土地利用分类面积 /hm²	2004 年土地利用分类面积 /hm²	9 年间土地利用面积变化 /hm²
耕地	112918.30	107195.90	−5722.40
园地	9589.00	10040.80	451.80
林地	126925.10	129804.80	2879.70
牧草地	44.80	0.00	−44.80
建设用地	40999.79	45444.89	4445.10
未利用地	129125.80	126353.80	−2772.00

来源：位欣，陈翠芳，陈华．城市土地利用变化及其驱动力分析．资源环境与工程，2006（4）．

（2）土地利用变化速度分析

土地资源数量变化的速度可用土地利用动态度来表示。单一土地利用动态度是指某一地区在某一时段内某种土地利用变化类型的数量变化情况，其表达式为（王秀兰等，1999）：

$$K=\frac{U_b-U_a}{U_a}\cdot\frac{1}{T}\times100\%$$

式中，K 为 T 时段内某种土地利用类型动态度；U_a 和 U_b 分别为研究期初和期末某种土地利用类型的数量；T 为研究时段长度，当 T 设为年时，K 为某种土地利用类型的年变化率。根据上式可分别计算出黄石市不同时期土地利用的年变化率（表 12.7）。

黄石市土地利用的年变化率 **表 12.7**

土地利用类型	1996 年土地利用分类面积 /hm²	2000 年土地利用分类面积 /hm²	2004 年土地利用分类面积 /hm²	年变化率 /%		
				1996 ～ 2000	2000 ～ 2004	1996 ～ 2004
耕地	112918.30	112516.20	107195.90	−0.071	−0.946	−0.563

续表

土地利用类型	1996年土地利用分类面积/hm^2	2000年土地利用分类面积/hm^2	2004年土地利用分类面积/hm^2	年变化率/%		
				1996～2000	2000～2004	1996～2004
园地	9589.00	10073.30	10040.80	1.010	−0.065	0.524
林地	126925.10	126287.60	129804.80	−0.100	0.557	0.252
牧草地	44.80	44.80	0.00	0	−20	−11.111
建设用地	40999.79	42470.79	45444.89	0.718	1.401	1.205
未利用地	129125.8	128307.8	126353.8	−0.127	−0.301	−0.239

来源：位欣，陈翠芳，陈华．城市土地利用变化及其驱动力分析．资源环境与工程，2006（4）．

(3) 土地利用程度变化分析

土地利用程度反映土地利用的广度和深度，它反映了人类因素与自然因素的综合效应。位欣等（2006）将土地利用程度按照土地自然综合体在社会因素影响下的自然平衡状态分为若干级，并赋予分级指数（表12.8）。

各土地利用类型分级指数表 **表12.8**

	未利用土地级	林、草、水用地级	农业用地级	城镇聚落用地级
土地利用类型	未利用地或难利用地	林地、草地、水域	耕地、园地、人工草地	城镇居民点及工矿交通用地
分级指数	1	2	3	4

来源：位欣，陈翠芳，陈华．城市土地利用变化及其驱动力分析．资源环境与工程，2006（4）．

运用1996年和2004年的数据资料，计算黄石市各县（区）土地利用程度变化量与变化率（表12.9）。由表12.9可知，1996～2004年间黄石市土地利用程度变化率$R>0$，表明其土地利用处于发展时期。土地利用程度变化率都较大，以城区最为明显，达到3.435%；仅有大冶市的土地利用程度变化率低于0.5%，表明其发展不是很明显。

黄石市各县（区）土地利用程度变化量与变化率表 **表12.9**

市（县）	土地利用程度综合指数		土地利用程度变化量	土地利用程度变化率/%
	1996	2004		
黄石市	214.172	215.575	1.403	0.655
城区	257.145	265.978	8.833	3.435
大冶市	232.709	232.904	0.195	0.084
阳新县	200.488	201.915	1.427	0.712

来源：位欣，陈翠芳，陈华．城市土地利用变化及其驱动力分析．资源环境与工程，2006(4)．

(4) 土地利用面积转移矩阵

李成范等（2008）定量分析了重庆市北碚城区2000～2007年来各土地利用类型间的相互关系，进行了土地利用面积转移矩阵计算（表12.10）。根据表12.10，得出了如下结论：①商住工业用地向新城区扩展，面积急剧膨胀；

重庆市北碚区 2004 ~ 2007 年土地利用面积转移矩阵　　表 12.10

土地利用类型		商住工业用地	水域用地	道路广场用地	林地	农业用地	未利用地	总计
商住工业用地	转化面积 /hm^2	484.76	36.76	43.22	84.30	19.19	147.38	815.61
	转移概率 /%	59.44	4.51	5.30	10.34	2.35	18.07	100.00
水域用地	转化面积 /hm^2	15.29	96.39	4.01	14.04	10.43	3.48	143.64
	转移概率 /%	10.64	67.11	2.79	9.77	7.26	2.42	100.00
道路广场用地	转化面积 /hm^2	55.78	3.54	124.71	31.15	12.60	16.99	244.77
	转移概率 /%	22.79	1.45	50.95	12.73	5.15	6.94	100.00
林地	转化面积 /hm^2	111.32	30.40	112.45	533.12	113.08	44.97	945.34
	转移概率 /%	11.78	3.22	11.90	56.39	11.96	4.76	100.00
农业用地	转化面积 /hm^2	46.93	5.27	13.53	80.34	180.76	4.10	330.93
	转移概率 /%	14.18	1.59	4.09	24.28	54.62	1.24	100.00
未利用地	转化面积 /hm^2	228.71	6.55	42.69	99.94	59.25	520.55	957.69
	转移概率 /%	23.88	0.68	4.46	10.44	6.19	54.35	100.00

来源：李成范，苏迎春，周廷刚，谢征海，尹国友．城市土地利用变化及生态环境效应研究——以重庆市北碚区为例．西南大学学报（自然科学版），2008（12）．

②道路广场用地稳步增加；③农业用地急剧减少，林地和水域用地基本稳定；④未利用地面积逐步减少，但可开发潜力巨大。

（5）土地利用变化的生态环境效应分析

李晓文等（2003）基于土地利用／土地覆盖数据，对 1985 ~ 2000 年期间甘肃河西地区土地利用变化的区域生态环境效应进行了定量分析。分别给出了 1985 ~ 2000 年期间河西地区导致生态环境改善和退化的主要土地利用变化类型的面积和贡献率（贡献率大于 1%）。由表 12.11 可见，林地和草场退化是整个河西地区生态环境质量退化的主导因素，而草场和林地面积的增加、质量的改善则

导致区域生态环境质量恶化的主要土地利用转变类型及贡献率*　　表 12.11

土地利用转变类型	面积 /km^2	贡献率
低覆盖度草地转裸土地	782.22	−0.1089
中覆盖度草地转低覆盖度草地	646.68	−0.0900
低覆盖度草地转戈壁	440.11	−0.0735
中覆盖度草地转裸土地	212.53	−0.0592
高覆盖度草地转中覆盖度草地	242.98	−0.0508
高覆盖度草地转裸土地	83.95	−0.0409
灌木林转裸土地	93.76	−0.0392
灌木林转低覆盖度草地	130.81	−0.0364
低覆盖度草地转沙地	209.79	−0.0351

续表

土地利用转变类型	面积 /km²	贡献率
灌木林转中覆盖度草地	244.30	−0.0342
林地转中覆盖度草地	94.96	−0.0331
高覆盖度草地转低覆盖度草地	93.05	−0.0324
林地转低覆盖度草地	43.29	−0.0211
低覆盖度草地转盐碱地	150.64	−0.0210
中覆盖度草地转旱地	150.09	−0.0210
林地转裸土地	27.37	−0.0172
高覆盖度草地转灌木林	236.17	−0.0164
中覆盖度草地转戈壁	49.92	−0.0153
合计	3932.62	−0.7457

* 与城市用地变化有关类型面积为 38.92km²，贡献率为 −0.33%。

来源：李晓文，方创琳，黄金川，毛汉英．西北干旱区城市土地利用变化及其区域生态环境效应——以甘肃河西地区为例．第四纪研究，2003（3）．

也是区域生态环境改善的主要因素。城市用地变化对区域生态环境的影响不显著。其原因是整个河西地区城市用地基本维持稳定，城市化的总体进程较为缓慢。

［专栏 12.1］：应用遥感技术分析城市生态系统的模型——土壤－植被－不可渗透表面模型

研究城市生态系统需要建立一个模型来记录和比较城市内部、边缘及城市之外的环境组成变化。土壤（S）－植被（V）－不可渗透表面（I）模型提供了一个利用生物物理因子（如土壤、植被、不可渗透表面）的遥感图像来比较城市环境变化的系统方法，即从生态显著性空间单位上区分城市从内到外与周围环境的差异。模型利用一些熟悉的土地覆盖类型（或土地利用）进行定位。在下图中，大多数城市的商业中心区不可渗透表面接近 100%，很少有土壤或植被的痕迹。从商业中心区向外，随住宅密度的降低，植被逐渐增加，而暴露的土地通过不同类型的工业区逐渐增加。边界的主要覆盖类型取决于城市建设状况。在荒芜区，S–V–I 模型图上记录的成分向着植被减少而裸露土地增加的左角变化；在林区，覆盖类型朝上角变化；城市扩大到耕作区时，S–V–I 模型图记录的成分将朝着上角或沿着左边变化。扩大程度可由作物类型或土地所占的百分数反映，但要注意区分其中的季节性变换。

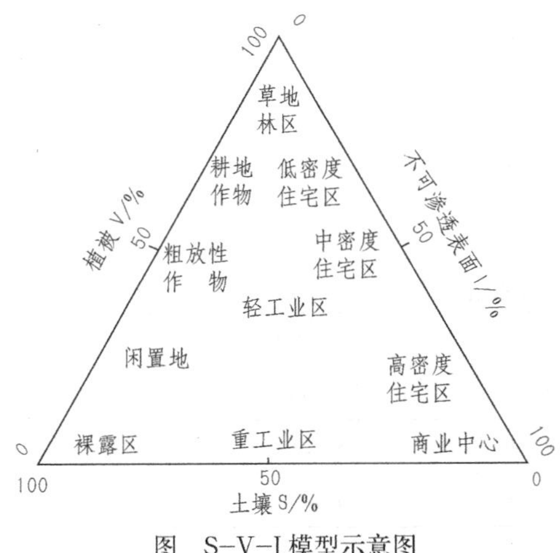

图 S–V–I 模型示意图

S–V–I 模型可用来比较城市表面的组成变化以及人类活动范围内引起的能流、水流及周围条件的变化情况。S–V–I 模型将遥感图像和数据相结合，在监测城市形态变化、自然生态系统变异及人类生态系统特点方面具有应用价值。

来源：易秀，遥感技术在城市生态系统分析和研究中的应用．西安工程学院学报，2000（2）．

12.2.2.2　城市生态系统服务价值变化分析

城市生态系统服务价值是指生态系统与生态过程所形成及维系的城市人类赖以生存的自然生态环境条件与效用。城市生态系统服务价值的时间变化，也是城市生态系统演化分析的角度之一。张凤太等（2008）根据Costanza等确定的陆地生态系统生态服务价值系数计算表（表12.12）、谢高地等确定的中国陆地生态系统生态服务价值系数（表12.13），计算得出了不同时期的重庆市主城区生态系统服务价值数据（表12.14）。

Costanza等确定的陆地生态系统生态服务价值系数　　　　表12.12

土地利用类型	生态服务价值系数／（元·hm^2）
林地	16658
草地	2025
旱地和水田	764
湿地	162514
水域	70363
荒漠	0
城乡工矿用地	0

注：折合成2003年价格进行计算

来源：张凤太，苏维词，赵卫权．基于土地利用／覆被变化的重庆城市生态系统服务价值研究．生态与农村环境学报，2008（3）．

谢高地等确定的中国陆地生态系统生态服务价值系数　　　　表12.13

土地利用类型	生态服务价值系数／（元·hm^2）
林地	19613
草地	6498
农田	6203
湿地	56290
水域	41264
荒漠	371.4
城镇工矿用地	0

注：折合成2003年价格进行计算

来源：张凤太，苏维词，赵卫权．基于土地利用／覆被变化的重庆城市生态系统服务价值研究．生态与农村环境学报，2008（3）．

重庆市主城区生态系统服务价值　　　　表12.14

土地利用类型	生态系统服务价值／10^6元		
	1993年	2000年	2004年
林地	144.46	133.23	111.94
草地	0.40	0.40	0.40

续表

土地利用类型	生态系统服务价值 /10^6 元		
	1993 年	2000 年	2004 年
旱地	219.24	216.41	187.07
水田	78.93	48.62	38.26
水域	190.64	190.66	190.51
城市建设用地	−68.92	−100.55	−140.47
合计	564.75	488.77	387.71

注：重庆新增城市建设用地主要占用的是生态服务功能较强的林地，改变了下垫面性质，价值为负。
来源：张凤太，苏维词，赵卫权．基于土地利用／覆被变化的重庆城市生态系统服务价值研究．生态与农村环境学报，2008（3）．

由表 12.14 可知，虽然水域面积只占重庆市主城区面积的 4.78%，但 1993 年、2004 年其生态系统服务价值分别占主城区总量的 33.8%、49.1%，是构成重庆市主城区生态系统服务价值的主要土地利用类型。1993 ~ 2004 年重庆市主城区生态系统服务价值从 564.75×10^6 元急剧降至 387.71×10^6 元，下降了 31.3%。其主要原因是重庆直辖后，城市建设力度加大，建成区面积不断扩大，占用了大量林地和耕地（旱地和水田）（张凤太等，2008）。

12.2.2.3 城市生态系统分析框架与指标体系

城市生态系统分析框架本质上是一种分析、思维的模型。美国长期生态研究（LTER）是美国国家科学基金资助的长期生态系统动态研究项目。1997 年开始了巴尔的摩、凤凰城的生态系统研究，提出了城市生态系统概念模式，将之称作为综合自然与人文变量的一体化城市生态系统研究框架（图 12.6）。

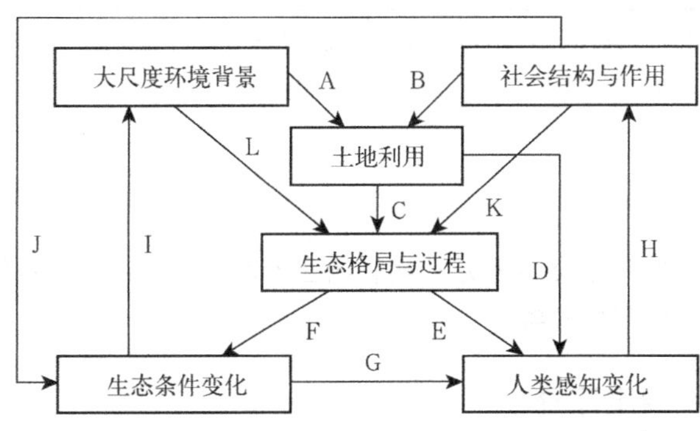

图 12.6 综合自然与人文变量的一体化城市生态系统研究框架

来源：Nancy B. Grimm，J.Morgan Grove，Steward T. A. Prickett and Charles L.Redman. Integrated Approaches to Long-Term Studies of Urban Eoclogical System[J]. BioScience，2000，50（7）.

图 12.6 中，变量在框中，相互影响和反馈用箭头表示。如果有了一定时间段的数据，则图 12.6 中的概念模型将有可能进行数量计算和分析，可以定量地揭示以上各因素对城市生态系统的影响和作用。

王如松提出了一种城市生态分析的指标体系（表 12.15），分别从组分、功能、过程三个方面，人口、资源、环境三个因素对城市生态系统进行分析。每一个过程都有三个综合指标，从人口、资源、环境三方面表征城市生态系统的状态和特征。实际上，表 12.15 表达的城市生态系统的三个过程和三个方面构成了一个分析矩阵。

城市生态系统分析的指标体系　　表 12.15

<table>
<tr><th colspan="2">过程</th><th colspan="3">指标</th><th>控制尺度</th><th>目的</th></tr>
<tr><td rowspan="3">组分分析</td><td>类别</td><td>人口</td><td>资源</td><td>环境</td><td></td><td></td></tr>
<tr><td>内容</td><td>人口规模、密度、结构、动态、科技水平、道德水平、环境意识、居住密度、建筑密度、交通密度、产值密度、投资密度</td><td>水资源供给能力、能源供给能力、物资供给能力、土地供给能力、交通运输量、蔬菜副食生产能力</td><td>地形、气候、植被、建筑物、水文、市场、政策、土地</td><td rowspan="2">空载
↑
·
↓
超载</td><td rowspan="2">优势（有利因素）与劣势（限制因子）</td></tr>
<tr><td>综合指标</td><td>人类活动强度</td><td>资源承载力</td><td>环境容量</td></tr>
<tr><td rowspan="3">功能分析</td><td>类别</td><td>生活</td><td>生产</td><td>还原</td><td rowspan="3">高序
↑
·
↓
低序</td><td rowspan="3">收益与损失</td></tr>
<tr><td>内容</td><td>收入水平、供给水平、服务水平、健康水平、教育水平、娱乐水平、安全水平、交通便利程度、设施便利程度</td><td>固定资产产出率、劳动生产率、资金周转率、产值利税率、能源消耗系数、物质消耗系数、水资源消耗系数</td><td>水体污染物超标率、大气污染物超标率、噪声强度、植被覆盖率、鸟类滞留率、景观适宜度、自然灾害频率</td></tr>
<tr><td>综合指标</td><td>生活质量</td><td>经济效益</td><td>环境有序度</td></tr>
<tr><td rowspan="3">过程分析</td><td>类别</td><td>物理</td><td>事理</td><td>情理</td><td rowspan="3">良性循环
↑
·
↓
恶性循环</td><td rowspan="3">机会与风险</td></tr>
<tr><td>内容</td><td>物质投入产出比、能量投入产出比、水循环利用率</td><td>土地利用比例、基础设施情况、城乡关系、多样性指数</td><td>生活吸引力、生产吸引力、依赖型指数、反馈灵敏度、生态意识</td></tr>
<tr><td>综合指标</td><td>生态滞留系数和耗竭系数</td><td>生态协调指数</td><td>自我调控能力</td></tr>
</table>

来源：王如松．高效 · 和谐——城市生态调控原则与方法．长沙：湖南教育出版社，1988．

12.3　城市生态系统评价

城市生态系统评价与城市生态系统分析具有内在的联系，城市生态系统评价的内容是比较丰富的，以下择要叙述。

12.3.1　城市生态系统健康评价

12.3.1.1　城市生态系统健康概念

Rapport（1999）等认为，生态系统健康指“以符合适宜的目标为标准来定义的一个生态系统的状态、条件或表现”。对于城市生态系统健康，Colin（1997）指出，健康的城市生态系统不仅意味着自然环境和人工环境的健康和完整，也包括城市居住者的健康和社会健康。Hancock（2000）把生态系统健康的概念构架于经济、环境和社会之间的相互关系的基础之上，归纳出健康的城市生态系统所涉及的 6 个要素：①城市人群的健康状况及在城市内的分布；②社会福利状况和政府管理的有效性；③人居环境质量；④城市自然环境质量；⑤城市内其他生物物种的健康状况；⑥城市生态系统对广义的自然生态系统的影响。

城市生态系统健康评价具有时间尺度特征和空间尺度特征，分别反映了城市生态系统健康随着时间和空间变化的规律性。与人们的健康状况在幼年、少年、青年、壮年、老年阶段各不相同、每一个阶段都有不同的衡量指标一样，城市的发展也是有阶段性的，每一阶段对城市生态系统健康的衡量指标也会发生相应的改变。同样，随着空间的变化，城市生态系统结构和功能也会发生相应的变化，健康的表现和衡量指标也不同。在实际研究中，常常从生态、社会和经济 3 个尺度方面同时考虑城市健康问题。

下面以郁亚娟等（2008）的研究为主，介绍城市生态系统健康评价的相关问题。

12.3.1.2　城市生态系统健康评价的 CSAED 模型

城市生态系统健康评价可从承载力（carrying）、支持力（supporting）、吸引力（attractive）、延续力（evolutional）和发展力（developing）等五个子系统进行。这 5 个子系统之间是相互联系的，体现了城市生态系统既具有生态系统的一般属性、又是一个具有社会经济属性的特殊生态系统的特点（图 12.7）。

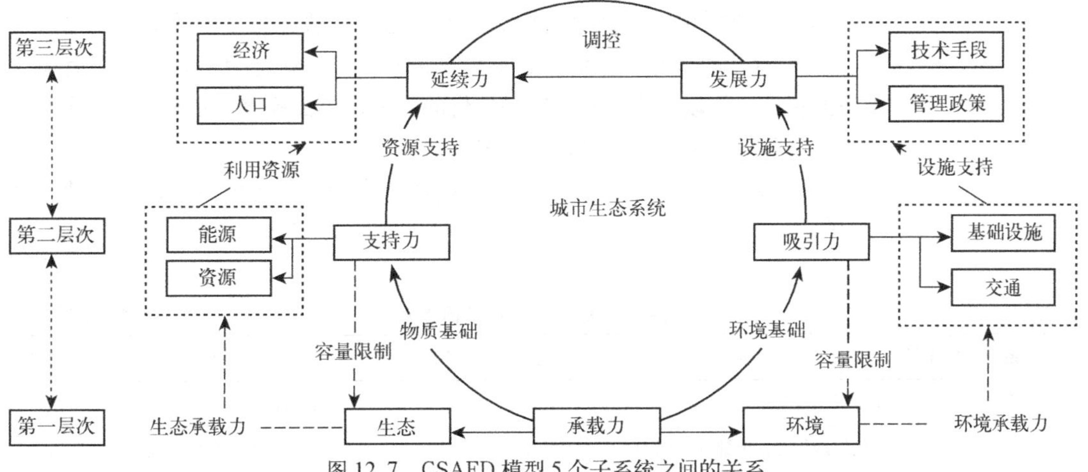

图 12.7　CSAED 模型 5 个子系统之间的关系

来源：郁亚娟，郭怀成，刘永，姜玉梅，李艳秋，黄凯．城市病诊断与城市生态系统健康评价．生态学报，2008（4）．

图 12.7 五个子系统在城市生态系统中，所起的作用互不相同，主要体现在以下 3 个层次：

（1）承载力是基础，它处在城市生态系统的第一层次。它包括生态和环境两个方面，不但为城市生态系统提供物质基础和环境基础，也是城市生态系统存在的基本介质，为城市提供还原功能。

（2）城市生态系统的第二层次是支持力和吸引力。前者表示城市对自然资源和矿产能源等天然物资的需求，以及人们对这些资源能源的利用，从而对城市发展产生支持力；后者代表人类对城市进行开发和建设以后，使得城市产生了更多有利于人们生产生活的功能，如交通设施、给排水设施等。支持力和吸引力体现了人们利用资源和建设城市的能力，也是城市生态系统区别于自然生态系统或农业生态系统的本质属性之一。

(3) 第三层次代表了人类在城市中的主导地位。首先，城市密集的人口、高度发展的经济，都是城市功能和活力的体现，这是支持城市延续发展的基础，所以称为延续力。而人们在对城市进行管理时所采用的技术手段和管理政策，则是城市生态系统与一般自然生态系统具有最显著差别的一个子系统。这里体现了人们对城市生态系统的各个方面，尤其是人口社会及经济的调控作用，这是城市可持续发展的根本，所以称之为发展力。

以上三个层次体现了城市生态系统从：①生态环境基质→②物资开发利用→③社会经济调控的3个层次的系统特征。

12.3.1.3 城市生态系统健康评价指标体系

首先，根据相关原则确定城市生态系统健康评价的单项指标及指标体系。一般包括：①指标体系要体现城市生态系统的动态性，便于进行时间序列分析、历史特征回顾和发展水平预测；②指标体系具有通用性和可移植性，便于多个城市之间的比较研究；③指标体系应该可以全面反映案例城市的各个子系统的特征；④选择可以量化的指标；⑤指标具有前瞻性，既要体现我国作为发展中国家的城市特色，也要为城市的进一步发展留下余地。

其次，根据相关原则确定指标的目标值。一般包括：①尽量采用已有国际／国内标准的指标目标值；②参考国内外文献，确定目标值；③对有退化趋势的指标，可以采用历史上较好年份的数据作为目标值；④对于有上升趋势的指标，可做趋势外推来确定目标值。

在此基础上，可确定城市生态系统健康评价的指标体系以及目标值（表12.16）。

城市生态系统健康评价指标体系 表12.16

子系统	序号	指标	目标值	子系统	序号	指标	目标值
CC（承载力）	1	城市绿化覆盖率（%）	＞60	AC（吸引力）	13	公路网密度（km/km^2）	1
	2	单位耕地化肥施用量（t/hm^2）	＜0.471		14	千人私人汽车拥有量	120
	3	城区 PM_{10} 平均浓度（g/m^3）	＜0.100		15	万人拥有公交车数量	100
	4	城区道路噪声（dh）	＜50		16	每千 km^2 公安消防车数量	25
	5	建成区区域噪声（dh）	＜50		17	房地产投资占GDP比重（%）	20
	6	河段水质达标率（%）	100		18	人均邮电业务量（元／人）	2500
SC（支持力）	7	年降水量（mm）	＞585		19	小学专任教师负担学生数	10
	8	人均耕地面积	1.62		20	每千人拥有职业医师数	5
	9	地均GDP产值（10^4 元 /km^2）	10400		21	每千人拥有医院床位数	8
	10	城镇人均住宅使用面积（m^2/人）	＞20	EC（延续力）	22	城区人口密度（人 /km^2）	3500
	11	城区人均道路面积（m^2/人）	＞8		23	城市化率（%）	85
	12	单位GDP能耗（tSee/104元）	＜0.5		24	人口自然增长率（%）	0.8

子系统	序号	指标	目标值	子系统	序号	指标	目标值
EC（延续力）	25	城市家庭恩格尔系数（%）	35	DC（发展力）	34	环境保护投资占 GDP（%）	> 5
	26	学龄儿童入学率（%）	100		35	固定资产投资占 GDP（%）	> 40
	27	城市人均支配收入（元）	15000		36	工业固废综合利用率（%）	80
	28	农民人均纯收入（元）	8000		37	工业增长率（%）	10
	29	GDP 增长率（%）	> 10		38	工业废水达标排放率（%）	100
	30	第三产业占 GDP 比重（%）	45		39	工业废水排放量（$t/10^4$ 元）	8.6
	31	人均 GDP（元）	80000		40	工业固废产生量（$t/10^4$ 元）	0.5
	32	第三产业从业人员比重（%）	45				
DC（发展力）	33	利用外资占 GDP 比重（%）	5				

来源：郁亚娟，郭怀成，刘永，姜玉梅，李艳秋，黄凯．城市病诊断与城市生态系统健康评价．生态学报，2008（4）．

12.3.2 城市生态系统承载力评价

12.3.2.1 城市生态系统承载力概念与内涵

生态学中的“承载力”一般指承载基体所能维系的承载对象的数量阈值。对于自然生态系统而言，承载基体对其承载对象的数量仅仅是通过食物链进行约束的关系，承载关系相对简单。而对于城市生态系统来说，其承载力的承载对象是具有主观能动性的人，其承载基体则是由人工建成的城市生态系统。承载对象有能力改变承载基体的结构，并以最大限度满足自己需求为目标，且其行为能够与承载基体的发展变化形成互动，关系更加复杂化。因此，城市生态系统承载力无论从概念还是内涵上与传统的承载力已经有了很大差异，其存在意义是如何能在满足人类一定生活水平和对生态环境质量的要求基础上，维持城市生态系统正常功能和健康水平。从城市生态系统的这种复杂的有机结构及其内部复杂的生物化学作用出发，可将城市生态系统承载力定义为：正常情况下，城市生态系统维系其自身健康、稳定发展的潜在能力，主要表现为城市生态系统对可能影响甚至破坏其健康状态的压力产生的防御能力、在压力消失后的恢复能力及为达到某一适宜目标的发展能力（徐琳瑜等，2005）。

城市生态系统承载力既包含了资源与环境的支持力部分，也包含了社会经济的发展力部分。从前者角度讲，城市生态系统承载力存在着阈值上限，即资源最大供给能力和环境最大纳污能力；从后者角度讲，城市生态系统承载力又存在着阈值下限，即城市最小社会经济发展水平或最低人口规模。因此，城市生态系统承载力存在着上下两个阈值限值。

12.3.2.2 城市生态系统承载力计量模型

城市生态系统承载力包括天然承载力和获得性承载力两部分，并以某种关系耦合在一起。

（1）城市生态系统天然承载力计量模型

城市生态系统天然承载力计量模型如下式。

$$N=R\cdot\alpha_s^2\cdot e^{\beta_s}\qquad 其中\begin{cases}R=k_1\left[\sum_{i=1}^{n}S_i\cdot\log_2 S_i\right]\cdot\sum_{i=1}^{n}S_i\cdot P_i\\ \alpha_s=k_2\sum_{i=1}^{m}r_i/G\\ \beta_s=\frac{1}{k}\sum_{j=1}^{k}\lambda_j K_j\end{cases}$$

式中，N 为城市生态系统天然承载力指数；R 为生态系统恢复指数；α 为资源供给指数；β_s 为环境容量指数；r_i 为第 i 种资源的供给量；G 为国内生产总值；S_i 为地物 i 的覆盖面积占全市总面积的百分比；P_i 为地物 i 的弹性分值；λ_j 为污染物权重；K_j 为污染物 j 的排放标准；k 为污染物种类；k_1，k_2 为常数（用来消去量纲：为便于比较，实际应用中使用相对承载力，因此这里的常数在计算中无数值意义）。

（2）城市生态系统获得性承载力计量模型

城市生态系统获得性承载力计量模型如下式。

$$F=\mu\cdot\delta\cdot Eco\qquad 其中Eco=\frac{\Delta G/G}{\Delta POP/POP}$$

式中，F 为城市生态系统获得性承载力指数；μ 为技术指数（可用高新技术产业产值占工业总产值表达）；δ 为人力资源指数（可用劳动力占总人口比重表达）；Eco 为经济能力指数；$\Delta G/G$ 为国内生产总值增长率；$\Delta POP/POP$ 为人口规模变化率。

（3）城市生态系统承载力耦合模型

即将天然承载力和获得性承载力加以整合后的城市生态系统承载力模型，如下式。

$$UECCC=f(N,F)=r\cdot N\cdot e^F\qquad 其中，\gamma=a\sum_{j=1}^{l}\left[\cos\frac{\pi}{2}\cdot\frac{M_j/POP}{M_{j0}/POP^t}\right]+b$$

式中，$UECCC$ 为城市生态系统承载力；r 为特征因子（自然资源型或科学技术型，对于非资源型城市该值取1）；M_j 为第 j 种不可再生资源的当年开采量（资源型城市）；M_{j0} 为第 j 种不可再生资源当年的消耗量；a，b 为常数，且 $a+b=1$。

12.3.2.3　城市生态系统压力计量模型

城市生态系统承载力总是相对于城市生态系统压力存在的，这种压力产生的根源是城市人口的急剧膨胀和经济活动的不断加强。可将对城市生态系统压力分为内压力和外压力（间接压力）。前者指社会经济子系统对生态支持系统产生的压力，主要表现为资源消耗和环境污染；后者指城市复合生态系统产生的压力，主要表现为人口规模、经济活动强度和生活质量的要求。城市生态系统压力计量模型如下式。

$$UEPIO=\alpha_u^2\cdot e^{\beta_n}\qquad 其中\begin{cases}\alpha_u=k_3\sum_{i=1}^{m}(POP\cdot s_i+G\cdot\omega)/G\\ \beta_u=\frac{1}{k}\sum_{j=1}^{k}\lambda_j(POP\cdot w_i+G\cdot\phi_j)\end{cases}$$

α 为资源消耗指数；β 为环境污染指数，这里用主要污染物的等标污染负荷比表达；POP 为人口规模；s_i 为第 i 种资源的人均使用量；G 为国内生产总值；ω 为万元 GDP 资源消耗量；λ_k 为污染物权重；w_j 为污染物 j 的人均排放量；φ_j 为万元 GDP 污染物排放量；k_3 为常数；k 为污染物种类。

12.3.2.4 城市生态系统承载力评价指标

不考虑城市生态系统压力的城市生态系统承载力评价是不能反映城市生态承载力的发展趋势及其对城市可持续发展的长远影响的。因此，可将城市生态系统承载力与城市生态系统压力指数（数值）化，以两者的关系形式来表征和判断城市能否持续发展。两者的关系形式有三种情况：①当城市生态系统承载力水平与增长率大于压力水平与增长率时，城市可持续发展，城市生态子系统向健康方向发展；②当城市生态系统承载力水平与增长率和压力水平与增长率相当时，城市生态系统发展状态基本稳定；③当城市生态系统承载力水平与增长率小于压力水平与增长率时，且这种状态持续时间过长，压力最终远远超过承载力时，城市生态系统将崩溃。表 12.17 为王宇峰（2005）提出的杭州城市生态系统承载力评价指标体系。

杭州城市生态系统承载力评价指标体系　　　　表 12.17

生态系统类型		指标名称	单位	标准值	权重
城市生态系统自然支撑力	生态弹性指数	生物丰度指数	/	/	0.3
		植被覆盖指数	/	/	0.25
		水网密度指数	/	/	0.25
		土地退化指数	/	/	0.2
	资源供给指数	人均水资源量	m^3/人	> 1700	0.55
		人均耕地面积	hm^2/人	> 0.04	0.45
	环境容量指数	水环境功能区达标率	%	100	0.25
		空气环境质量指数	/	< 1	0.25
		集中式饮用水源水质达标率	%	100	0.25
		噪声达标区覆盖率	%	100	0.25
城市生态系统获得性支撑力	社会经济组织活力指数	人均 GDP	元/人	> 33000	0.2
		人均财政收入	元/人	> 5000	0.2
		第三产业比重	%	> 45	0.2
		万人科技人员数	人	> 100	0.2
		人均绿地面积	m^2/人	> 11	0.2
	社会经济组织协调指数	恩格尔系数	/	< 0.2	0.22
		城镇居民人均居住面积	m^2	> 20	0.13
		人口自然增长率	‰	< 0.8	0.25
		万人病床数	床	> 65	0.13
		居民用气普及率	%	100	0.11
		排水管道密度	km/km^2	> 20	0.16

续表

生态系统类型		指标名称	单位	标准值	权重
城市生态系统压力评价	资源消耗指数	单位 GDP 水耗	m^3/ 万元	< 150	0.5
		单位 GDP 能耗	吨标煤 / 万元	< 1.4	0.5
	环境污染指数	SO_2 排放强度	千克 / 万元 GDP	< 5.0	0.2
		万元工业产值废水排放量	吨 / 万元	< 20	0.15
		万元工业产值废气排放量	标 m^3/ 万元	< 1	0.15
		生活污水处理率	%	> 70	0.25
		环保投资占 GDP 比重	%	> 3.5	0.25

来源：王宇峰．城市生态系统承载力综合评价与分析 [D]．浙江大学，2005．

12.3.3 城市生态系统生命力评价

城市生态系统从结构、功能、发展演化规律诸方面来看，在某种程度上具有生命体的特征。鉴于此，可以将生命体概念引入到城市生态系统现状评价中，以生命力指数来综合而直观地反映城市生态系统的发展状况（苏美蓉等，2008）

12.3.3.1 城市生命力指数内涵

要保持城市强大的生命力，首先要保证自然、社会、经济子系统的活力，同时要实现各个子系统在人类能动性综合调控下的协调发展。鉴于此，城市生命力指数既分别用生产力、生活势、生态势来表示城市经济子系统、社会子系统和自然子系统的发展态势；也从生态调控的角度，用生机度来表征各子系统间的协调性（图 12.8）。

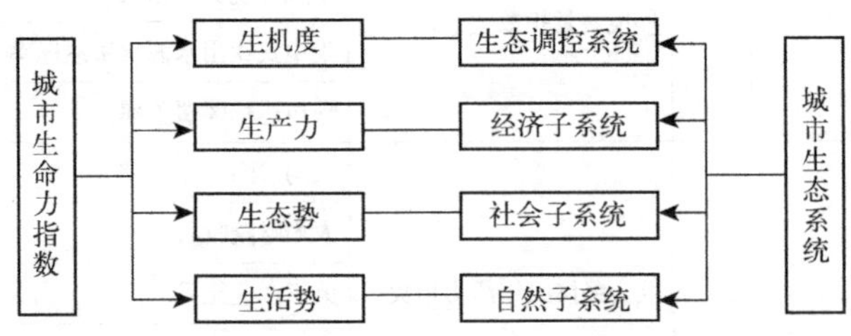

图 12.8　城市生命力指数框架图

来源：苏美蓉，杨志峰，陈彬，赵彦伟，徐琳瑜．城市生态系统现状评价的生命力指数．生态学报，2008（10）．

12.3.3.2 城市生命力指数评价指标体系

根据城市生命力内涵，并以城市生命力指数框架为基础，遵循系统性、相对独立性、可操作性、动态性等原则，可构建城市生命力指数评价指标体系（表 12.18）。

城市生命力指数评价指标体系 表12.18

目标层（O）	准则层(R)	权重	要素层(F)	权重	指标层(I)	权重
城市生命力指数	R_1 生产力	0.25	F_1 经济发展水平	0.423	I_1 人均GDP	0.375
					I_2GDP增长率	0.215
					I_3 城镇居民年人均可支配收入	0.205
					I_4 农民年人均纯收入	0.205
			F_2 经济结构	0.123	I_5 信息产业占GDP的比重	0.5
					I_6 第二产业增长率	0.5
			F_3 经济推动力	0.227	I_7 固定资产投资占GDP的比重	1
			F_4 经济竞争力	0.227	I_8 外资占GDP的比重	0.5
					I_9 出口总额占GDP的比重	0.5
	R_2 生活势	0.25	F_5 社会公平	0.071	I_{10} 城镇登记失业率	0.3
					I_{11} 领取失业救济金人数比例	0.3
					I_{12} 农村与城市人均收入差异	0.4
			F_6 科教水平	0.368	I_{13} 申请专利授权率	0.125
					I_{14} 初中教育普及率	0.25
					I_{15} 万人拥有高等学校学生数	0.25
					I_{16} 科技对经济增长的贡献率	0.375
			F_7 人群健康	0.368	I_{17} 人口死亡率	0.5
					I_{18} 万人拥有医院床位数	0.5
			F_8 生活质量	0.193	I_{19} 城镇居民人均房屋建筑面积	0.2
					I_{20} 恩格尔系数	0.2
					I_{21} 万人机动车辆	0.2
					I_{22} 电视覆盖率	0.2
					I_{23} 电话普及率	0.2
	R_3 生态势	0.25	F_9 资源条件及利用	0.375	I_{24} 人均水资源量	0.35
					I_{25} 森林覆盖率	0.2
					I_{26} 建成区人口密度	0.2
					I_{27} 工业用水重复利用率	0.25
			F_{10} 环境质量	0.375	I_{28} 空气质量优良率	0.2
					I_{29} 集中式饮用水源水质达标率	0.3
					I_{30} 城镇生活污水集中处理率	0.25
					I_{31} 工业固废综合利用率	0.25
			F_{11} 生态安全	0.250	I_{32} 地质灾害防治率	0.6
					I_{33} 水土流失治理率	0.4
	R_4 生机度	0.25	F_{12} 管理与调控能力	0.4	I_{34} 环保投入占GDP比重	0.375
					I_{35} 环境保护宣传教育普及率	0.4
					I_{36} 规模化企业通过ISO14000认证比率	0.225
			F_{13} 系统协调度	0.6	I_{37} 自然经济协调系数	0.4
					I_{38} 单位GDP能耗	0.3
					I_{39} 单位GDP水耗	0.3

来源：苏美蓉，杨志峰，陈彬，赵彦伟，徐琳瑜．城市生态系统现状评价的生命力指数．生态学报，2008（10）.

第12章参考文献：

[1] Alan R. Berkowitz, Charles H. Nilon, Karen S. Hollweg. Understanding Urban Ecosystems: a New Frontier for Science and Education[M]. Springer Science Business Media, 1 edition , December 6, 2002.

[2] Alberti M. Modeling the Urban Ecosystem: A Conceptual Framework [J] . Environment and Planning, 1999.

[3] Colin McMullitan. Indicators of urban ecosystems health[C/OL]. Ottawa: International Development Research Centre (IDRC), 1997. http://www. idrc. ca/ecohealth/indicators. html, 2007-11-05.

[4] Costanza R. the Dynamics of the Ecological Footprint Concept[J]. Ecological Economics, 2000 (3) .

[5] DJ Rapport, G Bohm, D Buckingham, J Cairns, R Costanza, JR Karr, HAM De Kruijf, R Levins, AJ McMichael and N.O. Nielsen. Ecosystem Health: the Concept, the ISEH, and the Important Tasks Ahead[J]. Ecosystem Health, 1999, 5 (2) .

[6] Ewa Liwarska-Bizukojc, Marcin Bizukojc, Andrzej Marcinkowski, Andrzej Doniec. The Conceptual Model of an Eco-industrial Park Based upon Ecological Relationships[J]. Journal of Cleaner Production, 2009 (17) .

[7] Hancock. Urban Ecosystem and Human Health: A Paper Prepared for the Seminar on CIID-IDRC and Urban Development in Latin America, Montebideo, Uruguay, 2000[C/OL]. http://www. idrc. ca/locro/docs/conferencias/hancock. html, 2007-11-05.

[8] Howard T. Odum. Explanations of Ecological Relationships with Energy Systems concepts [J]. Ecological Modelling, 2002, 158.

[9] Machlis G. E. , Force J. E. , Burch W. R, Jr. The Human Ecosystem, Part I: The Human Ecosystem as an Organizing Concept in Ecosystem Management[J]. Society and Natural Resources 10, 1997.

[10] Marina Alberti. Advances in Urban Ecology: Integrating Humans and Ecological Processes in Urban Ecosystems [M]. Springer Science Business Media, 1 edition, 2008.

[11] Nancy B. Grimm, J.Morgan Grove, Steward T. A. Prickett and Charles L.Redman. Integrated Approaches to Long-Term Studies of Urban Eoclogical System[J]. BioScience, 2000, 50 (7) .

[12] 董志，郭逍宇，张飞云．北京市园林植物数量生态关系的研究——以陶然亭月季园为例[J]. 西北植物学报，2005 (5) .

[13] 方芳，城市生态关系研究——以连云港市为例[D]. 同济大学，2004.

[14] 李成范，苏迎春，周廷刚，谢征海，尹国友．城市土地利用变化及生态环境效应研究——以重庆市北碚区为例[J]. 西南大学学报（自然科学版），2008 (12) .

[15] 李晓文，方创琳，黄金川，毛汉英．西北干旱区城市土地利用变化及其区域生态环境效应——以甘肃河西地区为例[J]. 第四纪研究，2003 (3) .

[16] 龙怒．生态关系视角下的企业战略联盟研究[D]. 中南财经政法大学，2006.

[17] 曲格平主编，环境科学词典[M]. 上海：上海辞书出版社，1994.
[18] 宋豫泰．中国文明起源的人地关系简论[M]. 北京：科学出版社，2002.
[19] 苏美蓉，杨志峰，陈彬，赵彦伟，徐琳瑜．城市生态系统现状评价的生命力指数[J]. 生态学报，2008（10）.
[20] 王敉敉，吴泽民．苏州古典园林主要群植植物生态关系[J]. 中国城市林业，2007（4）.
[21] 王如松．高效、和谐——城市生态调控原则与方法[M]. 湖南：湖南教育出版社，1988.
[22] 王如松．建设生态城市急需系统转型[N]. 中国环境报，2009-08-05（2）.
[23] 王秀兰，包玉海．土地利用动态变化研究方法探讨[J]. 地理科学进展，1999（1）.
[24] 位欣，陈翠芳，陈华．城市土地利用变化及其驱动力分析[J]．资源环境与工程，2006（4）.
[25] 徐琳瑜，杨志峰，李巍．城市生态系统承载力理论与评价方法[J]. 生态学报，2005（4）.
[26] 杨培峰．城乡自然生态关系分析[J]. 城市问题，2004（4）.
[27] 郁亚娟，郭怀成，刘永，姜玉梅，李艳秋，黄凯．城市病诊断与城市生态系统健康评价[J]. 生态学报，2008（4）.
[28] 张凤太，苏维词，赵卫权．基于土地利用／覆被变化的重庆城市生态系统服务价值研究[J]. 生态与农村环境学报，2008（3）.
[29]（日）中野尊正等著，孟德政等译．城市生态学[M]. 北京：科学出版社，1986.
[30] 朱国宏．人地关系论：中国人口与土地关系问题的系统研究[M]. 上海：复旦大学出版社，1996.

本章小结

城市生态关系是以人为中心的城市生态系统与周边环境的相互影响、相互作用，以及城市生态系统各组成部分之间的相互影响和作用的总和。从要素角度出发，城市生态关系分析的内容包括：城市人类与环境的关系、城市与农村的关系、城市社会生态关系、人地关系、企业生态关系等；从评价方法而言，城市生态关系评价可以采取指标法、区位商法、趋势演变法、空间法、生态位法、生态足迹法等。城市生态关系综合评价的途径之一是对城市生态关系的总体状况如协调度、共生度和平衡度进行评价。

城市生态系统是通过各种相生相克的关系建立起来的城市人类聚居地或社会、经济、自然的复合体。城市生态系统分析是深刻认识城市生态系统的重要途径。城市生态系统分析主要包括城市土地利用／覆被变化分析、城市生态系统服务价值变化分析等。城市生态系统评价的主要内容包括：城市生态系统健康评价、城市生态系统承载力评价和城市生态系统生命力评价。

复习思考题

1. 何为城市生态关系？城市生态关系分析与评价有什么方法与技术？如何与城市规划建立联系？

2. 城市生态关系分析与城市生态系统分析是否有差异？如果有的话，是哪些？

3. 城市生态系统评价的角度与方法除了本章介绍的以外，还有哪些？

第13章　城市生态规划

本章介绍了城市生态规划的概念、特性、原则、步骤、内容和城市生态规划的类型、技术方法与指标体系等。其中，城市生态规划内容着重强调了与城市人居环境规划的结合。

13.1　城市生态规划的定义

生态规划的思想起源于1960年代，Thunen，Weber，Mumford 和 McHarg 等人的研究与实践对其演进产生了重要作用。关于生态规划的内涵（定义），国内外的文献都有所涉及。概而言之，刘易斯·芒福德等的定义强调了生态规划的综合性（自然、经济、人）、谐调性；麦克哈格和Mohammad Jafari 的定义强调了土地利用中心性；Steiner 等人的定义则较注重生态规划的景观生态学途径；《环境科学词典》（曲格平主编，2004）的生态规划定义的特点是强调资源性和经济性；联合国人与生物圈计划（MAB，1984）的生态规划定义的特点则是以人为中心。

城市生态规划定义的核心内涵应以生态关系、人与自然等因素和谐为核心。基于此，城市生态规划可界定为：城市生态规划是以生态学为理论指导，以实现城市生态系统的健康协调可持续发展为目的，通过调控一定范围内的"人－资源－环境－社会－经济－发展"的各种生态关系，促进城市可持续发展、促进人居环境水平和人的发展水平不断提高的规划类型。从这一定义可以发现，城市生态规划是一种调谐城市人类与资源、环境、社会、经济、发展等要素和系统的关系的规划类型，其最核心的特征是关系。其中，对这些关系的表达、分析、协调、重构都是城市生态规划需要解决的重点问题。

13.2 城市生态规划的特性

（1）生态性

指城市生态规划以生态学为指导、以"生态"理念为核心、致力于城市要素及区域、城乡、人与自然、社会与经济以及城市内部与外部的相互关系的生态化。所有的生态规划内容都围绕着"生态"这一"主题词"展开。

（2）人本性

指以人为中心，以提高人居环境水平和人的发展水平为基本目标。联合国人与生物圈（MAB，1984）计划所指出的"生态规划就是要从自然生态和社会心理两方面去创造一种能充分融合技术和自然的人类活动的最优环境，诱发人的创造精神和生产力，提供高的物质和文化水平"可较充分地佐证这一点。

（3）系统性

指从城市生态系统的功能、结构的角度，从城市的经济、社会、环境、资源诸系统的角度综合进行生态规划。

（4）可持续性

指城市生态规划追求人与自然、城市与自然的和谐、永续发展；注重代际公平、民际公平、城乡公平等，这也部分体现了城市生态规划的目的。

（5）应用性

指城市生态规划是基于问题－目标导向的，以分析城市生态系统以及城市规划面临的具体问题并加以解决为主要目的，是解决城市"人口－资源－环境－发展"关系问题的实用型规划。

（6）层次性

从规划地域范围来看，城市生态规划的规划对象为整个城市生态系统，规划范围为以城市生态系统为重心、并涵盖对城市生态发展有密切关联和重要影响的广域范围的区域整体。具体又可分多个层次：①城市内部；②城市间、城市与区域；③城市与自然界等。

（7）融贯性

由如下方面体现：①"人－资源－环境－社会－经济－发展"诸系统的融贯；②区域规划－城市总体规划－环境保护规划－经济社会发展规划－资源规

划；绿地系统生态规划、土地生态规划、旅游生态规划、景观生态规划、住区生态规划、农田生态规划、工业生态规划诸规划的融贯；③自然生态－社会生态－经济生态诸系统的融贯；④各种规划手段和规划方法的融贯；⑤各种与人居环境密切相关学科的融贯（生态学、生态哲学、人类生态学、城市生态学、景观生态学、生态经济学、环境经济学、社会生态学、资源学、城市规划学、城市学、城市地理学等）。

13.3　城市生态规划的原则

1984 年，MAB 报告中提出了“城市生态规划”五项原则：①生态保护策略；②生态基础设施；③居民的生活标准；④文化历史的保护；⑤将自然融入城市。这些原则较具体和明确，带有规划目标的涵义。

城市生态规划的对象是城市生态系统，城市生态系统既是一个复杂的人工生态系统，又是一个自然—经济—社会复合生态系统，且与区域系统具有密切的联系。因此，进行城市生态规划，既要遵守三生态要素原则，又要遵循复合系统原则。

（1）自然原则

又称自然生态原则。城市的自然及物理组分是其赖以生存的基础，又往往成为城市发展的限制因素。为此，进行城市生态规划时，首先，要摸清自然本底状况，通过城市人类活动对城市气候的影响、城市化进程对生物的影响、自然生态要素的自净能力等方面的研究，提出维护自然环境基本要素再生能力和结构多样性、功能持续性和状态复杂性的方案。同时依据城市发展总目标及阶段战略，制定不同阶段的生态规划方案。

（2）经济原则

又称经济生态原则。城市各部门的经济活动和代谢过程是城市生存和发展的活力和命脉，也是搞好城市生态规划的物质基础。因此，城市生态规划应促进经济发展，而决不能抑制；生态规划应体现经济发展的目标要求，而经济计划目标要受环境生态目标的制约。从这一原则出发进行生态规划，可从城市高强度能流研究入手，分析各部门间能量流动规律、对外界依赖性、时空变化趋势等，并由此提出提高各生态区内能量利用效率的途径。

（3）社会原则

又称社会生态原则。这一原则存在的理论前提在于城市是人类集聚的结果，是人性的产物，人的社会行为及文化观念是城市演替与进化的动力。这一原则要求进行城市生态规划时，要以人类对生态的需求值为出发点，规划方案应被公众所接受和支持。

（4）复合生态原则

指一方面应将自然—经济—社会看成复合生态系统，进行整合规划；另一方面必须将城市生态系统与区域生态系统视为一个有机体，将城市内各子系统视为城市生态系统内相联系的单元、对城市生态系统及其生态扩散区（如生态腹地）进行综合规划。

13.4 城市生态规划的步骤

13.4.1 Ian McHarg 提出的地区生态规划步骤

从规划程序角度，Ian McHnarg提出的生态规划包括如下步骤：

（1）制定规划研究的目标——确定所提出的问题。

（2）区域资料的生态细目与生态分析——确定系统的各个部分，指明它们之间的相互关系。

（3）区域的适宜度分析——确定对各种土地利用的适宜度，包括住房、农业、林业、娱乐、工商业发展和交通用地等。

（4）方案选择——在适宜度分析的基础上建立不同的环境组织，研究不同的计划，以便实现理想的方案。

（5）方案的实施——应用各种战略、策略和选定的步骤去实现理想的方案。

（6）执行——执行规划。

（7）评价——经过一段时间，评价规划执行的结果，然后做出必要的调整。

13.4.2 Steiner 提出的生态规划步骤

Steiner（1981）认为，McHarg 的生态规划模式强调资料收集、分析和整合，他所提出的生态规划方法更强调目标的建立、目标的实施和目标管理。此外，Steiner（1991）强调自己的生态规划模式不是一个简单的、一成不变的、线性规划过程，而是一个循环的、动态的、不断重复的过程，针对不同情况可以重新排序，甚至跳过若干步骤。规划师应该不断地回顾前面的工作，并作出评价和反馈，从而对前面的或后面的步骤进行相应的调整（如图 13.1 中虚线所示）。Steiner 的生态规划框架包括 11 个相互影响的步

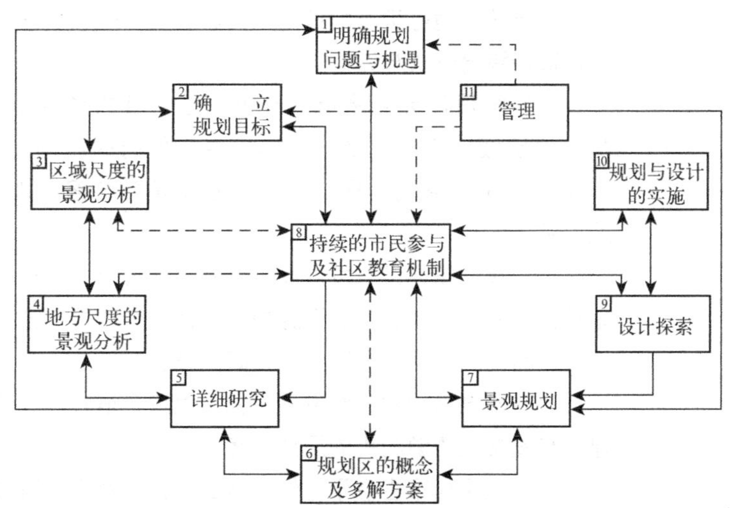

图 13.1 Steiner 创立的生态规划框架

来源：（美）弗雷德里克 · 斯坦纳著，生命的景观——景观规划的生态学途径（第二版）. 周年兴等译 . 北京：中国建筑工业出版社，2004.

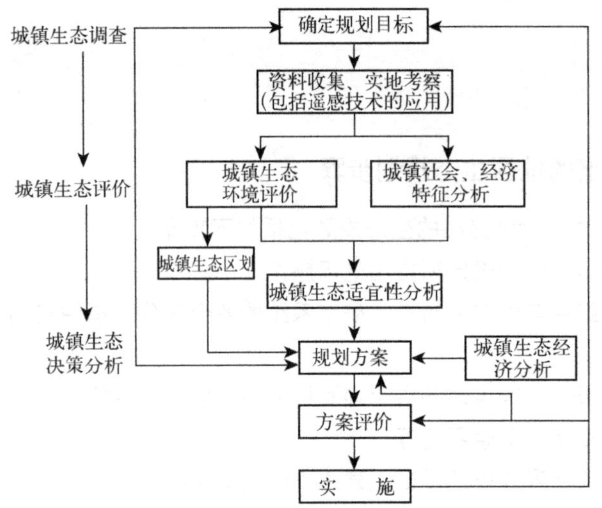

图 13.2　城镇生态规划流程图

来源：王如松，周启星，胡聃．城市生态调控方法．北京：气象出版社，2000．

骤（弗雷德里克 · 斯坦纳，2004；李小凌等，2004；Steiner，F，1988；转引自：王立科，2005）（图 13.1）。

13.4.3　王如松提出的生态规划步骤

王如松等（2000）提出了可持续城镇生态规划的基本流程（图 13.2），包括 3 个阶段、7 个步骤。

3 个阶段为：城镇生态调查、城镇生态评价和城镇生态决策分析。其中，城镇生态评价包括：城镇生态过程分析、城镇生态潜力分析、城镇生态格局分析和城镇生态敏感分析；城镇生态决策分析包括：城镇生态适宜性、城镇规划方案的评价与选择（通过规划方案与规划目标、成本效益分析和对城镇可持续发展能力的影响等进行）。

7 个步骤为：

（1）明确规划范围及规划目标。应将城镇可持续发展规划目标，分解成具体的相互联系的子目标。如城镇人口发展规划、土地利用规划、工商业发展规划，以及交通发展规划等。

（2）根据规划目标与任务收集城市及所处区域的自然资源与环境、人口、经济、产业结构等方面的资料与数据。资料与数据的收集不仅要重视现状、历史的资料及遥感资料，还要重视实地考察取得的第一手资料。

（3）城镇及所处区域自然环境及资源的生态分析与生态评价。主要运用城市生态学、生态经济学、地学及其他相关学科的知识，对城镇发展与规划目标有关的自然环境与资源的性能、生态过程、生态敏感性及城镇生态潜力与限制因素进行综合分析与评价。

（4）城镇社会经济特征分析。主要目的是运用经济学及生态经济学分析、评价城镇工业、商业及其他经济部门的结构、资源利用、投入－产出效益和经济发展的地区特征，寻找城镇社会经济发展的潜力及社会经济问题的症结。

（5）按城镇建设与发展及资源开发的要求，分析评价各相关资源的生态适宜性；然后，综合各单项资源的适宜性分析结果，分析城镇发展及所处区域资源开发利用的综合生态适宜性空间分布图。

（6）根据城镇建设和发展目标，以综合适宜性评价结果为基础，制定城镇建设与发展及资源利用的规划方案。

（7）运用城市生态学与经济学的知识，对规划方案及其对城镇生态系统的影响以及生态环境的不可逆变化进行综合评价。

13.5 城市生态规划内容

13.5.1 城市生态支持系统规划

13.5.1.1 城市生态支持系统概念及组成

城市生态支持系统（Ecological Support System）是以城市为中心，以城市及其周边的水、气、土、能、林、生物等资源、环境为基础，为城市提供发展支持和生态调控的自然生态系统，它是城市复合生态系统的子系统。城市生态支持系统构成要素因不同学者的专业背景等因素有所不同（表13.1）。但其中的元素与自然生态系统的涵盖内容基本对应。

部分学者提出的城市生态支持系统构成要素　　表13.1

提出者	提出时间	城市生态支持系统构成要素
杨芸、祝龙彪	2001	城市人口、生态环境、城市资源、城市土地与空间结构、城市能源、城市绿地系统、城郊边缘系统
Jingshan Yu	2001	水资源与水环境、城市气候与大气环境、能源资源、森林资源、土地资源与食物供应、矿产资源
胡廷兰等	2004	重点资源（水、土地、能源、林地、绿地）、生态环境（大气环境、水环境）
刘斌等	2004	土地、水体、大气、景观、气候、动植物及微生物等要素

来源：根据相关资料整理。

13.5.1.2 城市生态支持系统规划理念

城市生态支持系统规划主要是从资源角度，对组成城市生态支持系统的各个要素进行科学利用和保护规划。基本的规划理念包括：

（1）资源满足性。生态支持系统应提供城市适当发展所需要的资源，当资源无法满足城市发展时，城市应采取措施限制自身的扩展，调整资源利用方向与方式。

（2）人地协调性。城乡居民与生态支持系统间应该相互协调，不仅支持系统要承载人的发展，人也应改善、保护支持系统中的环境、资源。

（3）区域优先性。城市的生态支持系统应在支持本城市的基础上，为整个区域带来正面影响，甚至能为区域其他城市或地区提供生态支持。反之，城市过度依赖外部其他生态支持系统的供给，并对区域其他城市的发展产生了负面影响就是区域落后的表现。

（4）因子平衡性。城市生态支持系统是一个整体系统，其中的各因子发展状态应该平衡，相互关系需要协调。因子支持能力间不应出现较大的离散度，即个别因子状态特别好，别的因子又特别差。因子应相互支持，如气候资源补充水资源或能源资源，水环境改善土壤环境等等，反之，各因子能力差距大，某因子影响了其他因子的支持能力即为因子不平衡。

13.5.1.3 城市生态支持系统规划的主要内容

（1）水资源规划

1）水资源现状特征分析　包括水资源的总量、人均占有量、水资源供需平衡、自来水供应水平、地下水资源与使用情况、用水效率、各业用水情况、管网覆盖率及供水设施状况等。

2）水资源需求预测　对城市生产、生活及生态环境维持对水资源的需求状况进行预测。

3）可持续发展的水资源保护与利用　包括：保护整体水域、控制开采地下水、清除重点污染源、雨水废水污水资源化、提高用水效率、加强监管力度等。

(2) 气候资源规划

1）气候资源现状特征分析　包括：气温特征、日照特征、风特征、降水与蒸发特征、湿度与气压特征、气象灾害特征。

2）大气碳氧平衡分析。

3）可持续发展的气候资源利用。

(3) 土地资源规划

1）土地资源现状特征分析　包括：地形地貌特征、地质灾害情况、土地利用构成、农业生产力、矿产资源利用、城市土地资源、土地退化问题等。

2）土地资源需求预测　包括：建设用地的土地需求、土地粮食生产能力等。

3）可持续发展的土地资源利用　包括：挖掘土地资源开发潜力、储备林地保护耕地、提高单位土地利用效力、加强土地管理，做好城市规划。

(4) 能源资源规划

1）能源利用现状特征分析　包括：现状能源供应结构、城乡用能比值、工业—生活供能比值等。

2）能源资源需求预测。

3）可持续发展的能源资源利用　包括：提高产业用能效率、高耗能产业转型、改变能源消费结构、形成循环产业链、降低建筑能耗、提高森林覆盖率等。

(5) 生物资源

1）生物资源现状特征分析　包括：生物丰度指数及植被覆盖指数计算及分析，生物资源在市域中的分布等。

2）可持续发展的生物资源利用与保护　包括：完善建立各级自然保护区，保护濒危物种，改善生境。保证保护区的面积，主要水源涵养体禁止采伐；对荒漠、盐碱地、沼泽等保护及合理利用；丰富生境种类，增加物种多样性等。

(6) 历史文化遗产资源

城市环境包括自然环境和人工环境。人工环境中的古建筑、传统街区、地方民居、遗址、石窟、石刻等历史文化遗产也是极为重要的生态环境资源。因此历史文化遗产的保护工作也是城市资源利用和保护规划的重要内容。

以上各部分详细内容可另参见本书相关章节。

13.5.2　城—乡、城市—区域协调生态规划

13.5.2.1　城—乡生态协调规划

(1) 城乡土地生态利用规划

城乡在发展过程中，对土地所形成的压力有较大差异，然而，土地利用的

生态化对两者而言，都具有重要意义。由于城乡结合部的生态关系特别复杂，城乡结合部土地生态利用规划就显得尤其重要，是城乡生态规划的重要内容之一。城乡结合部土地生态利用的重大意义包括：①有利于避免城乡结合部产生土地利用结构混乱、布局不合理状况；②有利于避免城乡结合部土地资源的浪费；③有利于避免城乡结合部土地生态环境恶化和土地质量下降；④有利于避免城乡结合部土地生态系统遭破坏。

周伟等（2007）提出了针对北京城乡结合部土地生态利用的主要措施，包括：

1）科学规划土地利用　根据城乡结合部的资源条件、区位优势、人口等因素，确定该区的发展规模，结合自然生态和人文生态空间规划，编制专门的城乡结合部土地利用详细规划。注意使自然走廊、绿廊、绿带、绿道外围农业用地、休闲用地等连接成网，确立边缘区各类斑块大集中小分散的景观异质性格局。

2）加快绿化隔离区的建设　2000 年、2003 年北京分别启动了第一道和第二道绿化隔离区的建设，面积分别为 241.79km^2、1650km^2；规划实现绿化率分别为 52%和 60%。绿化隔离带的规划和建设，实现了土地的生态利用，表现为：①有效遏制城市无序摊大饼式扩张；②改善生态环境。③改善产业结构。

3）转变管理观念，提高管理水平　建立统一的规划管理体制，完善规划体系建设，扩大规划范围，拓展规划覆盖面，着眼于失地农民的长远利益，重点研究农村集体土地征用、征收、出租、入股等多种方式参与城市建设开发的途径，探索农村集体产权改革机制。

(2) 城乡绿色空间规划

城乡绿色空间是在城市、镇和村庄的建成区以及因城乡建设和发展需要，须实行规划控制的区域范围内，有机地综合城市与乡村各类绿地，所构成的区域化网络化的绿色空间。

城乡绿色空间是一种强调城乡绿地的有机结合，自然生态过程畅通有序的思想，与我国现有"城市绿地系统"、"城市绿色空间"、"乡村绿地"等概念相比，在空间尺度上，城乡绿色空间将绿地的范围拓展到了城乡一体的区域范围；在组成要素上，包括城市内的各类园林绿地以及乡村的森林、农田林网和果园等多种要素；在空间结构上，城乡绿色空间强调绿地之间的相互连接，形成网络化的城乡绿地系统结构。从规划建设要素的多元性看，要素的多元性决定了城乡绿色空间规划需更注重城乡绿色网络（园林绿带、农田和自然植被等）、蓝色网络（水体）、灰色网络（矿山、垃圾场等）间的相互耦合；城乡绿色空间的功能具有多样性，除了改善城市气候和释氧固碳等生态效益功能外，它又是动植物栖息迁移的场所，能为生物的迁移提供廊道，同时还是地理和文化资源保护的场所，能够与具有特色的地理、文化和历史景观相结合，发挥保护地理和文化资源的功能。

国外绿地规划建设中蕴含的城乡绿色空间思想可以概括和归纳为"控制"、"连接"和"融合"三类思想，它们所体现的城乡绿地形态与要素、结构与功能各具特色（表 13.2）。具体而言，"控制"思想通过绿楔、环形绿廊等多种形式绿色控制带的应用予以实现；"连接"思想则通过道路绿道、生物绿道、历史绿道等多类型绿道的应用来实现城乡绿色网络的构建；“融合”思想则用农田来实现城乡的连接，将城市“溶解”在农田景观中。

控制思想中城乡绿色空间的主要特征　　　　**表 13.2**

	伦敦绿带	斯塔特绿核	莫斯科绿色控制带
尺　度	城乡区域	城乡区域	城乡区域
组成要素	森林、农田、湿地、休闲绿地等	森林、农田、湿地、休闲绿地等	森林、农田、城区公共绿地等
连接方式	绿带	绿核	绿带、绿核、绿楔、环形绿廊
结　构			
功　能	限制城市扩展、提供生活资料、休闲娱乐、改善环境质量	防止城市合并、提供生活资料、改善环境质量、提供休闲娱乐	用于城市组团、改善环境质量、休闲娱乐、提供生活资料

来源：杜钦，侯颖，王开运，张超．国外绿地规划建设实践对城乡绿色空间的启示．城市规划，2008（8）．

13.5.2.2　城市—区域协调生态规划

在城市—区域协调生态规划领域，城市群生态规划是重要内容之一。城市群生态规划是从空间角度对区域人居环境进行符合生态学原理的规划，是实现经济、社会、环境、人口等要素在城市与区域范围内高度协调发展的规划类型。城市群生态规划注重生态规划与城市规划的融合，关注城市群发展的过程调控和格局优化。其规划内容包括：生态调查、规划目标确定、生态评价分析、生态优化方案和规划实施与外延五个过程（图 13.3、表 13.3）。

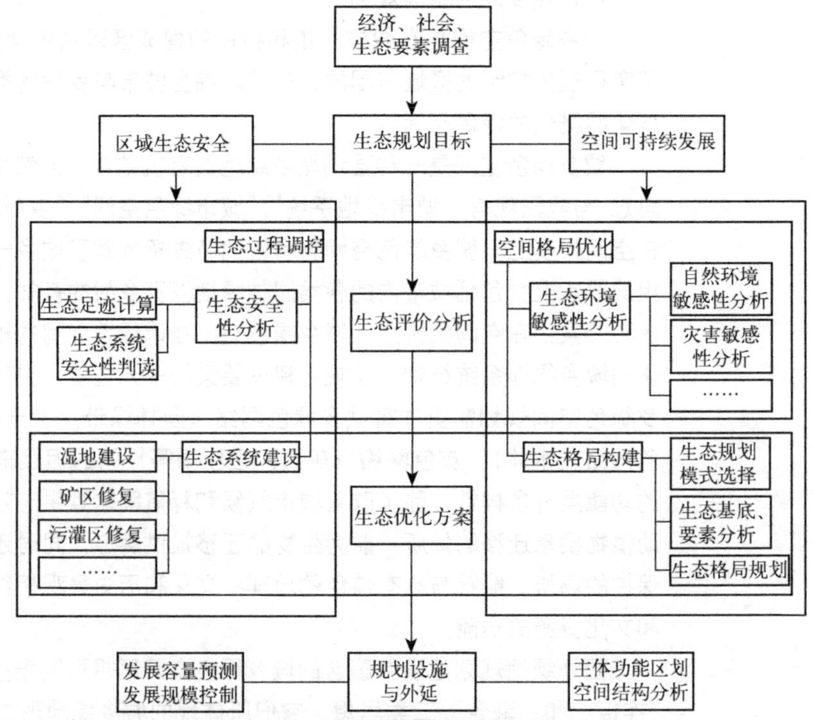

图 13.3　城市群生态规划框架

来源：汪淳，张晓明．城市群生态规划框架研究．生态文明视角下的城乡规划——2008 中国城市规划年会论文集，2008．

国内主要城市群生态规划内容 表13.3

规划名称	生态规划涵盖内容
珠江三角洲城镇群协调发展规划	基于珠江三角洲区域与城乡生态环境的自然本底、资源环境条件及其承载能力，构建区域整体生态结构；依据区域生态系统服务功能的不同、生态敏感性的差异和人类活动影响程度，划定区域生态功能分区；根据珠江三角洲的生态环境问题，提出空间管治和生态恢复实施措施
山东半岛城市群发展战略研究	资源环境与可持续发展压力分析（人口压力、资源压力、生态环境压力、总压力、可持续发展度）、生态环境敏感区分析、生态环境建设与可持续发展对策
长江三角洲区域规划	空间环境监管（生态功能区划、区域绿色空间构建）；环境容量界定
长株潭城市群区域规划	划定生态底线（自然生态、水环境、空气环境）；核心地区生态功能分区（自然生态功能区、自然人文交错过渡区、城市人文生态功能区）；区域绿地系统控制（区域绿地系统结构、湿地布局、森林公园布局、风景名胜区布局、重要生态旅游区布局、重要生态脆弱地区布局）；区域生态空间管治要求

来源：汪淳，张晓明．城市群生态规划框架研究．生态文明视角下的城乡规划——2008中国城市规划年会论文集，2008．

13.5.3 生态安全格局规划

13.5.3.1 生态安全格局内涵及实现途径

生态安全有广义和狭义之分。广义生态安全是指在人的生活、健康、安乐、基本权利、生活保障来源、必要资源、社会秩序和人类适应环境变化的能力等方面不受威胁的状态，包括自然生态安全、经济生态安全和社会生态安全组成一个复合人工生态安全系统。狭义的生态安全是指自然和半自然生态系统的安全，即生态系统完整性和健康性的整体水平反映。肖笃宁等人（2002）将生态安全定义为：人类在生产、生活与健康等方面不受生态破坏与环境污染等影响的保障程度，包括饮用水与食物安全、空气质量与绿色环境等基本要素。生态安全研究内容主要包括生态系统健康诊断、区域生态风险分析、景观安全格局、生态安全监测与预警以及生态安全管理、保障等方面。对区域生态安全的分析主要包括：关键生态系统的完整性和稳定性，生态系统健康与服务功能的可持续性，主要生态过程的连续性等（张素平，2006）。

城市生态过程存在着一系列阈限或安全层次，虽然这些阈限对整体生态过程来说都不是顶极的或绝对的，但它们是维护与控制生态过程的关键性的量或时空格局。如城市生态可持续性受到不同因素，如水资源水环境承载力阈限、土地资源阈限、森林、绿地面积及分布等的限制。与这些生态阈限相对应，城市生态系统中存在着一些关键性的因素、局部点或位置关系，构成某种潜在的安全空间格局称之为城市生态安全格局，它对维护和控制生态过程有着关键性的作用。

基于城市生态安全格局概念，通过分析、识别威胁城市生态安全的关键因子等过程进行城市生态规划的方法被称为生态安全格局途径（俞孔坚，1998）。安全格局把对应于不同安全水平的阈限值转变为具体的空间维量，成为可操作的生态规划设计语言，因此具有可操作性。城市生态安全格局在规划应用中的途径主要包括生态环境特征及脆弱性辨析、景观生态安全格局识别、生态分区规划等。

为完成城市生态安全格局规划，首先要对市域生态空间环境的总体特征有充分的认识，其途径包括：市域生态系统脆弱性分析、生态系统服务功能价值评估以及生态活度位（生态活度位指对区域社会—经济—自然复合生态系统中各生态单元的自然资源、环境功能以及经济、社会功能的相对优势程度的概括度量（马世骏，1990））评价等。实现生态安全，关键在于确保各种重要的自然要素的生态功能，特别是维护生态平衡的功能得到正常发挥，需要构建城乡一体化的景观生态安全格局。通过生态分区规划，进行宏观生态调控，保持生态系统支持能力（张素平，2006）。

13.5.3.2 城市生态安全格局规划的内容与方法

（1）城市扩张的生态安全格局

随着中国城市化水平的快速推进，城市在空间上的扩张成为必然。城市扩张必然会占用周边的土地，破坏自然景观的格局和过程，所以，保证城市及所在区域的生态安全是在进行城市扩张方向、速度等决策时需要首先考虑的问题。赵凯等（2008）利用 2004 年 TM 影像图和基础地形图，在 GIS 技术支持下，选择地势地貌（坡度）、地质灾害、河流、林地和耕地 5 个生态因子，将城市拓展区分为优先发展、适合发展、限制发展和禁止发展 4 个安全等级区，对云南省福贡县城扩张的生态安全格局进行分析。结果为：禁止发展区的面积最大，是研究区的主导等级类型；优先发展区紧邻地质灾害潜伏区，不宜作为城市建设用地；县城南部是城市发展的理想空间，这种空间格局将最大程度地保证该县城的生态安全（图 13.4）。

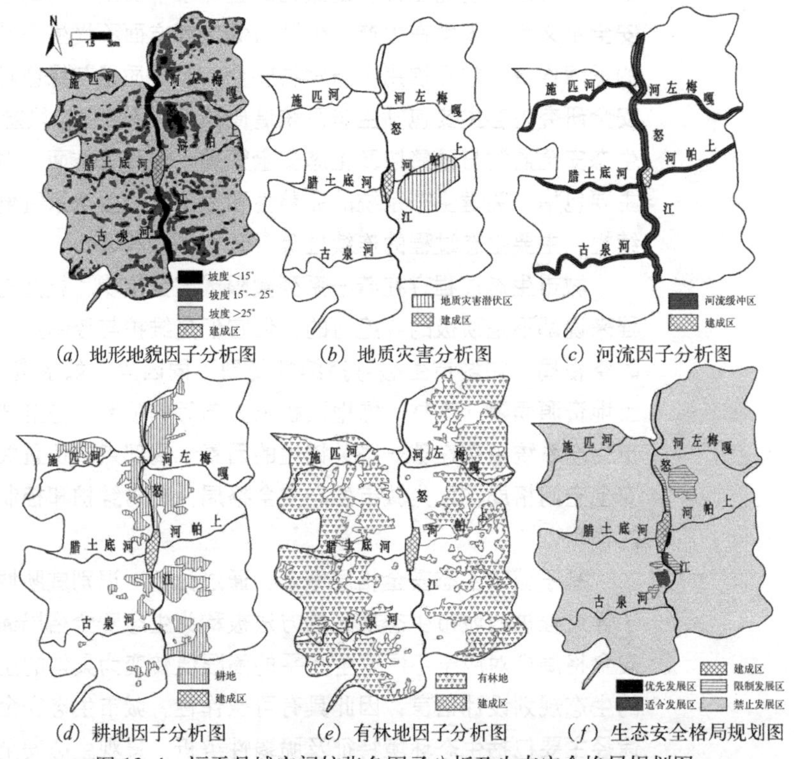

图 13.4 福贡县城空间扩张各因子分析及生态安全格局规划图

来源：赵凯，李晖，朱雪．基于生态安全格局的云南省福贡县城空间扩张研究．热带地理，2008(6)．

李月辉等（2007）在分析沈阳市1956～2004年6个时期市区空间扩展规律及其原因的基础上，选择地势地貌、地面塌陷危害、水体（河流湖泊和水田）、林地、基本农田和土壤污染6个生态控制因子，分别制作6个要素的分布图，再相互叠加，将城市拓展区分为优先发展、适合发展、限制发展和严禁发展4个安全等级区（表13.4）。

沈阳市城市空间扩展用地安全等级划分标准 **表13.4**

安全等级	划分标准
优先发展区	土壤污染区，基本农田面积比例<30%
适合发展区	基本农田面积比例30%～65%
限制发展区	大面积水田区，基本农田面积比例>65%，丘陵区，地面塌陷潜伏区
严禁发展区	河流湖泊以及其缓冲区，生态支持区，林地分布区

来源：李月辉，胡志斌，高琼，肖笃宁．沈阳市城市空间扩展的生态安全格局．生态学杂志，2007(6).

（2）城市区域生态安全格局

方淑波等（2005）提出了兰州市区域生态安全格局的构建流程（图13.5），认为，兰州市区域生态安全格局由生态保障体系、生态缓冲体系以及生态过滤体系所构成，生态缓冲体系的建设是兰州市区域生态安全格局构建的关键。

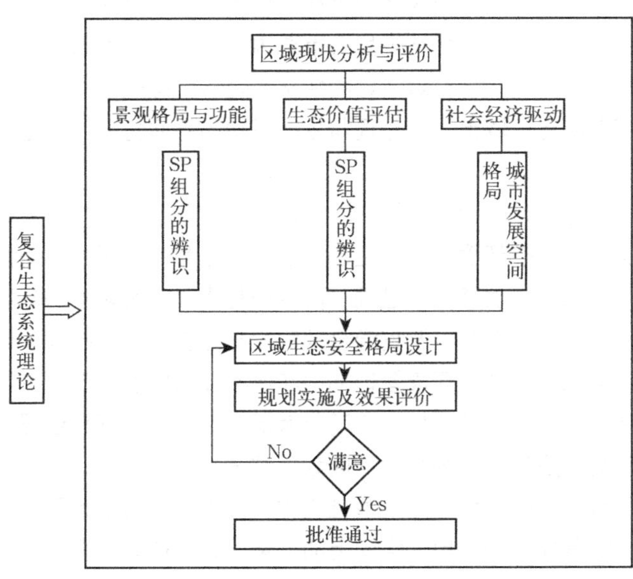

图13.5 兰州市区域生态安全格局的构建流程（上图中，SP为：security patterns（安全格局））

来源：方淑波，肖笃宁，安树青．基于土地利用分析的兰州市城市区域生态安全格局研究．应用生态学报，2005（12）．

1）生态保障体系（第Ⅲ屏障） 兰州市近郊关联发展区的健康发展是兰州市生态环境转向优良的关键，南北两山的绿化、以生态农业为核心的城郊农业的结构调整是生态保障体系建设的主要内容。前者直接影响兰州市区的环境状况，后者可以实现经济、生态和社会效益的统一。由外向内，该部分组成了兰州市生态建设的第Ⅲ屏障（图13.6）。

2）生态缓冲体系（第Ⅱ屏障） 受人为活动影响较大的宜农地、宜牧地构成生态缓冲体系的第Ⅱ屏障。要进行高效灌溉农业、生态农业的建设，加强农田护坡林、经济林和薪炭林等农田林业建设，实行科学有效的放牧活动，提高宜牧地的承载力。同时，发展以都市观光农业、牧业为主体的旅游业，促进产业结构和土地覆被的调整 （图13.6）。

3）生态过滤体系（第Ⅰ屏障） 南部以兴隆山、马衔山为主体的国家自然

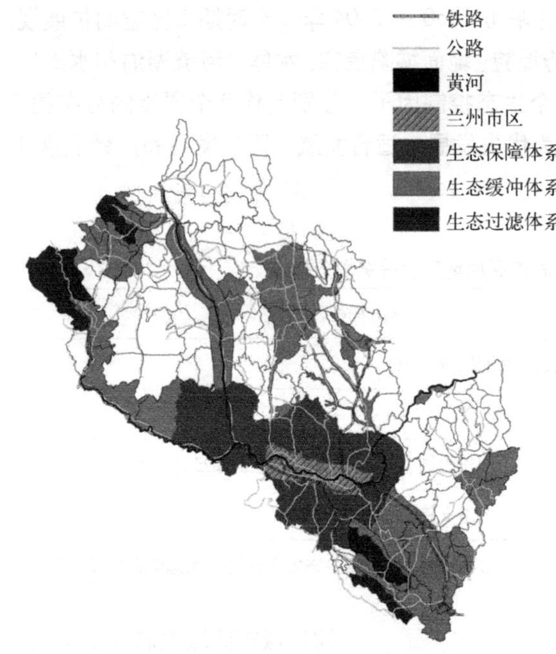

图 13.6 兰州市区域生态安全格局

来源：方淑波，肖笃宁，安树青．基于土地利用分析的兰州市城市区域生态安全格局研究．应用生态学报，2005（12）．

保护区及西北部天然林地，以及部分三等宜农地构成兰州市区域生态安全格局的生态过滤体系。湟水、大通河、庄浪河及宛川河等兰州市域的主要河流均从这些地区流过，按照不可替代格局和最优格局理论，生态过滤体系的水源净化、涵养等功能是保证兰州市生态安全的第Ⅰ屏障。加强天然林地的保育是生态过滤体系建设的关键（图 13.6）。

13.5.4 城市生态功能区划

13.5.4.1 生态功能区划的概念

生态功能指自然生态系统支持人类社会和经济发展的功能或作用。生态功能区划指根据区域生态环境要素、生态环境敏感性和生态服务空间分异规律，将区域划分为不同功能区的过程。城市生态功能区划既是城市生态规划的重要内容之一，也可以说是一个相对完整的狭义的城市生态规划。生态功能区划结果在一定程度上决定了城市发展布局与生态保护的空间特征，也是各专项规划的基础。

2002 年 9 月 1 日起我国开始实施的《生态功能区划暂行规程》将生态功能区划定义为：根据区域生态环境要素、生态环境敏感性和生态服务空间分异规律，将区域划分为不同生态功能区的过程。其目的是为制定区域生态环境保护与建设规划、维护区域生态安全以及资源合理利用与工农业生产布局、保育区域生态环境提供科学依据，并为环境管理部门和决策部门提供管理信息与管理手段。生态功能区划不同于自然区划，它既要考虑自然环境特征和过程，也要考虑人类活动的影响，是特征区划和功能区划的统一。

生态功能区划是城市生态规划的一项基础工作，其主要作用是为区域生态环境管理和生态资源配置提供一个地理空间上的框架，为管理者、决策者和科学家提供以下服务：①对比区域间各生态系统服务功能的相似性和差异性，明确各区域生态环境保护与管理的主要内容；②以生态敏感性评价为基础，建立切合实际的环境评价标准，以反映区域尺度上生态环境对人类活动影响的阈值或恢复能力；③根据生态功能区内人类活动的规律以及生态环境的演变过程和恢复技术的发展，预测区域内未来生态环境的演变趋势；④根据各生态功能区内的资源和环境特点，对工农业生产布局进行合理规划，使区域内的资源既得到充分利用，又不对生态环境造成很大影响，持续发挥区域生态环境对人类社会发展的服务支持功能（杨志峰等，2008）。

13.5.4.2 生态功能区划的类型

可根据生态主导功能原则将生态功能分区划分为四大类：①重要的资源生产与资源保护区，这是关系到人类生存的资源，应作为优先和强制性的保

护对象；②应保护和保留的自然景观或自然生态系统，如自然保护区等；③为防止污染和自然灾害、维护区域环境和经济社会稳定的人工或自然生态系统，如城市绿地与绿化带、防洪排涝区等；④为消纳区域社会经济活动产生的废水、固体废物而设立的污水处理厂、纳污水域、垃圾填埋场等环境功能区。也可在生态系统健康评价的基础上，根据建设需要（生态保育）的轻缓及环境资源特点分为生态恢复区、生态建设区及生态调控区三类。生态功能区划还可根据城市生态系统结构特点及其功能，综合考虑生态要素的现状问题、发展潜能及生态敏感性、适宜度等，将用地划分为不同类型的单元，提出工业、生活居住、对外交通、仓储、公共建筑、园林绿化、游乐功能区等用地的综合划分。

13.5.4.3 城市生态功能区划原则

《生态功能区划暂行规程》中生态功能区划的原则包括可持续发展原则、发生学原则、区域相关原则、相似性原则和区域共轭性原则。而对于城市生态功能区划而言，还需要遵照下述原则（杨志峰等，2008）：①自然属性为主，兼顾社会属性原则；②整体性原则；③保护城市生态系统多样性，维护生态系统稳定性原则；④注重保护资源，着眼长远利用原则。

13.5.4.4 城市生态功能区划程序

生态功能区划的具体程序如图 13.7 所示。

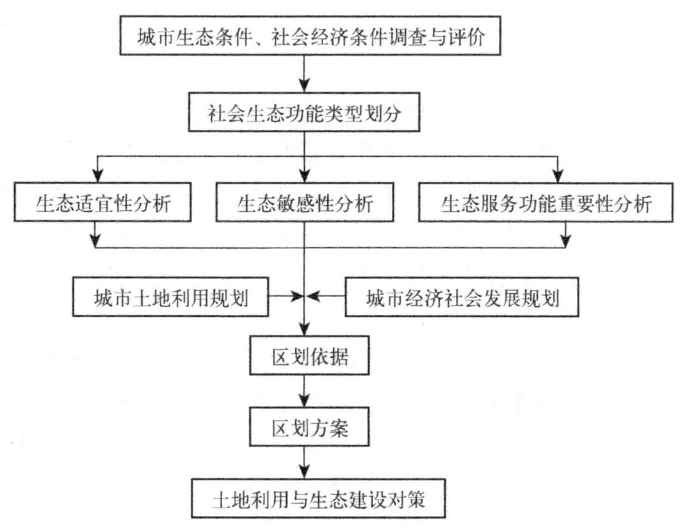

图 13.7 生态功能区划程序示意
来源：杨志峰，徐琳瑜．城市生态规划学．北京：北京师范大学出版社，2008.

13.5.4.5 城市生态功能区划方法

（1）城市生态功能区划方法概述

生态功能区划按照工作程序特点可分为“顺序划分法”和“合并法”两种。其中前者又称“自上而下”的区划方法，是以空间异质性为基础，按区域内差异最小、区域间差异最大的原则以及区域共轭性划分最高级区划单元，再依此逐级向下划分，一般大范围的区划和一级单元的划分多采用这一方法。后者又称“自下而上”的区划方法，它是以相似性为基础，按相似相容性原则和整体性原则依次向上合并，多用于小范围区划和低级单元的划分。目前多采用自下而上、自上而下综合协调的方法。

在具体区划中，常用的基础评价方法包括城市主要用地的生态敏感性分析、生态适宜性分析等，并形成相应的图件用于叠加，为最终的分区服务。在形成分区时，则主要基于RS和GIS技术手段，采用网格叠加空间分析法、模糊聚类分析法和生态综合评价法等。

（2）生态敏感性分析法

1）生态敏感性分析的内涵　生态敏感性是指在不损失或不降低环境质量的情况下，生态因子对外界压力或干扰的适应能力。在人居环境的背景下，生态敏感性也指生态系统对人类活动反应的敏感程度，用来反映产生生态失衡和生态环境问题的可能性大小，也是评价生态系统稳定性的重要指标之一。在城市复合生态系统中，不同生态因子或景观斑块对人类活动干扰的反应结果是不同的，有的对干扰具有较强的抵抗能力；有的尽管受到干扰后在结构或功能方面产生偏离，但其恢复能力很强；有的却很脆弱，受到损害或破坏后很难恢复。生态敏感性分析实质上是对现状自然环境背景下潜在的生态环境问题进行辨识，并将其落实到具体的空间区域。深入分析和评价区域生态敏感性，了解其空间分布状况，能为预防和治理生态环境问题的区域政策提供依据；根据生态敏感性分析结果进行规划布局，有利于自然资源的永续利用，协调开发与保护之间的关系。

2）城市生态敏感性分析的步骤　①确定规划地区可能发生的生态环境问题类型；②确定生态敏感因子；③建立生态环境敏感性评价指标体系，确定敏感性评价标准并划分敏感性等级；④单一生态敏感性评价；⑤综合敏感性评价。

根据城市实际情况不同，城市生态敏感性分析的步骤可以有一定的调整。如，广州市的城市生态系统敏感性分析的第一个步骤为评价单元划分（杨志峰等，2002）。

3）城市生态敏感性评价指标体系　构建城市生态敏感性评价指标体系，是城市生态敏感性分析的重要一环。根据城市实际情况和分析目标，可以有不同的指标构成。杨志峰等（2008）认为，生态敏感性一方面受生态系统自身的特征影响，另一方面受人类活动对生态环境系统的影响，生态敏感性分析评价指标体系应包括反映区域自然环境现状指标和反映人类活动强度指标两个方面。黄光宇等（1999）将自然生态因子（土壤渗透性、植被多样性、地表水、坡度、特殊价值等）作为广州科学城生态敏感性分析的指标。表13.5为北京市生态敏感性评价指标体系。

北京市生态敏感性评价指标体系　　　表13.5

指数	值			
水土流失敏感性指数	< 2.20	2.20～2.50	2.50～2.80	> 2.80
河流水量水质敏感性指数	清洁／常年有水	轻度污染／季节性断流	中度污染／季节性断流	重度污染／常年干涸

续表

指数	值			
土地沙化敏感性指数	无沙化	低沙化度	中沙化度	高沙化度
泥石流敏感性指数	无泥石流	低危险度	中危险度	高危险度
采矿点敏感性指数	> 2000m	1143 ~ 2000m	863 ~ 1143m	< 863m
道路敏感性指数	< 329	329 ~ 573	573 ~ 844	> 844
濒危物种生境敏感性指数	< 0.023	0.023 ~ 0.063	0.063 ~ 0.115	0.115 ~ 0.261
S	1.1417	1.417 ~ 1.626	1.626 ~ 1.793	1.793 ~ 3.129
敏感程度	不敏感	低敏感	中敏感	高敏感
分级赋值	1	2	3	4

来源：颜磊，许学工，谢正磊，李海龙．北京市域生态敏感性综合评价．生态学报，2009（6）．

(3) 生态适宜性分析法

1）生态适宜性分析的内涵　生态适宜性分析又指土地生态适宜性分析，最早由美国 McHarg 于 1969 年提出。他指出，土地生态适宜性指由土地内在自然属性所决定的对特定用途的适宜或限制程度。城市土地生态适宜性评价是土地生态适宜性评价的分支，其目的在于协调城市发展和环境保护之间的关系。从宏观尺度上讲，城市土地的用途分为两类：一是用作城市开发用地，二是用作生态用地，因此，城市土地的生态适宜性评价就是指为最大限度地减少城市发展对生态环境造成的影响，用某种方法确定城市区域内适宜于城市开发用地的面积和范围以及适宜于生态用地的面积和范围，并针对适宜程度的大小进行等级的划分。等级的划分和命名没有统一的标准，一般划分为四个等级。

2）生态适宜分析步骤　梁涛等（2007）提出了土地生态适宜性评价步骤。包括：

A、确定城市主要土地利用类型

土地生态适宜性评价是对土地特定用途的适宜性评价，能否准确、全面地把握评价区内主要土地利用类型决定了土地生态适宜性评价结果的科学性和完整性。

B、建立评价体系

评价因子的选择应遵循以下原则：①完备性原则；②区域性原则；③可量性原则；④系统性原则；⑤主导因素原则；⑥因地制宜原则；⑦可操作性原则。评价标准应根据生态学的生态幅原理提出。

C、评价因子权重值的确定

土地生态适宜度的各评价指标、因素的权重可采取包括层次分析法（AHP）等在内的方法予以确定。

D、单一用地类型的生态适宜性评价

可运用 ArcGIS 空间分析技术平台。首先，将各生态因子的统计数据用评

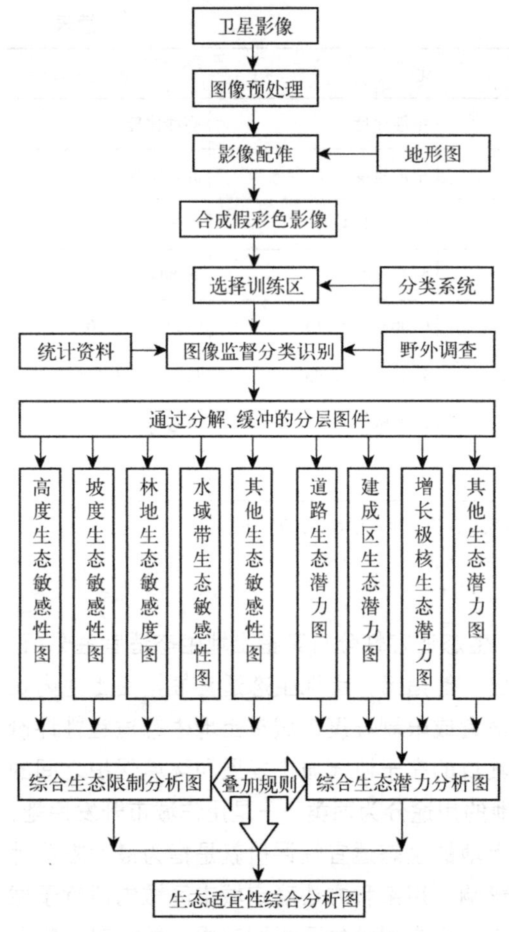

图 13.8　土地生态适宜性分析评价技术路线

来源：宗跃光，王蓉，汪成刚，王红扬，张雷．城市建设用地生态适宜性评价的潜力－限制性分析——以大连城市化区为例．地理研究，2007（6）．

价标准进行定量化处理，确定评价因子适宜度属性值；再将各专题地图，如城市地形图、城市行政边界图、城市土壤类型图、城市水系分布图等输入计算机，经配准后使其成为具有地理坐标的底图；然后将底图进行数字化，并将评价因子适宜度属性值输入底图属性数据库，生成矢量格式的适宜性评价底图；最后将适宜性评价底图经过缓冲区处理、栅格化处理生成栅格格式的单因子适宜度分布图。如将单因子适宜程度分为 3 个等级，分别赋值为 5、3、1，值为 5 的区域为生态最适宜区，3 为一般适宜区，1 为最不适宜区。

E、综合用地生态适宜度评价

运用 GIS 软件的叠加分析功能，按照一定的叠加原则，将影响各用地类型适宜度分布的单因子适宜度图层进行加权叠加，生成各用地类型的综合生态适宜度图。此过程应遵循以下原则：①某土地单元的土地利用适宜性为单项适宜性分析中的最适宜土地利用类型；②当各土地利用类型发生冲突时，按照区域土地开发的优先等级确定冲突区域的土地利用类型（图 13.8）。

3）生态适宜性分析的指标体系　指标体系对生态适宜性分析具有基础的意义。梁涛等（2007）确定的城市规划区土地生态适宜性评价因子和定量化标准见表 13.6。

规划区土地生态适宜性评价因子和定量化标准　　**表 13.6**

用地类型	评价因子		评价因子描述	因子定量化描述		
	一级指标	二级指标		适宜	比较适宜	不适宜
				适宜度值 =5	适宜度值 =3	适宜度值 =1
居住用地	自然生态因子	生态敏感性	生态敏感区的分布状况	生态不敏感区	生态弱敏感区	生态敏感区
	环境质量因子	大气环境敏感度	到工业区的距离	＞ 500m	100 ～ 500m	＜ 100m
	居住协调性因子	交通	到交通点及道路的距离	100 ～ 500m	500 ～ 1500m	>1500m&<100m
		文教、医疗	到文教医疗设施的距离	＜ 1000m	1000 ～ 2000m	＞ 2000m
	绿地景观	绿地、广场	到城市绿地、广场距离	＜ 500m	500 ～ 1500m	＞ 1500m
林业用地	自然生态环境因子	坡度	单元的坡度值	0 ～ 15°	15 ～ 25°	＞ 25°
		高程	单元的高程值	＜ 500m	500 ～ 800m	＞ 800m
		土壤质地和土壤成分综合因子	土壤中各种粒径的组合含量，土壤质地越粗，适宜性越差，土壤养分含量越低，适宜性越差	灰棕红黄石灰土白膏泥土，棕壤淡红砂壤	淡红色黏土砂土壤	偏酸性红壤，红壤
	用地现状	土地利用现状	现状林地应作为林业用地适宜区加以保护	成片分布的林地	较为分散的林地	细碎分布的林地

续表

用地类型	评价因子		评价因子描述	因子定量化描述		
	一级指标	二级指标		适宜	比较适宜	不适宜
				适宜度值 =5	适宜度值 =3	适宜度值 =1
工业用地	自然生态环境因子	坡度	地块的坡度值	0 ~ 2°	2 ~ 16°	＞ 16°
		高程	单元的高程值	＜ 50m	50 ~ 100m	＞ 100m
		生态敏感性	充分考虑对区域内生态敏感区的保护	生态不敏感区	生态弱敏感区	生态敏感区
	环境协调性因子	大气环境影响度	工业用地对周围大气环境影响程度	评价点为一类工业，下风向为工业或农业用地；评价点为二类工业，下风向为工业用地	评价点为一类工业，下风向为居住，商业用地；评价点为二类工业，下风向为农田地	评价点为二类工业，下风向为居住，商业用地
		人工与自然特征	到文物保护区、医疗文教区、风景旅游区、行政和居民区等敏感区的距离	＞ 2000m	1000 ~ 2000m	＜ 1000m
农业用地	自然生态环境因子	坡度	单元坡度值	＜ 6°	6 ~ 15°	＞ 15°
		高程	单元高程值	＜ 150m	150 ~ 250m	＞ 250m
		土壤质地和土壤成分综合因子	土壤中各种粒径的组合含量，土壤质地越粗，适宜性越差，土壤养分含量越低，适宜性越差	灰棕红黄石灰土白膏泥土，棕壤淡红砂壤	淡红色黏土砂土壤	偏酸性红壤，红壤
		植被状况	植被状况在一定程度上反映了地块的生产能力	较好	一般	较差
	土地利用现状	土地利用现状分布状况	根据区域土地利用现状图中农田的分布状况	成片分布的农田	较为分散的农田	细碎分布的农田

来源：梁涛，蔡春霞，刘民，彭小雷．城市土地的生态适宜性评价方法——以江西萍乡市为例．地理研究，2007（4）．

13.5.5　生态补偿规划

13.5.5.1　内涵

生态补偿是调整环境保护（或破坏行为）相关主体利益关系的一种制度安排。在形式上，生态补偿表现为消费自然资源和生态系统服务功能的受益人，向提供生态资源和服务的地区、机构或个人支付费用的行为。生态补偿具有重要的意义，有人将其称为“深刻的环境革命的一部分”。从城市（乡）规划专业的角度以及从人居环境规划专业的角度，人类的发展将不可避免地改变自然的环境和景观，不可避免地会占用资源、产生污染等。因此，负责任的人类、城市、各类规划都应该在规划过程中考虑生态补偿。城市生态规划中的生态补偿包括：占用、转化农业用地带来的生态补充，流域范围内开发的生态补偿，影响自然保护区的生态补偿，城市发展影响区域内的生态补偿等等。城市生态补偿要将法律、财政、绿色 GDP 核算体系、城市空间布局等因素综合在一起考虑；还要考虑社会公平和环境公平，建立对弱势群体的生态补偿制度。

13.5.5.2　动态

(1) 德国

德国弗赖堡在可容纳 1 万居民的里泽费尔德居住区建设中，将里泽费尔德原有的 2.5km^2 绿地作为自然保护区，并在居住区西侧开辟了大约为居住区 3 倍面积大小的绿地作为"补偿用地"，为居住区开发建设造成的生态环境损耗提供补偿。"补偿用地"的建设费用从居住区开发费用中支出（吴唯佳，1999）。

(2) 荷兰

荷兰公路生态补偿有较为成熟明确的做法，特点包括：①生态补偿具有明确的启动条件。规定：主要自然保护区、自然复育区、重要林地等遭受到生态冲击，补偿原则即可应用；②补偿金额约占总建设费用的 5%；③道路建设开发时回避、减轻、补偿三种方法并行；④生态补偿考虑生态功能与补偿地点两方面（林铁雄等，2004）。

(3) 北京

梁昊光等（2008）对北京城市垃圾处理生态补偿的范围、模式及标准进行了探讨。

1）补偿范围的确定　根据调查结果和垃圾处理产生的实际影响，其直接影响的地域一般在距厂址 1 公里附近范围内。从心理承受看，对房地产、商业、消费的影响在 2.5 公里左右；对居民的生活作息及交往的影响在 2 公里左右；对农作物的影响在 1 公里左右；对当地居民健康的影响在 1 公里左右。

2）补偿模式的种类　①货币补偿。是指市政部门将生产补偿费、生活补助费、健康补偿费和心理补偿费以货币形式按月支付给周边居民。在其他发达国家的垃圾处理项目中，采用货币补偿的达 90% 以上；②择业补偿。即通过二、三产业来安置周边居民；③入股补偿。是让垃圾处理设施受损区域居民以土地使用权入股相关项目，用取得的收益补偿其损失；④划地补偿。是划出一定面积的土地，给当地农民留出生存和发展空间，既可通过发展二、三产业解决部分农民就业，也可通过壮大集体经济，为周边提供多方面的保障。但这种模式不适宜用地紧张的城市；⑤社会保障补偿。将受垃圾处理设施影响的周边居民纳入社会保障体系，有利于解决居民的后顾之忧。这是现今被广泛推崇的补偿模式。

(4) 上海

在上海浦东国际机场建设的过程中，考虑了机场生态建设促进飞行安全隐患防范，重要措施之一为开展鸟类栖息地补偿与生态重建工作，详细见第 2 章的 [专栏 2.4]。

13.5.5.3　生态补偿及补偿规划的特点

(1) 城市生态补偿手段的综合性

城市生态补偿具有物质性，如可通过生物通道的建设、施工土壤回填，补偿林地等进行补偿；从城市规划专业角度，城市规划与设计应用生态补偿的手段具有综合性，既包括物质性、要素性的补偿，又包括政策性的补偿，包括：①空间补偿；②生境补偿；③生态服务功能补偿；④政策性补偿等（葛颜祥等，2006）。

（2）城市生态补偿规划的预测性与主动性

生态补偿的实现离不开补偿规划，补偿规划实际上应在发展规划之前就制定完毕，生态补偿实际是一种建立在预测基础上的行为（对某工程、城市发展对未来生态环境的影响的评估）；生态补偿应该是主动式的，而不应是被动式的；生态补偿应与城市规划、设计同步进行，甚至应先于进行。这样才能切实实现地域生态环境的提升。

13.5.6　城市环境规划

城市环境规划包括污染防治与环境保护规划，是城市生态规划的重要内容之一。一般内容包括如下。

（1）水体污染防治和质量保护规划。主要内容包括：①城市水污染排放分析及评价；②地表水水质现状评价；③水环境功能区划与水环境容量规划等。

（2）大气污染防治和质量保护规划。主要内容包括：①大气环境质量现状分析；②大气环境保护目标和指标的确定；③大气环境容量分析；④城市大气污染物排放预测；⑤大气污染物控制放案优化等。

（3）噪声污染防治规划。主要内容包括：①城市噪声污染现状分析；②噪声污染预测；③城市噪声污染综合防治规划等。

（4）固废污染防治规划。主要内容包括：①固体废弃物污染现状调查；②固体废弃物预测分析；③固体废弃物综合整治方案（包括一般工业废渣、有毒有害固体废物、城市垃圾等）等。

以上，是城市环境污染防治规划与环境保护规划的常规内容。实际上，随着城市社会经济的高度发展，城市污染类型有所增加，所以，在城市污染防治规划中，应考虑将放射性污染（大理石、花岗岩等）、电磁辐射污染、光污染等也作为环境规划对象。此外，Makoto Yokohari 等（2000）将土壤污染、臭味污染、震动污染也作为东京城市污染的类型，这一动向值得重视。

关于城市环境污染保护规划，将在本书第 15 章“城市环境规划”叙述。

13.6　城市生态规划的类型、技术方法与指标体系

13.6.1　城市生态规划的类型

以上 13.5 “城市生态规划内容”在一定程度上反映了城市生态规划类型的某些特征。不过，城市生态规划的类型还可以有如下表达：

13.6.1.1　专项型城市生态规划

针对各项城市要素进行专门性的生态规划，即城市生态规划的“专项化”，是我国城市生态规划实践的重要动态之一。这些专项化的城市生态规划类型包括：流域生态规划（图 13.9）、水域生态规划、土地生态规划、水环境生态规划，绿地系统的生态规划（图 13.10）、工业园区生态规划、景观生态规划、新城区的生态规划、生态产业体系设计等。

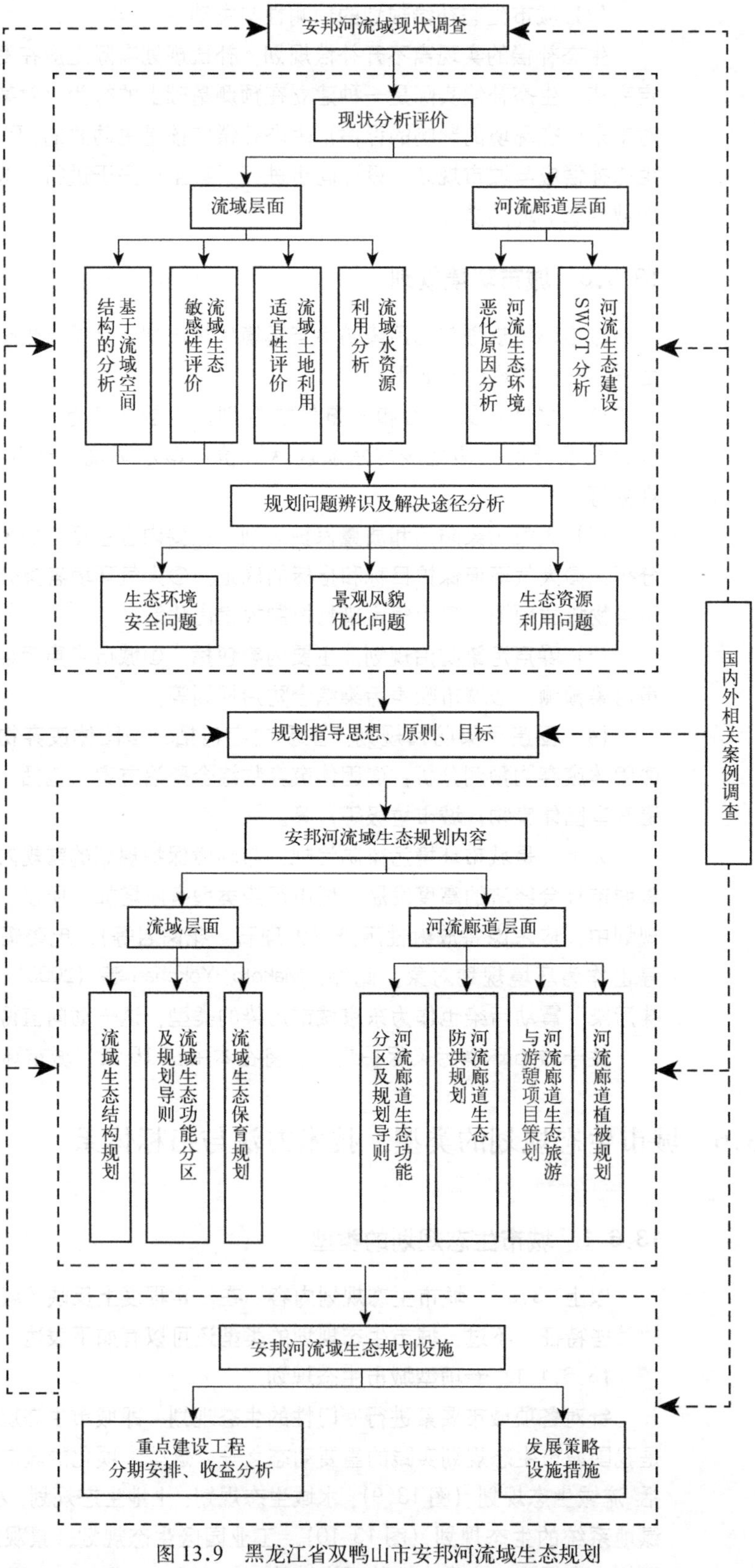

安邦河流域现状调查

现状分析评价

流域层面

河流廊道层面

基于流域空间结构的分析

流域生态敏感性评价

流域土地利用适宜性评价

流域水资源利用分析

河流生态环境恶化原因分析

河流生态建设SWOT分析

规划问题辨识及解决途径分析

生态环境安全问题

景观风貌优化问题

生态资源利用问题

国内外相关案例调查

规划指导思想、原则、目标

安邦河流域生态规划内容

流域层面

河流廊道层面

流域生态结构规划

流域生态功能分区及规划导则

流域生态保育规划

河流廊道生态功能分区及规划导则

河流廊道生态防洪规划

河流廊道生态旅游与游憩项目策划

河流廊道植被规划

安邦河流域生态规划设施

重点建设工程分期安排、收益分析

发展策略设施措施

图 13.9 黑龙江省双鸭山市安邦河流域生态规划

来源：http：//www.yadao-sh.com/readnews.asp?newsid=163.

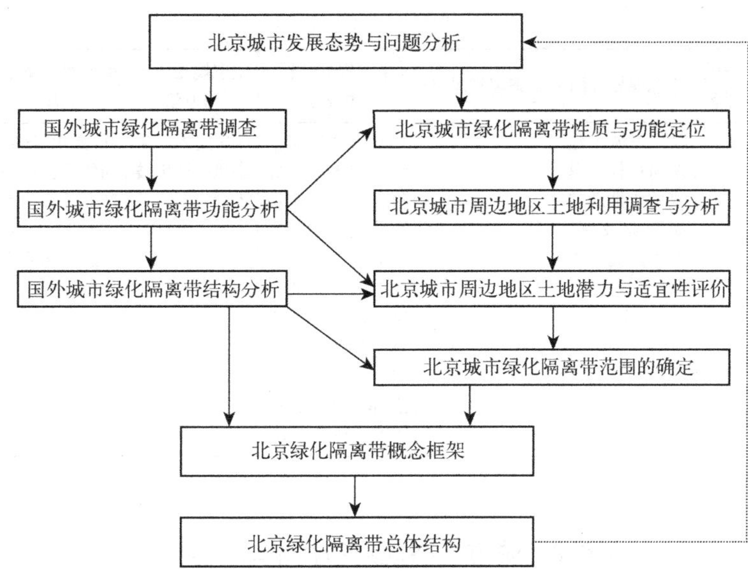

图 13.10 北京城市绿化隔离带生态规划流程

来源：欧阳志云，王如松等．北京市环城绿化隔离带生态规划．生态学报，2005（5）．

13.6.1.2 城市类生态规划

即以整个城市为规划对象的城市生态规划。广州、厦门、武夷山市、包头市、承德市、商丘市、驻马店市等在不同时期，都做过城市生态规划。此外，某种特定的城市类型的生态规划（如寒地城镇、旅游城市等）也可归入这一类型。此类生态规划相对内容比较全面、综合、完整（表 13.7）。

部分国内城市生态规划比较 **表 13.7**

城市	生态规划理念	生态规划目标	生态规划思路	生态规划过程（内容）	生态规划技术与方法	生态建设重点领域	特点	编制年份
广州	健康安全活力发展	提高生态系统健康水平、奠定生态安全格局、激发城市生态活力、实现城市可持续发展	宏观上遵循“自上而下”，微观上遵循“自下而上”	(1) 辨析城市发展的制约因子和有利条件；(2) 提出城市生态可持续发展的适宜目标；(3) 确定城市发展规模和发展方向；(4) 进行景观生态空间布局规划和生态分区规划；(5) 城市生态系统管育和规划方案评估	(1) 生态足迹估算、生态系统承载力和城市生态系统健康评价；(2) 城市发展与资源环境供需互动关系研究		注重层次评价、城市生态调控、GIS 和 RS 技术	1999 ~ 2003
厦门		坚持生态有限的城市发展战略，以建设生态经济发达、生态文化繁荣、生态环境优美的海湾型生态城市为总体目标	把握区域主要生态关系，构建市域生态安全空间格局，合理划分城市生态功能区；完善城市生态管理和保护政策，加强市域生态系统管育	(1) 城市生态环境现状与趋势分析；(2) 确定规划目标；(3) 生态功能分区；(4) 确定生态市建设的重点领域和主要任务；(5) 生态建设方案效益评估	城市发展 SWOT 分析	生态景观与生态安全格局建设；生态产业建设；资源高效利用建设；环境污染控制；海洋生态建设与保护；生态文化；人居环境规划	关注规划的可操作性、关注生态功能区划和社会经济生态化（生态产业、生态文化、人居环境）	2003 ~ 2004

续表

城市	生态规划理念	生态规划目标	生态规划思路	生态规划过程（内容）	生态规划技术与方法	生态建设重点领域	特点	编制年份
武夷山市		以生态城市建设为目标，以旅游业带动其他产业发展，维护武夷山市自然生态系统的完整性		（1）城市生态系统现状调查与评价；（2）快速城市化过程的生态风险评价；（3）生态功能分区；（4）开展生态空间体系、生态产业体系、生态环境体系、生态文化体系规划	GIS技术；生态风险评价技术	开展生态空间体系、生态产业体系、生态环境体系、生态文化体系规划	快速城市化过程中的生态风险分析；公众参与；绿色GDP	2006

来源：根据相关资料整理。

13.6.2 城市生态规划的技术与方法

李文彬等（2006）认为，现代主要的生态规划方法包括：土地适宜性分析方法；景观生态规划方法；环境机制规划方法；生态承载力方法；循环经济规划方法。其中：①景观生态规划方法以景观生态学作为重要的理论支撑。景观生态学源于地理学上的景观和生物学中的生态，主要研究景观的动态变化及景观优化利用和保护的原理与途径。景观生态规划方法主要包括景观空间格局的识别、景观动态变化分析及驱动因子的识别、生态系统服务功能评价和健康评价、景观生态规划与设计等。景观生态规划方法中最重要的概念是斑块、廊道和基质。通过分析这三者之间的有机联系，确定空间结构，保障区域生态安全。②环境机制规划方法。这种方法以大气动力学、环境科学、生态学作为重要的理论基础，研究城市空间结构与大气污染的关系，通过合理的城市布局，促进空气流动，减少大气污染。主要内容包括分析区域内大气流动模式，确定氧源，并根据氧平衡原理确定合适的氧源绿地规模；适度利用热岛效应促进城市空气循环流动；利用生态隔离带构建组团化的城市布局模式，并且确定生态隔离带的合适宽度；确定城市空气通道等。③生态承载力方法。生态承载能力评估方法根据评估系统的终极状态或者过程状态的不同分为静态方法和动态方法。静态方法主要是评估系统的终极承载能力，常用方法包括资源承载力方法、环境容量法、生态容量方法等。动态方法下的生态承载力评估是指生态本底条件下可接受的变化程度，而非传统生态条件下的容纳能力。这种方法综合考虑技术变化、政策变化，以及生态环境条件的变化等多种变化因素。

王如松等（2000）认为，城镇（市）生态规划方法包括系统方法和基本方法两类。系统方法包括：生态网络的局部辨识方法、面向过程的人机交互式优化方法，民众参与的综合规划方法。基本方法包括：城镇生态调查；城镇生态评价（含城镇生态过程分析、城镇生态潜力分析、城镇生态格局分析、城镇生态敏感分析）；城镇生态决策分析（含城镇生态适宜性、城镇规划方案的评价与选择）。薛兆瑞等（1993）认为，城市生态规划方法包括：

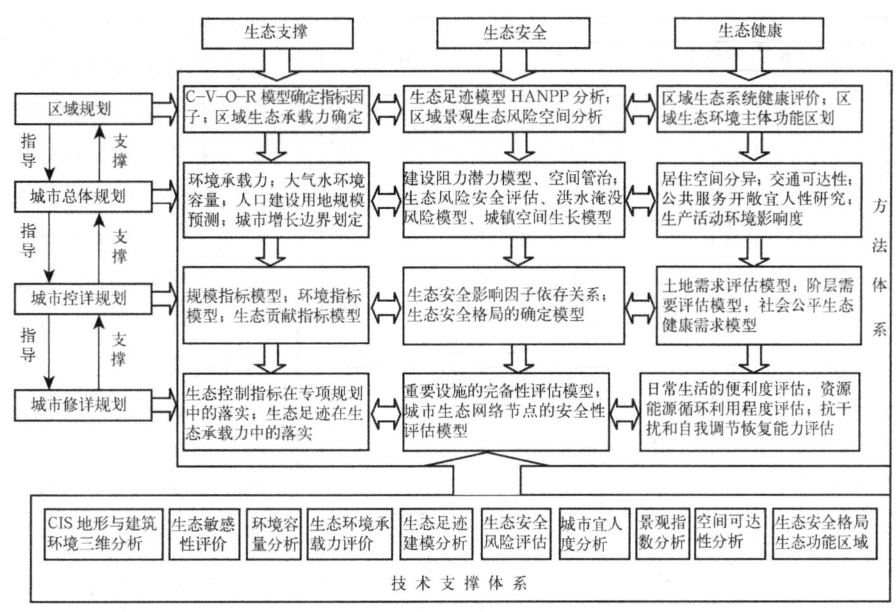

图 13.11 城市生态规划关键技术与方法体系

来源：徐建刚等．城市生态规划关键技术与方法体系初探．2008 城市发展与规划国际论坛论文集，2008．

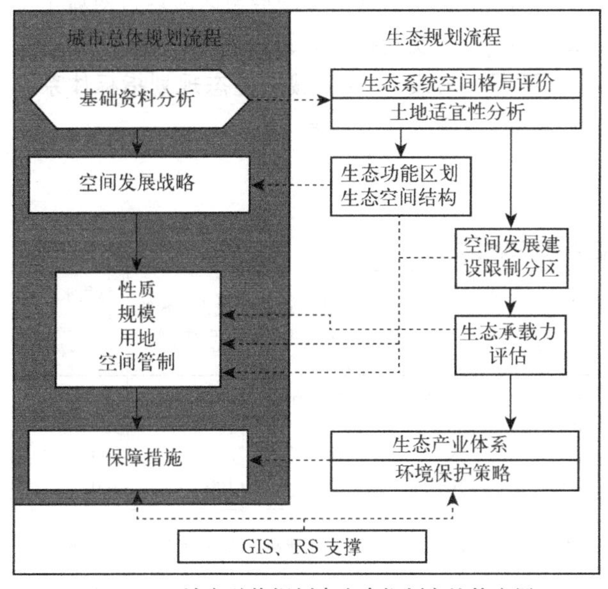

图 13.12 城市总体规划中生态规划方法的应用

来源：李文彬，黄少宏．城市规划中的生态理念和方法及其应用——以淮南市城市总体规划为例．规划 50 年——2006 中国城市规划年会论文集，2006．

多目标规划法、泛目标规划法、敏感度模型、系统动力学方法。总体而言，高度综合是生态规划在方法论方面的特色之一，它是由规划对象——城市区域生态系统的特点所决定的，即系统大、结构复杂、功能综合、多目标、规模宏大、因子众多。同时也决定了生态规划必须向多目标、多层次、多约束的动态规划方向发展。

就城市生态规划的技术而言，徐建刚（2008）等认为，城市生态规划技术包括十项基本技术支撑（图 13.11）。

城市生态规划应处理好与城市总体规划的关系。在总体规划过程中，应考虑将生态规划的相关技术与方法结合应用（图 13.12）。

13.6.3 城市生态规划的指标体系

城市生态规划指标体系是反映城市经济、社会和环境长久健康的根本要素以及可持续发展的标尺（Zachny，1995）。

王如松等（2000）认为，城镇生态规划的指标体系包括：①全球生态学指标，包括大气圈与气候、生物多样性定量指标；②自然资源指标。主要涉及

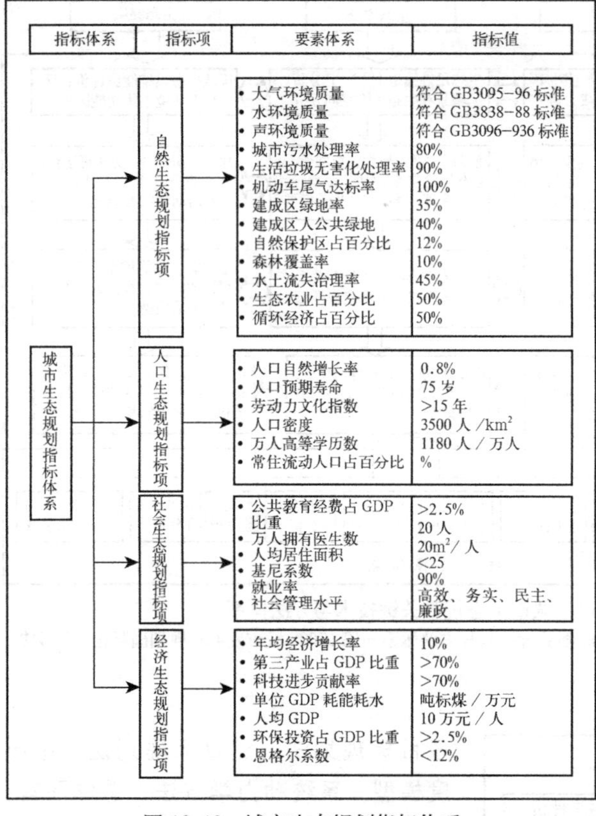

图 13.13　城市生态规划指标体系

来源：张珂，冯向东．对城市生态规划理论问题的思考．中国城市规划学会 2002 年年会论文集，2002．

城镇地区的空气、水、土地、矿产资源、能源等方面的持续再生能力；③建筑环境指标。这是城镇可持续发展的关键指标，主要涉及：(a) 居住、社会和商业建筑空间；(b) 交通与社会服务等基础设施；(c) 开放空间；(d) 居室环境质量；④社会可持续性指标。包括：(a) 城镇经济增长和国民生产总值；(b) 城镇居民的生活质量；(c) 城镇居民的健康和营养状况；(d) 城镇居民获得资源与服务的平等性。⑤美学与文化指标。李强（2004）认为，城市生态规划的指标体系包括自然型的生态环境、竞争型的生态经济、共生型的生态社会三方面。

城市生态规划指标体系也可从生态文明、生产效益、环境质量、物质还原、资源保护五方面构建，并且考虑生态环境状态的发展趋势与区域地位对城市生态规划指标体系带来的影响。图 13.13 与表 13.8 为城市生态规划指标体系示例，可供参考。

厦门马銮湾地区生态规划指标体系　　　表 13.8

现状与规划	人均公共绿地面积 / ($m^2 \cdot 人^{-1}$)	绿化覆盖率/%	山系森林覆盖率 /%	水土流失控制区覆盖率 /%	工业固废综合利用率 /%	生活垃圾处理率 /%	城市污水处理率 /%	饮用水水源水质达标率 /%
现状	9.7	17.66	75	—	89.80	95.46	57.63	98.11
2005 年	12	22	78	80	95	97	70	99
2010 年	15	30	85	90	98	98	85	100
2020 年	20	45	90	100	100	100	100	100
备注	国内城市最大值	参考深圳现状	外推	外推	国际水平	国际水平	国际水平	国际水平
现状与规划	DO/ ($mg \cdot dm^{-3}$)	COD_{Mn}/ ($mg \cdot dm^{-3}$)	石油类 /mg · Dm^{-3}	无机氮 / ($mg \cdot dm^{-3}$)	无机磷 / ($mg \cdot dm^{-3}$)	空气污染指数 (API)	交通噪声（昼 / 夜）/dB	居住噪声（昼 / 夜）/dB
现状	7.88	1.17	0.06	0.452	0.038	52	70.2/65.4	54.6/47.9
2005 年	≥ 4	≤ 4	≤ 0.3	0.43	0.036	50	70/60	55/45
2010 年	≥ 4	≤ 3	≤ 0.3	0.41	0.032	≤ 50	70/55	55/45
2020 年	≥ 4	≤ 3	≤ 0.3	<0.4	<0.03	≤ 50	70/55	55/45
备注	参考《东亚海域海洋污染预防与管理厦门师范计划——制定厦门示范区沿岸海水水质标准》					API 分级优先	参照国家标准	参照国家标准

续表

现状与规划	GDP/(万元·人$^{-1}$)	经济增长率/%	单位能源消耗的GDP产出/(万元·标吨煤$^{-1}$)	三产占GDP比重/%	高新技术产值占全区工业总产值比重/%	人口总数/万人	人均收入/(万·年$^{-1}$)	恩格尔系数
现状 2005年 2010年 2020年	3.8021 6 10 19～20	12 11 8 3～5	– 1.63 1.92 2.5	42.96 46 55 60～80	53.7 55 58 65	3.2 5 8 13～15	1.1365 1.3 1.8 2.5	0.454 0.4 0.32 0.15～0.2
备注	参考东京、纽约、伦敦、中国香港和新加坡平均值	发达国家经济增长率	香港现状值	发达国家现状值	外推		现状外推	参考大连、深圳
现状与规划	人均住房面积/(m^2·人$^{-1}$)	环保投资指数/%	科教投资占GDP比重/%	大专以上学历人数/万人				
现状 2005年 2010年 2020年	14.52 16 18 22	2.22 2.4 2.6 3.0	– 2 2.2 2.5	600 720 900 1200				
备注	中高收入国家平均水平	现状外推	根据发达国家现状外推	参考汉城现状				

来源：王祥荣，王平建，樊正球．城市生态规划的基础理论与实证研究——以厦门马銮湾为例．复旦学报（自然科学版），2004（6）．

第13章参考文献：

[1] Frederick R. Steiner, Kenneth Brooks. Ecological Planning: A Review[J]. Environmental Management, 1981（6）.

[2] Frederick R. Steiner, Douglas A. Osterman. Landscape Planning: A Working Method Applied to a Case Study of Soil Conservation [J]. Landscape Ecology, 1988（4）.

[3] Makoto Yokohari, Kazuhiko Takeuchi, Takashi Watanabe, Shigehiro Yokota. Beyond Greenbelts and Zoning. A New Planning Concept for the Environment of Asian Megacities [J]. Landscape and Urban Planning, 2000（47）.

[4] （美）弗雷德里克·斯坦纳（Frederick R. Steiner）著，生命的景观——景观规划的生态学途径（第二版）[M]. 周年兴等译．北京：中国建筑工业出版社，2004.

[5] 方淑波，肖笃宁，安树青．基于土地利用分析的兰州市城市区域生态安全格局研究[J]. 应用生态学报，2005（12）.

[6] 葛颜祥，梁丽娟，接玉梅．北源地生态补偿机制的构建与运作研究［J］．农业经济问题，2006（9）.

[7] 李强．城市生态规划指标体系研究——以河南省商丘市为例[D]. 天津大学，2004.

[8] 李文彬，黄少宏．城市规划中的生态理念和方法及其应用——以淮南市城市总体规划为例[A]. 规划50年——2006中国城市规划年会论文集[C]. 2006.

[9] 李月辉，胡志斌，高琼，肖笃宁．沈阳市城市空间扩展的生态安全格局[J]．生态学杂志，2007（6）．

[10] 梁昊光，汪小勤．垃圾处理地域的生态补偿——以北京市为例[J]．城市问题，2008（9）．

[11] 梁涛，蔡春霞，刘民，彭小雷．城市土地的生态适宜性评价方法——以江西萍乡市为例[J]．地理研究，2007（4）．

[12] 李小凌，周年兴．生态规划过程详解——生命的景观（The Living Landscape）述评[J]．规划师，2004（6）．

[13] 林铁雄，郭宇智．道路建设生态补偿制度探讨——以荷兰为例[B]．义守大学土木与生态工程学系，2004-11-30．

[14] 马世骏．现代生态学透视[M]．北京：科学出版社，1990．

[15] 王立科．美国生态规划的发展（二）——斯坦纳的理论与方法．广东园林，2005（6）．

[16] 王如松等．城市生态调控方法[M]．北京：气象出版社，2000．

[17] 吴唯佳．德国弗赖堡的城市环境保护 [J]．国外城市规划，1999（2）．

[18] 薛兆瑞，马大明．城市生态规划研究——承德市城市生态规划[M]．北京：气象出版社，1993．

[19] 杨志峰，徐俏，何孟常，毛显强，鱼京善．城市生态敏感性分析[J]．中国环境科学，2002（4）．

[20] 杨志峰，徐琳瑜．城市生态规划学[M]．北京：北京师范大学出版社，2008．

[21] 俞孔坚．可持续环境与发展规划的途径及其有效性．自然资源学报，1998（1）．

[22] 张素平．现代生态理论及技术在城市生态规划中的应用途径[J]．中国环境管理干部学院学报，2006（1）．

[23] 赵凯，李晖，朱雪．基于生态安全格局的云南省福贡县城空间扩张研究[J]．热带地理，2008（6）．

[24] 周伟，袁春，袁涛，钱铭杰．北京城乡结合部土地生态利用研究初探[J]．资源与产业，2007（1）．

本章小结

城市生态规划是一种协调城市人类与资源、环境、社会、经济、发展等要素和系统的关系的规划类型，其最核心的特征是关系。其中，对这些关系的表达、分析、协调、重构都是城市生态规划需要解决的重点问题。进行城市生态规划既要遵守自然、经济、社会原则，又要遵循复合系统原则。城市生态规划内容的确定应注意与城市规划的结合，符合城市发展的实际。主要包括：城市生态支持系统规划、城－乡、城市－区域协调生态规划、生态安全格局规划、城市生态功能区划、生态补偿规划和城市环境规划等。

复习思考题

1. 进行城市生态规划有何意义？城市生态规划与城市规划有何关系？

2. 城市生态规划内容与城市发展有何关系？城市生态规划内容应如何确定？

3. 城市生态规划的技术和方法有哪些？其与城市规划的技术与方法有什么关系？

第14章　城市环境分析

本章介绍了城市环境的基本知识，阐述了城市环境容量的特点和指标，介绍了城市环境容量的分析框架及若干分析角度，从大气污染、水污染、固体废物污染、噪声污染四个方面探讨了城市环境污染的分析方法。

14.1　城市环境的概念、组成及特征

14.1.1　城市环境的基本概念及组成

城市环境是指影响城市人类活动的各种自然的或人工的外部条件。狭义的城市环境主要指物理环境。广义的城市环境除了物理环境外还包括社会环境、经济环境以及美学环境（图 14.1）。

14.1.2　城市环境特征

14.1.2.1　物质性

物质性是城市环境的基础特性。指无论是从狭义还是从广义的角度，无

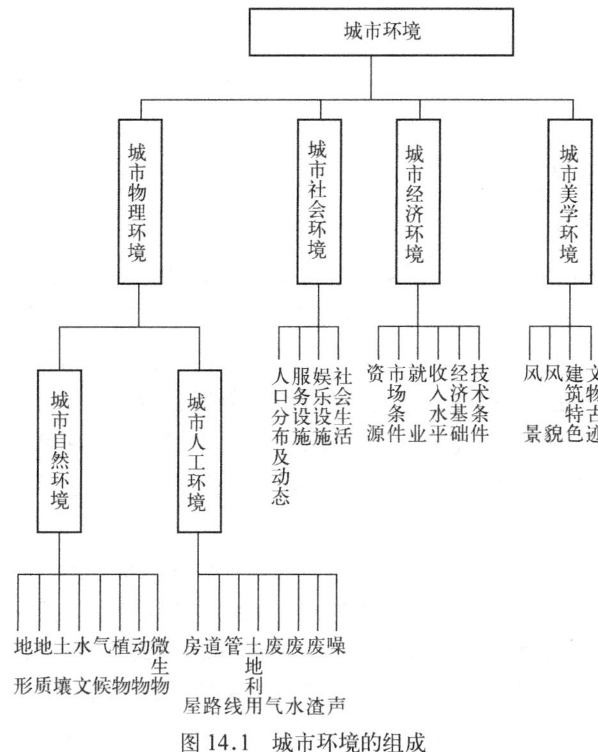

图 14.1 城市环境的组成

来源：作者整理。

论是城市物理环境，还是城市社会环境、经济环境以及美学环境，城市环境的基本组成元素，皆具有明显的物质的、实体的属性。

14.1.2.2 复合性

指城市环境在构成上具有自然要素（自然环境）与人工要素（基础设施、社会经济和美学环境）的双重性；因而，城市环境在运行及演替方面受自然规律和人为作用的双重影响和制约。

14.1.2.3 空间性

指城市环境是城市人类生产、生活的空间场所，具有一定的空间形态和空间结构。前者指城市环境所呈现的一定的平面和竖向特征；后者主要是指城市中各物质要素的空间位置关系及特点，或者说城市环境中各物质要素在地理空间分布中所呈现出的分异特点。

14.1.2.4 层次性

城市环境是一个地域综合体，根据其呈现出的以不同活动为中心事物的物质环境的地域分异，可划分出与一定活动相联系的地域子环境。按功能分，有居住环境（区）、工业环境（区）和商业环境（区）等；按空间区位分，有城市中心区、边缘区和郊区等。不同类型的城市环境的地域子环境之间存在着复杂的有机联系，共同构成了城市环境的整体。

[专栏 14.1]：城市环境的特点

Button K J et al（1990）指出城市环境具有以下五个特点：

① 遗弃性，即城市环境主要由过去城市经济活动的遗留所导致的，如废置的土地、厂房等；

② 长期性，即城市的系统要素，特别是基础设施，有很长的使用寿命，一旦发生环境问题，不可能一朝一夕地解决问题；

③ 可扩展性，即城市内部，特别是城市内城的问题愈来愈多，同时城市向外扩展，引起周围地区也出现了众多问题；

④ 积累性与交叉性，城市经济活动的集中与扩大，使得污染物愈来愈多，最终导致它们不断积累，同时出现相互交叉现象，致使问题更加严重；

⑤ 流动性，交通运输是城市经济的主要活动，同时它也是主要的污染源，由于其流动的特性，致使其所到之处，城市内部和城市外部出现污染。

来源：Button K J et al. Improving the urban environment：how to adjust national and local government policy for sustainable urban growth[M]. Oxford：Pergamon Press，1990，转引自：张俊军，许学强，魏清泉．国外城市可持续发展研究．地理研究，1999（2）.

14.2　城市环境容量分析

14.2.1　城市环境容量定义

14.2.1.1　环境容量定义

环境容量（environmental capacity）是指某一环境要素（如水体、空气、土壤）在自然生态的结构和正常功能不受损害，人类生存环境质量不下降的前提下，能容纳的污染物的最大负荷量。其大小与环境空间的大小、各环境要素的特性和净化能力、污染物的理化性质等有关。环境有总容量（绝对容量）与年容量之分。前者与时间无关，是某一环境能容纳的污染物的最大负荷量，由环境标准规定值和环境背景值决定；后者是在考虑输入量、输出量、自净量等条件下，每年某一环境中所能容纳的污染物的最大负荷量。

1968年日本学者首先提出了环境容量的概念，他们将环境容量分成三种类型（或范畴），即：①环境容量Ⅰ——指环境的自净能力。在该容量限度之内，排放环境中的污染物，通过物质的自然循环，一般不会引起对人群健康或自然生态的危害。②环境容量Ⅱ——指不损害居民健康的环境容量。它既包括环境的自净化能力，又包括环境保护设施对污染物的处理能力。因此，自然净化能力和人工设施处理能力越大，环境容量也就越大。③环境容量Ⅲ——指人类活动的地域容量。它包括环境容量Ⅰ和环境容量Ⅱ。

14.2.1.2　城市环境容量定义

城市环境容量是指城市自然环境或环境要素在自然生态的结构和正常功能不受损害、居民生存环境质量不下降的前提下，对污染物的容许承受量或负荷量。城市环境容量有狭义、广义之分。狭义来讲，是指环境要素固有的对污染物的稀释、扩散和净化能力，或者是指在一定时期和一定环境状态下，某一区域环境对人类社会经济活动支持能力的阈值。简言之，即允许排放量、最大纳污量、最适利用度等。广义而言，城市环境容量还包括那些人类耗费大量的财力、劳力获取的环境容量扩大的部分。如通过污水处理厂和空气净化系统等，可以扩大人类防治污染的能力。

14.2.2　城市环境容量的类型

城市环境容量的类型从不同的角度分类，可以有不同的结果。按照环境要素，可分为大气环境容量、水环境容量、土壤环境容量和生物环境容量等。按照污染物划分，可分为有机污染物（包括易降解的和难降解的）环境容量、重金属与非金属污染物环境容量等。按照静态和动态，城市环境容量也可进行分类。静态容量指在一定环境质量的目标下，一个城市内各环境要素所能容纳某种污染物的静态最大量（最大负荷量），一般由环境标准值和环境背景值决定；动态容量是在考虑输入量、输出量、自净量等条件下，城市内环境各要素在一定时间段内对某种污染物所能容纳的最大负荷量。按照城市人居环境的要素组成，城市环境容量可以分成：人口容量、用地容量、工业容量、交通容量、建筑容量等。

14.2.3 城市环境容量的特点

14.2.3.1 客观性

环境容量作为一种自然系统净化、处理、容纳污染物的能力，是客观存在的。环境容量虽然受到自然过程与社会发展行为的约束，人类也可以通过优化环境系统的能量、物质及结构而提高容量，但不等于环境容量可以任意改变，特别是环境的自净能力，是环境系统自身演化过程而决定的一种能力，人类的利用活动只能基于这一基础之上。

14.2.3.2 稳定性

在一定的自然条件，一定的人类社会活动方式与规模，以及一定的经济技术水平和保持相对稳定的生态系统结构、功能的前提下，环境容量呈相对稳定的状态，其值将在一个有限的范围内波动。

14.2.3.3 可控性

在自然领域中，各种生态环境因素的降解能力是有限的，但是人们可以通过增减能量、物质投入，改良环境系统结构来提高其环境容量。在社会经济领域中人类可以通过对所使用的技术、设备、生产工艺进行优化改革，同时兴建污染处理设施来扩大整个社会的污染物净化能力，从而达到控制环境容量的目的。

14.2.3.4 可变性

人口增长、自然条件、社会经济发展规模和强度、人类对于环境所持观点的改变等，一方面会影响污染物的产生与处理能力，另一方面也会影响环境评价指标的制定。在这两方面因素的影响下，环境容量在“量”上就会产生不断的变化。当人口不断增长，资源消耗增多，环境容量将可能减少；当人类自身处理污染物的能力随技术改进而增强，环境容量将得到提高。

14.2.3.5 地域性与周期性

环境单元的容量与环境中大气、水体、土地、生物、人类社会等各因素的容量具有密切关系。各因素不仅在分布上有明显的地域差别，在时间上也有一定变化，尤其是自然环境因素会随时间发生周期性变化，如地区主风向会随季节变化，河流有丰水、枯水期，生物会随季节发生繁茂与凋萎的演替等。因此，与之紧密相关的环境容量同样存在地域性、周期性的特征。

14.2.4 城市环境容量指标

构建城市环境容量指标的目的是针对特定的问题，通过反映特定的城市环境容量内涵的各级指标，进行城市环境容量的评价和分析，有利于明晰问题。城市环境容量指标至少有两种类型，其一为环境工程类指标，国家环境保护总局 2004 年 6 月发出的《城市大气环境容量核定技术报告编制大纲》中的相关大气环境容量指标即属此类。其二是从城市规划与城市建设角度出发的指标，如蒲向军等（2001）提出的城市环境容量指标体系框架（图 14.2）。

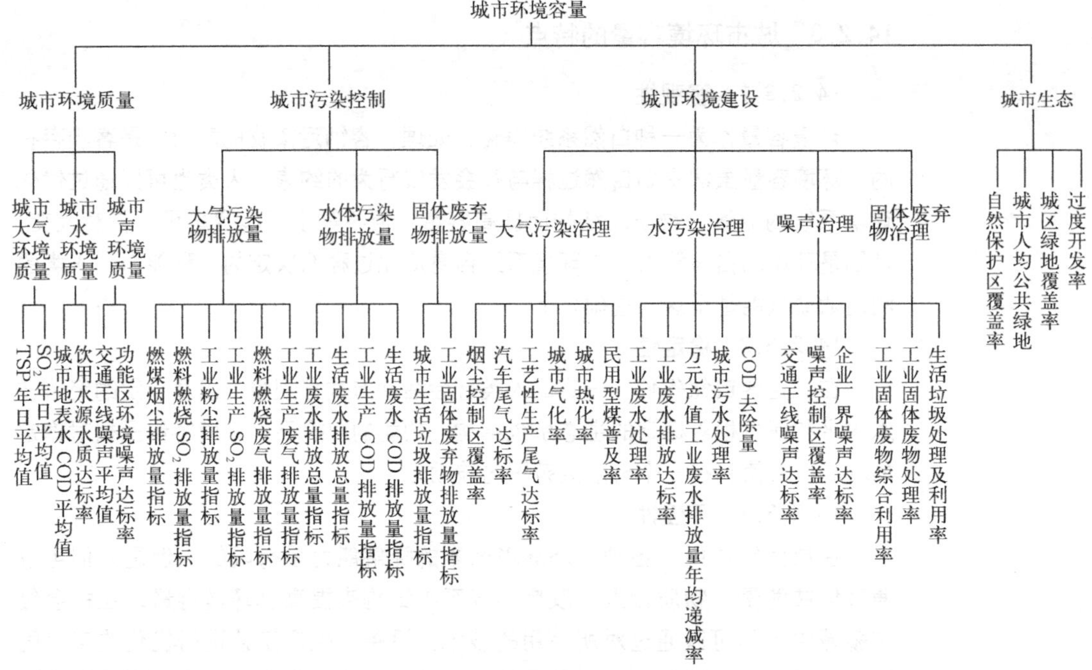

图 14.2　城市环境容量指标体系框架

来源：蒲向军等．城市可持续发展的环境容量指标及模型建立研究．武汉大学学报（工学版），2001（6）．

14.2.5　城市环境容量分析

14.2.5.1　城市环境容量的分析框架

正确地确定某个城市的环境容量，并用明确的形式加以反映是研究城市环境容量的主要任务之一，这是一项难度较大的工作。环境容量“可能度”与“合理度”的概念，可以作为一种分析框架。

(1) 可能度

城市环境容量可能度是指城市环境对人们在城市中各种活动的范围、强度提供的多种可能性。以城市用地为例。如果以每个城市人口占有城市用地面积(m^2/人)的指标说明单位城市用地容纳城市人口的各种可能性的话，各城市的数据差异较大，如表 14.1 所列城市的每人城市用地指标最低与最高城市之差就达 4.3 倍。

部分城市平均每人城市用地　　表 14.1

城　　市	上海	广州	天津	重庆	佛山	大连	苏州	杭州	沈阳	常州
平均每人用地(m^2/人)	393.8	603.5	940.9	1706.5	1065.7	823.0	701.2	731.3	692.3	833.0
城　　市	无锡	北京	安庆	铜陵	锦州	西安	淮北	南京	桂林	
平均每人用地(m^2/人)	687.9	1066.7	1108.0	797.1	475.2	652.2	701.2	883.8	746.5	

来源：根据 2007 年各城市市辖区面积 / 市辖区人口计算，数据来源：《2008 年城市统计年鉴》。

城市环境容量的“可能度”概念，反映了城市环境容量所具有的“可控（调性）”特点。它既使人们在城市规划建设涉及城市环境容量时可得到一定程度的自由，但同时也易产生忽略环境质量、任意提高城市建设强度的现象。如果将城市环境容量看成资源的话，任意提高城市建设强度实际上是“榨取”城市环境容量可能度的行为。可以这样认为，当使用者的数目从零增加到某一个可能相当大的正数时，城市环境容量的表现会像纯粹的公共物品一样，即在一定的“可能度”范围内不存在消费的可分性和排他性。但当使用者的拥挤达到一定程度（超过容量限制）后，增加更多的使用者，将减少所有使用者的效用，甚至会产生负效用。例如，一条河流在其纳污能力以内向其排放少量污水，其水质尚可保持一定水平，但排放过量污水后，河水就会迅速发黑变臭以致无可挽救。

（2）合理度

城市建设必须在保持城市生态环境平衡的基础上进行，探讨城市环境容量的可能度必须与探讨城市环境容量的合理度结合起来。所谓合理度，可将其看作是符合城市发展根本利益的城市环境容量的可能度，是在经济效益和环境效益统一的基础上，对城市环境改造、利用的程度。合理度的道理可用油罐装油为例说明。一个容积为20吨的油罐其贮油多少存在着从0到20吨的多种可能。为了运输安全，油罐必须留出一定的空间，假设为总容积的20%，则油罐容量的最大可能度数值为16吨。这个可能度即是具有合理性的可能度，即合理度。油罐贮油空隙对于运输安全具有重大意义，若无空隙就易产生爆炸，只有具有合理度的概念才能正确确定油罐的贮油量。同样，脱离合理度的城市环境容量虽然具有一定的可能性，但它是不能令人满意的。仍以城市用地为例，如果用人均城市用地指标来表示单位城市用地所具有的容纳人口的各种可能度时，可能度数据明显地呈现出很大的差异，表14.1已说明了这一点。如果加上合理度的概念，则认为表14.1中极高与极低数据是不尽合理的。这就表明：在探讨城市环境容量时既要抓住可能度，更要注意合理度。不少城市环境恶化的重要原因之一即是没有认识或掌握好城市环境容量的合理度。

有了城市环境容量的“可能度”与“合理度”的分析框架，对于城市规划建设有很多好处。通过城市环境容量的“可能度”就可知道城市环境容量对城市建设发展所给予的各种可能，从而在工作中有一定的“自由度”。而有了“合理度”，则可使人们不是盲目的而是在合理的范围内进行建设。

14.2.5.2 人口环境容量失衡度分析

人口容量是城市环境容量的组成之一。人口环境容量失衡指某一地区的现有人口数量与该地区人口环境容量之间存在着不合理的状态。以某地区现有人口数量与该地区人口环境容量的比值来表达。孙希华等（2005）对青岛市人口环境容量失衡度的计算及分析包括如下内容：

（1）人口环境容量的计算

1）自然人口环境容量计算　指在目前的技术水平条件下，某一区域生产的粮食所能供养的相应消费水平下的人口数，由粮食生产潜力和居民人均消费水平所决定。青岛市各乡镇的自然人口环境容量可表示为：$P_i=Y_i\times S_i/A_i$，式中，P_i为自然人口环境容量，Y_i为各乡镇的粮食生产潜力，S_i为各乡镇的耕地面积，

A_i 为人均消费粮食量。

2）社会经济人口环境容量计算　任何区域都是一个开放系统，不生产粮食的区域可通过发展其他产业供养一定数量的人口。区域人口环境容量很大程度上取决于输入、输出量的大小，因而可以只从社会经济各部门的产值来推算社会经济人口环境容量。青岛市各乡镇社会经济人口环境容量表示为：$C_i=G_i/B_i$

式中，C_i 表示各乡镇的社会经济人口环境容量，G_i 为各乡镇二、三产业 GDP，B_i 为劳均产值。计算结果为青岛市各乡镇社会经济人口容量平均值为 874 人 /km^2。

（2）区域综合人口环境容量计算

经济落后时，区域的人口环境容量主要取决于自然人口环境容量。经济起步阶段，人口环境容量以社会经济人口环境容量为主。区域综合人口环境容量是自然人口环境容量和社会经济人口环境容量的函数。可用 $S=\alpha_i \times P_i+\beta_i \times C_i$ 表示，α_i，β_i 是两个系数，$\beta_i=1-\alpha_i$，α_i 为粮食作物产值占 GDP 比重。

（3）区域综合人口环境容量分布特点分析

计算结果表明，青岛市区域综合人口环境容量平均值为 1738 人 /km^2；其中，最大值为 11523 人 /km^2，分布于青岛市区；最小值仅为 28 人 /km^2，分布于平度市大田镇。青岛市综合人口环境容量分布的特点为：①沿海地区人口环境容量普遍高于内陆乡镇，前者人口环境容量一般都高于 1500 人 /km^2，后者一般在 1000 人 /km^2 左右；②人口环境容量随海拔高度增大而减小；③河谷地区人口环境容量较大；④人口环境容量由经济发达地区向经济欠发达地区呈递减趋势，各地区的人口环境容量与距离城市的远近有很大关系。

（4）人口环境容量失衡度计算及分析

在计算人口环境容量的基础上，利用 ArcGIS 的 GRID 模块，用各乡镇现有人口图层（*POP*）除以区域综合人口环境容量图层（*S*）即可得到青岛市人口环境容量失衡度（P）分布：$P=POP/S$。由表 14.2 可见，出现失衡的乡镇一般为经济发达地区或偏远山区。其原因可能为：城市化的加速使大量人口向城市集聚，超过了城市承载能力；落后地区本身的人口环境容量较低，由于人口的惯性增长，剩余劳动力得不到及时转移等原因使人口超出了该地区的人口环境容量。

青岛市人口环境容量失衡度情况统计　　　　表 14.2

人口环境容量失衡度 P	失衡度类型	乡镇、街道办事处个数
$P>2$	严重失衡	大田镇
$1<P\leqslant 2$	失衡	长江路街道办事处、胶州市区、即墨市区
$P\leqslant 1$	不失衡	其余乡镇、街道办事处

来源：孙希华等．基于 GIS 的青岛市人口环境容量失衡度研究．山东师范大学学报（自然科学版），2005（3）．

14.2.5.3　区域环境容量理想值与现实值的估算及分析

杨志恒等（2003）认为，区域环境容量指在某一时期、某种环境状态下，某一区域环境对人类社会经济活动支持能力的阈值。其理论依据是环境资源的

有效极限规律。区域环境容量受发展变量和限制变量的影响。发展变量指人类活动对环境作用的强度；限制变量是环境条件的表征，指环境状况对人类活动限制作用的表现。区域环境容量理想值与现实值的估算需先确定区域环境容量指标及权重（表 14.3）。

区域环境容量指标权重　　表 14.3

准则层	权重	指标层	权重
发展变量	0.5000	GDP 增速	0.1608
		万元 GDP 废水排放量	0.1222
		万元 GDP 水资源消耗量	0.0928
		人口自然增长率	0.0705
		城镇人口比重	0.0537
限制变量	0.5000	工业废水处理率	0.1222
		废水排放增速	0.1608
		耕地减少率	0.0928
		文盲率	0.0536
		人均水资源量	0.0706
合　计	1.0000	合　计	1.0000

来源：杨志恒等．区域环境容量估算方法初步研究．山东师范大学学报（自然科学版），2003（2）．

计算区域环境容量是将发展变量与限制变量根据相应权重综合所得的值，各年度区域环境容量数学公式为：

$$EC=\sum_{i,j=1}^{n} X_{ij}W_i$$

EC 为区域环境容量理想值，上式中 W_i 代表 X_{ij} 的权重。由于现时的区域环境容量与状态空间中理想的区域环境容量存在偏差，根据其值可以确定区域环境容量是否处于超载状态，借用数学上的余弦定理，规定现实的区域环境容量计算公式为：$REC=EC\times\cos\theta$。

REC 指现实的区域环境容量，θ 为现实的区域环境容量与理想状态下的区域环境容量之间的夹角。

$$\cos\theta=\frac{\sqrt{\sum_{i=1}^{n} X_{i\max}^2\times\sum_{i=1}^{n} X_{i\min}^2}}{\sum_{i=1}^{n} X_{i\min}X_{i\max}}$$

式中：$X_{i\max}$、$X_{i\min}$ 分别代表 X_{ij} 在理想状态下的顶点坐标。

判定区域环境是否超载的准则为，若

$$\theta\begin{cases}>0，若 & REC>EC & 超载\\ =0，若 & REC=EC & 超载\\ <0，若 & REC<EC & 超载\end{cases}$$

根据上述过程计算的东营市环境容量理想值与现实值见表 14.4。由表 14.4 可见，东营市历年的 EC 均大于 REC，历年环境容量均未超载；也表明该市环境容量大体处于上升阶段，且还有较大潜力。利用一元线性回归模型对各指标进行趋势预测，根据预测值可得 2010 年的社会发展环境容量为 75.16，说明若该地区按现行政策发展，环境容量有逐步提高的趋势。

东营市历年区域环境容量状况　　表 14.4

年度	1990	1991	1992	1993	1994	1995	1996	1997	1998	1999
EC	56.81	61.91	57.50	59.34	55.25	58.61	57.71	66.45	66.72	65.11
REC	49.31	53.74	49.91	51.51	47.96	49.19	50.09	57.68	57.92	56.52

注：*EC* 为理想的区域环境容量；*REC* 指现实的区域环境容量。

来源：杨志恒等．区域环境容量估算方法初步研究．山东师范大学学报（自然科学版），2003（2）．

14.3 城市环境污染分析之一：城市大气污染分析

14.3.1 大气污染的概念

按照国际标准化组织（ISO）作出的定义，大气污染通常是指由于人类活动和自然过程引起某种物质进入大气中，呈现出足够的浓度，达到了足够的时间并因此而危害了人体的舒适健康和福利或危害了环境的现象。

14.3.2 大气污染的类型

按污染源存在的形式划分，包括：①固定污染源：位置固定，如工厂的排烟。②移动污染源：位置可移动，如汽车排放尾气。按污染物排放的时间划分，包括：①连续源：污染源连续排放，如化工厂的排气筒。②间断源：排出源时断时续，如取暖锅炉的烟囱。③瞬间源：排放时间短暂，如某些工厂的事故性排放。按污染物排放的形式划分，包括：①高架源：距地面一定高度上排故污染物。②面源：在一个大范围内排放污染物。③线源：沿一条线排放污染物。按污染物产生的类型划分，包括：①工业污染源；②农业污染源；③交通运输和基础设施污染源；④家庭炉灶排气等。按污染物类型分，主要有微粒、CO、NOx、碳氢化合物（CH）、硫氧化物（SO_2、SO_3）、光化学烟雾、含氟、氯废气等。各种大气污染物的来源比例见表 14.5。

主要大气污染物的来源及比例（%）　　表 14.5

污染物来源 \ 主要污染物	粉尘	硫氧化物（SO_X）	氮氧化物（NO）	一氧化碳（CO）	碳氢化合物(HC)
燃料燃烧	42	73.4	43.2	2.0	2.4
交通运输	5.5	1.3	49.1	68.4	60
工业过程	34.8	23	1.3	11.3	12
固体物质处理	4.5	0.3	5.1	8.1	5.2
其他	13.2	2.0	3.2	10.2	20.5

来源：余文涛．环境与能源．北京：科学出版社，1981．

14.3.3 城市大气中的主要污染物及危害

14.3.3.1 烟尘

城市大气污染中烟尘较为突出，主要是燃煤造成的。一般情况下，工厂锅炉每烧 1 吨煤约产生 11kg 烟尘；居民家庭炉灶每燃 1 吨煤约产生 35kg 烟尘。如城市燃料构成以煤为主，就可能造成大气的污染。另一类烟尘，如火山喷发的烟尘、风力所挟带的地面固体微粒也可对大气产生污染。烟尘及飘尘对人与环境的影响与距污染源的距离和烟尘的浓度有关，见专栏 14.2。

[专栏 14.2]：居住地与健康

有学者在大城市里做了社会调查；居住在距马路 100m 以内的居民，在 12 小时内，马路上汽车流量为 1000 辆次的地段里，居民肺癌死亡率为 1.04 / 10000；汽车流量在万辆次的地带，肺癌死亡率为 1.40 / 10000，在 2 万辆次的地带为 1.82 / 10000。如果同是在汽车流量 1000 辆次条件下，居住地离马路 75 ～ 100m，肺癌死亡率为 1.23 / 10000；50 ～ 70m 为 1.54 / 10000；25 ～ 50m 为 1.69 / 10000。也就是说，马路上车流量越多，居住地离马路越近，肺癌死亡率越高。

来源：王琪，郭立坤．城市环境问题．贵阳：贵州科技出版社，2001.

14.3.3.2 二氧化硫

二氧化硫对大气的污染，主要是燃烧含硫的煤和石油等燃料时产生的。硫氧化物在空气中如遇到水汽生成腐蚀性的酸滴（雨）、酸雾，可较长时间停留在大气中，对建筑物和各种金属器物的表面会产生强烈的腐蚀，使城市古建筑、名胜古迹受到威胁；对人体、生物危害更大。二氧化硫对植物也有很大危害，常导致落叶，甚至死亡。

14.3.3.3 一氧化碳

一氧化碳是燃料的不完全燃烧而产生的。随着煤和石油大量的消耗，排放到大气中的一氧化碳日益增加。据报道，现地球大气中的一氧化碳 80%是汽车排放的。世界每年约有 2×10^8 吨一氧化碳排入到大气中，大致占有毒气体的 1/3，汽车多的美国和日本几乎达到 2/3，成为城市大气中数量最大的污染气体。

14.3.3.4 光化学烟雾

光化学烟雾是由汽车和工厂烟囱排出的氮氧化物和碳氢化合物，经太阳光紫外线照射生成的一种有害气体，具有强烈的刺激作用。日本东京发生的光化学烟雾中还发现有酸烟雾的混合体，毒性更大，后果更为严重。我国兰州市也曾出现过不同程度的光化学烟雾污染。光化学烟雾除了对人和动物有害外，对植物也有很大的危害，一定浓度的光化学烟雾（体积分数大于 5×10^{-8}）可使蔬菜由绿变褐，不能食用，大片树林落叶，重者枯死。

14.3.4 城市大气污染分析

14.3.4.1 城市大气污染空间格局分析

城市大气污染空间格局是指大气污染源的排放装置、点源及面源空气污染物排放量、大气污染物各类及总体的空间分布特征。掌握大气污染的空间分布格局，可为及时、全面、准确地掌握空气污染源的排放现状，开展针对性的治理提供依据。

王海波（2006）对葫芦岛市空气污染空间格局进行了分析（图 14.3）。由图 14.3 可见：① SO_2、TSP、NOx 的分布在市内、铁路沿线和西北部；② NOx 的分布和污染的总体分布趋于一致；CO 和 SO_2 的分布具有类似的特征；③该市的大气污染以烟尘污染为主。

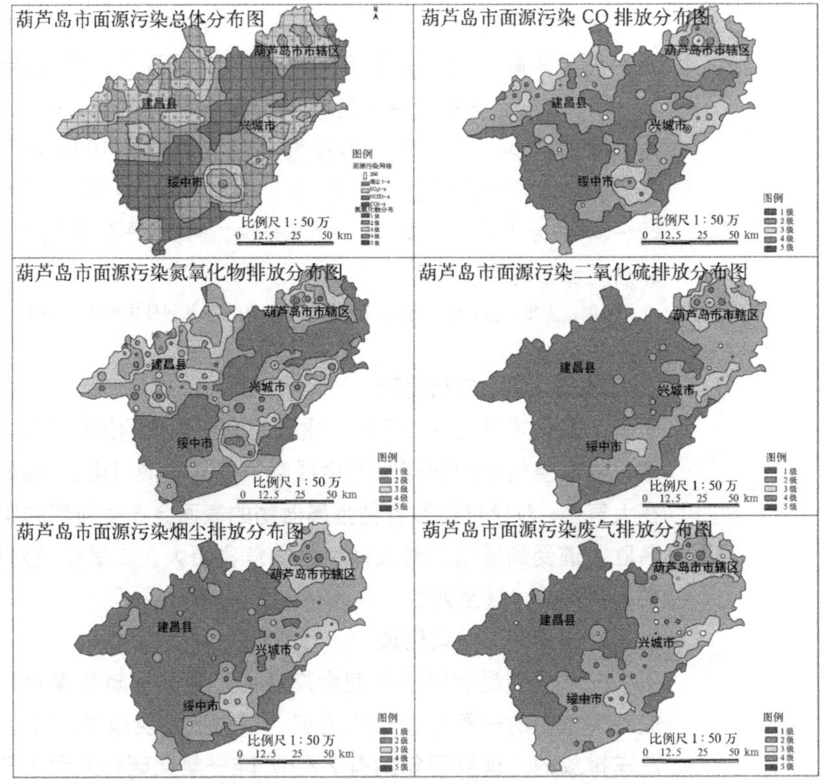

图 14.3 葫芦岛市面源污染空间分析图

来源：王海波．葫芦岛市空气污染空间格局分析．菏泽学院学报，2006（2）．

14.3.4.2 城市街道灰尘铅污染分析

道路交通灰（扬）尘是城市扬尘的主要来源，城市街道灰尘具有“媒介”和“污染源”的双重作用，对儿童血铅的影响远远大于城市土壤。张菊等（2006）的研究表明：上海市区街道灰尘中铅含量为上海土壤环境背景值的 10.4 倍，郊区城镇中心街道灰尘中铅含量为环境背景值的 9.3 倍；市区内环线以内黄浦江两岸区域铅污染较为严重，平均含量为环境背景值的 14.1 倍（表 14.6）。

上海市区不同区域范围街道灰尘中铅的平均含量对比 /mg·kg⁻¹ 表 14.6

参数	环线		区域	
	内环以内	内外环间	浦西	浦东新区
平均值	407	246	290	227
中位数	376	182	210	180
几何平均值	359	182	209	179
范围	83 ~ 1165	28 ~ 4443	28 ~ 4443	45 ~ 2232
标准差	217	379	430	255

来源：张菊等．上海城市街道灰尘重金属铅污染现状及评价．环境科学，2006（3）．

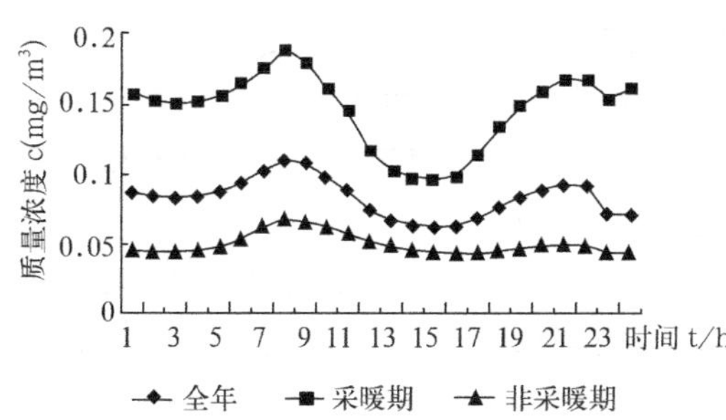

图 14.4 天津市 SO_2 质量浓度时间变化规律

来源：姚从容等．城市环境空气质量变化规律及污染特征分析．干旱区资源与环境，2007（5）．

14.3.4.3 城市环境空气质量变化规律及污染特征分析

对城市大气污染物的变化规律及污染特征进行表征和分析，对城市大气质量的改善具有基础性的意义。姚从容等（2007）对天津市 2005 年的 SO_2、NO_2 和 PM_{10} 的监测数据按时间段进行统计分析，确定了 3 种空气污染物的时间变化趋势和规律，并进行了 3 种空气污染物的相关性分析。

（1）大气污染物时间变化规律

天津市大气污染物时间变化规律分别从 SO_2、PM_{10} 和 NO_2 时间变化规律三方面进行分析（图 14.4）。

由图 14.4 可见，天津市的 SO_2 在 14：00—16：00 时间段出现最小值。与天津市全年平均风速进行比较（天津市平均风速在 14：00—16：00 时间段内最大）可见，风速与污染物浓度间的关系为负相关。NO_2 和 PM_{10} 的变化与之相同。

（2）大气污染物相关性分析

通过对天津市 3 种大气污染物的相关性分析，探讨天津市大气污染的特征（表 14.7）。

天津市 3 种大气污染物的相关性分析 表 14.7

分类	项目	回归方程	相关系数	t 值	显著性	说 明
PM_{10}—SO_2 时间变化相关性参数	全年	Y=1.083X−0.0362	0.874	8.438	显著	PM_{10} 和 SO_2 时间变化具有高度的相关性，说明影响 PM_{10} 和 SO_2 质量浓度的污染源具有较强的相关性。采暖期 PM_{10} 和 SO_2 时间变化的相关性最高，表明冬季燃煤锅炉的燃烧过程对于 PM_{10} 和 SO_2 质量浓度的贡献很大
	采暖期	Y=1.687X−0.0338	0.934	12.243	显著	
	非采暖期	Y=0.560X−0.0143	0.760	5.493	显著	
NO_2—SO_2 时间变化相关性参数	全年	Y=0.920X−0.03594	0.575	3.298	显著	NO_2 和 SO_2 的时间变化在全年和采暖期具有较高的相关性，原因为采暖期冬季燃煤锅炉的燃烧；非采暖期则不具备显著的相关性，原因为 NO_2 和 SO_2 的排放源不同，排放 SO_2 的主要污染源是工业，而排放 NO_2 的主要污染源是机动车尾气
	采暖期	Y=1.675X−0.04813	0.577	3.309	显著	
	非采暖期	Y=0.276X−0.03596	0.309	1.522	不显著	

续表

分类	项目	回归方程	相关系数	t值	显著性	说明
NO_2—PM_{10} 时间变化相关性参数	全年	Y=1.029X−0.05746	0.799	6.237	显著	NO_2 和 PM_{10} 时间变化具有较高的相关性，说明影响 NO_2 和 PM_{10} 质量浓度的污染源具有较强相关性。非采暖期相关性最高，是由于 PM_{10} 的排放与机动车尾气污染和道路扬尘关系密切
	采暖期	Y=1.161X−0.03893	0.722	4.889	显著	
	非采暖期	Y=0.983X−0.06758	0.810	6.487	显著	

来源：姚从容等．城市环境空气质量变化规律及污染特征分析．干旱区资源与环境，2007（5）．

14.3.4.4 城市大气污染对人健康的影响及带来的损失分析

大气污染对人体的健康带来威胁，并因此带来经济损失。根据世界资源协会（WRI）的统计，发展中国家 5 岁以下儿童死亡率中 80%是由于空气污染而产生的肺部疾病所致，城市居民所患的呼吸道疾病中 20%～30%归因于空气污染。2004 年联合国环境署发表的报告指出，大气污染使孕妇早产和居民患呼吸道疾病的可能性增加 60%（程晶，2007）。

阚海东（2003）对大气污染物（大气颗粒物）对上海居民的健康及带来的损失进行了分析。2003 年大气 PM_{10} 污染与 8220 例居民超死亡相关，同时还与 386600 次内科门诊等相关。

大气颗粒物污染对上海市居民人年损失的影响见表 14.8。由表 14.8 可知，2000 年上海市居民由于大气颗粒物长期暴露其损失人年数为 68042 年。将该数值除以大气 PM_{10} 相关死亡人数，得出对每一例因大气颗粒物污染而死亡的人来说，其人年损失为 8.28 年，即，提前 8.28 年死亡。

2000 年大气颗粒物污染对上海市居民损失人年的影响　　表 14.8

年龄组	死亡人数	预期寿命差值	损失人年（年）
0–	362	1.00	362
1–	263	0.97	254
10–	469	0.96	449
20–	774	0.94	731
30–	2000	0.93	1854
40–	5311	0.91	4810
50–	6099	0.86	5235
60–	15535	0.79	12220
70–	31644	0.70	22086
80–	32621	0.61	20041
合计	95078		68042

来源：阚海东．上海市能源方案选择与大气污染的健康危险度评价及其经济分析［D］．复旦大学，2003．

大气污染带来的经济损失较为客观。由表 14.9 可知，2000 年上海全市大气颗粒物污染相关健康危害造成的经济损失为 83.5（95%可信限）亿元，占上海全市当年 GDP 的 1.84%（95%可信限）。其中，由死亡引起的经济损失最大，占总数的 88.2%；另外，慢性支气管炎对经济损失总额的贡献也较大。

2000 年上海市大气 PM_{10} 污染健康危害造成的经济损失（万元）　表 14.9

终点	经济损失（均数及 95% 可信限）
死亡率变化	736600（539500 ~ 936500）
慢性支气管炎	84910（10300 ~ 281600）
呼吸系统住院人数	3073（776 ~ 5370）
心血管系统住院人数	2317（1654 ~ 2981）
内科门诊数	4471（2918 ~ 6023）
儿科门诊数	463（218 ~ 708）
急性支气管炎	3323（0 ~ 7459）
哮喘发作	44（19 ~ 70）
合计	835100（555700 ~ 1241000）

来源：阚海东．上海市能源方案选择与大气污染的健康危险度评价及其经济分析［D］．复旦大学，2003．

14.3.4.5　大气污染对市民社会生活影响分析

杨永春等（2006）的调查发现，兰州市大气污染不但对兰州市民的身体健康造成了危害，而且还严重影响到兰州市民的正常休闲及日常生活。调查发现，有 98%的受访兰州市民都有进行户外活动的习惯，当问到是否曾因大气质量不好而减少或取消户外活动时间时，有 23.9%的人认为经常发生此类事；66.3%的市民认为偶尔有过；只有 9.8%的市民认为从来没有。沙尘一直是兰州市大气污染的主要来源之一。大气中沙尘含量的增多增加了市民家庭清洗的时间和次数。从调查可知：有 97.4%的受访市民经常对家庭进行清洗，一般每隔 3 ~ 5 天就比较彻底地清洗一次，每次清洗时间平均为 2 个小时左右。而且由于路面灰尘较多，直接导致了兰州市擦鞋业的繁荣。

城市环境质量的恶化会对人类的心理、生理、行为产生各种负面的影响。调查结果显示（杨永春等，2006）：40.2%的受访兰州市民经常担心环境污染会影响自己的身体健康；55.1%的人偶尔也曾担心过。当问到环境污染是否会对自己的心情有负面影响时，有 90%的受访市民作了肯定回答。对于环境污染的一般性负面影响，受访市民的认识主要为：使人产生烦躁心理（59.92%），造成心胸郁闷（41.96%），降低工作效率（32.87%），失眠（23.34%），诱发神经衰弱（13.98%）等。此外，环境污染对人们的购房、工作单位的选择，迁居行为等也有着一定的影响。据调查，71.2%的受访市民有过搬家的经历。当问及搬家的原因时，有 29.5%的市民把原先住房周围的环境不好作为搬家的重要原因。32%的市民选择工作单位时把单位所在地周围环境作为一个重要的因素考虑；当问到是否曾因工作单位周围的环境不好而曾打算离开单位时，有近 49%的受访市民作了肯定的答复。此外，41.5%的市民曾经有过因为城市环境污染问题而打算离开兰州；特别对于污染最为严重的西固区，打算离开人占受访市民比例更高。而且，有 75.8%的兰州市民不希望自己的子女留在兰州，其中有 37.4%的人把城市环境污染当做一个主要原因。可见，兰州市环境污染已经对市民日常生活的行为产生了很大影响。

14.4 城市环境污染分析之二：城市水污染分析

14.4.1 水污染概念

《中华人民共和国水污染防治法》指出，“水污染是因某种物质的介入而导致其化学、物理、生物或放射性等方面特性的改变，从而影响水的有效利用，危害人体健康或破坏生态环境，造成水质恶化的现象。”

14.4.2 水污染类型

14.4.2.1 地面水污染

地面水污染主要指由人类活动产生的污染物进入河流、湖泊（水库）、海洋等地面水中造成的水质下降现象。地面水污染主要源于工业污（废）水和生活污水，污水废水成分复杂，含有各种有机污染物、无机污染物。此外，医疗污水中含有大量病原体。

不同水体其污染的特点不同。河流污染随径流量而变化，污染物扩散快；湖泊（水库）中污染物会长期滞留、积累，而引起水质变化，主要是磷、氮等植物营养元素引起水体的富营养化；海洋污染源多而复杂、污染持续性强、范围较大，除航行船艇、海上油井污染外，沿海和内陆排放的工业废水和城市污水，最终都流入海洋，故危害海洋生物，破坏海洋资源，已成为当今水环境保护的重要方面。

14.4.2.2 地下水污染

地下水污染主要指人类活动引起地下水化学成分、物理性质和生物学特性发生改变而使水质下降的现象。地表以下地层复杂，地下水流动缓慢，因此，地下水污染具有过程缓慢、不易发现和难以治理的特点。地下水一旦受到污染，恢复困难。

地下水污染方式可分为直接污染和间接污染两种。直接污染的特点是污染物直接进入含水层，在污染过程中，污染物的性质不变，此为地下水污染的主要方式。间接污染的特点是，地下水污染并非由于污染物直接进入含水层引起的，而是由于污染物作用于其他物质，使这些物质中的某些成分进入地下水造成的。例如，由于污染引起的地下水硬度的增加、溶解氧的减少等。间接污染过程复杂，污染原因易被掩盖，要查清污染来源和途径较为困难。

14.4.3 城市地面水污染分析

14.4.3.1 人口的空间分布对地面水质的影响

上海市在 1982 ~ 2005 年间，内梅罗指数（该指数越大，地面水的质量就越差）都一致地在中心城区最大，近郊区次之，远郊区最小（图 14.5）。而在人口密度上，中心城区的人口密度最高，近郊区次之，远郊区最低；这表明，人口密度的空间分布是影响上海水质的主要因素之一，两者呈对应的特点。

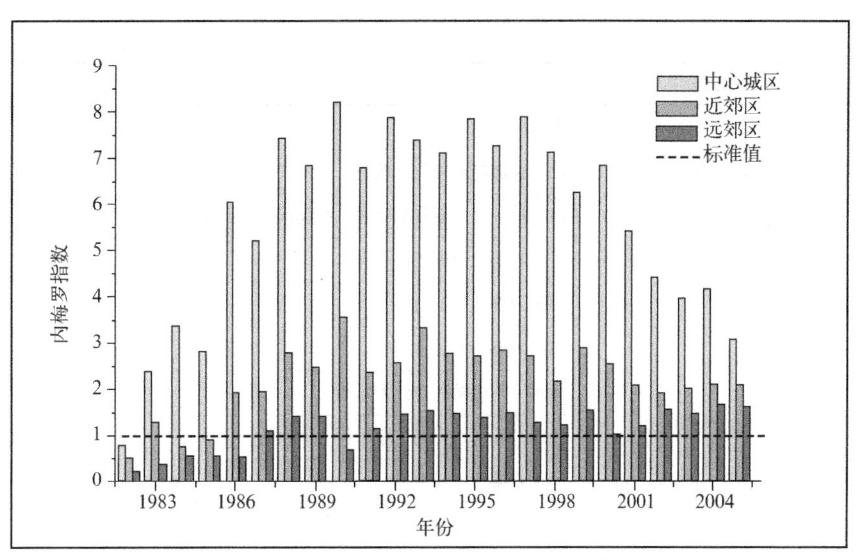

图 14.5 上海 1983 ~ 2004 年的内梅罗指数的空间格局

来源：汪军英．上海快速城市化过程中地表水、大气和土壤环境质量的时空变迁研究 [D]．华东师范大学，2007.

14.4.3.2 水污染特点表征及原因分析

城市水污染的特征必须予以明确的表征，并对其原因给出定量精确的分析，这是科学治理水污染的重要基础条件。

严以新等（2008）将苏州市古城区河网的水污染特征归纳为：①水体流动缓慢。有些河道流速小于 0.01m/s；②水体污染严重。水体溶解氧普遍偏低，有时甚至为零；③水体生物多样性低，生态脆弱。对苏州市古城区河道污染成因分析归纳为：①城市点、面源污染。2005 年古城区生活污水入河污水量为 17382.3t/d；“三产”污水入河量为 3257t/d。同时，古城区内可消纳面源污染的绿地和可渗透性地表面积相对较少，使得面源污染物直接进入河道。②水体内源污染。苏州市古城区河道底泥层厚度达 50cm 以上，含有大量的污染物质，成为水体潜在的内污染源。③水体交换缓慢。苏州市古城区河网属于城市缓流水体，形成了一个具有内在动力学的密闭系统。枯水期缓流水体进水量少，水体置换速度慢，淤积严重，导致污染物（如氮、磷等营养盐）富集，自净功能减弱。

又如，《深圳市污水系统布局规划（2002—2020）》中，将深圳市河流水系污染的主要原因归纳为 4 个方面（表 14.10），为进行针对性的治理奠定了基础。

深圳市河流水系污染的主要原因　　表 14.10

污染原因分类	污染原因举例
自然原因	感潮河段受潮水顶托，污水滞留河口产生厌氧反应
	河道长期积淤，有机质和其他污染物在底质中积累
建设问题	市政污水管网未覆盖全市
	污水无法靠重力流入市政污水管道
	局部污水管道未实施
	市政污水管道与雨水管道连接
	市政污水管偏小

续表

污染原因分类	污染原因举例
管理问题	市政污水管道堵塞
	原有合流制系统较难改造
	临时接入雨水系统的管道未恢复接入污水系统
排污单位存在问题	住宅阳台改做他用
	小区内部接管混乱
	小区内部污水管道堵塞
	污水出户管接入市政雨水管
	建筑工地污水、施工废水排入雨水管
	污水直接排入河中
	酒楼、食街污水排入雨水管
	综合菜市场污水排入雨水管
	生活污水排入路边沟
	临时性建筑污水排入雨水管
	旧村内部存在合流制排水管道系统

来源：深圳市规划局．深圳市污水系统布局规划（2002–2020），2005．

而1960年代，针对泰晤士河严重的水污染，伦敦选用数学模型进行研究分析后得出结论：泰晤士河的污染负荷74%来自于下游排放口污水的随潮上溯和下水道直排，9%来自工厂直排，7.5%来自上游，6.5%来自河流自身的底泥释放等，3%来自雨水冲刷。从而，明确了治理水污染"纳管和建污水处理厂"两个重点，使泰晤士河严重的水污染治理成效显著（汪松年，2002）。

14.4.3.3　水环境质量与相关因素的关联度分析

刘波等（2007）分析了南通市水环境质量与各污染因子的关联度（表14.11），以及社会、经济等因素与水环境质量的关联度（表14.12）。由表14.14可见该市地表水中的主要污染因子排序；而由表14.12可见社会、经济、自然等因素对该市水环境质量的影响大小排序。

南通市水环境质量与各污染因子关联度　　　　表14.11

水环境质量指标	DO	COD	BOD_5	氨氮	高锰酸钾指数	石油类	挥发酚
关联度	0.7493	0.8834	0.7173	0.7218	0.6783	0.6265	0.7402

来源：刘波等．南通市城市地表水环境质量评价与灰色分析．环境科学导刊，2007（6）．

王金等（2009）进行了合肥市三次产业与水污染的关联分析（表14.13），以及合肥市工业中各行业与巢湖西半湖水污染的关联度分析（表14.14）。由表14.13可见，该市水污染指标中与产业结构关联度较强的是工业废水中的氮氨、COD排放量。

南通市社会等因素与水环境质量的关联度　　表 14.12

因素及指标	社会因素			经济因素			污染源因素			自然因素		水环境治理因素	
	人口（万人）	GDP（亿元）	人均GDP（元）	第一产业（%）	工业（%）	第三产业（%）	工业污水（亿t）	生活污水（万t）	施肥（万t）	年降水量（mm）	地表水资源量（亿 m^3）	污水处理能力（万t/d）	污水处理率（%）
关联度	0.7587	0.6252	0.8562	0.7949	0.8021	0.7985	0.8875	0.7062	0.7027	0.8335	0.6812	0.7737	0.7965
	0.7467			0.7985			0.7655			0.7574		0.7851	

来源：刘波等．南通市城市地表水环境质量评价与灰色分析．环境科学导刊，2007（6）．

2002 ~ 2006 年合肥市产业结构与水污染关联度　　表 14.13

	第一产业增加值	第二产业增加值	第三产业增加值	平均值
工业废水中氮氨排放量	0.8069	0.8102	0.8379	0.8183
工业废水排放总量	0.8125	0.8232	0.7903	0.8087
工业废水中 COD 排放量	0.8119	0.7808	0.8187	0.8038
氮肥施用量	0.6976	0.7253	0.7600	0.7276
磷肥施用量	0.6771	0.6992	0.7310	0.7024
城镇生活污水中 COD 排放量	0.4925	0.5574	0.5517	0.5339
钾肥施用量	0.5761	0.4952	0.5225	0.5313
城镇生活污水排放量	0.5072	0.4413	0.4700	0.4728
城镇生活污水中氮氨排放量	0.4897	0.4364	0.4635	0.4632

来源：王金等．巢湖流域产业结构与水污染程度的关系研究——基于灰色关联分析法．资源开发与市场，2009（7）．

2000 ~ 2006 年合肥市工业分行业与西半湖水质污染关联度　　表 14.14

行业	关联度	行业	关联度
电力、热力的生产和供应业	0.6768	造纸及纸制品业	0.6177
食品制造业	0.6743	皮革、毛皮、羽毛（绒）及其制品业	0.6161
有色金属冶炼及压延加工业	0.6512	塑料制品业	0.6159
文教体育用品制造业	0.6483	烟草制品业	0.6144
家具制造业	0.6471	仪器仪表及文化、办公用机械制造业	0.6089
金属制造业	0.6337	木材加工及木、竹、藤、棕、草制品业	0.6080
饮料制造业	0.6313	化学原料及化学制品制造业	0.6064
燃气生产和供应业	0.6301	交通运输设备制造业	0.6060
化学纤维制造业	0.6295	医药制造业	0.6058
纺织业	0.6289	农副食品加工业	0.6025
专用设备制造业	0.6281	通信设备、计算机及其他电子设备制造业	0.6024
印刷业和记录媒介的复制	0.6233	黑色金属冶炼及压延加工业	0.5974
石油加工、炼焦及核燃料加工业	0.6226	电气机械及器材制造业	0.5915
非金属矿物制品业	0.6201		

来源：王金等．巢湖流域产业结构与水污染程度的关系研究——基于灰色关联分析法．资源开发与市场，2009（7）．

14.4.4 城市地下水污染分析

14.4.4.1 城市地下水污染源、污染途径及危害

我国地下水污染源主要分为五种类型：①地下淡水的过量开采导致沿海地区的海（咸）水入侵（我国有大陆海岸线1.8万km，由于过量开采地下水，约有六分之一的海岸地下水已经受到不同程度的海水入侵，主要分布在渤海和黄海沿岸地区，包括辽宁、山东、河北、江苏、浙江、广东等省，总入侵面积达1000km^2）；②地表污（废）水排放和农耕污染造成的硝酸盐污染（如农田使用氮肥，会有相当于氮肥施用量的12.8%～45%的氮从土壤中流失）；③石油和石油化工产品的污染；④垃圾填埋场渗漏污染；⑤河流受污染后导致地下水受污。尤其是土层渗透条件较好的情况下，河流受污后往往在较短时间内使大面积的地下水受到污染。泉城济南市，曾经因严重污染的护城河水通过干涸泉口进入含水层，使岩溶水质恶化，导致细菌数超标和铬含量剧增（郝华，2004）。

地下水污染途径大致可归为四类：①间歇入渗型。大气降水或其他灌溉水使污染物随水通过非饱水带，周期地渗入含水层，主要是污染潜水。淋滤固体废物堆引起的污染，即属此类。②连续入渗型。污染物随水不断地渗入含水层，主要也是污染潜水。废水聚集地段（如废水渠、废水池、废水渗井等）和受污染的地表水体连续渗漏造成地下水污染，即属此类。③越流型。污染物通过越流的方式从已受污染的含水层（或天然咸水层）转移到未受污染的含水层（或天然淡水层）。污染物或者通过整个层间，或者通过地层尖灭的天窗，或者通过破损的井管，污染潜水和承压水。地下水的开采改变了越流方向，使已受污染的潜水进入未受污染的承压水，即属此类。④径流型。污染物通过地下径流进入含水层，污染潜水或承压水。污染物通过地下岩溶孔道进入含水层，即属此类。

一些学者认为，垃圾填埋场、加油站、工农业生产及生活污水是城市地下水三大污染源（刘文国等，2005）。地下水的一些主要污染威胁见表14.15。

地下水的一些主要污染威胁 **表14.15**

威胁	来源	对健康和生态体系的伤害
农业	农地、后院、高尔夫球场的径流水渗入；掩埋场的渗漏	有机氯会对野生动物的生殖和内分泌造成伤害；有机磷和氨基甲酸盐会伤害神经系统和致癌
硝酸盐	肥料的径流；畜牧草地；污染处理体系	减少氧量进入脑部，这对婴儿可能会致死（蓝婴儿症候群）；与消化道癌相关；造成水域藻类增生和营养化
石油化学物质	地下储油槽	苯类和其他一些石油化学物质可能致癌
氯化有机溶剂	金属和塑胶的去脂过程；纤维清洗，电子和航空工业	与生殖伤害和一些癌症相关
砷	自然存在，过度抽取地下水和来自废料的磷而增加溶出量	神经系统和肝脏的伤害；皮肤癌
其他重金属	开矿和金属废料；有害废弃物的垃圾场	造成神经系统和肾脏的伤害；新陈代谢的紊乱
氟化物	自然存在	牙齿问题：造成脊椎和骨骼的伤害
盐类	海水入侵；岩石风化	含盐淡水无法饮用或灌溉

来源：Payal Sampat，Groundwater Shock，World Watch，2000（2）：10-22.

[专栏 14.3]：加重城市地下水污染的三大污染源

中国环境科学研究院研究员赵章元认为，垃圾填埋场、加油站、工农业生产及生活污水是城市地下水的三大污染源。

赵章元说，多年来，我国各大中城市几乎都是把垃圾运到郊外，随便划块地方就开始堆积，基本未作任何处理。有关部门统计，我国历年累计垃圾已达720亿吨，占地5.4亿m^2。北京市以前的一些垃圾填埋场一开始都未做防渗处理，生活垃圾、工业垃圾和危险废弃物混合填埋，天长日久，在雨水的侵蚀冲刷下，垃圾里的有毒有害物质，都渗到了地下水里。小汤山地区几个高发病村，村民发病率比周围要高出60%至70%，饲养的牲畜大量出现死胎、主要原因之一即村子附近垃圾填埋场的污染。中国环境监测总站2001年对各类垃圾处理场调查发现，我国垃圾填埋场已发生普遍渗漏，几乎所有垃圾填埋场排放的污染物，均未达到国家有关污染控制标准。

加油站也成为城市地下水的“污染大户”。加油站的储油罐，一般都采用钢板厚度不小于5mm的地埋式储油箱，20年之内，一般都不会发生渗漏问题。但20年后，这些油罐由于生锈，往往开始漏油，成为地下水的另一个重要污染源。石油具有烃类化合物的毒性，汽油中的芳烃，主要是苯、甲苯和混合二甲苯，都是公认的有毒致癌物质，并且没有安全下限。硫在柴油中含量远高于汽油，是有害气体二氧化硫的主要来源之一。这些物质一旦对地下水造成污染，对人的神经系统、泌尿系统、呼吸系统和血液系统等都可能产生危害，引起类神经分裂症、再生障碍性贫血、肺癌等。赵章元说，美国现在已有40多万个加油站出现渗漏，加油站已被视为美国最大的地下水污染源。我国还没有相关统计，但北京、沈阳、西安、成都等地都已接连出现过石油泄漏事故。已查明的北京安家楼和六里桥加油站渗漏事故，致使附近的水源井遭受严重污染，曾一度迫使附近的自来水厂停止运行了较长时间，影响供水范围波及36km^2。天津部分加油站的调查显示，大部分地下水样品中总石油烃被检出，检出率为85%。

城市生活污水、工业废水和一些大养殖场的农业污水，也对城市地下水形成污染。一些工矿企业和大养殖场，受经济利益驱使，将污水排入地下，以为污水排到地下就“安全”了，不会再有任何问题。赵章元说，实际上，浅层地下水和深层地下水只是一个相对概念，地下水分布不均匀，绝对的隔水层是没有的，不能说浅层地下水污染了，深层污染不了。浅层地下水和深层地下水之间有很多地方都是沟通的，因此浅层地下水流到深层去，是很自然的事情。

来源：刘文国，武勇．城市地下水污染状况堪忧．瞭望新闻周刊，2005（42）．

14.4.4.2　地下水污染程度分析

对城市地区地下水分析，有必要对其污染程度进行认定和表达。周学志（1994）根据污染指标和检出特征，对典型城市地下水受污染的程度进行了分类统计（表14.16）。

我国城市地下水污染程度分类统计简表　　表 14.16

污染程度	污染物检出特征	典型城市	主要污染指标
较重	污染物检出普遍，多种污染物检出率＞25%，超标率＞25%；单种污染物检出率＞50%，超标率＞50%；总硬度超标率＞25%	北京，西安，沈阳，太原，包头，锦州，保定，长春，吉林，占已污染城市的21.9%	酚，氰，铬，氮素，硬度，矿化度
中等	污染物质检出率＞10%，单种污染物超标率＜50%，多种污染物超标率＜25%，总硬度超标率＜25%，多呈面状轻污染或小面积重污染	上海，南京，哈尔滨，武汉，石家庄，徐州，常州，宝鸡，银川，乌鲁木齐，长沙，苏州，镇江，占已污染城市的41.5%	砷，酚，氰，铬，汞，硬度
较轻	地下水污染物检出不太普遍，单种污染物检出率＜50%，超标率＜10%；多种污染物检出率＜25%，超标率＜20%；呈零星或小面积展布	张家口，昆明，桂林，南宁等	酚，铁，锰，有机质

来源：周学志．地下水开发利用的环境地质问题及防治措施研究．环境科学丛刊，1994（6）．

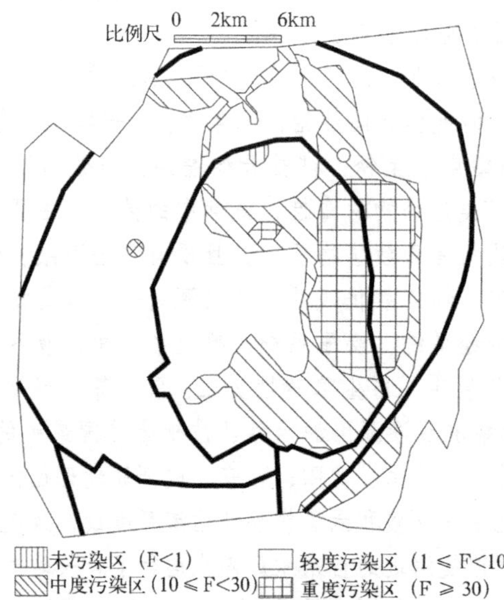

图 14.6　长春市浅层地下水污染评价图

来源：吴琼，李宏卿，王如松，李绪谦．长春市地下水污染及其调控．城市环境与城市生态，2003（增刊）．

金赞芳（2004）根据杭州市城区浅层地下水NO3–N（硝酸盐氮）的数值和中国国家饮用水标准来判断其受污染程度。根据其调查，杭州市城区浅层地下水有40.5%样品的NO_3–N含量超过了中国国家饮用水标准(10mgN/L)。总体来说杭州城市地下水水质属于Ⅲ类水标准，不宜饮用。吴琼等（2003）通过对长春市不同类型地下水中污染物的超标率和超标倍数的表征，来反映长春市地下水的污染程度（表 14.17）。进一步，将研究区地下水污染程度划分为四级，绘制该市地下水浅层水污染（图 14.6）和深层水污染图。

长春市不同类型地下水中污染物的超标率和超标倍数　　表 14.17

含水层	硬度	NO_3^-	NO_2^-	NH_4^+	COD_{Mn}	As
河谷冲积砂砾石孔隙水	35.3 / 0.048 ~ 0.37	0 / 0	23.5 / 1.42 ~ 5.67	35.3 / 0.1 ~ 4.5	64.7 / 0.11 ~ 1.97	0 / 0
冲洪积黄土状亚黏土孔隙水	35.3 / 0.16 ~ 1.25	29.4 / 0.69 ~ 3.23	11.76 / 1.57 ~ 6.12	0 / 0	29 / 0.006 ~ 0.95	5.88 / 1.39
冰水砂砾石孔隙水	12.5 / 0.093	0 / 0	12.5 / 0.061	0 / 0	25 / 0.24 ~ 0.3	0 / 0
基岩裂隙水	12.5 / 1.16 ~ 0.87	3.1 / 2.05	9.4 / 0.061 ~ 0.67	3.1 / 2.35	40.6 / 0.07 ~ 0.36	6.25 / 0.126 ~ 1.586

注：表格中，分子为超标率（%），分母为超标率倍数．

来源：吴琼等．长春市地下水污染及其调控．城市环境与城市生态，2003（增刊）．

而受污染地下水面积的比重也可很明确地反映地下水受污染的严重程度。如新华网 2005 年 1 月报道：地面沉降和地下水污染是上海的主要地质灾害，上海的地下水污染面积在 2100km^2 以上，浅水含水层受污染状况较普遍（http://news.xinhuanet.com/newscenter/2005-01/14/content_2460626.htm）。

14.4.4.3 地下水污染的相关因素分析

从定性角度，可较容易地说明地下水受污染原因及相关因素，但有必要进行明确的定量的表达。国外研究证实，地下水硝酸盐浓度的增高和氮肥的施用量成正相关。金赞芳（2004）指出：杭州城市地下水 NO_3–N 污染状况与土地利用类型密切相关。不同土地利用类型的 NO_3–N（硝酸盐氮）含量平均值顺序为：农业区（18.2mgN/L）＞旧居住区（11.2mgN/L）＞新居住区（2.1mgN/L）＞商业区（0.08mgN/L）。郭秀红（2006）的研究发现，珠三角地区地下水污染程度与地区工业、经济发展以及人口密度存在正相关关系（图 14.7）。

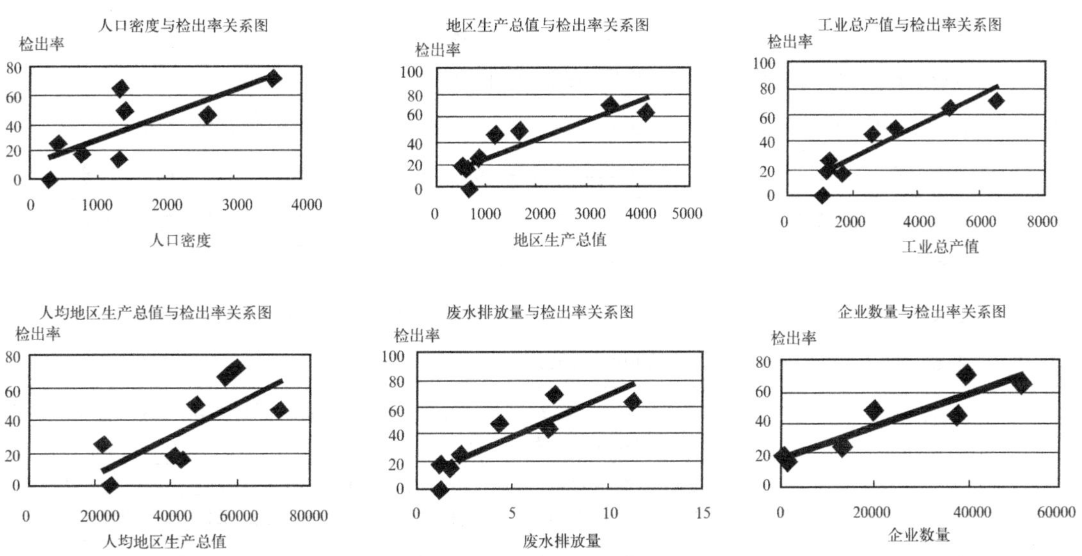

图 14.7 珠三角九城市地下水污染与经济、人口及排污量关系图
来源：郭秀红．珠江三角洲地区浅层地下水有机污染研究［D］．中国地质大学，2006.

14.5 城市环境污染分析之三：固体废物污染分析

14.5.1 固体废物污染的含义

于 2005 年 4 月 1 日起实施的《中华人民共和国固体废物污染环境防治法》中明确提出：固体废物是指在生产、生活和其他活动中产生的丧失原有利用价值或者虽未丧失利用价值但被抛弃或放弃的固态、半固态和置于容器中的气态的物品、物质以及法律、行政法规规定纳入固体废物管理的物品、物质。由固体废物引起的各种环境介质的污染称固体废物污染。

14.5.2　固体废物污染的类型

从不同的角度，固体废物可以分成不同的类型。按化学性质，可分为有机废物和无机废物；按危害状况，可分为有害废物（指腐蚀、腐败、剧毒、传染、自燃、爆炸、放射性等废物）和一般废物；按其形状可分为固体废物（粉状、粒状、块状）和泥状废物（污泥）；按来源分为矿业固体废物、工业固体废物、城市垃圾、农业固体废物、有害固体废物五类（表14.18）。

固体废物的分类、来源和组成物　　表14.18

分类	来源	主要组成物
矿业废物	矿山选冶厂等	废石、尾矿、金属、废木、砖瓦、灰石、水泥、沙石等
工业废物	冶金、交通、机械、金属结构等工业	金属、矿渣、砂石、模型、芯、陶瓷边角料、涂料、管道、绝热和绝缘材料、胶粘贴剂、废木、塑料、橡胶、烟尘、各种废旧建筑材料等
	煤炭	矿石、木料、金属、煤矸石等
	食品加工	肉类、谷物、果类、蔬菜、烟草
	橡胶、皮革、塑料等工业	橡胶、皮革、塑料、布、线、纤维、染料、金属等
	造纸、木材、印刷等工业	刨花、锯木、碎木、化学药剂、金属填料、塑料填料、塑料等
	石油化工	化学药剂、金属、塑料、橡胶、陶瓷、沥青、油毡、石棉、涂料等
	电器、仪器仪表等工业	金属、玻璃、木材、橡胶、塑料、化学药剂、研磨料、陶瓷、绝缘材料
	纺织服务业	布头、纤维、橡胶、塑料、金属等
	建筑材料	金属、水泥、黏土、陶瓷、石膏、石棉、砂石、纸、纤维等
	电力工业	炉渣、粉煤灰、烟尘
城市垃圾	居民生活	食物垃圾、纸屑、布料、庭院植物修剪物、金属、玻璃、塑料、陶瓷、燃料、灰渣、碎砖瓦、废器具、粪便、杂品等
	商业、机关	管道、碎砌体、沥青及其他建筑材料、废汽车、废电器、废器具，含有易爆、易燃、腐蚀性、放射性的废物，以及类似居民生活栏内的各种废物
	市政维护、管理部门	碎砖瓦、树叶、死禽畜、金属锅炉灰渣、污泥、脏土等
农业废物	农耕	稻草、秸秆、蔬菜、水果、果树枝条、糠秕、落叶、废塑料、人畜粪便、禽粪、农药
	水产	腥臭死禽畜、腐烂鱼、虾、贝壳、水产加工污水、污泥等
有害废物	核工业、核电站、放射性医疗单位、科研单位	金属、含放射性废渣、粉尘、污泥、器具、劳保用品、建筑材料
	其他有关单位	含有易燃、易爆和有毒性、腐蚀性、反应性、传染性的固体废物

来源：贾云．城市生态与环境保护．北京：中国石化出版社，2009．

14.5.3　固体废物污染的特点

固体废物一般具有如下六个特性：①必然性。指在一定时期内，人类在生产和生活中利用自然资源的能力是有限的，难以把所用的资源全部转化为产品，

而丢弃的剩余部分则成为固体废物。其次，产品的使用寿命有限，一旦超过使用寿命就成为固体废物。②分散性。指固体废物常被分散丢弃在各处，其空间分布分散。③无主性。即固体废物被丢弃后，不再属于谁，特别是城市固体废物。④危害性。指固体废物具有危害环境和人体健康的后果，其危害具有潜在性、持久性及不可稀释性。⑤复杂性。指固体废物数量巨大、种类繁多、性质复杂的特性。⑥错位性。在某一个时空领域的团体废物可能在另一个时空领域是可利用的宝贵资源。

14.5.4 城市固体废物污染及相关问题分析

14.5.4.1 城市固体废物收集与利用情况分析

美国《生物循环》杂志每年对全美进行一次城市固体废弃物处理状况年度调查。2002 年，该杂志发表了美国 2000 年九大城市固体废弃物处理状况调查报告（表 14.19）。表 14.22 重要信息之一是反映了九大城市资源垃圾回收与固体废弃物收集已经达到同步，二者之间几乎达到了 1 ∶ 1 的比例。

美国九大城市固体废弃物收集和资源垃圾回收情况 表 14.19

	纽约	洛杉矶	芝加哥	休斯敦	费城	菲尼克斯	圣安东尼奥	圣迭戈	达拉斯
人　口	742	382.3	278.4	186.6	143.2	126.4	114.2	127.7	107.6
家庭总户数（万）	335	122	102.5	39	56.5	46.1	31	45.4	40.2
平均家庭人口（人）	2.2	3.1	2.7	4.8	2.5	2.7	3.8	2.8	2.7
固体废弃物收集户数（万）	355	72	73.5	26	54.7	32.5	28.8	27	23.2
资源垃圾回收户数（万）	355	72	73.5	23.2	53.4	32.5	28.8	27	23.2
享受收集服务户数（%）	100	59	72	59	94	71	93	60	58
公共机构收集量（万吨）	370.2	85.1	87.1	52.6	64.7	57.4	32.6	44.4	49.3
私营公司收集量（万吨）	312.4	267.3	176.2	0	171.9	0	2.2	126.6	46.2
公、私收集总量（万吨）	691.6	352.4	263.3	52.6	236.6	57.4	34.8	171.0	95.5

来源：逄辰生．美国九大城市固体废弃物处理情况调查．节能与环保，2002（9）．

14.5.4.2 城市固体废弃物处置利用存在问题分析

固体废物污染分析除对现状有明确的把握外，还要对存在的问题有明确的认识。张丽君等（2006）对沈阳市固体废物污染存在的问题进行了分析，包括：①固体废物总量继续增长，城镇及农村生活垃圾缺乏有效控制。②历史遗留问题急需解决，以消除对生态环境的隐患。主要是危险废物铬渣已封存多年，占地面积 30 余亩、积存量达 30 多万 t 的铬渣山。③医疗废物处理不规范，不具备消除二恶英的装置。④新生的产品类废弃物如报废汽车、废弃电器、废弃轮胎、废水处理产生的污泥等非传统废弃物急剧增加，现有的技术和手段缺乏有效的应对措施。⑤工业固体废物处置利用尚未形成集约化，技术开发能力较薄弱。陈俊等（2006 年）对上海城市固体废物分类、回收、再利用中的问题进行了总结（表 14.20）。

上海城市固体废弃物分类、回收、再利用中的问题　　　　表 14.20

<table>
<tr><th colspan="2">分类</th><th colspan="2">问题的描述</th><th>原因</th></tr>
<tr><td rowspan="4">回收上游</td><td></td><td>专业知识的缺失</td><td>信息的不对称</td><td></td></tr>
<tr><td>居民</td><td>分类边际模糊（1）</td><td>不知回收渠道（1）</td><td rowspan="3">（3）外部性没有协调各个利益群体</td></tr>
<tr><td>企业</td><td rowspan="2">不知废品的再利用价值（2）</td><td rowspan="2">不知对谁有用（2）</td></tr>
<tr><td>公共场所</td></tr>
<tr><td rowspan="7">渠道</td><td>渠道过长</td><td colspan="2">市环卫部门实行的“街道回收、县级交投、市级分拣”、链长过长，运输成本过高</td><td rowspan="7">对渠道相关单位、人员的从业资质、经营范围没有统一的监控和管理</td></tr>
<tr><td>专业知识的缺失</td><td colspan="2">从事分类回收工作的多为外来打工的“马路游击队”，文化水平低，难以实现科学分类</td></tr>
<tr><td>渠道间的冲突</td><td colspan="2">回收物品的相同，导致恶性竞争，甚至导致道路风险（如在日本，渠道分开管理，互不冲突）</td></tr>
<tr><td>道德风险</td><td colspan="2">趋利的本质，使得“马路游击队”在回收来的废品中，掺水、掺假，严重影响其可再生价值</td></tr>
<tr><td>运输问题</td><td colspan="2">运输设备的局限，分了类的垃圾被放在一起运输，或被简陋运输，影响再生价值</td></tr>
<tr><td>中转问题</td><td colspan="2">“游击队”将马路等公共场所作为中转站影响市容，正规回收企业，面临废品存放成本过高问题</td></tr>
<tr><td>（4）</td><td colspan="2">加工处理的缺失→渠道不回收→上游无意识</td></tr>
<tr><td rowspan="4">废品的去向</td><td></td><td>专业知识的缺失</td><td>信息的不对称</td><td></td></tr>
<tr><td>一般企业</td><td>不知哪类废品可为我所用（5）</td><td>不知谁有这类废品（5）</td><td rowspan="3">（3）外部性没有协调各个利益群体</td></tr>
<tr><td>现存废品加工企业</td><td>（6）是否有更行、更好的工艺或技术</td><td rowspan="2">下游价格如何；渠道资质是否可靠；上游的分类回收是否配合；（5）</td></tr>
<tr><td>缺失的加工企业</td><td>（7）技术、融资手段</td></tr>
</table>

来源：陈俊等．基于信息技术的上海城市固体废弃物资源化流程整合．上海管理科学，2006（1）.

14.5.4.3　城市垃圾场容量分析

城市垃圾填埋场是城市固体废物处理的重要场所，垃圾填埋场容量对城市生态环境质量具有重要的影响。表 14.21 是西宁市 2002 年垃圾场容量的相关数据。

西宁市垃圾场容量及消纳速率情况（2002 年）　　　　表 14.21

垃圾场名称	西杏园	纳家山	火烧沟	沈家沟	刘家沟	合计
建成时间（年）	1991	1988	1981	2000	2000	
投资情况（万元）	450	402.9	250	2995.24	1241.48	5357.62
道路（m）	680	2780	2000	3000	1500	9960
占地面积（m^2）	66700	66700	68944	100000	40000	342344
有效容量（万 m^3）	300	228	300	900	170	1898
现堆容量（万 m^3）	134	182	280	48	16	660
尚余容量（万 m^3）	166	46	20	852	154	1238
消纳速率（万 m^3/a）	12	16	14	24	8	74

来源：李建莹．西宁市城市固体废物污染防治初探．青海环境，2003（4）.

路鹏等（2008）随机抽取了北京4个生活垃圾卫生填埋场进行调查分析。发现各填埋场均存在不同程度的垃圾超量填埋现象（表14.22）。垃圾超量填埋加大了垃圾渗沥液的产生量，也加大了恶臭物质的产生，特别是含硫的强烈恶臭物质。事实上，丙填埋场也是周边居民反映问题最多的处理设施，特别是恶臭气体。

北京市4个生活垃圾填埋场实际日填埋量与设计日填埋量的比较　　表14.22

填埋场	设计值／(t/d)	实际值／(t/d)	实际年填埋量／(10^4t/a)	超量率／%
甲	2000	2700	98.55	35
乙	980	1400	51.10	43
丙	1000	3200	116.80	220
丁	1500	2300	83.95	53

来源：路鹏等．北京市垃圾填埋场的运行现状及发展方向．环境卫生工程，2008（1）．

14.5.4.4 城市危险废物分析

（1）危险废物行业、种类分布分析

危险废物行业、种类分布是城市危险废物分析的重要内容。2002年桂林市危险废物产生量约为14.47万t，产污企业主要来自金属矿采选及加工、化工、医药3个行业，年产生量约占全市总量的99.9%，该市危险废物种类以含铅废物（38.32%）、含锌废物为主（37.01%）。

城市危险废物行业变化趋势也是城市危险废物分析的内容之一。1995年和2003年上海工业危险废物产量前10名的行业见表14.23。

上海市危险废物产生量排行前10名的行业　　表14.23

顺序号	1995年		顺序号	2003年	
	行业	百分比／%		行业	百分比／%
1	化学原料及化学制品制造业	44.04	1	化学原料及化学制品制造业	27.8
2	黑色金属冶炼及压延工业	29.89	2	黑色金属冶炼及压延工业	18.2
3	石油加工及炼焦业	5.62	3	交通运输及设备制造业	12.7
4	纺织业	2.78	4	石油加工及炼焦业	7.3
5	医药制造业	2.12	5	电子及通信设备制造业	6.6
6	电子及通信设备制造业	1.94	6	公共服务行业	4.7
7	金属制造业	1.88	7	医药制造业	4.3
8	交通运输及设备制造业	1.35	8	金属制造业	4.1
9	有色金属冶炼及压延工业	1.31	9	有色金属冶炼及压延工业	3.9
10	非金属矿物制造业	1.08	10	化学纤维制造业	3.9
合计		92.01	合计		92.9

来源：刘常青等．上海市工业危险废物现状调查及管理对策研究．福建师范大学学报（自然科学版），2007（2）．

(2) 危险废物处理处置途径分析

城市危险废物处理处置途径包括市内处理、跨省市处理；持证、无证处理等；上海市工业危险废物处置流向比重见表 14.24。

上海市工业危险废物各处置流向占总处理量百分比（%） **表 14.24**

	综合利用	焚烧	物化处理	填埋	贮存	其他[(1)]	合计
本市处理量	54.86	6.56	18.96	0.73	1.11	0.43	82.56
跨省市处理量	17.27	0.00	0.08	0.00	0.00	0.00[(2)]	17.35
合计	72.13	6.56	19.04	0.73	1.10	0.43	100.00

注：(1) 指危险废物产生单位将危险废物提供给无证单位，且无法说明接收者如何处理或危险废物产生单位将危险废物流失于环境中。(2) 由于保留两位有效数字、四舍五入后为零。

来源：刘常青等．上海市工业危险废物现状调查及管理对策研究．福建师范大学学报（自然科学版），2007 (2)．

14.5.4.5 城市固体废物污染损失分析

固体废物所具有的污染特性，以及综合利用的不彻底，使固体废物污染造成一定的经济损失。对物体废物的污染损失进行测算汇总也是城市固体废物污染分析的重要内容之一。徐忆红等（2001）采用市场价值法、人力资本法、恢复费用法、机会成本法和调查评价法，对包括固体废物污染在内的大连市环境污染经济损失进行了估算（表 14.25）。

大连市 1996 年环境污染经济损失估算结果汇总 **表 14.25**

<table>
<tr><th colspan="2">损失项目</th><th colspan="2">损失币值（万元）</th><th colspan="2">损失比重 (%)</th></tr>
<tr><td rowspan="3">大气污染</td><td>人体健康损失</td><td>15734</td><td rowspan="3">34153</td><td rowspan="3">27</td><td rowspan="3">27</td></tr>
<tr><td>农作物损失</td><td>8053</td></tr>
<tr><td>尘沾污损失</td><td>10366</td></tr>
<tr><td rowspan="4">海域</td><td>养殖损失</td><td>27021</td><td rowspan="4">37184</td><td rowspan="4">30</td><td rowspan="9">62</td></tr>
<tr><td>自然资源损失</td><td>3244</td></tr>
<tr><td>污染事故损失</td><td>767</td></tr>
<tr><td>海滨浴场污染</td><td>6152</td></tr>
<tr><td>水污染</td><td>城市水源污染</td><td>20148</td><td rowspan="3">35501</td><td rowspan="3">28</td></tr>
<tr><td rowspan="2">地下水</td><td>农村水井污染</td><td>8637</td></tr>
<tr><td>市区水井污染</td><td>6716</td></tr>
<tr><td rowspan="2">地表水</td><td>景观损失</td><td>4732</td><td rowspan="2">5017</td><td rowspan="2">4</td></tr>
<tr><td>水库污染损失</td><td>285</td></tr>
<tr><td colspan="2">噪声污染损失</td><td>5336</td><td>5336</td><td>4</td><td>4</td></tr>
<tr><td rowspan="2">固体废物污染</td><td>现存废物</td><td>6680</td><td rowspan="2">8060</td><td rowspan="2">7</td><td rowspan="2">7</td></tr>
<tr><td>航道淤积</td><td>1380</td></tr>
<tr><td colspan="2">合计</td><td colspan="2">125251</td><td colspan="2">100</td></tr>
</table>

来源：徐忆红，闪红光．大连市环境污染经济损失估算．辽宁城乡环境科技，2001 (5)．

14.6 城市环境污染分析之四：城市噪声污染分析

14.6.1 噪声的定义

噪声从广义上说是指一切不需要的声音，也可指振幅和频率杂乱、断续或统计上无规律的声振动。什么声音是不需要的，需有一定的评价标准。就人而言，一种声音是否是噪声由主观评价来确定。评价标准包括烦扰、言语干扰、听力损伤和工作效率降低等。噪声对物理结构和设备的影响可建立在完全客观的基础上。从人居环境的角度说，所有使人厌烦的、不愉快的和不需要的声音（包括音乐）通称为噪声。

14.6.2 噪声的类型

14.6.2.1 交通噪声

交通噪声主要指机动车辆、铁路机车、船舶、航空器等交通运输工具在运行过程中所产生的干扰周围生活环境的声音。交通噪声是现代城市中重要的公害之一。随着城市机动车辆数目增长，交通干线迅速发展，交通噪声日益成为城市的主要噪声类型。

14.6.2.2 工业噪声

工业噪声指机器在运转时产生的噪声。包括机械振动、摩擦撞击及气流扰动等。各类工业使用的机器设备和生产工艺不同，造成的噪声种类和污染程度也就不同。如造纸工业的噪声声级范围为 80 ~ 90dB，铁路交通、建工建材为 80 ~ 115dB 等。

14.6.2.3 建筑施工噪声

建筑施工噪声指建筑施工现场使用动力机械时产生的噪声。建筑施工噪声源是多种多样的，且经常变换。这种噪声具有突发性、冲击性、不连续性等特点，也特别容易引起人们的烦恼。

14.6.2.4 社会生活噪声

社会生活噪声指人为活动产生的除交通噪声、工业噪声、建筑施工噪声之外干扰周围生活环境的声音。主要包括商业、娱乐、体育、游行、庆祝、宣传等社会活动和家用电器和家庭娱乐活动产生的各类噪声。

14.6.3 城市噪声污染分析

14.6.3.1 一般分析

(1) 城市的噪声种类构成及其空间分布

每个城市由于各种原因，噪声种类结构差异较大，如一般城市的交通噪声主要为汽车噪声，而有些规模很大的城市，还有飞机、磁浮、铁路、轻轨和地铁、内河航运噪声等。国内外城市噪声构成也有差异，如英国街道噪声 80% 来自交通噪声，日本东京车辆占都市环境噪声的 45%，上海交通噪声占 35%（李秀仙，1995）。噪声的空间分布也是城市声环境的重要表征。李灿等（2006）

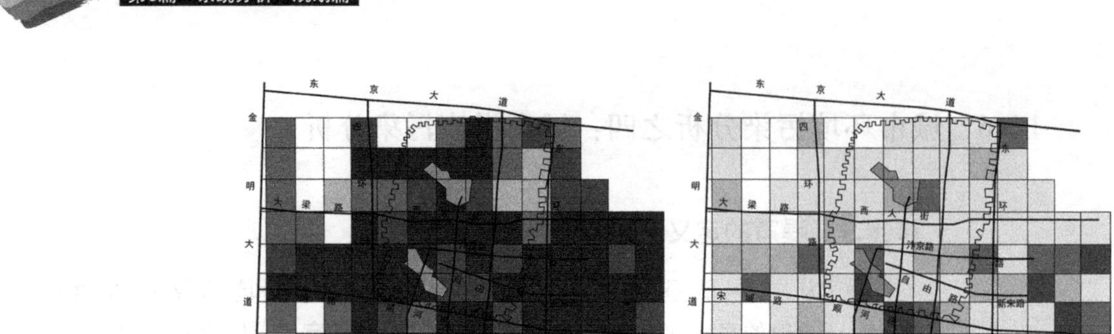

图 14.8 开封市城市区域噪声评价图

来源：李灿，马建华，李仰征．开封城市夏季噪声污染评价及防治．南阳师范学院学报，2006（9）．

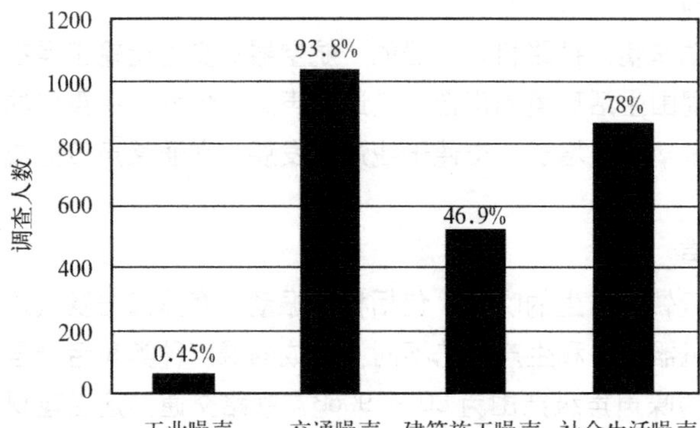

图 14.9 北京城市环境噪声构成调查

来源：柳至和，段传波．城市环境噪声及其治理对策初探．安全，2005（6）．

运用 GIS 软件 Mapinfo 6.0 绘制出开封夏季噪声评价图（图 14.8）。结果表明：开封城区区域噪声污染南部比北部严重，交通噪声分布有城区向城市边缘逐渐恶化的趋势。

（2）城市噪声的构成比例

柳至和等（2005）对北京市所做的调查（问卷）结果表明，构成城市环境噪声主要污染源的是交通噪声和社会生活噪声，而工业噪声污染只占了不到 1%的比例（图 14.9）。沈保红等（2007）分析得出，吉林省城市区域环境噪声的声源结构为生活噪声占 49.75%，交通噪声占 24.83%，工业噪声占 11.67%，施工噪声占 2.81%，其他噪声占 10.93%。生活噪声是影响范围最广的噪声源，其次是交通噪声。陈必群（2006）分析的三明市的噪声构成见表 14.26。

三明市噪声构成 **表 14.26**

噪声源种类	构成百分比（%）				
	1998 年	1999 年	2000 年	2001 年	2002 年
交通噪声	12.5	12.1	11.7	22.5	33.3
工业噪声	3.3	2.0	1.0	4.9	11.4
社会生活噪声	80.4	83.5	85.3	61.8	50.9
施工噪声	1.8	1.6	1.0	6.9	4.4
其　他	2.0	0.8	1.0	3.9	0.0

来源：陈必群．三明市环境噪声现状及控制措施．引进与咨询，2006（6）．

（3）城市不同声环境质量覆盖面积及人口

刘凤喜（1999）给出了大连市区暴露在不同等效声级下的面积和人口分布情况（表14.27）。表14.33表明，市区内受到噪声影响的人口占总人口的比例为57.9%。表14.28为吉林省9个城市的2005年各级声环境质量下覆盖面积及人口统计结果，表14.28表明，2005年吉林省城市中的42.73%面积和43.10%人口受到不同程度的噪声污染。

大连市暴露在不同等效声级下的面积和人口分布状况 表14.27

声级范围(dB)	声级覆盖面积（km^2）	占总网络面积（%）	声级覆盖人口(万人)	占总网络人口(%)
<45	0.00	0.0	0.00	0.0
41 ~ 45	0.75	1.4	0.23	0.2
46 ~ 50	6.25	11.6	18.04	12.1
51 ~ 55	16.75	31.2	44.35	29.9
56 ~ 60	18.50	34.4	50.39	33.9
61 ~ 65	8.75	16.3	25.07	19.9
66 ~ 70	2.25	4.2	8.72	5.9
71 ~ 75	0.50	0.9	1.73	1.2

来源：刘凤喜．大连市城市噪声污染损失货币化研究．辽宁城乡环境科技，1999（1）．

吉林省2005年度城市声环境质量覆盖面积及人口情况 表14.28

声环境质量等级	声级范围dB（A）	覆盖面积（km^2）	覆盖面积比例（%）	覆盖人口（万）	覆盖人口比例（%）
好	≤ 50.00	53.06	26.10	102.65	24.94
较好	50.10 ~ 55.00	63.38	31.17	131.49	31.94
轻度污染	55.10 ~ 60.00	55.63	27.36	119.84	29.11
中度污染	60.10 ~ 65.00	23.25	11.43	42.43	10.30
重度污染	> 65.00	8.01	3.94	15.20	3.69
合计		203.33	100.00	411.61	100.00

来源：沈保红等．吉林省城市声环境质量状况分析．中国卫生工程学，2007（3）．

14.6.3.2 城市人口密度与环境噪声污染的关系分析

研究环境噪声污染状况与区域人口密度之间的关系，对于认识城市声环境具有一定的意义。1970年代中后期，上海市开展了城市噪声调查。对黄浦等10个区，各个区面积分别自$4km^2$到$23km^2$，网格布点数自73点到383点的取样统计结果，均能满足最大偏差1分贝以内的要求。以各个区的实测百分率声级与各区的人口密度进行相关分析，发现：L_{90}（百分率声级的一种）的升高与人口密度的增大具有很好的相关性，相关系数达0.85。这表明，高密度的人口是高噪声污染最基本的因素之一（夏德荣，1984）。

14.6.3.3 城市区域环境噪声与各影响因子的关联度分析

城市区域环境噪声可归纳为交通、工业、施工、生活和其他等5类噪声源，这些因素对城市区域环境噪声的影响作用机制、结构状况皆不是很明显，表现出明显的“灰色”性。徐颂等（2006）运用灰色系统理论对影响佛山市禅城区区域环境噪声变化的因素进行了关联度分析，提取了影响该区区域环境噪声质量的主导因素，同时建立城市区域环境噪声的灰色 GM（1.1）预测模型，对于该市区域环境噪声的管理与控制起到了一定的作用（表 14.29）。

佛山市禅城区区域环境噪声与各影响因子间的灰色关联度　　表 14.29

	道路长度	道路面积	机动车辆总数	机动车辆密度	人口密度	工业总产值	建成区绿化覆盖面积	基建投资	国内生产总值
关联度	0.8960	0.8967	0.8739	0.9661	0.4685	0.8391	0.9522	0.7408	0.9302

来源：徐颂等．运用灰色系统理论对城市环境噪声分析与预测．环境污染治理技术与设备，2006（5）．

由表 14.29 可见，该区区域噪声与各影响因子之间的灰色关联度大小排序为：机动车辆密度＞绿化覆盖面积＞国内生产总值＞道路面积＞道路长度＞机动车辆总数＞工业总产值＞基建投资＞人口密度。这表明，该区区域噪声与机动车辆密度的关联度最大，今后在防治该区区域噪声污染时，首先应考虑控制机动车的密度（机动车的数量），其次应考虑扩大绿化面积，因为植被在降低噪声方面具有不可低估的作用。

14.6.3.4　城市噪声污染导致的损失分析

城市噪声具有负面作用及效应，通过对噪声污染损失进行货币化定量，可以为噪声污染防治措施的经济可行性分析提供依据。噪声污染经济损失估算方法有：损害费用法（DC 法）、意愿型调查评估法（CV）、防护费用法（PC）等。刘凤喜（1999）用 CV 法对大连市城市噪声污染损失货币化的研究结论为：截止到 1996 年年底，大连市城市噪声污染损失为 5336 万元／年，占大连市 1996 年国内生产总值（GDP）的比例为 0.07%。此外，许丽忠等（2006）对大连市舒适声环境价值损失率进行了计算（表 14.30），由表 14.30 可见，噪声级越大，声环境污染的损失率也越大。

大连市舒适声环境价值损失率的确定　　表 14.30

声级 /dB	声环境污染损失率 R	舒适声环境应有的服务价值	舒适声环境价值损失
<40	0	0	0
41 ~ 45	0.01830	0.0015 K	0.00003 K
46 ~ 50	0.04921	0.1215 K	0.00598 K
51 ~ 55	0.12563	0.2986 K	0.03751 K
56 ~ 60	0.28516	0.3393 K	0.09676 K
61 ~ 65	0.52551	0.1688 K	0.08871 K
66 ~ 70	0.75460	0.0587 K	0.04429 K
71 ~ 75	0.89515	0.0116 K	0.01038 K
合计		K	0.28366 K

来源：许丽忠，张江山，王菲凤．城市声环境舒适性服务功能价值分析．环境科学学报，2006（4）．

14.6.3.5　城市居民对环境噪声的群体性反应分析

马蕙等（2008）2006 年 3 ~ 8 月在天津市区以问卷调查方式就居民对环境噪声群体性反应进行了研究。问卷采用了国际噪声组织 ICBEN（International Commission on Biological Effects of Noise）推荐使用的两个标准调查问题，

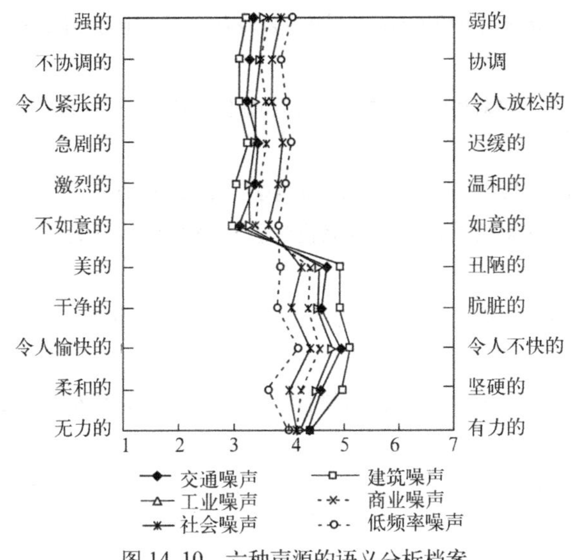

图 14.10　六种声源的语义分析档案

来源：马蕙等．城市居民对环境噪声群体性反应的研究．声学学报，2008（3）．

同时在调查居民区内 18 个测点进行了道路噪声暴露量的测量，基本结论为：①调查对象能清楚地认识到噪声对生活质量的影响，但是对噪声污染的重视程度远不如对空气污染和水污染的重视程度，这与人对声音的耐受性较强、耐受范围较广的特性相对应。②被调查的天津市居民对所处声环境持否定的态度，特别是对工作场所和公共场所的声环境。道路噪声被认为是现在和将来困扰他们的最主要的噪声源（表 14.31）。③与公共空间相对比，天津市居民更看重私密空间的声质量问题，改善住宅内的声环境成为噪声控制首要解决的问题。对于噪声带来的危害，天津市居民更重视噪声带来的对睡眠、工作和社会交往等非听觉性影响，噪声的主观评价也因被干扰活动的重要程度的不同而不同。④天津市居民主要从噪声的强度和外观感受两个维度对噪声源进行评价，调查对象对各种噪声源表现出了普遍的否定态度，对建筑施工噪声尤为反感（图 14.10）。

城市居民如何看待目前和将来的主要噪声源　　表 14.31

噪声源	交通噪声	建筑施工噪声	工业噪声	商业噪声	社会生活噪声	低频率噪声	无明显噪声源
现在 (%)	63.3	24.3	6.4	15.7	26.8	10.2	5.1
将来 (%)	70.2	30.0	10.9	23.1	22.8	11.4	4.7

来源：马蕙等．城市居民对环境噪声群体性反应的研究．声学学报，2008（3）．

第14章参考文献：

[1] Payal Sampat. Groundwater Shock[J]. World Watch，2000（2）.

[2] 程晶．城市化进程中拉美城市环保的经验及教训 [J]. 世界历史，2007（6）.

[3] 郝华．我国城市地下水污染状况与对策研究 [J]. 水利发展研究，2004（3）.

[4] 阚海东．上海市能源方案选择与大气污染的健康危险度评价及其经济分析 [D]. 复旦大学，2003.

[5] 李秀仙．驾驶员职业危害防治 [M]. 北京：北京科学技术出版社，1995.

[6] 刘波，姚红，何炎炎．南通市城市地表水环境质量评价与灰色分析 [J]. 环境科学导刊，2007（6）.

[7] 刘常青，赵由才，张江山，陈文花．上海市工业危险废物现状调查及管理对策研究 [J]. 福建师范大学学报（自然科学版），2007（2）.

[8] 刘凤喜．大连市城市噪声污染损失货币化研究 [J]. 辽宁城乡环境科技，1999（1）.

[9] 刘文国，武勇．城市地下水状况堪忧．瞭望 [J]，2005（42）.

[10] 路鹏，余长康，张劲松．北京市垃圾填埋场的运行现状及发展方向 [J]．环境卫生工程，2008（1）．

[11] 马蕙，籍仙蓉，矢野隆．城市居民对环境噪声群体性反应的研究 [J]．声学学报，2008（3）．

[12] 逄辰生．美国九大城市固体废弃物处理情况调查 [J]．节能与环保，2002（9）．

[13] 蒲向军，徐肇忠．城市可持续发展的环境容量指标及模型建立研究 [J]．武汉大学学报（工学版），2001（6）．

[14] 沈保红，于洋，曾越，于爱敏，范卉，张宇竞．吉林省城市声环境质量状况分析 [J]．中国卫生工程学，2007（3）．

[15] 孙希华，蔡裕民，吕兰．基于 GIS 的青岛市人口环境容量失衡度研究 [J]．山东师范大学学报（自然科学版），2005（3）．

[16] 汪松年．欧洲大城市的水污染治理 [A]．华东七省市水利学会协作组第十五次学术研讨会论文集 [C]，2002.

[17] 王海波．葫芦岛市空气污染空间格局分析 [J]．菏泽学院学报，2006（2）．

[18] 王金，李进华，陈来，周立志．巢湖流域产业结构与水污染程度的关系研究——基于灰色关联分析法 [J]．资源开发与市场，2009（7）．

[19] 吴琼，李宏卿，王如松，李绪谦．长春市地下水污染及其调控 [J]．城市环境与城市生态，2003（增刊）．

[20] 夏德荣．城市人口密度与环境噪声污染 [J]．上海环境科学，1984（3）．

[21] 徐颂，陈同庆．运用灰色系统理论对城市环境噪声分析与预测 [J]．环境污染治理技术与设备，2006（5）．

[22] 许丽忠，张江山，王菲凤．城市声环境舒适性服务功能价值分析 [J]．环境科学学报，2006（4）．

[23] 严以新，蒋小欣，阮晓红，李轶，赵振华，倪利晓，张瑛．平原河网区城市水污染特征及控制对策研究 [J]．水资源保护，2008（5）．

[24] 杨永春，渠涛．兰州城市环境污染效应研究 [J]．干旱区资源与环境，2006（3）．

[25] 杨志恒，杨波．区域环境容量估算方法初步研究 [J]．山东师范大学学报（自然科学版），2003（2）．

[26] 姚从容，陈魁．城市环境空气质量变化规律及污染特征分析 [J]．干旱区资源与环境，2007（5）．

[27] 张菊，陈振楼，许世远，姚春霞，刘伟，邓焕广．上海城市街道灰尘重金属铅污染现状及评价 [J]．环境科学，2006（3）．

[28] 张丽君，郝明家，赵玉强，薛冰，乔卓．沈阳市“十一五”固体废物污染防治 [J]．环境保护科学，2006（2）．

本章小结

城市环境分析是认识城市环境系统运行轨迹及与城市人类活动相互作用特征的必要步骤。城市环境分析包括：城市环境容量分析、城市大气污染分析、城市水污染分析、固体废物污染分析、城市噪声污染分析等。

城市环境容量分析可将环境容量的“可能度”与“合理度”的概念，作为一种分析框架。城市大气污染分析包括：城市大气污染空间格局分析、城市环境空气质量变化规律及污染特征分析、城市大气污染对人健康的影响及带来的损失分析、城市大气污染对市民社会生活影响分析等内容。城市水污染分析包括：城市地面水污染分析和城市地下水污染分析。城市地面水污染分析包括：人口、产业等因素对地面水质的影响、水环境质量与相关因素的关联度分析等。城市地下水污染分析包括：地下水污染源、污染途径及危害分析、地下水污染的相关因素分析等。城市固体废物污染分析包括：固体废物收集与利用情况分析、固体废弃物处置利用存在问题分析、垃圾场容量分析、危险废物分析、固体废物污染损失分析等。城市噪声污染分析包括：噪声种类构成及其空间分布、噪声的构成比例、声环境质量覆盖面积及人口、人口密度与环境噪声污染的关系分析、区域环境噪声与各影响因子的关联度分析、噪声污染导致的损失分析、居民对环境噪声的群体性反应分析等。

复习思考题

1. 城市环境的组成和特征如何表达？为什么要进行城市环境分析？

2. 城市环境分析的内容与方法是什么？

3. 除了本章论述的内容以外，你认为城市环境分析还可以从哪些方面和角度进行？

第15章　城市环境规划

本章介绍了城市环境规划的类型、内容与编制程序。从大气、水、固体废物、噪声污染控制四个方面探讨了城市环境规划的内容与规划程序，并重点论述了城市规划建设过程中改善城市大气环境和水环境、治理固体废物污染、改善城市声环境的若干途径。

15.1　城市环境规划概述

15.1.1　城市环境规划的概念与类型

环境规划是对不同地域、不同空间尺度的环境进行保护，并对未来行动进行规范化的系统筹划，为有效地实行预期环境目标的一种综合性手段。城市环境规划是环境规划的类型之一。城市环境规划的目的是调控城市中人类自身活动，减少污染，防治资源被破坏，保护城市居民生活和工作、经济和社会持续稳定发展所依赖的基础——城市生态环境，促进环境与经济、社会的可持续发展。

按照环境要素，城市环境规划可以分成大气污染控制规划、水污染控制规划、固体废物污染控制规划和噪声污染控制规划。在特定的情况下，土壤污染控制规划、光污染控制规划等也会作为城市环境规划的内容之一。

15.1.2 城市环境规划内容与编制程序

15.1.2.1 城市环境规划的内容

城市环境规划是一个复杂的系统工程，涉及范围广，数据需求量大。通常，城市环境规划的内容可由表15.1所示。

城市环境规划内容 表15.1

项目			内容
1	城市开发规划概要	工业规划	工程、投产时间、主要产品品种和年产量
		自然环境改变	挖掘、填筑、整理、采伐等引起的形状、面积和土方量变化
		人口变化	组成、分布等变化（年别、地区别）
2	城市环境功能区	环境功能分区	环境区划、功能分区，如水环境功能分区，声学环境功能分区等
		指标体系	环境污染指标，社会经济环境指标及环境建设指标等
		环境目标及可达性分析	各功能区的环境目标和环境总目标，以及它们之间的关系和可达性分析
3	水资源利用及环境综合整治规划	用水规划	总体用水规划，水的收支、分配和主要取水源等
			工业用水：工业用水量预测、水资源的平衡、供水来源等
			生活用水：用水预测，供水量及来源
			农业用水：用水量、配水规划等
		水资源保护规划	发生源变化预测、水质污染预测、水文变化预测，发生源控制规划、地面水保护规划、地下水保护规划
		水面利用规划	渔业、其他水生生物的养殖等
		污染负荷预测	全市及各个功能水域污染物的最大允许排放量、负荷量及削减量
		环境综合整治规划	提出环境综合整治方案、措施及实施细节
4	大气污染综合防治规划	环境质量预测	气象条件，主要污染物的浓度分布，大气质量预测
		污染负荷预测	全市及各个功能区污染物的最大允许排放量、负荷量及削减量
		污染防治规划	大气污染综合防治措施（包括环境目标、工程及管理措施），污染综合整治方案
5	固体废物管理规划	固体废物预测	增长预测及环境影响预测
		固体废物规划	制度综合管理及处置规划，提出综合整治对策
6	噪声整治规划及其他	噪声污染预测及防治	噪声环境影响预测，确定城市各个功能区噪声标准，制度综合整治规划
		化学品污染防治规划	化学品增长及环境影响预测及环境管理措施

续表

项目			内容
7	工业污染源控制规划	工业污染源环境影响预测	骨干工业：生产工艺、生产技术水平、能源、资源消耗预测、单位产品或单位产值的排污量增长趋势
			中、小工业按行业调查分析及其经济效果与环境效果，预测其对环境的影响和对经济发展的作用
		分区控制规划	工业结构优化、布局调整规划
8	土地利用规划	总体规划	城市总体布局，土地总体利用规划
		工业区划	各专门工业区、工业区和准工业区面积和人口
		居住区和商业区	各等级居住区、邻近商业和商业区的面积和人口
		农业、林业和畜牧业等区划	面积、位置、人口、户数和生产品种等规划概要
		其他	临河、海等城市的特殊区划，如港口、码头规划
9	城市能源规划	能源利用规划	能源消费预测、节能规划、能源构成
		能源环境影响预测	能源大气污染预测、热污染预测
		能源环境管理规划	能源政策，分配规划，控制能源产生污染的措施规划
10	城市交通规划	交通发展规划	城市道路、城市车辆类型、数量的发展规划及其环境影响，铁路、公路、航空、水运规划及其环境影响
		其他	改善环境的措施、交通环境设计
11	城郊环境规划		城郊生态环境特征及城乡关系分析
			乡镇企业发展及环境影响预测
			乡镇企业污染综合整治对策
			城郊农业环境保护及生态农业系统规划
12	绿化和生态调节区、特殊保护区规划		树种选择、郊区森林及城市各种绿地的规划
			绿地指标城市周围建立自然保护区、生态调节区的规划
			特殊保护区（文物、古迹等）的规划
			旅游规划

来源：郭怀成等．环境规划学．北京：高等教育出版社，2001.

15.1.2.2　城市环境规划的编制程序

城市环境规划的编制过程可概括为：通过对城市环境系统的现状调查与评价，确定该城市的主要环境问题和污染状态；通过环境预测和环境功能区划，确定该城市的环境规划目标以及污染物总量控制目标，进而提出污染物的最大容许排放量和削减量。城市环境规划对整个城市的环境质量、行业发展结构和投资状况具有较大的影响；与城市土地利用规划、能源规划和交通规划等形成反馈关系，具体编制程序可参见图 15.1。

15.1.3　城市环境规划的步骤

15.1.3.1　城市环境现状调查

在明确规划的对象、目的以及范围的前提下，进行环境现状调查和评价，具体内容见表 15.2。

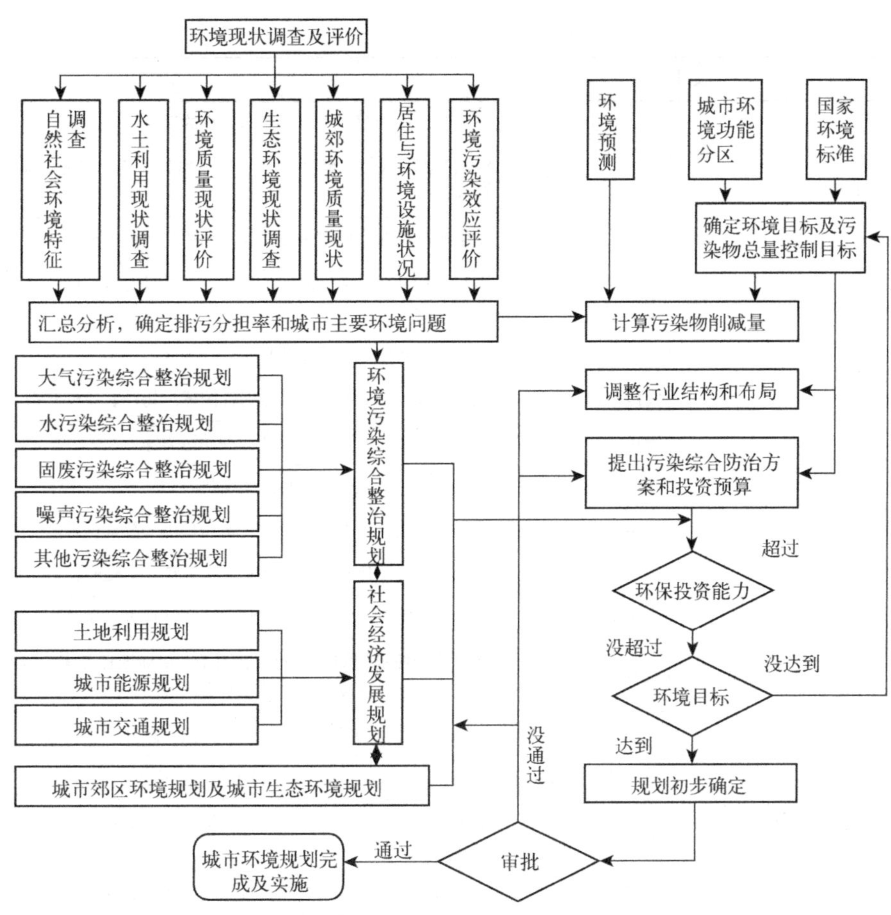

图 15.1 城市环境规划编制程序

来源：郭怀成等．环境规划学．北京：高等教育出版社，2001．

城市环境规划中的现状调查和评价内容 **表 15.2**

项目				内容
1	城市自然概况	区域范围		规划区域范围、环境影响所及区域的确定
		自然条件	地质	地形和地质状况
			水文	城市水系分布、水文状况，如河流、丰平枯水量等，水库或湖泊，水量、水位等；海湾，潮流、潮汐和扩散系数等，地下水，地下水位、流向等
			气象	平均气温、降水量、最大风速、风频、风向和日照时间等
			其他	台风、地震等特殊自然现象、放射能
		社会条件	人口	人口数量、组成、分布，流动人口等
			产业	产业构成、布局、产品和产量，从业人口
				农业，农业户数、农田面积、作物种类、产品产量和施肥状况等
				渔业，渔业人口、产品种类、产量等
				畜牧业，畜牧业人口、牲畜种类和存栏数、产品率，牧场面积等
2	土地和水系利用状况	土地		土地利用状况，有关土地利用的规定
		水系		河流、湖泊、水库水面的利用，港湾、渔港区域状况
		水利		水利设施、供水、产业用水等

续表

项目				内容
3	环境质量状况	大气	污染源	固定源、移动源、主要大气污染物的发生量（估算）
			质量现状	SO_2、NO_2、CO、飘尘、HF、H_2S 和 HCl 等的含量，飘尘中重金属、苯并（a）芘的含量
			气象条件	发生源、风向、风速等及其与污染浓度相关关系
		水体	污染状况	BOD、COD 等的含量，河流、湖泊透明度等，特殊有机污染物、重金属污染物的含量
			其他	发生源、水化学条件及其与污染物浓度的关系
		固体废物		城市垃圾、工业废弃物、放射性固体废物，农业废弃物
		噪声		噪声源分布、噪声污染程度、振动污染等
		热污染等		余热利用、废热排放、热污染现状
		化学品登记		运入、使用、生产、排放的化学品种类、数量、毒性、处置及去向
		其他污染		交通、工业、建筑施工等恶臭；放射性、电磁波辐射，地面沉降等
4	生态环境特征调查与生态登记	区域生态		植物、动物概况，生态系统状况、植被覆盖面积等
		编制生态因子		选择编制环境规划所需的生态因子，如绿地覆盖率、气象因子、人口密度、经济密度、建筑密度、交通量和水资源等
		自然环境价值评价		自然环境对象的学术价值、风景价值、野外娱乐价值等
5	城郊环境质量现状	城郊环境污染状况		“三废”产生量、治理量、排放量、污灌水质、面积
		土壤现状调查		土壤种类、分布，K、N、P 等营养元素和 Cd、Pb、Hg 等重金属含量，含水率等
6	居民生活状况	保健		总人口、死亡率、出生率、自然增长率和妇幼保健等
		食品		食品摄取状况，农产品和水产品中 Hg、Pb、Cd 等的检出水平与一般值比较，食品添加剂的状况等
7	与环境有关的市政设施状况			城市排水系统分布结构，公园及其他环境卫生设施分布情况等
8	环境污染效应调查			环境污染经济损失调查

来源：郭怀成等．环境规划学．北京：高等教育出版社，2001．

15.1.3.2 确定城市环境规划的目标和指标体系

制定恰当的环境目标是制定城市环境规划的关键之一，环境规划目标是城市环境战略的具体体现，是进行城市环境建设和管理的基本出发点和归宿。城市环境规划目标是通过环境指标体系表征的，而环境指标体系是一定时空范围内所有环境因素构成的环境系统的整体反映。环境规划目标包括环境质量目标和环境污染总量控制目标等。为了保证城市环境规划目标的实现，还有必要对其进行可行性分析，包括：环境保护投资分析，技术力量分析，污染负荷削减能力分析等。

城市环境规划指标是描述和表征城市环境规划内容的总体数量和质量的特征值的集合。按照其表征对象、作用以及在环境规划中的重要性或相关性来划分，主要由环境质量指标、污染物总量控制指标、环境规划措施与环境管理指标等组成（表 15.3）。

环境规划指标类别与内容　　　　表 15.3

指标类别与内容	应用范围				要求
	省域	城市	部门行业	流域	
一、环境质量指标					
1. 大气					
大气 TM_{10} 浓度（年日均值）或达到大气环境质量的等级		0[①]			0
SO_2（年日均值）或达到大气环境质量的等级		0			0
NO_x（年日均值）或达到大气环境质量的等级		0			选择[②]
降尘（年日均值）		0			选择
酸雨频度与平均 pH 值	0	0			选择
2. 水环境					
饮用水源水质达标率：饮用水源数		0			0
地表水达到地表水水质标准的类别或 COD 浓度	0	0	0		0
地下水矿化度、总硬度、COD、硝酸盐氮、亚硝酸盐氮浓度		0			选择
海水达到近海海域水质标准类别或 COD、石油、氨氮、磷浓度	0	0		0	选择
3. 噪声					
区域噪声平均值和达标率		0			0
城市交通干线噪声平均声级和达标率		0			0
二、污染物总量控制指标					
1. 大气污染物宏观总量控制					
大气污染物（SO_2、烟尘、工业粉尘、NO_x）总排放量；燃烧废气总排放量、消烟除尘量；工艺废气排放量、消烟除尘量；工艺废气排放、处理量；工业废气处理量、处理率；新增废气处理能力	0	0	0		0
大气污染物（SO_2、烟尘、工业粉尘、NO_x）去除量（回收量）和去除率（回收率）	0	0			0（NO_x 选择）
1t/h 以上锅炉数量、达标量、达标率；窑炉数	0	0	0		选择
汽车数量、耗油量、NO_x 排放量		0			选择
2. 水污染物宏观总量控制					
工业用水量和工业用水重复利用率，新鲜水用量	0	0	0	0	0
废水排放总量；工业废水总量、外排放；生活污水总量	0	0	0	0	0
工业废水处理量、处理率、达标率、处理回用量和回用率，外排工业污水达标量、达标率		0	0	0	选择
新增工业废水处理能力		0	0	0	选择
万元产值工业废水排放量	0	0	0	0	0
废水中污染物（COD、BOD、重金属）的产生量、排放量、去除量	0	0	0	0	0
3. 工业固体废物宏观控制					
工业固体废物（冶炼渣、粉煤灰、炉渣、煤矸石、化工渣、尾矿、其他）生产量、处置率、堆存量，累计占地面积，占耕地面积	0	0	0		0
工业固体废物（冶炼渣、粉煤灰、炉渣、煤矸石、化工渣、尾矿、其他）综合利用量、综合利用率；产品利用量、产值、利润；非产品利用量	0	0	0		0
有害废物产生量、处置量、处置率	0	0	0		选择
4. 乡镇环境保护规划					
乡镇工业大气污染物排放（产生）量、治理量、治理率、排放达标率	0	0			选择
水污染物排放（产生）量、削减量、治理量、治理率、排放达标率	0	0			选择

续表

指标类别与内容	应用范围				要求
	省域	城市	部门行业	流域	
固体废物产生量、综合利用量、排放量	0	0			选择
三、环境规划措施与管理指标					
1. 城市环境综合整治					
燃料气化：建成区居民户数、使用气体燃料户数、城市气化率		0			0
型煤：城市民用煤量、民用型煤普及率		0			选择
集中供热：采暖建筑面积，集中供热面积，热化率，热电联产供热量		0			选择
烟尘控制区：建成区总面积，烟尘控制区面积及覆盖率		0			0
汽车尾气达标率		0			0
城市污水量、处理量、处理率、处理厂数及能力（一、二级）和处理量；氧化塘数、处理能力及处理量；污水排海量、土地处理量		0			0
地下水位、水位下降面积、区域水位降深；地面下沉面积、下沉量		0			0
工业固体废物集中处理厂数、能力、处理量	0			0	0
生活垃圾无害化处理量、处理率；机械化清运量、清运率；建成区人口、绿色面积、覆盖率；人均绿地面积		0			0
2. 乡镇环境污染控制					
污染严重的乡镇企业数，关、停、并、转、迁数目	0	0			选择
污灌水质	0	0			选择
3. 水域环境保护					
功能区：工业废水、生活污水、COD、氮氧纳入水量（湖泊加总磷、总氮纳入量）	0	0		0	0
监测断面：COD、BOD、DO、氨氮浓度或达到地表水水质标准类别（湖泊取COD值、氮、磷浓度）	0	0		0	0
海洋功能区划：工业废水和生活污水入海通量	0				选择
4. 重点污染源治理					
污染物处理量、削减量；工程建设年限、投资预算及来源	0	0	0		0
5. 自然保护区建设与管理					
重点保护的濒危动植物物种和保存繁育基地数目、名称	0				0
自然保护区类型、数量、面积、占国土面积百分比、新辟建的自然保护区	0				0
6. 投资					
环境保护投资总额占国民收入的百分比	0	0	0		0
环境保护投资占基本建设和技改资金的比例	0	0	0		0
四、相关指标					
1. 经济					
国内生产总值：工、农业生产总值及年增长率；部门工业产值	0	0			选择
工业密度：单位占地面积企业数、产值	0	0			选择
2. 社会					
人口总量与自然增长率、分布、城市人口	0	0			选择
3. 生态					
森林覆盖率、人均森林资源量、造林面积	0	0			选择
草原面积、产量（kg/hm^2）、载畜量、人工草场面积	0	0			选择

续表

指标类别与内容	应用范围				要求
	省域	城市	部门行业	流域	
耕地保有量、人均量；污灌面积；农药化肥污染土壤面积	0	0			选择
水资源：水资源总量、调控量、水资源面积、水利工程、地下水开采	0	0			选择
水土流失面积、治理面积、减少流失量	0	0			选择
土地沙化面积、沙化控制面积	0				选择
土地盐渍化面积、改良复垦面积					选择
农村能源、生物能源占能源的比重，薪柴林建设					选择
生态农业试点数量及类型					选择

注：省内城市按城市要求，城市内行业按行业要求。
① 0：指环境规划中一般必须考虑的指标；
② 选择：指根据城市环境规划、功能区类型不同有选择地应用。
来源：尚金城等．城市环境规划．北京：高等教育出版社，2008．

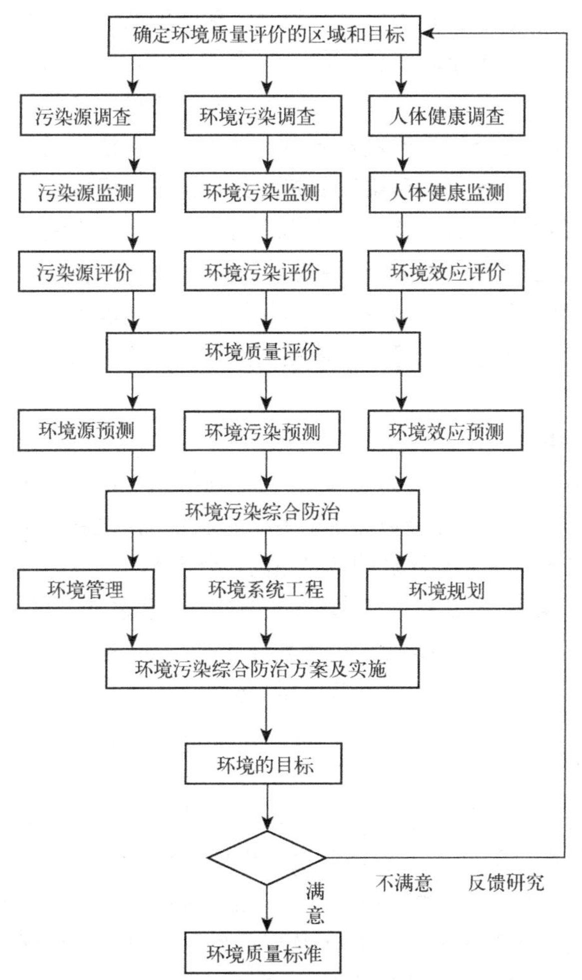

图 15.2 环境质量评价的基本程序
来源：宫福强．基于 GIS 技术的阜新市环境质量评价与研究 [D]．辽宁工程技术大学，2005．

15.1.3.3 城市环境质量评价和预测

环境质量评价指根据环境（包括污染源）调查与监测资料，应用各种评价方法对一个地区的环境质量做出评定。通过评价可以了解环境的特征、环境的调节能力和承载能力，并找出环境中存在的主要问题，确定主要的污染物和污染源及其发生原因、地域分布。按环境要素，可分为单要素评价、联合评价和综合评价三种类型。其中，联合评价是对两个以上环境要素联合进行评价。例如地面水与地下水的联合评价；土壤与作物的联合评价等。联合评价可以反映污染物在当地各环境要素间的迁移、转化特征，反映环境要素质量的相互关系。综合评价是整体环境的质量评价，通过综合评价可以从整体上全面反映一个地区的环境质量状况。

环境质量评价基本包括三方面的工作，即环境调查、环境监测和环境评价。环境评价的过程中要对评价参数进行选择、确定评价标准、确定评价参数的权系数，建立评价的数学模式，对环境质量进行分级，做出评价结论等（图 15.2）。

环境质量评价应注意如下问题：①评价参数要选择涉及范围广、可控制，且对评价对象的质量有决定性影响者，参数选

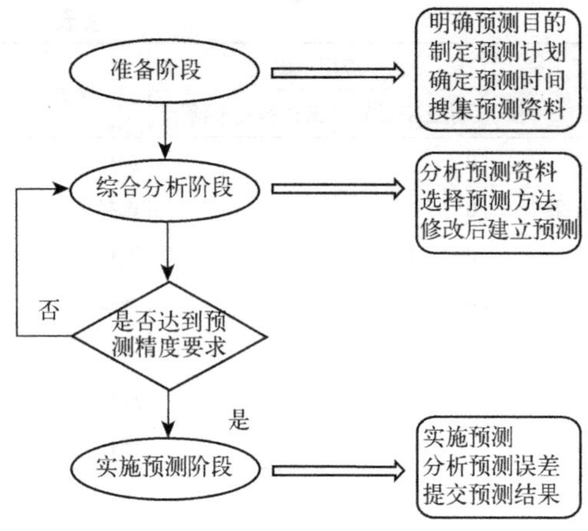

图 15.3 环境预测的一般程序
来源：张承中．环境规划与管理．北京：高等教育出版社，2007.

择宜从简，以能基本表征评价对象为原则；②评价标准应以国家颁布的有关标准为首选标准，标准的选择既要考虑统一性、可行性，也要注意反映具体实际情况；③评价应有整体观念，注意多因素相互的影响和作用，以及评价区域各个时期的演变趋势。为控制污染和环境治理找出重点，并为环境规划提供依据；④要将污染源与环境效应结合起来进行综合评价，为城市环境功能区合理划分、城市建设和产业布局提供依据。

环境预测是根据人类过去和现在掌握的信息，运用各种方法对未来的环境状况和环境发展趋势及其主要污染物和主要污染源的动态变化进行的描述和分析。从类型上，环境预测可分为：警告型预测、目标导向型预测、规划协调型预测。环境预测的主要内容包括：城市社会和经济发展预测、城市环境容量和资源预测、环境污染预测、环境治理和投资预测、生态环境预测等。需要指出的是，有必要对环境预测结果进行综合分析，目的是找出主要环境问题及原因，具体内容包括：城市资源态势和经济发展趋势分析，城市环境污染发展趋势分析，城市环境风险分析。其中，环境风险有两种类型。其一指重大的环境问题，如全球气候变化等导致的区域性危害；其二指偶然的事故对环境或人群安全和健康的危害。对环境风险的预测和评价，有助于采取针对性的环境保护措施。环境预测的方法包括定性预测、定量预测及模拟预测等，环境预测的程序一般包括三个阶段（图 15.3）。

15.1.3.4 城市环境功能区划

环境功能区划又称环境区划（environmental zoning），是根据特定区域环境系统的结构特征及其空间分异规律，结合自然生态系统和社会经济发展的实际条件，按照一定的准则和指标体系将该区域的环境空间划分为若干不同的地域单元的一项综合性的环境分类活动。它可为多种环境规划工作提供基本依据。环境区划的基本准则包括：区域在自然地理上的空间差异性、人类生态系统的稳定度、经济与科技文化的发展水平和现有的行政区域划分等。

环境功能区划的空间层次及工作程序包括：首先，进行区域的自然及社会环境现状调查，分析评价它们对人类生态系统的影响，根据区域气象和气候条件，按相关指标划分不同的环境地带和环境区；其次，根据不同地区的自然条件，按地形高度、降水量、径流深度、土壤风化程度和地面水的 pH 值等指标，将它们划分为不同的环境亚区；最后，按工农业生产、土地利用、环境污染、行政管辖范围等社会经济及环境条件，将环境亚区再细分为不同的环境小区。城市环境功能区划的类型可以按范围、内容进行分类（表 15.4）。

城市环境功能区划的类型划分　　表 15.4

分类		内容	
按范围划分		工业区、居民区、商业区、交通枢纽区、风景旅游或文化娱乐区、历史纪念地、水源区、卫星城、农副产品基地、污灌基地、垃圾处理地、绿化区或绿色隔离带、文教区、新经济开发区、旅游度假区等	
按内容划分	综合环境功能区划	重点环境保护区、一般环境保护区、污染控制区、重点污染治理区等	
	部门环境功能区划	大气环境功能区划	分工业区、商业区、居民区、文化区、交通稠密区和清洁区
		地表水域环境功能区划	分源头水、国家自然保护区、水源地保护区、鱼类保护区、一般工业用水区、农业用水区、一般景观水域
		噪声功能区划	分特殊住宅区、居民、文教区，一类混合区、二类混合区、商业中心区、工业集中区、交通干线两侧

来源：根据“尚金城等．城市环境规划．北京：高等教育出版社，2008”整理。

环境功能区划的程序与规划地域的特性及规划重点有一定的关联。上海市宝山区环境功能区划程序包括现状评价、问题分析、功能区划、建设指引等几个主要阶段，该区环境功能区划方案见表 15.5。

宝山区环境功能区划方案　　表 15.5

保护程度类别	功能区类型	具体范围
重点保护区	水源保护区	长江水源保护区：陈行水库、宝钢水库、青草沙水源地
	生态旅游度假区	横沙岛
	生态农业区	长兴岛北部农业区
	生态林地	大型生态绿地、林地
一般保护区	居民商业交通混合区	宝山中心城区、新城区以及罗店、月浦、罗泾、长兴、横沙的居住商业混合区
	教育科技区	上海大学城地区
	综合开发区	一般农业用地及综合开发区
污染控制区	市级工业区	宝钢工业区、宝山城市工业园区、宝山工业园区、长兴岛造船基地
	区级工业园	月杨工业园区、罗店工业园区、顾村工业园区
重点治理区	污染重点治理区	吴淞工业区、罗店化工集聚区、大场木材肉类加工集聚区
缓冲带	绿化带或绿地	工业区及乡镇周边绿化隔离带

来源：郁俊．上海城郊快速城市化过程中的环境功能区划研究——以宝山区为例［D］．华东师范大学，2005．

15.1.3.5　城市环境规划方案的生成和优化

城市环境规划方案的生成是在前期的调研、评价、预测与主要环境问题辨析的基础上，进行环境保护规划方案的开发设计及环境发展战略和主要任务制定等过程。环境规划方案开发设计是对城市区域环境保护和建设的目标、重点、对策与实施步骤作出规划；而环境发展战略和主要任务的制定，则是从整体上提出环境保护方向、主要任务和步骤，制定环境规划的措施和对策，如环境污染综合防治措施、生态环境保护措施、自然资源的合理利用与保护措施、生产布局调整措施、土地规划措施、城乡建设规划措施、环境管理措施等。

城市环境规划方案的优化一般步骤包括：分析、评价现存和潜在的环境问题，寻求解决的方法和途径，研究为实现环境目标而采取的措施的有效性；对所有拟定的环境规划方案进行经济、环境、社会、生态效益分析；分析、比较和论证各种规划方案，通过优化模型及计算，选出最佳方案；概算实施环境规划所需的投资总额，确定投资方向、重点、构成与期限，评估投资效果等。

15.2　城市大气环境规划

15.2.1　城市大气环境规划内容与规划程序

城市大气环境规划一般包括如下内容：①大气污染源分析与评价；②确定大气环境规划的目标和指标，包括总目标和阶段目标；③大气环境容量分析；④城市大气污染物排放预测；⑤大气污染控制方案优化。

城市大气环境规划程序如图 15.4 所示。

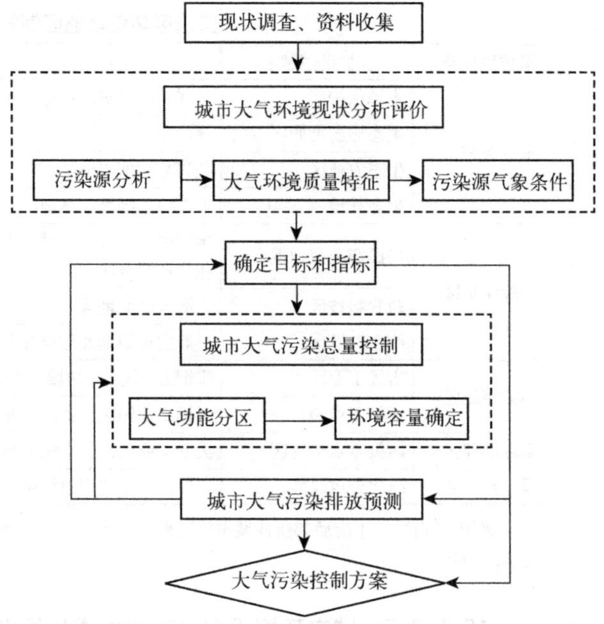

图 15.4　城市大气环境规划程序

来源：杨志峰，徐琳瑜．城市生态规划学．北京：北京师范大学出版社，2008．

15.2.2　城市规划建设过程中改善大气环境的若干举措

15.2.2.1　根据大气污染系数进行城市规划布局

空气质量受气象因素制约和影响，不同方位的等量污染物排放源对空气环境的影响有所不同，所造成的空气污染浓度也有差异。因此，在城市规划、空气质量评估时，必须将风向、风频和风速三者联系起来考虑，可根据当地污染

系数的分布特点进行城市规划，以减少污染，保护环境。刘焕彬等（2005）计算了山东省 17 个城市的 4 个方位的污染系数。将最大值和最小值称为最大污染系数和最小污染系数，其所在象限的方位为最大污染方位和最小污染方位，统计结果见表 15.6。

污染系数四方位滑动平均统计结果　　　　**表 15.6**

城市	平均污染系数（所在方位）			
	A	B	C	D
济南	0.4600（S−WSW）	0.4150（N−ENE）	0.3600（E−SSE）	0.2800（W−NNW）
青岛	0.4650（SE−SSW）	0.3075（NW−NNE）	0.1375（SW−WNW）	0.1200（NE−ESE）
枣庄	0.9650（NE−ESE）	0.5250（SW−WNW）	0.4625（SE−SSW）	0.3850（NW−NNE）
淄博	0.5250（SSW−W）	0.4950（ESE−S）	0.4400（NNE−E）	0.4000（WNW−N）
威海	0.3200（SSE−SW）	0.2950（NNW−NE）	0.2775（WSW−NW）	0.2150（ENE−SE）
潍坊	0.5225（ESE−S）	0.3250（WNW−N）	0.3050（SSW−W）	0.2700（NNE−E）
济宁	0.5675（ESE−S）	0.3775（WNW−N）	0.3650（NNE−E）	0.3250（SSW−W）
临沂	0.5650（N−ENE）	0.5100（E−SSE）	0.4600（S−WSW）	0.3150（W−NNW）
泰安	0.6475（NE−ESE）	0.4775（SW−WNW）	0.3500（SE−SSW）	0.2300（NW−NNE）
日照	0.3725（WSW−NW）	0.3575（NNW−NE）	0.3025（ENE−SE）	0.2900（SSE−SW）
滨州	0.5550（SE−SSW）	0.5100（NE−ESE）	0.4450（SW−WNW）	0.3375（NW−NNE）
德州	0.5400（S−WSW）	0.4650（E−SSE）	0.4000（N−ENE）	0.2725（W−NNW）
聊城	0.8950（SE−SSW）	0.5900（NW−NNE）	0.5525（NE−ESE）	0.4025（SW−WNW）
菏泽	0.7750（SSE−SW）	0.5950（NNW−NE）	0.5325（ENE−SE）	0.3725（WSW−NW）
莱芜	0.7625（ESE−S）	0.6200（NNE−E）	0.4900（SSW−W）	0.4625（WNW−N）
东营	0.4000（E−SSE）	0.3775（S−WSW）	0.3100（W−NNW）	0.2375（N−ENE）
烟台	0.5625（SE−SSW）	0.3350（NW−NNE）	0.2900（SW−WNW）	0.1775（NE−ESE）

来源：刘焕彬，王恒明．山东省大气污染系数分布及其在城市规划中的应用．山东气象，2005（2）．

表 15.6 分析：① A 栏为最大污染方位与最大污染系数。17 城市最大污染系数为 0.32 ~ 0.965。威海、日照、东营的稀释能力较强，标准源的平均浓度不到标准状态的一半，这表现为当地的平均风速大。平原地区的聊城、菏泽和山区的枣庄、莱芜的稀释能力较弱，标准源的平均浓度大都等于或大于标准状态的 3/4。② D 栏为最小污染方位与最小污染系数。17 城市的最小污染系数为 0.12 ~ 0.4625，胶东半岛最小污染系数较小，南部山区最小污染系数较大。

由表 15.6 可见，对济南市来说，W−NNW 方位的象限内，平均污染系数最小，若将排放源（工业区）布置于该象限内，则对济南市的大气污染最轻；其次是 E−SSE 方位（东南方位）。至于生活区、文化区等应尽量布置于东南方位，其余象限可留作他用。依据污染系数确定的山东各城市工业区方位见表 15.7。

山东省城市工业区布局方位 表 15.7

城市	工业区方位	城市	工业区方位	城市	工业区方位
济南	西－西北偏北	济宁	西南偏南－西	聊城	西南－西北偏北
青岛	东北－东南偏东	临沂	西－西北偏北	菏泽	西南偏西－西北
枣庄	西北－东北偏北	泰安	西北－东北偏北	莱芜	西北偏西－北
淄博	西北偏西－北	日照	东南偏南－西南	东营	北－东北偏东
威海	东北偏东－东南	滨州	西北－东北偏北	烟台	东北－东南偏东
潍坊	东北偏北－东	德州	西－西北偏北		

来源：刘焕彬，王恒明．山东省大气污染系数分布及其在城市规划中的应用．山东气象，2005(2)．

15.2.2.2 调整城市结构与形态，改善城市大气环境质量

汪光焘等（2005）的研究指出：过去，佛山市的空间拓展是通过轴线扩散和多极发展两种形式实现的。就环境影响而言，后一种形式相对好一些。《佛山市城镇体系规划纲要（2003—2020年）》确定：佛山不采用“轴线式结构”，而采用“点阵式结构”，目的是强化中心城市的相对完整性，保持外围城镇之间的相对独立性（通过一定宽度的分隔带）。就大气环境而言，点阵式城镇体系结构下的城市热岛强度较弱，小风区范围和污染物排放影响范围较小，因而整体大气环境相对要好（图15.5）。

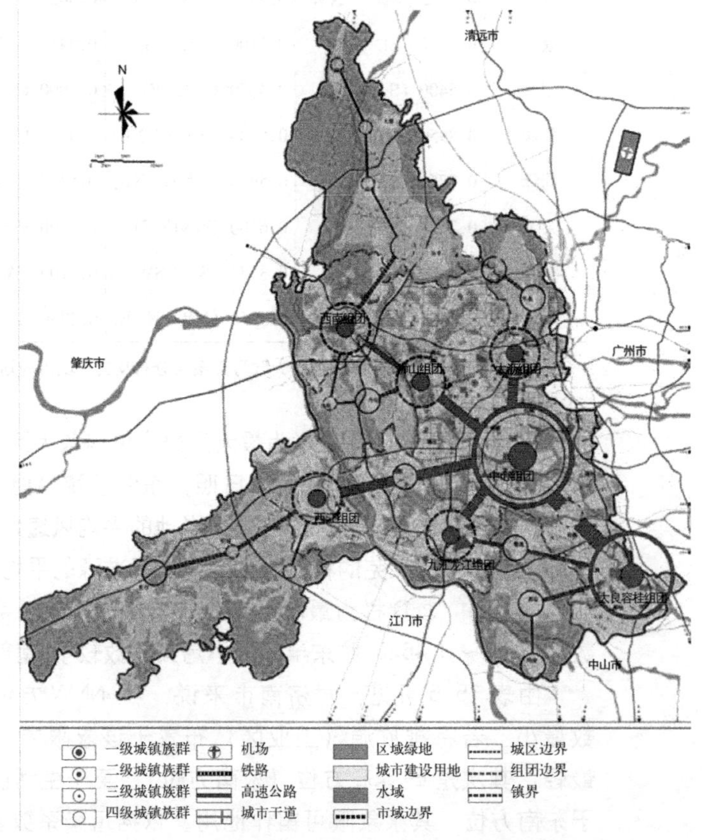

图15.5 佛山市域城镇体系规划（2003—2020）

来源：http：//www.fsgh.gov.cn/ghj/news/news.aspx?id=20060824150209．

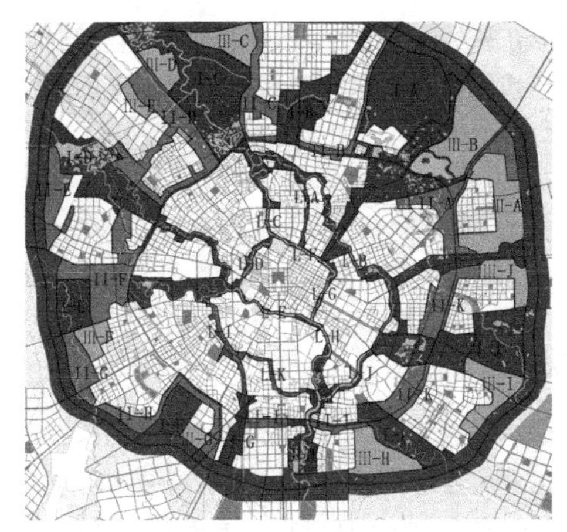

图 15.6 成都市中心城区非建设用地分级控制图

来源：谭敏，李和平．城镇密集区集约发展的空间选择与规划对策——以成渝城镇密集区为例．城市规划学刊，2010（5）．

成都市城市气候条件较差，静风频率高达 43%，风速较低（平均风速 1.3m/s），逆温层低，致使城市热岛效应日益明显，市区大气污染现象严重。随着城市范围的扩大和中心区功能的逐渐转变，现有单中心的圈层式结构形态已不能适应新的需求。为改善城市气候和缓和市区大气污染物的压力，成都中心城的布局形态正逐步由现在的密集“圈层式”发展为疏密结合的“扇叶式”布局，“扇叶”之间规划为永久性生态绿地，并沿主要河道向城区内深入楔形绿地，使城市环境与自然环境有机结合（图 15.6）。

15.2.2.3 采取综合手段改善城市大气环境

改善城市大气环境质量需要多种措施。伦敦控制城市大气污染而采取的综合措施见表 15.8。

伦敦大气污染控制综合措施 表 15.8

措施	内容
立法	1956 年，《清洁空气法》，《制碱等工厂法》
	1967 年，发布提高烟囱高度的通告。规定：工厂烟囱高度须为建筑物的 2.5 倍（据研究，当二氧化硫的排放总量与燃料用量成正比时，高烟囱能使地面大气中二氧化硫含量减少 30%）
	1974 年，《控制公害法》
	其他法律：《公共卫生法》、《放射性物质法》、《汽车使用条例》和《各种能源法》
改变能源结构	1950 年代，伦敦增加清洁能源比例，将燃煤改为油、天然气及电力等。政府对居民改造燃具进行补贴，禁止市区和近郊区所有工业企业使用煤炭和木柴作燃料，其产生的废气也均须净化，达标后才可排出。到 1965 年，煤在燃料构成中的比例为 27%（1980 年减少到 5%，而且仅限于远郊工厂使用），电和清洁气体燃料占 24.5%（至 1980 年提高到 51%），燃料油为 43%（1980 年为 41%）
疏散人口和工业企业	伦敦在 1940 年代末建成 8 座新城，1960 年代末又兴建了彼得伯勒、米尔顿凯恩斯、北安普敦等 3 座新城。在此基础上，伦敦政府利用税收等经济政策，鼓励市区的企业迁移到这些人口较少的新发展区。自 1967 年起，伦敦市区工业用地开始减少，至 1974 年市区共迁出 2.4 万个劳动岗位，以后又迁出 4.2 万个。与此同时，新城企业由原来的 823 家，增加到 2558 家，新城的人口总数也由原来的 45 万增至 136.7 万（包括其他地区迁入的人口）
机动车尾气排放综合治理	（1）实行向公共交通、步行、骑自行车等节油、无污染的出行方式转化的交通发展战略，减少对小汽车的依赖，从而有效降低机动车二氧化碳排放量。具体办法：设立公交专用道，设立 1000 英里长的自行车线路网，设立林荫步道网，投资发展新型节能、无污染的公交车辆 （2）扩大交通限制的范围。过去伦敦的交通限制集中在中心地区的高峰时间内。现已扩展到外伦敦的各城镇中心、主要的放射道路及高速公路。同时，辅之以切实可行的土地利用和交通政策，以防止空气质量和环境进一步恶化 （3）发布交通状况白皮书，公告市民：为了限制轿车数量，减少堵车和空气污染，从 2000 年起提高停车费用，市内原有的各大公司、公共场所的免费停车场也一律改为收费停车场 （4）加强城市大气质量的控制管理。制定的控制大气质量的近期目标是，到 2000 年将二氧化碳排放量降到 1990 年的水平。同时，建议政府制定有关机动车尾气排放量的控制目标及实施细则 （5）加强汽车制造业的技术改造，设计生产先进的环保型轿车
发展监控技术，建立大气监测网	自 1961 年开始，英国在全国范围内建立了一个由 450 个团体参加的大气监测网。监测网有 1200 个监测点，平均每小时对烟尘与二氧化硫采样一次，每月测降尘量一次，其中伦敦、爱丁堡、谢菲尔德三个城市被列为重点监测区
加强绿化建设	伦敦市在城市外围建有大型环形绿带，至 1980 年代达到 4434km²，与城市面积（1580km²）之比达到 2.82∶1。远期绿带规划面积可达 5791km²，与城市面积之比可达 3.67∶1。伦敦绿带的建设在置换城市空气，保持生态平衡，改善城市环境，控制城市向外扩展等方面发挥了重要作用 十分重视生态园林的建设，这是伦敦自 20 世纪中期以来一直追求的目标，是一项调节城市大气环境、保持生态平衡和生物多样性的具有战略意义的举措。生态园林的建设美化了城市，提高了城市整体质量，吸引了众多的投资者和观光客

来源：根据：“顾向荣．伦敦综合治理城市大气污染的举措．北京规划建设，2000（2）”整理。

此外，建立智能交通系统，改善机动车发动机性能，改善路面材料和结构，及栽种具有显著吸附污染物作用的绿色植物等，也是改善城市大气环境质量的有益举措。

15.3 城市水环境规划

15.3.1 城市水环境规划内容与规划程序

城市水环境规划内容一般包括：①水环境现状调查与评价（含水污染、水资源、水环境质量评价等）；②确定水环境规划目标与指标体系；③水环境功能分区与水污染控制单元；④水环境容量核算；⑤水环境规划方案制定及优化。

城市水环境规划程序见图 15.7。

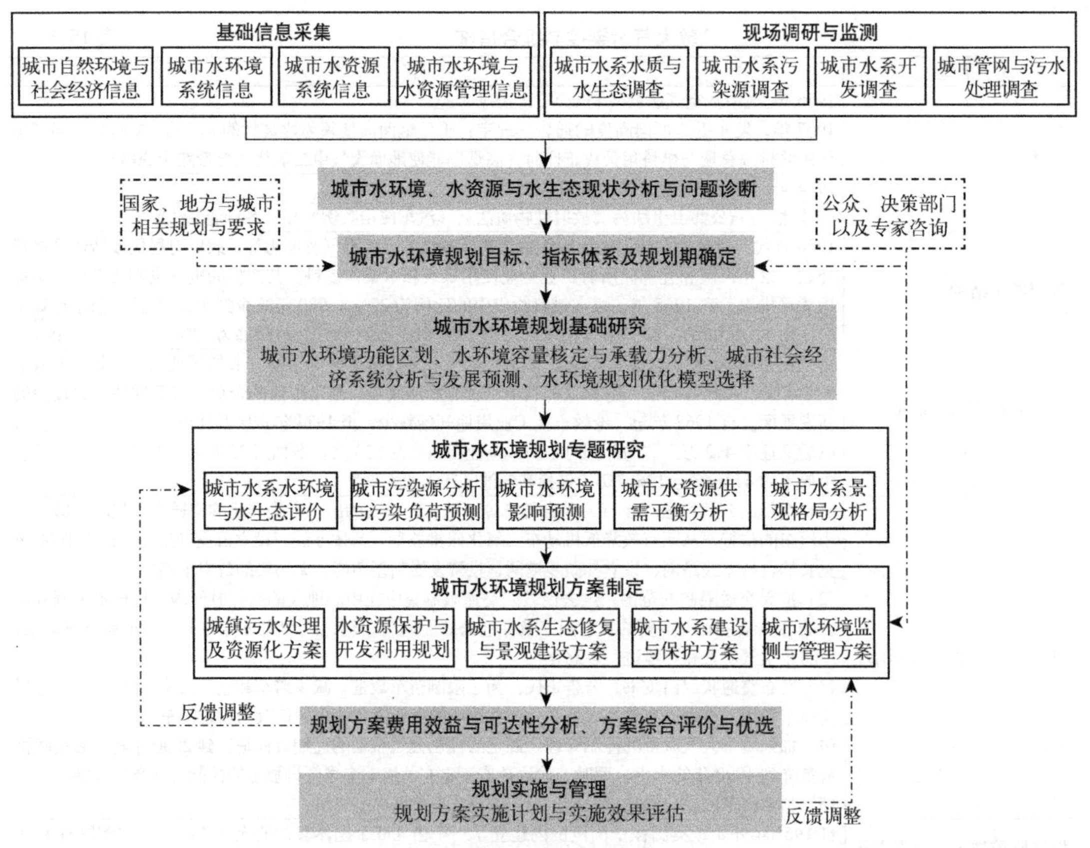

图 15.7 城市水环境规划的技术路线

来源：尚金城等．城市环境规划．北京：高等教育出版社，2008．

15.3.2 城市规划建设过程中改善城市水环境的若干举措

15.3.2.1 以广义水环境改善作为规划目标

广义的城市水环境主要包括水体抵御洪涝灾害能力、水资源供给程度、

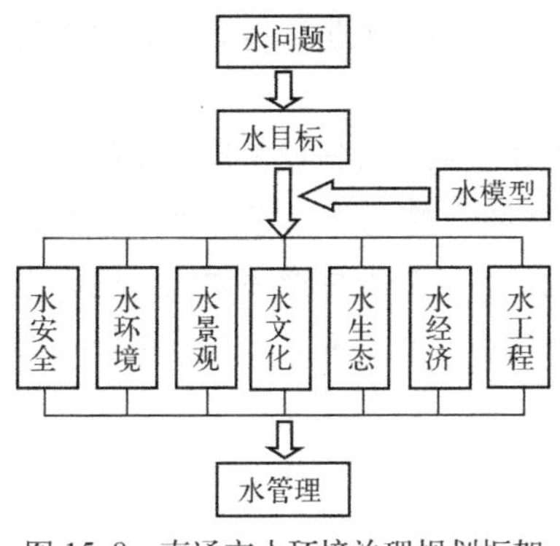

图 15.8 南通市水环境治理规划框架

来源：杨帆．城市水环境治理规划的创新思路——以南通市城市水环境治理规划为例．江苏城市规划，2006（4）．

水体质量状况、水利工程景观与周围的和谐程度等多项内容。在知识经济时代，城市水环境还应包括水文化等“软性”功能。城市水环境规划应基于水环境的组成及特点进行，除了坚持城市水环境规划原有的内容及特性以外，还应将水安全、水生态、水经济、水文化与水工程等融合其中，以广义水环境改善作为规划目标突出城市水环境规划的综合性与长远性。如南通市水环境治理规划（杨帆，2006）具有一定的广义水环境规划的特征（图 15.8 和表 15.9）。

南通市水环境治理规划中的广义水环境内涵分析 **表 15.9**

保障水安全	①强化水资源、水源地及备用水源地保护；②推广节水技术和节水产品，减少污水总量；③加强水污染治理，确保城市水质得到有效控制与改善；④建立防洪排涝安全保障体系；⑤提高城市综合防灾能力
改善水环境	①定性。通过对南通市河网水系优化的充分性与必要性分析，确立南通市适宜的城市水系格局，保证城市水系畅通，提高水体的自净能力，确保城市水系调蓄、景观等综合功能的发挥。②定量。借助水力模型研究，提出满足城市一定环境承载容量下的适宜水面率控制标准，提出了利用长江半日潮，通过闸站与水位差控制，实现自引自排（局部地区抽排）、分片控制、灵活调度的引水规划方案。③定位。确定各条河道的建设标准、涉河防洪排涝及引水的闸站位置，以满足城市水系引、排、蓄、航、赏、游等各项功能。同时，提出蓝线控制标准
建设水景观	重点围绕濠河风景区、通吕运河和海港引河两岸水系生态圈，以及长江滨江生态景观风貌带建设，形成以“两环两脉三带”为骨架的城市水景观总体结构
挖掘水文化	南通有目前保留最为完整的国内四大古护城河之一的濠河，有“中国近代民族第一城”、“江环海门户之城”、“人文淳厚之城”等美誉，城市水文化历史悠久。结合城市水景观结构，以滨水自然、人文景点为依托，滨水绿化为机体，滨水建筑及开放空间为点缀，通过滨水旅游及滨水空间建设，将真实性、艺术性、观赏性和亲水性融为一体。利用“两圈、两带、六核”结构弘扬城市水文化，延续城市文脉
恢复水生态	将系统性的生态建设贯穿于城市水系的水生态恢复中。通过生态廊道、生态河堤、生态湿地、水体修复的水生态系统建设等，增强水系净化能力，维护城市生态平衡
实施水工程	考虑城市水环境治理的相关工程设施建设总量，近远期结合，突出重点，明确河道整治、驳岸建设、引水泵站、闸站、水景观工程等水设施工程量和工程投资估算，为水工程分步实施和落实到位提供依据和指导
发展水经济	①节水经济。使城市工业向节水型发展；②水权交易。建立水资源宏观统一管理、微观水权交易体系，发挥市场在水资源配置中的基础性作用，减缓、解决城市面临的洪涝、缺水、水环境恶化三大水问题；③亲水经济。通过水环境改善、水生态恢复及水景观设计，提升城市品位，改善城市投资环境，促进房地产业和其他经济的发展；④旅游经济。依托城市山水资源，将水与旅游有机结合，拓展了旅游网络，提升旅游品质，提高城市旅游经济效益
加强水管理	城市水环境治理涉及市政（给水、污水和节水）、水源保护、园林、水利、环保、交通、航运、旅游等方面，规划强调建立“统一管理、团结治水”格局，健全各项法律法规和完善管理制度，实现以法管水，提高城市水环境治理的综合效益

来源：根据“杨帆．城市水环境治理规划的创新思路——以南通市城市水环境治理规划为例．江苏城市规划，2006（4）”整理。

15.3.2.2 城市用地布局与水环境因子分布互相协调

城市用地布局与水环境因子的分布互相协调，是城市健康运行的重要条件之一。刘细元等（2008）通过对江西省主要城市地下水系统防污性能进行的评价，在城市各功能分区的选址及其规划布局与地区地下水防污性能之间建立起了联系。

进一步地，可根据城市地下水系统防污性能的高低进行城市用地功能选择和布局（表 15.10）。由表 15.10 可知：地下水防污性能为“好—较好”的区域可规划重工业区、制造业及食品工业区，也可作为农业生产活动区；地下水防污性能中等的区域，可规划居住区、娱乐场所以及轻工业区，而不得规划有污染的企业；地下水防污性能为“差—极差”区域，应禁止一切可能引起地下水污染的工程建设活动，避免规划污染企业。

江西省主要城市地下水系统防污性能评价分区与规划建设关系　　　　表 15.10

城市	防污性能好	防污性能较好	防污性能中等	防污性能差	防污性能极差	总面积（km^2）
	规划建设重工业区、制造业及食品工业区，也可列为农业生产生活区		建设居住区以及轻工业区，不得兴建有污染企业	禁止一切可能引起地下水污染的工程建设活动，避免规划兴建各种大型污染企业		
南昌	老抚河以东和北西岗间地带（503.50）	凤凰洲、蒋巷及西北部冲沟地带（115.75）	朝阳洲、扬子洲的河间地块（287.0）	红谷滩新区、莲塘及八一桥以下（32.75）	赣江、抚河沿岸沙滩（36.0）	975
景德镇		变质岩和红层及侏罗系分布区（214.43）	灰岩裸露区及丁家洲、历尧、官庄、老市区（83.85）	洪源附近、凤岗－老市区—湘湖（12.22）	昌江历尧附近沙滩（0.29）	310.79
萍乡	白垩系红层出露区（322）	黄泥塘—硖石—黄龙寺一带（14）	荷尧—长平、五里亭、荷叶塘一带（15）	萍水河及支流两侧全新统分布区（46）	王家山、三田－青山－巨源－大沙塘，安源镇一带（53）	
九江		瑞山脑、饶家垄、闻家湾等（31.75）	主要分布于规划区中－东部（181.5）	主要分布沙河和官湖（84.5）		297.75
新余	老市区及附近红层裸露区（38.12）	袁河以北残积层区（32.88）	碎屑岩、变质岩区郭家一章家等第四系分布区（145.85）	袁河及孔目江两岸大片冲击平原区（72.99）	袁河、孔目江沙滩（2.27）	292.11
鹰潭	白垩系出露区（113.75）	信江Ⅱ级阶地官山、低坪杨家一带（10.25）	童家河、白露河沿岸的第四系区（15.25）	信江Ⅰ级阶地洲上，夏埠、瑶池祝家（20.75）	信江河道沙滩和沿岸边滩地带（4.75）	164.75
赣州		红层、变质岩及部分－中上更新统分区（290.91）	中－上更新统、岩浆岩、石炭－泥盆系分布区（114.3）	全新统（不含沙滩）（35.91）	河流沙滩和老树下附近裸露灰岩区（3.24）	444.36
吉安		红层和第四系压实区（286.9）	建成区及附近大片Q3 地层（172）	旧屋下北裸露灰岩区（0.1）	禾水、赣江沙滩（3.0）	462
宜春		罗家坊、分手拗－院前、枣树（29.5）	下浦－杨家坊、石陂头河谷等（24.75）	厚田—陈家坊等（5.29）	樟树下一罗家、彭家墓、项家窑（41.0）	100.5
抚州	南东部长岭一带（10.75）	抚北—红桥—城西－冷水坑等地（89）	郭家桥、石溪头、娄家洲、章舍等（7.75）	已建成区、孝桥南西部等地（20.75）	上顿渡城区、洋洲北及河漫滩（3.75）	132
上饶	白垩系出露区（102.75）	规划区外围丘陵区（101.25）	岗丘之间沟间地带（22.25）	覆盖型碎屑岩和灰岩区（13.0）	河流两岸和岩溶区（90.75）	330

注：上表中括号内数据为面积，单位为 km^2。

来源：刘细元，游玮，黄迅．江西省主要城市地下水系统防污性能分析评价．资源调查与环境，2008（1）．

15.3.2.3　城市水污染治理与水生态重建相结合

城市水环境污染是一个典型的生态问题，用生态学方法可使水污染问题得到较彻底的解决。其中，重要的关键举措为城市水污染治理与水生态重建相结合，具体由如下方面体现（周斌等，2007；达良俊等，2005）。

（1）城市水环境干扰因素的时空分析

对城市水环境产生负面干扰的因素包括：城市人口分布、建筑、水利设施、土地利用类型、植被分布、生物多样性等。要建立负面干扰因素与城市水质、水文、水生生物变化的相关关系，并确定对城市水环境人为干扰的主要负面影响效应次序。周斌等（2007）在进行镇江市水环境改善规划时，首先确定了对镇江市自然水域影响最主要的负面干扰因素包括：内江周边厂矿企业、码头的污染物排放，生产、生活对水生生物带的破坏，畜禽养殖、围网养鱼和捕捞活动对水生态的破坏等，指出了规划应予以改善的对象和目标。

（2）主要干扰因素的减弱与调整设计

镇江城市水环境改善规划对干扰因素的减弱与调整设计包括以下方面：①工业、生活污染对水环境的干扰控制：按污染途径从源—过程—汇三个方面控制与处理：调整工业布局和强化排污制度，建设城市排污管网，污水集中处理，以控制干扰源；建设岸边地下截流管道，增加城市路面的渗水面积，加强城市绿化建设和水陆交错带整治，以控制污染输移过程；建设公园式池塘和湿地，以强化汇水区干扰控制。②城市地表性质变化对水环境干扰的控制：增加地表绿化面积，减少硬化路面面积或改善其渗水性，提高城市多样性植物群落种植。③水利及其他人工设施对水环境的干扰控制：调整水坝水渠的布局、样式及其运行方式，减少对支流的填埋或暗渠化，提高城市的水面连续性和水流的畅通性。

（3）重建水体自然形态及强化水生态功能的设计

1）重建或恢复水体自然形态的设计　包括：平面设计：在可改造的河段、湖岸尽可能创造近似自然的曲折形态。为生物多样性创造条件。纵面设计：保留自然状态下的水深，形成交替出现的深水区、浅水区、温水区和凉水区差异。横断面设计：将水体沿岸滨水带纳入规划范围，保证整个水域的空间和视觉宽度，维持岸坡一定的宽度和坡度，种植多样性植物，堆砌石块重建河床，创造出水浪的摆动，为水岸生物的栖息创造适宜条件。

2）恢复与强化水生态功能的设计　运用生态修复等措施，恢复和强化水生态系统的自净能力，提高生态系统的稳定性。按河岸、水体和底栖三个生态亚系统进行设计。①建设生态河（护）堤，修复河岸亚系统；②水体和底栖的生态修复。

（4）"近自然型"河流水系恢复技术

1）近自然生态护岸　护岸技术主要实施于水系坡面和水体的消落区。在水系坡面主要采用"植被法"和"阶梯法"。

2）水质的综合控制与管理　"生态系统循环法"是进行"近自然型"水系水质综合控制的重点技术。它通过构建"生产者—初级消费者—高级消费者—分解者"的完整水生生物链，将水中污染物质迁移出水体，起到净化、改善水质的作用，防治水体污染和富营养化。

A、提高水体溶氧量及微生物促生剂、高效降解菌的投入　针对富营养化和黑臭水体，采用人工曝氧（气）法和生物法，结合喷泉、叠水等水景工程，增加水与大气的接触面积和水体的溶氧量，并不定期向水体投加微生物促生剂和高效降解菌，使分解者的活力增强、数量增加，进而提高水体自身分解有机物的能力，同时抑制藻类的大量发生，减缓富营养化状态，为生产者植物生长提供良好条件。

B、水中植物的种植　水体的分解和净化功能恢复正常后，根据水深情况选择的生产者。在水底种植沉水植物，水面种植浮水植物，岸边种植挺水植物，形成水生—沼生—湿生—中生植物群落带，通过植物生长吸收水体中氮、磷等营养物质。结合景观布设，在水面种植具有观赏和经济价值的浮水植物和生物浮岛，可起到改善水质的作用。

C、水生动物的放养　在不投饵的前提下，水体中放养一些滤食性、草食性鱼类以及螺、蚌等底栖动物，可改善水质，提高水体透明度。此外，当水草生长过于繁茂，残留水体中可形成二次污染，可适量放养一些草食性鱼类，摄食和转化部分水草，再通过人为捕捞，可间接从水体中输出有机质和营养盐，防止水草的二次污染。

15.4　城市固体废物污染防治规划

15.4.1　城市固体废物污染防治规划的内容与规划程序

城市固体废物污染防治规划一般包括如下内容：①固体废物现状调查及分析。包括固体废物产生、收集、储存、处理（置）、利用及污染现状等；②固体废物预测。包括产生量、收集量、运输量、处理处置、利用量和污染趋势等；③固体废物污染防治规划目标。一般应从工业固体废物、生活垃圾、危险废物三方面提出规划目标或指标；④固体废物处置模式与综合利用决策；⑤固体废物污染防治规划方案制定及优化。城市固体废物污染防治规划程序如图 15.9 所示。

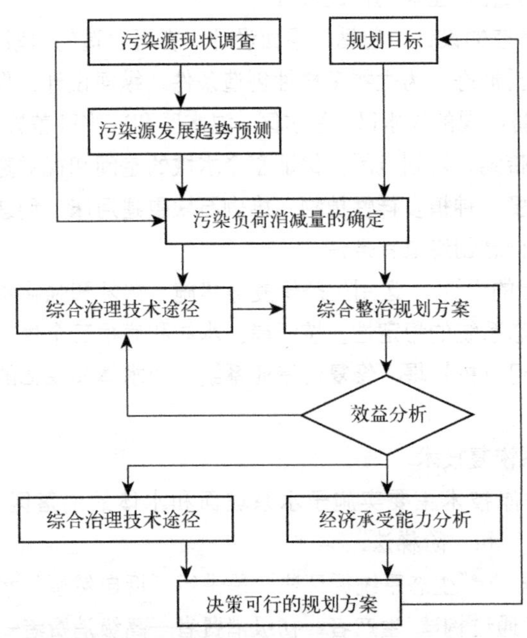

图 15.9　城市固体废物综合整治规划程序示意

来源：杨志峰，徐琳瑜．城市生态规划学．北京：北京师范大学出版社，2008.

15.4.2　城市规划建设过程中治理固体废物污染的若干举措

15.4.2.1　合理确定城市固体废物处理方式

城市固体废物处理方式具有较深远的经济、环境和社会影响，处理方式包括单一处理方式（堆肥、填埋、焚烧）等（表 15.11）和综合处理模式。综合处理模式即将三者有

国外部分各类垃圾处理方法的比重（%）　　表 15.11

类别	美国	英国	法国	德国	荷兰	瑞士	比利时	澳大利亚	日本
堆肥	5	—	20	3	20	14	9	11	9.2
焚烧	25	15	30	25	30	70	29	24	65
填埋	60	85	50	72	50	14	62	62	32

来源：季泰．城市生活固体废弃物处置规划和场地选址方向探讨．城市地质，2007（3）．

机结合、综合为一体的处理方法。其优点为：①城市固体废物通过有效的预处理后，堆肥、焚烧原料质量大为提高，处理量大为减少，简化了工艺，降低了设备投资运行成本；②有机肥质量大为提高，具有一定的市场前景；③减少了焚烧尾气的处理难度；④延长了填埋场的寿命，减少了填埋渗沥液和有机气体的排放等问题；⑤塑料、金属、玻璃、纸、热能等的回收利用提高了社会和经济效益（图 15.10）。

合理确定城市固体废物处理方式需要考虑处理方案的环境影响。李娜(2007)通过城市生活垃圾处理生命周期清单分析及影响评价，得出了成都市不同的垃圾处理方案对各种环境影响类型的环境影响潜力（表 15.12）。卫生填埋、高温堆肥、焚烧处理和综合处理在经济、环境、技术和社会因素方面的总评价结果

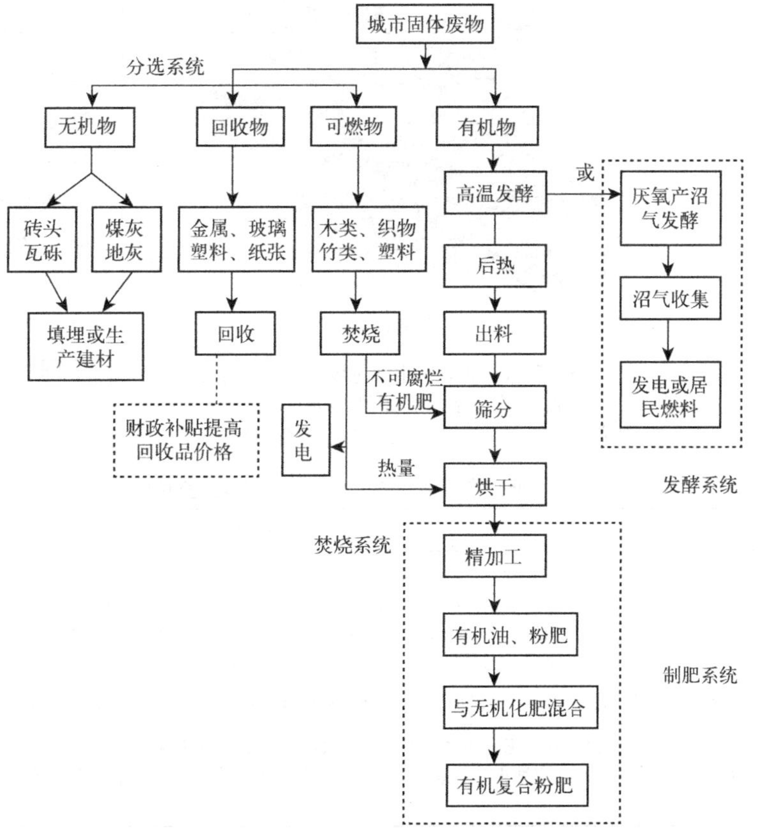

图 15.10　固体废物综合处理工业流程图

来源：刘新菊，曲东．城市固体废物处理模式研究进展．化学工程师，2008（7）．

分别为 97.04、46.56、64.00、54.72。这表明：对于成都市目前的垃圾产生和处理现状而言，卫生填埋处理是适合成都市城市发展的主要垃圾处理方式，焚烧处理可以在社会发展和经济能力的基础上，作为辅助的垃圾处理方式，这是由于成都市垃圾中可燃组分相对比重较大，垃圾燃烧热值高，将这一部分进行焚烧处理，能使垃圾综合利用率和处理率达到最高。

成都市不同垃圾处理方案的环境影响潜力 表 15.12

环境影响类型	卫生填埋	所占比例 %	高温堆肥	所占比例 %	焚烧处理	所占比例 %	综合处理	所占比例 %
全球变暖	4.19×10^{-2}	93.41	1.06×10^{-2}	29.94	1.71×10^{-2}	75.84	1.42×10^{-2}	37.23
酸化	1.55×10^{-3}	3.46	1.09×10^{-2}	30.79	2.35×10^{-3}	10.42	9.15×10^{-3}	23.99
富营养化	1.38×10^{-3}	3.08	1.25×10^{-2}	35.31	2.69×10^{-3}	11.93	1.05×10^{-2}	27.53
生态毒性	2.75×10^{-5}	0.05	1.4×10^{-3}	3.96	4.08×10^{-4}	1.81	4.29×10^{-3}	11.25

来源：李娜．基于模糊数学理论的城市生活垃圾处理生命周期评价 [D]．西南交通大学，2007．

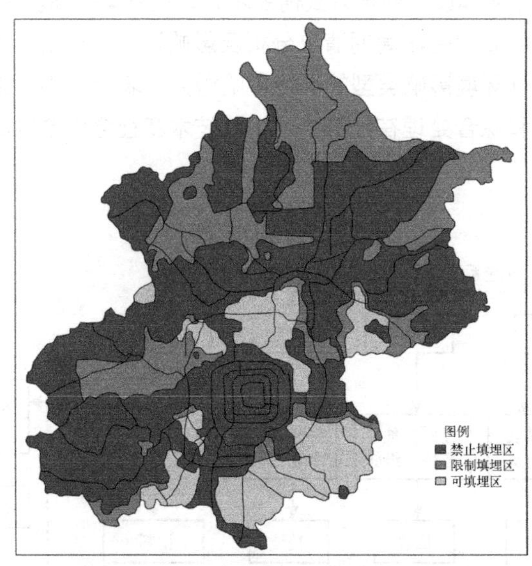

图 15.11 北京市生活垃圾填埋场选址分区

来源：陈忠荣等．北京地区垃圾填埋对地下水的污染及垃圾填埋场选址分区．城市地质，2006（1）．

15.4.2.2 合理选择城市垃圾填埋场位置

（1）城市垃圾填埋场位置选择分析内容

1）填埋场适宜性区划 北京市开展了生活固体废弃物填埋场地区划的综合调查和适宜性区别，综合评估水资源、风景名胜、居住区、重要建设等约束条件，提出了如表 15.13 所示的三种填埋区类型（季泰，2007）。北京市划分的生活垃圾禁止填埋区、限制填埋区和可填埋区见图 15.11（陈忠荣等，2006）。

北京市生活固体废弃物填埋场地适宜性区划 表 15.13

填埋区类型	相关规定
禁止填埋区	(1) 河湖湿地、地下水源保护区、地表水一级保护区，地下水源核心区，山区泥石流高易发区，风景名胜区和自然保护核心区、大型市政通道控制带、中心城绿线控制范围、河流、农田、林网和城市楔形绿地控制范围。(2) 北京市总体规划中的部分限制建设地区。(3) 居民密集居住区。(4) 南水北调输水主干线两侧 100m 范围。(5) 碳酸盐岩裸露之地下水补给区、地下水蓄藏区。(6) 经国家、市政府批准建成的 28 片工业园区
限制填埋区	(1) 地面饮用水源三级保护区。(2) 地下水补给区中可能污染饮用水源的地域
可填埋区	(1) 山区火山岩、花岗岩之地下水严重缺水区。(2) 平原地区之地下水渗透性、富水性均较差的地区（符合国家标准和北京城市总体规划，地下水防护层厚度大于 10m 或含水层富水性较差的区域（单井出水量小于 $1500m^3/d$）)

来源：根据："季泰．城市生活固体废弃物处置规划和场地选址方向探讨．城市地质，2007（3）"整理。括号内文字来源：陈忠荣等．北京地区垃圾填埋对地下水的污染及垃圾填埋场选址分区．城市地质，2006（1）．

2）填埋场场址地质环境质量评价　城市垃圾填埋的选址还应进行场址地质环境质量评价，以保证选址的安全性。北京市地质工程勘察院在综合评估固体废弃物填埋场地的地质环境条件、城市现有状况和城市发展规划等因素的基础上，将北京市生活固体废弃物处置规划选址区域按潜在危险等级划分为三类（表15.14）。

北京市生活固体废弃物处置规划选址地质环境评价　　表15.14

地质环境质量类型	地质危险评价
潜在危险较大区	主要为地下水源保护区，地表水一级、二级保护区，五环路以内的人口密集区。根据国家和北京市有关法规，本区禁止填埋生活固体废弃物，正在运行的垃圾填埋场立即关闭治理
潜在危险中等区	位于北京平原各洪积扇的下游平原和广大山区基岩分布区。在本区的平原地段，现有276处垃圾填埋场，应加强监测和管理，及时了解污染状况，完善防污工程措施
潜在危险较小区	位于北京平原的下游边缘和河流冲洪积扇侧部边缘，占地面积较小，但因其表层黏性土厚度常大于10m，防渗防污染的条件较好。深部承压含水层富水性较差，没有集中供水水源地。从地质条件评价，该区适于建设垃圾填埋场，建设费用相对也较低。该区目前有20余处垃圾填埋场，污染危险最小

来源：季泰．城市生活固体废弃物处置规划和场地选址方向探讨．城市地质，2007（3）．

（2）城市垃圾填埋场位置选择分析方法

1）垃圾场选址的层次结构系统分析

曹建军等（2004）提出了垃圾填埋场场址影响系统分析的思路。建立了我国垃圾填埋场场址影响因子的层次结构系统模型（图15.12）。蔡木林等（2005）提出用层次分析法对危险废物填埋场的选址进行分析和评价（图15.13、图15.14）。

2）GIS在城市生活垃圾填埋场选址中的应用

黄雄伟等（2008）认为，在进行垃圾填埋场选址时必须考虑其影响范围，可用GIS进行分析评价。以规定范围为影响半径对每个影响因素进行缓冲区分

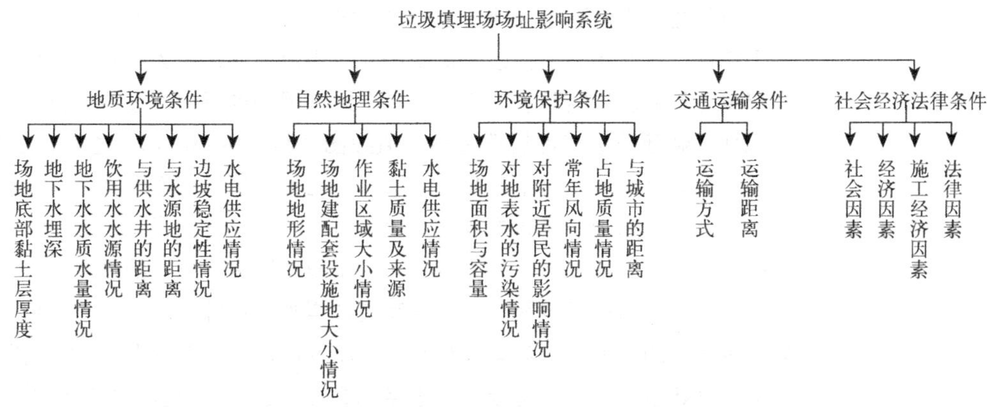

图15.12　垃圾填埋场影响系统层次结构模型

来源：蔡木林，王琪，董路．危险废物填埋场候选场址比选方法研究．环境科学研究，2005（增刊）．

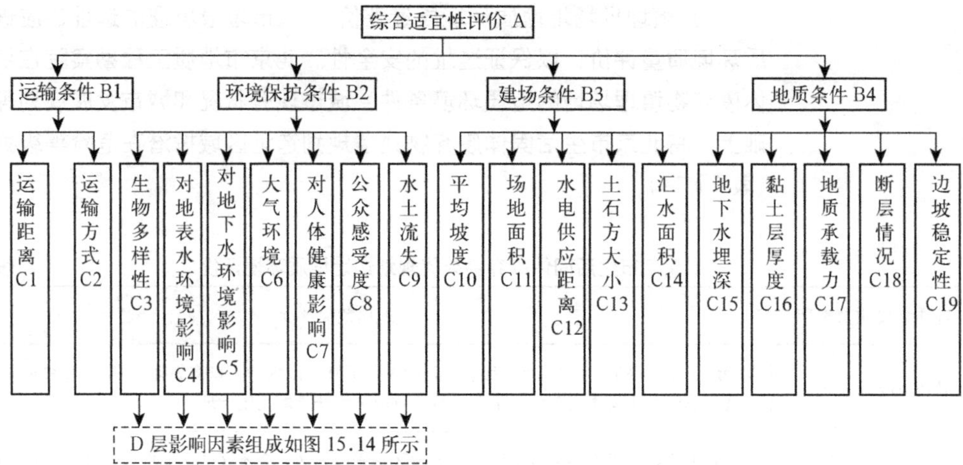

图 15.13 危险废物填埋场选址的层次分析法结构模型

来源：蔡木林，王琪，董路．危险废物填埋场候选场址比选方法研究．环境科学研究，2005（增刊）．

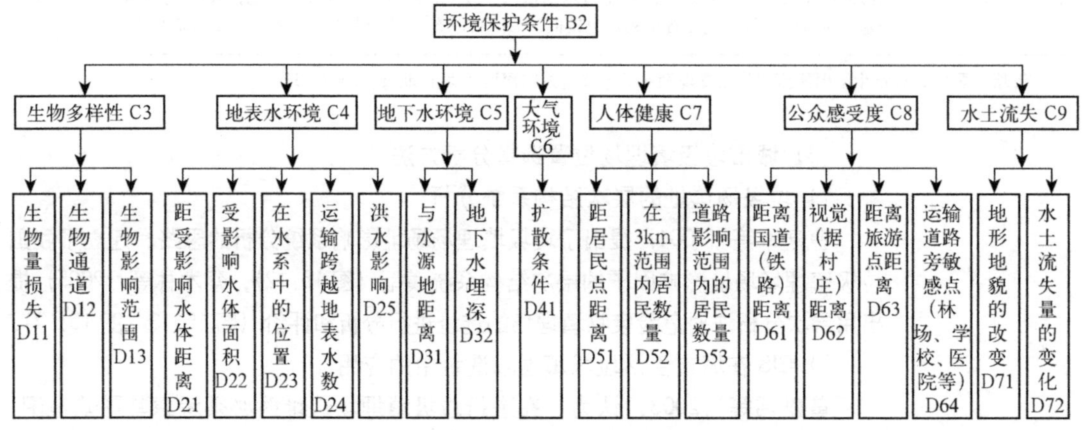

图 15.14 D 层影响因素结构模型

来源：蔡木林，王琪，董路．危险废物填埋场候选场址比选方法研究．环境科学研究，2005（增刊）．

析，所得到的缓冲区即为不适于修建垃圾填埋场的区域，应首先予以剔除，这样可将不适合于修建垃圾填埋场的区域排除在候选目标之外，大大减轻了选址的工作量。在此基础上，以不适于修建垃圾填埋场区域为中心，分别以影响因素权重为基准应用距离衰减模型对每个影响因子进行二次缓冲分析，生成评价其他地区修建垃圾填埋场适宜性等值线图。距离中心越远，适宜性程度越高，适宜指数随之增高。由于影响场址选择的因素较多，每个因素都有自己的缓冲区，都对在其周围一定范围内修建生活垃圾填埋场产生影响。为此，必须在统一空间参照系统条件下，分别将针对每个影响因素而进行的缓冲区分析结果进行叠加，针对所有影响因子进行适宜指数累加，以综合衡量每一区域修建生活垃圾填埋场的适宜性。具体过程如图 15.15 所示。一般情况下，累加指数越高，越适合修建生活垃圾填埋场。通过空间叠加分析，可以快速找到候选场址以备下一步分析使用。

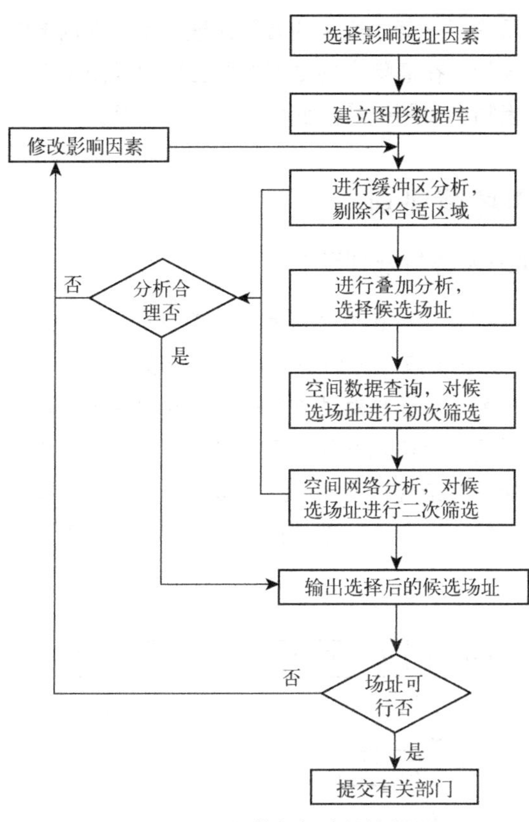

图 15.15 垃圾填埋场选址流程图

来源：黄雄伟，詹骞，莫晓红．GIS 在城市生活垃圾填埋场选址中的应用．软件导刊，2008（3）．

15.4.2.3 对危险废物处置规划给予足够的重视

危险废物，是指列入国家危险废物名录或者根据国家规定的危险废物鉴别标准和鉴别方法认定的具有危险特性的固体废物。危险废物具有毒性、反应性、易燃性、腐蚀性、感染性等危险特性，是固体废物管理的重点，是近年来在环境保护中日益受到重视的领域。

危险废物处置规划首先需对危险废物的来源及种类等进行详细调查。其次，要对危险污染物的处置方法进行深入的分析，选择对城市相对最安全，又具有经济性和可行性的处置方式。表 15.15 为成都市医疗废物处置方法的适应性分析（刘涛，2005）。第三，危险废物处理处置工程的规划及设计也应认真对待。邓志文等（2006）认为，危险废物最终处置的方式有安全填埋、有控共处置、土地处理（土地耕作）、永久储存或储留地储存、地下处置（深井灌注、液体废物废矿井处置和深地层埋藏）等，根据我国危险废物处理处置法律、法规和技术规程、规范的规定，目前我国危险废物的最终处置主要采取安全填埋。安全填埋场规划设计内容主要包括：进场道路及地磅、废物拦挡坝、截洪沟、场底防渗系统、地下水导排系统、渗滤液收集系统、渗滤液调节池和处理设施、填埋场区雨水导排系统、填埋覆土和封场覆土取土土源及临时堆放场所、填埋场分区或分期规划、办公和生活福利设施等。

成都市各种医疗废物处理方法对废物的适应性 **表 15.15**

技术	感染性废物	解剖废物	锐器	药品	细胞毒类废物	化学药剂废物
回转窑焚烧炉	○	○	○	○	○	○
单燃烧室焚烧炉	○	○	○	×	×	×
热分解焚烧炉	○	○	○	可以处理一小部分	×（现代化焚烧厂可以处理）	允许一小部分
等离子体法	○	○	○	○	○	○
化学消毒法	○	×	○	×	×	×
高温灭菌法	○	×	○	×	×	×
电磁波灭菌法	○	×	○	×	×	×
卫生填埋法	○	×	×	可以处理一小部分	×	×

注：○表示可以处理，× 表示不可以处理。

来源：刘涛．成都市危险废物处置规划初步研究［D］．西南交通大学，2005．

危险废物的特性决定了没有所谓"一劳永逸"的万能处理设施，根据国内外危险废物处理处置设施的运行经验，在危险废物处理处置工程的规划及设计工艺流程和设计方面需根据危险废物种类和数量的变化不断作出调整。

15.5 城市噪声污染控制与城市声环境规划

15.5.1 城市噪声污染控制规划内容与规划程序

城市噪声污染控制规划主要内容包括：①城市噪声污染现状分析，包括：城市交通噪声、社会生活噪声、工业噪声、区域环境噪声的污染状况分析；②声环境功能区划；③噪声污染预测。主要是对城市在一定时间内的各种噪声的污染状况进行预测，在空间、时间、污染强度等方面给出未来一定阶段内的噪声污染状况的趋势预推值；④噪声污染控制目标确定；⑤噪声污染综合整治规划。是采用综合方法控制噪声污染，以取得预期的声学环境。城市噪声污染控制规划程序见图15.16。

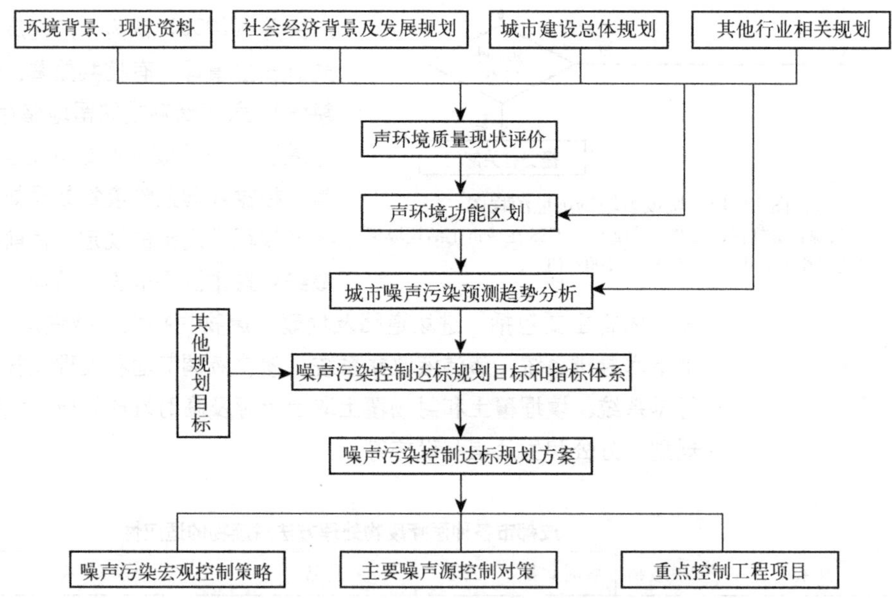

图15.16 大同市噪声污染控制达标规划编制技术程序

来源：李娜，冷飞，刘艳菊．城市噪声污染控制达标规划方法研究——以山西省大同市为例．环境科学与管理，2006（2）．

15.5.2 城市规划建设过程中改善城市声环境的若干举措

15.5.2.1 加强城市噪声控制的主动性与预前性

以往，城市环境噪声控制的操作模式具有被动式的特征，一般的操作模式为："城市设计规划方案→方案实施→使用中出现问题→事后被动测试→采取补救措施"。实践证明，这种模式不利于城市声环境的改善，也不符合经济、环境、社会效益。代替这种被动式模式应该为主动式模式，即："事前调研评价→城市规划设计→先期专家评测验收→方案实施→使用过程中的控制"。

香港将在建筑规划及设计阶段确认未来潜在的交通噪声问题作为缓和噪声对居民影响的有效方法。香港规定，如果评估出的交通噪声水平以L10（1小时）dB计算，高于有关噪声标准，则应在规划中考虑缓和噪声的设计。包括：①建设隔声屏；②装置隔声层；③自我保护建筑设计（self-protective building design）。图15.17的流程图说明了根据香港环境保护署建议，在规划设计时应采取的缓和道路交通噪声的程序及措施（刘少瑜等，2002）。

此外，对城市交通规划进行声环境影响评价也是对城市噪声进行主动与预前控制的举措之一。城市交通规划将决定城市物流、人流、交通流的流向、分布及其强度，对城市声环境质量具有重大的影响。因此，有必要进行城市交通规划的声环境影响评价。声环境影响评价预测和评估城市交通规划实施后可能造成的噪声影响，反映噪声超标区域，超标程度以及暴露在不同声级下的敏感

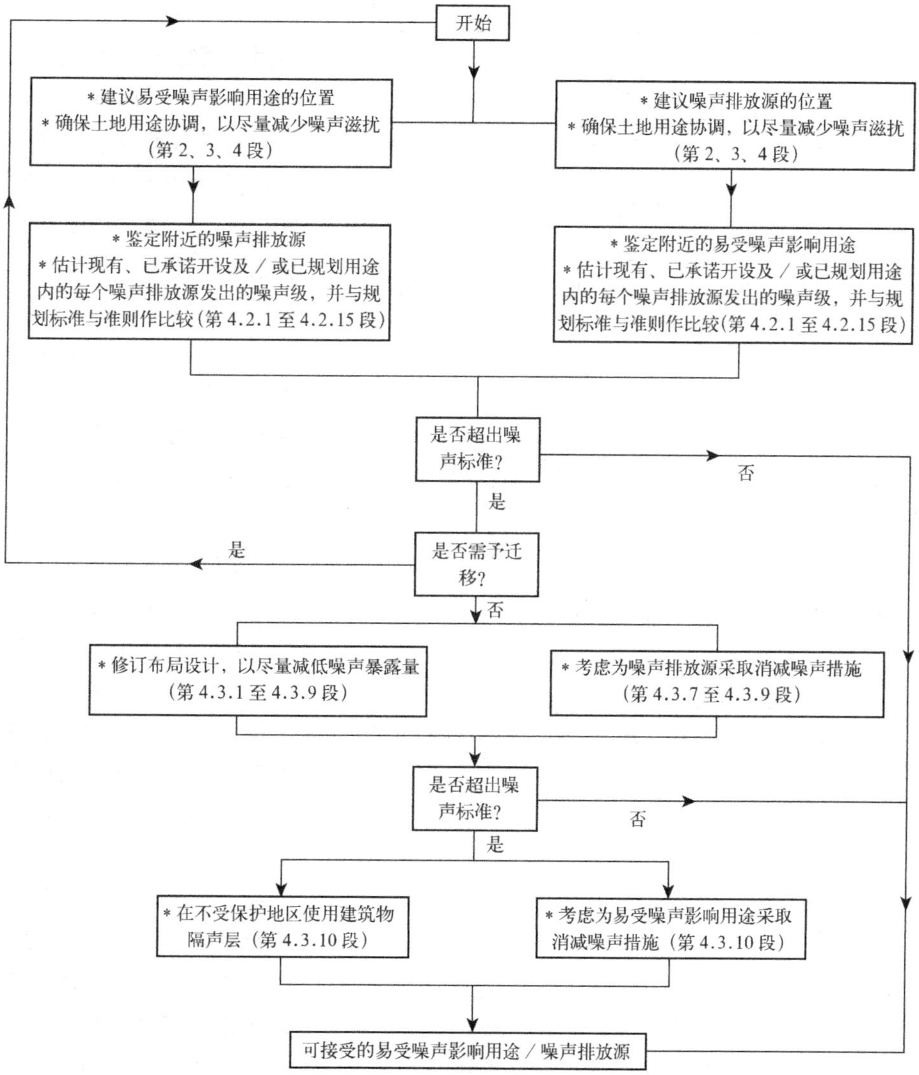

开始

* 建议易受噪声影响用途的位置
* 确保土地用途协调，以尽量减少噪声滋扰
（第2、3、4段）

* 建议噪声排放源的位置
* 确保土地用途协调，以尽量减少噪声滋扰
（第2、3、4段）

* 鉴定附近的噪声排放源
* 估计现有、已承诺开设及／或已规划用途内的每个噪声排放源发出的噪声级，并与规划标准与准则作比较（第4.2.1至4.2.15段）

* 鉴定附近的易受噪声影响用途
* 估计现有、已承诺开设及／或已规划用途内的每个噪声排放源发出的噪声级，并与规划标准与准则作比较（第4.2.1至4.2.15段）

是否超出噪声标准？ 否 是

是否需予迁移？ 是 否

* 修订布局设计，以尽量减低噪声暴露量
（第4.3.1至4.3.9段）

* 考虑为噪声排放源采取消减噪声措施
（第4.3.7至4.3.9段）

是否超出噪声标准？ 否 是

* 在不受保护地区使用建筑物隔声层（第4.3.10段）

* 考虑为易受噪声影响用途采取消减噪声措施（第4.3.10段）

可接受的易受噪声影响用途／噪声排放源

注：图中“X.X.X段”指香港噪声管制条例相关条款。

图15.17 香港环保署建议在规划设计时采取的缓和道路交通噪声的程序及措施

来源：刘少瑜，宋德萱．香港高层住宅交通噪声控制方法．住宅科技，2002（3）．

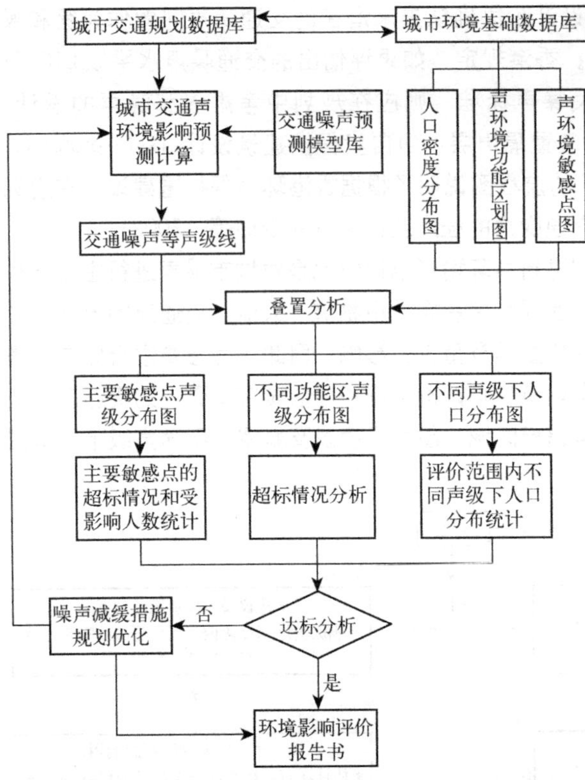

图 15.18　城市交通规划声环境影响评价工作流程

来源：罗晓，白宇，陈晓．城市交通规划的声环境影响评价．噪声与振动控制，2006（4）．

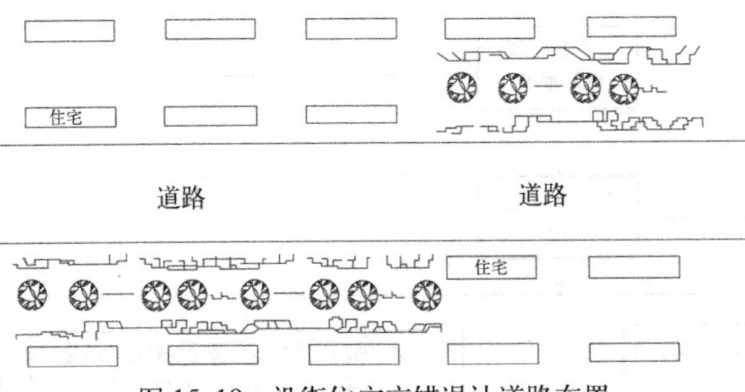

图 15.19　沿街住宅交错退让道路布置

来源：李积权，蔡碧新，马松影．沿街人居声环境品质的改善技术研究——基于外环境界面的吸声降噪技术策略．噪声与振动控制，2008（1）．

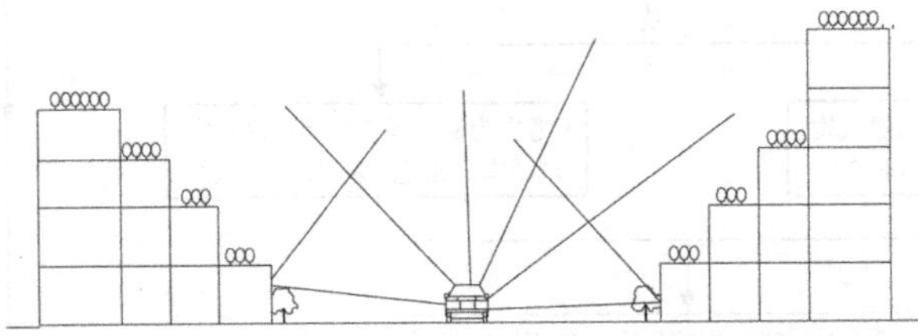

图 15.20　沿街建筑竖向退台布置

来源：李积权，蔡碧新，马松影．沿街人居声环境品质的改善技术研究——基于外环境界面的吸声降噪技术策略．噪声与振动控制，2008（1）．

人群分布等，为不同规划方案的比选，减缓噪声影响措施的设计提供技术依据（图15.18）。

推而广之，实际上有必要对大多数的城市规划及建设项目进行声环境影响评价，以使城市规划和建设与城市声环境有一个相互协调的过程，有利于经济地实现较优的城市声环境。

15.5.2.2　空间规划设计手法在改善城市声环境中的应用

（1）建筑总图布置的吸声降噪措施

在建筑总平面设计中，除了考虑使用功能的合理性外，还应从改善声环境品质方面综合考虑建筑的总体规划布局。合理的规划布局是降低与防止噪声危害的一种有效而经济的途径。首先，应将人居环境中有噪声污染的设施远离布置；其次，通过减弱室外空间的围合程度来降低混响声的干扰。尤其对交通干道两侧的住宅应加大其与道路之间的距离，或采取沿街住宅交错退让道路的布置方式（图 15.19），减少由于沿街两侧住宅密集布置时所带来的噪声干扰的增加。并可在道路与建筑之间布置绿地公园，既吸声降噪，美化环境，又在一定程度上缓解热岛效应。

（2）建筑竖向布置的吸声降噪措施

对沿街建筑噪声的控制可采取建筑沿竖向方向逐步退台的方式以减弱街道两侧建筑对空间的围合程度，并利用退台屋面布置绿化，这样不仅可以降低混响声级，而且因为退台的屋面绿化，避免了靠近平行布置于街道两侧建筑物之间所产生的多重回声现象，对控制交通噪声具有一定的作用（图 15.20）。

香港通过规划缓和交通噪声的方法之一是在道路旁或上方建一个噪声宽容（noise tolerant）结构，如购物中心、写字楼、多层停车场或街市等，以将噪声隔开。该噪声宽容结构能为噪声敏感性

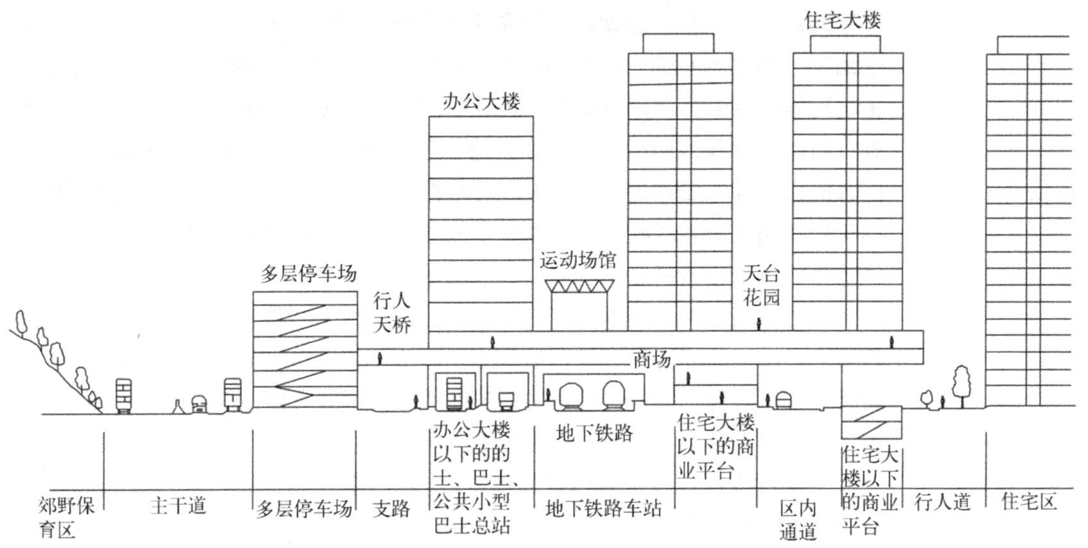

图 15.21 香港噪声宽容结构在铁路交通平台上应用的剖面示意

来源：刘少瑜，宋德萱．香港高层住宅交通噪声控制方法．住宅科技，2002（3）．

建筑如住宅及学校等提供有效的噪声缓冲区。设计得当，噪声宽容结构能在发挥其本身基本用途以外，同时提供较宁静的环境。噪声宽容结构法在香港多项大型住宅建筑中实行并取得了良好效果，铁路及车站上建设住宅便是很好的例子。图 15.21 是道路及铁路系统综合性建筑设计的概念：平台式设计将铁路及主要道路覆盖，大大降低传播到平台上楼宇的噪声，在建筑两旁，放置噪声宽容设施，以形成屏障，防止住宅大厦直接暴露于交通噪声之中。在缺乏土地及依赖公共交通系统的香港，该设计概念尤其可行（刘少瑜等，2002）。

15.5.2.3 城市声景观设计

(1) 声景观与声景学的概念

“声景观”（soundscape）最早是在 1960 年代末由加拿大的作曲家、音乐教育家 R.Murray Schafer 提出的，声景观在很多时候又被称为声生态学、声景学。从学科角度讲，声景观主要研究声音、自然和社会之间的相互关系，其研究与环境心理学、环境影响评价等紧密结合，是一门涉及物理声学、环境科学、建筑学和生态学等多个领域的交叉学科。从研究对象而言，声景观不仅包含了作为物理现象的声音，还包含了传播声音的环境空间，以及作为受众的人的感受。

声景学是研究声景观的科学。它的研究范围包括人们愿意和不愿意听到的声音。声景学的研究主要运用物理学在声场分布、声的传播、声的反射等方面的理论，结合生态学成果开展开究。声景学的研究可以认为由两部分组成，其一是降低、改造、去除已经存在的、不利的、不为人们所喜爱的声景观，这部分研究内容与目前的噪声控制学类似，包含了噪声控制学；其二是创造原本不存在的、积极的、向上的、有利于人类生存的、对人类有正面影响的声景观，以提高、改善人们的生存环境质量。

(2) 声景观调查

声景观调查是对现存声音的状况和特征的全面把握，对声景观的设计具有基础意义。包括：①现存的背景声等声音要素的调查；②自然声、人工声、生活声，特别是积淀了地域固有资产和价值的历史／文化声、人们的联想声、记忆声等的调查。调查方法有：定点观测；对居民或利用者、管理者的访问调查（特别是对长时间居住者／利用者／管理者）；当地各类文献资料中声景观信息的调查等。日本佐贺市最大的城市综合公园森林公园进行的声景观调查包括实地观测、游客的感受评价调查、周围居民的问卷调查，以及管理者的访问调查等四个步骤（葛坚，2004）。

陆晶等（2007）调查得出了西安市民对不同季节各声音的评分情况以及特定声音在不同时间的得分。自然声为正评价；而汽车喇叭声、汽车行走声、商店营业扩声等为负评价。各声音在不同季节的评分有所不同。

（3）声景观的设计理念与设计方法

声景观设计就是运用声音要素，对空间的声音环境进行全面设计和规划，并加强与总体景观的协调。"声景观设计"与传统意义上的声学设计有着本质的区别，它超越了"设计／制造声音"的"物的设计"的局限，是一种理念和思想的革新。历来是以视觉为中心的"物"的设计理念，引入了声景观的要素后，对环境中本来就存在的听觉要素予以明确的认知，同时考虑视觉和听觉的平衡和协调。

传统的声学设计一般都是以人工声为主。声景观的设计理念首先扩大了设计要素的范围，包含了自然声、城市声、生活声，甚至是通过场景的设置，唤醒记忆声或联想声等内容。设计手法有正、负、零等三种方法。正设计：在原有的声景观中添加新的声要素（声掩蔽设计可说是一种正设计方法，即是将一种可接受的掩蔽声加入到室外环境中去覆盖不想要的声音，掩蔽系统最好的工作状态是不知不觉地融合于环境中。可接受的室外掩蔽声包括多数的自然声，如流水声或树叶沙沙声，室外喷泉不仅提供有效的掩蔽声，而且增加区域的美学效果。）；负设计：去除声景观中与环境不协调的、不必要的、不被希望听到的声音要素；零设计：对于声景观按原状保护和保存，不做任何更改，如某地域和时代具有代表性的声景观名胜等，如南屏晚钟、寒山寺夜钟等。

（4）声景观设计的层次

1）城市层次　包括：①从声景观的角度挖掘和表达城市的特征。一些国家曾经开展过"声景观评选"、"声景观名胜评定"等活动，如，1996 年日本环境厅在全国范围内，评选了"日本声音风景 100 选"，从应募的 738 件声景观中，评选了包括生物、自然现象、生活文化、记忆联想等类型的 100 处全国各地的声景观；在一些城市，也开展过类似的评选，如"长崎的声音风景名胜 20 选"，"名古屋的声音名胜 16 选"，"山形的声景观 12 选"等，都是极具当地地域特征和文化历史生活内涵的声景观。这种城市层面的声景观设计和挖掘，有利于保护地域特有的声文化，把握城市和地域的声景观的总体特征。②地方政府或规划部门把声景观的要素在城市规划中加以充分考虑。如，1997 年日本福冈市制定了"福冈市环境基本规划"，有一章专门论述了舒适优美的声景观内容，包括：福冈市声音风景 100 选的制定，声景观地图的制作，地域特色声景观的保护，声音探险等活动的开展，具有地方特色的声景观设计和制作等。

1998 年，日本大阪市政府制定了“提高都市的魅力——声音环境的设计”的方针，具体规划设计了道路的声音空间，盲人用信号灯的提示声，铁路广播声，铁路警笛声，广场声环境，公共厕所的提示声等。

2）环境设计层次 即基于声景观理念的具体的环境设计。如，在日本佐贺市森林公园声景观的设计中，对公园的背景声、情报声、演出声等要素进行了具体的规划设计，包括：公园声景观的分区；水环境与声景观的调和；利用树林、植物、草丛和水系等导入自然声（图 15.22）；利用树林带作为公园内外的声屏障；园内扬声器的布置、播送时间和内容、背景音乐的安排等。

3）装置设计层次 即某些发声装置的设计。图 15.23 是日本江户时代流传至今的传统发声装置——水琴窟的外观和发声示意图。在典型的和式庭院中，设置类似的发声装置，对幽静精致的庭院会更添一层深沉的美感。在都市空间一角，如果结合水系空间的设计安置类似的发声装置，则会使人们暂时忘却都市的喧嚣和压力，带来一种宁静祥和的感受。

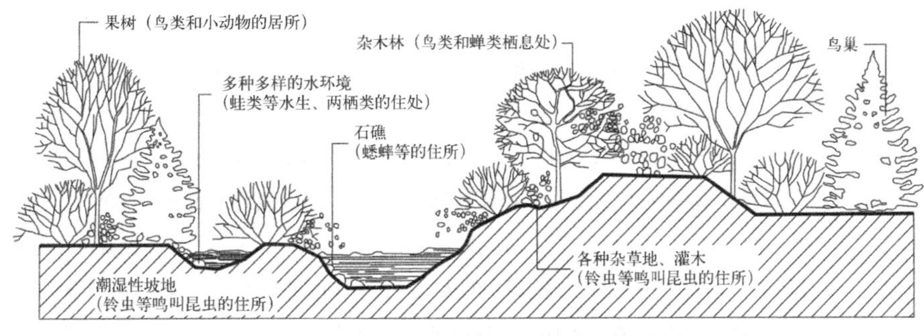

图 15.22 利用水系植物对自然声源的诱导

来源：葛坚，赵秀敏，石坚韧．城市景观中的声景观解析与设计．浙江大学学报（工学版），2004（8）．

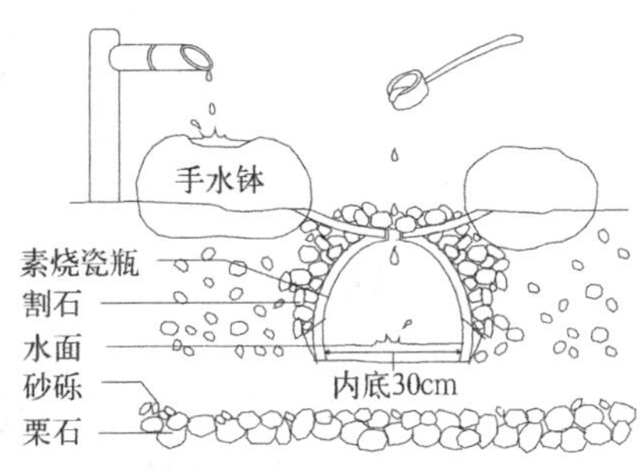

图 15.23 日本传统的发声装置：水琴窟的外观和发声原理

来源：葛坚，赵秀敏，石坚韧．城市景观中的声景观解析与设计．浙江大学学报（工学版），2004（8）．

第15章参考文献：

[1] 蔡木林，王琪，董路．危险废物填埋场候选场址比选方法研究[J]．环境科学研究，2005（增刊）．

[2] 达良俊，颜京松．城市近自然型水系恢复与人工水景建设探讨[J]．现代城市研究，2005（1）．

[3] 邓志文，陈敬军，黎剑华，陈静娟．浅谈危险废物处理处置工程的规划及设计[J]．矿冶，2006（1）．

[4] 葛坚，赵秀敏，石坚韧．城市景观中的声景观解析与设计[J]．浙江大学学报（工学版），2004（8）．

[5] 郭怀成等．环境规划学[M]．北京：高等教育出版社，2001．

[6] 黄雄伟，詹骞，莫晓红．GIS在城市生活垃圾填埋场选址中的应用[J]．软件导刊，2008（3）．

[7] 季泰．城市生活固体废弃物处置规划和场地选址方向探讨[J]．城市地质，2007（3）．

[8] 李娜．基于模糊数学理论的城市生活垃圾处理生命周期评价[D]．西南交通大学，2007．

[9] 刘焕彬，王恒明．山东省大气污染系数分布及其在城市规划中的应用[J]．山东气象，2005（2）．

[10] 刘少瑜，宋德萱．香港高层住宅交通噪声控制方法[J]．住宅科技，2002（3）．

[11] 刘细元，游玮，黄迅．江西省主要城市地下水系统防污性能分析评价[J]．资源调查与环境，2008（1）．

[12] 陆晶，马晓洁，陈克安．西安市典型地域声景观调查与分析[A]．全国环境声学学术讨论会论文集[C]，2007．

[13] 罗晓，白宇，陈晓．城市交通规划的声环境影响评价[J]．噪声与振动控制，2006（4）．

[14] 尚金城等．城市环境规划[M]．北京：高等教育出版社，2008．

[15] 汪光焘，王晓云，苗世光，余勇，蒋维媚，陈鲜艳．现代城市规划理论和方法的一次实践——佛山城镇规划的大气环境影响模拟分析[J]．城市规划学刊，2005（6）．

[16] 杨帆．城市水环境治理规划的创新思路——以南通市城市水环境治理规划为例[J]．江苏城市规划，2006（4）．

[17] 杨志峰，徐琳瑜．城市生态规划学[M]．北京：北京师范大学出版社，2008．

[18] 张承中．环境规划与管理[M]．北京：高等教育出版社，2007．

[19] 周斌，钱新，钱瑜，王勤耕，王建国．近自然原理在城市水环境规划中的应用研究[J]．环境与可持续发展，2007（2）．

本章小结

城市环境规划一般包括大气环境规划、水环境规划、固体废物污染防治规划、噪声污染控制与城市声环境规划等内容。城市环境规划与城市产业规划、能源利用规划、城市空间利用及交通规划等有着密切的关系。在城市规划建设过程中改善城市环境质量是城市规划专业的主要责任之一。包括：根据大气污染系数进行城市规划布局、调整城市结构与形态以改善城市大气环境质量、根据大气环境影响评估选择规划方案等；以广义水环境改善作为规划目标、城市用地布局与水环境因子分布互相协调、城市水污染治理与水生态重建相结合等，合理确定城市固体废物处理方式和垃圾填埋场位置、对危险废物处置规划给予足够的重视等；加强城市噪声控制的主动性与预前性、将空间规划设计手法与改善城市声环境及城市声景观设计紧密结合等。

复习思考题

1. 城市环境规划与城市生态规划是否有区别？如果有的话，你如何认识和理解？

2. 除了本章论述的内容以外，你认为城市环境规划还可以从哪些方面和角度进行？

3. 城市规划是否可以对改善城市环境作出贡献？除了本章论述的内容以外，你认为城市规划还可以从哪些方面改善城市环境？

第16章 生态城市理论及规划

本章论述了生态城市的内涵、标准与类型、规划建设原则与演进步骤、规划性质与目标、规划内容与程序、规划方法与技术，以及规划指标体系等，并介绍了若干生态城市规划案例。

16.1 生态城市的概念及特征

16.1.1 生态城市的概念

"生态城市（Ecocity, Ecological city, Ecopolis, Ecoville, Ecovillage）"是1970年代联合国教科文组织（UNESCO）发起的"人与生物圈（MAB）"计划中首次出现的。该计划明确提出从生态学的角度、用综合生态方法来研究城市，这在世界范围内推动了城市规划建设与研究中生态学理论的广泛应用，"生态城市"的概念应运而生。该计划指出，生态城市是"从自然生态和社会心理两方面去创造一种能充分融合技术和自然的人类活动的最优环境，诱发人的创造

性和生产力，提供高水平的物质和生活方式”。

关于生态城市的概念，有很多的表述，以下择要介绍若干。

R.White（2002）认为，生态城市是一种“在不损耗人类所依赖的生态系统和不破坏生物地球化学循环的前提下，为人类居住者提供可接受的生活标准”的城市。

可持续发展　健康社区（Healthy Community）　社区经济开发（Community Economic Development）
可持续的城市发展　适宜技术（Appropriate Technology）
生态城市（Eco–Cities）
可持续的社区　社会生态（Social Ecology）
可持续的城市
生物区域主义（Bioregionalism）　土著人世界观（Native World View）　绿色运动　绿色城市／社区

图 16.1　Roseland 的生态城市概念含义

来源：Mark Roseland, Dimensions of the Eco–city, Cities, Vol.14, No.4, pp. 197–202, 1997.

Roseland（1997）认为，生态城市理念包含了可持续发展、生物区域主义、社会生态和社区发展等各个领域及其理念，生态城市是变革和解决社会和城市问题各种理论的综合（图 16.1）。

黄光宇（1992）提出，生态城市是根据生态学原理，综合研究城市生态系统中人与“住所”的关系，并应用生态工程、环境工程、系统工程等现代科学与技术手段协调现代城市经济系统与生物的关系，保护与合理利用一切自然资源与能源，提高资源的再生和综合利用水平，提高人类对城市生态系统的自我调节、修复、维持和发展的能力，使人、自然、环境融为一体，互惠共生。

16.1.2　生态城市的特征

欧盟委员会 2002 年 2 月开始在 7 个不同欧洲国家开展的生态城市规划项目——“生态城市计划”（Ecocity Project）对生态城市的特征予以了一定程度的阐释（表 16.1）。

生态城市的景象（Vision of an ECOCITY）　　表 16.1

易到达的城市	拥有日常生活公共空间的城市	与自然和谐共生的城市	拥有系统化绿地空间的城市	气候舒适的城市
消耗土地最少的城市		步行、自行车和公共交通出行的城市	减少、再利用和循环使用废弃物的城市	致力于水循环的城市
土地平衡、混合使用的城市				
集中与分散达到新平衡的城市	城市街区形成网络的城市	以可再生能源供能的城市	健康、安全和富裕的城市	拥有可持续生活方式的城市
密度适宜的城市	拥有人的尺度、社会文明的城市		拥有强大地方经济的城市	市民参与建设和管理的城市
在合适的区域集中发展的城市	与周边地区整合的城市	消耗能源最少的城市	融入全球通信网络的城市	具有文化特色和社会多样性的城市

来源：Philine Gaffron, Gé Huismans, Franz Skala, Ecocity, a Book 1: A Better Place to Live, http://www.bestpractices.at/data/documents/ecocity.pdf.

作为一种新型的城市类型，明确认识并表达生态城市独特的核心性质，是很有必要的。生态城市的核心特征包括：

(1) 生态性

本质上，生态城市应体现出“生态性”。“生态性”是指生态城市在规划、建设、运行等过程中所具有的符合、体现生态学基本原理的性质，也是城市在经济、社会、环境各系统实现生态化的性质。具体地说，是体现某种程度的自然生态系统物质结构和功能特征的性质。生态性的基本内涵，从自然生态系统看，可以概括为：环境质量和存在状态的自然性、环境对生物生存和繁殖的健康性、生物和其周围环境关系的协调性、物质循环利用不产生对环境有害废物的环保性、能量和信息利用的高效性、环境系统的自调节性等；从人类生态学方面看，是环境为人类提供各种生态服务的功能性、人与自然的和谐相处即人类对自然的尊重和保护。生态城市的必要因素之一是城市具有反映和体现上述生态性内涵的性质，即生态城市的核心是人与自然的高度和谐，城市的结构、功能、状态、过程等要遵从生态学的一般规律。

为体现这一核心性质，生态城市中的人类物质生产要向“生态化”发展，人类社会经济活动要以生态可承受能力为前提。生态可承受能力包含资源承载力、环境承载力和自然生态系统的恢复力等。生态城市规划建设首先要体现出“生态经济”的思想，即要把经济系统与生态系统的多种组成要素联系起来进行综合考虑与实施；同时还要正确利用城市生态系统的服务功能，并将其作为一种效益纳入社会经济活动的费用效益核算中；还应运用生态控制论原理研究城市环境对人类活动的反馈机制，如资源承载力对人类社会经济活动的响应，从而使人类决策和行为向有助于城市生态系统健康有利的方向发展。

由于生态城市本质上是由多个具有生态性质的要素组成的功能体，其结构又影响着功能的发挥和整个城市的运行，因此，城市要素的生态化，城市功能的生态化（生产生态化、生活生态化、交通生态化等），城市结构的生态化（从规划专业来说是空间结构的生态化，拓展的话包括经济结构生态化等），城市运行的生态化无疑是体现生态城市的生态性的重要方面。

生态城市的生态性同时还具有健康性、多样性、高效率、共生性、整体性、地域性等涵义。

(2) 自律性

从哲学角度而言，“每个人的自由发展”除了个性、创造性外，还离不开自律性。生态城市具有生命体的特性，是一个复合生态系统，其自律性具有比较丰富的内容。

首先，应认识到城市的发展在给全人类带来福祉的同时，也会带来一定的负面影响和作用，生态城市的发展必须建立在对区域和全人类负责任的基础之上，绝非随心所欲，百无禁忌。

其次，由于城市人类赖以生存的生态系统所能承受的人类活动强度是有极限的，所以，城市的发展在空间、土地、消耗、规模、密度、边界等方面都存在着生态极限。生态城市的发展也必须在这些极限的范围内进行，而不可超越。生态城市在某种程度上而言即是一种意识到了城市的生态极限的城市类型；通过发展生态城市，人类能够取代目前的城市发展型式——浪费的、生态上不健

康的城市蔓延。

第三，为了长久地维持生态城市的特质不变化，生态城市必须对自身进行严格的限制和管理，其中就包括限制城市的人口和规模，限制人的出行和享受，管理和规范人的生活方式等内容。

第四，自律性表明生态城市具有自组织、自调节、自抑制的机制，具有自我维持、自我完善的能力。生态城市的自律性是城市与区域和外界实现共生、和谐的必要条件，也是实现人与自然和谐的先觉条件之一。

生态城市的自律性同时还具有人为性（以人为主导对城市的发展进程进行调控）和谐性、共生性等涵义。

（3）正向演替性

对城市人居环境而言，演替是城市生态环境朝着某种特定的方向和趋势发展的状态和过程。演替有正向演替和负向演替两种状况，正向演替实际上是趋优演替。作为一种理想的人类栖境，生态城市在聚居质量、生产效率、环境影响等方面无疑应该具有较优良的状况与水平，生态城市的生态环境质量、人与自然的关系、物质循环、能量使用等皆应向着生态化、优化的方向发展，即生态城市应该具有明显的正向演替趋势。生态城市的正向演替趋势，可以从原有任何水平基础上开始，可能是在原来较恶劣的基础上实现，也有可能是在原来较优良的基础上实现。无论是哪一种情况，生态城市的正向演替应该是生态城市的核心特征之一。这一核心特征表明，生态城市的生态环境的总体状况与水平应该是逐渐趋于优化，而不是相反。生态城市正向演替的表达具有丰富的内容。除了以上提到的之外，最重要内容的可能包括：①生物生存环境（包括土壤、水、空气以及延伸的光环境、热环境、声环境、放射环境等）质量的正向演替；②生物健康水平（寿命、种群活力和活动范围、繁衍状况等）的正向演替；③生物多样性以及生物活动的多样性的正向演替；④城市安全状况的正向演替；⑤城市人类的生态环境意识的正向演替。

生态城市的正向演替性同时也具有安全、健康、高效的涵义。

（4）可持续性

可持续发展是生态城市建设的长期目标。生态城市的本质是可持续发展的城市生态系统。按照可持续发展论，生态城市是在可持续发展理论指导下的，实现社会、经济、环境永续协调发展的生态系统。生态城市实现可持续发展的途径包括：工业生产的可持续发展（工业产品是绿色产品，提倡封闭式循环工艺系统），资源和能源利用方式可持续性，消费方式和生活方式的可持续性，乃至环境战略从重视环保向经济社会生态的全面可持续发展转变，建立促进人类社会可持续发展的机制等。

生态城市具有符合可持续思想的时间观和空间观，前者表现为公平地满足现代与后代在发展和环境方面的需要，不因眼前的利益用“掠夺”的方式促进城市暂时的“繁荣”而对后代造成负面影响；后者表现为生态城市妥善地考虑城市及农村和区域平等、均衡发展，致力于整个人居环境的健康、协调和持续发展。如，有学者指出，生态城市是在城市－区域社会生产力和环境承载力的平台上，以城市－区域经济社会功能提升和生态环境优化为目标，以经济社会调控和环境技术为手段建立起来的城市－区域可持续发展共同体（王发曾，2008）。此外，生态城市还具有符合可持续思想的平衡观和关系观，前者指生态城市的可持续性是在经济、社会、环境各系统之间的完善兼顾而不偏废某一方面；后者是指生态城市的可持续性，一方面是要素的可持续性，另一方面是关系的可持续性。某种程度上，关系的可持续性比要素的可持续性更加重要。

生态城市的可持续性的重要内容还有其质量内涵。质量是事物或系统发挥功能的优劣程度，质的提高能够永久持续，而量的增长则很难长久维持。因此，现代城市的可持续发展应在量的适度、有限增长的基础上主要追求质的持续提高。发展质量既是城市可持续发展的阶段性目标，也是其终极目标（王发曾，2006）。

（5）理想性

苏联生态学家亚尼斯基（O.Yanitsky，1984）认为：生态城市是一种理想城市模式。生态城市特征的理想性可以从如下几个方面认识：

1）理想性所带来的“多义性”和“完美性”　理想城市是人类自城市产生伊始就开始孜孜追求的目标。生态城市可以说是迄今为止被最多人所“推崇”的理想城市类型。分析众多的关于生态城市的表述，可以发现生态城市被描述成几乎完美的城市发展模式和城市类型，所有的积极的、正面的属性和特征都被人们赋予生态城市，从而使生态城市具有明显的“完美的多义性”。

2）理想性所带来的“未来性”　理想的东西往往是目前无法实现的，天然地带有“未来性”。从这一角度以及至今可见的生态城市研究和实践所反映的信息可见，生态城市是一种集中了人类对理想的、未来的人居环境的所有优点的聚居类型，是一种迄今为止无明确和完整个案的城市类型，因而，是一种未来才可能实现的城市类型。由此可见，生态城市的理想性反映了其所具有的未来性和愿景性。

3）理想性所带来的长期性、探索性和不定性　生态性所具有的“多义性”、“完美性”和“未来性”表明，生态城市的真正实现是一个十分艰巨的任务，其过程将很漫长。必须基于雄厚的经济实力、先进高效的经济结构，优良优越的生态环境基础，充裕丰富的资源供应，良好运转的社会体制、科学先进的文化和思想道德意识等众多的内部和外部条件。对每一个提出将生态城市作为其奋斗目标的城市，对其进行可能性、可行性的分析是很有必要的。此外，生态城市的完整的内涵也需要假以时日才能充分展现并被人们真正认识，因此，在认识到生态城市的理想性和先进性的同时，生态城市所具有的探索性、长期性和不定性也是不应该被我们忽视的。

当然，指出生态城市的理想性并非否认其先进性与可行性，并不是要否定其在使人类摆脱发展道路上所遇到的困境所起的巨大的积极作用。

以上，是从较宏观、较抽象的角度对生态城市特征的描述。实际上，生态城市的特征也可以从城市要素、城市形态和城市运行等角度加以表达。如，

1987年美国生态学家Richard Register在《生态城市伯克利：为一个健康的未来建设城市》中提出了其所期望的理想的生态城市应具有的下列六点特征，可以认为是从空间和城市格局角度对生态城市特征的描述：①依生物、集水区、地质及地形特征、气候等因素所决定的生物区域作为规划单元，并以物种及活动多样性为首要发展原则；②紧凑的空间发展模式，是三度空间发展，而非平面的扩张模式；③邻里性社区的发展，整合了居住、就业、就学、游憩、自然及农业特性等多项功能。缩小邻里社区街道宽度以增加绿地面积，或增加该地区发展密度；④在已发展地区，鼓励高层建筑及高密度的土地使用形态，以避免对都市外围之环境敏感地区造成开发的压力；⑤借助设施区位的邻近以提高可及性，而非仅依赖运输系统的改善来提高可及性；⑥借助各种回收方式，使废物重新变成资源（Richard Register，1987）。

16.2　生态城市的标准与类型

16.2.1　生态城市的标准

联合国环境署对生态城市的标准提出过原则性的意见，包括如下几个方面：①以生态学理论为指导，制定城市发展的战略规划；②实现工业生产可持续发展（工业产品是绿色产品，提倡封闭式循环工艺系统）；③发展生态农业；④以人为本（居住区标准以提高人的寿命为原则）；⑤重视历史、文化、古迹和自然资源的保护；⑥大力发展绿化，将城市融入自然。

1980年以后，日本提出了“生态城市计划”（环境共生城市计划）。日本学者岸根卓郎从环境保护的角度提出了生态城市的三项必要条件：一是地域环境负荷小，环境美化；二是确保自立性、安定性和循环性；三是确保与其他生物的共生性。这些条件对理解“生态城市”的标准具有一定的启发。

澳大利亚1994年开始，在阿德莱德城发起了一个生态城市计划，制定了衡量生态城市的具体标准，包括：空气：污染⟶净化；水体：污染⟶净化／循环；土壤：退化⟶更新；能源：非更新⟶可更新；生物量：降低⟶上升／稳定；食物：消费⟶生产；生物多样性：下降⟶上升；生境：破坏⟶再生；生态连接：下降⟶上升；废物：排放⟶循环回用；气候变化：恶化⟶恢复。

王如松等（1994）认为，从原则的角度，生态城市的建设要满足以下标准：①人类生态学的满意原则。包括满足人的生理需求和心理需求、满足现实需求和未来需求，满足人类自身进化的需要。②经济生态学的高效原则。包括资源的有效利用；最小人工维护原则：城市在很大程度上是自我维持的，外部投入能量最小；时空生态位的重叠作用：发挥城市物质环境的多重利用价值；社会、经济和环境效益的优化。③自然生态学的和谐原则。包括“风水”原则；共生原则：人与其他生物、人与自然的共生，邻里之间的共生；自净原则；持续原则：生态系统持续运行等。

《生态城市的衡量标准》课题组（1999）认为，生态城市的衡量标准可分为三大系列 11 项标准。

1）自然生态标准 ①城市的规划、建设符合生态学原理，空间设计（包括布局和竖向设计）与地质、地貌、水文、气候等自然条件相适应，使城市天蓝气畅，地净水清，建筑布局随坡就势，环境质量高。②人与其他生物友好共生，人随时可与自然接近，将自然融于城市之中。③城市具有较强的自我组织、自我调节、自我净化能力，符合生态平衡的要求，城市生态系统可以持续运转。

2）经济生态标准 ①保护并高效利用一切自然资源与能源，注重清洁能源的使用和资源的重复循环利用，实现清洁生产和文明消费；②城市设施的最小人工维护。城市设施人工维护应当符合最小化原则，应远远小于它所能提供的服务。如果一种设施需要投入大量的人力物力来维护而其服务能力有限，那将不符合经济生态标准；③时空生态位的重叠利用。如晚上将局部马路封闭，禁止车辆通行，成为居民夜生活的娱乐场所，这是时间生态位的重叠；屋顶和墙面绿化是对空间生态位的重叠利用。这种重叠利用，也是资源利用的节约与高效。

3）社会生态标准 ①有完善的社会设施和基础设施，为居民提供高质量的生活环境，能够满足居民现代化的物质的精神生活需要；居民生活满意度高，身心健康，安居乐业；②保护和继承历史文化遗产，并尊重居民的各种文化和生活习性，形成自由、平等、公正的社会环境；③生态建筑得到推广普及，有宜人的建筑空间环境，人人都有合适的居住空间；④居民有自觉的生态意识，包括资源意识、环境意识、可持续发展观等。实现“人创造环境，环境陶冶人”的良性循环，促进人类自身的进化；⑤具有完备的法律、政策及管理体制，保证上述生态标准都能落到实处，保障城市的各项生态政策都能顺利进行。

以上 11 个方面，从不同侧面反映了生态城市的衡量标准，也是进行生态城市设计与建设的目标和价值取向。创建生态城市就是要依据上述标准去调节和改善城市内部的各种不合理的生态关系，提高城市生态系统的自我调控能力，通过自然的、社会的、经济的、行政的、法律的等各种手段去实现城市的持续发展。

16.2.2 生态城市的类型

目前，国内外生态城市的分类方法有很多种。研究角度不同，分类方法各异。有些是按照生态城市建设的侧重点不同来分，有些是根据生态城市建设的内涵来分。

根据生态城市建设的时空特征，可将生态城市分为新建型生态城市和再生型生态城市两类。新建型生态城市是在某种特定的地理条件下按照理想状态完全新建的生态城市，是对生态城市理论的探索和尝试，某种程度上是一种带有实验性质的生态城市建设活动。再生型生态城市是在原有城市的基础上，按照生态学的原理和可持续发展的理念，对城市的物质环境、经济生产以及景观风貌等进行改造更新，目的是在遭到破坏或者存在缺陷的城市系统中，恢复城市

生态系统的平衡。

Richard Register (2002) 根据人们对于生态城市规划理念的角度、方法不同，以及生态城市所处的不同的发展阶段，将生态城市分为"西瓜型"、"青少年型"、"健康型"三类。

(1) 西瓜型生态城市 ("Watermelon" Eco-cities) ——只强调城市外在景观是"绿色"的，以保育环境为目标，具有丰富的绿色植物；未顾及生活性，常忽略经济可持续发展，完全以保存与提升都市环境为目标，强调增加公共开放空间的质和量、保留农业用地、确认环境敏感地区，以及建立舒适的环境等措施。

(2) 青少年型生态城市 ("Teenage" Eco-cities) ——城市面临住宅用地缺乏、空气污染、水源不足、水质污染、道路拥挤、缺乏户外空间、能源成本增加等问题时，注重克服生物物理学限制，强调增加大规模先进基础设施，改善城市状况，使经济成长和消费能力的水准可以继续维持。

(3) 健康型生态城市 ("Healthy" Eco-cities) ——平衡经济与社会利益，确保长期生态健康状态、资源管理和可塑性，强调生态环境、社会及经济三赢。

仇保兴将低碳经济和生态城市这两个关联度高、交叉性强的发展理念复合起来，提出了"低碳生态城市"的概念。并将低碳生态城市主要归纳为技术创新型、适用宜居型、逐步演进型三类（仇保兴，2009）。低碳生态城市本质上属于生态城市的范畴，其对生态城市的追求，主要是从减少碳排放的角度展开并深入的。

16.3 生态城市的规划建设原则与演进步骤

16.3.1 生态城市的规划建设原则

Hahn (1991) 提出，生态型城市规划和建设应遵循以下 8 项指导原则：强调和尊重人性的尊严与社会伦理；强化人与人的关系；回归自然、回归精神层面；混合型城市结构；控制建设密度；重视本地文化传统；生态效益与经济效益并重；国际间的合作（宋庆铠等，2009）。

Richard Register 于 1993 年提出了十二条"生态城市设计原则"。包括：恢复退化的土地；与当地生态条件相适应；平衡发展，制止城市蔓延；优化城市能源；发展经济；提供健康和安全；鼓励共享；促进社会公平；尊重历史；丰富文化景观；修复生物圈。

1996 年，Register 领导的"城市生态"组织提出了更加完整的生态城市十项原则（Urban Ecology，1996），这些原则主要集中在城市土地开发、交通方式、自然环境、资源利用技术、生产和消费方式、生态意识和社会公平和管理等方面，具有较强的操作性：①修改土地利用开发的优先权，优先开发紧凑的、多种多样的、绿色的、安全的、令人愉快的和有活力的混合土地利用社区，而且这些社区应靠近公交车站和交通设施；②修改交通建设的优先权，把步行，自行车，马车和公共交通出行方式置于比小汽车方式优先的位置，强调"就近出行（access by proximity）"；③修复被损坏的城市自然环境，尤其是河流，海滨，山脊线和湿地；④建设体面的、低价的、安全的、方便的、适于多种民族的、经济实惠的混合居住区；⑤培育社会公正性，改善妇女、有色民族和残疾人的生活和社会状况；⑥支持地方化的农业，支持城市绿化项目并实现社区的花园化；⑦提倡回收，采用新型适宜技术和资源保护技术，同时减少污染物和危险品的排放；⑧同商业界共同支持具有良好生态效益的经济活动，同时抑制污染、废物排放和危险有毒材料的生产和使用；⑨提倡自觉的简单化生活方式，反对过多消费资源和商品；⑩通过提高公众生态可持续发展意识的宣传活动和教育项目，提高公众的局部环境和生物区域（Bioregion）意识。

澳大利亚城市生态协会（UEA，1997）提出的生态城市发展原则为：修复退化的土地；城市开发与生物区域相协调、均衡开发；实现城市开发与土地承载力的平衡；终结城市的蔓延；优化能源结构，致力于使用可更新能源，如太阳能、风能，减少化石燃料消费；促进经济发展；提供健康和有安全感的社区服务；鼓励社区参与城市开发；改善社会公平；保护历史文化遗产；培育多姿多彩、丰富的文化景观；纠正对生物圈的破坏。

姚士谋（2005）概括了生态城市科学规划与开发的八项原则：恢复和充分展示土地的生态健康和发展潜力；平衡开发强度与处理好土地承载力的相互关系；阻止城市过度开发与郊区无序蔓延；实现新型工业化与循环经济的战略思想；实行低水平的能源消耗，优化能源结构与效用；建立具有活力的城市绿化网架与绿色走廊；在生态环境优美的条件下，在城市建立市民安全、健康的居住、工作与游憩的空间，鼓励社区福利化建设；讲究生态开发策略，创造新型、现代的生态城市模式（董坚，2005）。

16.3.2　生态城市的演进步骤

美国世界观察研究所的调查报告《为人类和地球彻底改造城市》（1999）对生态城市兴盛的必然性进行了概括，指出：无论是工业化国家还是发展中国家，都必须将规划本国城市放在长期协调发展战略的地位，而其大方向只能选择走生态化的道路。对地球上现存的大量的城市而言，其"生态化"或向生态城市的演进和转化的途径及其步骤是一个具有重要意义的课题。

Rüdiger Wittig（2008）指出："在一个城市转变成'生态城市'之前，必须具备如下的必要条件，而这些条件又可以一语蔽之：一个生态城市应尽其最大的可能如同自然生态系统一样运作。然而，城市与自然生态系统特征的比较又揭示：这一目标通常是很难达到的"。

将一个典型的非生态城市转变为生态城市，城市与自然生态系统的差异（距）必须最小化，以最大限度地减少城市的生态足迹。Wittig et al.（1998）为希望使城市向最大化的生态化、可持续性方向发展的城市的决策者提出了5个指导性原则：①支撑生命的土壤、水、空气的环境要素必须加以保护；②能源消费必须减量化；③材料减量及材料的循环使用要加强；④通过保护和恢复使城市中的自然性在数量和种类两方面得到提升；⑤必须使城市空间及空间结构提供多样性（Rüdiger Wittig，2008）。

以上这些原则的任何一个被满足后通常也会使城市至少同时满足两个或三个其他的原则。如：减少材料的使用（原则③）将使交通流减小，这将使能源消耗减少（原则②）。较少的能源消耗将减少污染物的排放，从而减少对空气、水和土壤的污染（原则①）。保护和提高自然环境的质量（原则④）将会提高城市的裸土率、保护生物的土壤环境，也将使城市结构和城市空间的多样性提高（原则⑤）。

T. Dominski 认为，如同面积巨大的建筑物、道路等各种已有设施不可能在一夜之间被改变一样，生态城市的形成尚需一个世纪乃至更长的时间。但这并不是说生态城市是一个遥不可及的乌托邦式的幻想。当代城市向生态城市演化可通过以下三步：减少消费量（reduce），重新利用（reuse），循环回收（recycle）——这是一种由资源角度将现有城市向生态城市转变的途径。

荷兰提出了走向生态城市的三步战略：第一步是将单中心大城市转变为多核心的城市区域，中间以河道和绿带分隔；第二步是把主要使用化石能源（天然气、石油、煤）转变为主要使用可持续性能源（太阳能、风、地热、生物能）；第三步是改变客货运汽车系统为多方式的运输系统（内河、有轨电车、自行车和管道），城市物流中心用电动车辆运送商品。这是从城市空间布局角度、能源构成、运输系统角度而言的生态城市的演进路径。

Register（1987）提出了每个城市都有可能利用其自然生态禀赋，将原有城市建设、转变成生态城市的思想，他结合伯克利的实践，将自然禀赋、溪流、滨水区、平原和山地、邻里、商业区、交通、能源、粮食作物及林业、大学、生态和平中心（ecology peace center）等作为将伯克利转变建设为生态城市的物质元素，从而使生态城市的建设有了一系列具体的可操作性较强的对象。

16.4 生态城市及规划的理论基础

从生态城市理论的构成因素而言，生态城市理论不会是单一的某一理论，而是一个从多个角度，多种理论构成的“理论共同体”（表16.2）。

生态城市理论的若干构成 表16.2

理论	在生态城市中的应用	评价
复合生态系统理论	较为普遍的生态城市组成成分划分依据	为探讨生态城市结构及功能提供理论依据
可持续发展理论	较为通用的生态城市规则建设指导思想	为生态城市的目标和指标提供依据，但对城市内部之间的有机联系探讨不够
生态足迹理论	生态城市可持续发展目标及衡量指标	为确定生态城市建设措施及测度提供依据，但指标体系不易确立
生态系统健康理论	生态城市衡量准则及综合诊断依据	为生态城市建设提供测度评估方法，但健康不是生态城市的所有内涵
复杂适应系统理论	生态城市综合性、系统性研究的理论依据	为探讨生态城市性质特征及生态城市规划提供依据
生态市场经济理论	城市环境保护与经济发展良性互动的动力基础	为生态城市建设实践及确立生态城市经济发展模式提供依据

来源：万红艳．生态城市范式研究[D]．北京：北京师范大学，2004．

从生物学角度及城市生态化进程着眼的生态城市理论，则具有生物良性演化的某些特征。如景星蓉等（2004）认为，应着眼于生物物种多样性理论，生物物种适应性理论，生物物种竞争、共生与相融性理论，资源循环、再生理论，人与环境及其支撑网络完美和谐性理论，自然生态与人类生态高度统一与反馈平衡性理论，生态建筑寿命周期与环境效益理论，生态城市的评估标准与指标体系等理论的研究。生态城市的演化和控制理论应遵循人类聚居共生、消长与和谐性原则，人类聚居与城市的生产、流通、消费、还原和调控功能稳定性原则，人类聚居自然生态与人文艺术生态协调与繁荣性原则。

生态城市规划是系统工程，涉及的因素很多，城市规划学、建筑学、生态学、环境生态学、景观生态学、环境工程学以及社会学、城市经济学、统计学、信息学、地质学、农学等多学科构成了生态城市规划的理论基础。生态城市规划的理论与生态城市的理论具有较大的一致性，并且，后者实际上也是生态城市规划的支撑理论之一。但两者也有所区别，主要表现是前者的构成更加明确、针对性、应用性更强。

崔宗安（2006 年）认为，城市生态规划理论可以分为三个主要组成部分：自然生态理论、经济生态理论以及社会生态理论。

（1）自然生态理论

1）景观生态理论　景观生态理论来自景观生态学。景观生态规划是对景观特征进行分析判断后，做出综合性的评价并提出最优化的景观利用方案，使景观内部的社会活动和景观的生态特征在时间和空间上协调，达到景观利用和环境保护的双重效果。

2）土地嵌合理论　1995 年 Richard T.T.Forman 提出了土地嵌合理论，其主要内容是通过各种地景空间元素（斑块、廊道、基质）的组合，描述区域空间模式的组织与变迁。土地嵌合理论包括空间与时间的四维尺度问题，这个尺度所包含的“空间”就是土地嵌合体的物质形态和景观空间模式，它所跨越的“时间”就是从水文变化、生物迁徙、植被演替过程和嵌合体空间模式的变迁过程，这些都是土地嵌合理论关注的重点。

3）承载力理论　“承载力”用来探讨生态环境系统所能支持生存的生物量。承载力理论是以环境成长与管理为出发点，在充分考虑环境体系自净能力的情况下，探讨自然环境对土地使用行为的承受力，并分析土地的使用性质和使用形态。承载力理论的应用强调临界门槛值的管制，控制自然环境与人文环境的数量、形态、区位与品质等。

（2）经济生态理论

1）能值系统理论　生态学家 H.T.Odum 首先提出用能量之间的关系分析城市系统。Odum 以系统理论、热力学两大定律和最大功率原则为主要基础理论，透过量化系统中各组成因子的能量值，将系统中能量的流动、储存与转换等过程以图形方式表达，描绘城市生态系统间相互作用的复杂关系。通过生态系统图，可以清楚展现生态系统的组成架构、输入与输出的能量关系和能量流

向。这些成果可以作为分析地区各种生态系统的模型，用来进行社会、经济、资源、与能量流动的分析。Odum 以能量值的原理为基础进而提出五项城市生态系统指标：城市结构体边缘指标、城市结构体紧邻开放空间边缘规则度、城市结构体密度、能量动力密度及压力密度，用以表现城市及区域能量交互的复杂度，并可以作为确定土地使用功能的依据。

2）生态效益理论 “生态效益”理论强调生态与经济的共同发展，在创造经济效益的同时兼顾生态系统的平衡。生态效益的指标为：生态效益＝产品与服务产生的价值／对环境所产生的影响。城市规划的编制与实施需要具有生态效益的观念，在整个城市生命周期中，逐步减少环境冲击和天然资源的消耗，提供满足人们需求且具有市场竞争力的城市空间，提升人民的生活品质，并延长城市的使用年限。

3）生态足迹理论 “生态足迹”是一组基于土地面积的量化指标，以人类给自然带来的“负荷”作为计算基础。生态足迹理论的分析采用列举式的计算方式，将人类发展所必需的各项资源分化成 6 种不同的资源生产用地：石化能源生产地、耕地、牧草地、森林、建成土地、海洋，然后把每人所需要的各种用地面积加总，再乘上该地之人口数，所得即该地区的“生态足迹”。生态足迹的理论可说是承载能力理论的延伸，不单纯以生物学的观点考察人类的消费模式，更加入科技及贸易的影响，考虑到了生态作用经过产业或文化的影响后得以放大的结果，以一种量化的方式评估地区的发展特性。

（3）社会生态理论

1）人文区位学 20 世纪初，由芝加哥学派倡导而发展起来的人文区位学理论将社会视为一个有机体，各个部位通过竞争、合作、依赖、共生、寄生等方式产生各种关系，而空间环境也因此产生集中、分散、隔离、侵入与承继等现象，这一切影响着城市内部的结构并产生变迁的过程，因而形成各种城市社会现象。人文区位学是探究人类在这种空间分布过程中，各种社会性与非社会性影响所产生的原因的学科。人文区位理论在环境、人群与空间分配关系上进行研究与探讨，对于城市的空间结构与成长方向能够做出概括性的分析，能有效地解释地区的内部社会结构与空间发展的特性，可以很好地指导生态城市中土地使用与城市软硬件的建设。

2）文化生态学（Culture ecology） 1955 年，美国人类学家 J. 斯图尔德发表了《文化变迁理论》(Theory of Culture Change)，阐述了文化生态学的基本理念。文化生态学是研究文化的存在和发展的内部及外部环境的科学，它不仅要研究文化与外部经济、社会和自然环境的互动关系，也要研究文化的内外各种不同形式及它们之间的互动关系。把“环境”纳入到文化研究之中，是文化生态学研究对象的显著特点，也是文化生态学应用自然生态学理论和方法的主要方面。

以上所列的各项理论在生态城市分析及规划中的应用可见表 16.3。

生态规划理论联系实际应用 表 16.3

生态城市规划建设主要内容 \ 相关重要理论		城市生态系统							
		自然生态			经济生态			社会生态	
		景观生态理论	土地嵌合理论	承载能力理论	能值系统理论	生态效益理论	生态足迹理论	人文区位理论	文化生态理论
生态环境	水文	o		o	o	c	o		
	大气与光线	o		o	o		o	c	
	噪音与污染	c	c	o	o		o		
	植物与土壤	o	o	o	o	c	o	c	
	废弃物	c		o	o	c	o		c
	土地使用	o	o	o	c		o	o	
	建筑风貌	o	c		o			c	o
	公共设施		o		c		o	o	c
	历史文化遗迹	o	c			c		o	o
经济产业	自然资源	o	o		o	o	o		
	产业结构			o	o	o		o	
	土地价格		c	o	o	c		o	c
	劳动力和就业			o	o	c	o	o	c
社会组织	人口组成			o	c		c	o	o
	社会结构		c	o	o	o		o	o
	社会团体		c	c		c		o	o

o 为直接分析应用 c 为间接分析应用

来源：崔宗安．生态城市建设中的规划理论．北京规划建设，2006（2）．

16.5 生态城市的规划性质与规划目标

16.5.1 生态城市的规划性质

（1）科学性—生态性—经济性—社会性的结合

生态城市规划的科学性反映在其是一个基于大量生态数据分析论证基础上的城市规划类型。遵循“发现问题——提出对策——组织实施——解决问题——效果反馈”思维路径和过程。而以上路径和过程均需要科学先进的理论、理性的头脑和思维、脚踏实地开展大规模基础数据分析研究的求实精神。生态城市规划在具备科学性的同时，在规划思想里导入了生态环境、经济及社会因素，并将这些因素加以整合，按复合生态学要求的原则进行统一的城市规划。

（2）与生态城市建设密切相关

生态城市规划是生态城市建设的前提和基础。现实的城市往往存在着各种需要解决的问题，因此，从狭义上而言，生态城市规划的针对性、问题导向性、物质性以及与城市建设的联系是较强的；而从广义上而言，生态城市规划的本质之一是用生态学和生态经济学的原理来规划、设计和组织人类的经济社会活

动，并通过具体的建设行为付诸实施。因此，广义的生态城市规划是一个涉及面较广的规划类型。这也是目前生态城市规划成果各异的原因之一。

(3) 追求协调性

生态城市规划与传统的城市规划的区别之一就在于前者将人与自然看作一个整体，以自然生态优先的原则来协调人与自然的关系，促使城市生态系统向更加有序、稳定、协调的方向发展，最终目的是引导城市实现人与自然的和谐共存，持续发展。

(4) 专业性—综合性的结合

一方面，生态城市规划是在明确的专业目的和基础上进行的规划。不同的专业，其在生态城市规划中承担的任务是不同的（表16.4）。基于人居环境规划的城市规划，专业的生态城市规划内容具有自己的特色，包括物质性、空间性、预判性、控制性等。另一方面，生态城市规划由于涉及的因素和考虑的问题众多，所以，必须多学科合作，才能顺利地进行生态城市规划。

国内不同学科背景生态城市规划的特点分析 表16.4

专业背景	主要理论基础	主要优点	主要缺点
环境科学	自然地理 环境科学	侧重于各环境要素的规划 和自然生态单元的调控	缺少对规划各种要素的空间安排和控制； 同时、对生态城市内社会、经济系统规划偏弱
城市规划	城市规划 生态学	通过对城市空间的调控来 改善生态城市内部的关系	缺少对生态城市各个子系统之间关系的整合； 同时，生态建设和环境污染控制内容偏弱
生态学	生态学 环境科学	侧重于生态系统各子系统之间时、 空、量、构、序的合理安排和控制	侧重于理论层面的研究，缺少可操作性； 同时，缺少对生态城市空间开发和利用的有效规划

来源：李文婷，舒廷飞，施凤英，张春霞．生态城市及其规划的研究进展与问题．上海师范大学学报（自然科学版），2007（2）．

(5) 相对完善性

在规划价值观、认识论、规划内容、规划方法和手段方面等，生态城市规划与传统城市规划相比均更加完善（表16.5）。当然，这种完善性也是处在不断发展的过程之中，而且，在生态城市规划与传统城市规划的关系上，主要是一种结合与发展的关系，并非隔离、独立的关系。

传统城市规划与生态城市规划比较 表16.5

项目	传统城市规划	生态城市规划
哲学观	主宰自然	与自然协调共生
规划价值观	掠夺自然（扩张型）	人－自然和谐（平衡型）
规划方法	物质形体规划	生态整体规划
规划内容	形体＋经济（城市）	人＋自然（城乡）
学科范畴	独立学科	交叉、融贯学科
规划程序	单向、静止	循环、动态
规划手段	手工、机械	智能计算机技术
规划管理	行政	法律
决策方式	封闭、行政干预	开放、社会参与

来源：黄光宇，陈勇．生态城市理论与规划设计方法．北京：科技出版社，2002．

16.5.2 生态城市的规划目标

从某种意义上而言，生态城市规划是为生态城市建设服务的，因此，生态城市规划的目标与生态城市建设的目标密切相关。从比较宏观的视角，生态城市建设的目标包括：促使城市生态系统的结构趋于合理、功能高度协调，城市的可持续发展与其所在区域的可持续发展互相适应、互为支撑；完善城市基础设施，为城市的可持续发展提供效率保证；以自然恢复方式为主实现城市人工环境与自然环境的高度融合；培育城市团体和居民的生态伦理观、生态价值观和生态道德观；建立完善的包括规划、设计、营建、监控、调节等环节在内的城市生态系统动态管理与决策体系（王发曾，2006）。生态城市规划目标必须与生态城市建设目标相呼应相协调。

从相对中观和比较物质化的角度，生态城市规划目标体系包括：产业结构的合理布局规划、区域功能分区规划、时间与空间跨度规划、绿地生态系统建设规划、水环境系统的综合利用规划、城乡协调关系的规划、人居环境与支撑网络的有效利用与最佳设计规划、城市资源与能源循环利用的规划、生态旅游规划、环境和古建筑以及文物的保护和恢复规划、生态小区与生态产业园区的建设规划、生态城市的信息管理与调控机制的建设规划、生物物种多样性与支撑体系的数量及其比例关系规划、生态立法与相关支持政策的制定等（石永林，2006）。

如果从自然、经济、社会三个系统而言，生态城市规划的目标具体内容可见表16.6。

生态城市规划的目标　　表16.6

生态城市规划的目标	自然生态系统规划	1. 建立清楚的边缘界线
		2. 创造良好的地区景观特色
		3. 保护并且合理利用生态资源
		4. 提供多样化的土地利用方式
		5. 整合地区生态系统，强化系统结构
		6. 建立地区整体开发原则，提高斑块生态的效益
		7. 符合地区生态系统需求，进行科学的土地划分
		8. 采用生态手法设计道路，强化斑块间的连接程度
		9. 高效益性的土地使用，避免土地闲置或低度利用
		10. 减少生产所带来的废弃物，并将废弃物回收再利用
	经济生态系统规划	1. 科学地分配和利用公共设施
		2. 设定地区发展容量上限，并作有效管理
		3. 建立低能耗的运输系统，提高运输效率
		4. 促进地区产业升级，提高地区总体产值
		5. 建立合理的发展区位与方向，均衡经济生态的发展

续表

生态城市规划的目标	社会生态系统规划	1. 整合与利用地区社团组织
		2. 特殊公共设施的设置与规划
		3. 保存地区历史文化与空间记忆
		4. 管理地区人口数量，合理组织人口结构
		5. 优化社会生态的结构，积极促进地区意识建构

来源：崔宗安．生态城市建设中的规划理论．北京规划建设，2006（2）．

在我国的生态城市规划与建设的实践中，一些城市也提出了各具地方特色的生态城市规划目标。如天津中新生态城提出了“建设科学发展、社会和谐、生态文明的示范区；建设资源节约型、环境友好型、体现天津地域文化特色和时代特征的、生态宜居的国际化滨海新城”的发展目标。具体体现在：①经济蓬勃高效；②生态环境健康；③社会和谐进步；④文化传承弘扬；⑤区域协调融合（李迅，2008）。

[专栏16.1]：生态城市的一般性目标

- 使对土地（尤其是未开垦土地）的需求最小化
- 使主要的物质和能源的消耗最小化
- 使城市与区域间物质流的关系最优化
- 对自然环境的损害最小化
- 对自然环境给予最大限度的尊重
- 交通运输需求的最小化

- 认识人文关怀的构成，确保基本的需求
- 使对人类健康的损害最小化
- 使精神健康和社区感最大化
- 对人文背景（anthropogenic context）给予最大限度的尊敬
- 建立一个良好管理的框架
- 对可持续发展的最大化知晓

- 实现一个多样性的、抗风险的、具有创新性的地方经济
- 使全生命周期的总成本最小化（使生产力最大化）

来源：Philine Gaffron，Gé Huismans，Franz Skala，Ecocity，a Book 1：A better place to live，http：//www.bestpractices.at/data/documents/ecocity.pdf.

16.6 生态城市规划的内容与程序

16.6.1 生态城市规划的内容

生态城市的规划内容应该使生态规划的内容与城市规划的内容相适应，以

便使这两个规划尤其在城市空间、城市物质规划领域得到较高程度的融合，最大限度地发挥两个规划的协同作用（表 16.7）。

基于城市规划内容的生态城市规划设计内容（部分） 表 16.7

城市规划内容		生态城市规划设计内容
城镇体系		生态城镇体系 生态功能区划……
城市土地使用	规模预测	生态容量控制
	空间布局、功能分区	生态结构规划 生态园区
	土地使用性质	土地混合利用与利用多样性 土地恢复／旧区复兴
	居住人口分布	生态社区规划
	公共服务设施	公共空间／公共设施
	绿地系统	生态绿地景观规划
	开发强度（高度、密度、容积率）	开发强度控制
	……	……
基础设施	交通	公共交通体系 人行友好的非机动交通体系 机动交通缓和设计 可达性改善 停车空间供应 道路设施生态化……
	市政设施	可再生能源供应利用 能源资源供应量节约化控制 分区分质供水 雨污分流 雨水利用……
自然历史保护	自然保护	城市与自然的衔接设计 自然保护区 生物多样性保护 流域整合规划……
	历史文化保护	历史建筑与地区的保护……
环境卫生与城市防灾	环境卫生	资源回收利用中心规划 资源再生利用产业 环境卫生规划……
环境卫生与城市防灾	城市防灾	生命线系统建设 防灾设施系统规划
建筑与城市设计	建筑类型、建筑体量、体型、色彩等城市设计指导原则	场地与建筑功能混合利用 生态建筑设计与技术应用 适应地方自然与人文生态特色的设计布局 空间的立体开发利用……

来源：沈清基，吴斐琼．生态型城市规划标准研究．城市规划，2008（4）．

不同的城市，由于相异的社会经济环境背景及目标，具有不同的生态城市规划内容。潮州市生态城市规划内容侧重于找出生态环境问题的症结，针对性地改善区域的生态环境质量。该市的生态城市规划筛选出区域城镇环境的基本

特征，对区域（尤其是城镇）的环境质量做出总体评价，对环境保护面临的主要问题及制约因素进行分析，并对区域环境发展变化趋势做出预测；在此基础上，依据国内外环境标准提出全区及重点城镇所要达到的环保目标及宏观的治污措施，对一些跨县市的、对全区具有重大意义的建设项目提出战略规划，同时与大区域的生态环境规划进行协调，以期为“城乡一体化”提供外部环境条件，提供具有较好适居性的人居环境（陈克坚等，2008）。

16.6.2 生态城市规划的程序

从生态环境、经济、社会三大系统的角度，生态城市规划程序可以从明确目标——确定规划标准——制定方案等步骤逐一展开（图 16.2）。

毛锋等（2008）以一定的技术路线设计将生态城市规划目标、内容、方法和过程的表达融为一体（图 16.3）。

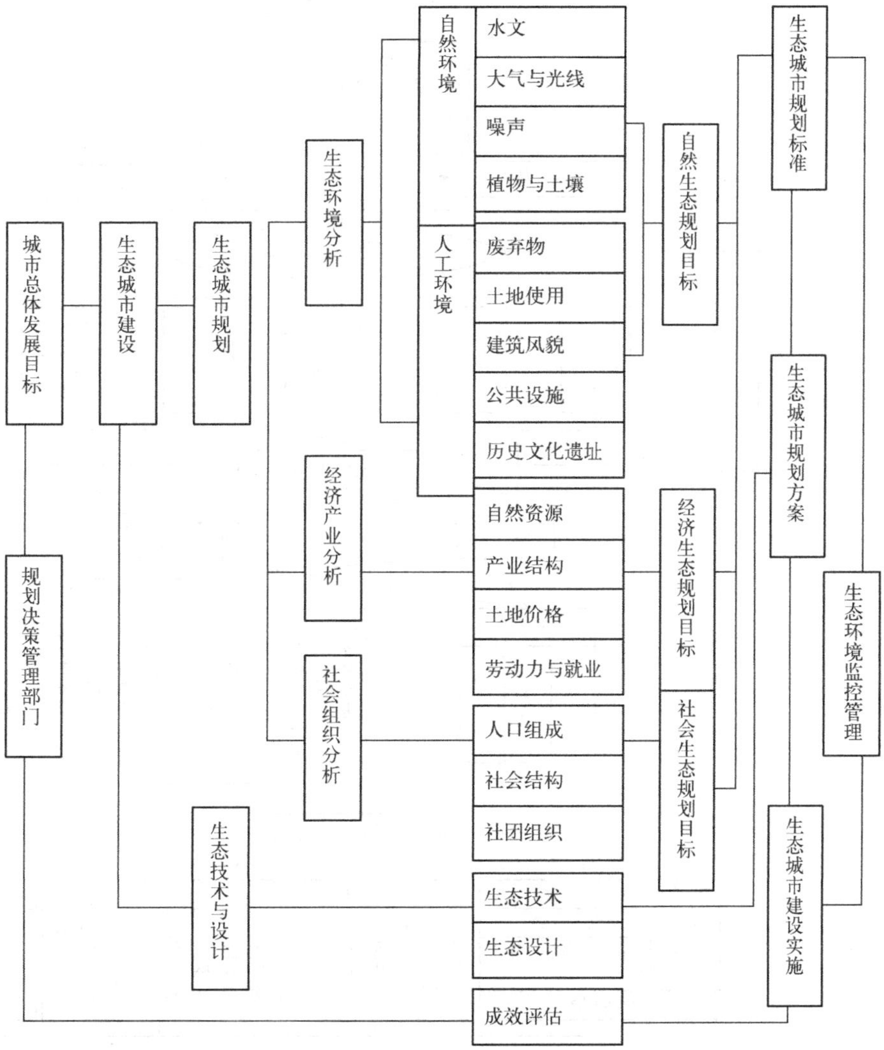

图 16.2 生态城市的规划设计过程

来源：崔宗安．生态城市建设中的规划理论．北京规划建设，2006（2）．

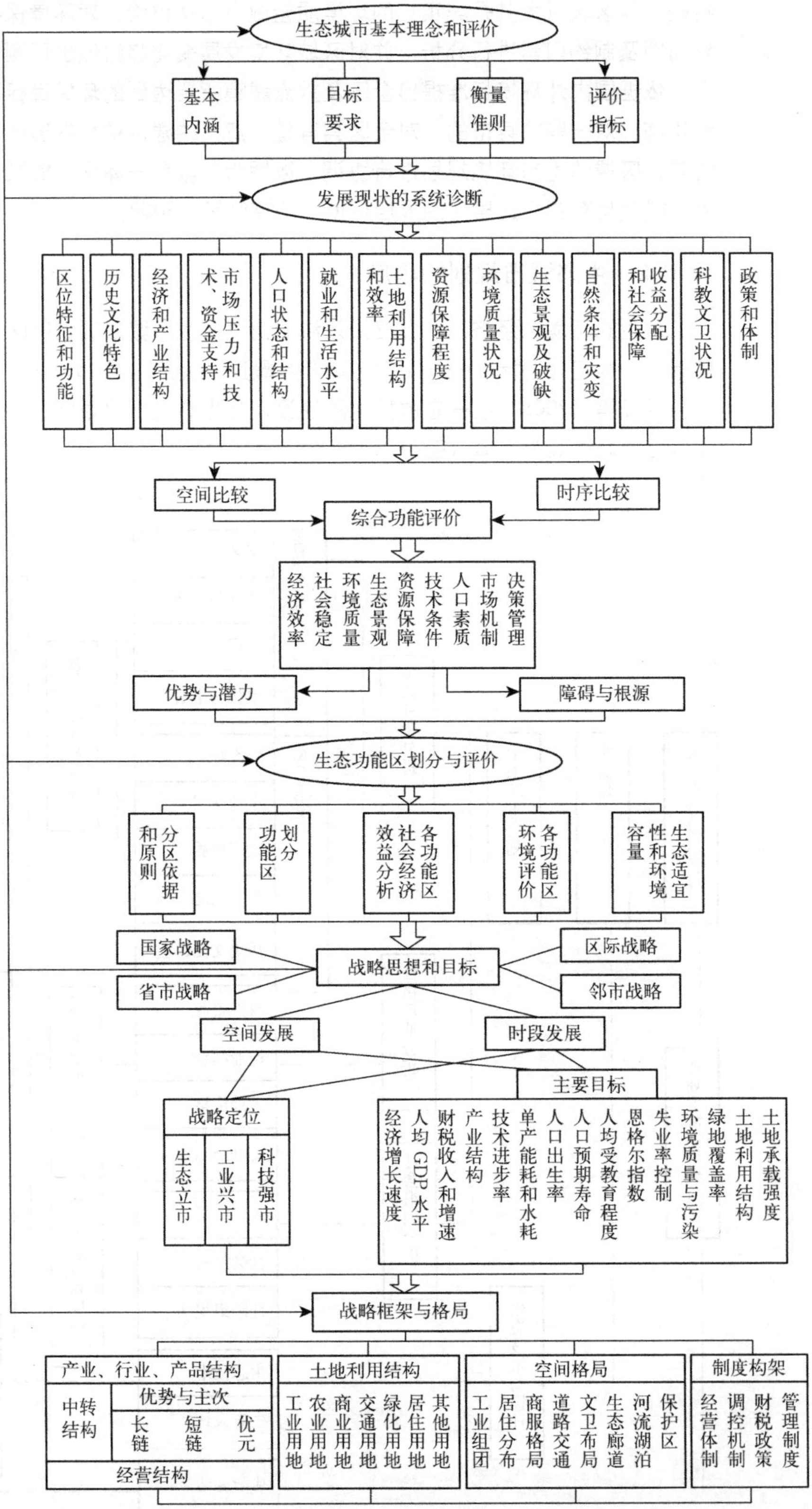

生态城市基本理念和评价
基本内涵 | 目标要求 | 衡量准则 | 评价指标

发展现状的系统诊断
区位特征和功能 | 历史文化特色 | 经济和产业结构 | 市场压力和技术、资金支持 | 人口状态和结构 | 就业和生活水平 | 土地利用结构和效率 | 资源保障程度 | 环境质量状况 | 生态景观及破缺 | 自然条件和灾变 | 收益分配和社会保障 | 科教文卫状况 | 政策和体制

空间比较 | 时序比较
综合功能评价
经济效率 | 社会稳定 | 环境质量 | 生态景观 | 资源保障 | 技术条件 | 人口素质 | 市场机制 | 决策管理
优势与潜力 | 障碍与根源

生态功能区划分与评价
分区依据和原则 | 划分功能区 | 各功能区社会经济效益分析 | 各功能区环境评价 | 生态适宜性和环境容量

国家战略 | 省市战略 | 区际战略 | 邻市战略
战略思想和目标
空间发展 | 时段发展
战略定位：生态立市 | 工业兴市 | 科技强市
主要目标：经济增长速度 | 人均GDP水平 | 财税收入和增速 | 产业结构 | 技术进步率 | 单产能耗和水耗 | 人口出生率 | 人口预期寿命 | 人均受教育程度 | 恩格尔指数 | 失业率控制 | 环境质量与污染 | 绿地覆盖率 | 土地利用结构 | 土地承载强度

战略框架与格局
产业、行业、产品结构：中转结构 | 优势与主次 | 长链 | 短链 | 优元 | 经营结构
土地利用结构：工业用地 | 农业用地 | 商业用地 | 交通用地 | 绿化用地 | 居住用地 | 其他用地
空间格局：工业组团 | 居住分布 | 商服格局 | 道路交通 | 文卫布局 | 生态廊道 | 河流湖泊 | 保护区
制度构架：经营体制 | 调控机制 | 财税政策 | 管理制度

图 16.3 生态城市建设规划内容与过程图

来源：毛锋，朱高洪．生态城市的基本理念与规划原理和方法．中国人口 · 资源与环境，2008（1）．

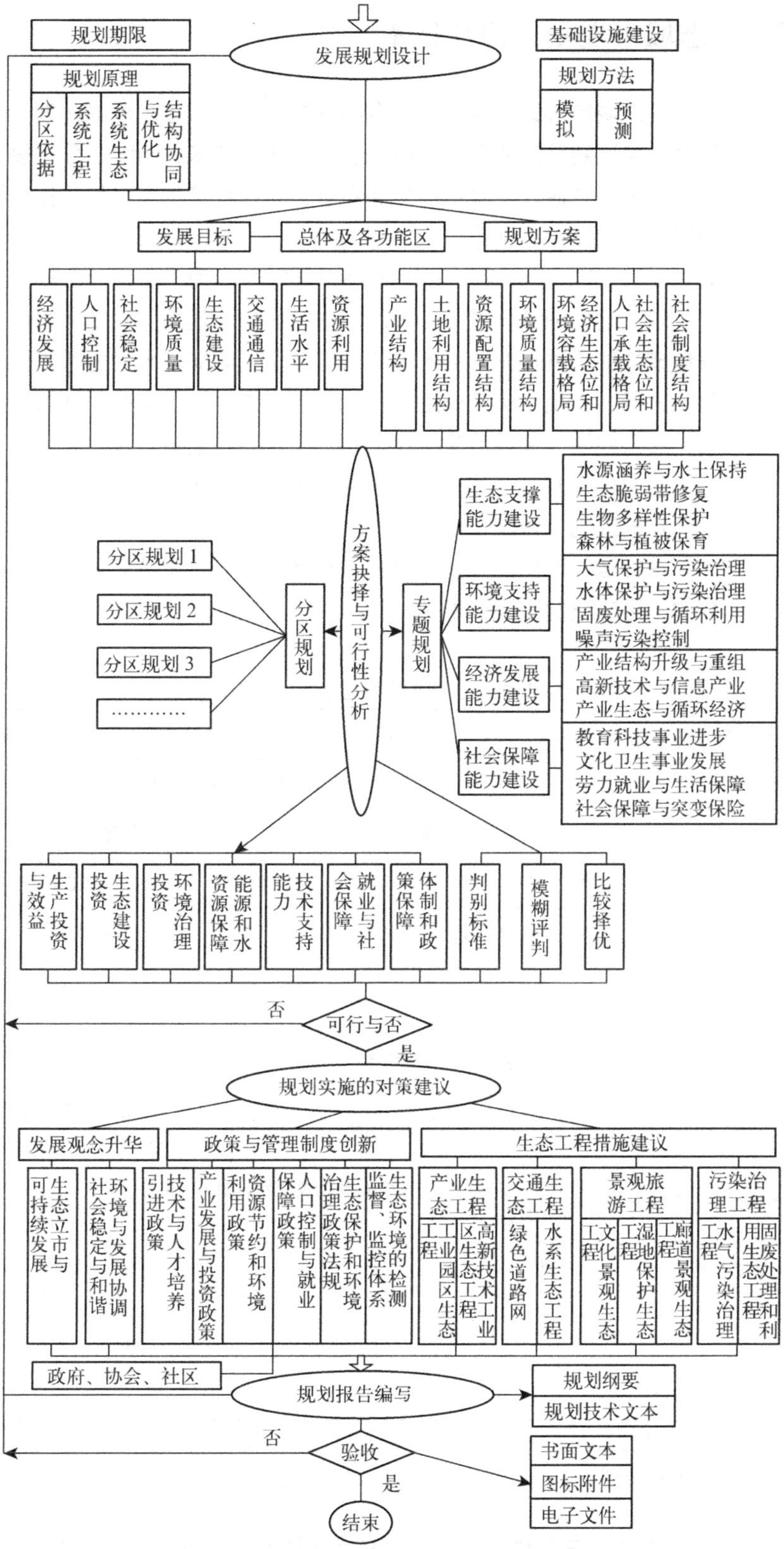

规划期限

发展规划设计

基础设施建设

规划原理：分区依据｜系统工程｜系统生态｜结构协同与优化

规划方法：模拟｜预测

发展目标 — 总体及各功能区 — 规划方案

经济发展｜人口控制｜社会稳定｜环境质量｜生态建设｜交通通信｜生活水平｜资源利用

产业结构｜土地利用结构｜资源配置结构｜环境质量结构｜经济生态位和环境容载格局｜社会生态位和人口承载格局｜社会制度结构

方案抉择与可行性分析

分区规划：分区规划1｜分区规划2｜分区规划3｜…………

专题规划：

生态支撑能力建设：水源涵养与水土保持；生态脆弱带修复；生物多样性保护；森林与植被保育

环境支持能力建设：大气保护与污染治理；水体保护与污染治理；固废处理与循环利用；噪声污染控制

经济发展能力建设：产业结构升级与重组；高新技术与信息产业；产业生态与循环经济

社会保障能力建设：教育科技事业进步；文化卫生事业发展；劳力就业与生活保障；社会保障与突变保险

生产投资与效益｜生态建设投资｜环境治理投资｜能源和水资源保障｜技术支持能力｜就业与社会保障｜体制和政策保障｜判别标准｜模糊评判｜比较择优

可行与否（否／是）

规划实施的对策建议

发展观念升华：生态立市与可持续发展｜环境与发展协调社会稳定与和谐

政策与管理制度创新：技术与人才培养引进政策｜产业发展与投资政策｜资源节约和环境利用政策｜人口控制与就业保障政策｜生态保护和环境治理政策法规｜生态环境的检测监督、监控体系

生态工程措施建议：

产业生态工程：高新技术工业区生态工程｜工业园区生态工程

交通生态工程：水系生态工程｜绿色道路网

景观旅游工程：廊道景观生态工程｜湿地保护生态工程｜文化景观生态工程

污染治理工程：固废处理和利用生态工程｜水气污染治理工程

政府、协会、社区

规划报告编写 → 规划纲要；规划技术文本

验收（否／是） → 书面文本；图标附件；电子文件

结束

图16.3　生态城市建设规划内容与过程图（续图）

16.7 生态城市规划方法与技术

生态城市规划方法与技术有不同的层次。从较宏观的角度，运用一定的规划手段来达到特定的目的即属于规划方法与技术的范畴。如胡俊（1995）认为，生态城市规划通过扩大自然生态容量、调整经济生态结构、控制社会生态规模和提高系统自组织性等一系列规划手段，来促进城市经济、社会、环境协调发展。又如，宋庆铠，Björn von Randow（2009）认为，生态城市规划要求在对城市开展规划的前期或同时，必须对规划给区域内植物、动物、水体、空气和土壤等造成的影响进行充分深入的分析与考核，即环境承载力考核要先于或同步于规划进行。在规划实施以后，要对城市生态环境的有关数据加以采集，加以分析，观察效果，寻找问题所在，为下一轮的规划做准备，如此周而复始持续进行。这里的"规划手段"、"规划前期和中期对环境影响的分析和考核"，都具有一定的规划方法与技术的涵义。

从方法体系角度，技术应用、社会协作、经济调控等都是进行生态城市规划的不可或缺的手段（表16.8）。

进行可持续生态城市规划建设的方法体系 **表16.8**

技术应用	社会协作	经济调控
新型城市设计理论及新型生态技术应用	针对解决生态问题的公众参与及信息反馈	经济效益与生态效益并重
应用新型建筑理念，重视建筑生态学	广泛参与、明确责任	资源有偿使用
供电与供暖的统筹安排	为征求环境问题的解决办法开展咨询	征收资源使用税
水资源的高效利用	简化决策程序、集中决策权	征收排放税
交通系统改造	建立生态宣教点、开展宣传教育、提高全民环保意识	对产业部门的生产运营展开生态评估
减排、提高资源循环利用率	建立新型措施实施体系	相关法律法规的适应性调整
保护自然环境	建立地区文化与环境问题信息交流中信	建立融资机构为环保事业提供资金支持
改善城市气候条件和空气质量	建立针对能源、水资源利用及废物排放的监控机制	制定生态型经济战略
城市土壤与水体的污染防治	建立新型社区邻里关系	建立生态型产业中心
控制噪声污染		培养产业部门对发展生态产业的主动性
重视居民营养摄入情况和健康状况		

来源：http://www.aachen.de/stadt_buerger/aachen_agenda_21/oesz/z_einstieg_oesz.htm，2008.12.25，转引自：宋庆铠，Björn von Randow，2009.

不过，在多数情况下（尤其是从微观的层面），生态城市规划方法与技术是指进行生态城市规划时所应用的较具体的技术性手段。如，分析方法与技术

（含调查方法、分析方法、评价方法、预测方法；计算机技术、GIS 技术、遥感技术等）、空间规划方法与技术、规划指标确定方法与技术，以及规划决策方法与技术等。

梅林（2007）将生态城市规划方法与技术划分为四类（图 16.4）。所构建的生态城市的规划平台，由方法研究平台、技术设计平台和规划编制平台共同组成（图 16.5）。

欧盟“生态城市计划”（Ecocity Project）专门论述了生态城市的规划技术与方法，强调了一些方法论层面和意义上的技术，见表 16.9。

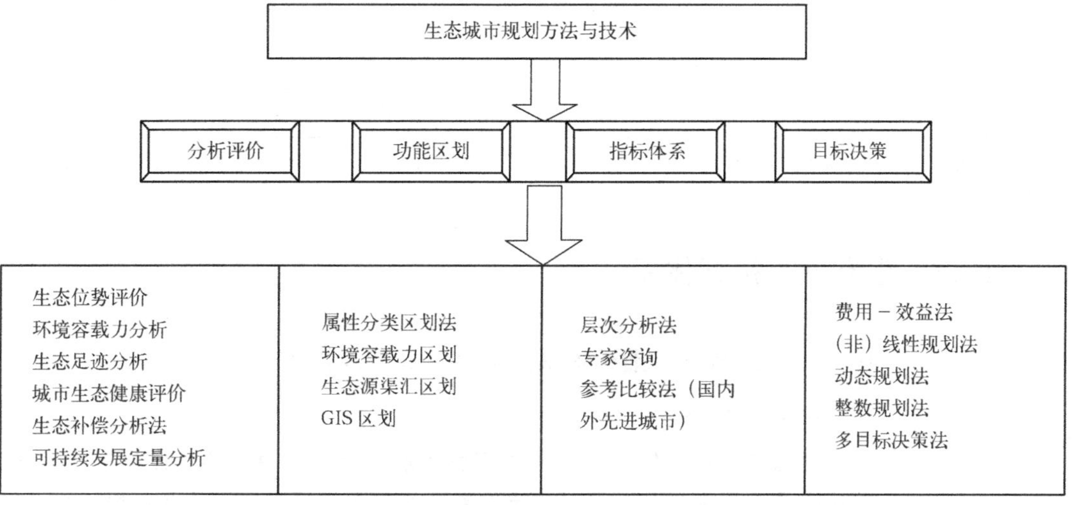

图 16.4　生态城市规划方法与技术

来源：梅林．泛生态观与生态城市规划整合策略［D］．天津大学，2007.

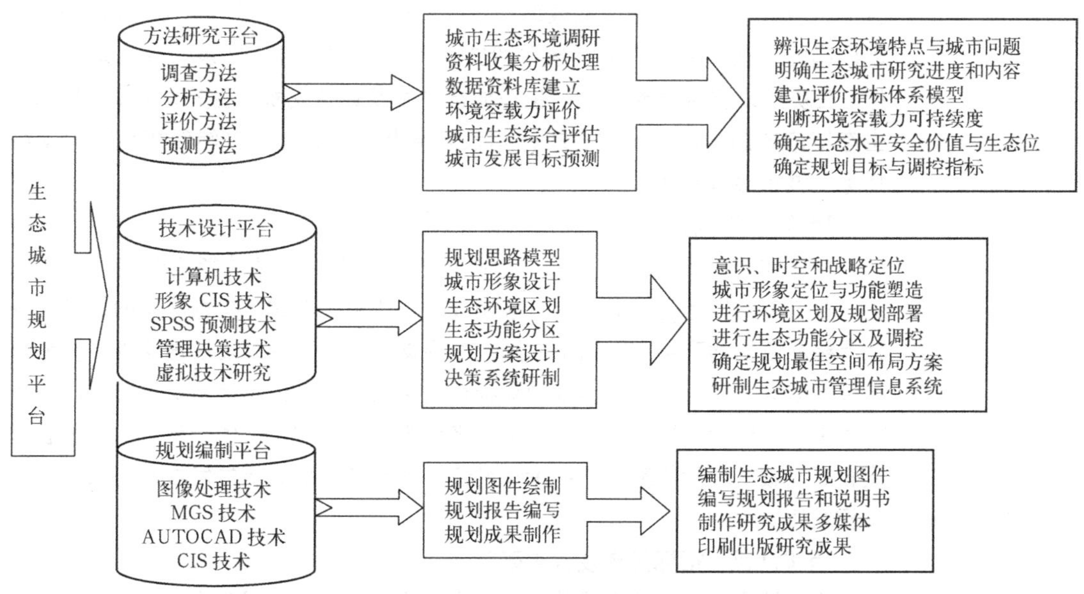

图 16.5　生态城市规划平台模型

来源：梅林．泛生态观与生态城市规划整合策略［D］．天津大学，2007.

欧盟"生态城市计划"中的生态城市规划技术与方法 表 16.9

基础技术（Basic Techniques）	综合规划技术（Integrated Planning Techniques）	优化技术（Optimisation Techniques）	参与性技术（Participation Techniques）	生态城市的顾问策略（Ecocity Consultancy Strategy）
环境最优化技术（Environmental Maximisation Method）	多学科规划小组（Multidisciplinary Planning Team）	叠合技术（Overlaying-Technique）	社区委员会（Community Committee）	使用生态城市的自我评估清单对生态城市规划项目进行自我评估
情境分析技术（Scenario Workshops Methodology）	循环规划过程（Iterative Process）	情境规划（Planning with Scenarios）	Community Planning Events（社区规划活动）	由项目以外的相关部门专家组成的质量保障小组对生态城市的质量进行评估
	自下而上规划（Bottom-up Design）		社区信息工具（Community Information Tools）	

来源：根据"Philine Gaffron，Gé Huismans，Franz Skala，Ecocity Book II：How To Make It Happen？http：//www.ecocityprojects.net"整理.

16.8 生态城市指标体系

16.8.1 生态城市指标体系的类型、标准及权重

16.8.1.1 类型

生态城市指标体系是实现生态城市规划及建设目标的具体化工作之一。其功能具有多重性，既可对城市发展的生态化水平进行评价及测度，又可作为生态城市规划目标及生态城市建设目标的分解之用，使之具体化、实际化和阶段化。生态城市的指标体系从构成内容上，可以分解为人口、经济、社会、环境、生态、结构以及效率公平等指标；在阶段上可以分成近期、中期、远期指标；在发展水平和发展阶段方面可以分成初级、中级、高级阶段等指标；在功能或服务对象上包括生态城市测度及评价指标、生态城市规划指标、生态城市规划标准指标；在指标体系来源上可分成国际性组织指标、国家级指标、城市级指标等。

16.8.1.2 标准

生态城市指标体系中的每一个指标一般要有标准值才能判断其状况的优劣，各个单向指标的优劣的集合就构成了整体的生态城市指标体系的优劣。各指标标准值的确定可遵循以下原则：①根据现有的可持续发展理论推算参考标准值。②参考已有国家标准或国际标准规定的指标来设定参考标准值。③参考发达国家对现代化城市的量化指标值来设定参考标准值。④参考国内外发展程度较高的城市现状值来设定参考标准值。⑤参考目标城市的发展趋势来设定参考标准值。

16.8.1.3 指标筛选及权重确定

生态城市的指标体系反映了对生态城市的认识，也是生态城市规划、建设

目标的最直接的反映，因此，其准确性、全面性至关重要；同时生态城市指标体系分了多个层次，每个层次内部以及相对于整体的重要性程度（权重）也必须有明确的反映，才能相对较准确地反映整体的生态城市的发展水平及状况。基于以上原因，生态城市指标体系的确定应慎重、谨慎、全面，在明确的构建目标和原则的基础上进行。在指标筛选方面，扬州生态城市指标体系的构建采用了专家咨询法（吴琼等，2008）；张思锋等（2009）应用相关系数分析法对生态城市指标体系指标进行筛选和检验，运用层次分析法确定指标权重。这些，都是有益的尝试。

16.8.2　生态城市指标体系

16.8.2.1　温哥华的生态城市建设指标

温哥华的生态城市建设指标体系，包括固体废弃物、交通运输、能源、空气排放、土壤与水、绿色空间、建筑等类别，针对 17 项目标、23 条策略制定了近 30 个定量指标，其指标制定路径的特点是"目标"→"策略"→"指标"（表 16.10）。

温哥华的生态城市建设指标　　表 16.10

类别	目标	策略	指标
固体废弃物	1. 所有待处理废弃物给予最大之利用	1. 降低及管理家户废弃物	200 千克 / 人 / 年 80 千克 / 人 / 年（SEFC 所产生和处理的有机废弃物）
交通运输	2. 降低小区居民需要到外地之需求性	2. 增加住家附近之活动中心	100% 的居住单元（基本商业和个人服务点 350m 范围内的比例）
	3. 提升当地工作与居住所之平衡	3. 增加小区徒步及脚踏车专用道	60% 街道面积（用于步行、自行车和公交运输的面积比例）
	4. 当小区居民到外地旅游时提供具吸引力之交通选择工具	4. 地区主要雇用中心能提供工作者住宿	30% 的居住单元（能提供的比例，与收入分配、在市区及 Broadway corridor 工作的家庭规模相关）
		5. 增加公共运输之便利性	100% 的居住群体（公交服务设施 350m 范围内的比例）
能源	5. 可持续及高效能之资源最大化	6. 降低非再生能源之消耗	288kWh/m²/ 年（居住建筑所使用的不可再生能源）
	6. 减少能源之公共建设	7. 居住区使用再生能源	284kWh/m²/year（办公建筑所使用的不可再生能源）
		8. 增加不同之能源资源使用	5% 能源消耗（Southeast False Creek 所生产的可再生能源）
		9. 减少高负荷之能源建设	所有建筑的 90%（与地区能源系统相连的建筑比例）
			33W/m²（建筑的高峰电力需求）

续表

类别	目标	策略	指标
空气排放	7. 使有害空气污染排放降至最低	10. 降低地平面臭氧之浓度	3392km/年（SEFC 居民行驶的车公里数）
		11. 降低温室气体排放	1498kg（交通能源利用所排放的二氧化碳）
		12. 降低室内化学及生物之排放浓度	25% 居住单元（根据最低室内污染水平特点设计建造的建筑比例）
土壤	8. 将土壤污染影响健康及环境之风险降至最低	13. 加强综合性土壤复育选择与分析	最小 7（土壤选择分析中关键策略的数量）
	9. 区域土壤之生产率最大化	14. 增加土壤生产率	0kg（Southeast False Creek 所流带的树叶和有机碎片数量）
水	10. 未处理过的水有效使用之最大化	15. 加强市政水市内及市外之有效使用	12.5% 的产品消耗（Southeast False Creek 邻近地区内的产出数量）
	11. 水污染之最小化	16. 管理表面水	100litres/人/日（平均生活市政饮用水）
	12. 水公共建设需求之最小化	17. 利用植物进行污水处理以降低负荷	54%（场地的平均不透水面积）
			25%（SEFC 所处理的污水比例）
绿色空间	13. 生物多样性最大化	18. 增加提供适合物种质与量之栖地	最小 30（SEFC 所调查到的鸟类种数）
	14. 植物覆盖之生物产生最大化	19. 增加植被面积	60%（具有重大生境价值的开放空间数量）
	15. 水生环境复育最大化	20. 增加海生及海滨栖地质量与利用性	25%（设计成可种植植物的邻里屋顶面积比例）
		21. 增加淡水生态系存在	80% 的海滩（具有生境价值的比例）
			使 Columbia Creek 采光（溪流采光进程，Daylighting of stream courses）
建筑	16. 有效设计及配置街道与建筑物	22. 增加建筑物适合场所促成能源之有效使用	75%（日照朝向良好的居住单元和商业空间比例）
	17. 物质资源最大之使用率	23. 延长建筑与房屋之使用年限	30%（修复和/或循环利用的材料、零件、系统的使用比例）

注：上表由吴斐琼翻译。

来源：张添晋　蔡惠玲．国内外生态城市环境指标分析比较之研究．台北科技大学环境规划与管理研究所．http：//www.erm.dahan.edu.tw/re_and_en_paper/2003/other/2003_38.pdf.

16.8.2.2　国家环境保护总局指标体系

国家环境保护总局于 2003 年颁布的《生态县、生态市、生态省建设指标（试行）》是我国官方的生态城市评价指标体系之一。其指标包括经济发展、环境保护和社会进步三类，共 28 项，细分则有 33 个具体指标。2007 年 12 月 26 日，国家环境保护总局发布《生态县、生态市、生态省建设指标（修订稿）》的通知，对原有的指标体系做了微调（表 16.11），并将指标分成约束性指标和参考性指标两类。

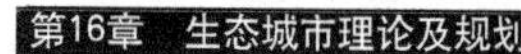

生态市建设指标体系　　表 16.11

	序号	名　称	单　位	指　标	说明
经济发展	1	农民年人均纯收入 经济发达地区 经济欠发达地区	元／人	≥ 8000 ≥ 6000	约束性指标
	2	第三产业占 GDP 比例	%	≥ 40	参考性指标
	3	单位 GDP 能耗	吨标煤／万元	≤ 0.9	约束性指标
	4	单位工业增加值新鲜水耗 农业灌溉水有效利用系数	m^3/ 万元	≤ 20 ≥ 0.55	约束性指标
	5	应当实施强制性清洁生产企业通过验收的比例	%	100	约束性指标
生态环境保护	6	森林覆盖率 山区 丘陵区 平原地区 高寒区或草原区林草覆盖率	%	≥ 70 ≥ 40 ≥ 15 ≥ 85	约束性指标
	7	受保护地区占国土面积比例	%	≥ 17	约束性指标
	8	空气环境质量	—	达到功能区标准	约束性指标
	9	水环境质量 近岸海域水环境质量	—	达到功能区标准，且城市无劣 V 类水体	约束性指标
	10	主要污染物排放强度 化学需氧量（COD） 二氧化硫（SO_2）	千克／万元（GDP）	< 4.0 < 5.0 不超过国家总量控制指标	约束性指标
	11	集中式饮用水源水质达标率	%	100	约束性指标
	12	城市污水集中处理率 工业用水重复率	%	≥ 85 ≥ 80	约束性指标
	13	噪声环境质量	—	达到功能区标准	约束性指标
生态环境保护	14	城镇生活垃圾无害化处理率 工业固体废物处置利用率	%	≥ 90 ≥ 90 且无危险废物排放	约束性指标
	15	城镇人均公共绿地面积	m^2/ 人	≥ 11	约束性指标
	16	环境保护投资占 GDP 的比重	%	≥ 3.5	约束性指标

续表

	序号	名　称	单　位	指　标	说明
社会进步	17	城市化水平	%	≥ 55	参考性指标
	18	采暖地区集中供热普及率	%	≥ 65	参考性指标
	19	公众对环境的满意率	%	> 90	参考性指标

来源：2007 年 12 月 26 日国家环保总局发布的《生态县、生态市、生态省建设指标（修订稿）》.

16.8.2.3 建设部颁布的《国家生态园林城市标准（暂行）》

建设部颁布的《国家生态园林城市标准（暂行）》也是我国官方的生态城市指标体系之一。其特点为包含城市生态环境、城市生活环境和城市基础设施三大方面，每一指标都有其标准值（表 16.12）。

国家生态园林城市标准（建设部，2004）　　表 16.12

序号	指标	标准值
（一） 城市生态环境指标		
序号	指标	标准值
1	综合物种指数	≥ 0.5
2	本地植物指数	≥ 0.7
3	建成区道路广场用地中透水面积的比重	≥ 50%
4	城市热岛效应程度（℃）	≤ 2.5
5	建成区绿化覆盖率（%）	≥ 45
6	建成区人均公共绿地（m^2）	≥ 12
7	建成区绿地率（%）	≥ 38
（二） 城市生活环境指标		
序号	指标	标准值
8	空气污染指数小于等于 100 的天数 / 年	≥ 300
9	城市水环境功能区水质达标率（%）	100
10	城市管网水水质年综合合格率（%）	100
11	环境噪声达标区覆盖率（%）	≥ 95
12	公众对城市生态环境的满意度（%）	≥ 85
（三） 城市基础设施指标		
序号	指标	标准值
13	城市基础设施系统完好率（%）	≥ 85
14	自来水普及率（%）	100，实现 24 小时供水
15	城市污水处理率（%）	≥ 70
16	再生水利用率（%）	≥ 30
17	生活垃圾无害化处理率（%）	≥ 90
18	万人拥有病床数（张 / 万人）	≥ 90
19	主次干道平均车速	≥ 40km/h

16.9 生态城市规划案例

16.9.1 欧盟“生态城市计划”

“生态城市计划”(Ecocity Project)是欧盟委员会2002年2月开始在7个不同欧洲国家开展的生态城市规划项目。以下介绍其中的两个(吴斐琼,2007.Philine Gaffron等,2005)。

16.9.1.1 西班牙的Barcelona—Trinitat Nova

Trinitat Nova是西班牙巴塞罗那东北市郊棕地的城市更新项目,由居民主动推进(图16.6)。规划要点:①整合社会、经济和环境战略,将邻里的生态质量与革新作为经济方面的引力,混合利用并引入新的居住单元以增加社会多样性,规划过程由多方合作管治;②利用新中心的公交服务发达、住区就近布局、密度中高、服务设施可达性良好等优势,实施无小汽车区、自行车道和集中的停车场在内的可持续机动交通概念(图16.7);③将可持续发展概念与城市政策结合,将土壤渗透评价指标、内部水循环设施及街道建筑朝向标准等纳入政府的可持续发展政策,并批准了集合Trinitat Nova生态城市规划中的大多数可持续发展目标的邻里法案(Neighbourhood Act)。

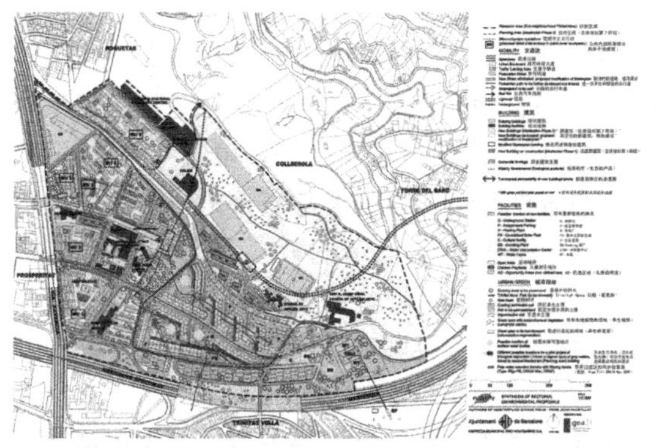

图16.6 Trinitat Nova的生态城市规划总平面

来源:Philine Gaffron,Gé Huismans,Franz Skala. Ecocity,a Book 1:A Better Place to Live,http://www.bestpractices.at/data/documents/ecocity.pdf.

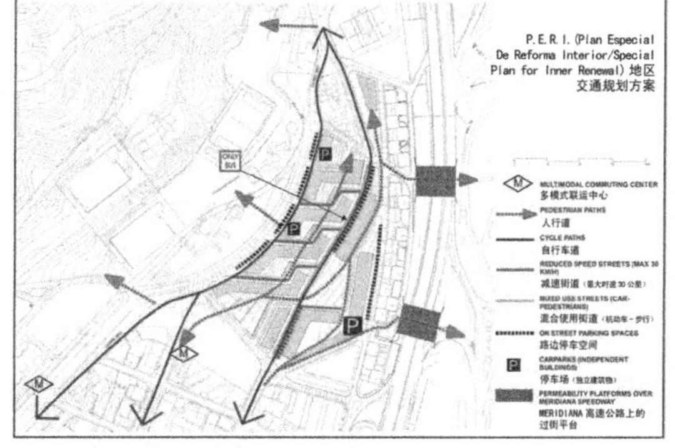

图16.7 Trinitat Nova的可持续交通规划

来源:Philine Gaffron,Gé Huismans,Franz Skala. Ecocity,a Book 1:A Better Place to Live,http://www.bestpractices.at/data/documents/ecocity.pdf.

16.9.1.2 意大利的Umbertide

Umbertide位于Umbria谷的北部,人口约15000人。生态城市规划总体目标是防止城市蔓延。

规划要点:①将城市和周边区域视为历史有机体,为专家、官员和市民提供“生态对话”的机会,塑造综合性的历史城市;②以生物建筑和城市生态形式作为规划的基础,设计中注重历史、小气候、城市肌理和建筑类型,并在城市和建筑开放空间设计中运用流体动力学模拟系统(FLUENT);③设立无车区,将步行道、自行车道与气候风道结合(图16.8、图16.9)。

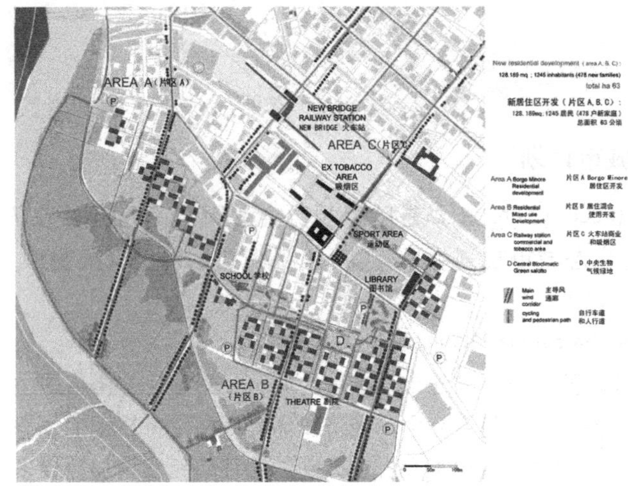

图 16.8 Umbertide生态城市规划总平面

来源：Philine Gaffron，Gé Huismans，Franz Skala．Ecocity，a Book 1：A Better Place to Live，http：//www.bestpractices.at/data/documents/ecocity.pdf．

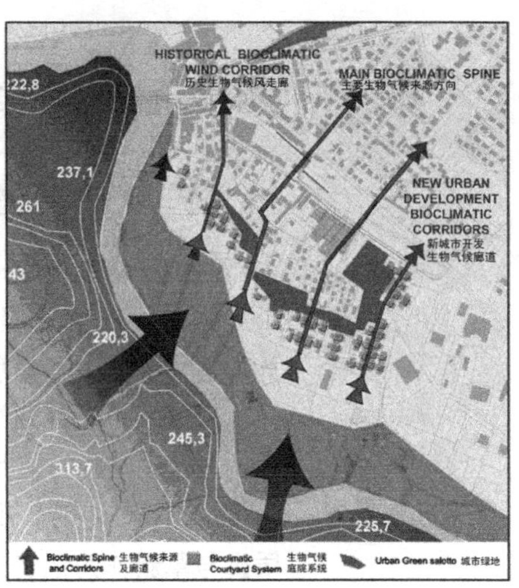

图 16.9 Umbertide生态城市规划气候风道分析

来源：Philine Gaffron，Gé Huismans，Franz Skala．Ecocity，a Book 1：A Better Place to Live，http：//www.bestpractices.at/data/documents/ecocity.pdf．

16.9.2 德国生态城市黑尔讷（Herne）

黑尔讷位于鲁尔区北部，是德国北莱茵－威斯特法伦州直辖市。传统矿业城市，其人口在1933年已突破10万，目前人口16.5万，是继奥芬巴赫后德国第二人口最稠密城市。150年的煤矿生产使该城市生态环境遭到严重破坏。该城市也是“未来的生态型城市”的城市改造工程的参与城市之一。通过以下改造方式最终实现了城市环境的改善（宋庆铠等，2009）。

第一，土地置换与美化市容。将工业萎缩后，分散分布的工业企业重新集中安置，置换后的大量闲置土地用来修建休闲设施和绿地。在老城区进行大规模的建筑翻修，改善市容市貌。

第二，交通方面。扩大公共交通运营范围和质量，最大可能地吸引城市内部交通流。市内50%的机动车道为30公里限速区，对居住区内机动车道按照低速交通模式的设计要求加以改造，为城市儿童的户外嬉戏创造安全环境，扩建自行车路网，在各轨道交通站点修建自行车和小汽车停车场，方便居民使用公共交通。

第三，改造城市污水管网、恢复城市水系的自然生态风貌。修建污水处理设施，改造城市下水管网，输导城市污水并加以净化处理，然后排入河流。巩固河道岸线，防止废矿区的地面沉降对水道造成破坏，逐步恢复城市水系自然风貌和生态功能。

16.9.3 中国台北生态城市规划

杨沛儒等（2005）、郑文瑞（2006）分析了台北都市圈环境特性，提出了台北生态城市规划的设想。

16.9.3.1 台北市生态城市纲要规划的概念架构

台北市生态城市纲要规划着眼于建立一个系统性的、可执行的生态城市纲要规划，其主要框架见图 16.10。

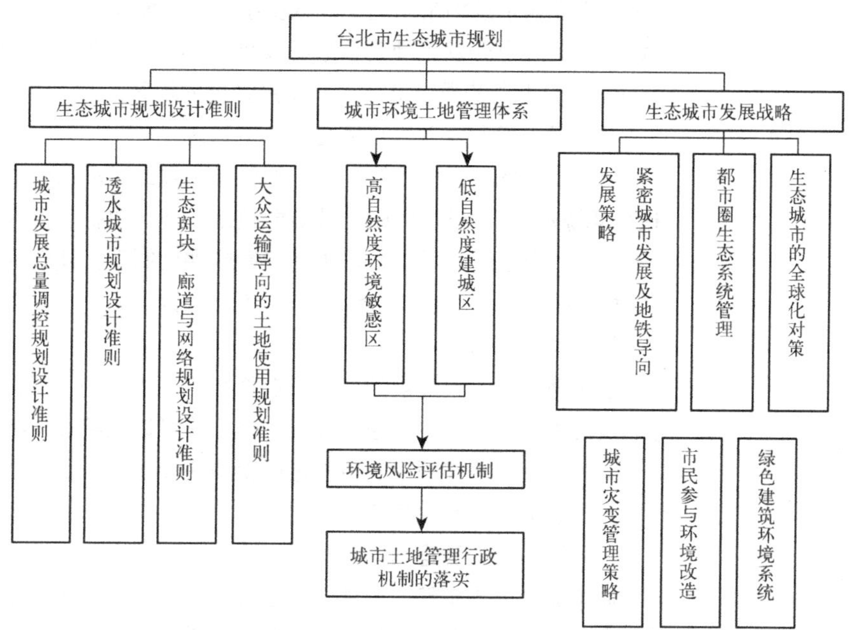

图 16.10 台北市生态城市纲要规划的概念架构
来源：郑文瑞．台湾台北市绿色生态城市规划案例研究．现代城市研究，2006（6）．

16.9.3.2 台北市生态城市发展战略

（1）生态城市的全球化对策

依托台北盆地自然系统条件为单元区划的基础，结合城市发展现状，建立小尺度的“生态城市分区”发展单元，每一分区均充分发挥其环境潜力，寻求在全球城市网络中探寻其特定位置与发展角色。“生态城市分区”各具特色，整个城市／自然系统具备高度多样性和复杂度，具有应对瞬息万变的全球市场变动的较大的可能性。

（2）都市圈生态系统的管理

建立生态系统多样性保护资讯系统、台北都市圈生态网络和生态绿地发展指标系统。在各个“生态城市分区”中实施如下城市生态网策略：①建立绝对保护生态核心区；②建立都市边界与缓冲区；③建立生态廊道；④进行栖息地恢复。

同时，建立生态绿地发展指标系统，提升城市生态绿地的量和品质：①绿覆率：由 33.65%提升至 50%；②人均绿地：将台北市现有 3.88m^2／人的标准逐渐提升；③叶面积系数：以乔木、灌木、地被复合形式设计，以取得最大光能利用率；④绿视率：这是比绿覆率更有意义的指标。绿视率指标至少达到 25%时，约有 80%的人会满足于该绿色环境。

(3) 紧密城市发展及大众运输导向（TOD）发展策略

紧密城市策略，可以应对台北都市圈空间因无序蔓延而导致的盆地周边自然灾害频繁的现象。台北今后应更强调以山域水域系统作为自然分界，每一分区追求机能完整性、区域特色与能源资源使用的效率。将都市活动尽可能引导在大众运输系统场站周边，以减少小汽车的使用频率。依台北都市圈地铁系统场站及周边可开发土地为多核心发展目标，场站周边约 400 ～ 500m 步行约 5 ～ 8min 的距离范围是增加土地使用强度的地区。

(4) 极小能源输入的绿色建筑环境系统

台北市的绿色建筑政策定位于城区绿色建筑环境系统的营造，追求系统的"极小能源输入"。通过太阳能及节能技术、环保建材与资源再生系统来设计及营造。绿色建筑政策可结合建筑环境影响评估制度、建筑污染防治法令、绿色建筑检测技术整合、建筑节约能源政策等加以实施。

(5) 市民参与

以《地区环境改造规划》为机制增强市民的参与，提升居民的社区认同感与环境自主权。市民参与地区环境管理不仅可以改善邻里社区的安全及环境维护，同时也使生活空间中的自然过程变得明晰可视，是生态城市纲要规划进一步成为行动纲领的重要环节。

(6) 城市灾变管理与防治策略

城市灾变管理策略，应建立灾害在生态城市规划策略中的结构性位置，扮演"准则检验"的角色：不论城市制度或基础环境设计，若能有效降低灾害的危害，则其规划准则即符合可持续发展的基本要求；反之，若一再发生非预期的重大灾害，或无法根据灾害的发生有效应变，则显示制度或环境设计具有重大缺陷。

就台北市生态城市灾变管理而言，首先将历年来城市灾害的发生地点、频率、成因加以整理，并对照当时城市的发展政策、防灾策略与灾后反应，找出灾害与规划的关系。最后将这些关系列为城市发展的重要影响因素，规定各部门的规划必须针对这些关系提出影响说明，这是以灾害作为规划准则检证的方法。其次，灾害管理从时间轴上可分为防灾与预警阶段、紧急应变阶段、灾后重建阶段。理清各种灾变在紧急应变阶段的共通性，将共同处理部分予以整合。

另外，就台北市生态城市灾变防治而言，应更积极针对影响城市开发建设的相关法令、制度、开发方案进行开发效益与影响的综合评价，从源头杜绝灾变的产生。例如，水灾防治除了防洪工程之外，应加强土地使用分区及开发许可的管制，促成各基地开发前后水文条件维持不变并能推动水灾保险，分散水灾风险，如此才能收到灾害防治的综合效果。

16.9.3.3　城市土地管理体系

城市土地管理机制应关注城市内不同区位土地发展潜力与限制之间的关系。从土地发展潜力与限制两方面考虑，引导出台北市各区域土地发展适宜性并加以评估，进一步区分出环境敏感区与低自然度建成区。而后因地制宜建立城市土地管理行政机制，使台北市未来土地规划依循生态的发展方向，迈向可持续发展。

（1）环境敏感地划分

主要依据台北市自然环境敏感地区调查资料绘制自然环境敏感地区分布图、植被与土地开发现状分布图、土地利用潜力分布图及有价值空间分布图等。在台北市生态城市规划的研究中，更进一步划分为自然生态敏感区、景观资源敏感区、地表水源敏感区、灾害敏感区（包括洪水平原、地质灾害及空气污染等三个敏感地区）等四大类。

（2）建成区

主要着眼于未来城市形貌变化中较有潜力的大范围空地及城市再发展土地。首先检视其所属的"台北市生态城市分区区划"，从自然系统观点定位该地原来应扮演的生态功能以及引入新的活动可能造成的生态地位变迁。同样，再从城市机能角度及文化价值角度对这些土地进行检视，以作为生态规划管理的依据。

（3）环境风险评估机制

主要依据已有的开发审议法令中对于土地使用适宜性评估指标内容的要求。应在前面生态城市发展的政策、策略指导框架下考虑生态土地使用规划方法的利用。此外，也针对灾害风险进行评估，实施步骤为：①确认所有可能的危险因子；②建立危险因子与都市活动的关联性认识；③依据因果关系估计危险发生概率与权重；④建立风险因子备忘录。

而风险评估结果的落实，必须以风险管理方式进行，步骤为：①认识风险评估结果；②讨论各种风险管理策略的可行性；③选择最佳风险管理策略；④建立标准化管理计划；⑤执行、监视及改进风险管理计划。

16.9.3.4　生态城市规划设计准则

（1）生态斑块、廊道与网络规划准则

台北市在迈向生态城市的过程中尝试站在生态理论的角度以土地嵌合（Land Mosaics）模式去分析生态城市区划内的实质环境。这种规划理论的运用比传统的自然生态环境分析，更具系统性与应用性，而且是一种以生态维护与恢复为基础的土地使用规划方法。按环境特性，台北市生态城市区划单元划分及规划准则见表16.13。

台北市生态城市区划单元及规划准则　　表16.13

区划单元	规划准则
绝对保护区	• 原保护区范围内，植被情况多数完整、具备生态重要性的大型斑块，须避免人类活动的过度干扰视为绝对保护区； • 坡度30%以上范围列为绝对保护区； • 10hm^{2}以上大型生态斑块优先划入； • 临近大型生态斑块而有"被领域化"效应的小型斑块，可纳入绝对保护区的生态影响范围； • 河口生态地、河川汇流区有洪泛之虞的地区； • 土地利用发展为粗放纹理模式； • 符合"AWO(Aggregate-with-outliers)生态化土地利用配置模式"原则中的核心空间（即大面积自然生态粗纹理区）； • 2025年（目标年）生态空间参数值ESF为1，亦即在目标年前，对于绝对保护区范围内的自然系统进行全面保护以及生态恢复工作

续表

区划单元	规划准则
条件保护区	• 依据《山坡地保育利用条例》中“山坡地”的定义标高在100m以上以及标高未满100m，而且平均坡度在5%以上的山坡地设区； • 在区位上位于坡地的绝对保护区与已开发建成区之间具备“缓冲区”空间过渡性质的地区； • 在区位上位于水岸绝对保护区与已开发建成区之间具备“缓冲区”空间过渡性质的地区； • 因上游的山坡地开发或河道改变而导致排水问题严重的地区，须改善地区排水功能或加强下游水土保持如滞洪池规划等； • 符合“AWO生态化土地利用配置模式”原则中的边界空间（粗、细纹理间边界）（AWO生态化土地利用配置模式是哈佛大学Richard T.T.Forman1995年提出的，强调在土地配置模式上“粗放纹理”与“细致纹理”两者相结合。在高自然度地区粗放纹理的土地中的主要组成即为大型生态斑块，提供生态系统最重要的多样化基因库来源；粗放纹理空间模式的周边，发展许多细致纹理空间模式，提供包含人类活动在内的多样化生物栖息地，以及丰富的环境资源与条件。所以城市应保留三种不可或缺的空间元素：超大尺度生态斑块、足够宽的廊道、在建成区散布的小型生态斑块与廊道，以形成细致纹理多样化地区）； • 2025年（目标年）生态空间参数值ESF为0.66，亦即在目标年前，需通过管制与恢复的双重手段，使开发行为及人类活动对条件保护区范围内的自然系统所造成的扰动使自然系统得以在2/3以上的范围内维持原有的功能
建成区生态廊道恢复区	• 在区域景观破碎而断裂的城市化地区，具有“区域生态策略节点地位”的地区； • 小型残存的生态斑块具备发展成为“生态踏脚石”网络的地区； • 河川及溪流两侧8m至一个街廓建成区范围内的河谷廊道； • 轨道运输走廊含地铁、轻轨、铁路地下化新生地两侧及站区范围所构成的廊道； • 土地利用发展细致纹理模式； • 2025年（目标年）生态空间参数值ESF为0.33，即划入本区建成区范围内，自然系统的恢复工作至少须达到绝对保护区1/3左右的自然度
一般建成区	• 上述三类分区以外的建成区均为一般建成区； • 一般建成区内应尽量设置公园绿地； • 公园区位分布应达到“区内居民自住家至公园距离不超过步行10分钟”的目标

来源：根据“郑文瑞．台湾台北市绿色生态城市规划案例研究．现代城市研究，2006（6）”整理。

（2）透水城市规划设计准则

从城市整体尺度而言，应使城市区域的排水过程恢复到在高自然的地区中水文循环的降雨、截流、入渗、径流等过程，提出了透水城市的构想。面对高度城市化地区中径流水往往夹带城市污染，并直接影响溪流与河川水质的现象，透水城市的设计除延长水循环过程，利用入渗过程中的自净能力外，须考虑以减污与排污的方法逐步净化溪流、河川与地下水的水质。基本构想包括：①现有河道与历史河道恢复；②第一级自然排水区区划；③第二级人工辅助入渗区的区划与设计；④城市防洪调节池策略点选定。

（3）大众运输导向规划设计准则

包括：地铁线网及站区、轻轨系统路网及站区以及设公车专用道路网等方面的准则。

（4）城市发展总量调控规划设计准则

在城市发展极限的观念之下，台北市城市发展政策所拟定的计划人口总量、生活指标可支持总量均需严格管制。在此总量管制下所拟定的计划容积总量，严格维持上限，但可根据各地区的区位特点建立容积转入与容积移出的总量调控机制，使城市发展与自然系统的运作各得其所。在适宜的区位引

入恰当的活动与土地利用方式，在生态原则下，同时着重社会公平与经济活力的维持（表16.14）。

台北市城市发展总量调控准则 表16.14

区域分类	调控准则
生态容积移出区	• 属第一级绝对保护区，因限制开发的规定而影响土地所有者权益，须转移原容积的地区； • 属第二级条件保护区，因条件开发的规定而影响土地所有者权益，有部分须移转原容积的地区； • 移出容积以原分区容积作为参考值，于该地区通盘检讨中订出比例标准，并不得大于全市的平均容积
可能的再发展容积移出区	• 市政府公告奖励的城市更新地区，为提升更新后的地区环境品质、减轻交通冲击，须移转容积的地区； • 民间建议的城市更新地区，为提升更新地区环境品质、减轻交通冲击须移转容积的地区移出容积或建管规定所允许的最高容积的较小值作为参考值，于该地区通盘检讨中订出比例和标准，并不得大于全市的平均容积
可能发展的容积接受区	• 大型公共事业用地、军事用地、铁路地下化新生交通用地在纳入该地区通盘检讨后，适宜作为容积接收的地区； • 现有工业区在纳入该地区通盘检讨后，适宜作为容积接受的地区； • 属上述再发展容积接受区类型的移入容积的上限为20%
地铁站区容积接受区	• 台北市地铁线网车站地区400m半径范围内，经通盘检讨划定为站区容积接受区； • 容积移入的上限为20%，居于交通枢纽地位的特定站区经通盘检讨后可提高上限至30%
轻轨站区容积接受区	• 轻轨线网车站地区400m半径范围内经检讨划定为站区容积接受区； • 容积移入的上限为20%

来源：根据“郑文瑞．台湾台北市绿色生态城市规划案例研究．现代城市研究，2006（6）”整理。

第16章参考文献：

[1] Philine Gaffron, Gé Huismans, Franz Skala. Ecocity Book 1: A Better Place to Live [M]. http://www.bestpractices.at/data/documents/ecocity.pdf.

[2] Philine Gaffron, Gé Huismans, Franz Skala. Ecocity Book II: How to Make It Happen? [M]. http://www.ecocityprojects.net.

[3] Richard Register. Ecocity Berkeley—Building Cities for a Healthy Future[M]. North Atlantic Books, 1987.

[4] Richard Register. Eco-cities: Building Cities in Balance with Nature [M]. California: Berkeley Hills Books, 2002.

[5] Rodney R White. Building the Ecological City[M]. Woodhead Publishing Ltd and CRC Press LLC, 2002.

[6] Rüdiger Wittig. Principles for Guiding Eco-City Development——Ecology, Planning, and Management of Urban Forests: International Perspectives[M]. Berlin: Springer, 2008.

[7] 陈克坚，万雨龙．潮州市生态城市规划初探[J]. 江西化工，2008（4）.

[8] 崔宗安．生态城市建设中的规划理论[J]. 北京规划建设，2006（2）.

[9] 董坚．专家提出生态城市规划开发的八项原则[J]. 城市规划通讯，2005（8）.

[10] 胡俊．中国城市模式与演进[M]. 北京：中国建筑工业出版社，1995.

[11] 黄光宇．田园城市、绿心城市、生态城市．重庆建筑工程学院学报，1992（3）．

[12] 景星蓉，张健，樊艳妮．生态城市及城市生态系统理论[J]．城市问题，2004（6）．

[13] 课题组（南京大学，南京市科学技术委员会，南京市环保局）．生态城市的衡量标准[J]．科技与经济，1999（6）．

[14] 李迅．生态文明与生态城市之初探[A].2008城市发展与规划国际论坛论文集[C]，2008.

[15] 毛锋，朱高洪．生态城市的基本理念与规划原理和方法[J]．中国人口·资源与环境，2008（1）．

[16] 梅林．泛生态观与生态城市规划整合策略[D]．天津大学，2007.

[17] 仇保兴．我国低碳生态城市发展的总体思路[J]．建设科技，2009（15）．

[18] 沈清基，吴斐琼．生态型城市规划标准研究[J]．城市规划，2008（4）．

[19] 石永林．基于可持续发展的生态城市建设研究[D]．哈尔滨工业大学，2006.

[20] 宋庆锃，Björn von Randow．生态型城市系统[J]．北京规划建设，2009（1）．

[21] 王发曾．我国生态城市建设的时代意义、科学理念和准则[J]．地理科学进展，2006（2）．

[22] 王发曾．洛阳市双重空间尺度的生态城市建设[J]．人文地理，2008（3）．

[23] 王如松，欧阳志云．天城合一：山水城建设的人类生态学原理[A]．鲍世行，顾孟潮主编．城市学与山水城市[M]．北京：中国建筑工业出版社，1994.

[24] 吴斐琼．实现生态城市的规划途径——以中国城市为例 [D]．同济大学，2007.

[25] 吴琼，王如松，李宏卿，徐晓波．生态城市指标体系与评价方法[J]．生态学报，2008（5）．

[26] 杨沛儒，王鸿楷．生态城市的总体策划——台北生态城市的规划架构[J]．现代城市研究，2005（7）．

[27] 张思锋，常琳．生态城市发展水平测度体系的构建与应用[J]．西安交通大学学报（社会科学版），2009（1）．

[28] 张添晋，蔡惠玲．国内外生态城市环境指标分析比较之研究[R]．http：//www.erm.dahan.edu.tw/re_and_en_paper/2003/other/2003_38.pdf.

[29] 郑文瑞．台湾台北市绿色生态城市规划案例研究[J]．现代城市研究，2006（6）．

本章小结

生态城市是人类应对生态环境问题而提出的城市新型发展模式之一。生态城市致力于创造最优环境，以有利于人类社会经济的可持续发展。可从宏观、抽象的角度，也可从城市要素、城市形态和城市运行等角度对生态城市特征加以认识和描述。生态城市理论的构成元素丰富而多样，包括：复合生态系统理论、可持续发展理论、生态足迹理论、生态系统健康理论、复杂适应系统论、生态市场经济论等。生态城市规划具有科学性－生态性－经济性－社会性－专业性－综合性，追求协调性等特征；生态城市的规划内容应与城市规划的规划内容相适应，以使这两个规划在城市空间、城市物质规划领域得到较高程度的融合。生态城市规划方法与技术有不同的层次，应结合实际情况加以应用。生

态城市指标体系是实现生态城市规划及建设目标的具体化工作之一，其功能具有多重性。

复习思考题

1. 如何理解生态城市的内涵？生态城市与传统城市的区别是什么？两者的关系如何认识？

2. 除了本章论述的内容以外，你认为生态城市及规划的理论还有哪些？

3. 国内外进行生态城市规划建设时，各自的技术方法与途径是否存在差异？如果有的话，你对此有何看法？

第4篇
生态化规划篇

本篇对与城市生态环境密切相关的规划类型，如空间规划、住区规划、工业规划、基础设施规划、道路交通规划及绿地系统规划进行了生态化规划的探讨和阐述。主要论述了相关城市规划类型的生态化规划的必要性、规划生态化的内涵及原理、规划目标和规划策略、规划途径、指标体系和规划原则，以及生态化规划的案例分析和生态化规划建设的实践动态等。本篇内容是城市生态环境系统优化和生态化规划理论及方法的较为集中的体现，也是生态学原理、城市生态学原理、城市生态环境原理在城市规划中的具体应用。

第17章　城市空间结构生态化规划

本章介绍了城市空间结构的基本知识，论述了城市空间结构生态化的内涵和城市空间结构生态化原理，并从城市规划角度探讨了城市空间结构生态化的若干途径。

17.1　城市空间结构概述

17.1.1　城市空间结构定义

城市空间结构定义，有较丰富的著述。以下从人居环境角度介绍相关内容。

其一，系统角度：波恩（Bourne，1982）用系统理论的观点描述城市空间结构的概念。他指出，城市空间结构是以一套组织法则，连接城市形态和城市要素之间的相互作用，并将它们整合成一个城市系统。这一定义不仅指出了城市空间结构的构成要素，而且强调了各要素之间的相互作用（周春山，2007）。

其二，经济角度：城市空间结构是人类经济活动作用于一定地域范围所形成的组织形式。这种空间组织形式主要包括三个方面的内容：一是以资源

开发和人类经济活动场所为载体的经济地域单元为中心的空间分异与组织关系；二是空间实体构成的某种等级规模体系；三是各种空间实体之间存在的某种要素流的形式（谢永琴，2006）。

其三，功能角度：城市空间结构是城市功能区的地理位置及其分布特征的组合关系，它是城市功能组织在空间地域上的具体体现（董伟，2006）。

其四，综合角度：城市空间结构是城市各种物质要素在空间范围内的分布特征和组合关系，是城市形态和城市相互作用网络的方式，是人类活动与功能组织在城市地域上的空间投影，是城市经济、社会和环境系统的空间形式（董伟，2006）。

17.1.2 城市空间结构的构成、属性及演化规律

17.1.2.1 城市空间结构的构成

从城市空间结构所处的区域背景而言，城市空间结构包括城市内部空间结构和外部空间结构两类。城市外部空间结构是将城市作为一个点，反映一定地域范围内经济要素的相对区位关系和分布形式，它是在长期经济发展过程中人类经济活动和区位选择的累积结果，又可称为区域空间结构；城市内部空间结构是将城市作为一个面，指其地域内各种要素的组合状态，即各种城市社会经济活动在城市地域上的空间反映。从城市空间结构的内在特性的规定性来看，其空间结构包括五大构成要素，即节点、梯度、通道、网络、环与面（董伟，2006）。从系统结构的角度而言，城市空间结构构成见表17.1。

城市空间结构系统的构成　　表17.1

系统成分	城市空间结构中的对应元素
1. 核：系统起源点和控制焦点	1. 最初的聚居点（如两条河流的交汇点、港湾）和中心商业区
2. 范围：几何区域和系统边界	2. 几何范围和城市地域的限制
3. 元素：形成系统成分的片段、单元和小块	3. 社会群体、土地利用、各种活动和相互作用、机构
4. 组织原则：把系统联系起来和在地区里分配活动的是什么；驱动系统运作的是什么能量	4. 城市结构的内在逻辑或规则（如土地市场）和增长的决定因素
5. 行为：系统怎样运作和随时间变化，其常规和非常规的运作特点	5. 城市运作方式、活动形式和增长能力
6. 环境：影响系统的外部联系	6. 城市结构外部因素的起源和类型
7. 时序：演化和改变的趋势	7. 发展顺序、建筑周期和交通运输纪元的历史轮廓

来源：周春山．城市空间结构与形态．北京：科学出版社，2007.

17.1.2.2 城市空间结构的属性

城市空间结构的属性从其功能发挥的角度而言，有如下方面：①容器属性，即城市空间结构是各种城市人类活动的“容器”；②关系属性，即，城市空间结构体现城市人类活动过程和城市发展过程中的各种相互关系；③表征属性，

即，城市空间结构是社会经济活动在地理空间上的投影，是区域发展状态的“指示器”。此外，城市空间结构还具有物质属性、社会属性、生态属性以及认知与感知属性。这些属性也可以分为显性的和隐性的（周春山，2007）。

17.1.2.3 城市空间结构的演化规律

城市空间结构演化如果从区位选择、规模门槛、发展的均衡性、土地经济、运行机制等方面考察，可以发现可能存在着若干规律性的现象（表17.2）。

城市发展的空间结构演化规律　　表17.2

影响要素	作用特征
区位择优规律	地质地貌、水文、生态、地理位置等自然条件以及市场、交通、行政等社会条件对城市的地址布局和城市职能有显著的影响。譬如，一般城市用地优先选择距水源近、地势平坦的平原，重要矿产地附近发展资源型城市，河岸、沿海地区发展港口重镇，交通便捷的位置易发展交通枢纽等
规模门槛规律	受资源和竞争约束，城市经济、人口、空间规模的增长呈现正规模效应与负规模效应以“规模门槛”为界限交替叠加的规律。由于规模门槛的作用，城市的空间、职能及腹地等形成一定的等级和层次
不平衡发展规律	城市空间在区位和规模大小的发展上存在不同的时序和次序，从而呈现工业、人口、交通、能源、服务业等的集聚与分散，产生空间结构上的梯度差异
级差地租价值规律	城市范围内不同位置的土地地租与土地利用种类、强度之间存在不同的价值关系，每一种利用方式和利用强度都有不同坡度的地租曲线。在单位面积上投入强度大、产出量大的土地利用方式优先占据有利的空间位置
自组织演化规律	由于区位择优和不平衡发展，城市空间区位之间存在位势差异，促使物质流、能量流、人口流、信息流、资金流等的有序流动，这种聚散演替产生了自组织现象。在区域范围内表现为城市规模扩大和等级体系演化，在城市内部空间上表现为土地利用类型的有序演替

来源：郑洋．生态城市的基本理论和实践途径［D］．北京大学，2005．

17.2 城市空间结构生态化内涵

城市空间结构的现实和未来状态的生命力最重要的表现之一是其生态化。城市空间结构生态化具有较丰富的内涵：

（1）城市空间结构的平衡性。指城市空间结构的构成元素从最基本的层面上而言包括两类，其一为自然系统，其二为人工系统。城市空间结构的生态化应使这两类系统保持平衡，从而保证人类的长久生存。麦克哈格（1992）指出，“理想地讲，大城市地区最好有两种系统，一个是按照自然的演进过程保护的开放空间系统，另一个是城市发展的系统，要是这两种系统结合在一起的话，就可以为全体居民提供满意的开放空间。”这一论述，对城市空间结构生态化具有一定的启发意义。

（2）城市空间结构的可持续性。大温哥华区制定的 Cities PLUS 远期规划对可持续性城市空间的定义为：可持续性的城市空间是指城市空间要素系统能够为其所有市民带来生理、心理和社会等方面的空间福利及机会。可持续性城市空间具有精神文化的意义，包涵了空间公正、尊严、可达性、参与和权利保障等重要原则（Cities Plus，2003）。Evans 的定义为：生存空间与生态空间的可持续性。生存空间意味着良好的居住空间，工作地与居住地的空间距离适中，适

当的收入及为实现优质生活空间质量的公共设施和服务。但生存空间必须是生态可持续性的，它不能导致环境的退化（Evans，2002，转引自张中华等，2009）。

城市空间结构生态化集中表达了现有城市或新建城市空间结构的可持续性进程的目标，它更多侧重于对现有城市空间结构的未来生态化的探讨，通过生态理念的引入寻求解决相关城市空间结构问题的途径。城市空间结构生态化是构筑生态城市空间结构模式的一个阶段，生态城市空间结构是在城市空间结构生态化基础上的进一步发展。

城市空间结构生态化是解决城市问题的需要，是人们对传统城市发展模式的一种反思，是改变传统的城市空间结构发展以经济导向为主的状况、改变粗放型城市发展模式的有效途径，也是人类对理想的城市空间结构模式和理想城市的一种探求。城市空间结构生态化研究是生态学原理与城市空间结构理论相结合的产物，其最明显的特征是应用生态学原理，分析和研究城市空间结构的状态、效率、关系和发展趋势，为城市空间结构科学合理的发展和改善提供生态学意义的支持和理论依据。城市空间结构生态化研究是城市可持续发展研究的重要组成部分，将为传统的城市空间结构研究提供新的思路，也是走符合新的发展观的、人与自然和谐共存的城市发展道路的重要和具体的举措。

17.3 城市空间结构生态化原理

可从空间结构状态、空间结构效率、空间结构关系和空间结构发展四个方面认识城市空间结构生态化原理（沈清基，2004）。

17.3.1 趋适原理（空间结构状态原理）

城市空间结构趋适原理又可称“城市空间结构状态原理”，其核心内容为：城市空间结构应在其总体的状态方面呈现趋向于合理、适宜的状态。

17.3.1.1 城市空间结构模式的选择与城市自然环境条件结合原理

又称“模式—环境结合原理”。指城市空间结构模式的选择与确定必须与城市的自然环境条件紧密结合。具体包括：城市空间结构模式应该与城市的地形地貌条件、地质条件、气象条件与水文条件紧密结合，规划的城市空间结构模式应建立在土地利用适宜性评价和生态敏感性评价的基础上，应对规划的城市空间结构布局模式进行环境影响评价，规划的城市空间结构模式应有利于城市自然空间结构的延续等。

17.3.1.2 城市空间结构的变化与城市形态的历史因素、遗传基因延续原理

又称“变化—历史／遗传基因延续原理”。生物的生长相当程度上受遗传基因的影响，当遗传基因能正常地、不受干扰地起作用，则生物就能正常、健康地生长。城市空间结构具有生长性，正因为其具有生长性，其结构类型和特征也是始终处于变化之中的。城市空间结构能否健康地成长，一定程度上取决于其是否遵循和尊重其历史因素和遗传基因。城市空间结构的“变化—历史／遗传基因延续原理”包括：①规划的城市空间结构模式特征与历史及原有模式之间应有较大的相似程度，换言之，两者之间的变异程度要小。②规

划的城市经济空间结构对城市原有的经济优势应有促进作用。③规划的城市社会空间结构在维护原有的人缘、地缘特征，防止社会问题方面应起正面的作用。④规划的城市空间结构模式应有利于历史文化环境的延续。历史文化环境是城市的宝贵资源，是城市人类演化的基础条件之一，也是城市可持续发展能力的重要组成部分，城市空间结构的发展与变化应将其作为一个主要的资源之一加以保护和发扬。

17.3.1.3 城市空间结构规模与自然环境容量适应原理

又称“规模—容量适应原理”。城市空间结构从数量上考察，有其规模的特征。而将城市空间结构的规模分解，则可以从人口、用地、产业和交通规模几方面考察。城市空间结构的“规模—容量适应原理”指：①城市空间结构的人口规模要与自然环境容量相协调；②城市空间结构的用地规模要与土地供应容量相协调；③城市空间结构的产业规模要与资源、能源和生态环境容量相协调；④城市空间结构的交通规模要与交通环境容量相协调。

17.3.1.4 城市空间结构土地利用的生态高效性原理

城市空间结构与城市土地利用有着极密切的关系，城市空间结构模式的选择、城市空间结构状态的优劣与否，相当程度上取决于城市土地利用的状况。好的城市土地利用将对城市空间结构产生协同效应、衍生效应与增强效应。“城市空间结构土地利用的生态高效性原理”包括：①城市土地承载力、土地开发度和土地利用强度的关系应科学合理；②城市土地用途应有足够的多样性和土地功能的混合性；③城市土地利用应有合理的紧凑度；④城市土地利用应有合理的集约化；⑤城市土地利用应有三度空间的发展特征。

17.3.1.5 城市空间结构完整性与形态合理性原理

城市空间结构作为一种有形的物体，在结构上和形态上也应具有一定的完整性与合理性。城市空间结构的完整性与形态方面的合理性可以通过：形状指数、紧凑度指数、半径维数、网格维数、伸延率、放射状指数、城市布局分散系数、城市布局紧凑度等指标来反映。

17.3.2 通达原理（空间结构效率原理）

城市空间结构的通达性首先指城市的静态活动空间之间以及静态活动空间与动态活动空间的便捷程度，其次指城市空间结构内部、城市空间结构内部与外部联系的方便程度，其三指城市各种流的运行效率。

17.3.2.1 城市干道系统连接城市各部分的合理性与效率性原理

城市干道系统是城市的骨骼，既将城市内部连成一体，又将城市内部与外部连成一体。在城市干道系统完成其功能时，应强调其合理性与效率性。而其合理与效率性与车速、路网密度、路网结构、交通密度等密切相关。

17.3.2.2 城市大型服务设施的可接近性原理

城市大型服务设施其位置的选择以及与居民区之间的空间关系是否符合可接近性原理，一定程度上反映了城市空间结构的通达性水平。城市大型服务设施与城市居民区的可接近性程度应以“时间距离”而不仅仅是由“空间距离”来衡量。

17.3.2.3　城市内外部自然嵌块之间的连通性原理

城市空间结构构成要素可以分成自然与人工两大部分。自然要素是由山、水、绿地、农田等自然嵌块构成的，与生态环境质量息息相关。为了满足生物的生长、迁徙需求，也为了自然嵌块本身的存续以及更好地发挥作用，应最大限度地提高城市内外部自然嵌块之间的连通性。绿色网络的构建是提高城市内外部自然嵌块连通性的重要一环。此外，衡量连通性还可以从如下方面判断：①自然嵌块之间是否有生态廊道（绿带、绿楔）？②城市自然嵌块之间的连接走廊的长度、宽度及面积是否充足？

17.3.2.4　城市自然环境和人工环境的空间渗透性原理

城市是由自然环境和人工环境构成的。城市生态环境质量的好坏相当程度上由城市自然环境与人工环境的数量关系、位置（空间）关系所决定。在城市自然环境与人工环境的位置关系方面，强调两者之间的空间渗透性是十分必要的。两者的空间渗透性越强，则城市空间结构的通达性也越好。城市自然环境和人工环境的空间渗透性可以由城市与郊区之间的绿楔个数、城市与郊区之间的绿楔长度与面积等来反映。

17.3.2.5　城市各组团之间联系的便捷性原理

无论是核状城市、星型城市、卫星城市还是线形城市，都可以分解成居住、工业、商业、绿地、市政设施等组团。城市功能的发挥是以城市各组团之间联系的便捷与高效性为基础的。城市各组团之间联系的便捷性的好坏一定程度上反映了城市空间结构通达性水平。衡量城市各组团之间联系的便捷性程度，可以城市各组团之间道路长度、居住区与就业区的平衡／临近程度等指标来反映。

17.3.2.6　城市出行系统的生态性原理

《雅典宪章》指出，城市的四大功能为：居住、工作、游憩与交通。这就非常清楚地指明了城市出行（包括工作出行与生活出行）的重要性。城市出行系统的生态性是城市空间结构生态化的重要方面之一，是指：城市出行系统除了确保出行的通达外，还要保持多样充足的出行交通方式选择，特别是非机动车和公共交通；城市出行系统不应将流动性狭隘地理解为增加车辆和提高其行驶速度，还应充分考虑步行交通网络、非机动车交通网络和公共交通体系网络，要慎重地确定各种出行方式比例，而不是片面地依赖某种单一的出行方式。

17.3.2.7　城市各种流的通畅、高效原理

城市生态系统的“流”包括资源流、物质流、能量流、人口流、资金流、价值流、信息流等。各种流有其不同的特性和要求，但有一点是共同的，即各种流在流动、循环过程中都应通畅、高效、安全，这是城市空间结构通达性的重要表现和必备条件。要根据各种流在城市生态系统中的不同作用和功能，妥善规划；同时，各种流之间也应做到协调有序。

17.3.3　共生原理（空间结构关系原理）

城市空间结构的共生性是城市空间结构要素关系生态化的体现，也是城市空间结构生命力的体现。

17.3.3.1 城市空间结构构成元素的多样性原理

生物之间的共生需要一些先决条件，其中包括环境构成要素的多样性。生态系统的结构越复杂，生态系统多样性也越丰富，生态系统的生命力也就越强。城市空间结构的多样性主要是指城市空间结构的构成元素（含自然元素和人工元素）要丰富多彩，这首先是指自然元素，如农田、森林、湖泊、河流、海滨、湿地、荒野、山体、山脊线、自然保护区等都应该具备；其次是指人工元素，如路、广场、开敞空间等也应该充足。城市空间结构的自然元素与人工元素的多样性是城市空间结构实现共生的基础条件之一。

17.3.3.2 城市用地结构的自然性原理

城市空间结构相当程度上是由城市用地结构来体现的。要实现城市空间结构的共生性首先要使城市用地结构具有相当的自然化程度，即必须有相当比例的"自然空间"。因为自然空间是城市生态系统中最活跃、最有生命力的组分，它能有效地调节城市的生态环境，增强城市的环境容量，并使各种生物（包括人）最大限度地发挥其潜能。根据国外报道，发达国家城市一般生态园林绿地与建成区面积之比为 2 ： 1。香港寸土寸金，也是在 1 ： 1；深圳市生态园林绿地用地占城市总用地的 76.3%；国际卫生组织建议的最佳居住条件为人均 60m^2 绿地指标，这些都表明在现代化程度较高的城市，自然空间受到了极大的重视。城市用地结构的自然性程度可由如下几方面体现：①城市绿地比重；②城市自然保护区用地比重；③城市山林用地比重；④城市水体用地比重；⑤建成区至开敞空间的距离等。

17.3.3.3 城市人工与自然边缘区的生态高效性（边缘效应）原理

城市人工与自然边缘区可能形成两种截然不同的结果。一是生态环境脆弱带，此时，城市人工与自然边缘区呈现不稳定的状态，生态环境质量下降；二是边缘效应，此时，城市人工与自然边缘区呈现比相邻两个地区更加稳定、健康的状态，生态环境质量不断朝好的方向发展。应将追求城市人工与自然边缘区的边缘效应、避免这一地带的生态环境脆弱带的出现作为处理城市人工与自然边缘区的生态关系的一个重要的目标与准则。

17.3.3.4 城市人工与自然边缘区的生态稳定性原理

城市人工与自然边缘区不但要争取生态高效，还要争取生态稳定。生态稳定是包括人类在内的生物生存环境适居性的集中体现，包括：①城乡交错区自然地理地质化学环境的稳定性；②城乡交错区生态环境质量的稳定性；③城乡交错区社会运行的稳定性。

17.3.3.5 城市空间结构与区域城镇体系结构的协调性原理

城市空间结构是在一定区域背景下展开的，因而其与区域城镇体系必然发生种种的生态关系。这些生态关系包括竞争关系和共生关系，前者指城市空间结构的发展与区域城镇体系结构的发展存在着各种各样的对资源、环境和土地等的竞争；后者实际上是指两者之间的协调发展。城市空间结构与区域城镇体系结构的协调性原理包括：①城市极大地依赖于其腹地（区域）的支持才能够生存；②城市发展对区域环境产生了重要的影响；③城市在发展中，如果没有很好地考虑与区域环境的协调，而是过多的从自身出发，必将导致对区域环境

不利的生态后果和生态效应；④一个城市的空间结构的发展不能以区域城镇体系结构的破坏作为代价；⑤城市空间结构的拓展要注意保护区域的生态环境质量和生物多样性水平；⑥要做好城市基础设施与区域基础设施的协调，避免重复建设和浪费现象。

17.3.3.6 旧城—新城建设与发展的平衡性原理

城市建设和发展有两种形式：一是完全新建的城市；二是新旧城市同时存在。一般以后者居多。这就带来新旧城市的协调共生问题。对旧城更新而言，要避免以大规模的重建计划作为旧城更新的基本手段，从而破坏旧城固有的文脉和复杂和谐的生态关系；对新城建设而言，要注意与旧城的文化、历史、生态关系的联系和继承；对旧城与新城两者关系而言，应避免两者在空间发展方向上的矛盾，避免新城建设破坏旧城的历史文化环境和原有的城市空间格局。要以生态持续性、经济持续性和社会持续性作为处理两者关系的准绳。

17.3.3.7 城市人类与其他生物的共生（存）性原理

城市人类不能仅仅考虑自己的生存，还应考虑其他生物的生存，这是深绿色生态学的重要特征之一，也是提高城市生物多样性的重要方面。具体说，城市人类与其他生物的共生（存）性原理包括：①规划城市空间结构模式应考虑保护和提高该地区的生物多样性水平；②城市土地利用应考虑其他生物的生存与发展（种群的迁居、散布和遗传性质的交流和延续、栖息地、路径和通廊等的预留）；③应认识到规划城市空间结构模式对地区生物多样性的潜在冲击；④规划城市空间结构模式应考虑对减少生物多样性水平的补偿措施。

17.3.4 可持续原理（空间结构发展原理）

城市空间结构是不断发展变化着的。为了城市的健康存在，我们希望城市空间结构的发展应是可持续的，此即城市空间结构可持续原理的核心内容。

17.3.4.1 城市空间拓展趋势的合理性原理

城市空间结构的发展首先表现在其空间拓展的趋势和方向上，其应具有一定的科学性和合理性。如：①城市空间拓展方向应与经济主要联系方向一致，包括产业轴发展方向、产业的空间分布、等级体系等方面；②城市空间拓展方向应与交通轴、生态轴在空间位置等方面关系协调，而不能互相冲突；③城市空间结构拓展方向要符合城市的自然环境条件和生态格局等。

17.3.4.2 城市空间结构拓展的生态保障性原理

城市空间结构拓展必须建立在一定水平的生态保障性的基础上，包括：①只有在城市自然条件和容量的状态与特征允许时才进行城市空间结构的拓展；②城市拓展对城市自然生态系统的干扰与破坏程度应限制在最低程度之内，城市空间结构应朝着生态负荷最小的方向发展；③规划的城市空间结构模式应与区域生态环境支持系统有较高的协调程度。

17.3.4.3 城市空间结构的安全性原理

城市空间结构必须具有足够的安全性水平，这既有利于其长久的生存也有利于其可持续发展。包括：①城市用地选择应充分考虑城市防灾（防洪、防火、防地震、泥石流、滑坡等）；②城市用地布局应充分考虑防灾和减灾措施；③城市用地布局应充分考虑各种城市安全问题，如生物安全、水安全、食物安全、市政服务设施安全、城市生命线系统安全、工业危险设施安全等。

17.3.4.4　城市空间结构的灵活性原理

城市空间结构应具有一定程度的灵活性（弹性），只有具有充分的灵活性，城市空间结构才可能具有强大的生命力。包括：①规划部门应有多种城市空间结构模式的预案；②规划城市空间结构模式与城市远景规划应有较好的协调性；③应考虑城市空间结构模式的分期实施；④城市空间结构模式应具备一定程度的可变（调）性，可以通过设置备用地、规定各种用地的兼容性等来实现城市空间结构的可调性。

17.3.4.5　城市空间资源的储备性原理

城市空间结构的可持续发展必须以空间资源的源源不断地提供作为其坚实的基础，而空间资源的提供是以空间资源的储备作为基础的。城市空间资源的储备包括：①自然保留地的预留；②城市发展用地的预留；③重大基础设施的用地预留；④城市远景功能的考虑与用地预留等。

17.3.4.6　城市空间资源使用的公平性原理

城市空间结构的可持续性也应该遵循可持续思想的基本原则之一——公平性。包括：①城市空间资源的使用应强调代际公平性，当代的城市空间结构拓展不能将后代的空间资源消耗殆尽；②城市空间资源使用还应强调区际公平性，城市每个分区之间在空间资源的使用上也应有一定的公平性；③城市空间资源使用还应考虑城乡公平性，不能以损害乡村的发展作为城市空间结构可持续发展的代价。

17.3.4.7　城市生态环境的趋性原理

城市空间结构的可持续发展的最明显的特征之一应是城市生态环境质量不断朝好的方向发展。将城市生态环境的趋优性与城市空间结构联系起来，就要求：①规划城市空间结构模式应考虑城市自然地区生态恢复；②规划城市空间结构模式应对城市生态环境质量具有一定程度的改善作用；③规划城市空间结构模式应对城市自然生态容量的提高起一定的作用；④规划城市空间结构模式应对城市自然生态系统为人类所提供的生态服务功能具有一定的改善作用。

17.4　城市空间结构生态化的规划途径

17.4.1　城市基本空间要素的生态化

17.4.1.1　基质生态化：生态基质

要使城市空间结构向生态化方向演化，最重要的途径之一是提高其基质的生态化水平。生态基质主要由森林、绿地、农地、水面等面状的自然或半自然状态的相联空间构成。基质的判定可依据如下标准：①动态控制程度。如果景观中某一要素对景观的动态控制程度比其他景观要素大，则可以认为它就是基质；②相对面积。当景观中某一要素的面积比其他要素的面积大得多时，该要

素就可能是基质。但是，景观的基质并非均匀分布，面积也不是判定景观基质的唯一充分条件；③连通性。当景观中某一要素（线状或带状要素）连接得较为完好，并环绕所有其他景观时，便可以被认为是基质，如具有一定规模的农田林网（周春山，2007）。

高水平的生态基质使城市拥有较多的生态用地、较高的自然景色的丰富程度、较高的生物多样性，能最大限度地满足城市居民的生态需求。以生态绿地为基质的生态城市与传统城市有着明显的区别：传统城市中，生态绿地只是零星的或者稍具规模的公园、草坪、街头绿地、广场绿地、郊区林地，这些绿地多数仅为斑块，而人工建筑、构筑物为其基质，使得绿地相互间的生态联系弱，生态流处于分割孤立状态，而且小型、单一生态斑块效应较为低下，生物多样性低。而生态城市中，景观元素的图底关系改变（图 17.1），作为斑块的生态绿地转化为景观基质要素，从而形成一个生态环境效益高、整体性强、环境宜人优美的背景区域，保护了其中作为斑块的人工系统。

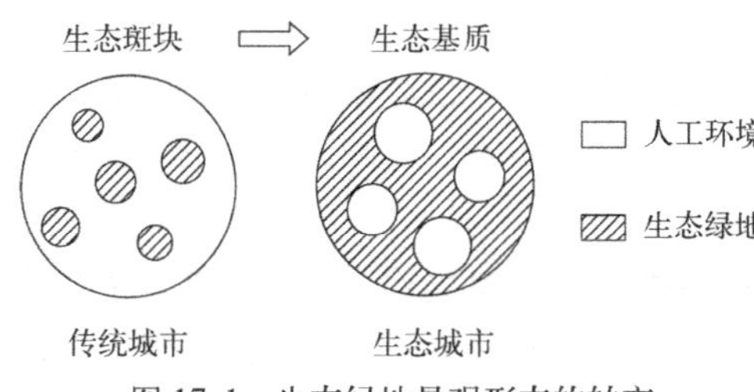

图 17.1　生态绿地景观形态的转变

来源：邓清华．生态城市空间结构研究——兼析广州未来空间结构优化 [D]．华南师范大学，2002．

陈爽等（2008）以 2001 年国土资源部颁布的《全国土地分类》为基础确定了南京市生态空间范围包括：农用地中林地和牧草地、水利建设用地中的水库水面以及全部未利用地。由表 17.3 可了解南京市域生态用地（基质）的变化轨迹。

1986 ～ 2002 年南京市域生态空间规模结构变化　　表 17.3

项目	年份		
	1986	1996	2002
生态用地面积	1353.32	1371.50	1360.23
其中			
绿色空间	726.76	722.89	738.48
林地	709.66	705.39	737.07
草地	17.10	17.50	1.42
蓝色空间	624.23	645.85	621.00
河、湖、水库、坑塘	574.51	593.49	586.99
滩地、沼泽	49.71	52.37	34.01
其他未利用地	2.33	2.76	0.75

来源：陈爽，刘云霞，彭立华．城市生态空间演变规律及调控机制——以南京市为例．生态学报，2008（5）．

17.4.1.2　单元生态化：生态功能体

生态功能体是镶嵌在生态基质中的大小各异、功能混合的斑块，是传统功能区如工业区、居住区、商业区、文化区等经过生态改造，形成的具有明显的生态优良高效的生态单元，这些生态单元又经过不同的空间组合而形成的一种共生体。这种生态功能体功能混合，本身在每一项主要需求项目上都可以达到

自给自足的目标，在一定尺度下形成独立的内部循环系统。并且各生态单元之间存在着物质、能量上的相互作用，类似于自然生态系统内的循环，因而构成一种互利互惠、多样性高、适应性强、可持续的功能体。

生态功能体中的生态单元内部和生态单元之间存在着紧密联系。以生态工业园区为例，它是仿照生态体系中的生产、消费和“废物”处理过程的机制，将现行的“资源——产品——废物排放”开环式经济流程转化为“资源——产品——再资源化”的闭环式经济流程，实现资源的减量化、废弃物的资源化。它综合考虑多种产业、多个过程之间的物质流、能量流、信息流、资金流的集成，从而在区域内部提高资源、能量的利用效率，使废物排放量最小，实现经济和环境效益的双赢。

生态社区则是城市空间结构生态化的另一个重要生态单元。它强调社区人、生物和环境的共同行动和活动，意味着生态城市中以社区人的生活选择与生活生态过程为主导，以社区中人—生物—环境这一生态链网为物质基础，具有持续性、健康性、安全性、共生性、进化性的特点。

17.4.1.3 联系生态化：生态廊道

生态功能体作为城市景观生态格局中的斑块，其内部之间以及其与生态基质发生着联系，这种联系需要靠廊道来完成。廊道是线形或带形的景观生态系统空间类型，其作用包括隔离、流的加强和辐散、过程关联等。其显性功能包括：栖息地功能；通道功能；过滤器功能；源的功能，沿廊道运动的动物等都可能进入基质；汇的功能，即廊道汇集了来自基质的各种影响。

生态廊道主要分为两类：一类是自然廊道，如河流、环城林带、行道树等，其效应表现为限制城市无节制发展，吸收、降低和缓解城市污染；而另一类是人工廊道，即道路、沟渠、管网等线性运输人、物、信息的通道。两类廊道共同发生作用，使生态功能体与生态基质之间得到连通或者隔离保护。生态廊道在维持区域的异质性、稳定性、生态整体性及保证功能持续发挥方面具有不可替代的作用。生态学家和环境保护学家普遍认为，自然廊道有利于物种的空间运动和本来孤立的斑块物种的生存和延续。研究表明，河流植被宽度在30m以上时，能有效起到降低气温、提高生物多样性、增加河流中生物的食物供应，控制水土流失、河流沉积与过滤污染物等功能。道路林道60m宽时，可满足动植物迁移和生物多样性保护功能。城市空间结构生态化水平高的自然廊道具有相互连通性，不同规模、不同形式的绿色廊道构成了一个统一体，并具有生态、休闲、文化、社会交往等多种功能（周春山，2007）；至于人工廊道，总的原则是在满足使用要求的同时，尽量减少其负面影响和作用，并增加其生态功能（图17.2）。

17.4.2 生态导向的城市空间优化与功能组织

从规划角度，以生态为导向进行城市空间优化，并在此基础上进行功能布局，是城市空间结构生态化的重要规划途径之一。藺雪芹等（2008）以天津市滨海新区临海新城为例，借鉴景观生态学分析方法，提出了生态导向的城市空间优化和功能组织的内容与过程，以下择要介绍。

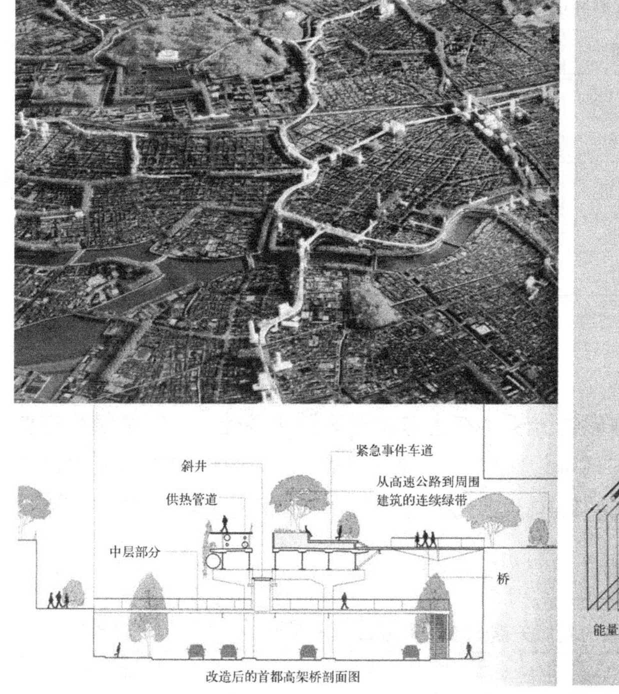

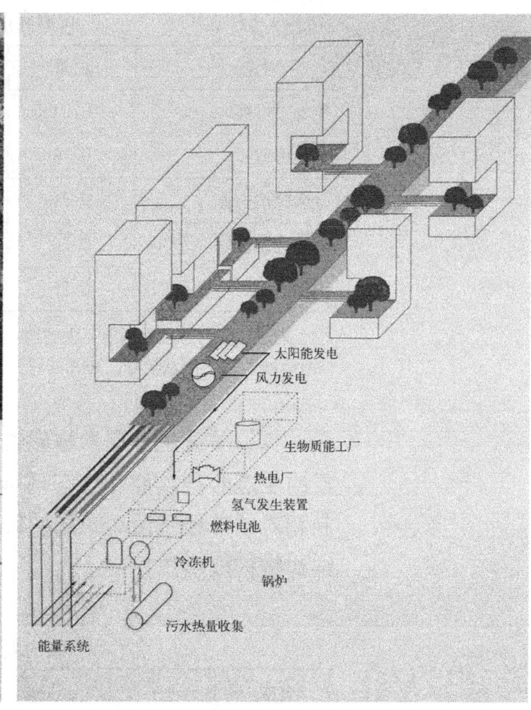

图 17.2 “绿网”——从灰色的高架路变为绿色生态立体带状公园

来源：The Japan Architect.2006 Autumn. 转引自：王晶，曾坚，苏毅．可持续性“纤维”绿廊在紧凑城区规划中的应用——以大野秀敏 2050 年东京概念规划方案为例．城市规划学刊，2009 (4).

17.4.2.1 生态环境现状问题诊断

临海新城三面与渤海相连，海洋资源和生态景观丰富，境内西侧陆域部分又有蓟运河河口湿地自然保护区和国家级贝壳堤自然保护区，区域生态环境优良，同时又具有人工环境比重大、均质化程度高、资源分布不均衡等特点，生态环境存在以下问题：①景观要素少，结构单一。临海新城境内，现状景观生态要素仅有蓟运河河口湿地自然保护区、国家级贝壳堤自然保护区和临海海岸线，其余大部分均为人工均质建设用地。景观多样性低，异质性差，生态景观结构简单。②生境类型简单，系统稳定性差。从生态功能来看，临海新城植被覆盖稀少且分布不均衡，难以完成其应有的生态功能，生物多样性低，对环境影响的抵抗力和恢复力弱。

17.4.2.2 临海新城生态适宜性分析

(1) 生态适宜性评价。

临海新城的生态适宜性评价包括：①指标选取。考虑临海新城生态资源特性，兼顾周边区域的生态状况，选取 5 个生态因子（表 17.4)；②评价分析。根据各生态因子的环境影响确定每个因子的生态适宜度分级标准，用专家打分法对各因子的生态重要性打分，并用 GIS 空间分析叠加技术进行单因子的叠加，获得综合适宜度评价值在 1.2 ～ 3.6 范围内变化，取 1.2 ～ 2.2 ～ 3.6 为分级标准，结合城市发展和环境保护的要求，将临海新城划分为重点保护区、引导开发区和优化开发区 3 种类型。

临海新城生态适宜性评价因子确定　　表 17.4

生态因子	权重	评价标准
生物多样性	0.24	物种种类、物种数量、维护生态系统稳定性的能力
景观价值	0.18	美学特征、娱乐休闲价值
社会经济价值	0.21	社会经济活动承载类型和开展强度
城市生态价值	0.22	改善环境和保育生态的能力
海岸线防护功能	0.15	减灾避害、纳污净化

来源：蔺雪芹，方创琳，宋吉涛．基于生态导向的城市空间优化与功能组织——以天津市滨海新区临海新城为例．生态学报，2008（12）．

（2）关键生态要素敏感性分析。在生态功能区划的基础上，对关键生态要素的生态服务功能和生态环境敏感性进行细化（表 17.5），确定其开发强度控制和对城市经济活动布局的影响，为之后经济功能在空间上的具体落实、生态结构维护提供依据。

临海新城关键生态要素敏感性分析　　表 17.5

分类	生态要素	生态性质	生态功能	开发强度控制
天然生态板块	蓟运河河口湿地	生态敏感区	源汇与栖息地功能	不干扰生态、适度范围的低密度开发
	贝壳堤自然保护区	生态敏感区	栖息地功能与屏蔽作用	不干扰生态、适度范围的低密度开发
	永定新河、蓟运河交汇口	生境交汇点	栖息地功能	生态干扰较小的可入性开发
	环城海岸线	生态连通通道	栖息地功能	生态干扰较小的可入性开发
人工生态板块	新城内河（游龙河）	生态连通通道	栖息地功能与过滤作用	生态干扰较小的可入性开发
	龙头湾、游龙湾	生境交汇面	栖息地功能	避免生态干扰的适度开发

来源：蔺雪芹，方创琳，宋吉涛．基于生态导向的城市空间优化与功能组织——以天津市滨海新区临海新城为例．生态学报，2008（12）．

17.4.2.3　临海新城生态空间构建

生态空间构建的目的是建设与城市社会经济体系相适应的自然生态体系，形成自我良性循环的生态安全格局，促进城市与自然的互融共生，保障和引导城市的可持续发展。空间组合有序，结构优化高效的生态空间结构将会促进城市社会经济与生态环境之间互利共生、协同进化。具体措施包括：①设计蜿蜒的城市边界和亲水海湾；②设计河流自然廊道，增强城市内部的生态连续性；③依托道路建设人工廊道；④增加绿色空间，构建生态网络体系。

17.4.2.4　临海新城经济功能组织

依托城市的绿色生态空间，要达到自然和人工环境的有机融合，同时实现土地的集约利用，城市理想的空间形态应采用“组团式”布局模式。根据生态

图 17.3 生态导向的临海新城空间布局图

来源：蔺雪芹，方创琳，宋吉涛．基于生态导向的城市空间优化与功能组织——以天津市滨海新区临海新城为例．生态学报，2008（12）．

空间优化、生态功能区划分和关键生态要素敏感性的评价结果，综合考虑城市各功能交通依赖程度、区位取向等因素影响及各功能区之间的相互关系，对临海新城各主导功能进行空间布局，将之划分为：主题旅游区、生态居住区、中央商务区、高等技术区、中心服务区、休闲娱乐区、滨海旅游区和码头配套服务区等（图 17.3）。

17.4.3 生态城市空间结构优化模式

城市空间结构生态化是构筑生态城市空间结构模式的重要阶段之一，生态城市空间结构是在城市空间结构生态化基础上的进一步发展。襄樊(现名襄阳)的案例说明，城市空间结构生态化的重要任务之一是确定城市的空间结构优化及组合模式（郭荣朝等，2004）。

17.4.3.1 生态城市空间结构优化组合模式

生态城市空间结构优化组合的关键是选择合理的城市空间结构形态，以充分利用城市地域内的自然环境条件，使城市建设与自然协调统一、和谐共处、互惠共生。如图 17.4 所示：城市功能区之间的绿化带以及河流、道路等两侧绿化带将成为城市绿色廊道，城市外围山地（森林公园）与大片农田，可构建

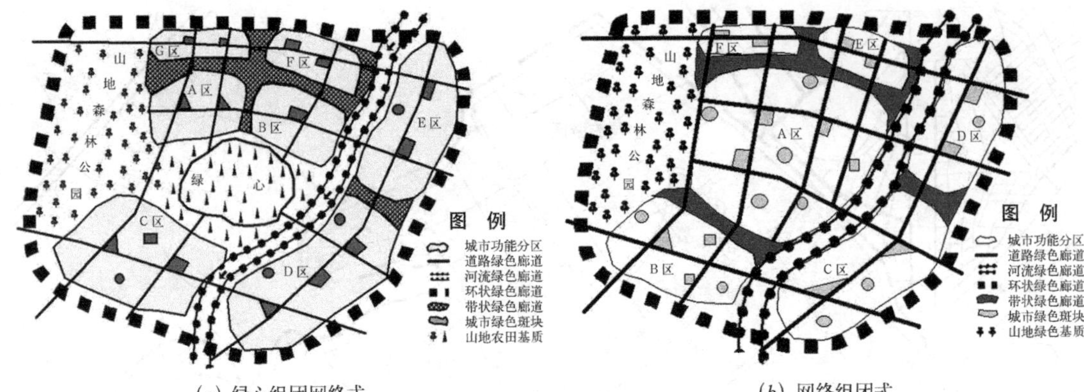

(*a*) 绿心组团网络式　　(*b*) 网络组团式

图 17.4　生态城市空间结构优化组合模式

来源：郭荣朝，顾朝林，曾尊固，姜华，张韬．生态城市空间结构优化组合模式及应用——以襄樊市为例．地理研究，2004（3）．

城市绿色基质；城区的公园、广场等构成绿色斑块，绿色廊道、绿色斑块和绿色基质联结成“斑块－廊道－基质”绿色网络，形成完善高效的城市生态绿化系统，与大自然有机地融为一体。城市各功能区与完善高效的城市生态绿化系统毗邻，各功能区及功能区内部的居民都可分享城市绿色空间。据此，自然协调、规模适度的“绿心组团网络式”城市空间结构形态是比较理想的生态城市空间结构模式之一。

17.4.3.2　襄樊生态城市空间结构优化组合实证分析

（1）襄樊市城市空间结构形态演进过程及发展形态分析

由表 17.6、图 17.5 可见，襄樊市城市空间结构形态已由建国初期的典型“双城”结构演变为“两城三团”带状格局。其演变过程中主要以襄城与樊城的跳跃、蔓延拓展为主，导致襄城、樊城功能混杂，局部区域生态环境恶化，河流绿色廊道等生态绿化系统建设没有到位，以比较脆弱的生态环境承载着数量较多的人口，经济、社会的高速发展，对城市生态环境造成的压力越来越大（郭荣朝等，2004）。

（2）襄樊市城市用地发展形态分析

1996 年襄樊市跨入大城市行列。根据湖北省城市总体规划（2000 ~ 2020）和社会经济发展战略规划，襄樊市发展为特大城市有其必然性。对于襄樊这样一个腹地广阔、发展条件良好、土地类型构成丰富、建设用地容量较大的城市来说，建成人居环境优美的现代“田园化”生态城市，关键之一是用地发展形态选择。根据襄樊市沿江特点及现有布局形式，大致有四种发展态势——中心集中式、中心分散式、沿江集中式、沿江分散式。其特征如图 17.6。

（3）襄樊市生态城市空间结构形态的选择

1）总体思路　强化外围区域与襄城、樊城之间的地域功能协作，将自然环境有机地融入城市，突出城市中心绿色基质、城市外围绿色基质和河流绿色廊道，以创建现代“田园化”生态城市。以便于合理组织城市生态绿化系统，保护古城的整体风貌。

襄樊市城市结构形态演变状况 表 17.6

时段	1948 ~ 1950	1951 ~ 1958	1959 ~ 1970	1971 ~ 1982	1983 ~ 1991	1991 ~ 2000
结构演变形态						
发展动力及变化	区域政治军事中心商埠港口，持续衰退，消费性城市	一般性地区政治中心，地方工业得以发展，城市建设开始跳出城墙寻求发展，但变化缓慢	对外交通迅速发展（汉丹、焦枝铁路）、国家“三线”建设政策，城市用地扩展速度加快	襄渝等铁路相继通车，使其成为交通枢纽城市（三线交汇），并持续发展。已形成相对完善的基础设施，城市建设重心移向江南	“三线厂”迁入，机场建设，第三产业发展，社会经济持续高速发展，城市区域地位加强，中心扩展与外围组团发展同步	高新产业崛起，交通网络形成，鱼梁洲生态旅游开发，城市环境质量有所改善。中心蔓延与外围组团发展同步

来源：郭荣朝，顾朝林，曾尊固，姜华，张韬．生态城市空间结构优化组合模式及应用——以襄樊市为例．地理研究，2004（3）．

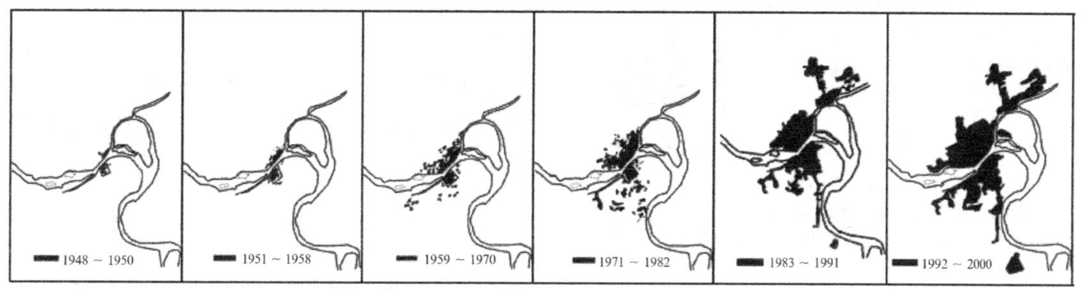

图 17.5 襄樊市城市结构形态演变

来源：郭荣朝，顾朝林，曾尊固，姜华，张韬．生态城市空间结构优化组合模式及应用——以襄樊市为例．地理研究，2004（3）．

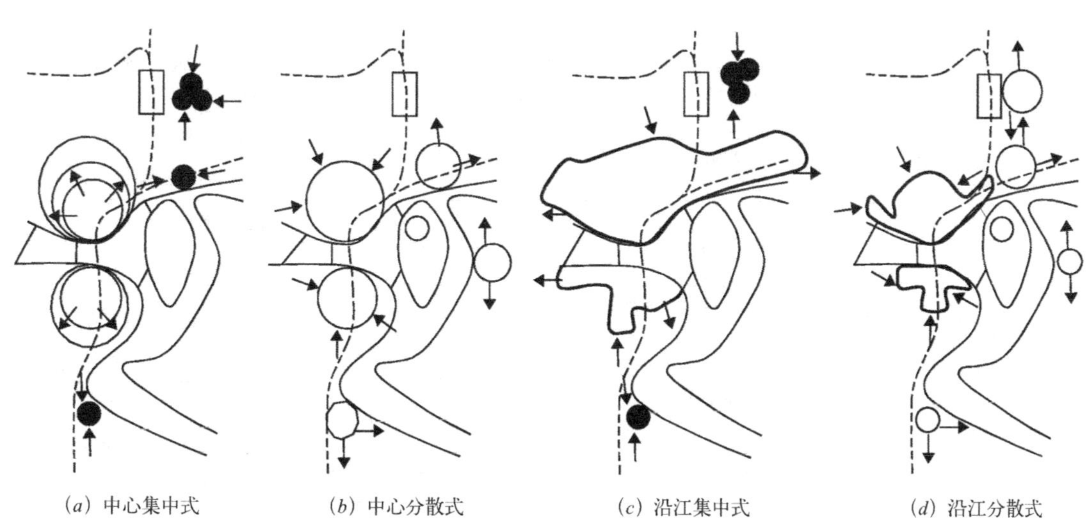

图 17.6 襄樊市四种发展用地形态示意图

来源：郭荣朝，顾朝林，曾尊固，姜华，张韬．生态城市空间结构优化组合模式及应用——以襄樊市为例．地理研究，2004（3）．

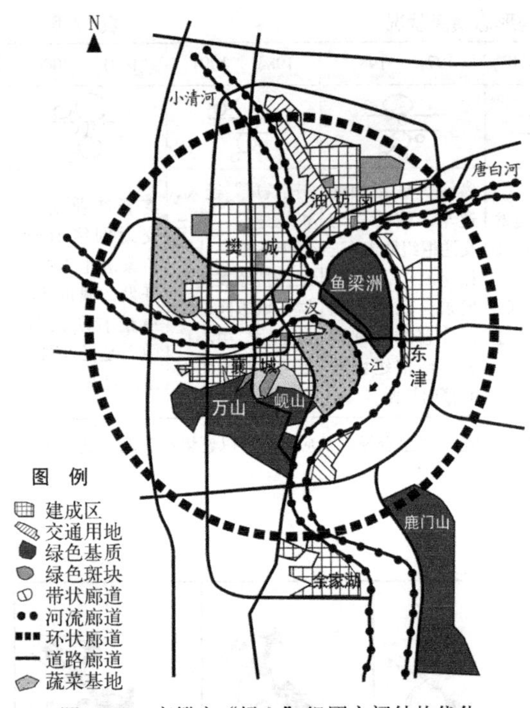

图 17.7　襄樊市“绿心”组团空间结构优化组合示意图

来源：郭荣朝，顾朝林，曾尊固，姜华，张韬．生态城市空间结构优化组合模式及应用——以襄樊市为例．地理研究，2004（3）．

2）结构形态与功能的确定　上述四种用地发展态势可归纳为两种基本形态：①分散型，基本形态为中心组团加外围组团的“绿心组团网络式”格局。这种空间组合格局能够充分利用城市地域内的自然环境要素，合理构建城市生态绿化系统，创造人居环境优美的现代“田园化”生态城市，有效地保护历史文化名城，完善中心城区，发展外围，便捷交通，并为今后发展成为特大城市留有足够余地。②集中型，其基本形态为集中连片发展格局。这种空间结构将有效地强化中心，突出枢纽，集中连片，紧凑发展。综合考虑分散型、集中型的特点以及襄樊市建设现状和长远发展需要，适应生态城市建设和特大城市格局的逐步形成以及交通和用地布局的合理组织，分散型（“绿心组团网络式”）对襄樊市的发展较为现实有利。空间结构形态如图 17.7，具体功能组织见表 17.7。

襄樊市城市功能结构分区　　表 17.7

城市结构	组 团	分区名称	现状人口（2000 年）	规划人口（2020 年）	性质与功能
中心基质	鱼梁洲		1 万	2 万	生态调控中心，生态旅游，休闲中心，娱乐城
周围基质	万山、岘山、鹿门山				生态调控中心，生态旅游，休闲中心
绿色廊道	汉江、小清河、唐白河				生态物种流，能量流和物质流通道
五城	1. 樊城	樊东	43 万	27 万	商贸金融客运交通中心
		樊西		24 万	轻纺织工业基地
	2. 襄城	襄阳城内	22 万	7 万	文化中心，古城
		襄西		18 万	政治中心
	3. 油坊岗（含张湾）		14 万	18 万	汽车制造及配套工业
	4. 余家湖		4 万	6 万	铁水联运港区，电力，化工，建材工业基地
	5. 东津	高新区	1 万	10 万	科技、信息、电子等高新技术产业
合计			85 万	112 万	

来源：郭荣朝，顾朝林，曾尊固，姜华，张韬．生态城市空间结构优化组合模式及应用——以襄樊市为例．地理研究，2004（3）．

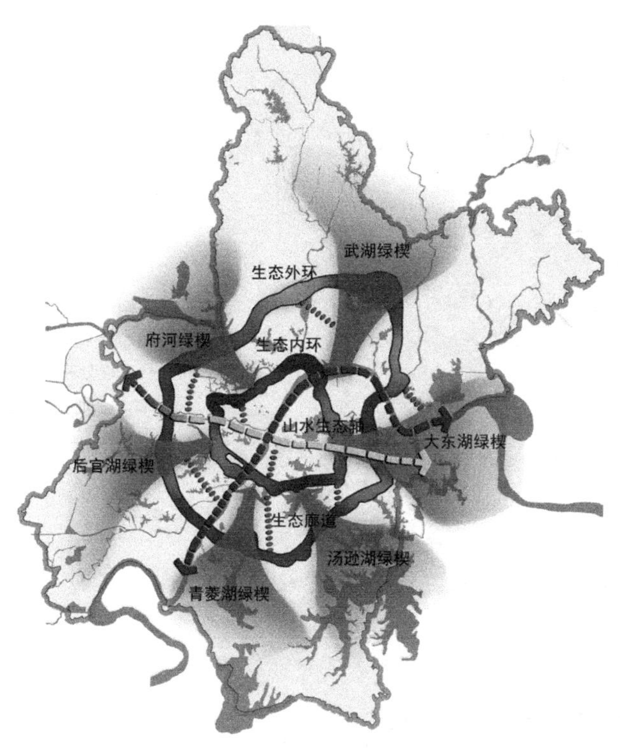

图 17.8 武汉市生态框架体系示意图

来源：刘奇志，何梅，汪云．面向"两型社会"建设的武汉城乡规划思考与实践．城市规划学刊，2009（2）．

17.4.4 因地制宜地构建城市空间结构生态化体系

每一个城市都有其独特的自然、经济、社会条件，城市空间结构生态化应基于城市的现有条件进行，并体现城市的特色。

17.4.4.1 以水生态为特色的武汉综合性市域生态框架

武汉市因地制宜，构建了水生态为特色的综合性市域生态框架体系（刘奇志等，2009）。以南北水系、东西山系为基础，构筑"十字"型山水生态轴，在城市三环线、绕城公路附近，形成两个环型生态保护圈，结合主城周边的六片湖群，控制六大放射型生态绿楔和区域性的水网、绿网，规划建立起"两轴两环，六楔多廊"的城市生态框架体系（图 17.8）。

武汉市重视湖泊联通、生态水网建设，推进水生态系统的保护与修复。针对湖群密布的特征，编制了《大东湖生态水网建设规划》、《汉阳地区六湖联通生态水系规划》等专项规划，提出了新的治水理念：①联通水系，构建生态水网，促进水体流动，提升和改善水质；②控制形成完善的滨水生态空间体系，修复水生态环境，彰显武汉碧水青山的滨江滨湖特色；③布置生态化水处理设施，尝试人工生态湿地治污，采取自然水渠为主体的生态化雨水排放模式，在降低建设成本的同时，形成生态化的空间景观环境（图 17.9）。

17.4.4.2 以绿核为中心的乐山城市空间结构

黄光宇在 1989 年乐山市总体规划中，因地制宜地设计了"绿心环形"生态城市结构新模式。城市中心为一永久性绿地，城市围绕它呈环状发展。城市外围又有自然森林大环带，三江环绕，形成了"城在山水里，绿地在城中"的空间模式。

该模式充分发挥了乐山自然优势，不仅弥补了乐山现状布局上的缺陷（图 17.10），体现了乐山独特的山光水色的自然特征与历史文化名城的性质，而且能够保证良好的自然环境与人造环境之间的协调平衡。规划在城市中心地带（现状为丘陵林地）开辟 8.7km^2 的城市绿心，作为永久性的绿地，布置森林区、花卉绿茵观赏区、珍贵动物放养区、小鸟天堂、水景区、野营露宿区等，使山林置于城市之内，城市又处于几重生态圈之中，即绿心——城市环——江河环——山林环（图 17.11）。绿心既是城市结构的重要组成部分，又是旧城与新区发展的过渡与分隔地带。规划各城市片区之间以绿地、

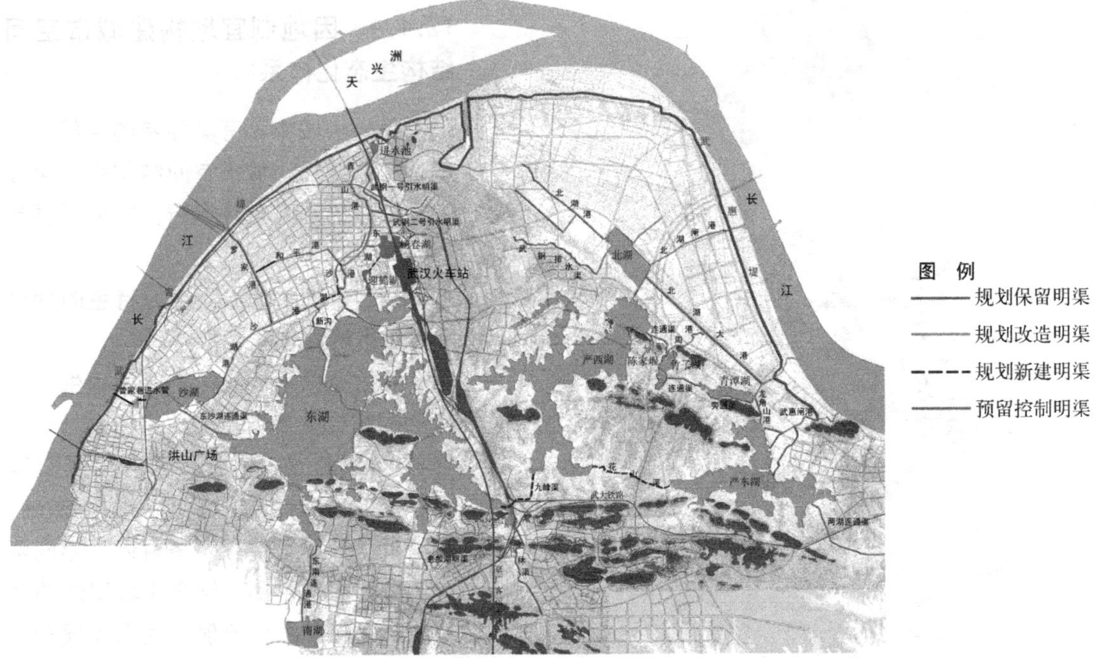

图 17.9　大东湖生态水网系统规划图

来源：刘奇志，何梅，汪云．面向“两型社会”建设的武汉城乡规划思考与实践．城市规划学刊，2009（2）．

图 17.10　乐山市中心城市现状

来源：黄光宇．乐山绿心环形生态城市模式．城市发展研究，1998（1）．

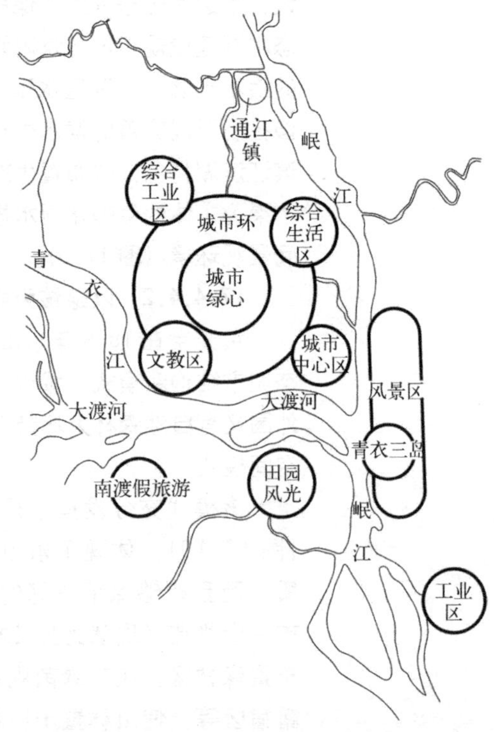

图 17.11　乐山市中心城区结构与功能规划

来源：黄光宇．乐山绿心环形生态城市模式．城市发展研究，1998（1）．

农田、水系溪流相隔，并使绿心得以延伸，片区之间形成绿带分隔，以增加城市绿色空间，美化环境，便于绿心的充分展露和城市居民更加接近绿心，为城市创造高质量的生活环境（黄光宇，1998）。

17.4.4.3　突出城市自然要素形态特征的合肥城市空间结构

合肥市城市总体布局的生态导向探讨以体现该市“山水背景，绿带穿城，斑块分散，多组团，指状发展”的“星型”结构特征为目标（丁敏生，2007）。

1）山水背景　合肥市区北部是江淮分水岭，城市西北是董铺水库和大房郢水库，西部临大蜀山和小蜀山，城市东南是省内第一大淡水湖——巢湖。市区内有著名的环城河，南把河、十五里河与板桥河从城市中穿过。城市北部的江淮分水岭是城市北部的自然山体屏障，自然环境良好。城市西部的大蜀山已经被包入城市建成区，在大蜀山的西部的小蜀山与大蜀山遥相呼应。这些山峰与水系共同构成了合肥独特的自然山水格局。

2）绿带穿城　合肥城市中山北部江淮分水岭发育有多条河流，穿过合肥中心城区，汇入巢湖，形成一种天然独特的水网格局。规划顺应这一特点，并将水系与绿地系统和生态廊道有机结合起来，形成绿带穿城的结构特征。

3）斑块分散　合肥的城市核心区容纳多样化的城市功能和丰富的活动，其他各功能组团在发展轴带上串联，并且形成较为独立、集中的组团次中心。

4）多组团　合肥现有的老城区和新建的政务文化中心，成为合肥中心城区的两个功能核心，结合城市发展战略，未来在城市南部的滨湖地段有可能形成一个新的城市核心，结合城市向周围沿交通放射线形成的发展轴，在五个方向成为城市拓展的空间。

5）指状发展　从发展的现实来看，城市发展主要处于中心积聚发展阶段向组群式的复合型轴向发展阶段。在这个阶段可能形成中心城市加外围组团的分散发展结构模式。总的而言，城市整体形态呈现出几个方向的指状延伸的特点，整体形态可概括为：老城中心与政务中心为掌，周边组团为指，多向发展的“指状”城市形态。根据合肥市自然生态系统的特点，未来的城市形态应突

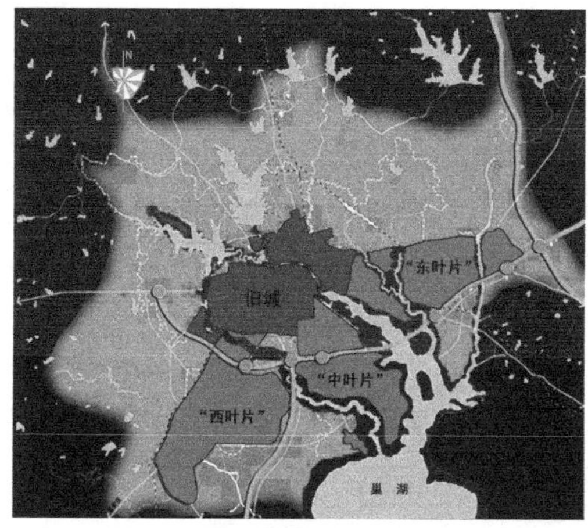

图 17.12　合肥市城市空间结构规划图
来源：http：//www.cityup.org/case/general/20070704/32287.shtml.

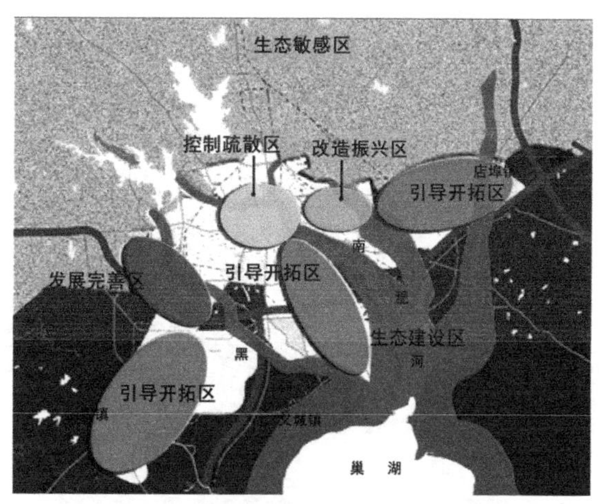

图 17.13　合肥市整体生态系统示意图
来源：http：//www.cityup.org/case/general/20070704/32287.shtml.

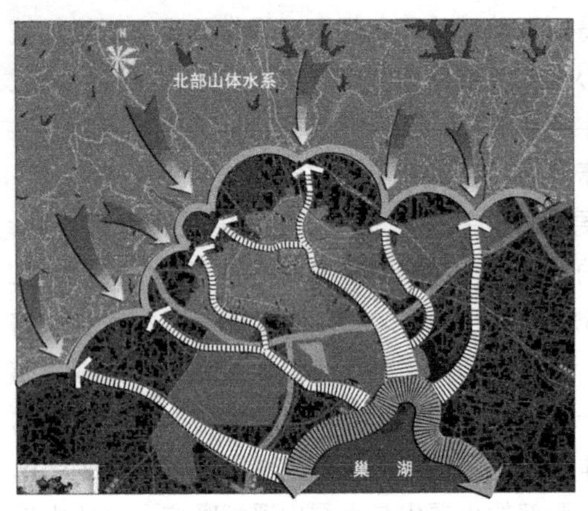

图 17.14 合肥市整体绿地系统规划示意图
来源：http：//www.cityup.org/case/general/20070704/32287.shtml.

出背依山水空间，面向巢湖，指状生长的城市空间特点。这种指状的空间既要与自然空间很好地结合，又必须保证不同发展阶段的连续性、完整性(图 17.12、图 17.13、图 17.14)。

17.4.5 以解决生态环境问题、城市复兴为导向的城市空间生态重构

一些城市在长期的发展过程中，形成了种种生态环境问题：如资源枯竭、经济停滞等，将使城市发展陷入严重的困境。在解决生态环境问题的过程中，将之与城市复兴紧密结合，运用城市空间生态重构的方式，会取得良好的效果。吕红亮等（2008）在进行抚顺市采矿区生态重构与城市复兴课题中认为，“生态需要空间”、“质量需要空间”，空间资源与空间生态重构手段是解决抚顺市生态环境问题与城市复兴的重要途径。以下简要介绍。

17.4.5.1 抚顺采矿区生态环境问题

抚顺市因矿而生，依矿而建，一百多年的开采，如今各种问题错综复杂，采矿区，生态恶化，地质灾害频发。抚顺几乎聚集了其他所有采矿城市的一切问题，具有极强的代表性和典型性(图 17.15)。该地区生态环境问题包括：①景观退化；②污染扩散；③地下水系统破坏；④生境破坏；⑤地质灾害频发。由于矿区开采过程，破坏了矿层对地下水承托作用，据估算，一般采 1 吨煤，至少损失 2.4 吨地下水，抚顺已多次发生地下水渗漏。

其核心问题为：矿区和大坑的处置、毒害物质的处理和利用及植被恢复。而矿区和大坑的处置还涉及：①未来的属性问题，巨坑形成是一个近百年的历史过程，景观恢复的时间点的确定，可能直接影响今后数百年的功能和性质

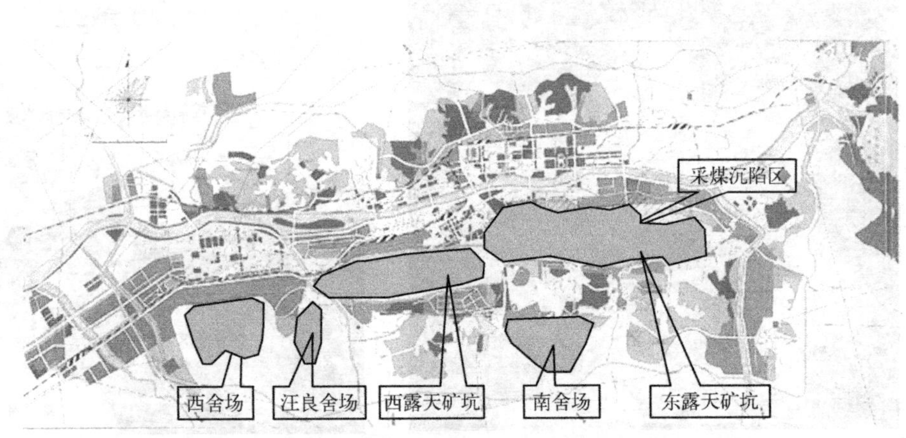

图 17.15 抚顺矿城关系示意图
来源：吕红亮，周霞，许顺才，林纪．城市生态空间与空间生态化——兼论抚顺采矿区生态重构与城市复兴．2008 城市发展与规划国际论坛论文集，2008.

②景观恢复可能耗费巨资；③可能引发次生问题，包括毒物迁移、人民安全以及物种入侵等。

17.4.5.2 规划思路

(1) 空间思路

1）生态需要空间 生态环境问题的解决需要空间资源的投入。应通过空间拓展，为生态恢复寻求空间。可因地制宜，采取灵活的耕地动态平衡政策、城市建设用地盘整、稳定沉陷区短期利用等手段，拓展城市建设空间，安置生态恢复地区人员。

2）质量需要空间 生态环境的恢复与质量的提升需跳出原有城市边界，开发西部平原地区，把握辽中城市群发展的契机，推进“沈抚一体化”，寻求城市发展动力；跨越采矿区，规划建设南环工业走廊，摆脱原有工业类型限制，发展具有高附加值的工业类型，提升增值空间，提高产业质量。

(2) 采矿区生态环境修复思路

从抚顺采矿区实际情况而言，由于地质地貌状况已经发生较大的改变，退化严重，且修复整理的难度较大，因此，rehabilitation（部分恢复）、reconstruction（根据目前的环境特点，人为地设计一个与环境相适应的生态系统）这两种思路较为现实可行。作为退化景观的一种，采矿废弃地可持续发展利用应首先修复由于采矿活动而带来的对生态系统的破坏及重建退化景观。至于抚顺采矿区景观重构，分为三个层面：①文化价值、物质财富价值和科学价值的梳理、保护与发掘；②废弃地生态恢复与重建；③整体一致性的组织，提升观赏价值。

(3) 修复与城市复兴的结合

抚顺采矿区具有极强的历史和文化价值。通过工程技术和生物技术等措施进行生态恢复与重建，使之恢复到可以再利用的状态，是采矿废弃地可持续景观设计的目标。景观重构的过程中，既要尊重文化、尊重自然，通过挖掘文化价值、恢复环境价值、提升观赏价值等技术性手段处理，同时还要尊重现实：近千亿元的矿产资源仍将开采挖掘，部分地区闭矿搬迁改造导致下岗职工的再就业与安置。将就业问题和社会问题的解决融于生态重构的过程中，将使三者之间形成互为依存、相互促进的关系。

17.4.5.3 空间策略

在“生态需要空间”、“质量需要空间”的思想指导下，形成了“西移、南治、北拓、东优”的空间拓展思路，即：新兴产业重心向西发展，居住区向浑河北岸转移，强化浑河南岸的环境整治，优化东部地区的产业结构。向西对接沈阳，发展新兴产业，建设沈抚新城。占用基本农田较多，然而为提高城市未来竞争力，实现城市复兴，必须依赖空间拓展方能实现。这一点在辽宁省的“沈抚一体化”设想中也得到体现（图17.16）。

在保障城市安全为前提和保持商业繁荣的基础上，加大生态恢复力度，跳过采矿区建设南部工业走廊。需将采矿区空置相当长的时间以进行生态恢复、煤矿续采和棚户区改造等工作，为此应考虑抚顺实际情况，突破现有土地利用情况，以获得生态恢复和城市复兴的空间载体。

图 17.16 抚顺总体规划城市发展方向示意图

来源：吕红亮，周霞，许顺才，林纪．城市生态空间与空间生态化——兼论抚顺采矿区生态重构与城市复兴．2008 城市发展与规划国际论坛论文集，2008．

17.4.5.4 实施策略

（1）打造绿色生态河流

浑河是抚顺的母亲河，采矿区紧邻浑河平行展开。混合景观与矿区景观无论观赏还是功能上都不可分割。为了整治河流、调节洪水，需要引入自然型河流组成方法，目的是保持生态栖息地，加强治水能力的维持、保护。

（2）拓宽城市发展空间

出于城市安全和采矿区生态修复的考虑，为了置换出城市建设用地，抚顺市的基本农田应在市域乃至更大范围调整平衡。相应地，居住、工业等所需用地，则跳出采矿区，向浑河以北、西部平原、矿区以南寻求发展空间。

（3）立体绿化废弃堆场

以东北乡土品种或东北亚适生物种为绿化植被的主体，避免外来种入侵的危险。针对采矿区不同的土壤特性，选取适宜的植物品系，进行林相配置和景观生态建设。不同煤矸石山的适宜复垦植物种存在差异。对于停止排土时间较长的地方，考虑建设乔—灌—草复层植被系统。对于成土时间较短的地方，则主要考虑灌—草系统。

（4）发展工业遗产旅游

借鉴德国鲁尔区埃姆舍景观公园“以废治废”的生态处理手段，一是将采矿区的废弃材料作为建筑材料和植物生长的介质加以循环利用；二将废弃的部分设施加以利用。规划划出特定区域，主要是有强碱性矿渣以及含有有毒重金属的焦炭、矸石等的区域，通过栅栏设置半封闭公园，集中展示艺术化处理过的采矿区生产遗存，保留对抚顺百年采矿史、工业史的记忆。对于其余开敞空间，以露天和室内两种形式提供创意空间，吸引“大地艺术”爱好者在此创作和观赏，发展创意产业场所。

（5）整治地质灾害区域

抚顺采矿区地质灾害区从灾害类型而言，大致分为三类：变形拉张区、不稳定沉陷区、稳定沉陷区。前两者属于危险区，需要禁止新增城市建设，原有建设也应逐步搬离。稳定沉陷区属于相对缓和地区，环境状况尚可。可考虑布

置一些临时建设用地，但立项之前必须进行详细的工程地质勘查，并跟踪监测。

第17章参考文献：

[1]（美）I.L. 麦克哈格著，芮经纬译．设计结合自然[M]. 北京：中国建筑工业出版社，1992.

[2] 丁敏生．生态导向下的城市总体布局研究——以合肥市为例[D]. 苏州科技学院，2007.

[3] 董伟．大连城市空间结构演变趋势研究[M]. 大连：大连海事学院出版社，2006.

[4] 郭荣朝，顾朝林，曾尊固，姜华，张韬．生态城市空间结构优化组合模式及应用——以襄樊市为例[J]. 地理研究，2004（3）.

[5] 黄光宇．乐山绿心环形生态城市模式[J]. 城市发展研究，1998（1）.

[6] 蔺雪芹，方创琳，宋吉涛．基于生态导向的城市空间优化与功能组织——以天津市滨海新区临海新城为例[J]. 生态学报，2008（12）.

[7] 刘奇志，何梅，汪云．面向“两型社会”建设的武汉城乡规划思考与实践[J]. 城市规划学刊，2009（2）.

[8] 吕红亮，周霞，许顺才，林纪．城市生态空间与空间生态化——兼论抚顺采矿区生态重构与城市复兴[A].2008 城市发展与规划国际论坛论文集［C］，2008.

[9] 沈清基．城市空间结构生态化基本原理研究．中国人口·资源与环境，2004（6）.

[10] 谢永琴．城市外部空间结构理论与实践[M]. 北京：经济科学出版社，2006.

[11] 张中华，张沛，王兴中，余侃华．国外可持续性城市空间研究的进展[J]. 城市规划学刊，2009（3）.

[12] 周春山．城市空间结构与形态[M]. 北京：科学出版社，2007.

本章小结

城市空间结构可从系统、经济、功能和综合角度进行解析；城市空间结构生态化具有较丰富的内涵，其核心内涵包括：城市空间结构的平衡性和可持续性。城市空间结构生态化研究是生态学原理与城市空间结构理论相结合的产物，其最明显的特征是应用生态学原理，分析城市空间结构的状态、效率、关系和发展趋势，为城市空间结构科学合理的发展和改善提供生态学意义的支持和依据。可从空间结构状态、空间结构效率、空间结构关系和空间结构发展四个方面认识城市空间结构生态化原理，包括：趋适原理、通达原理、共生原理和可持续原理。城市空间结构生态化的规划途径包括：城市基本空间要素的生态化、生态导向的城市空间优化与功能组织、生态城市空间结构优化模式、以解决生态环境问题为目标的城市空间结构生态化体系、以城市复兴为导向的城市空间生态重构等几方面。

复习思考题

1. 城市空间结构是否具有生态特征和生态属性？如果有的话，你认为应如何认识和理解？

2. 除了本章论述的城市空间结构生态化原理外，你认为城市空间结构生态化原理还可以从别的什么角度加以认识和理解？

3. 与城市规划相结合的城市空间结构生态化规划有哪些内容？

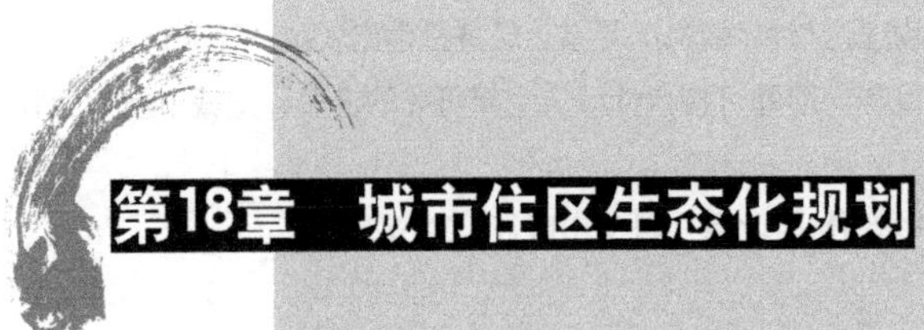

第18章 城市住区生态化规划

本章论述了住区生态化的必要性和途径，介绍了生态住区的概念、构成和特征，探讨了生态住区指标体系，从三个方面对生态住区规划进行了分析。

18.1 城市住区生态化的必要性和途径

18.1.1 城市住区生态化的必要性

城市住区是城市中在空间上相对独立的各种类型和各种规模的生活居住用地的统称。它包括了居住区、住区、居住组团、住宅街坊和住宅群落等。在城市中住区面积通常占城市用地的30%以上。城市住区的主要功能是生活和还原功能，是城市生态系统中的生活功能最集中的表现。

18.1.1.1 住宅对生态环境的影响

城市住区的形成以及功能的发挥，对生态环境起着长期和持久的影响。以

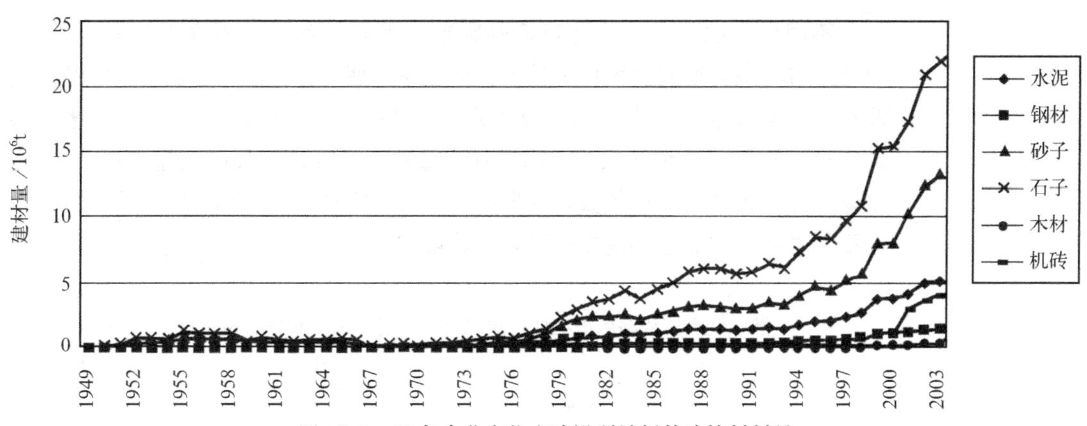

图 18.1 55 年中北京住宅建设所消耗的建筑材料量

来源：刘天星，胡聃．北京住宅建设的环境影响：1949～2003 年——从生命周期角度评价建筑材料的环境影响．中国科学院研究生院学报，2006（2）．

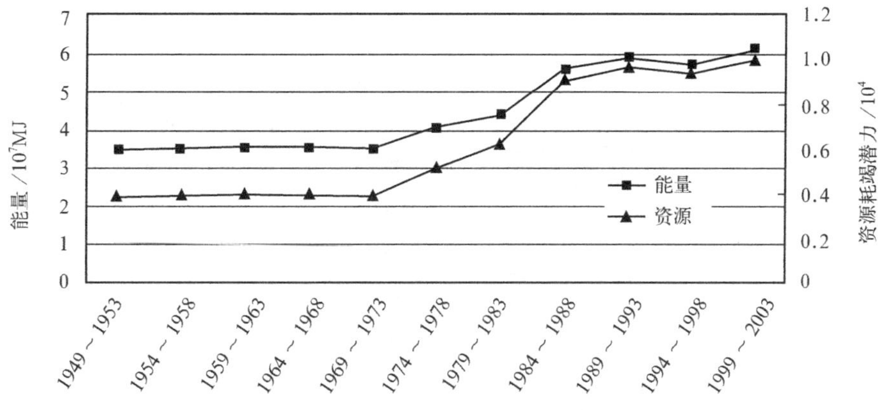

图 18.2 北京市每 1 万 m^2 住宅消耗的能源量和资源耗竭潜力

来源：同上。

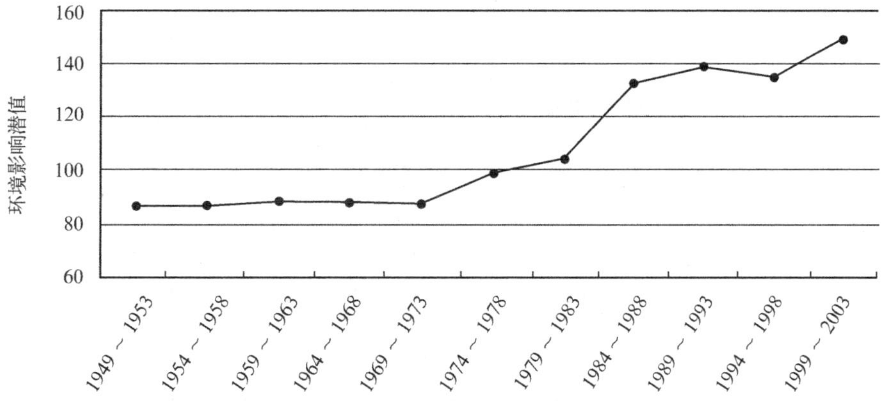

图 18.3 每 1 万 m^2 住宅排放物的环境影响

来源：同上。

住区的主要组成要素之一——住宅而言，其对生态环境的影响是巨大的。刘天星等（2006）的研究显示，1949～2003 年北京住宅建设所消耗的建筑材料、能源使用量、住宅排放物的环境影响等均有很大幅度的增长（图 18.1～图 18.3）。

不同层数的住宅对生态环境的影响有差异。表 18.1 是刘晶茹等（2003）对北京市两座典型的居民住宅楼的部分生命周期过程所涉及的资源、能源消耗及环境污染排放状况进行的比较和分析。其中，高层住宅楼为 18 层，多低层住宅楼为 6 层。分析结果为：高层住宅楼的生命周期过程的能量消耗及大气、水体和固体废弃物的排放量均明显高于低层住宅楼。这说明，随着居民住宅楼向高层发展，家庭住宅消费的环境影响增加了。

低层住宅楼和高层住宅楼的建筑材料、能量消耗和各类排放物　　表 18.1

类别		低层住宅楼	高层住宅楼
建筑材料的消耗量 kg/m^2	石灰	13.51	16.49
	混凝土	6.82	79.86
	钢材	38.06	76.10
	水泥	176.12	18.07
	总计	234.51	190.52
生命周期能量消耗 MJ/m^2	燃料生产	2118	5428
	燃料使用	10187	29891
	运输过程	119	307
	原料能	170	341
	总计	12594	35967
生命周期大气排放物 kg/m^2	粉尘	2.63	2.27
	CO	7.50	20.10
	CO_2	828.51	954.20
	SO_X	4.63	6.70
	NO_X	2.68	6.20
	总计	848.14	993.69
生命周期水体排放物 kg/m^2	COD	0.02	0.05
	BOD	0.01	0.03
	NH_4	0.02	0.04
	悬浮物	5.74	15.06
	总计	5.79	15.18
生命周期固体废弃物 kg/m^2	矿山废物	261.14	346.97
	工业固废	30.91	63.01
	烟尘和灰尘	12.46	17.2
	总计	304.51	427.18

来源：刘晶茹，王如松，杨建新．两种家庭住宅类型的环境影响比较．城市环境与城市生态，2003（2）．

住宅的不同阶段对环境的影响程度是有差异的。张智慧等（2004）分析了北京市住宅建筑的环境影响，发现建筑物使用阶段的环境影响占了总影响的绝大部分（图 18.4）。

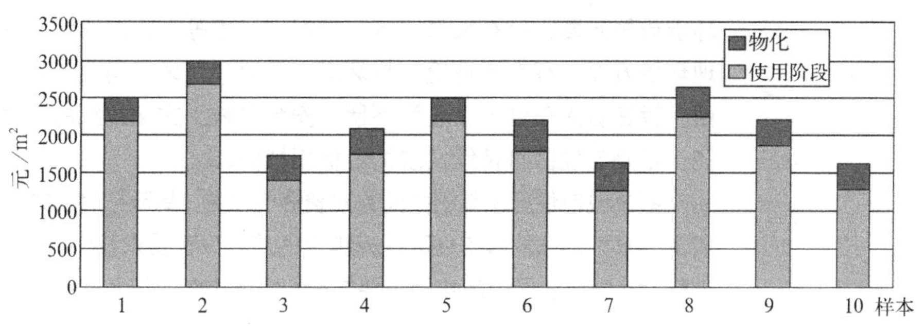

图 18.4 样本建筑的环境影响

注：图中的“物化”指建筑所用建材的物化环境影响。

来源：张智慧，吴星，肖厚忠．北京市住宅建筑的环境影响实证研究．环境保护，2004（9）．

18.1.1.2 住区建设对生态环境的影响

住区建设所牵涉的各项活动，都要占用和消耗大量的资源与能源。城市以及住区中的各类建筑，是不可再生资源的重要消费者、废物的重要产生源、水和空气的污染者以及土地的最大用户。从经济投入看，全球经济的 1/10 致力于建设和经营住宅与办公室。从材料上看，建筑产业消耗了世界木材、矿物、水和能源的 1/2 到 1/6。其结果，今天发生的环境损害，很大部分都与建筑业相连（曲格平，2000）。

住区建设与所有建设活动一样，其建设周期的每一个阶段都对环境产生影响：从规划、选址、设计、建筑材料和设备的生产与供应、工地建设、建筑运行和拆除等，无一不与环境发生密切的关系。任何住区建设工程的设计、选址的适当与否，直接决定了该建设工程对环境的影响程度。如住区的选址可能会占用宝贵的耕地，住区功能发挥会产生一定强度的交通量、排放一定的生活废弃物。住区的建设需要耗用大量的材料，而建筑材料的制取对环境产生的影响也是很大的。建筑材料开采砂石和金属矿产，采伐木材，不仅破坏地形地貌和植被，而且还要消耗大量的能源，排放出大量的垃圾、粉尘、有害气体以及污水。住区的建筑过程同样对生态环境会产生影响，建筑工地常常是城市空气恶化的主要来源。如北京市每年有 5000 多个建设工地，其产生的地面扬尘占城市尘污染的 50%以上。此外，住区建成后的维护和运行也将消耗大量的资源与能源。据估计，全球一次能源的 1/3 用于建筑物的运行和维护（曲格平，2000）。

18.1.2 城市住区生态化的途径

人类环境面临空前压力，支撑人类发展的许多资源也频频告急。这就要求人类必须抛弃传统发展模式，走可持续发展之路。人类的发展实践证明，对环境和资源产生重大的、乃至全局不良影响的，不仅是一个个的建设工程，更加重要的是发展政策和规划，这方面的失误，往往导致大范围和全面性的影响（曲格平，2000）。城市住区作为承载人类生命过程的重要物质性基地和载体，其生命过程的每一个阶段都对生态环境产生重大的影响。因此，对城市住区制定正确的政策和规划就显得十分重要。

此外，城市住区在规划建设运行过程中，也存在着众多的问题，如在生态环境质量方面，存在大气、水、噪声、土壤等污染以及绿地缺乏等问题；在物理环境方面，存在光环境、热环境、日照、通风等问题；在住区的社会系统方面，存在着人口分异、生活不便、安全欠缺、文化传统的淡薄等问题。所有这些，都是与住区可持续发展的目标相悖的。

鉴于城市住区及其相关元素对资源的占用、其运行对生态环境的巨大影响力，以及未来可预期的城市住区规模扩大的趋势，都要求我们开展城市住区生态化的进程。而城市住区生态化的重要方面和主要内容，以及途径之一是生态住区。

18.2 生态住区的概念及内涵

最初的“住区”概念指乡村、城镇和城市的所有人居环境。1976 年，温哥华世界人类住区会议指出，人类住区关系到人类健康乃至生存和发展。1992 年，联合国“环境与发展大会”提出了“促进人类住区的可持续发展”，并制定了具体的目标和实施手段。1994 年，中国政府制定的《中国 21 世纪议程——人口、环境与发展白皮书》也提出“人类住区可持续发展”的议题，指出“人类住区发展的目标是促进其可持续发展，并动员全体民众参加，建成规划合理、环境清洁、优美、安静、居住条件舒适的人类住区”。1996 年，伊斯坦布尔第二次联合国人居会议中将“提高人类住区环境质量”列为大会主题之一。

以上所说的“住区”内涵范围较广泛，包括了城市以及各种类型、各种规模的居民点，也包含了居住区。而目前，“生态住区”一般对应于居住区和居住小区，与生态型居住社区、绿色社（住）区意义相近。

国际上比较认同的生态住区定义之一为：“一种城市或乡村住区，它的居民努力经营一种可持续的生活方式，从地球的索取不超过回报并且试图将起支撑作用的社会环境与低度的生活方式结合起来。为了达到这些目标，生态住区是建立在社会、生态、精神这三个层面上的结合体”（全球生态住区网 www.gen.ecovillage.org）。其中，社会层面包括：居民互助、资源共享、整体健康和安全、居民生计、居民文化教育、社会多样性等；生态层面包括：有机食品生产、可再生能源系统、用品的自然循环、生态商业、能源和废弃物管理、环境洁净以及保护自然、维护原生自然生境；精神层面则包括尊重不同文化和不同的地方精神、生活归属感、创造性的艺术作为与世界统一的联系表达方式等（高蕾，2004）。

生态学家罗伯特·吉尔曼（Robert Gilman）认为：“生态住区是一种人类尺度的、功能多样的住区。在这样的住区中，人类活动与自然相和谐，并且支持人类的健康发展和住区的可持续发展。”其中，“人类尺度”强调的是住区的合理规模，人们能彼此认识，并生活得有意义；而“功能多样”则强调住区能满足日常生活的各种需要，这些需要与自然的演进相和谐。他认为生态住区应包括物质层面的内容，如水处理、可再生能源利用、动植物栖息地以及建筑环境等，还应该包括经济系统和管理系统的内容（高蕾，2004）。

关于生态住区的内涵，在“生态住区”中，“生态”一词的意义是“人类与环境关系”，表达的内涵是“人与自然生态系统高度和谐”的意思，即生态住区是具有自然生态系统物质属性和功能特征的住区，同时，又是人与自然系

统和谐的住区。"生态"一词的释义主要内容为：物质、能量、信息利用的高效性，物质循环使用不产生对环境有害废物的环保性，系统自调节的稳定性，生物生存环境的健康性等。由此内涵出发，生态住区在指导思想上，以可持续发展为原则、以生态学理论为指导；以资源节约、能源节约、环境保护、健康环境为目标；以当地自然环境为基础、运用现代科技手段，充分组织、利用住区内外的资源。在建设目标上，生态住区致力于达到人与环境和谐共生；最少量地使用资源、能源，对环境产生最小的负面影响；营造健康、舒适的居住环境。这些内容涵盖了生态住区在建设原则、建设目标、建设手段和建设结果等方面的表现和要求，体现了人们对自然的尊重、对城市住区可持续发展的追求。

18.3 生态住区的构成与特点

18.3.1 生态住区的构成

生态住区在功能上，除具备住区的一般功能外，还有一系列特征鲜明的生态功能。生态住区的生态功能是城市人类与自然环境和谐共存的体现和反映，也是生态住区的价值体现。生态住区的特有功能，决定了其在构成要素上，有不同于以往住区的组成元素。

从生态住区的组成要素角度看，生态住区是由居住系统、交通系统、服务系统、景观系统、公共空间系统、生产系统、支持系统、还原系统等组成的人类居住系统。生态住区的构成及组成要素之间呈现如下的关系（图 18.5）。

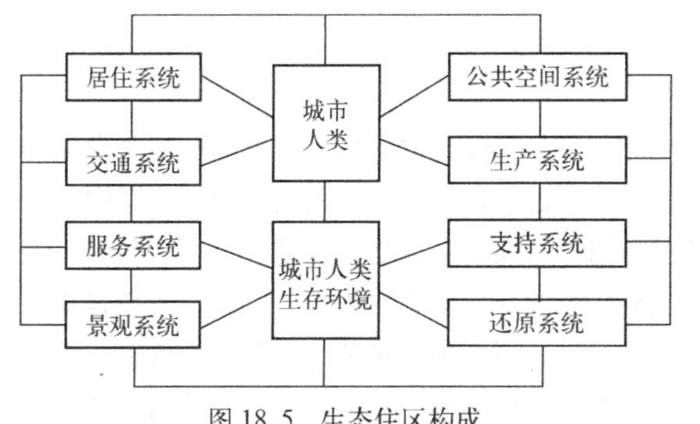

图 18.5 生态住区构成

来源：沈清基，关于生态住区的思考，华中建筑，2000 (3).

从生态住区构建体系的角度，可以将生态住区各项构成因素分为物质生态层面和精神文化生态层面两大方面。其中，物质生态层构建因素见表 18.2。

城市生态住区物质生态层构建体系　　表 18.2

序号	构成	构建内容、设施	备注
1	住区生态规划	规划布局 道路设置 居住区微环境	地方化住宅风格 公共休闲空间 公共基础设施配置
2	住区节能设计	建筑节能设备 绿色建材 建筑主体结构节能设计	建筑施工节能 常规能源优化利用 可再生能源利用
3	住区生态绿地系统	住区绿化面积 住区绿化植物配置 绿化与住区建筑和谐	绿化适应业主心理需求 绿化管理措施及时 绿化景观生态效果
4	住区水循环系统	住区用水规划 中水利用 给、排水系统设计	节水器具与设施 雨水收集利用

续表

序号	构成	构建内容、设施	备注
5	住区废弃物处理	固体废弃物收集 废弃物处理技术 生活垃圾分类收集	生活垃圾清运及处理 居民主动参与回收意识 住区废弃物处理激励机制
6	住区居民生活基础设施	市政公用设施（变电站、燃气、燃料、供热制冷等） 突发事件应急处理，治安、消防设施，超市，餐饮服务，银行，邮电局	医疗、急救中心 便民服务，家电维修，美容美发，助残设施 中、小学，幼儿园，图书馆，文化活动中心
7	住区与周边沟通设施	住区交通平台，停车场 住区与周边交通通畅度（与城市交通衔接点，站点布局）	物流中心，商贸集散地 文化交流中心，广场 住区系统与周边地区融合关系
8	住区网络智能化	安全防范系统 信息通讯系统	住区网络综合布线系统 设备监控系统 物业管理信息系统
9	住区生态化管理	住区规范的物业管理 完善的社区组织 物业管理与社区、业主委员会制度规范化	指导居民节能、再生能源利用专门机构 组织科普活动，社区文化活动常规化住区环境生态文明教育指导

来源：宁艳杰．城市生态住区基本理论构建及评价指标体系研究［D］．北京林业大学，2006．

18.3.2　生态住区的特点

18.3.2.1　良好的生态位

首先，良好的生态位是指生态住区具有较好的区位，其选址一般在自然环境良好的位置。其次，生态住区的生态位从宏观层面上而言，是指住区提供给人们的或可被人们利用的各种生态因子（如水、食物、能源、土地、气候、建筑、交通、区位等）的集合，反映住区的现状对于人类各类活动（主要是生活活动）的适宜程度及吸引力大小。它既是城市生态位的组成部分，影响了城市生态位的水平，又反映和折射了住区的居住价值。从微观层面上而言，生态住区的生态位是指生态住区提供给居民的居住条件，生态住区的良好的生态位是指生态住区具有较高水平的居住条件和居住环境。

18.3.2.2　较高的环境质量

生态住区应能为居民提供较高的生存与生活质量，在住区的各环境要素方面（大气、水、土、声、光、热环境、电磁波等）具备较高的生态环境质量。要有较好的日照、空气和通风的条件，远离释放有害气体的污染源和噪声源。

生态住区应具有相当的自然化程度，即必须有相当比例的“自然空间”。因为自然空间是城市生态系统中最活跃、最有生命力的组分，它能有效地调节住区的生态环境，增强住区的环境容量，它所起的生态功能主要体现在以下几个方面：保持水土、固碳制氧、维持大气成分稳定，调节气温、增加空气湿度，改善小气候、净化空气、吸尘滞尘、消减噪声等。

18.3.2.3　与自然的亲和性好

首先，表现在对住区地域自然景观、自然格局和除人类之外物种的尊重和关照，及对住区地域生物多样性的重视。其次，生态住区对地域自然界的干扰

与冲击要小，住区消耗的资源与能源少、排污少。生态住区既应大量利用自然资源如太阳能、风能、地热能及降雨，又应极大提高对常规资源与能源的利用效率，应有一系列诸如利用自然通风和采光、中水系统、分质供水系统等节能体系。第三，生态住区所采用的包括建筑材料在内的各类物质具有对自然界和居民无害的“绿色”特征。所有这些，皆是生态住区在与自然的亲和性方面应有的标志和特点。

18.3.2.4 以绿为主的住区空间结构模式

在规划上，生态住区的鲜明特征之一是强调一种以绿化系列来组织住区的结构模式和结构方式。具体说，首先，在住区规划时，应考虑以绿为主脉的生态环境，在设计观念和方法上突出绿地系统；第二，改变以往单纯以平面性绿地面积作为绿地指标计算基础的情况，代之以能反映绿色植物的环境效益的绿化三维量指标。

18.3.2.5 具有较好的循环性和可持续性

生态住区的循环性指生态住区中的生活活动、生产活动所消耗的能量，原料及废料能循环利用、自行消化分解，住区中各系统在能量利用、物质消耗、信息传递及分解污染物处理方面形成了一个卓有成效的相对闭合的循环生态网络，既不对外部区域产生污染，外部系统的有害干扰也不易侵入住区内。这一循环性与相对封闭性结合的特征表明生态住区具有作为一个完善的有机体所应拥有的自调谐、自组织的能力和机制，是生态住区的一个重要特征。

生态住区的可持续性首先体现在住区的开发建设和运营过程中，以可持续发展观为指导，降低能耗、物耗、水耗，提高住区的自我维持能力。其次，体现在住区中人的生产、生活和消费行为具有较高的环境意识水平，其行为合乎生态性和具有可持续性某些特征。

18.3.2.6 具有丰富的社会性

住区是城市社会组织的基本单元，城市的社会功能相当程度上是由住区来体现和实施的。生态住区的社会性包括生活内容、生活设施、生活方式、社会氛围等几方面。如在社会氛围方面，要提供邻里交往的空间，有利居民对住区活动的参与及感情投入，增加社区的场所感、地域归属感，促进居民的定居意识。

18.3.2.7 具有浓郁的文化性

文化既是发展的手段，同时也是发展的目的。住区作为城市人类居住的地域，是文化的凝聚地及文化的承载地，住区的文化内涵与文化价值是住区生态价值的重要体现。生态住区的文化性需要多种手段才能达成。生态住区的规划要注意挖掘、提炼和发扬住区地域的历史文化传统，并在规划中予以精要的表现；要注意文化的延续性和多元性，将住区地域的传统文化、近代文化、现代文化融会。

18.4 生态住区相关指标体系

18.4.1 《绿色生态住宅小区建设要点与技术导则》

《绿色生态住宅小区建设要点与技术导则》的主要内容包括：①总则；

②能源系统；③水环境系统；④气环境系统；⑤声环境系统；⑥光环境系统；⑦热环境系统；⑧绿化系统；⑨废弃物管理与处置系统；⑩绿色建材系统。它适用于实施绿色生态住宅小区的新建工程，目的在于引导小区建设过程中，积极采用适用、先进和集成技术，使能源、资源得到高效、合理的利用，有效地保护生态环境，达到节能、节水、节地、治污的目的。为了便于绿色生态住宅小区各系统的建设，在附录中给出了各系统建议设计指标。

《绿色生态住宅小区建设要点与技术导则》的评价体系是层级式编排的，在第一层次上提出了评价的几个大的方面，如能源系统、水环境系统、气环境系统等，在第二层次提出了确保第一层质量的几个评价方面，到了第三层次就是确保第二层实现的具体措施，在有的条款中还进一步细化了具体的措施。表18.3为绿色生态住宅示范小区各系统设计建议标准。

绿色生态住宅小区各系统建议设计指标 **表18.3**

序号	九大系统	指标内容	生态小区指标
1	能源系统	(1) 新能源、绿色能源（如太阳能、风能、地热能、废热资源等）的使用率达到小区总能耗的	10%
		(2) 建筑节能达到（北方采暖地区）	50%
		(3) 其他节能措施节能达到	5%
2	水环境系统	(1) 管道直饮水覆盖率（自选）	80%
		(2) 污水处理达标排放率	100%
		(3) 水回用达到整个小区用量的	30%
		(4) 建立雨水收集与利用系统	✓
		(5) 小区绿化、景观、洗车、道路喷洒、公共卫生等用水使用中水或雨水	✓
		(6) 节水器具使用率应达到	100%
3	气环境系统	(1) 小区内大气环境质量标准	二级
		(2) 小区内禁止使用对臭氧层产生破坏作用的CFCI1类产品	✓
		(3) 住宅中有自然通风房间占	80%
4	声环境系统	小区声环境：白天 夜间	≤ 45dB ≤ 40dB
		小区室内声环境：白天 夜间	<35dB <30dB
5	光环境系统	(1) 小区光环境：道路照明	15−20Lx
		住宅日照：执行规范	GB50180−93
		(2) 小区室内光环境：	
		①自然采光房间数 ②无光污染房间数 ③节能灯具使用率	80% 100% 100%
6	热环境系统	(1) 绿色能源作为冷热源比例	10%
		(2) 推广使用采暖、空调、生活热水三联供的热环境技术	✓

续表

序号	九大系统	指标内容	生态小区指标
7	绿化系统	(1) 小区的绿化应与居住区的规划同步进行，有良好的生态及环境功能	√
		(2) 小区绿地率 绿地本身的绿化率	≥ 35% ≥ 70%
		(3) 硬质景观中自然材料占工程量	20%
		(4) 种植保存率（成活率）	≥ 98%
		优良率	≥ 90%
		(5) 雨水应储蓄并加以利用，雨水储蓄率	√
		(6) 垂直绿化面积达到绿化总面积的	20%
		(7) 植物配置的丰实度： ①乔木量：__ 株 /100m² 绿地 ②立体或复层种植群落占绿地面积 ③植物种类 三北地区木本植物种类 华中、华东地区木本植物种类 华南、西南地区木本植物种类	 3 ≥ 20% ≥ 40 种 ≥ 50 种 ≥ 60 种
8	废弃物管理与处置系统	(1) 生活垃圾收集率 分类率	100% 70%
		(2) 生活垃圾收运密闭率	100%
		(3) 生活垃圾处理与处置率	100%
		(4) 生活垃圾回收利用率	50%
9	绿色建筑材料系统	(1) 墙体材料中 3R 材料的使用量应占所用材料的	30%
		(2) 小区建设中不得使用对人体健康有害的建筑材料或产品	√
		(3) 建筑物拆除时，所有材料的总回收率达到	40%

注：带“√”表示住宅小区建设中应满足该条文的要求

来源：绿色生态住宅小区建设要点与技术导则．住宅科技，2001（6）．

18.4.2 《上海市生态型住宅小区技术实施细则》

2003 年，上海制定了《上海市生态型住宅小区技术实施细则》。该《细则》包括 6 个一级指标，6 项指标依比重高低依次是：环境规划设计、室内环境质量、小区水环境、建筑节能、材料与资源及固体废弃物收集与管理系统。每项指标都由基本分与附加分组成，总分共计为 500 分，其中基本分占 200 分。基本分为一票否决项（表 18.4、表 18.5）。

《上海市生态型住宅小区技术实施细则》的 6 项指标与指标得分　　表 18.4

一级指标	基本满分（分）	附加满分（分）	总分（分）
1　小区环境规划设计	50	70	120
2　集中节能	30	50	80
3　室内环境质量	40	60	100
4　小区水环境	40	60	100

续表

一级指标	基本满分（分）	附加满分（分）	总分（分）
5 材料与资源	30	35	65
6 固体废弃物收集与管理系统	10	25	35
合计（分）	200	300	500

来源：王静．建评结合的常州北港生态小区设计．华中建筑，2006（12）．

《上海市生态型住宅小区技术实施细则》附加分内容　　表 18.5

一级指标	满分	二级指标	满分	比重
1 小区环境规划设计	70	小区区位选择	16	0.23
		小区交通	6	0.09
		规划有利施工	4	0.06
		小区绿化	23	0.33
		小区空气质量	3	0.04
		降低噪声污染	6	0.09
		日照与采光	4	0.06
		改善住区微环境	8	0.11
2 集中节能	50	建筑主体节能	12	0.24
		照明节能	5	0.10
		可再生能源	20	0.40
		能源对环境影响	13	0.26
3 室内环境质量	60	室内空气质量	28	0.47
		室内热环境	4	0.07
		室内光环境	12	0.20
		室内声环境	16	0.26
4 小区水环境	60	用水规划	13	0.22
		雨水利用	12	0.20
		分质供水	8	0.13
		中水利用	8	0.13
		绿化景观用水	15	0.25
		节水器皿	4	0.07
5 材料与资源	35	使用绿色建材	16	0.46
		资源再利用	7	0.20
		住宅室内装修	12	0.34
6 固体废弃物收集与管理系统及评估	25	建设阶段固体废弃物收集与管理	9	0.36
		使用阶段固体废弃物收集与管理	16	0.64

来源：王静．建评结合的常州北港生态小区设计．华中建筑，2006（12）．

18.4.3 国外生态住区评价指标

国外发达国家生态住区指标体系在注重物质性（场地、交通、材料）的同时，也注重建设过程（施工）、管理等方面（表 18.6），也重视节能和生物多样性（表 18.7）。

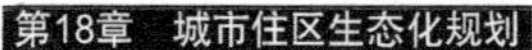

发达国家在可持续社区方面的评价原则及具体内容 **表 18.6**

项目	具体内容
场地布置	1 通过平面布局获得较好的自然通风，天然采光与景观效果 2 通过调整建筑物的位置与朝向，使建筑物在冬天能得到较多的热量，而在夏天能减少日晒 3 使建筑物的外形利于收集太阳能
景观设计	1 通过景观设计达到遮阳的效果 2 通过景观设计改善气流，组织自然通风 3 贯彻生态园林的原则 4 运用都市农业、屋顶绿化、阳台绿化和垂直绿化的概念 5 考虑都市野生动物的生活及迁移要求 6 充分考虑循环使用的原则
交通处理	1 注意各种道路及铺地的处理 2 为行人创造一个安全舒适的环境 3 为私家车提供全部或部分地下停车库 4 为自行车提供较好的停车场所 5 在可能情况下，考虑与公共建筑公用停车场 6 为电动汽车提供方便的停车场地与充电设施
建筑围护处理	1 充分考虑遮阳时的遮阳设施 2 考虑屋顶隔热 3 使窗户能最大限度地获得天然、自然风与景观 4 通过平面组织使建筑物获得更多的天然采光与自然通风 5 在设计中充分考虑建筑热工处理 6 建筑外饰采用浅色处理
材料使用	1 选择使用耐用的建筑材料与装饰材料 2 选择建筑材料和装饰材料时，充分考虑再使用与循环使用的可能性 3 尽量节约使用木材 4 采用绿色建筑材料与装饰材料，减少室内空气污染
水系统	1 尽量采用节水与节能设备 2 通过组织灰水与屋顶雨水的利用，减少水的消耗量 3 采用高效率的热水设备 4 设法回收废弃热水中的热量 5 利用太阳能加热日常用水
电气系统	1 采用节能性照明设备与电气设备 2 充分运用天然采光，使天然采光与人工照明完美地结合起来 3 尽量在建筑中采用光电系统 4 尽量为今后电动汽车的充电提供方便
HVAC 系统	1 减少因机械系统而造成的室内空气污染 2 对可能造成室内空气污染的污染源进行特别处理 3 尽量保证进入 HVAC 系统的室外空气不受污染 4 尽量使室外空气有效地均匀分布 5 减少在制冷设备中使用 CFC 或 HCFC 6 选用高效率的制冷与制热机械，以达到减少能耗的目的
控制系统	1 通过对照明和空调系统的控制而降低能耗 2 空调分区控制，以节约能源 3 使用变速风扇和水泵 4 在夜间给建筑物制冷，以节约电能
施工管理	1 注意材料的节约使用，注意材料的再利用与循环使用 2 在工地上使用安全材料 3 在工地上提高照明效率，减少各种可能产生的污染及对工人的伤害 4 在已使用的建筑物内施工时，注意保护正在使用该建筑的使用者的安全与健康 5 在正式使用前，应让建筑物通风一周以上，并把内部打扫干净
验收计划	1 制定正式的验收计划 2 所有的设备均需经过验收，一旦发现问题，立即进行维修 3 对大楼管理员进行操作与维修方面的培训 4 向业主和物业公司提供最终的验收报告

来源：陈易．当代发达国家可持续社区对中国的借鉴意义．住区，2001（2）．

芬兰赫尔辛基市 Vilki 示范住宅小区设计方案评价的生态和能源标准 表 18.7

	控制值	最低要求值	1 分	2 分
强制性指标				
10 分	项目对环境影响，污染程度			
CO_2	4000kg/m²·50a	3200（控制值 -20%）	2700	2200
污水	160L/人·d	125（控制值 -22%）	105	85
建筑垃圾	20kg/m²	18（控制值 -10%）	15	10
生活垃圾	200kg/人·d	160（控制值 -20%）	140	120
生态环境方面合格证书	只控制建筑装饰材料	无合格证书	有 2 个	有很多
8 分	能源消耗			
采暖能耗量	160kWh/m²·a	105（控制值 -34）	85	65
电能消耗量	45kWh/m²·a	45（控制值 -0%）	40	35
供热供电所需总能量	37GJ/m²·50a	30（控制值 -19%）	25	20
能源的替代性与灵活性		标准状况	15%	更好
非强制性指标				
6 分	居住环境质量			
微气候质量		好		很好
与雨雪有关的减险避灾		原标准	新标准	有创新
防止噪声		原标准	新标准	有创新
防风灾		按规划	好	很好
户型平面可选择性			15%	30%
4 分	生物多样性			
果树与其他树种选择		按规划	更好	很好
雨水用于灌溉		按规划	更好	很好
2 分	自然环境质量			
有用植物		按规划	1/3 有用植物	很好
重复使用土壤层		按规划	就地	很好
总分		0		最高 30

来源：陈兴华，王国云，王然良，庄斌舵．生态住宅小区范例，中国建设动态，2004（3）．

18.5 生态住区规划分析

18.5.1 生态住区规划中与自然因素的协调

生态住区要做到人与自然的协调，需要通过具体的设计措施来实现。以下两个案例一为对自然因素的保护和利用；一为对自然元素的因借利用。

18.5.1.1 自然元素的保护与利用

柳州市华林君邸生态小区由 5 栋高层建筑群及多栋多层住宅组成，占地 6.8 万 m²。基地是一旧厂区，厂区内林木茂盛。规划设计的主要目标为："追求自然的生态规划设计"，具体措施包括如下方面（何荣新等，2007）。

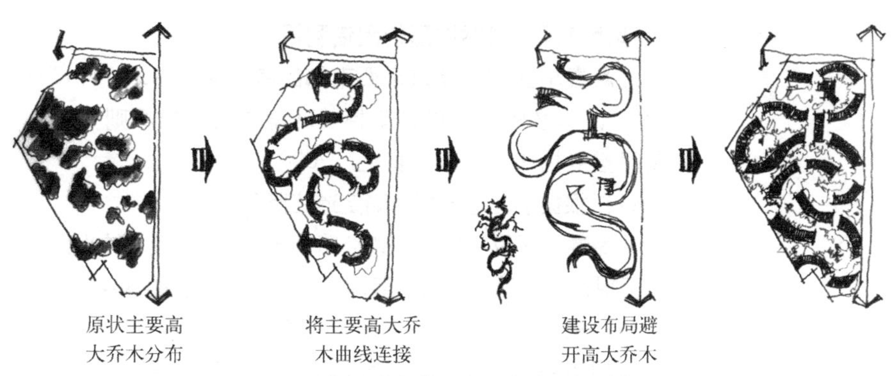

图 18.6 柳州市华林君邸生态小区规划构思

来源：何荣新，韦志红，莫金儒．生态住区的规划设计——以柳州市华林君邸小区为例．广西工学院学报，2007（4）．

（1）原生树的保护和利用

地块内原有的成片四十年树龄的高大林木具有宝贵价值，为了尽量将它们保留，项目在航拍图上进行规划，将重点树木全部精确测量定位，让建筑和道路尽量避开树木布置。该设计甚至为保护一棵大树牺牲 2 个停车位，并出现大树从地下车库中长出的景象。规划方案经多次调整，终于使 70%以上的重点林木得以保留，不经意间还发现了这些高大树木和建筑布局都巧妙地连成了一条龙，与柳州的别称"龙城"契合（图 18.6）。

（2）建筑群自由布置及空间优化

建筑布置以弧线形式，呵护着高大树丛，总平面呈现"龙"的形态。建筑基本上坐落在没有高大乔木的土地上，自由曲线形的建筑避免了直线方正建筑冰冷和生硬的一面，围合成的庭院空间有收有放、起伏跌宕，获得了步移景异、变化丰富的景观效果；曲线设计增大了建筑的阳光采集面，风阻系数低，有利于居住区的通风，从而为住区的整体环境奠定了良好的基础。通过建筑围合、绿色大树连线，形成一条在有与无之间，虚与实之间，动与静之间的空间的"龙"，不但生动精彩而且具有功能使用价值。通过自由曲线建筑围合，在 102 亩的居住小区内部形成了一条长 1200m、由 40 年树龄的高大乔木延绵而成、收放自如的绿化步行带（图 18.7）。

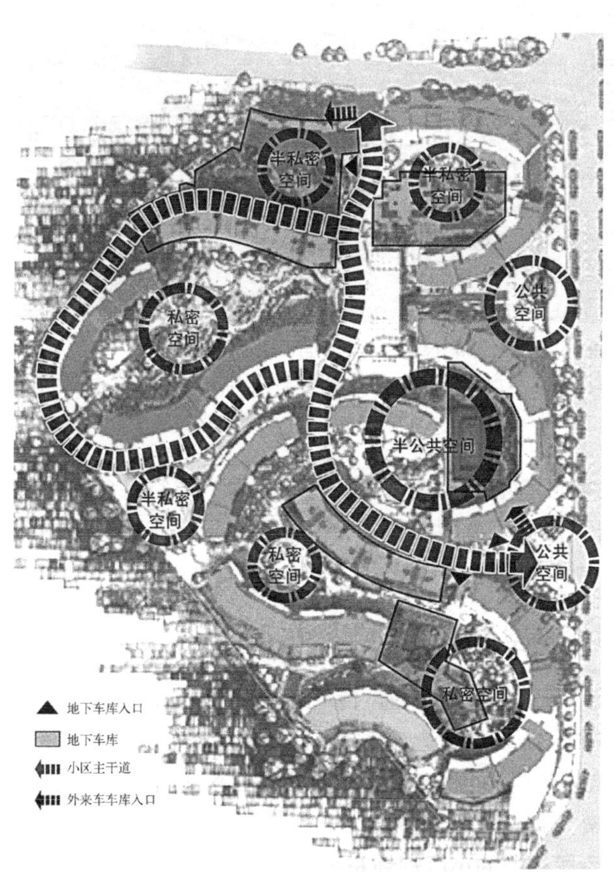

图 18.7 柳州市华林君邸生态小区道路交通及空间分析

来源：何荣新，韦志红，莫金儒．生态住区的规划设计——以柳州市华林君邸小区为例．广西工学院学报，2007（4）．

18.5.1.2 自然地形的因借利用

北潞春小区位于北京市西南部的房山区，占地 14.46hm^2，建筑面积 1.776 万 m^2，该小区的规划设计坚持“环境造人”的原则，在与自然因素协调方面主要举措包括如下方面（黄汇，2000）。

（1）根据小区地形特点确定道路竖向

北潞春小区位于低于周边公路 2 至 3.5m 的大片洼地之中，曾遭水淹。据此，该小区规划设计调整了道路竖向，以避免公路上的水冲入小区。

（2）根据小区地形特点确定道路结构形式

规划利用道路与居住区地坪的高差建架空平台，平台与路同高，平台上形成的环路将步行者引至每栋楼的二楼门口，外来的汽车离开公路后沿坡道下至小区底层环路，从而形成了人在上、车在下的交通组织，彻底实现了人车分流。小区住户将架空平台爱称为“天廊”（图 18.8）。

图 18.8 北潞春小区的架空平台

来源：黄汇．步入“绿色生态环境”的创作天地——北潞春绿色生态小区规划设计．建筑创作，2000（1）．

采用架空平台而不是填土垫地，节省了 300 多亩土地。架空平台总投资 1700 万元，但平台下为居民提供了方便的停车位，如建地下停车库，需耗资 4200 万元，经济上也是很合算的。

18.5.2 生态住区规划中的时空传承

生态住区规划中的时空传承指规划要适应、传承规划地区一定时空背景下的人居环境特点、原有生态脉络，以及原有遗存，并在此基础上进行生态环境提升的再创作和再设计。上海崇明节能住宅示范小区（总用地面积 9.7hm^2），在以上这些方面做了有意义的探索（黄一如等，2008）。

18.5.2.1 借鉴传统民居构型的小区规划布局

在规划设计中，借鉴崇明传统村落中建筑、水体和植被的布局关系和特点（图 18.9），整体建筑布局南部较为开敞以利于夏季东南风的导入，北部建

图 18.9 崇明传统民居布局示意

来源：黄一如，贺永，郭戈．基于“此时此地”的生态住区实践策略——以上海崇明节能住宅示范小区为例．城市规划学刊，2008（6）．

筑相对紧凑密实以抵御冬季北部寒风的侵入；各组团保持南向开敞，以四层住宅为主，北向相对封闭，布置五层住宅以形成倒U形格局；利用住区西侧的景观水面将住区与城市公园和商业配套设施进行分割，形成方便独立管理的封闭社区，同时也弱化了住区与周边商业及城市公园的边界，形成可供几大功能区共享的外部景观，在提升住区外部环境品质的同时，还可起到雨水收集和调节住区微环境的作用（图18.10）。

18.5.2.2 生态通道规划

该小区的规划设计对区域内生物的生存环境进行规划，与水体和绿地系统结合，形成住区自身较为完整的生态通道。基地内原有的一条小水道，规划对其修整改造并与基地东侧的城市河道连通，不仅作为住区多余雨水的排水通道，同时也是住区与外部环境的生态联系通道。规划并将中心绿地生态系统与小区东侧原有河道生态系统相连，设置供小动物通行的涵管，

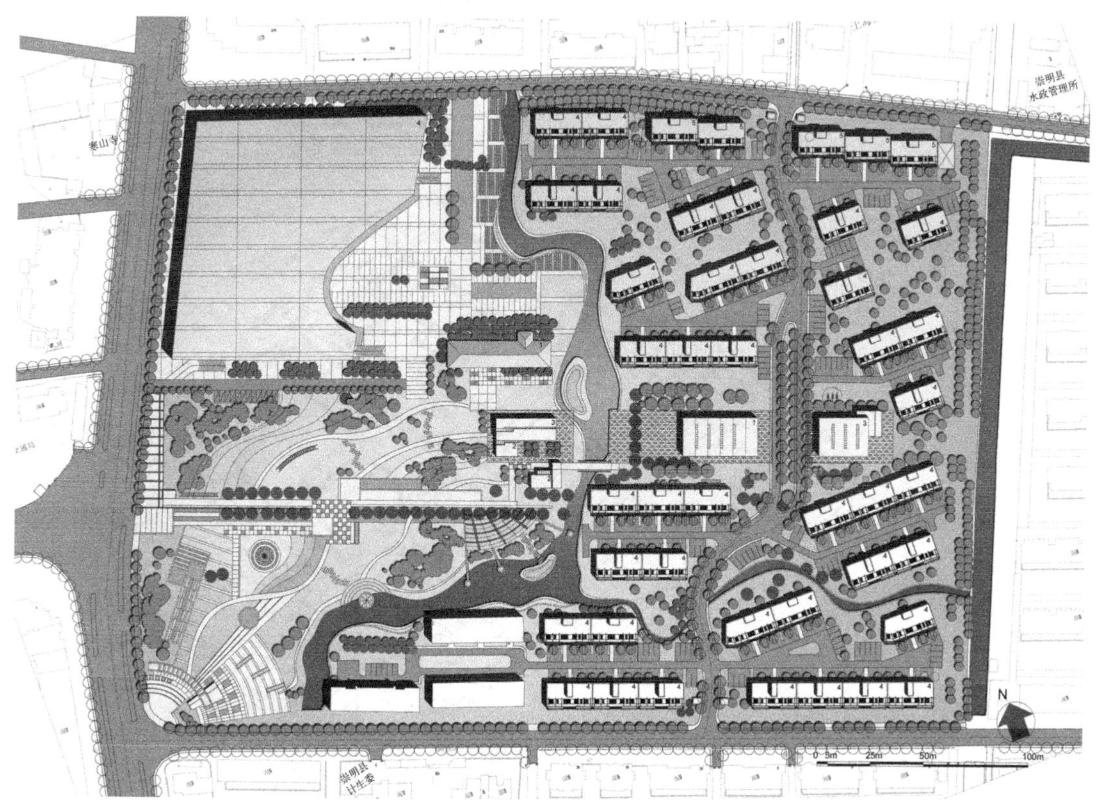

图 18.10 崇明节能住宅示范小区总平面图

来源：黄一如，贺永，郭戈．基于“此时此地”的生态住区实践策略——以上海崇明节能住宅示范小区为例．城市规划学刊，2008（6）．

实现小动物和其他生物与河道生态系统的联系，减少了住区建设对原有场地和区域生态环境的影响和干扰（图 18.10）。

18.5.2.3 基于全生命周期视角的适应型改造

适应型改造是指在保留旧建筑历史特色的前提下使其适用新的用途，其目的在于延长建筑的生命周期。图 18.11 为将旧厂房改造为居民健身和娱乐的设计图。在对待规划区现有场地方面，规划最大限度地保留和利用了基地现有场地。保留了原厂区入口和道路，以之为基础，改造为城市公园的入口广场及硬质景观设施（图 18.12）。利用基地拆迁产生的混凝土碎块外罩钢丝网，结合绿化覆土，用于半地下停车库的外墙材料和景观护坡。

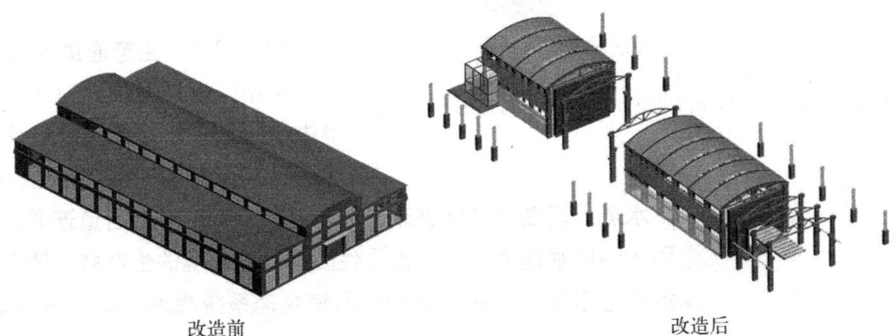

图 18.11 厂房改建为小区羽毛球馆和会所

来源：黄一如，贺永，郭戈．基于“此时此地”的生态住区实践策略——以上海崇明节能住宅示范小区为例．城市规划学刊，2008（6）．

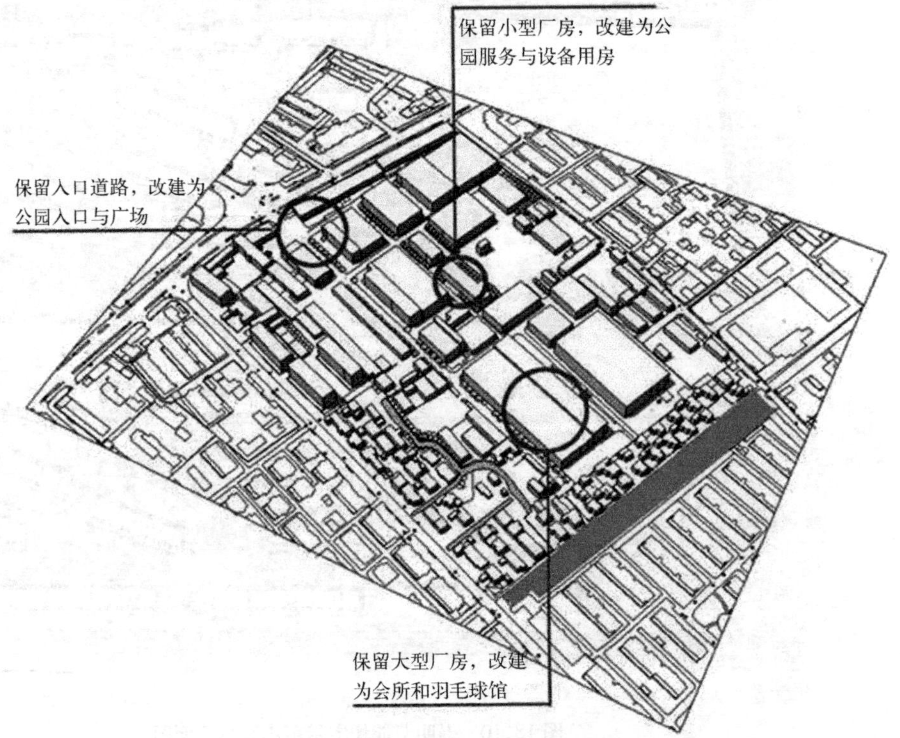

图 18.12 小区保留与改造建筑位置图

来源：黄一如，贺永，郭戈．基于“此时此地”的生态住区实践策略——以上海崇明节能住宅示范小区为例．城市规划学刊，2008（6）．

18.5.3 生态住区规划的经济分析

18.5.3.1 生态住区节能技术的经济分析

生态住区规划在规划阶段进行适当的经济分析，有利于深刻认识方案的经济特征，便于针对性地推行和实施方案。上海崇明节能住宅示范小区规划设计中，对该示范小区的节能技术进行了经济分析（黄一如等，2008）。

（1）节能技术分级系统的组成

充分考虑崇明地区的经济发展现状和当地的房价水平，在节能技术的选择中按照不同的技术配置方式，形成不同的分级系统。节能系统由基本节能技术和选择性节能技术两部分组成。前者包括体形系数控制、窗墙比控制、复合墙体与屋面保温、断热铝合金窗、建筑外遮阳、太阳能热水器和阳光室等；后者包括异型柱结构体系、人工生态湿地体系、集中式太阳能＋小型热泵组合式热水器、水源热泵集中空调等。根据平衡原则，对两部分节能技术进行不同组合，形成不同的造价和维护成本体系，供开发企业根据项目定位以及市场的认可度加以选择。

（2）节能技术分级系统经济分析

分级系统可根据地方的房价水平、市场开发成本和市场对节能技术的接受度进行自由组合，形成不同价格标准的分级系统。在上海崇明节能住宅示范小区规划设计中主要形成三种体系。

1）系统一　包括所有的基本节能技术和所有的选择性技术。按当时材料费用计算，最终建筑造价 1971.25 元 /m^2，相比当地的基本土建造价 1150 元 /m^2，单价增加 821.25 元 /m^2，建设成本增加 71.4%。

2）系统二　不包括无风力利用和人工湿地和生态水池，最终建筑造价 1901.23 元 /m^2。相比当地的基本土建造价 1150 元 /m^2，单价增加 751.23 元 /m^2，成本增加 65.3%。

3）系统三　在系统二的基础上剔除水源热泵系统，最终建筑造价 1551.23 元 /m^2，单位面积造价增加 401.23 元 /m^2，成本增加 34.9%。

18.5.3.2 住区生态技术的环境贡献与经济成本关系分析

生态技术的选择是生态住区规划设计的重要内容之一，目前在选择中多主要以环境最优为目标，但在实践中，经济成本也是一个重要的约束条件。黄献明（2006）对住区生态技术的环境贡献与经济成本关系进行了研究，引入了生态足迹分析指标，借鉴了经济学的成本－效益评价方法，通过评价生态技术的生态效益与经济成本的状态关系，为生态技术的选择提供客观的依据。基本假设是：“环境效益－成本”指数是生态技术优选排序的依据。

其基本方法为：①对建成的住区、且已经运用某种生态技术的住区进行该技术使用情况的调查，计算该生态技术的成本投入；②计算该生态技术的环境贡献值（以减少的生态足迹数据表示，单位为 gha）；③进行该技术的“环境效益—成本”指数评价（将该项生态技术的环境贡献值除以成本值，gha/ 万元）（表 18.8）。

由表 18.8 可见，虽然对外维护结构进行节能加强处理要付出较大的经济代价，但它的环境改良效率还是明显高于许多其他生态技术，所以应该优先选

择；太阳能热水系统、人工湿地、有机垃圾处理等技术的“环境一成本”指数基本相同，说明成熟度相近的生态技术在单位资金的环境改良效率上也处于同一水平。表18.8表明：“环境效益一成本指数”可以成为生态技术优选的依据，一般情况下，“环境效益－成本指数”高的生态技术应在实践中被优先选用。

城市住区生态技术的“环境效益一成本”指数计算 表18.8

城市	生态技术项目	环境贡献值(gha)	成本（万元）	“环境效益－成本”指数值	住区概况
深圳	太阳能热水器	44	77.06万元	0.57gha/万元	建设用地面积13.2hm^2，居住人口2277人，总建筑面积11万m^2，车位573个
深圳	人工湿地	14.9	28.5	0.52gha/万元	同上
深圳	变频供水系统	1.78	5.0	0.36gha/万元	同上
天津	外维护结构节能加强处理	409.98	223.3	1.84gha/万元	建设用地面积22.9hm^2，居住人口8460人，总建筑面积319000m^2，车位1430个
上海	有机垃圾处理技术	9.81	23	0.43gha/万元	建设用地面积10.6hm^2，居住人口2893人，总建筑面积124597m^2，车位602个

来源：根据“黄献明．住区生态技术的环境贡献与经济成本关系研究．生态经济，2006（5）”整理。

第18章参考文献：

[1] 高蕾．城市生态住区景观规划设计研究[D]．昆明理工大学，2004．

[2] 何荣新，韦志红，莫金儒．生态住区的规划设计——以柳州市华林君邸小区为例[J]．广西工学院学报，2007（4）．

[3] 黄汇．步入“绿色生态环境”的创作天地——北潞春绿色生态小区规划设计[J]．建筑创作，2000（1）．

[4] 黄献明．住区生态技术的环境贡献与经济成本关系研究[J]．生态经济，2006（5）．

[5] 黄一如，贺永，郭戈．基于“此时此地”的生态住区实践策略——以上海崇明节能住宅示范小区为例[J]．城市规划学刊，2008（6）．

[6] 刘晶茹，王如松，杨建新．两种家庭住宅类型的环境影响比较[J]．城市环境与城市生态，2003（2）．

[7] 刘天星，胡聃．北京住宅建设的环境影响：1949～2003年——从生命周期角度评价建筑材料的环境影响．中国科学院研究生院学报，2006（2）．

[8] 宁艳杰．城市生态住区基本理论构建及评价指标体系研究[D]．北京林业大学，2006．

[9] 曲格平．可持续工程咨询业的原则与途径[OL]．http：//www.cnaec.com.cn/Info/Show.asp？ID=192852&Code=NCYAI8，2000．

[10] 沈清基．关于生态住区的思考[J]．华中建筑，2000（3）．

[11] 张智慧，吴星，肖厚忠．北京市住宅建筑的环境影响实证研究[J]．环境保护，2004（9）．

本章小结

城市住区对城市生态环境具有重要的影响，住区生态化对城市生态化具有重要的意义。城市住区生态化的重要方面、主要内容及途径之一是规划建设生态住区。生态住区由居住系统、交通系统、服务系统、景观系统、公共空间系统、生产系统、支持系统、还原系统等组成。生态住区的指标体系应充分考虑地域特色。生态住区规划中物质要素与自然因素的协调、时空传承以及经济分析对于实现生态住区规划目标具有重要的作用。

复习思考题

1. 如何从城市基本功能的角度认识和理解城市住区生态化的必要性和紧迫性？

2. 生态住区指标体系对生态住区规划起什么作用？生态住区指标体系有几种基本类型？

3. 生态住区规划应该注意什么问题？

第19章 城市工业生态化规划

本章介绍了工业生态学的基本知识，探讨了生态工业园的内涵、类型、指标体系、规划设计原则、规划技术方法等内容，并介绍了若干国内外生态工业园的规划案例。

19.1 工业生态化原理——工业生态学

19.1.1 工业生态学定义及内涵

工业生产是城市最基本的活动类型之一，在城市区域，工业生态化是产业生态化最主要的体现。指导工业生态化的理论基础为工业生态学。

1989 年，罗伯特 · 福罗什 (Robert Frosch) 和尼古拉 · 加劳布劳斯 (Nicolas Gallopoulos) 提出了工业生态学。20 年来的发展和完善，已经使工业生态学的学术影响越来越大：表 19.1 列出了部分国外学者对工业生态学的定义。

工业生态学的定义 **表 19.1**

提出人	提出年份	定义内容
美国国家科学院 BELL 实验室	1991	是对各种工业活动及其产品与环境之间相互关系的跨学科研究
Sagar 和 Frosch	1992	倾向于从系统一体化的角度评价工业和环境的关系，将工业系统抽象为产品和废物制造者，并评价生产者、消费者以及其他一些团体与自然界的关系
Patel	1992	是各种工业活动、产品以及环境之间关系的总和或模式
Lowe	1993	是对制造和服务系统（实际上也是一种自然系统）的认识过程。它通过与当地的和区域的生态系统及生物圈保持密切的联系，从而实现把工业系统变为一种其内部所有材料基础上都能进行再循环的闭环系统
Tibbs	1993	是对工业基础设施的设计过程，是一系列与自然生态系统相互齿合的人造系统。工业生态学采用自然环境模式来解决环境问题，并创立了一种新的范式，把工业系统看作一个发展过程
Gamer and Keoleian	1994	研究工业和自然系统相似性的一门科学，以促进工业系统的发展为目的，从而使之具有自然系统的特性
Raymond. P. Cote	1995	是研究工业发展的一门科学，它通过强调自然生态系统，强调材料的循环和生产者、消费者、清理者和分解者的网络化，并鼓励对资源的保护和废物的预防，从而提高企业的资源效率、竞争力和持续性
Reid Lifset	1997	是一门迅速发展的系统学分支，它从局地、地区和全球 3 个层次上系统地研究产品、工艺、产业部门和经济部门中的能流和物流，其焦点是研究产业界在降低产品生命周期过程中的环境压力作用
Lowenthal M D. Kasterberg W E.	1998	是运用一系列从生态学中吸收的工具、原则和观点，分析工业系统及其能流、物流和信息流对社会和环境的影响
Clinton J A.	1999	采用系统的观点看待工业社会的物质和能量的使用及其对环境的影响

出处：秦丽杰．吉林省生态工业园建设模式研究［D］．东北师范大学，2008．

可以对工业生态学的内涵作如下的归纳：

（1）综合性。强调工业生态学是一门综合性学科。如：工业生态学是一门综合研究经济和环境系统的多学科研究；工业生态学是对工业和经济系统及其与自然系统联系的多学科研究；工业生态学应被看做是对所有工业和经济实体以及它们与自然系统的基本联系进行多学科的客观研究。

（2）系统性。强调系统思想的重要性。如：工业生态学采用系统的观点看待工业社会的物质和能量的使用及其对环境的影响；工业生态学是一门利用系统方法研究工业有机体与其环境关系的跨学科研究。

（3）可持续性。强调工业生态学是实现可持续发展的重要手段。如：工业生态学是可持续性的科学和工程，它为可持续经济提供科学和技术；工业生态学是环境管理领域的新概念，是一种可持续战略；工业生态学是一种实现经济、文化、技术与环境持续演化的途径。

（4）生态化。强调工业生产的生态化。如：工业生态学是以保护生态环境为宗旨的描述现代化工业完整模式的新学科，是一门通过减少原料消耗和改进生产程序以保护生态环境和全部处理生产废料的新学科；工业生态学是运用一系列从生态学中吸收的工具、原则和观点，分析工业系统及其能流、物流和信息流对社会和环境的影响的学科（林道辉等，2002）。

19.1.2 工业生态学的研究内容

19.1.2.1 工业系统与自然生态系统关系研究

工业生态学不把工业体系看做是与生物圈相对立的体系，而是将其视为生态系统的一个特殊子系统。工业生态学认为，工业革命以来发展起来工业系统在很大的程度上属于一级生态系统的范畴，还是一个年轻的生态体系，从理论和方法上研究如何促使其向高级生态系统进化，使其与整个自然生态系统保持和谐具有重要的研究价值（表 19.2）。

自然系统和工业生态系统物质流和能量流比较　　表 19.2

自然生态系统	工业生态系统
循环的物质流	线性或准循环物质流
梯级的能量流	能量流是非梯级的
生产者自身能够利用太阳能，消费者和分解者以有机化合物作为能源	所有的参与者，例如工业生产者、消费者和分解者都需要外部能源
自养生产者的能量来源是无限的，例如太阳能	能量来源多种多样且有限，大多数能源是不可再生的

来源：Ewa Liwarska-Bizukojc，Marcin Bizukojc，Andrzej Marcinkowski，Andrzej Doniec. The Conceptual Model of an Eco-industrial Park Based upon Ecological Relationships，Journal of Cleaner Production 17（2009）732-741.

19.1.2.2 原料与能量流动分析

与生物的物质和能量的代谢以及生态系统的物质与能量流动相类似，现代工业生产是一个将原料、能源转化为产品和废物的代谢和流动过程，这一过程对自然环境必然产生影响，影响的强度取决于物质与能量使用的强度和方式。工业生态学研究工业系统的原料与能量流动对自然生态系统的影响，研究减少这些影响的理论、方法与技术。

19.1.2.3 物质减量化研究

物质减量化是工业生态学的重要研究内容之一。如果人类在世界人口增长迅速的情况下，既想享有高水平的生活，又想把对环境的影响降低到最小限度，那么只有在同样多的、甚至更少的物质基础上获得更多的产品与服务。

19.1.2.4 生命周期评价

生命周期评价是一种面向产品的方法，它评价产品、工艺或活动，从原材料采集，到产品生产、运输、销售、使用、回用、维护和最终处置整个生命周期（即从“摇篮”到“坟墓”）阶段的所有环境负荷。它辨识和量化产品整个生命周期中能量和物质的消耗以及环境释放，评价这些消耗和释放对环境的影响，最后提出减少这些影响的措施。生命周期评价的基本结构可归纳为四个有机联系部分：定义目标与确定范围；清单分析；影响评价和改善评价。

19.1.2.5 为环境设计

“为环境设计”是一种产品设计新理念，在 1990 年代初提出。它要求在产品开发的设计阶段，就开始考虑生态要求和经济要求之间的平衡，考虑所设计

产品可能对环境造成的影响，以便生产在整个生命周期内对环境影响最小的产品，其最终目标是建立可持续产品的生产与消费体系。

19.1.2.6 生态效率（eco-efficiency）

1992年，可持续发展工商理事会提出的一份的报告中，提出了“生态效率”一词。生态效率的实现，必须在提供具有竞争力价格的产品和服务、满足人们需求和提高生活品质的同时，在产品和服务的整个生命周期内逐步将其对环境的影响及自然资源的消耗减少到地球承载力能负荷的程度。生态效率的研究有助于工业与环境的协调发展。

19.1.2.7 生态工业园

生态工业园是一个按计划运转的原材料和能源交换的工业体系，它寻求能源、原材料使用以及废物的最小化，并建立可持续的经济、生态和社会的关系。生态工业园是工业生态学应用的重要领域之一，两者具有互相促进的作用和关系。

19.1.3 工业生态学的基本理论

工业生态学是结合现代生态学理论与可持续发展思想所建立起来的一个新的学科。其基本理论包括如下内容（郝新波，2000）。

19.1.3.1 生态结构重组理论

生态结构重组理论主要包括4个方面：①将废料作为资源重新利用；②封闭物质循环系统和尽量减少消耗性材料的使用；③工业产品与经济活动的非物质化（服务化）；④能源的脱碳。通过生态结构重组，对宏观、中观、微观各个层次产生作用。在宏观层次上，改善整体经济的物质和能源效率，这也是工业生态学的最基本观点；在中观层次上，亦即在企业与生产单位的层次上，重新审视产品与制造过程，特别是要减少废料；在微观层次上，优化各类和各级的生产工艺。

19.1.3.2 工业生物群落理论

在自然生态系统中，不同生物群落总是依据一定的特性形成紧密的关系，形成生态系统特有的功能和结构。将这一思想扩展到工业体系中寻求确定“恰当的”，即最优化的工业活动组合，实现物质和能源的最优化合理流动和利用。较为显著的示例有工业共生体系、工业生态园区以及工业优势群落生态联合体等。

19.1.3.3 工业代谢理论

根据质量守恒定理，一定数量的物质因人类活动而消失在生物圈之中，但其质量却是守恒的。通过对构成工业活动全部物质（不仅仅是能量）的流动与储存数量的估算，描绘物质的行进路线和复杂的动力学机理，同时指出它们的物理和化学状态，以及工业物质循环与自然生态循环之间的相互动态影响，即为工业代谢研究。它是工业生态学不可缺少的研究方法和先决条件。通过工业代谢研究，可以实现资源的最优化管理并为制定社会经济可持续发展计划提供科学理论依据。

19.1.3.4 工业体系生态系统三级进化理论

目前的工业体系，其运行方式，简单地说，就是开采资源和抛弃废料，这是环境问题的根源之一。勃拉登 · 阿伦比将这种运行方式称为一级生态系统。与一级生态系统相比，二级生态系统资源变得有限了，虽然对资源的利用已经达到相当高的效率，但仍然不能长期维持下去，因为物质、能量流都是单向的，资源将减少，而废料不可避免地将不断增加。为了真正转变为可持续的形态，生态系统进化应以完全循环的方式——三级生态系统运行。在这种形态下，不可能区分资源和废料，理想的工业系统（包括基础设施和农业），应尽可能接近三级生态系统。工业生态学思想的主旨是促进现代工业体系向三级生态系统转换（图 19.1）。

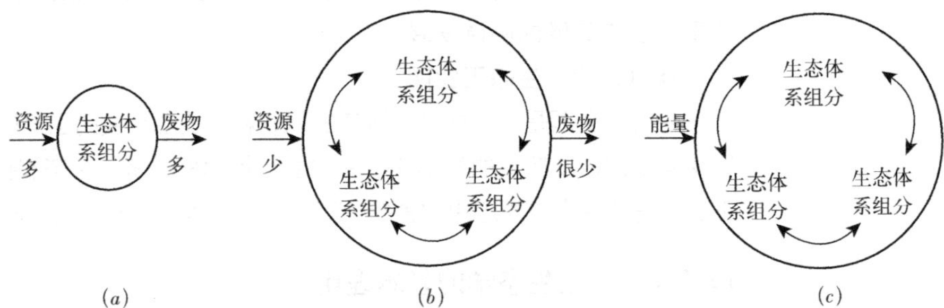

图 19.1　工业生态系统进化阶段示意

(a) 一级生态系统示意图；(b) 二级生态系统示意图；(c) 三级生态系统示意图

来源：Graedel T.E and Allenby B R.Industrial Ecology.Englewood Cliffs：Prentice Hall，1995.

此外，构建一个成熟的工业生态系统有三个基本原则。第一是内生性原则，即通过资源深度化加工和系统内物质能量高度循环来减轻对生产系统外部排放废弃物的程度。第二是外生性原则，即通过发展相关产业部门来进一步分解和降低某一部门或企业的废弃物排放程度。第三是共生性原则，即通过内生和外生的协调发展，建立一个最低限度或近乎于零排放的工业生态系统，最终达到与整个自然生态系统共生的目的（邓南圣等，2002）。

19.2　工业生态化的规划途径——生态工业园规划的若干议题

城市工业生态化规划的最重要的空间载体和具体表现之一是生态工业园（Eco—Industrial Parks，EIPs）规划。

19.2.1　生态工业园定义

1990 年代初期，加拿大 Dalhousie 大学和美国康乃尔大学的学者对生态工业园的发展进行了构思。1992 年，美国 1ndigo 发展研究所首先提出了生态工业园的概念：生态工业园是通过环境管理和资源，包括能源、水与材料等方面的协作，寻求改善环境和经济行为的一个制造业和服务业的社区。由于共同合作，整个社区寻求集体利益大于每个公司单独行为最大个别利益的总和。园区的作用在于改进园区内公司的经济行为，把对环境的影响减低到最低程度。

我国国家环保总局 2006 年发布的生态工业园区标准中对生态工业园区的定义为：依据循环经济理念、工业生态学原理和清洁生产要求而设计建立的一种新型工业园区。它通过物流或能流传递等方式把不同工厂或企业连接起来，

形成共享资源和互换副产品的产业共生组合，建立"生产者—消费者—分解者"的物质循环方式，使一家工厂的废物或副产品成为另一家工厂的原料或能源，寻求物质闭环循环、能量多级利用和废物产生最小化。

19.2.2　生态工业园的组成及类型

19.2.2.1　组成

组成生态工业园区的核心成分为生态产业链，其辅助成分为公共服务设施和支持服务系统，三者的关系如图 19.2 所示。

从功能空间角度，生态工业园区一般有以下五个方面：生产、研究开发、行政管理、资源回收再利用、园区服务（图 19.3）。在空间上可以考虑分为：生产区、研究开发区、回收处理区、中心区。

从生态工业园组成要素角度可以发现，生态工业园的影响因素是多元的（图 19.4）。

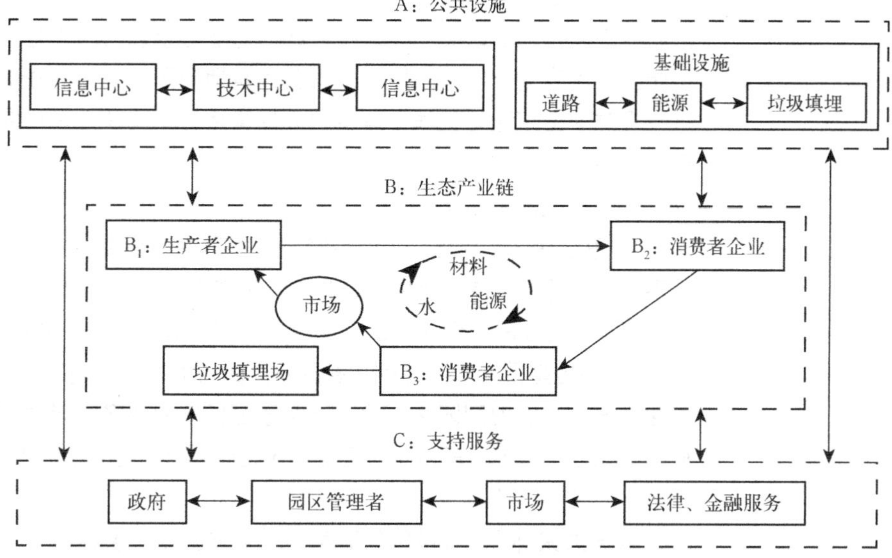

图 19.2　生态工业园区组成示意图

来源：程会强，左铁镛．发展循环经济，建设有中国特色的生态工业园区．世界科技研究与发展，2006（1）；转引自：秦丽杰．吉林省生态工业园建设模式研究［D］．东北师范大学，2008．

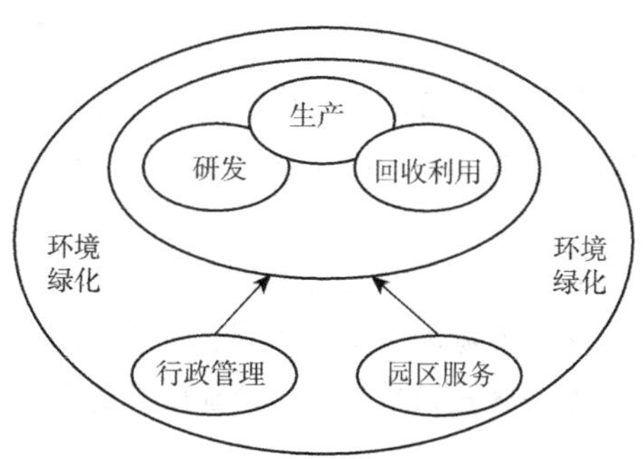

图 19.3　生态工业园区的空间功能构成图

来源：徐海．生态工业园模式与规划研究［D］．上海大学，2007．

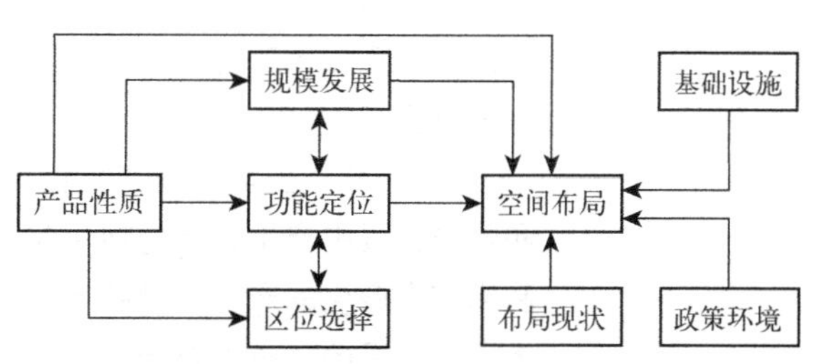

图 19.4　生态工业园发展的影响因素

来源：秦丽杰．吉林省生态工业园建设模式研究［D］．东北师范大学，2008．

19.2.2.2 类型

生态工业园可以从多种角度分类。生态工业园的分类方法较多，并没有一个统一的模式，而是因地制宜，各具特色。

(1) 依据原有工业基础划分

1) 改造型生态工业园　是对现已存在的工业企业通过适当的技术改造，在区域内成员间建立起废物和能量的交换关系。这种生态工业园受企业的规模、跨行业协作及技术障碍的限制。

2) 全新规划型生态工业园　是在良好规划和设计的基础上，从无到有地进行开发建设。这一类工业园投资大，对其成员的要求较高。

(2) 依据生态工业园内成员企业间的地域关系划分

1) 实体型生态工业园　即园区内的企业在地理位置上聚集于同一地区，可以通过管道设施进行成员间的物质与能量交换。

2) 虚拟型生态工业园　不严格要求其成员在同一地区，它是利用现代信息技术，通过园区信息系统，首先在计算机上建立成员间的物、能交换联系，然后再在现实中加以实施，这样园区内企业可以和园区外企业发生联系。虚拟型园区可以省去一般建园所需的昂贵的购地费用，避免建立复杂的园区系统和进行艰难的工厂迁址工作，具有很大的灵活性，其缺点是可能要承担较昂贵的运输费用。

(3) 依据产业结构划分

1) 联合企业型园区　通常以某一大型的联合企业为主体，围绕联合企业所从事的核心行业构造工业生态链和工业生态系统。对于冶金、石油、化工、酿酒、食品等不同行业的大企业集团，非常适合建设联合企业型的生态工业园区。

2) 综合型园区　区内存在各种不同的行业，企业间的工业共生关系更为多样化。与联合企业型园区相比，综合型园区需要更多地考虑不同利益主体间的协调和配合，目前大量传统的工业园区适合朝综合型生态工业园区的方向发展。

(4) 依据国家标准分类

我国国家环保总局2006年发布的生态工业园区标准中，将生态工业园区分为三类。

1) 行业类生态工业园区　是以某一类工业行业的一个或几个企业为核心，通过物质和能量的集成，在更多同类企业或相关行业企业间建立共生关系而形成的生态工业园区。

2) 综合类生态工业园区　是由不同工业行业的企业组成的工业园区，主要指在高新技术产业开发区、经济技术开发区等工业园区基础上改造而成的生态工业园区。

3) 静脉产业类生态工业园区　静脉产业（资源再生利用产业）是将生产和消费过程中产生的废物转化为可重新利用的资源和产品，实现各类废物的再利用和资源化的产业。静脉产业类生态工业园区是以从事静脉产业生产的企业为主体建设的生态工业园区。

(5) 依据工业园企业的生态学物种属性划分

生态学将生物物种分成“关键种”、“优势种”和“伴生种”等。根据生态

三种生态工业园模式比较　　表 19.3

	关键型生态工业园	优势型生态工业园	伴生型生态工业园
成员企业数量（家）	3 ~ 10	10 ~ 30	大于 30
主要成员企业规模	大型关键企业	大型优势企业	小型伴生企业
循环链结构	单链或并联单链	并联单链或网状结构	网状结构
成员企业黏合方式	产权联结	利益联结	利益联结
成员企业合作方式	制度化的交流沟通	平等协商对话	平等协商对话
园区组织结构形式	企业集团	企业联盟	企业集聚
园区管理的难度	结构单一，管理简单	结构复杂，管理困难	结构复杂，管理困难
园区主要企业承担的社会责任	主要考虑自身利益，兼顾其他企业的利益	考虑自身利益，有限地考虑其他企业利益	主要考虑自身经济利益
成员企业承载的物质流和能量流	关键企业承担园区物质流和能量流的绝大部分	优势企业承担园区物质流和能量流的绝大部分	各伴生企业大致相等地承担物质流和能量流
园区内信息流动	根据园区章程的规定，信息进行制度化的流动	依据企业之间的信用关系，信息进行双边或多边的流动	信息需求量大，建有专门的信息服务机构辅助信息的流动
竞争战略	成本领先、价格优势	成本领先、规模经济	价格优势、创新优势
对政府调控作用的需求程度	园区内部能进行有序的管理	较多地需要政府在政策和法律方面引导	较多地需要政府在政策和法律方面引导
对创新的相对需求	刚性技术结构，创新活力不足	刚性技术结构，创新活力不足	弹性的技术结构，具有强烈的创新活力

来源：郭翔，钟书华．基于生物种理论的生态工业园区模式．科技进步与对策，2006（8）．

工业园区是否存在关键企业、优势企业以及伴生企业，可以把生态工业园分为关键型生态工业园区、优势型生态工业园区和伴生型生态工业园区（表 19.3，郭翔等，2006）。

（6）依据开发模式（重点）的分类

刘力（2002）整理出生态工业园的如下 5 种类型。①以加强农业与工业之间的产业关联为目标的生态工业园，其开发模式为农业生态工业园（Agro-EIP）；②以废弃物管理与资源化为目标的生态工业园开发模式，称为一体化的资源回收再开发工业园（IRRP）；③以可更新能源开发为主的再生能源生态工业园（RE-EIP）；④以能源多级利用，副产品供应链集聚为开发模式的生态工业园，这种模式以一个发电厂为核心，通常称为电厂生态工业园（PP-EIP）；⑤以石化工业的集群开发模式为特征的生态工业园，被称为石化型生态工业园（PC-EIP）。上述五种类型的功能特点与 EIP 成分构成参见表 19.4。在 EIP 规划实际中，这五种类型并不是截然分开的，很多情况下会出现在某些领域的功能重合或几种类型的集聚特征，特别是 RE-EIP 和 Agro-EIP 与其他几类 EIP 的共生可能性最大。

EIP 类型及其组成成分　　表 19.4

EIP 类型	功能特点	成分主体与招商对象
Agro–EIP	加强工农业关联 促进可持续农业开发	设备、能源、材料和服务的供应商； 食品加工和配送企业； 以园区内副产品为原料的设施或企业； 从事生物质能源开发和堆肥生产； 集约型的有机农业，如温室和养鱼池等
IRRP	废弃物资源化管理 副产品交流网络开发模式	废弃物回收企业； 再制造企业、再循环企业、设施维修公司、堆肥设施； 关联行业：包括有机农业开发，利用再循环材料开发工艺品以及提供维修服务的小企业； 回收物资的批发与零售企业； 废弃物能源化设施； 有毒废弃物的管理机构与设施
RE–EIP	能源效率与减少温室气体排放 一体化可更新能源开发技术； （太阳能、生物质能、风能等） 能源多级利用	可更新能源设备研究与开发机构； 可更新能源设备制造与安装公司； 维护与咨询服务公司
PP–EIP	供应链集聚开发 副产品集聚开发	电厂及利用电厂能源和副产品的企业； 设备、能源、材料的供应商； 集约化农业设施和食品加工企业； 咨询服务公司与协调公司
PC–EIP	清洁生产与绿色化工 石化工业集聚开发 副产品增值开发 生态工业网络开发	大型石化企业集团； 副产品交流中心与区域网络； 石化工业的 R & D 机构 咨询与服务，信息处理公司； 水循环系统，能量多级利用设施或企业

来源：Eco–Industrial Park Handbook for Developing Countries；转引自：刘力．可持续发展与城市生态系统物质循环理论研究 [D]．东北师范大学，2002．

19.2.3 生态工业园的特点

19.2.3.1 链网性与稳定性

即生态工业园中不同产业或企业间存在着物质和能量的关联和互动关系，这种关联和互动构成了各产业或企业间的工业生态链或生态网络，保证了工业园工业系统运行稳定。

19.2.3.2 循环性与高效性

生态工业园的物质和能量逐级传递，并实现闭路循环，不向体系外排出废物。生态工业园区在生产和消费过程中产生了副产品的交换，从而使企业与社区付出最小的废物处理成本，通过对废物的减量化促进资源利用效率的提高。具体包括通过物料循环、能源梯级利用和提高效率，降低生产成本；通过支持性服务和公共设施的共享，降低运营成本；企业群落集中且联系紧密，降低运输成本等。

19.2.3.3 多赢性

即生态工业园不单纯着眼于经济的发展，而是着眼于工业生态关系的连接，把保护环境融合于经济活动过程中，实现了环境与经济的统一和协调发展，从根本上解决了发展经济与保护环境的矛盾。此外，生态工业园是在商业基础上逐步形成的，所有园中的企业都从中得到了商业利益，这也是生态工业园具有生命力的原因之一。

19.2.3.4 技术性

生态工业园在技术方面体现着一定的先进性，表现在生态性与适宜性等方面。生态工业园的技术特性有利于提高经济效率，减少工业园区生产和服务对整个园区的环境负担；从类型而言，生态工业园技术体系构成比较丰富（表 19.5）。

生态工业园技术体系内容　　表 19.5

序号	技术	阐释
1	替代技术	替代技术指开发新资源、新材料、新工艺、新产品，替代原来所用的资源、材料、工艺和产品，提高资源利用效率，减轻生产过程中环境压力的技术
2	减量化技术	减量化技术指旨在用较少的物质和能源消耗来达到既定的生产目的，在源头节约资源和减少污染的技术
3	再利用技术	再利用技术是延长原料或产品使用周期，通过反复使用来减少资源消耗的技术
4	资源化技术	资源化技术是通过对重要元素的工循环代谢分析，将在生产消费中产生的废弃物变为有用的资源或产品的技术
5	系统化技术	系统技术指主要从系统工程的角度出发考虑，通过构建合理的产品组合、产业组合、实现物质、资金、技术的优化使用的技术，如产品联产和产业共生技术
6	能源利用技术	可分为常规能源利用技术和新能源利用技术。新能源利用技术有太阳能利用新技术，核能利用新技术，地热能利用新技术，氢能利用新技术，风能利用新技术等，常规能源利用技术即开发节能新技术
7	水资源利用技术	循环经济下的水资源利用就是将水资源的开发、利用与管理纳入社会经济—水资源—生态环境复合系统之中加以综合考虑
8	绿色再制造技术	通过对报废产品进行修复、改装、改进或改型，以及回收利用等一系列技术措施或工程活动，使其保持、恢复可用状态或加以重新利用
9	节能建筑技术	控制建筑物的体型系数节能设计技术，采用各种高效保温的节能技术，加强冷桥部位的保温构造设计，设置“温度阻尼区”技术，等
10	生物技术	生物炼制技术。即用生物质来生产能源和各种化工产品与生物材料。生物质制氢技术。可分为两类：一类是以生物质为原料利用热物理化学方法制取氢气，另一类是利用生物转化途径转换制氢，生物质能转换技术。生物质能源是一种可持续利用的清洁能源
11	绿色化学技术	绿色化学技术中最理想的是采用“原子经济”反应，即原料分子中的每一原子都转化成产品，不产生任何废物和副产物，实现废物的“零排放”
12	新材料技术	新材料技术被誉为“高技术的基础”，是介于基础科技与应用科技之间的应用性基础技术
13	生态农业技术	生态农业技术，指的是根据生态学、生物学和农学等科学的基本原理和由生产实践经验发展的有关生态农业的各种方法与技能
14	绿色消费技术	绿色消费技术主要是指在生活消费领域中，对公众性资源进行综合循环利用的技术，对生活垃圾进行合理的分类、处置及再利用，尽可能不造成或减少环境污染的技术
15	生态恢复技术	生态恢复技术就是以生态系统演替为理论基础，借用物理、化学、生物等方法，控制待恢复生态系统的演替过程和发展方向，恢复或重建生态系统的结构和功能，并使系统达到自维持状态的技术
16	信息技术	信息技术是面向环境友好型社会的供应链管理信息系统模式构建，可分为三个层次供应链管理信息系统的建立
17	评价技术	环境友好型社会评价体系是对区域产业、城市基础设施、人居环境和社会消费四大体系协调发展状况进行综合评价与研究的依据和标准
18	管理技术	实现科学发展、建设环境友好型社会需要政府和企业的管理创新。具体包括：战略规划设计与优化；政府管理创新；企业管理创新

来源：根据“徐海．生态工业园模式与规划研究［D］．上海大学，2007”整理。

表 19.6 为程会强等（2006）总结的国外生态工业园的若干特点。表 19.7 为我国部分生态工业园特点。

国外生态工业园特点　　表 19.6

特点方面	特点描述
行业特点	建立和发展的行业多以化工、能源和农业为主体。因这类工业所需的原材料较多，耗能多，而相对应的产品数量和体积较小，所以产生的“废物”多，这有利于其他行业和部门对该体系“排出物”的再次利用，这样易形成工业生态链
企业间关系	企业之间的合作与协调多以市场经济为导向、各自的经济利益为驱动力而形成的，政府和有关部门的协调作用极小
影响范围	生态工业园不再仅限于工业园区，而是扩展到社区、城市的更大范围中，并且超越了学科的界限，综合了环境、经济、区域规划等不同领域的研究内容，进行不同层次、不同方向的实践活动

来源：根据“程会强，左铁镛．发展循环经济，建设有中国特色的生态工业园区．世界科技研究与发展，2006 (1)”整理。

我国部分生态工业园特点　　表 19.7

名称	主导产业／核心企业	园区特色
广西贵港生态工业园区	甘蔗制糖	已形成两条较完善的生态工业链：一条是用甘蔗榨糖，榨糖后的蔗渣用来造纸，对纸浆生产过程中的废碱回收再用，回收废碱后的白泥生产建材；另一条是将榨糖产生的废糖蜜作酒精，用酒精废液生产甘蔗复合肥卖给蔗农回用于蔗田
广东南海生态工业园	高新技术环保产业	规划建设环保设备加工、可降解塑料生产、吸声材料和环保陶瓷、绿色板材等主导产业群，企业之间以副产品和废物、次级能源等形成工业生态链，建立资源再生园、零排放园和虚拟生态园，实现园区、企业和产品三个层次的生态管理
内蒙古包头生态（铝业）工业园区	铝电联营	以铝业为龙头，以电厂为基础，电厂粉煤灰制建材，电厂同时向市区供热供暖
湖南长沙黄兴生态工业园区	远大空调，抗菌陶瓷，环保设备等	以远大空调及其配套产业为主导的电子工业生态链，抗菌陶瓷及配套产业为主导的新材料工业生态链，环保设备和环保型建材为主导的环保产业链为主，架构各生态链之间相互耦合的生态工业网络
山东鲁北生态工业园区	鲁北化工集团	已形成了磷铵类副产磷石膏制硫酸、联产水泥，海水一水多用和盐碱电联产三条工业生态产业链。园区已从单纯磷铵生产变成磷铵、硫酸、硫基复合肥、水泥、海水综合利用、硫酸钾、氯化镁等多种产业的企业群
天津经济技术开发区生态工业园区	电子信息、生物医药、汽车制造和食品饮料等	园区将致力于中水回用、海水淡化、雨水的收集和再生利用，以及垃圾分拣和再生。为建成中国北方的加工制造中心、科技成果转化基地和现代化国际港口大都市的标志区提供生态经济保障
苏州高新区生态工业园	高新技术产业	企业通过清洁生产趋向“零排放”、区域通过完善生态链走向“绿色招商”、废物通过资源再生导向“循环利用”
苏州工业园区生态工业园		以区域生态化为核心，将清洁生产、环境设计、绿色供应链管理以及废物资源化管理等贯穿到生产和消费环节，最大限度地提高生产、消费过程中的资源利用效率，减少废物产生
大连开发区生态工业园		园区建设内容包括四个方面：一是水资源一体化管理，通过提升原水的使用效率，开拓中水的使用渠道，解决大连开发区长期缺水的难题；二是建立资源综合管理系统，用新的思维方式去考虑“废弃物”，加强资源循环和再利用；三是实施多样化的能源战略，力争解决能源这一开发区发展的瓶颈问题；四是建设一个标准生态工业园，计划招募或创建一些资源回收再利用、能源多样化等方面的公司
抚顺矿业集团生态工业园区	抚顺矿业集团	利用矿山废弃资源，以“一矿四厂一气”转产项目为主线，发展接续产业和替代产业，逐步形成集延伸与深化资源加工产业链，开展产业间的相互关联，实施矿山生态恢复等为一体的多元化生态产业模式
烟台开发区生态工业园		通过制定生态工业园发展模式与指标体系，建立地理信息系统，构建再生资源加工区，初步形成了多条生态产业链。目前，开发区在水资源一体化管理、固体废物的高品质利用方面、危险废物管理、设施共享和产业链接、绿色社区建设等方面较具特色
贵阳市开阳磷煤化工生态工业示范基地	磷、煤、电、碱	围绕煤、磷两种资源，通过磷、煤资源产业链耦合，提高磷、煤资源的利用率，开发高附加值、功能化的化工产品

来源：徐海．生态工业园模式与规划研究［D］．上海大学，2007.

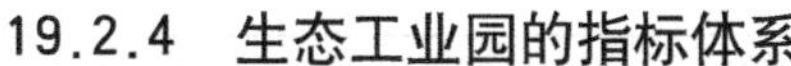

19.2.4 生态工业园的指标体系

我国国家环保总局2006年颁布了带有标准性质的指标体系。包括:《综合类生态工业园区标准(试行)》HJ/T 274—2006、《静脉产业类生态工业园区标准(试行)》HJ/T 275—2006和《行业类生态工业园区标准(试行)》HJ/T 273—2006,规定了各类生态工业园区建设的具体指标(表19.8～表19.10)。

综合类生态工业园区建设指标 **表19.8**

序号	评估项目	评估指标	综合类EIP标准要求
1	经济发展	人均工业增加值	≥ 15
2		工业增加值增长率	≥ 25%
3	物质减量与循环	单位工业增加值综合能耗	≤ 0.5
4		单位工业增加值新鲜水耗	≤ 9
5		单位工业增加值废水产生量	≤ 8
6		单位工业增加值固废产生量	≤ 0.1
7		工业用水重复利用率	≥ 75%
8		工业固体废物综合利用率	≥ 85%
9		中水回用率	≥ 40%
10	污染控制	单位工业增加值COD排放量	≤ 1
11		单位工业增加值SO_2排放量	≤ 1
12		危险废物处理处置率	100%
13		生活污水集中处理率	≥ 70%
14		生活垃圾无害化处理率	100%
15		废物收集系统	具备
16		废物集中处理处置设施	具备
17		环境管理制度	完善
18	园区管理	信息平台的完善度	100%
19		园区编写环境报告书情况	1期/年
20		公众对环境的满意度	≥ 90%
21		公众对生态工业的认知率	≥ 90%

行业类生态工业园区建设指标 **表19.9**

序号	评估项目	评估指标	行业类EIP标准要求
1	经济发展	工业增加值增长率	≥ 12%
2	物质减量与循环	单位工业增加值综合能耗	达到同行业国际先进水平
3		单位工业增加值新鲜水耗	
4		单位工业增加值废水产生量	
5		工业用水重复利用率	
6		工业固体废物综合利用率	
7	污染控制	单位工业增加值COD排放量	达到同行业国际先进水平
8		单位工业增加值SO_2排放量	
9		危险废物处理处置率	100%
10		行业特征污染物排放总量	低于总量控制指标
11		行业特征污染物排放达标率	100%
12		废物收集系统	具备
13		废物集中处理处置设施	具备
14		环境管理制度	完善

续表

序号	评估项目	评估指标	行业类 EIP 标准要求
15	园区管理	工艺技术水平	达到同行业国内先进水平
16		信息平台的完善度	100%
17		园区编写环境报告书情况	1 期 / 年
18		周边社区对园区的满意度	≥ 90%
19		职工对生态工业的认知率	≥ 90%

静脉产业类生态工业园区建设指标 表 19.10

序号	项目	指标	单位	指标值或要求
1 2	经济发展	人均工业增加值 静脉产业对园区工业增加值的贡献率	万元 / 人	≥ 5 ≥ 70%
3 4 5 6 7 8 9	资源循环与利用	废物处理量 废旧家电资源化率* 报废汽车资源化率* 电子废物资源化率* 废旧轮胎资源化率* 废塑料资源化率* 其他废物资源化率*	万吨 / 年	≥ 3 ≥ 80% ≥ 90% ≥ 80% ≥ 90% ≥ 70% 符合相关规定
10 11 12 13 14	污染控制	危险废物安全处置率 单位工业增加值废水排放量 入园企业污染物排放达标率 废物集中处理处置设施 集中式污水处理设施	吨 / 万元	100% ≤ 7 100% 具备 具备
15 16 17 18 19 20	园区管理	园区环境监管制度 入园企业的废物拆解和生产加工工艺 园区绿化覆盖率 信息平台的完善度 园区旅游观光、参观学习人数 园区编写环境报告书情况	人次 / 年	具备 达到国际同行业先进水平 35% 100% ≥ 5000 1 期 / 年

注：带 * 的指标为选择性指标，根据各园区废物种类进行选择。

19.2.5 生态工业园规划设计内容

19.2.5.1 工业园构成系统角度

(1) 工业生态系统

生态工业园区规划设计首要而关键的工作是做好生态工业系统的构建，即在建立生态工业园及生态工业网络的过程中构筑企业共生体和生态工业链。如，商洛生态工业园规划中，按照在整个生态工业系统中所起的作用不同，比照自然生态系统，将生态工业系统成员分为资源生产（生产者）、加工生产（消费者）和还原生产（分解者）三种类型（表 19.11）。

商洛生态工业园区企业分类 表 19.11

项目	生产者	消费者	分解者	虚拟企业
生物制药	天祥植化有限责任公司 山西秦华天然生物制药有限公司 盘龙制药有限公司 九芝堂商南植物药有限公司 天士力制药有限公司 南京金陵化工厂	医药制品厂	纤维素酶加工企业 抗病毒制药厂	日用化工厂 化妆品厂 饲料厂 饮料厂

续表

项目	生产者	消费者	分解者	虚拟企业
新材料	商洛丹东塑钢管材厂 陕西秦岭矿产实业有限公司 商洛市橡胶制品厂	陶瓷厂 塑料制品厂	建筑砖厂	纤维制品厂 食品加工厂
环保产品	环保设备厂 绿色涂漆厂 绿色板材厂	塑料板材厂 绿色建材厂 绿色涂料厂	绿色胶黏剂厂 稻壳加工厂 水处理剂厂 五金回收企业	颜料厂 零部件厂
食品	商洛葡萄酒发展责任有限公司 核桃加工厂 板栗加工厂 柿饼加工厂	建筑板材厂 热电厂	合成纤维厂	

来源：韦亚权．生态工业园区的规划与设计研究［D］．西北大学，2005．

（2）景观生态系统

生态工业园区的景观生态系统规划应运用景观生态学原理，通过研究园区景观格局与生态过程以及人类活动与景观的相互作用，对原有景观要素进行优化组合或引入新的成分，提出景观最优化利用方案，调整或构建合理的景观格局，使景观整体功能最优。

（3）支持系统

生态工业园区的正常运营离不开现代化的基础设施作为支持系统，基础设施为工业园区的物质流、能量流、信息流、价值流和人流的流畅运动创造了必需的条件，减少了经济损耗和对生态环境的污染。因为在城市生态系统中，基础设施已在相当程度上代替了自然生态系统中还原者的功能。支持系统包括道路交通、能源、给排水、信息网络、管理服务系统等等。

19.2.5.2 规划设计对象的角度

从生态工业园规划对象的角度，其规划设计内容包括多个方面，如选址、用地规模和类型、性质及功能的确定、基础设施、工业和居住建筑及各项设施和共享服务系统的规划、园区的空间布局、用地系统（绿地与景观用地、开放空间）规划等。

从空间规划角度而言，Audra J.Potts Carr（1998）从工业生态学角度出发，对Oklahome的Choctaw老工业园的改造设计提出了具有工业生态学内涵的思路。整个工业园以废水处理和废弃轮胎的回收利用为基础构建共生关系，对包括污水处理厂、轮胎破碎厂、轮胎裂解厂、无土栽培温室、硬橡胶轮胎制造厂、打印机厂、塑料加工厂、碳粉厂和碳粉盒厂等企业，从轮胎回收、废热再利用、水的层叠、风能利用、景观管理和设计等方面入手，设计整个工业园的土地使用、建筑、基础设施、视觉效果、环境质量、绿化、土壤和水文、景观设计、照明、交通和周边环境等多项内容。虽然规划设计内容丰富，但贯穿设计始终的灵魂是“共生”及“循环”。而Deppe等（2000）从规划者角度提出了生态工业园／网络规划设计可能涉及的相关领域，见表19.12。

生态工业园／网络潜在领域　　表19.12

潜在领域	内　容
生活质量和社区联系	工作与娱乐统一、合作的教育机会、自愿者和社区项目、参与区域规划
材料	共同采购、供需双方关系、副产品联系、创造新材料市场
交通	共享交换、共享运输、共同的交通工具维护、替代包装、园内交通、统一的后勤
环境、健康和安全	事故预防、紧急响应、废物最小化、多媒体规划、为环境设计、共享环境信息系统、联合规章许可
能源	绿色建筑、能源审计、共生、能源公司的创新、替代能源
信息系统	内部通信、外部信息交换、监测系统、计算机兼容性、联合管理信息系统
市场营销	绿色标签、绿色市场评价、联合推动、联合风险
生产工艺	污染预防、废物减少和再利用、生产设计、共同的转包合同、共同的设备、技术共享和综合
人力资源	人力资源招募、联合利益、健康计划、共同需求、培训、灵活的雇佣

来源：Deppe M.et al.A Planner's Overview of Eco-industrial Development.Paper Prepared for American Planning Association Annual Conference.April 16，2000.http：//www.cfe.cornell.edu/wei/papers/APA.htm；转引自：邓南圣，吴峰．工业生态学——理论与应用．北京：化学工业出版社，2002.

19.2.6　生态工业园规划基本原则

从与自然关系、与区域关系、生产效率、共生关系的构建、软硬件并重、空间组织效应等方面，可以归纳出生态工业园规划的若干原则（王震等，2004；李培哲，2009）。

19.2.6.1　与自然和谐共存原则

生态工业园应与区域自然生态系统相结合，保持和维护区域的生态服务功能。对于现有工业园区，应按照可持续发展的要求进行产业结构的调整和传统产业的技术改造，大幅度提高资源利用效率，减少污染物产生和对环境的压力。新建园区的选址应充分考虑当地的生态环境容量，最大限度地降低园区对局地景观和水文背景、区域生态系统以及对全球环境造成的影响。国际上生态工业园选址的趋势之一是尽量避免新土地的开发；美国EIP开发项目主要是结合废弃地和萧条区的再开发，亚洲的EIP开发与现有的工业园区和工业团地紧密结合（刘力，2002）。

19.2.6.2　生态效率原则

在园区规划过程中，应致力于通过物质手段提高生态效率。具体措施包括：通过清洁生产，尽可能降低资源消耗和废物产生；通过各企业或单元间的副产品交换，降低园区总的物耗、水耗和能耗；通过物料替代、工艺革新，减少有毒有害物质的使用和排放；在建筑材料、能源使用、产品和服务中，鼓励利用可再生资源和可重复利用资源等。

[专栏19.1]：城市工业生态效率评价

王震等（2008）将“工业生态效率”的概念定义为：“某一区域，工业产品或服务的经济价值和所付出的环境和资源代价的比值，它可以用来衡量一个地区在某段时间内可持续发展的水平。”并将工业生态效率分为两类：“环境类

工业生态效率”和“资源类工业生态效率”，它们可以反映某一区域工业系统采用各种措施后的综合效果。其计算公式如下式所示：

区域工业生态效率＝工业各行业生产产品或服务的经济价值／所付出的资源或环境代价

生态效率计算中所涉及的指标共有三大类：经济、环境和资源的指标。其中，经济指标采用工业的国民生产总值（GDP），环境代价和资源代价指标的选取见下表。

区域工业的环境和资源代价类别及指标体系

	类别	子指标
环境类	全球气候变化	CO_2，N_2O，CH_4，CFC—11/12
	臭氧层破坏	CFC—11/12，NO_x，NMVOC，CO，CH_4
	酸雨	SO_2，NO_x，NH_3
	水体富营养化	P，N，NO_x，NH_3，BOD，COD
	生态毒性	Cd，Pb，Hg，Cr，As 等重金属，（二恶英、PCB 等有机农药）
	工业固体废弃物	冶炼废渣、粉煤灰、炉渣、煤矸石、危险废物、尾矿、放射性废物和其他废物
资源类	水资源	工业用水量
	能源	工业煤炭、焦炭、燃料油、气煤柴油、液化石油气、天然气、煤气的消耗量

来源：王震，石磊，刘晶茹，孙念．区域工业生态效率的测算方法及应用．中国人口·资源与环境，2008（6）．

19.2.6.3　区域协调原则

尽可能将园区与社区发展和地方特色经济相结合，将园区建设与区域生态环境综合整治相结合。加强园区与城市的联系，将园区规划纳入当地的社会经济发展规划，并与区域及城市环境保护规划相协调。

19.2.6.4　软硬件并重原则

硬件指工程项目（工业设施、基础设施、服务设施等）的建设，软件指园区环境管理体系和信息支持系统的建设等。

19.2.6.5　生态链原则

生态工业园应将“防止废物产生”作为一项规划设计要求，应用到生态工业园的规划、基础设施的建造及工艺设计等各个环节中。生态工业园的规划必须首先考虑其成员间在物质和能量的使用上是否形成类似自然生态系统的生态链或食物链，园区成员间是否具备供需关系以及供需规模、供需的匹配性及稳定性等因素。如园区的废物、副产品的供需关系就影响到园区的废物再生水平，如果废物的产生量大于企业的需求、消纳能力或者是种类上不匹配，园区的生态链就无法形成，废物减量化目标就难以实现。

19.2.6.6　多样性原则

自然生态系统中生物多样性越丰富，系统就越稳定。生态工业园在保持园区工业生态系统整体性和一致性的前提下，可以适当强调各个企业的个性和特色，但其前提是保持生态工业园各企业之间的“匹配关系”。在此前提下，应尽量招募多种行业、不同规模的企业，使工业园原材料、产品和服务多样化，企业间联系复杂化，保证工业生态系统的平衡和稳定发展。

19.2.6.7　地方性原则

生态工业园的规划没有一成不变的固定模式。应因地制宜，构建具有地方特色的生态工业园区，这也是生态工业园的“生态性”的体现之一。生态工业园规划还要考虑如何利用地方生态资源、包括水体和景观等，将其一体化组合在生态园区的基础设施和建筑开发中，以充分发挥地方优势。

19.2.7　生态工业园规划技术与方法

从面向对象和面向过程两个角度展开，可构建生态工业园规划技术与方法的体系（项学敏等，2009）。前者是对工业园单个要素（如水系（网），道路交通、景观生态、生物多样性、能量利用、产业链和污染控制等）进行研究，考虑解决问题的最优化规划方法（相关内容本书部分章节有所阐述）；后者是在前者基础上按照一定的逻辑关系，综合寻求整体的最佳方案，指导规划的实施。

从面向过程的角度出发，可构建生态工业园区规划建设系统工程的三维结构。其中，时间维即生态工业园区建设全过程，包括规划→设计→分析→运筹→实施→运行→更新这 7 个阶段；逻辑维包括利用系统工程进行生态工业园建设时遵循的一般程序，即：明确问题→系统设计→系统综合→模型化→最优化决策→实施 6 个步骤；知识维则涉及规划和运营过程中用到的所有知识及相关技术，如景观生态学、工业生态学、清洁生产、信息技术等。

按照生态工业园规划的步骤及涉及的实际问题（即逻辑维），将规划方法分为科学思维方法、科学决策方法、工程学方法、经济学方法和社会学方法五大类；按照所属学科及执行方式（即知识维），可将规划方法分为系统方法、空间方法和数学方法等，分别见表 19.13 和表 19.14。

规划方法分类——逻辑维　　　　**表 19.13**

方法	具体内容	备注
科学思维方法	比较、类比 分析、综合 归纳、演绎	规划工作主体必备素质：适用于研究意义较强的非法定规划，能解决热点和现实问题
科学决策方法	优化方法（层次分析法、头脑风暴法） 数学建模（理性模型、分立渐进模型、折中混合模型）	规划编制过程决策工具：要素包括决策者、可供选择的方案、衡量方案的准则、客观的自然状态等
工程学方法	生态和环境工程技术 物流工程技术 景观分析技术 市政工程技术	规划的技术支撑：对突破性新技术的运用应较谨慎，重视现成技术的综合运用
经济学方法	经济核算方法 益损值分析方法	主要关注分配和效率、投入和产出的问题
社会学方法	探索性研究 描述性研究 说明性研究	研究方式：社会调查方法、实地研究法、实证研究法、间接研究法（历史比较研究、文献研究）

来源：项学敏，杨巧玲，周集体，王刃．生态工业园规划方法研究与展望．环境科学与技术，2009（1）.

规划方法分类——知识维 表 19.14

规划方法	含义	在 EIPs 规划中的应用
系统规划法	根据企业目标制定出信息系统战略的结构化方法	对数据进行统一规划、管理和控制、向企业提供一致性信息
数学规划法	对系统进行统筹规划，寻求最优方案的数学方法	解决物流系统中物流设施选址、物流作业的资源配置、货物配载、物料储存的时间与数量的问题
空间规划法	在计算机硬软件系统支持下，对空间地理分布数据进行采集、分析和描述的技术系统	通过控制园区内部空间各个生态单元，确定生态信息系统结构，在生态质量评价基础上进行规划

来源：项学敏，杨巧玲，周集体，王刃．生态工业园规划方法研究与展望．环境科学与技术，2009（1）．

19.3 生态工业园规划案例简析

19.3.1 全新规划型的乔克托（Choctaw）生态工业园区

美国俄克拉何马州规划中的 Choctaw 生态工业园是一个典型的全新规划型园区。基于俄克拉何马州大量的废轮胎资源，采用高温分解技术可将这些废轮胎资源化而得到炭黑、塑化剂和废热等产品，进一步可衍生出不同的产品链。这些产品链与辅助的废水处理系统一起构成一张工业生态网。其特点是基于园区所在地丰富的特定资源，采用废物资源化技术构建出核心工业生态链，进而扩展成工业共生网络如图 19.5 所示。

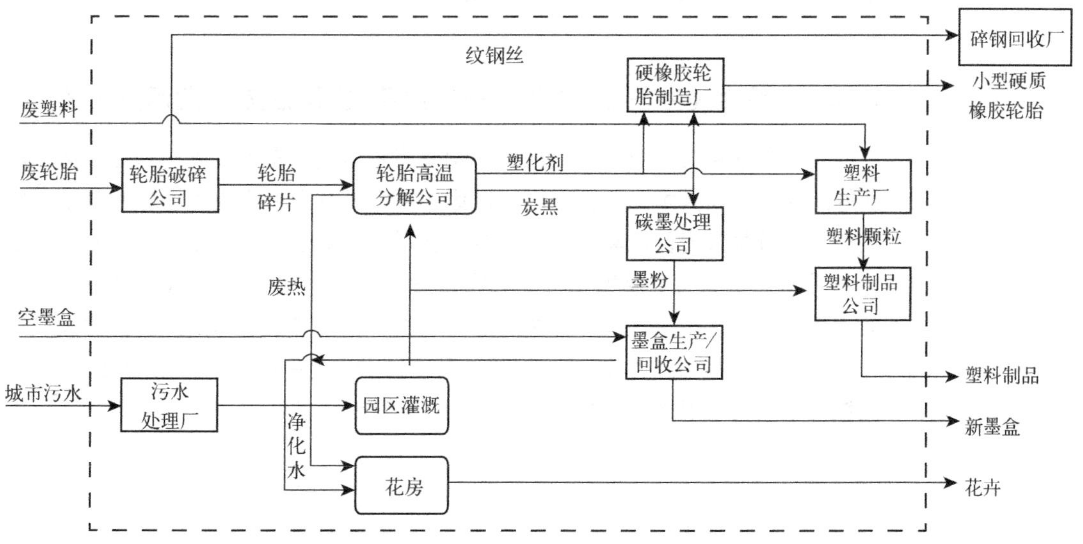

图 19.5 美国 Choctaw 生态工业园区

来源：于秀娟．工业与生态．化学工业出版社，2003；转引自：秦丽杰．吉林省生态工业园建设模式研究［D］．东北师范大学，2008．

19.3.2 虚拟型的Brownsville 生态工业园区

美国布朗斯维尔是一个重要的交通枢纽——它是美国／墨西哥边境唯一具有五种交通方式的城市，但是深受贫困和失业之痛。该生态工业园范围将整个布朗斯维尔市都纳入了进来，该园还包括布朗斯维尔的跨边境“姐妹城市”——墨西哥的马塔莫罗斯市（Matamoros）。规划者将该园区建设成了一座“虚拟生态工业园”，没有位于同一区域的企业通过废物交换也可以联系在一起。“虚拟”生态工业园的优点是不必在园区某一固定地点重新建设企业，根据需要，新型工业将被充实进来补充现存企业和增加废物交换，这要比“现实生态工业园”更具可复制性。在园区原有成员的基础上，不断增加新成员来担当工业生态网的“补网”角色，如引入的热电站，废油、废溶剂回收厂等，如图 19.6 所示。

19.3.3 行业类生态工业园区——贵港国家生态工业（糖业）示范园区

贵港国家生态工业（糖业）示范园区是国内最典型、也是最早开始建设的一个生态工业园区。该园区以广西贵糖（集团）股份有限公司为核心，以蔗田系统、制糖系统、酒精系统、造纸系统、热电联产系统、环境综合处理系统 6 个系统为框架，借助副产品和能量的相互交换和衔接，通过盘活、优化、提升、扩展等步骤，形成了“甘蔗—制糖—酒精—造纸—热电—水泥—复合肥”这样一个多行业综合性的比较完整的生态工业链网结构，见图 19.7。

贵糖集团准备今后还拟“加链”：①以干甘蔗叶作为饲料建设一个新的肉牛和奶牛场；②创建一家奶处理场生产鲜奶、奶粉和奶酪供给当地市场；③建牛制品生产车间生产牛肉，牛革和骨胶；④使用牛制品生产车间的副产品建一个生化厂生产氨基酸营养产品和其他生物制品；⑤利用乳牛场的肥料发展蘑菇种植厂；⑥利用蘑菇基地的剩余物作为甘蔗场的天然肥料（王兆华等，2002）。

19.3.4 综合类生态工业园区——长沙黄兴国家生态工业示范园区

黄兴国家生态工业示范园区位于湖南省长沙县，是涉及第一产业和第二产业的综合性高新技术工业开发区，以远大空调及其配套产业为主导的电子工业生态链，抗菌陶瓷及配套产业为主导的新材料工业生态链，多种农产品深加工为主导的生物制品工业生态链，环保设备和环保型建材为主导的环保产业链，架构各生态链之间相互耦合的生态工业网络。该生态工业示范园区的建设还可与区外的农业种植、养殖、生态旅游等产业，构成更大的工业生态系统，促进区域性经济良性发展。其总体规划如图 19.8 所示。

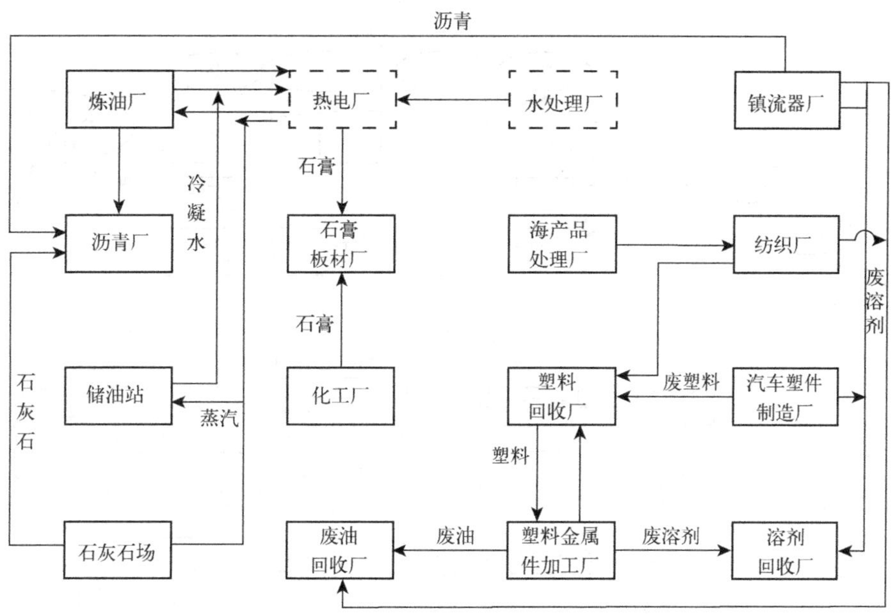

图 19.6 美国 Brownsville 生态工业园

来源：于秀娟．工业与生态．化学工业出版社，2003；转引自：秦丽杰．吉林省生态工业园建设模式研究［D］．东北师范大学，2008.

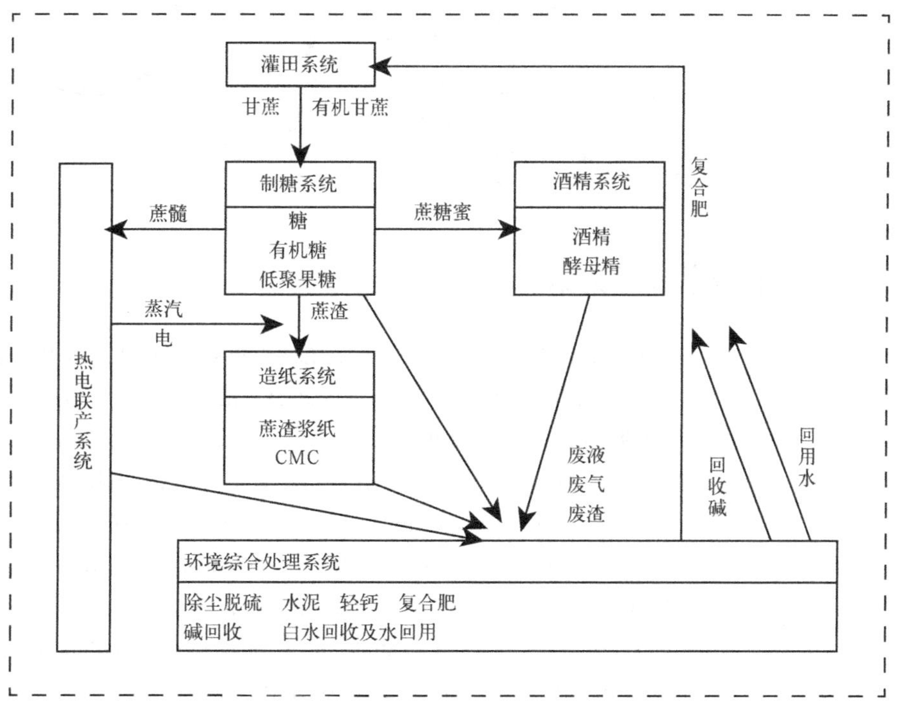

图 19.7 广西贵港国家生态工业（制糖）示范园区产业链

来源：于秀娟．工业与生态．化学工业出版社，2003；转引自：秦丽杰．吉林省生态工业园建设模式研究［D］．东北师范大学，2008.

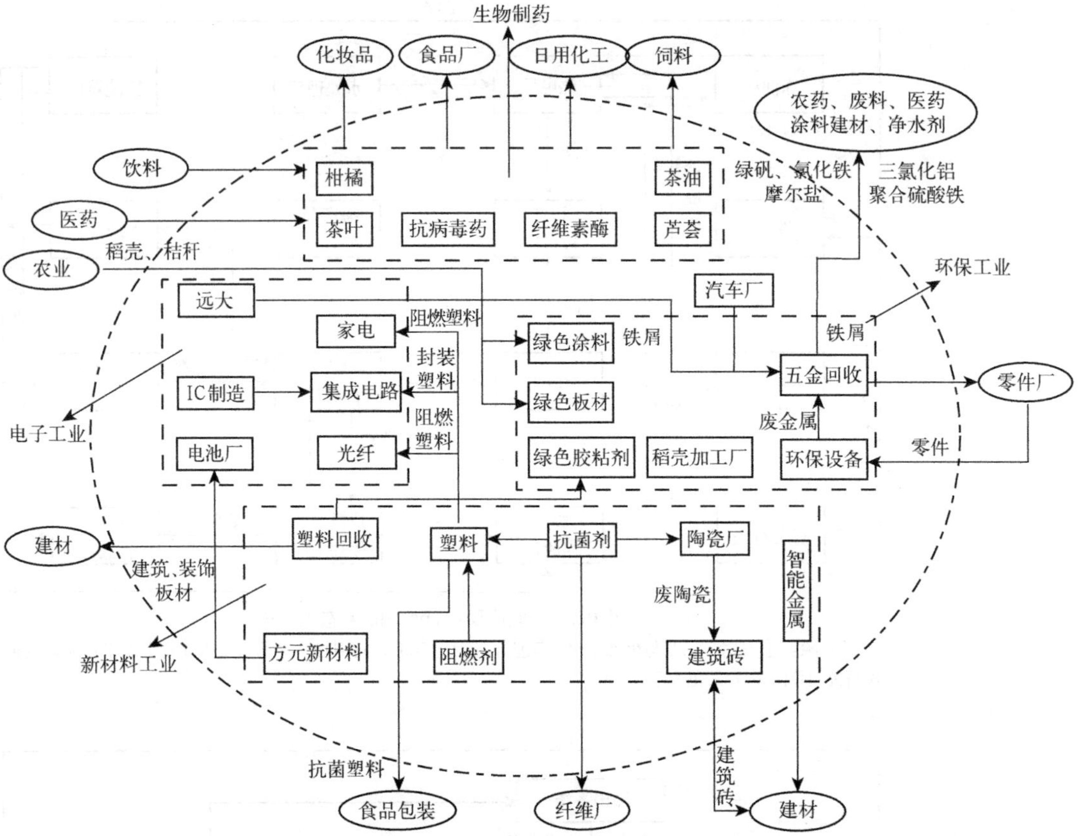

图 19.8 黄兴国家生态工业示范园区工业生态链网

来源：王瑞贤．我国长沙黄兴国家生态园区规划设计的研究 [D]．东北师范大学，2005；转引自：秦丽杰．吉林省生态工业园建设模式研究 [D]．东北师范大学，2008．

第19章参考文献：

[1] Audra J. Potts Carr. Choctaw Eco-Industrial Park: an Ecological Approach to Industrial Land-use Planning and Design [J]. Landscape and Urban Planning, 1998, 42, (2-4): 239-257.

[2] Deppe M, et al. a Planner's Overview of Eco-industrial Development [DB/OL]. Paper Prepared for American Planning Association Annual Conference. 2000-04-16, www.cfe.cornell.edu/wei/papers/APA.htm.

[3] Ewa Liwarska-Bizukojc, Marcin Bizukojc, Andrzej Marcinkowski, Andrzej Doniec. the Conceptual Model of an Eco-industrial Park Based upon Ecological Relationships [J].Journal of Cleaner Production, 2009, 17, (8): 732-741.

[4] 程会强，左铁镛．发展循环经济，建设有中国特色的生态工业园区 [J]. 世界科技研究与发展，2006（1）.

[5] 邓南圣，吴峰．工业生态学——理论与应用 [M]. 北京：化学工业出版社，2002.

[6] 郭翔，钟书华．基于生物种理论的生态工业园区模式 [J]. 科技进步与对策，2006（8）.

[7] 郝新波．工业生态学基本理论及其应用初探 [J]. 太原科技，2000（3）.

[8] 李培哲．生态工业园规划设计与发展对策研究 [J]. 前沿，2009（1）．
[9] 林道辉，朱利中．工业生态学的演化与原理 [J]. 重庆环境科学，2002（4）．
[10] 刘力．可持续发展与城市生态系统物质循环理论研究 [D]. 东北师范大学，2002.
[11] 秦丽杰．吉林省生态工业园建设模式研究 [D]. 东北师范大学，2008.
[12] 王震，刘晶茹，王如松，杨建新．生态产业园理论与规划设计原则探讨 [J]. 生态学杂志，2004（3）．
[13] 王兆华，武春友，王国红．生态工业园中两种工业共生模式比较研究 [J]. 软科学，2002（2）．
[14] 项学敏，杨巧玲，周集体，王刃．生态工业园规划方法研究与展望 [J]. 环境科学与技术，2009（1）．
[15] 徐海．生态工业园模式与规划研究 [D]. 上海大学，2007.
[16] 袁增伟，毕军．产业生态学最新研究进展及趋势展望．生态学报，2006（8）．

本章小结

在城市区域，工业生态化是产业生态化最主要的体现。指导工业生态化的理论基础为工业生态学。工业生态学的内涵包括综合性、系统性、可持续性和生态性等；其基本理论包括：生态结构重组理论、工业生物群落理论、工业代谢理论、工业体系生态系统三级进化理论等。城市工业生态化最重要的空间载体和具体表现之一是生态工业园。生态工业园规划设计内容可从工业园构成系统角度和规划设计对象角度分别及整合考虑。生态工业园规划基本原则包括：与自然和谐、生态效率、区域协调、软硬件并重、生态链、多样性、地方性等。生态工业园规划技术与方法包括：面向对象的规划方法、面向过程的规划方法等。

复习思考题

1. 工业生态学与生态学及城市生态学有何关系？工业生态学的基本理论有哪些主要内容？

2. 生态工业园规划的基本技术和方法有哪些？其操作和实施应如何注意与城市规划方法和技术的衔接？

3. 国内外生态工业园规划的动态和趋势有哪些？

第20章 城市基础设施生态化规划

本章论述了基础设施的生态功能，阐述了基础设施生态化的内涵、标准与理念，探讨了基础设施生态化规划原则，介绍了部分基础设施生态化规划建设的实践。

20.1 基础设施的生态功能

20.1.1 基础设施定义及组成

基础设施（Infrastructure）一词源于拉丁文，原词义为“基础”或建筑物、构筑物的底层结构。伴随着经济社会的发展，经济学家将“基础设施”一词引入经济结构和社会再生产的理论研究中，“基础设施”代表那些可为社会生产、生活提供一般条件的行业。

国内外学界对基础设施及城市基础设施定义有多种解释。英国学者威迪克（Arnold Whittick）主编的《城市规划大百科全书》中，对城市基础设施作如

下界定：城市基础设施是一个广泛用于规划的概念，指与城市社区的生活联系在一起的设施和服务。在一个健康的城市社区中，这样的一些基础设施有助于经济发展和社会进步。基础设施包括交通设施、通信设施、能源动力设施、商业设施、住宅、学校、文化体育休闲设施等。

1985年7月，中国城乡建设环境保护部等单位在北京召开了首次“城市基础设施学术讨论会”，首次明确定义了城市基础设施的概念——城市基础设施是指既为物质生产又为人民生活提供服务的公共设施，是城市赖以生存和发展的基础。主要包括六大系统：①能源系统：包括发电及输变电设施；煤气的生产及供应设施；集中供热的热源和传输设施等；②给排水系统：包括生产和生活用水的生产和供应设施；污水排放和处理以及下水道设施：城市水资源的开发、利用和处理设施；③道路交通系统：包括城市内部交通设施和城市对外交通设施。内部交通设施主要有道路设施、公共交通设施、公用货运汽车、交通管理设施等。城市对外交通设施有航空、铁路、公路和水运等设施；④通信系统：包括邮政设施和电信设施。电信设施主要有市话、长话和国际电话等设施；⑤环境系统：指环境卫生、园林、绿化、环境保护等设施。⑥防灾系统：包括防火、防洪、防风、防震等设施，以及人防工程。如图20.1所示。

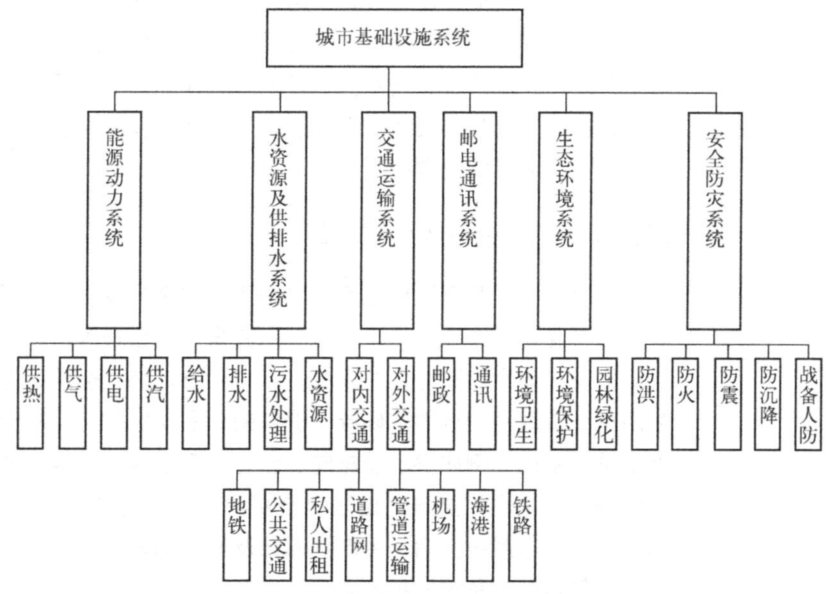

图20.1 城市基础设施系统构成

来源：孙大海．基础设施可持续发展及成本效率研究［D］．同济大学，2007.

注：本书将上图中的环境保护规划与道路交通单独列章，分别为15章和21章。

20.1.2 基础设施与生态环境系统的关系

城市基础设施与生态环境系统的关系可以从如下几个方面加以认识。

首先，城市生态环境及其保护，很大程度上取决于水资源、给排水、能源、交通、邮电通信等基础设施的发展水平。如大气污染很大程度上取决于城市清洁能源所占比重；水体污染状况很大程度上取决于污染管道普及率和污水处理率；而污水排放、垃圾处理等又与环保基础设施有着密切的关系。另一方面，城市基础设施建设合理利用土地，提高土地使用效率，节约使用各种资源，使用替代资源，开辟新资源等，又可极大地缓解资源短缺问题。所以城市基础设施建设水平对城市的资源、环境有着重要影响。城市的环境质量得到改善与提高，必然会吸引外来投资，进而推动城市基础设施向更高水平发展。

其次，部分基础设施在带来经济和社会效益的同时，也给生态环境带来了一定的负面影响，如交通、水利、电力等产业部门在建设、生产、运营过程中，对生态环境也会产生一定的负面效应。而生态环境的恶化又进一步阻碍了基础设施的发展，从而成为经济社会发展的桎梏。因此，基础设施与生态环境的互动是一个关键环节。基础设施作为其他产业部门和生活部门的基础和源头，应该发挥一个更好的示范作用，做到"源头"的污染控制。

第三，基础设施与环境两者的关系和相互影响可能是积极的，也可能是消极的，一般取决于基础设施发展的状况和它选择的发展模式。比如由于电信基础设施供给不足，人们不得已增加交通基础设施的使用，这样就会增加噪声以及空气污染。大量的基础设施建设将占用大量良田，这对农村的环境影响很大。比如建立一个火力发电厂，将对周边环境造成重大影响。火力发电厂生产的烟尘、装卸煤时扬起的煤尘等将对周边的人民群众的生产、生活造成重大影响。如果这个火力发电厂建在市区，周边受影响的群众将更加多。为了减少对周围人民生活的影响和环境污染，宁波现建的大部分火力发电厂都建在沿海，同时对电厂采用先进的脱硫技术、全封闭储煤罐等减少对周边地区的影响。又如建造一条公路，对其周围地区经济拉动是非常明显的，但同时也会对马路周边产生一定的环境影响（应剑彪，2007）。

20.1.3 基础设施的生态功能

20.1.3.1 基础设施是复合生态系统的生产者

自然生态系统中的"生产者"主要是绿色植物等自养生物，它们是其他生物类群及人类食物和能量的来源。复合生态系统生态学认为基础设施处于复合生态系统资源利用链的基础层，提供的产品和服务，是复合生态系统生存和发展的重要基础。例如供水设施向复合生态系统提供必需的生活和生产用水，能源设施提供电力和燃气，这些都是复合生态系统的"粮食"。可以说，基础设施是复合生态系统生活、生产资源以及能量的来源。从这个意义上而言，基础设施是复合生态系统的生产者。

20.1.3.2 基础设施是复合生态系统的"分解者"

分解者也称还原者，它将复杂的有机物分解还原成简单的无机物并释放归还到环境中去，保证了生态系统的物质再循环。在复合生态系统中，复合生态系统产生的待分解有机物，远远超出自然分解者所能提供的服务；复合生态系统的还原功能主要是靠基础设施来完成，靠其控制、治理废弃物污染，清除、分解生产生活废弃物，改变污染物的有害性质，从而达到保障复合生态系统生态平衡的目的。在复合生态系统中，基础设施是还原分解的主导因素。

20.1.3.3 基础设施是自然生态系统保持健康的"控制器"

自然生态系统是复合生态系统的生存基础，复合生态系统生存和发展所必

需的所有资源和能源，归根结底来源于自然生态系统。基础设施具有的双重作用都直接对自然生态系统产生影响：其一，基础设施将自然系统内的资源和能源进行处理和转化，为复合生态系统所用；其二，基础设施又对复合生态系统排出的废弃物进行处理，以减少对自然系统的污染和破坏。因此，基础设施是人类直接对自然系统进行开发使用和管理的重要工具，是自然生态系统保持健康发展的人为"控制器"。

20.2　基础设施生态化的内涵、标准与理念

20.2.1　基础设施生态化的内涵

基础设施生态化指：为生活、生产提供服务的各种基础设施向生态型不断发展和完善的过程，包括工程性基础设施及社会性基础设施。而生态型则表现为：以可持续发展为目标，以生态学为基础，以人与自然的和谐为核心，以现代技术和生态技术为手段，最高效、最少量地使用资源和能源，最大可能地减少对环境的冲击，以营造和谐、健康、舒适的人居环境。

"基础设施生态化"是生态学原理与基础设施系统结合后所产生的概念，它强调从生态学的角度认识基础设施的作用以及其对人居环境的影响，强调基础设施的规划、建设与管理要符合生态学原理。它既注重新建的基础设施要符合生态学的原理，又强调原有基础设施向生态化方向的转型。基础设施生态化是人类处理基础设施系统与自然环境的关系、并试图协调两者关系的重要举措，也是城市要素生态化研究与规划的重要内容。基础设施生态化的研究是城市生态学研究的重要领域之一。基础设施生态化的提出是与近年来国内外的应用城市生态学、城市建设和生态工程相结合的趋势相一致的。

20.2.2　基础设施生态化的标准

标准是衡量事物的尺度，是衡量和比较甲事物与乙事物及其他事物异同的标识。基础设施生态化标准是以基础设施理想的生态化发展状态为准绳，衡量现状基础设施发展的生态化程度的概念。基础设施生态化标准涉及两个重要的概念：其一是生态需求的概念，指基础设施生态化应当特别考虑满足人居环境发展的需求。其二是生态效率的概念，基础设施必须从减少系统资源和能源输入，减少废弃物产生以及提高基础设施的环境－经济效益的方面入手，达到符合系统和谐、生态化的要求（郭磊，2005）。

20.2.2.1　生态需求标准

首先，基础设施所具有的功能和作用应能够满足复合生态系统发展的需求。如果基础设施不能满足复合生态系统发展的需求，那么，其存在的必要性就令人怀疑。其次，基础设施系统本身必须能够作为一个复合生态系统的组成部分持续地存在下去，这就决定了其本身必须具有各种必要的特性，使得基础设施的存在有着充分的理由。基础设施的构成的完整性、运转的协调性和具备一定的生命力都是重要的方面。

（1）完整多样

基础设施系统是一个相互影响的整体，其各部分通过资源的输入输出和能量、信息的流动，彼此相生相克，协调耦合成为一个整体，才能发挥基础设施系统的功能，任一部分的缺失都会影响系统的功能。如缺少污水处理设施，会污染水资源，造成供水危机，从而危及整个基础设施系统。因此，对人居环境而言，能源动力系统、交通系统、邮电通讯系统、给排水系统、环保环卫系统、防灾系统等缺一不可。

生态学认为多样性导致稳定性，生态系统的组成成分越多样，能量流动和物质循环的途径越复杂，其自我调节能力就越强。只有当上一层次物质有较多的选择时，才不会因为某一物质的偶然短缺造成下一层次的正常运营。从基础设施供给的角度来说，主要是要求多源供给和分区供给。多源供给是指资源和能源的供给源多样化；分区供给是指按一定规模将供给分成多个点，分别供应系统中的某个分区。前者有利于基础设施供应的安全性，后者有利于基础设施供应的效率。完整多样是基础设施生态化的构成表征。

（2）协调平衡

相互依存与相互制约是生态学的一般规律，它反映了生物间的协调关系。这种关系存在于各层次生物与生物之间，包含了同种、异种乃至不同群落或系统。基础设施系统在结构和功能上具有时间和空间上的异质性，从而引发基础设施系统的进化与动态平衡，进而使各组成部分通过物流、能量流、信息流之间的有序流动，保持系统的稳定、健康和发展。所以，基础设施系统的协调，一方面要求基础设施系统内部六大子系统的协调，另一方面要求基础设施系统与宏观（整体）的生态系统协调，并且基础设施系统的建设发展不应影响破坏其他物种的生存环境。

同样，系统平衡包括基础设施系统的内部平衡及生态系统平衡两个方面。系统内部，如能源供应应与其他设施的消耗相平衡，排水及污水处理能力应与给水相平衡；整个生态系统中，应做到能源供应与生产生活需求相平衡，给水排水与城市规模相平衡，交通运输系统与物流、人流相平衡，邮电通讯与信息流相平衡，环境卫生设施与污染量等相平衡，防灾能力与灾害程度相平衡等等。基础设施系统与其他子系统的平衡关系是复杂的，并且是动态的，有时暂时的不平衡也是成长发展的必经过程，所以需要对各种不平衡的状态进行调控，以达到较理想的状态。协调平衡是基础设施生态化的状态表征。

（3）生态成长

生态系统在进化过程中，由简单状态变为比较复杂的状态的过程具有生物自然生长的特征。基础设施作为为人类服务的人工设施，必然要满足社会、经济和环境发展的需求，这要求基础设施不断发展完善，以满足多方面的需求。基础设施的数量和质量应当是能不断成长的。

基础设施的生态成长，最重要的以生态技术提高基础设施系统的生态化水平。能源供应系统应增加太阳能、生物能、风能等清洁能源比例，并提高热能的燃烧技术；给水排水系统应发展节水技术，加强循环利用，分区分质供水，污水处理技术生态化；交通运输系统除倡导公共交通外，道路设计建设技术也

应注重对生态的影响；邮电通讯系统应提高信息流动速度，发展网络技术；环境卫生系统应对废弃物进行无害化处理，发展再循环技术；防灾安全系统应做到防洪驳岸生态化等。生态成长是基础设施生态化的技术表征。

20.2.2.2　生态效率标准

生态效率是指基础设施生态化需要提高资源和能源利用的效率，促进基础设施系统中的物质循环，尽量较少对资源和不可再生能源的利用，尽量减少废弃物，减少对环境的负面影响。如果说，基础设施的生态需求标准强调了其构成方面的生态化特性，那么，基础设施的生态效率标准就强调了其运行的生态化特性，通过其运行的生态化特性，可以保证基础设施的可持续性。基础设施生态化的生态效率标准可以从基础设施对资源与能源的利用效率、其运行特征以及其与地域自然环境的结合等方面考察。

（1）高效利用

高效利用重点针对能量流动及资源消耗而言。首先，基础设施生态化的一个重要方面即是对能量和资源的高效利用。其次，资源是有限的，为了达到永续使用，无论是生物资源或是环境资源，都必须减少使用。基础设施各子系统都应在建设阶段以及运营过程中尽可能地提高资源、能源利用率。如提高能源供应系统的生产效率，减少传输中的能源损耗；给水排水系统使用中水循环技术，提高每吨水的利用率；交通运输系统合理规划道路网络，发挥每条道路的服务水平等。高效利用是基础设施生态化的效益表征。

（2）循环再生

生态学认为自然生态系统是一个功能单位，它的显著特征是系统中以食物网为基础进行的物质循环和能量流动。基础设施系统循环再生即是运用这一概念，形成基础设施系统网络，并与外部系统网络衔接，特别是与生产系统的衔接，增加循环的可能。循环利用的根本是废弃物的再利用，良好的循环应能完成“资源－产品－资源”的过程，形成封闭的物质循环回路，如再生纸生产。因此，基于循环再生的概念，在环保系统中反对简单的垃圾收集填埋；在给排水系统中则提倡雨污分流、中水利用。三级生态系统是循环利用的理想状态，循环利用的水平越高，基础设施生态化的程度也就越高。循环再生是基础设施生态化的运行表征。

（3）因地制宜

各地区的生态系统构成有着不同的特征，因而各地区的基础设施生态化也应因地制宜，根据地方的经济社会结构、气候资源等条件，与地方的产业结构、土地利用等相协调，选择最适宜的技术类型和途径实施基础设施生态化的过程。这是提高基础设施生态效率的重要环节。因地制宜是基础设施生态化的地域表征。

20.2.3　基础设施生态化理念

（1）共生性：要使某一地域的基础设施与该地域人居环境的其他成分共生共荣；同时既要以人为本，又要考虑生物的利益和生存。并且在基础设施建设方面形成多赢的局面，合作建设基础设施。

（2）网络性：要使基础设施形成网络，而不是单个、不成系统；使某地域的内部基础设施网络与外部网络相连接、相结合。

（3）可成长性：要使基础设施具有成长性，可随着人居环境的发展而自然延伸和衍生。

（4）地方性：要使基础设施具有地方性特征，其设施类型、组合及运转符合地方生态环境的特征。

（5）宽余性：要使基础设施的服务能力有余裕，具有使用上的弹性，以适应不可预见的情况。

（6）多样性（完整性）：要使基础设施在一个地区范围及可影响的区域内有着各种各样的齐全的基础设施类型，发挥基础设施的全部功能，为当地的人居环境作出贡献。

（7）关键性：要根据地域自然环境条件以及其他条件确认该地域基础设施的关键因子或关键因素，并针对性地采取措施。

（8）生物性：要重视基础设施及构成元素的生态服务功能，以自我组织的、智能化的、活的基础设施功能特征体现其生物特性，同时注意用生物方法处理各种污染及提供相关基础设施的服务功能。

（9）安全性：要对基础设施规划布局采取确保安全的措施与预案。同时，安全性既包含生态方面的安全，也包括其他方面的安全。

（10）平衡性：为了使基础设施更好地发挥作用，某地域各项基础设施之间要有一定的比例关系。各项基础设施之间要构成一个互相协调的系统。

（11）经济性：基础设施的规划、建设与运营应符合经济学的法则，取得较高的经济效益。

（12）现代性：基础设施的技术选择和管理模式等应该具有现代化的特征，要吸收和应用世界上最先进的技术和工艺，体现生态化与现代化的结合。

20.3 基础设施生态化理论若干动态

20.3.1 绿色基础设施

2001年5月，由Sebastian Moffatt撰写的《加拿大城市绿色基础设施导则》（A Guide to Green Infrastructure for Canadian Municipalities）发表。这份文件是为工程师和城市规划师编制的，目的是对他们进行长期的可持续的基础设施规划（Plans for Sustainable Infrastructure）有所帮助。该导则全面提供了一些有关绿色基础设施的关键性概念的介绍，范围涵盖了最有价值的实践和政策等。该导则花了较大篇幅阐述了绿色基础设施所具有的特征。该导则认为，这些特征的集合，本质性地反映了可持续发展的基础设施系统特征的各个侧面，共有10项（Sebastian Moffatt，2001）。

（1）分布式的（distributed）

集中式的不同基础设施的生产企业和设施将被各种小规模的、在服务区域分散布置的分布式基础设施系统所代替。在那些可更新资源所在的区域，分布

式模式（distribution patterns）更加具有优势。分布式的基础设施同时适合布置地方性的投资项目，如医院、学校、公园和道路。

例如，一个分布式的能源系统可以从许多途径收集热能：垃圾或污水处理设施的沼气，与地下管线或水体相连接的蒸汽泵，屋顶上的太阳能热水器，以及各种工厂生产过程中产生的热能——所有这些都可以通过地区性的供热系统相互联系在一起。此外，利用湖畔或山顶的风车，河里、水管和海水中的涡轮发电机，电力可以在供电网格上的很多点被生产出来。发展中的社区也需要沿着主要的运输走廊的每一个新兴的建筑簇群之间布置分布式电力生产装置，以便在使用来源于发电机余热提供给新建筑群和家庭用的热水同时，提供产生于当地的电源供应当地的住户用于照明、家用电器用电和公共汽车用电。

（2）集群式的（clustered）

分布式的基础设施网络是由许多节点组成的，从城市间到城市内部以至到建筑内部这些范围内都具有层级结构。这些节点能对基础设施系统的各部分进行位置、负载基准以及规模尺度的调整和优化。这些节点也是便于对基础设施进行综合处理的适当的位置。节点间的间距按照服务技术的规模、可再生资源的基础条件、食物需求、水处理和供应需求等因素加以确定。

（3）相互连接的（interconnected）

在建筑簇群中心和需要提供基础设施服务的地区之间，绿色基础设施提供了一种具有多样服务功能的连通性。从理论上而言，这种具有多种服务功能的连通性能够包括所有的流——资源流、人流和信息流。一种方式可能是多用途的走廊，另外一种方式可能是具有标准连接的保温管道。人们通常使这种连接线路成环，或者是考虑平衡和补偿价值，重新使用和循环使用资源。最终，一连串的微小的和巨大的回路将导致城市和它的腹地的循环性的新陈代谢。就像一个有生命的系统一样，最基本的营养物在可更新的能源流的推动下在系统内循环运转。

（4）一体化的（integrated）

绿色基础设施的一体化指将现存的城市环境的元素——道路、建筑、绿带等——作为基础设施系统的组成部分对使用者提供服务。一个一体化的基础设施系统不是与其周边的建成环境或自然环境截然分开，而是在所有的尺度上使两者相互融合地发挥功能。一体化起始于单个建筑这样小的尺度，然后根据需要向建筑之外延伸。在建筑物的层面上，一体化的基础设施系统可体现在墙、屋顶、入口和其他建筑物的组成成分上，它们应能够获取能量、水和风并使之容易传输，处理和隔绝污染。这些收集和隔离系统使建筑能够生产清洁的水及再生水、光伏电等。在邻里的层面上，这一系统则与土地使用和其他的资源流整合在一起。在恰当的规划下，这一一体化的系统将创造一种真正符合“城市生态学”（urban ecology）原理的系统。

（5）以服务为导向的（service orientation）

以服务为导向的基础设施表明绿色基础设施的目标不仅仅是联结建筑和分配资源，而是提供服务。对住宅而言，绿色基础设施与其说是供应天然气，不如说其要点是供应在烹饪方面的舒适服务。在某些情况下，这样一种舒适的

服务可以由供应天然气得到实现；而在另外一些情况下，这样一种舒适服务也可以通过太阳能加热器得到实现。绿色基础设施不是简单地加大基础设施系统的规模以适应最极端的需求，而是寻求供应方与需求方的最优化，提供最好的服务。有时，对需求方的投资管理能够减小管网规模，产生最有效的资源交易。有时，对需求方的管理也能避免产生诸如远距离基础设施所带来的费用方面的浪费。使基础设施更具有可持续的特征意味着在提升基础设施服务价值的同时，减少其所消耗的能源和资源。这一概念有时也被称作"生态效率"。

(6) 反应灵敏的 (responsive)

地方性的、小规模的基础设施优点之一即是它们对地区性的机会和制约条件具有的较好的反应。从输入角度，一个地方性的基础设施系统可以被设计成适应特殊的来自工厂的"废弃的资源"，如锯木机产生的废弃物和热水、或来自当地的潮汐能、温度较低的湖水、小型的水力资源和湿地等。从输出的角度看，一个地方性的基础设施系统可以被设计成保持和增强地方的大气、水体、土壤的环境容量，提高地方生态系统的完整性。

绿色基础设施还能够与建成环境和自然环境的历史模式 (historical patterns) 很好地相配合。一些绿色基础设施项目可以被设计成与当地环境相协调的形状，创造出宜人的绿色空间和都市风景。

(7) 可再生的，低负面影响的 (renewable, low-impact)

与绿色建筑相似，绿色基础设施着力于对当地现存的资源进行最佳的利用，模仿当地自然生态系统进行设计。最佳的可再生、低负面影响的技术例子之一是一种处理废水的生态工程系统——利用微生物和植被进行废水和污水的处理。其他例子包括从太阳、小型水利、风和地热资源得到有用能源的系统。

从理论上而言，这些地方性的自然资源可以为居住提供足够的基础设施服务能力，而不需要任何附加的基础设施。然而，从经济学角度看，最好的基础设施供应应是混合型的，即地方性的可再生资源与从外部输入的资源的混合系统。

(8) 与使用要求相适应的 (appropriate or well-matched)

从社会背景看，绿色基础设施建设所使用的技术和材料应与使用者的要求相吻合，而且应能对整个经济体系生态化作出贡献。最重要的是，绿色基础设施建设所用的技术和材料要使高质量的资源与大多数的最终使用需求相适应。例如，清洁的水应该用作饮用水和食品工业用水；水质较差的水应用于洗涤和冲洗；水质低劣的水用于灌溉和作为水体用水。高质量的能源如电能用作照明、计算机、发动机和运输；天然气用作发电和工业生产；废热用作生产热水，并最终给室内空间供热。

另一方面，基础设施建设的"适当的"设计还体现在材料的选择上。同样的原则也适用于此：使用满足使用者最终需要的质量的材料，保证材料的设计与安装今后便于重新利用和再循环。最终，基础设施的适当性设计还应体现在与当地的管理水平和操作者的维护能力相适应。

(9) 多用途的 (multi-purpose)

绿色基础设施系统的任何一个构成部分应能被设计成具有多种用途，这

样，就能使其对社会提供多方面的附加服务。在一个邻里级别的基础设施案例中，一个很好的例子可能是用废水作为水源的水池。通过适当的设计，这一水池能够成为当地的多用途池塘系统的组成部分之一。它具有审美和美化的功能、可以养殖水产、回灌地下水、作为灌溉水的储藏池、雨水的渗滤池、水生物的栖息地和消防用水。甚至连一个蓄水塔也可以设计成具有多种用途：观景塔、聚会场所、依靠太阳能和风能运行的设施、一个宣传邻里价值观的广告媒介、一个对城市地区的景观和多样性作出贡献的工具等。

（10）能改变的（adaptable）

基础设施的可变性与其建成后适应大量的变化的能力有关。在基础设施的整个服务周期内，由于使用者的需求和期望的原因，变化是不可避免的，既有社会方面的，也有经济和物质环境方面的。如果其他因素相同的话，基础设施以较低的代价适应变化的能力决定了其使用效率更高，服务期更长。

基础设施的可变性概念可以分解成几个简单的对大多数设计者来说是熟悉的策略：弹性的、可变换的、可扩展的。在实践中，这些策略能够通过设计、材料和技术的改变得到实现。例如，一个地区的热力系统可以由使用单一的能源类型转换成使用其他能源类型，这样，社区可以很容易地应对能源供应、价格以及环境冲击和任何其他情况。规模较小的、分布式布置的基础设施项目，可能天然地具有较好的适应性，因为其受环境的变化和社会的变革所带来的冲击较小。规模较小的、分布式布置的基础设施项目也比一次性投资的大型基础设施更加具有适应性，因为前者的渐进式的发展方式更能够适应多种技术革新以及政策的变化。

20.3.2 基础设施生态学

在基础设施生态学方面，Hein van Bohemen（2002）在《Infrastructure, Ecology and Art》一文中提出了“基础设施生态学（Infrastructural Ecology）”，将生态学原理与高速路、铁路等基础设施建设相结合。文章提出了基础设施生态发展的原则：采用清洁能源；生态系统的多样性；减少废弃物排放；物质循环利用；生态控制。

在Allenby、Graedel等人的著作中，相继提出了Infrastructure Ecology的概念，认为是产业生态学研究的重要内容之一。Kim D.Coder在《Defining Soil Compaction：Sites & Trees》一文中，认为基础设施需求的增长会带来环境品质的恶化和资源的过量使用，因此基础设施生态学的主要研究内容是人的活动对环境的影响、资源的保护、生态过程的人工调控等问题。Dijkema等（2001）在《Infrastructure Ecology》一文中，认为Infrastructure Ecology是融合了生态学、工程学、系统学等内容，结合产业生态学的原则和方法，对基础设施系统进行控制和管理的学科。文章指出，传统的基础设施垂直分类方法不能反映各个子系统之间的水平关系，每个部门的产品、服务应当按产业生态学的方法进行重组和重新设计。文章还认为，Infrastructure Ecology提供了一种新的基础设施发展模式，为复杂的生态系统的生态调控提供了借鉴，并且可以有效地改善环境。

20.3.3　基础设施可持续发展

20.3.3.1　概念理解

Halla R.Sahely 等（2005）认为：以较少消耗资源获得较大的社会经济效益，是衡量城市基础设施效益可持续性的主要标准。

多伦多大学应用科学与技术系认为，基础设施可持续发展应当包括基础设施的技术更新、基础设施的经济评价、有关能源和资源利用的土地使用和交通政策的落实、防止环境退化的基础设施的保护和建设、能源结构的优化、再生资源和废弃物的利用、基于物质和能源流动的基础设施设计、土地和水资源保护等方面。并以减少对自然资源的利用，减少对环境的影响、保持多样性为主要原则（Department of civil engineering，Civil Engineering Research，http：//www.civil.engineering.utoronto.ca）。

Nancy Schepers（2004）认为基础设施的可持续是实现城市可持续发展的重要保障，提出了基础设施可持续发展的五项原则：系统的原则、高效的原则、公正的原则、公众参与的原则和实践的原则。同时，提出了如下的指导方针：人的健康优先；基础设施外部效应内部化；3R 原则的落实；在实践中积累经验；用社会、经济、环境的尺度衡量生命循环；减轻对环境的干扰；实现动态平衡；监控潜在的危险等。

2004 年 5 月在西雅图召开的温哥华、波特兰、西雅图三市关于可持续基础设施会议确定了可持续基础设施（sustainable infrastructure）包含水和电力的供给、道路、排水、照明、固体废弃物的管理等内容。并提出了可持续基础设施的主题：能源和水资源有效管理、物质资源和废物的管理、环境保护和恢复、自然生态系统的保护、物质循环的设计、人工设计与自然过程相结合（Office of Sustainability & Environment，Sustainable Infrastructure，http：//www.cityofseattle.net/environment）。

20.3.3.2　特征探讨

一般而言，可持续的基础设施具有可建造性、可维护性和适应性的特点（毛晔，2005）。

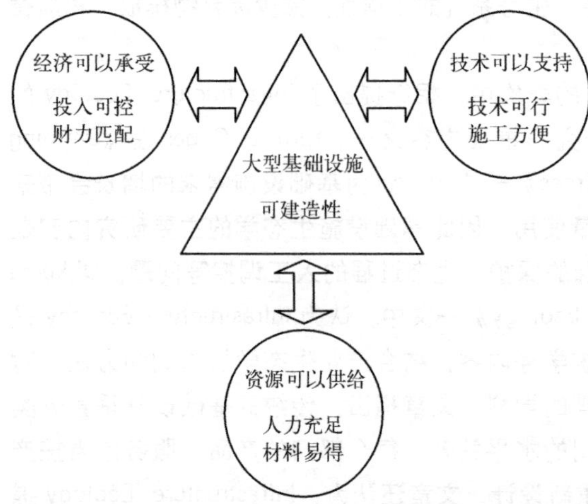

图 20.2　大型基础设施可建造性

来源：毛晔．大型基础设施的可持续性研究［D］．东南大学，2005．

（1）可建造性

基础设施的可建造性的含义是项目构思在当前条件下，通过适当的努力，可以转变为现实。在这个定义中，可建造性包括三方面的内容：经济条件允许、技术手段可行、资源条件充分（图 20.2）。

需要指出的是，经济、技术和资源这三方面的内容是相辅相成、相互联系、密不可分的整体，它们共同组成了基础设施可建造性这个有机的整体。

（2）可维护性

基础设施可维护性是指在规定的条件下和规定的时间，按规定的程序和方法进

行维护时，保持或恢复其规定状态的能力。基础设施因其巨大的规模、复杂的系统结构，故障和磨损是不可避免的，因而在对关键部位和结构进行适当的可靠性储备的同时，具备方便、快捷而且经济的可维护性是可持续基础设施的特征之一。这就需要在项目前期进行可维护性设计。表 20.1 列出了基础设施可维护性的构成要素。

基础设施可维护性特征的构成要素　　表 20.1

构成要素	内容
简化设计	尽可能简化基础设施的功能，采用简单的结构
简便性	维护工作要简便，尽可能降低对设施正常运行的干扰
标准化	设施建设应尽量标准化
维护快速性	维护手段、方法合理可行、快速
维护安全性	保证维护作业人员和维护时使用者的安全

来源：毛晔．大型基础设施的可持续性研究［D］．东南大学，2005．

（3）适应性

基础设施的适应性是指动态应变的属性。具体而言，指结构可改造、功能可更新、技术可升级、容量可扩展等。可持续基础设施在长期使用过程中具有使用功能的弹性，即功能在其使用寿命中具有可变性和对未来具有适应性。归结到一点，就是运用系统、全面和发展的观点来审视和对待基础设施所处的环境、资源、环境影响和人类的协调发展，使基础设施在其使用寿命中能与人类的要求和环境变迁完美地结合起来。

基础设施可适应性特征分解见表 20.2。

基础设施可适应性特征分解　　表 20.2

特征	分解	说明
基础设施可适应性	服务功能稳定	能长期适合要求
	结构可改造	便捷、成本低、影响小
	功能可更新	可满足未来需要
	技术可升级	适应科技进步的要求
	组件易更换	方便、迅速、经济
	容量可扩展	对运行影响小、费用经济
	与区域经济一体化	适应经济发展和增长方式转变
	防灾减灾的能力	有防御能力，灾害的易损性和损失小，应急反应快、方便灾后恢复重建

来源：毛晔．大型基础设施的可持续性研究［D］．东南大学，2005．

在基础设施的投资决策、规划设计阶段应将其作为一个持续不断的动态生长过程来看待，有预见性地研究项目与社会发展的互动关系，做到近期规划与长远规划相结合，为扩建和改造留有余地，提倡“弹性设计”、“预留设计”和“潜伏设计”等，优先采用具有灵活性和可变性的结构和设备系统，发展模块化、标准化、易于维护、更新的设备和部件等。

20.4 基础设施生态化规划原则

20.4.1 在城市层面考虑基础设施问题

城市由各类要素构成，为使其平稳运行，应在城市层面满足城市各项要素的需求。以建筑为例，城市中的建筑是城市生产和生活活动的重要物质要素，也是需要各类基础设施对之支撑的对象。城市建筑会产生许多废弃物，在建筑单体层面往往不能回收再利用全部的"废弃物"，此时，就需要致力于在城市范围内能够再利用各种建筑产生的废弃物。这需要研究城市整体意义的基础设施的恰当配置以及灵活运用资源和能源的城市基础设施的网络配套。

20.4.2 在区域层面考虑基础设施问题

城市基础设施不仅要在该地区的开发建设中完成，而且还要在综合考虑判断周边城市的结构（地区特性和公共设施的分布状况等）后，再进行规划。如考虑城市的水系统时，重要的是也要开发地区内的地区水循环系统，在了解附近已有公共的水处理中心，或者是否已配备重水系统的地区情况下，通过研究与这些配套设施连接配套施用的可能性，以实现更高效率的系统设施规划。而关于能源供应系统，未来寻求节能的高效系统，要求利用排热或者可再生能源，因此从周边是否有可利用的排热或可再生能源的角度研究是非常重要的。

20.4.3 注重基础设施全过程研究

首先，应关注城市各类开发项目的最终期限。开发项目从规划设计、施工直至完成，往往需要数年或数十年的时间。在这段漫长的时间里，支撑开发项目的经济状况和周边城市基础设施的配套状况也会发生很多的变化。所以，从制定规划开始到项目结束，事先要对这些变化进行预测。对于规划条件的变更，重点应充分研究能够对这些变化机动地适应、灵活的条件设定和风险规避的策略。

其次，要应用"寿命周期（life cycle）"理论对基础设施项目进行评估，对于寿命周期的成本、寿命周期的 CO_2 排出量、寿命周期的事先评价等，应包含从建设项目的开始阶段，到修缮、更新、改建的运行阶段，最后到废弃阶段的全过程。

20.4.4 尽量减小城市基础设施的环境负荷

基础设施既要致力于削减其对环境的负荷，也要为削减城市环境负荷发挥积极作用，要考虑基础设施对城市自然环境的作用。在城市中建设高效率的基础设施本身并不是根本目的，将基础设施作为实现城市环境负荷最小化的手段才是更有价值的。

20.5 若干领域基础设施生态化规划建设实践

基础设施生态化从本质上而言，是应用生态学原理，以人类与自然的和谐与平衡为目标，对包括城市基础设施在内的各类基础设施进行规划。基础设施生态化的内容非常广泛，下文将从若干领域介绍基础设施生态化规划建设的相关议题。

20.5.1 污水中热量的利用

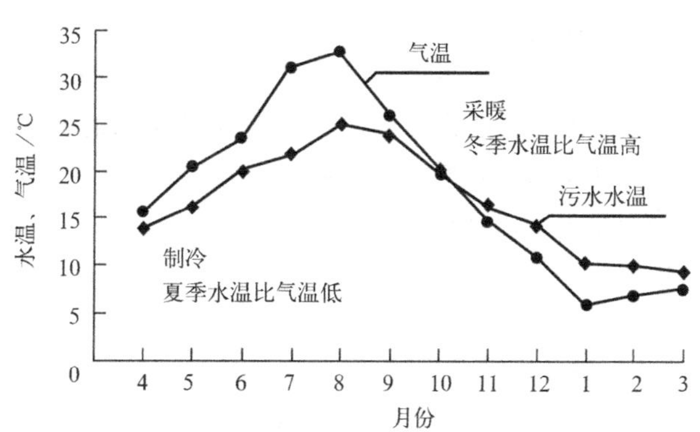

图 20.3 东京一年中的气温和污水水温变化

来源：娄和洲．日本东京城市排水资源的有效利用．给水排水，2003（12）．

污水温度在一年中变化小，具有冬天比大气温度高、夏天比大气温度低的特点。东京一年中的气温和污水水温变化见图 20.3。东京下水道局利用这个温度差，开发了电气压缩式冷热水机（冷水 7℃，热水 47℃）——利用污水中的热量的系统，广泛用于厂内空调及地区空调。这样不仅可减少大气中的污染物质，对保护地球环境和节约有效能源也具有重要意义。

20.5.2 城市地区大深度地下空间的利用

大深度地下受地震影响小，紧急事态发生时，也能有效地确保生命线的安全。日本测算结果显示，大深度地下空间的利用，可得到 30%～50%的节省资源和节能的效益；5～10 年的短期内就能收回投资。此外，大深度地下空间的利用还可以避免地下浅层出现错综复杂的管线，确保基础设施所需要的空间，同时减少购买用地的费用，促进城市基础设施配套的完善。2000 年 5 月，日本政府颁布了《关于使用地下大深度公共空间的特别措施法》，规定对地下室或者建筑物的基础部分不被使用的深度，可以作为公共的大深度地下空间来利用。被日本学术界认为是促进城市基础设施再构筑的绝好机会。

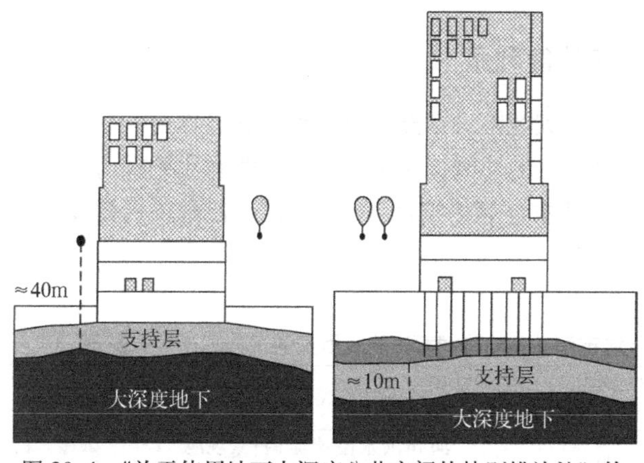

图 20.4 《关于使用地下大深度公共空间的特别措施法》的大深度地下的定义

来源：（日）都市环境学教材编辑委员会编．林荫超等译．城市环境学．北京：机械工业出版社，2005．

《关于使用地下大深度公共空间的特别措施法》对大深度地下作了如下定义：①通常建筑物地下室的建设所不被利用的深度（地下 40m 以下）；②通常建筑物的基础设施建设所不被利用的深度（从被埋层支撑层上面 10m 以下）、①和②的最深处的地下深度（图 20.4）。这种大深度底下空间只限于生活必需的电力、水、燃气等公共性高的事业。

20.5.3　基础设施上部土地及空间的有效利用

东京土地费用很高，为此，在污水处理厂、泵站上部努力进行多功能利用，以满足周边环境需要，充分利用土地资源。很多污水处理厂及泵站上部设有体育活动设施及休闲设施，如棒球场、网球场、公园、水游乐场、草坪、儿童幼儿广场、花坛、铺装广场、足球场／垒球兼运动场、练习场、体育馆、训练中心等（(日）都市环境学教材编辑委员会，2005)。

德国汉诺威市 Kronsberg 生态住区是为 2000 年汉诺威世界博览会而开发的居民小区，总面积 150hm^2。该小区是采用全新概念建设的绿色环保小区。2001 年汉诺威市康斯柏格生态住区以生态化的设计从来自 83 个国家的 1260 个竞争项目中脱颖而出，获得了能源节约奥斯卡大奖第二名。该住区的地下太阳能蓄电站顶上建设了富有野趣的儿童活动场（图 20.5）。

图 20.5　建在地下太阳能蓄电站顶上的儿童活动场

来源：http：//www.landscapecn.com/paper/detail.asp？ id=2196.

20.5.4　雨洪调蓄设施的多功能利用

雨洪调蓄设施对减轻城市洪灾风险、补充地下水具有重要作用。日本城市的雨洪调蓄设施在完成其本身功能的同时，还进行了多功能利用的探讨，将雨洪调蓄设施与景观池、花坛、喷水池等相结合（表 20.3），使雨洪调蓄设施具备综合生态效益。

日本城市雨洪多功能调蓄设施应用实例　　表 20.3

地点	储存量 (m^3)	调蓄池面积 (m^2)	水深 (m)	构造形式	多功能利用
琦玉县	700000	316000	2.9	河川洪水溢流堤调节池	景观池、校园、公园、底层架空式批发商业中心
琦玉县川越市	45590	25900	4.4	挖掘式	公园、运动场所
庆应私立大学校园	50130	—	—	挖掘式调节池、地下储存池	景观池、停车场、空地

续表

地点	储存量 (m^3)	调蓄池面积 (m^2)	水深 (m)	构造形式	多功能利用
千叶县佐仓市	30745	9060	5.0	挖掘式调节池	公园、景观池、花坛、喷水池等
神奈川县横滨市	6045	10210	0.6	挖掘式调节池	高尔夫球场、练习场、停车场
东京新宿区	30000	10000	3.5	河川洪水溢流堤／挖掘式	住宅、公园
千叶县船桥市	170000	66000	4.4	河川洪水溢流堤调节池	景观池、草坪广场、游戏广场
青森县青森市	590000	263200	4.0	河川洪水溢流堤调节池	小学、中学、驾驶训练中心

来源：程江．上海中心城区土地利用／土地覆被变化的环境水文效应研究［D］．华东师范大学，2007.

20.5.5 排水循环再利用系统

日本将排水循环再利用系统分成个别循环方式、地区循环方式和广域循环方式三种。从 1999 年末到 2002 年，日本大约有 1830 个设施（个别循环方式约占 57%、地区循环方式约占 7%、广域循环方式约占 42%）在使用再生水，其水的使用量大约为 42.5 万 m^3/d。

20.5.5.1 个别循环系统和地区循环系统

个别循环系统是在建筑物内设置污水处理设备，处理建筑物内排出的污水，再提供给该建筑物内中水系统使用（图 20.6）。地区循环系统是该地区内多个建筑物而不是各自个别设置循环系统，它集中在某个场所设置污水处理设施，然后将处理水（再生水）分配给各个建筑物使用。这些地区包括有市区的再开发地区或大规模的集合住宅区，从 1996 年到现在，日本全国引进的地区循环系统的已达到 48 个地区。在东京首都圈内 2 种方式的代表实例有：横滨市的横滨标志塔（个别循环）和东京市内的惠比寿田园地区（地区循环）。

通过这些方式被回收再利用的污水（原水）包括卫生间的冲洗水，厨房、洗脸、洗手等的杂用水，空调用冷却水，雨水等。污水的水质大致分为卫生间的冲洗水或厨房排水等的污水（BOD 为 200 ~ 320ppm 左右），以及洗脸、洗手等污染不大的污水（BOD 为 40 ~ 100ppm 左右）。

从排水的循环原理来看，包括污水在内，有把建筑物内排出的所有水经过处理后再利用的循环型利用中水和只处理污染不大的洗脸、洗手、雨水等作为厕所冲洗水利用的非循环型利用的水。目前一般是处理成本较小的非循环型利用实例比较多一些。

20.5.5.2 灵活应用污水处理厂的广域循环系统

与上述的两种方式相比，广域循环方式是通过公共下水道进行排水循环。一般引进污水处理厂的中水进行追加处理后，通过地区内铺设的中水管道，提供给地区广大的建筑物（图 20.7）。从 1996 年底到 2005 年，在日本全国引进广域循环系统的地区已有 59 处。东京首都圈内的有东京的新宿副都心、有明地区、品川车站东口地区及大崎车站东口地区，千叶县有幕张新都心，琦玉县有琦玉新都心等。

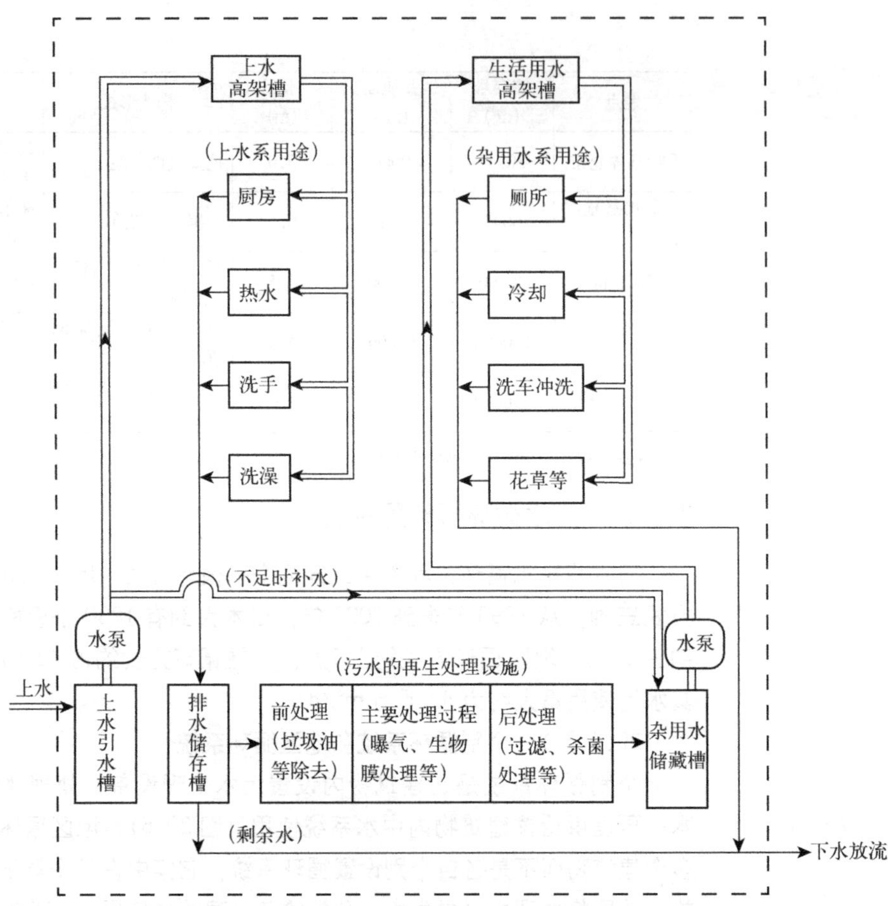

图 20.6　个别循环方式系统的概要

来源：（日）都市环境学教材编辑委员会编．林荫超等译．城市环境学．北京：机械工业出版社，2005.

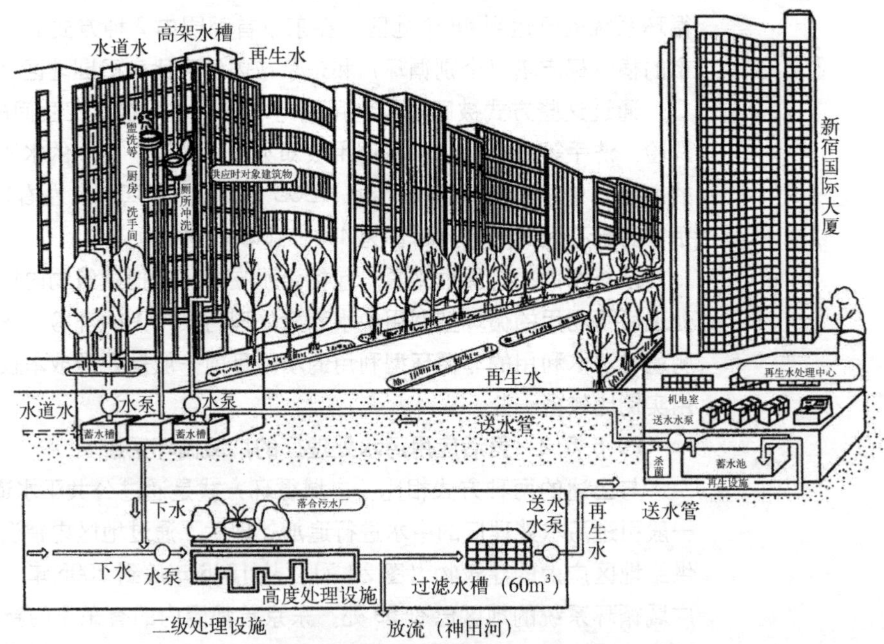

图 20.7　广域循环方式系统的概要（摘自东京都下水道局《新宿副都心水的循环利用概要》手册）

来源：（日）都市环境学教材编辑委员会编．林荫超等译．城市环境学．北京：机械工业出版社，2005.

20.5.6 城市基础设施可持续发展水平评价

城市基础设施可持续发展是指在不超越城市资源与环境承载力的条件下，以人为中心，在“自然—社会—经济”三维复合系统中能动地调控城市基础设施建设，实现最优配置，使城市基础设施既能满足当代城市发展的需要，又能在一定的时空尺度上满足城市发展的需要（孙大海，2007）。

城市基础设施可持续发展指标体系的目的是：为城市基础设施可持续发展的定量分析提供理论基础，对城市基础设施可持续发展现状进行评价，对城市基础设施可持续发展状态的变化趋势进行监测和预警，为优化管理决策提供依据。城市基础设施系统的可持续发展状态可从：可持续发展度、可持续发展水平、可持续发展潜力、可持续发展协调度和可持续发展控制度等几个方面描述和反映。

甘琳等（2009）则从经济、社会、环境三方面对基础设施项目的可持续进行评价，亦可作为参考（表 20.4）。

基础设施项目评价指标　　表 20.4

类别	指标内容
项目经济表现评价指标	国家宏观发展政策 税收政策 项目技术方法优势 项目预算 项目融资渠道 项目投资计划 生命期成本 生命期收益 / 利润 财务风险评估 投资回收率 (ROI) 净现值 (NPV) 回收期 内部收益率 (IRR)
项目社会表现评价指标	对地区经济社会发展的影响（例如收入和生活水平的提高） 提供就业机会 对当地其他经济活动提供配套设施的能力 项目的安全性 改善公共卫生环境与健康 对土地消耗及其影响 与项目有关的文化自然遗产的保护 促进新社区的发展
项目环境表现评价指标	项目的生态影响评价（对环境地理特征的改变） 项目的生态环境敏感性(因环境的地理特征的改变而可能带来的自然灾害或疾病传染) 项目的空气影响评价（废气产生，潜在的空气污染） 项目对水资源的影响评价（废水的产生，对水资源的消耗量，潜在的水污染） 项目在施工和使用过程中产生的噪声评价 项目在施工和使用过程中产生的废料及其管理方法评价 项目在施工和使用过程中对公众的健康影响 项目设计中的环保措施评价 节能表现评价（节能的水平与节能技术的应用） 可提供环保教育的范例 自然景观 历史遗迹

来源：甘琳，申立银，傅鸿源．基于可持续发展的基础设施项目评价指标体系的研究．土木工程学报，2009（11）．

第20章参考文献：

[1] Department of civil engineering, Civil Engineering Research, http://www.civil.engineering.utoronto.ca.

[2] Halla R.Sahely, Christopher A.Kennedy, Barry J.Adams.Developing Sustainability Criteria for Urban Infrastructure Systems [J].Canadian Journal of Civil Engineering, 2005 (32): 72-85.

[3] G.P.J.Dijkema, J.R.Ehrenfeld, E.V Verhoef, M.A.Reuter.Infrastructure Ecology [A].Proceedings of the 5th International Conference on Technology, Policy and Innovation 'Critical Infrastructures', 2001.

[4] Hein van Bohemen.Infrastructure, Ecology and Art [J].Landscape and Urban Planning, 2002 (4).

[5] Kim D.Coder.Defining Soil Compaction: Sites & Trees [OL].http://warnell.forestry.uga.edu/service/library/index.php3? docID=392&docHistory%5B%5D=2&docHistory%5B%5D=412.

[6] Nancy Schepers.Sustainable Infrastructure's Contribution to Environmental Protection [A].8th Canadian Pollution Prevention Roundtable, 2004.

[7] Office of Sustainability & Environment, Sustainable Infrastructure [OL].http://www.cityofseattle.net/environment.

[8] Sebastian Moffatt.A Guide to Green Infrastructure for Canadian Municipalities, 2001 [OL].http://www.sustainablecommunities.fcm.ca/files/Tools/GreenGuide_Eng_Oct2002.pdf.

[9] 郭磊．基础设施系统生态化评价体系研究——以崇明东滩为例 [D]．同济大学，2005.

[10] 娄和洲．日本东京城市排水资源的有效利用[J]. 给水排水，2003（12）.

[11] 毛晔．大型基础设施的可持续性研究[D]. 东南大学，2005.

[12]（日）都市环境学教材编辑委员会编．林荫超等译．城市环境学．北京：机械工业出版社，2005.

[13] 沈清基.《加拿大城市绿色基础设施导则》评介及讨论[J]. 城市规划学刊，2005（5）.

[14] 孙大海．基础设施可持续发展及成本效率研究[D]. 同济大学，2007.

[15] 应剑彪．论宁波市基础设施的可持续利用[J]. 科协论坛（下半月）2007（6）.

本章小结

基础设施是复合生态系统的生产者、“分解者”，也是自然生态系统保持健康的“控制器”；基础设施与城市生态环境关系密切，并因而影响着基础设施的生态功能。基础设施生态化指：为生活、生产提供服务的各种基础设施向生态型不断发展和完善的过程，包括工程性基础设施及社会性基础设施。基础设施生态化的标准可从生态需求标准和生态效率标准两方面加以考虑；基础设施生态化规划原则应考虑如下方面：在城市层面和区域层面考虑基础

设施问题、注重基础设施全过程研究、尽量减小城市基础设施的环境负荷等。在城市规划建设实践中，基础设施生态化应重视城市基础设施可持续发展水平评价。

复习思考题

1. 基础设施的生态功能对城市发展具有什么作用？

2. 基础设施生态化理念与基础设施生态化规划有什么关系？基础设施生态化规划原则的意义和作用是什么？

3. 你认为基础设施生态化规划的内容有哪些？

第21章　城市道路交通生态化规划

本章论述了道路交通的生态影响，介绍了道路交通生态影响的测度与分析方法，探讨了道路交通生态化理论问题，从道路生态规划和生态交通规划两方面探讨了道路交通生态化规划的相关问题。

21.1　道路交通的生态影响

Forman 指出：当道路网络和各种交通工具为人类社会带来巨大效益的同时，它们对自然景观和生态系统所产生的诸如环境污染、景观破碎、生境退化、增加生物死亡率、生物多样性减少、外来物种入侵、生态阻隔和廊道效应等各种生态影响也在不断加大，并且，这种影响现已至少涉及全球陆地面积的15%～20%。因此，正确理解、评价和全面分析道路网络建设及交通所产生的生态影响，对最大限度地减少道路网络对自然生态系统所产生的负面作用、对保护生物多样性、维持健康的生态系统均具有重要的意义（李俊生等，2009）。

21.1.1　道路对理化环境的影响

道路会影响其周围的物理化学环境。物理环境的改变表现为土壤密度增大，道路小气候改变（道路温度升高、光照增加、土壤水分减少、车辆灰尘浓度增大、地表径流改变以及沉积物变化）；化学环境由于道路释放的化学物质而改变（重金属、盐、有机物、臭氧和营养物）。其中有关重金属和防冰盐的报道最多，以致使动植物受胁迫或者死亡。化学物质随着水流对周围环境产生的影响范围大、程度深，例如重金属会影响水生生态系统、在植物体内积累，继而影响食物链上的生物，以致整个生态系统。

张建强等（2006）研究了日本东京城市道路粉尘、土壤中重金属浓度与交通量的关系，结果表明，粉尘、土壤中重金属浓度随交通量的增加而上升，见表 21.1。

道路粉尘中重金属浓度与交通量的比较　　　　表 21.1

交通量/（辆·h^{-1}）	$C/(mg \cdot kg^{-1})$						
	Mn	Fe	Cu	Zn	Cd	Pt	Pb
3983	510	29	300	890	0.49	3.1	180
2088	350±28	17±1	160±59	430±140	0.34±0.12	0.5±0.3	58±7
1218	340±16	18±1	180±84	310±27	0.23±0.04	0.1±0.1	53±19

来源：张建强，白石清，渡边泉．城市道路粉尘、土壤及行道树的重金属污染特征［J］．西南交通大学学报，2006（1）．

21.1.2　道路对植被的影响

路旁自然植被受道路的影响，除具有一般边缘生境的特点外，还有其特殊性。这种特殊的边缘生境决定了路旁植被物种总的物种丰富度增加、外来种相对增多、当地种减少。美国克罗多拉州落基山国家公园中，距离道路渐远，总的物种丰富度逐渐减少、本地种数量逐渐增加。道路不同利用程度中，中度利用的物种丰富度、覆盖度最高。Ullmann 等人（2007）研究了新西兰的 South island 地区的道路两侧的植被构成，发现了自然生长状况下道路两侧植被的乡土性树种和非乡土树种的分布规律，如图 21.1。此外，植被宽度与生态保育功能的发挥也有密切的关系（表 21.2）。

植被宽度与生态保育功能关系　　　　表 21.2

植被宽度（m）	生态功能及特点
3～12	廊道宽度与草本植物和鸟类的物种多样性之间相关性接近于零
12～30	能够包含草本植物和鸟类多数的边缘种，但多样性较低
30～60	含有较多草本植物和鸟类边缘种，但多样性依然很低，基本满足动植物迁移和传播以及生物多样性保护的功能，可以为鱼类繁殖创造多样化的生境
60/80～100	对于草本植物和鸟类来说，具有较大的多样性和内部种，满足鸟类及小型生物迁移和生物保护功能的道路缓冲带宽度，许多乔木种群存活的最小廊道宽度
100～200	保护鸟类，保护生物多样性比较合适的宽度

来源：车生泉．道路景观生态设计的理论与实践——以上海市为例．上海交通大学学报（农业科学版），2007（3）．

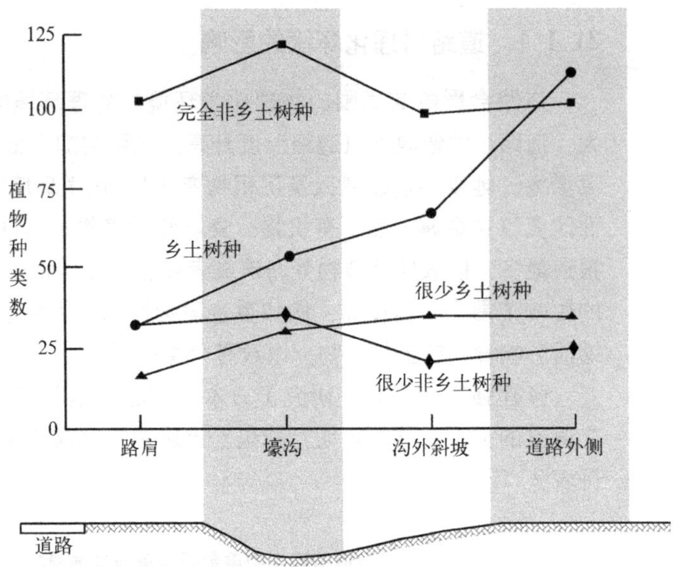

图 21.1　道路距离效应对植物类型分布的影响

来源：Ullmann I，B Heindl，B Schug.Naturraumliche Gliederung der Vegetation auf strassenbegleit-flachen im wetlichen Unter franken [J].Tuexenia，1990，10：197-222；转引自：车生泉．道路景观生态设计的理论与实践——以上海市为例．上海交通大学学报（农业科学版），2007（3）．

21.1.3　道路对动物的影响

包括：道路对动物的致死（road kills）作用和对动物种群数量的负面影响；道路对动物移动格局（movement pattern）的影响；道路对动物生境回避（road avoidance）和巢区转移（home range shift）的影响；道路的障碍影响和生境破碎化效应等。表 21.3 为不同交通量的道路屏障效应。

不同交通量的道路屏障效应　　　**表 21.3**

道路等级	交通量（辆／天）	道路屏障效应
1．地方性或支路	很少	对动物运动只起到有限的过滤作用
2．次要道路	<1000	对较小种类起到较强屏障与回避作用，但是经常穿越成功，会发生动物交通伤亡
3．主要道路	1000 ~ 5000	对很多种类形成了严重的阻碍作用，伤亡数量增加；交通噪声与汽车行驶对较小动物及部分大型动物产生强烈的威慑与驱赶作用
4．干道型道路	5000 ~ 10000	对大多数动物形成了屏障，伤亡数量剧增，穿越成功率很低
5．快速车道与高速公路	>10000	形成了不可逾越的屏障，也驱逐了绝大多数动物

来源：王晓俊．开放空间中道路的生态环境影响：问题与对策．中国园林，2006（5）．

21.1.4　道路建设的生态影响

道路建设过程中毁林占地和施工会带来一系列生态影响。道路建设的生态影响是大范围、跨区域的，而且随着人类开发程度的增大而越来越大。部分影

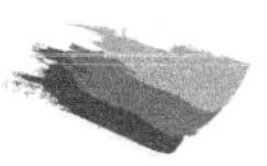

响在道路建设后一定时间可以恢复到原来的水平，如土壤密度和土壤pH值在35年后得到恢复，但是整体环境的恢复很缓慢，例如两侧植被恢复到原始林需要200～300年的时间。表21.4为京昌高速公路廊道效应作用下的城市景观动态变化基本指标。

京昌高速公路廊道效应作用下的城市景观动态变化基本指标　　表21.4

时期	1975	1985	2000
城市景观斑块数量	14	25	31
交通廊道影响范围长度（km）	7	13.07	22.71
影响范围长度百分比（%）	28	52.3	90.8
交通廊道影响范围面积（km^2）	49.62	17.39	57.98
影响范围面积百分比（%）	4.76	14.74	49.14

引自：宗跃光等．道路生态学研究进展．生态学报，2003（11）．

21.1.5　不同交通方式对城市环境的影响

相关资料表明，城市交通已经成为CO、NO_x、HC的主要排放源（表21.5）。在占用道路面积方面，各种交通方式有很大的区别（表21.6）；不同交通方式对城市环境质量的影响有显著差异，表21.7为各种交通方式常速时的基本能耗，表21.8列出了各种交通方式在常速时的排放因子。从表21.8数据可见，私家车与出租车的人均CO每公里排放量大约是常规公交的9倍，人均NO_x每公里排放量大约是常规公交的23倍，人均HC每公里排放量大约是常规公交的23倍。

国内外部分城市大气污染的交通分担率（%）　　表21.5

城市	年度	CO	NO_x	HC
北京	1999	63	46	73.5
上海	1995	76	44	93
重庆	1998	79.5	74	34
福州	1999	98	74	97
杭州	1997	81.9	37.9	94.5
济南	1998	73	22	42
锦州	2000	59	42	–
东京	1975	99.7	36	98
雅典	1990	100	76	79
孟买	1992	—	52	–
科钦	1993	70	72	95
德里	1987	90	59	85
拉各斯	1988	91	62	20
洛杉矶	1990	98	84	62
圣保罗	1990	94	92	89
科伦坡	1992	100	82	100
布达佩斯	1987	81	57	75
墨西哥城	1990	97	75	93
圣地亚哥	1993	95	85	69

来源：李晓燕．基于交通环境承载力的城市生态交通规划的理论研究［D］．长安大学，2003．

各种交通方式常速时占用道路面积 表 21.6

交通工具种类	常见速度(km/h)	车头间距(m)	车道宽度(m)	占用道路面积(m^2)	车均载客人数(人)	每位乘客占用面积(m^2)/人
步行	4	2	0.8	1.6	1	1.6
自行车	12	7.4	1.0	7.4	1.0	7.4
私家车	40	23.3	3.0	69.9	1.5	46.6
出租车	40	23.3	3.0	69.9	1.5	46.6
常规公交	30	27.0	3.5	94.5	60.0	1.6
轨道交通						

来源：管菊香．基于生态交通的城市交通方式结构优化研究 [D]．武汉理工大学，2007.

各交通方式常速时基本能耗 表 21.7

交通工具	常见速度(km/h)	车均载客人数(人)	基本能耗(MJ/veh · km)	人均能耗(MJ/人 · km)
步行				
自行车				
私家车	40	1.5	4.66	3.11
出租车	40	1.5	4.66	3.11
常规公交	30	60.0	10.94	0.18
轨道交通		1000	122	0.122

来源：管菊香．基于生态交通的城市交通方式结构优化研究 [D]．武汉理工大学，2007.

各交通方式常速时基本排放因子 表 21.8

交通工具	常见速度(km/h)	车均载客人数(人)	CO 车均(g/veh · km) 人均(g/人 · km)	NO_x 车均(g/veh · km) 人均(g/人 · km)	HC 车均(g/veh · km) 人均(g/人 · km)
步行					
自行车					
私家车	40	1.5	35.834/23.889	1.6424/1.095	3.9257/2.6171
出租车	40	1.5	35.384/23.889	1.6424/1.095	3.9257/2.6171
常规公交	30	60.0	159.668/2.661	2.8358/0.0473	6.8665/0.1144
轨道交通					

来源：管菊香．基于生态交通的城市交通方式结构优化研究 [D]．武汉理工大学，2007.

21.2 道路交通生态影响的测度与分析

21.2.1 道路生态影响分析评价的内容

道路生态影响评价应主要以道路建设和运行过程中对生物（主要为动植物）的影响为评价目标，道路生态影响评价内容主要包括：建设期的永久性占用土地、取弃土场、临时性占地、噪声、粉尘对当地植被和动物的影响，包括一些间接影响，如道路的修建影响了地面水分配及水环境，路基、涵洞的建设改变了水渠和排洪沟的走向，从而影响了植被的生长等。道路运营期对周边植

被的影响，包括直接和间接，如改变周边土壤的理化性质从而影响植被生长等；对动物的碰撞、生境隔离等（穆彬等，2007）。

21.2.2 道路生态影响的尺度问题

从评价对象生态问题的尺度划分，道路生态影响评价可分为 3 个等级（穆彬等，2007），见表 21.9。

道路生态问题分类 **表 21.9**

生态尺度	主要生态问题	研究和评价方法	评价指标
小尺度（<200m）	永久和临时占地、取土场、弃土场、施工过程等对植被、动物的影响	野外调查为主，样方分析和样方对比	物种多样性、物种多度、物种丰富度、植被覆盖度遥感反演 LAI、NDVI
中尺度（200m ~ 1km）	道路对沿线的植被、农作物分布和长势的影响	遥感监测为主，结合野外调查和验证	
大尺度（>1km）	对区域生态格局的影响，生境的割裂等	遥感解译，GIS 分析	景观生态学指数

来源：穆彬，谢阳，江楠，蔡博峰，于顺利．道路生态影响评价方法研究：以兰海高速公路为例，环境科学，2007（12）．

小尺度问题主要是道路建设过程产生的直接生态影响，是传统道路生态影响评价的主要内容，主要是小范围、小区域的植被破坏，并且一般都可以在道路建设完成后恢复（除永久占地外），这类影响多为短期。中尺度问题是道路生态学研究的重点，主要涉及道路沿线的植被特征，包括道路建设和运行过程中所产生的直接和间接影响。大尺度问题是指道路所产生的生态格局问题，体现在影响景观结构组分（或景观要素）的空间结构、相互作用及功能的变化和演替上。

21.2.3 道路生态影响区

道路密度（存在一个阈值为 0.6km/km^2）、道路位置等都是道路生态影响的因素；道路影响各种生态过程，其影响范围会形成“道路生态影响区”，它是整合生态过程和道路影响的核心问题。其大小可作为道路生态影响程度的测度指数。道路生态影响区（域）较道路实际宽度宽很多倍、两侧极不对称、边界形状非常复杂。如美国的道路面积占国土面积 1.0%，估算其影响域总面积为 15%～20%，荷兰的道路密度是 1.5km/km^2，交通噪声对鸟类的影响域总面积为 10%～20%（李月辉等，2003）。

道路生态影响区的宽度主要受 3 个方面的影响：①道路两侧的坡向，位于下坡向的区域相对于位于上坡向的区域来说，受到道路影响的幅度较大；②下风向（顺风向）的区域相对于上风向（逆风）的区域来说，受到道路影响的幅度较大；③生物较为适宜的栖息环境区域比生物不太适合栖息的环境区域，受到道路影响的幅度较大（图 21.2）。

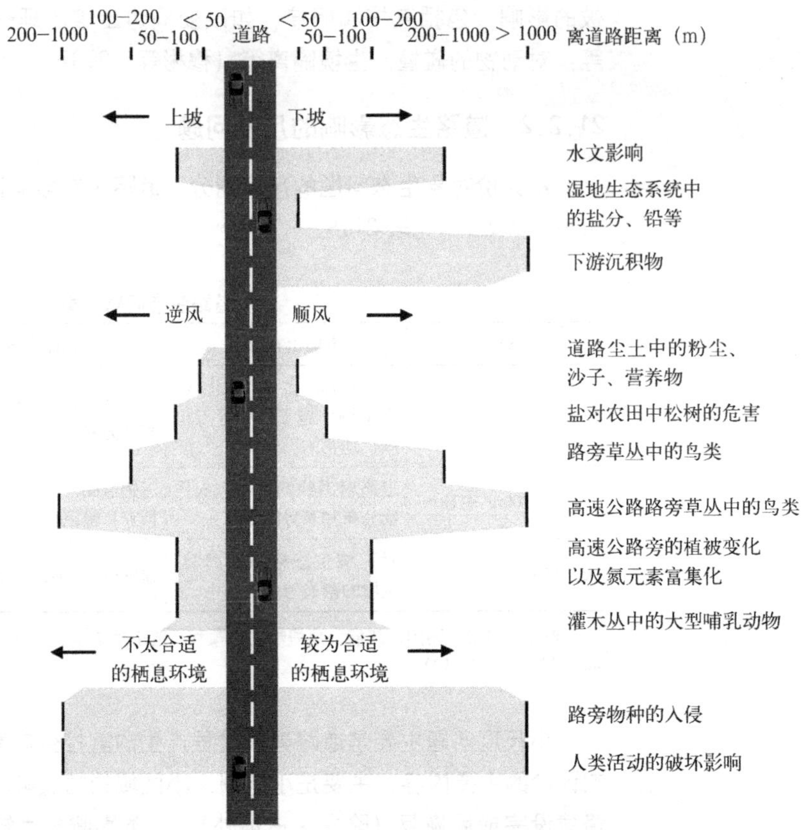

图 21.2　道路影响区和决定道路影响区宽度和特征的 3 个因子

来源：Forman R T T，L E Alexander.Roads and Their Major Ecological Effect [J]. Annual Review of Ecology and Systematics，1998，29：207-231；转引自：车生泉．道路景观生态设计的理论与实践——以上海市为例．上海交通大学学报(农业科学版)，2007(3)．

21.2.4　城市交通生态影响分析

21.2.4.1　城市交通生态足迹分析

城市交通生态足迹可定义为某一城市的全部人口在从事交通运输活动时，所消耗的资源与处理其所产生的废弃物时所占用的总土地面积。同时，这也代表了这些人口在从事交通运输活动时，交通工具对城市环境所产生的负荷（梁勇等，2005）。

2002 年北京市城市交通生态足迹估算结果表明：私家车生态足迹最大；出租车生态足迹居中；公共电汽车、地铁和轻轨生态足迹较小（表 21.10）。私家车的生态足迹是公共汽车生态足迹的 5.67 倍。

2002 年北京市城市交通生态占用　　　　**表 21.10**

项目	公共汽车	小公共汽车	公共电车	地铁	轻轨	出租车	私家车
使用道路	70.58	36.25	54.98			319.64	1305.71
场站用地	21.6	11.4	19.58	15.98	14.39	102.13	485.16
公交专用道	0.14		0.09				
燃油	63895.51	36452.11				118923.22	357338.08

续表

项目	公共汽车	小公共汽车	公共电车	地铁	轻轨	出租车	私家车
用电			16366.54	12795.24	10169.57		
工程与线路				322.80	241.59		
排放二氧化碳	64233.35	34354.85	14135.21	18569.39	12338.52	122615.07	368431.32
总生态占用	128221.18	70854.61	30576.32	31703.41	22764.07	241960.16	727560.27

来源：梁勇，成升魁，闵庆文．城市交通生态占用研究——以北京市为例．东南大学学报（自然科学版），2005（3）．

进一步分析每位乘客使用交通工具的生态足迹。方法是利用各类交通工具的总生态足迹除以当年使用该工具的总乘客数，计算结果见表21.11。表21.11表明，使用私家车的乘客人均生态足迹最大，而使用公共电汽车和地铁的乘客人均生态足迹较小。

使用交通工具的乘客人均生态占用　　表21.11

交通工具	总生态占用/ hm^2	总客运量/ 10^4 人	人均生态占用/ ($m^2 \cdot$ 人$^{-1}$)
公共电汽车	158797.50	434606	0.37
小公共汽车	70854.61	9274	7.64
地铁	31703.41	48242	0.66
出租车	241960.16	59839	4.04
私家车	727560.27	50151	14.51

来源：梁勇，成升魁，闵庆文．城市交通生态占用研究——以北京市为例．东南大学学报（自然科学版），2005（3）．

21.2.4.2 城市交通生态效率和环境压力分析

城市交通的生态效率可以定义为单位生态足迹的客运公里或货运公里，它定量反映单位生态资源可以支持完成的城市交通客运（货运）量；其倒数为城市交通生态足迹强度，表示支持完成一定单位客运（货运）量所需要消耗的生态资源量。孙鹏等（2007）通过计算和分析沈阳市交通生态效率和生态足迹强度，为明确该市交通供需矛盾程度和改进目标，提供了依据（表21.12）。

沈阳市2005年交通生态效率与生态足迹强度（客运部分）　　表21.12

类型	生态足迹 (10^4hm^2)	运输总量 (10^8 人次)	生态效率 (10^4 人次 $\cdot hm^{-2}$)	生态足迹强度 ($hm^{-2} \cdot 10$ 人次$^{-4}$)
公共汽车	5.66	8.38	1.48	0.68
出租车	14.19	3.49	0.25	4.07
小轿车	30.78	2.71	0.09	11.35
大客车	2.80	1.61	0.58	1.74
摩托车	0.89	0.49	0.55	1.80
合计/平均	54.33	16.68	0.31	3.26

来源：孙鹏，王青，刘建兴，顾晓薇，李广军．沈阳市交通生态效率与环境压力．生态学杂志，2007（12）．

根据表21.12，可将各种车辆生态效率和生态足迹强度分别与其平均指标比较，构建得到各种车辆生态效率层次和环境压力等级，并进而计算交通效率指数和环境压力指数（表21.13），作为监控交通环境压力、改善交通生态效率的依据。

2005年沈阳市交通生态效率指数和环境压力指数层级分类对比　　表21.13

类型	生态效率指数	效率指数区间	效率层级	环境压力指数	压力指数区间	压力指数层级
公共汽车	4.83	4 ~ 8	3	0.21	0 ~ 0.25	−3
出租车	0.80	0.5 ~ 1	−1	1.25	1 ~ 2	1
小轿车	0.29	0.25 ~ 0.5	−2	3.48	2 ~ 4	2
大客车	1.88	1 ~ 2	1	0.53	0.5 ~ 1	−1
摩托车	1.79	1 ~ 2	1	0.56	0.5 ~ 1	−1
合计／平均	1.00	1	0	1.00	1	0

来源：孙鹏，王青，刘建兴，顾晓薇，李广军．沈阳市交通生态效率与环境压力．生态学杂志，2007（12）．

21.3　道路交通生态化理论问题

21.3.1　道路生态学

2002年1月，美国景观生态学家R.T.T.Forman发表了题为“道路生态学——我们在大地上的巨作(Road Ecology: Our Giant on the Land)”的著名讲演，标志着“道路生态学”的创立。Forman指出：道路网络已经成为当今社会和经济发展的中枢，其分布范围之广和发展速度之快，都是其他人类建设工程不能比拟的。当道路网络和各种交通工具为人类社会带来巨大效益的同时，它们对自然景观和生态系统的分割、干扰、破坏、退化、污染等各种负面影响也在不断加大，而这种影响长期以来被人类社会所忽视。面对我们经济社会中交通流量和道路网络突飞猛进的发展，景观生态学家有责任、有义务和道路规划师、工程师、经济师共同对话，对道路网络建设及其产生的广泛影响进行全面分析、研究和评价，在追求人类社会经济效益的同时，最大限度地减少道路网络对自然生态系统的影响和破坏（宗跃光等，2003）。

道路生态学涉及的主要研究领域包括：①道路对生物种群和生物栖息环境的影响，其中包括：动植物的分布、侵入、隔离、迁移、种群规模、数量及其动态影响，道路建设对野生动植物生境的影响等；②道路对地质、地形、地貌、水文、土壤、小气候等物理环境的影响；③道路和车辆产生的道路污染带研究，其中包括：噪音污染、汽车尾气和扬尘形成的大气污染、汽车泄漏和交通事故形成的有害、剧毒物质的污染等；④道路网络和道路影响带（road effect zone）的研究。道路网络是由节点和交通廊道按照一定空间规则组合起来的空间网络，道路影响带是指由于道路及其载体交通流量而形成的空间生态效应影响地带，这种影响带的范围往往数十倍于道路本身的面积。因此道路网络的研

究包括网络结构、功能、密度、网络流、动态演替等；道路影响带研究包括空间距离、范围、格局、形态、影响类型、影响度等；⑤生态道路和生态道路网设计，包括生态道路规划、设计和建设；⑥道路交通政策、规划与发展对策研究，其中包括制定环境保护的法律、法规，环境影响评价、生态经济效益分析以及可持续发展对策等（宗跃光等，2003）。

21.3.2 城市生态交通的内涵与特征

（1）生态高效

生态交通的生态内涵指其是一种具有较高生态化水平的交通模式，它立足于环保，既能满足城市经济社会的出行需求、又对环境影响负作用最小，是按自然生态、人文生态和经济生态原理规划、建设和管理的，由交通网络、交通工具、交通对象和交通环境组成的生态型复合交通系统。生态交通具有一定的进化性，即能适应生态环境的变化而变化，并具有正向演替的趋势。高效内涵指生态交通以节约能源、提高交通效率为出发点，能有效地利用城市土地资源，是能最大限度地以高效率的方式满足城市经济和社会发展需求的一种高效的城市交通。

（2）目标综合

指生态交通能最大限度地满足城市发展的多项目标，它是以"效益最大化、成本最小化、发展可持续化"为目标，营造与城市社会经济发展相适应的城市交通环境。其核心是交通的通达、有序，参与交通个体的安全和舒适，尽可能少的土地和能源占用，与生活环境和生态环境的协调统一及交通系统的可扩展性。

（3）改善功能

指生态交通通过对交通和生态环境有关的环节进行系统的研究、规划、管理，使交通不仅具有输送人流、物流、信息流，支撑和引导社会经济发展的功能，而且具备改善、美化、促进和优化周围环境生态条件的功能。

（4）关系和谐

生态交通通过对交通网络、交通工具、交通对象和交通环境进行规划、建设和管理，以确保生物基因的自由交流和生态系统的完整，借以维系交通与环境的协调、交通与资源的协调、交通与社会的协调、交通与发展的协调。

21.3.3 城市生态交通系统与可持续交通的发展目标

21.3.3.1 城市生态交通系统的发展目标

城市生态交通系统的总体发展目标是建立一种合理的交通模式，既能提供快捷、舒适的出行条件，促进社会经济发展，满足交通需求，又能最大限度地减少对环境的污染与破坏，提高人类的生活质量（崔世华，2004）。其具体目标包括：

（1）考虑城市生态极限

自然系统生态服务功能的基本承载力是城市社会经济发展的限值，也是城市交通系统发展的极限。城市生态交通系统追求社会－经济－自然复合系统的统一和谐，注定了其应遵从自然系统的作用规律，满足生态环境极限的约束是城市交通系统正常运转的基础。

(2) 能够充分满足基本的交通需求

能保证满足交通需求（快速、安全、舒适）是传统城市交通关注的核心，城市生态交通系统更要高效率地满足这一基本的交通需求。

(3) 符合生态原则的资源消耗方式

此目标主要体现在两方面，一是城市土地利用的空间结构布局，良好的土地利用布局型式能够最大限度地减少城市交通活动的资源和能源消耗。二是在满足交通需求的同时，通过各种交通方式的最优组合来降低资源和能源消耗。

(4) 社会公平

城市生态交通系统应考虑到交通服务的公平性，即不论出行者收入、年龄、性别和是否残疾等，都拥有平等的权利享受基本的、可靠的出行服务。

21.3.3.2 可持续交通的目标与理念

(1) 可持续交通的目标

可持续交通是与生态交通具有内在联系的命题。胡小军等（2003）对可持续交通的目标、特征、措施等提出了看法（表 21.14）。

可持续交通目标、特征及措施 表 21.14

可持续城市交通目标	可持续城市交通的具体要求	可持续城市交通的四项基本特征	发展可持续交通的具体措施
(1) 充分满足基本的交通需求；(2) 减少对石油资源的依赖；(3) 消除不利的环境影响；(4) 减少对不可再生的土地资源的消耗；(5) 降低基础设施费用	(1) 基础设施、运输装备与运输管理的供给能力与经济发展对交通的需求相平衡；(2) 有限资源的充分利用；(3) 改变消费模式，减少交通对不可再生资源的消耗，开发替代资源，保持可持续发展；(4) 最大限度地减少交通对自然环境和生态环境的破坏；(5) 交通设施在全社会成员之间公平分配	(1) 满足人和物的必要流动；(2) 流动模式应该是有效率的和环境友好的；(3) 充分体现社会公平性原则；(4) 与城市规划有机结合	(1) 鼓励新技术的应用，包括替代能源技术、高效率机车、智能交通系统以及更高容量的道路设计规划等；(2) 改进交通需求管理，包括对公众出行时间、出行路线、出行方式以及目的地施以影响，为出行者提供更丰富的选择并鼓励更加经济有效的出行模式；(3) 价格政策，包括改革交通服务定价，引入全成本定价、拥挤费用等，使价格真实地反应成本，从而减少不必要的交通需求；(4) 发展替代交通，提供良好的公交系统服务和多样化交通模式，鼓励共乘、非机动交通等；(5) 城市交通规划与城市发展总体规划、土地利用规划相结合，包括改变土地利用模式，缩短出行距离，减少不必要交通需求

来源：根据："胡小军，张希良．走可持续城市交通之路．环境保护，2003 (1)" 整理。

(2) 可持续城市交通规划的技术理念

可持续性的城市交通需要在环境保护、社会公正和经济效率之间建立动态平衡，以不损失后代人发展的利益。Banister 从经济、技术、土地规划、实施策略等方面阐述了美国可持续性城市交通规划的技术理念，其研究方法包括了生态学、环境学、社会学等领域（表 21.15）。

美国可持续性城市交通规划的技术理念 表 21.15

特性	可持续性城市交通规划
研究方法	生态学、环境学、社会学等
规划重点	(1) 现有交通设施的管理与优化；(2) 从生态承载力角度考虑区域交通能力；(3) 对城市新地块的再开发；(4) 降低私人小汽车的使用需求；(5) 实施节能绿色交通规划；(6) 道路的建设要有长期规划并分步实施，道路的建设应先于城市建设

续表

特性	可持续性城市交通规划
经济政策	(1) 促进可再生资源的利用，为未来发展预留土地； (2) 经济、社会与环境政策三者充分结合
技术分析	(1) 交通、生态、土地利用、经济发展和社会分区；(2) 健康之间的关系和累积影响
土地规划	(1) 为提供灵活性和可持续性的城市空间发展而提出的解决方案的组成部分； (2) 加大政府对公共交通基金投入，使交通规划与土地利用规划紧密相连； (3) 提高土地的利用密度、开放空间与生态自然资源保留的良好结合
关注重点	(1) 对全球环境议题的关注；(2) 生态、经济与社会的可持续；(3) 城市生活空间质量；(4) 能源的有效利用与节约；(5) 个人与社会价值的体现
实施策略	(1) 城市设计充分考虑维护现有交通运输系统，使交通量平稳；(2) 城市设计考虑多模式联合运输、交通运输与土地利用的整合；(3) 对交通需求进行预测和管理；(4) 提倡步行、自行车等非机动车运输；(5) 交通能源利用的节俭教育

来源：Banister D.Transport Planning [M].London：E&FN Spon.1994；转引自：张中华，张沛，王兴中，余侃华．国外可持续性城市空间研究的进展，城市规划学刊，2009（3）．

21.4　道路交通生态化规划

21.4.1　道路生态规划

21.4.1.1　生态道路网规划对策

关于生态道路网规划，宗跃光等（2003）根据Forman等人的工作基础，归纳出如下几种发展对策：

（1）生态道路网要尽量避免对动植物种群生境的分割、破坏以及动态干扰

（2）建设大范围的绿地网络体系与道路网共同构成相互融合的景观生态网络体系，以保持生物多样性和生态系统稳定性；

（3）设计有效的生态路基通道，以消除道路的隔离效应，使动物和水流可以顺利通过；

（4）对道路影响带及其产生的边际效应进行调控，增加其正面影响的同时将负面影响控制在最小范围；

（5）有效利用网络理论，从最短距离、最小运费、最大网络流和最小生态干扰出发，设计生态道路网络的空间结构；

（6）从最佳生态经济效益出发，对生态路网密度/网孔尺度进行合理调整；

（7）利用生态道路网络的变异性和可替代性，使道路网偏离生态脆弱带和景观敏感区，对于一级生态保护区应该全面限制道路网的建设；

（8）生态道路网的建设要进行生态适宜性评价与环境决策评价。

王小生等（2006）提出了城市道路生态化理念在工程设计中的应用，包括：

（1）道路线位应尽量避免穿越生态敏感区。在不得不穿越时，应进行综合评估，选择对环境影响最小的穿越方法。

（2）对原有水系等应尽量给予保留，对河浜不进行简单的填埋。

（3）应符合绿色交通要求。要合理地进行道路交通组织，确定道路通行容量，并尽量避免交通拥堵现象的发生，减少有害气体的排放量等。

（4）增加道路绿化面积，尽量使用原生物种，并应树立道路两侧绿化带种

植要先于道路修建的观念。

（5）改进道路绿化带的排水设计方式。目前，道路绿化带的排水设计侧重于保护道路，而忽略了生态设计，表现在有些设计对绿化带下部全幅铺设了土布，这既限制了绿化带中绿化品种的选择，也限制了对地下水的补给。

（6）改进现有硬质路面。应增强路面透水性、减少路面噪声、改善道路聚热性等。如在增强路面透水性方面，可选择增加绿化面积和人行道的透水性等方法来保证降雨时的行人安全、补给地下水分、保护人行道面和行车路面不遭受水分的侵蚀等。

21.4.1.2 道路生态廊道规划

（1）道路生态廊道设计架构

道路生态廊道可起人居环境与生态系统之间连接的角色。为了重新将道路切割所形成的“生态孤岛”再次连接到一起，不仅必须通过生态廊道方式重建地方物种繁衍和延续的机会，而且应增强生态系统对道路交通干扰的承受力，这也是应用生态廊道降低道路对生态冲击的主要目标。生态廊道设计包括问题的判定、解决以及目标物与功能的建立，最终形成生态廊道规划设计架构（图21.3）。

（2）道路生态廊道规划

道路生态廊道规划首要考量的是以绿色共构网络系统及连续性道路两侧的植物栽植，构成地区陆地生态廊道主体，降低道路对环境的切割及沿线地景的冲击。近年来，欧美各国均认识到了绿网共构系统的必须性，并提出了建构

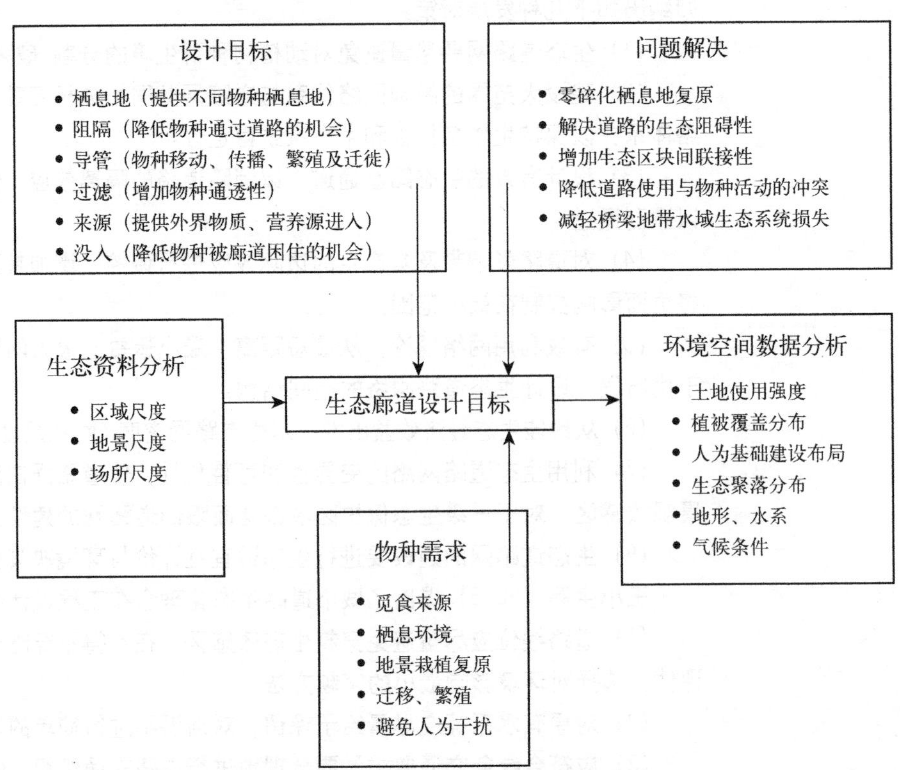

图21.3 生态廊道规划设计架构

来源：关华．道路建设中的生态问题——应用生态廊道设计降低生态冲击的新观点．生态经济，2006（1）．

形式，通过地方原有环境中天然廊道的分布与后期人工植栽覆盖，形成地区绿色生态网络系统，达到增加道路周边物种活动量及存活几率的目的。主要是沿道路、灌溉系统及排水系统等基础设施，重新建立活动斑块，复育地方物种栖地，增强其觅食与活动功能，恢复环境中原有活动区块与重建区块之间的廊道功能。

人工植栽覆盖必须配合当地环境中既有的林地、草地、湿地及水域岸边等地景因子，调整植栽覆盖形式与植栽类型，产生能够建立明确生态足迹的背景环境，吸引生物迁入并栖息于其中，构成地区绿色共构网路基础。

应避免过度移入外来植物品种。由于高速公路沿线、交流道与休息站等道路地区存在空间较为宽裕的特性，因此在植栽品种方面，除了仍然以当地植物品种为主外，其空间布局应以建立小型湿地、湖泊及林地等地景，建立道路沿线物种活动栖息地的方式，增加非陆栖动物及昆虫利用的机会，形成新的生态廊道空间。

(3) 水域地带廊道设计

水域地带是道路沿线地景之一，也是水栖及两栖类物种的主要活动地带。道路经由桥梁或隧道等形式与水域地带产生生态关系，但道路设计常常会改变邻近水域的环境结构，或将其视为废土弃置场所，或填平造地，这些措施均会造成水域生态的改变与毁灭。因此，在道路无法避开水域地带时，水域生态廊道设计主要着重于道路污水排放与物种穿越通道的设置。

道路水污染排放设计必须改变道路施工常用的路面导管引流的中央排水方式，转而采取运用路面幅度变化收集路面径流水与废水，并集中于道路中央的分隔带内。台湾当地的经验显示，经由植栽与土壤改善水质方式，原混浊污染水质趋近当地自然溢流水质，并可作非饮用性水资源使用。

人与物种穿越通道设计主要体现于桥梁和涵洞。德国道路生态工法整体规划准则规定，在河川、溪谷及湿地等地带，道路必须配合桥梁下方生态环境采取桥梁跨越方式，并避免车辆震动对水域生物繁殖的负面影响。在城市生态及自然保护地区与低洼、河谷地有切割之处，道路设计应采取桥梁跨越方式而少用路堤，同时桥梁下方空间应该尽量减少桥梁支撑结构物的地面面积，尽量保存桥梁下方原有地理环境。

在道路涵洞方面，为适应各型动物通行及栖息等空间需求，主要涵洞和管内直径高度至少要有2m，如果管道预定埋设于冲积土壤或湿地形态的地区，则必须增加涵洞、涵管剖面积，避免发生土壤淤积阻塞而产生负面影响（关华，2006）。

21.4.1.3 道路景观生态设计

(1) 道路景观生态设计的内容

道路景观生态设计主要关注的是降低道路环境影响和提高道路两侧缓冲区生物群落多样性，包括：①道路边缘植被及其他野生生物种群的生物多样性保护；②道路对周边环境的影响及其控制技术，含：道路雨水流动特征，雨水侵蚀和沉淀物控制，道路化学污染的来源和扩散特性，污染物质的管理和控制，交通干扰和噪声；③道路对周边生境尤其是水生生态系统的影响；④体现道路景观的生态美和游赏价值（车生泉，2007）。

（2）道路景观生态设计的特点

道路景观生态设计在设计目标、功能、设计手法、植物群落特征、动物种群类型、生态稳定性、养护管理和投入方面都与道路景观常规设计有所区别，总体而言，其特征表现为：生态系统稳定性、建造材料循环性、环境影响最小性和管理投入经济性（表 21.16）。

道路景观生态设计和道路景观常规设计的比较 表 21.16

项目	道路景观生态设计	道路景观常规设计
目标	环境影响控制与生物多样性保护相结合	环境影响控制和景观美化相结合
功能	环境影响控制、生物多样性保育、乡土生境和景观保留	环境影响控制、景观美化欣赏
设计手法	尊重地形地貌和乡土植被	地形改造，人工化植物群落
植物群落	乡土植被的特征和种群组成，高的生物多样性	人工化的植物群落，低生物多样性
动物种群	成为野生动物的庇护地和繁育所，吸引动物进入，动物多样性高	较少考虑原生动物的生息，动物逃逸出去，动物多样性低
生态稳定性	生态相对稳定，以自我维持为主	生态不稳定，以人工维持为主
养护管理	动态的目标，低养护管理	景观的目标，高养护管理
投入	较低的经济投入	较高的经济投入

来源：车生泉．道路景观生态设计的理论与实践——以上海市为例．上海交通大学学报（农业科学版），2007（3）．

（3）道路景观生态设计案例

车生泉（2007）对上海道路景观生态设计进行了研究。他认为，道路是构成上海城市生态系统的重要部分，其设计首先必须满足道路交通功能的基本要求，在此基础上，充分发挥道路林带的隔离防护、生态维持、景观游赏和结合生产的功能。按照上海的道路绿化的实际情况和主导功能需求，以及道路两侧景观特征分为 4 种类型：景观生态型、景观生产型、生态游憩型、生态防护型（表 21.17）。

各类道路从旷奥度、郁闭度、游憩度、经济度、生态度等角度进行功能划分，采取针对性的规划措施（表 21.18）。

上海道路景观生态设计模式 表 21.17

类型		功能	旷奥度	郁闭度	美景度	游憩度	经济度	生态度
景观生态型	主要道路	观赏＋生态	Ⅱ	Ⅱ	Ⅲ	Ⅱ	Ⅰ	Ⅲ
	次要道路		Ⅰ	Ⅲ	Ⅱ	Ⅰ	Ⅰ	Ⅱ
景观生产型	主要道路	观赏＋生产	Ⅰ	Ⅱ	Ⅱ	Ⅲ	Ⅱ	Ⅰ
	次要道路		Ⅱ	Ⅱ	Ⅰ	Ⅱ	Ⅱ	Ⅰ
景观游憩型	主要道路	观赏＋游憩	Ⅱ	Ⅲ	Ⅲ	Ⅲ	Ⅰ	Ⅱ
	次要道路		Ⅲ	Ⅰ	Ⅲ	Ⅱ	Ⅰ	Ⅰ
生态防护型	主要道路	生态＋防护	Ⅰ	Ⅲ	Ⅰ	Ⅰ	Ⅰ	Ⅱ
	次要道路		Ⅱ	Ⅱ	Ⅱ	Ⅰ	Ⅰ	Ⅱ

注：旷奥度：指空间水平方向的开放性或封闭性的程度；郁闭度：指空间垂直方向的开放性或封闭性的程度；美景度：景观优美程度；游憩度：休闲体验可能性的大小；经济度：经济产出效益的大小；生态度：生态稳定性、生物多样性的高低。

来源：车生泉．道路景观生态设计的理论与实践——以上海市为例．上海交通大学学报（农业科学版），2007（3）．

上海道路景观生态设计指标评价 表 21.18

指标	分级	特征
旷奥度	I	通透性 <30%
	II	通透性 30% ~ 70%
	III	通透性 >70%
郁闭度	I	通透性 <30%
	II	通透性 30% ~ 70%
	III	通透性 >70%
美景度	I	景观一般
	II	景观比较优美
	III	景观很优美
游憩度	I	无参与性
	II	较强参与性
	III	很强参与性
经济度	I	经济产出一般
	II	经济产出较好
	III	经济产出很好
生态度	I	生物多样性一般，生态一般
	II	生物多样性较好，生态较稳定
	III	生物多样性很高，生态稳定，乡土性强

来源：车生泉．道路景观生态设计的理论与实践——以上海市为例．上海交通大学学报（农业科学版），2007（3）．

21.4.1.4 道路规划与保护自然生态系统紧密结合

道路规划以及引起的建设行为，对道路沿线自然生态系统有较大的影响。规划师应尽量使道路规划发挥保护和延续自然生态系统的作用，避免其负面的影响。

哈尔滨市为保留 1400 余棵 30 年以上树龄的大树，修改哈呼公路拓宽改造原有规划，在新规划方案上创造性地设计了两条宽 11.5m、长 4000m 的坡状绿化带，不仅节省了大笔绿化资金，更通过借坡造景让这条连接松浦大桥的重要公路成为一条别具特色的生态景观廊道。

哈呼公路拓宽项目是连接该市连接江南和松北区、利民区的交通主干道。在进行哈呼公路现场踏查时发现，老哈呼公路两侧均为直径 50cm 左右的柳树，树龄在 30 年左右，绵延 4 公里，数量达到 1400 余棵，是冰城少见的林荫大道。根据原道路规划方案，这些树木未予保留。考虑到这条绿色长廊在美化环境、防风防沙和保持区域生态平衡方面的重要作用，该市决定修改规划方案。新方案将原规划的“两块板”改为“三块板”。幅宽 8m 的老哈呼公路保留，两侧各辟建 11.5m 宽的绿化带，绿化带两侧再建幅宽 15m 的四车道主干公路和幅宽 5m 的人行道。考虑到绿化带与路面存在落差，规划部门决定不把“三块板”设计在同一平面上，而是随地势分别建设。这样，不仅老哈呼公路两侧的 1400 余棵大树全部得到保留，更由于地势落差形成了两条富于视觉变化的坡状绿色景观带。位于中间的老哈呼公路作为定向路使用，将根据不同时段车辆通过的特点规定通行方向。据测算，规划的修改让哈呼公路拓宽改造工程节省下大树移植费 70 万元、重新绿化费 140 万元，同时，随地势建路的新方案也大大减少了工程土方量，至少可省下上百万元的工程费用，也对道路沿线自然生态系统生态效益的维持产生了积极的作用（姜雪松，2008）。

21.4.2 城市生态交通规划

21.4.2.1 城市生态交通规划内容

城市生态交通规划除了包括常规的内容之外，还必须综合考虑交通环境问题。通过预测在不同政策、措施和技术条件下，各规划方案的服务水平和环境状况，根据交通环境容量（TEC）和交通环境承载力（TECC）2 个关键指标的约束，制定交通发展方案及提出相应的发展对策和建议。城市生态交通规划的框架见图 21.4。该框架除了常规内容外，还涉及一些新的内容，其具体内容为（李晓燕等，2006）：

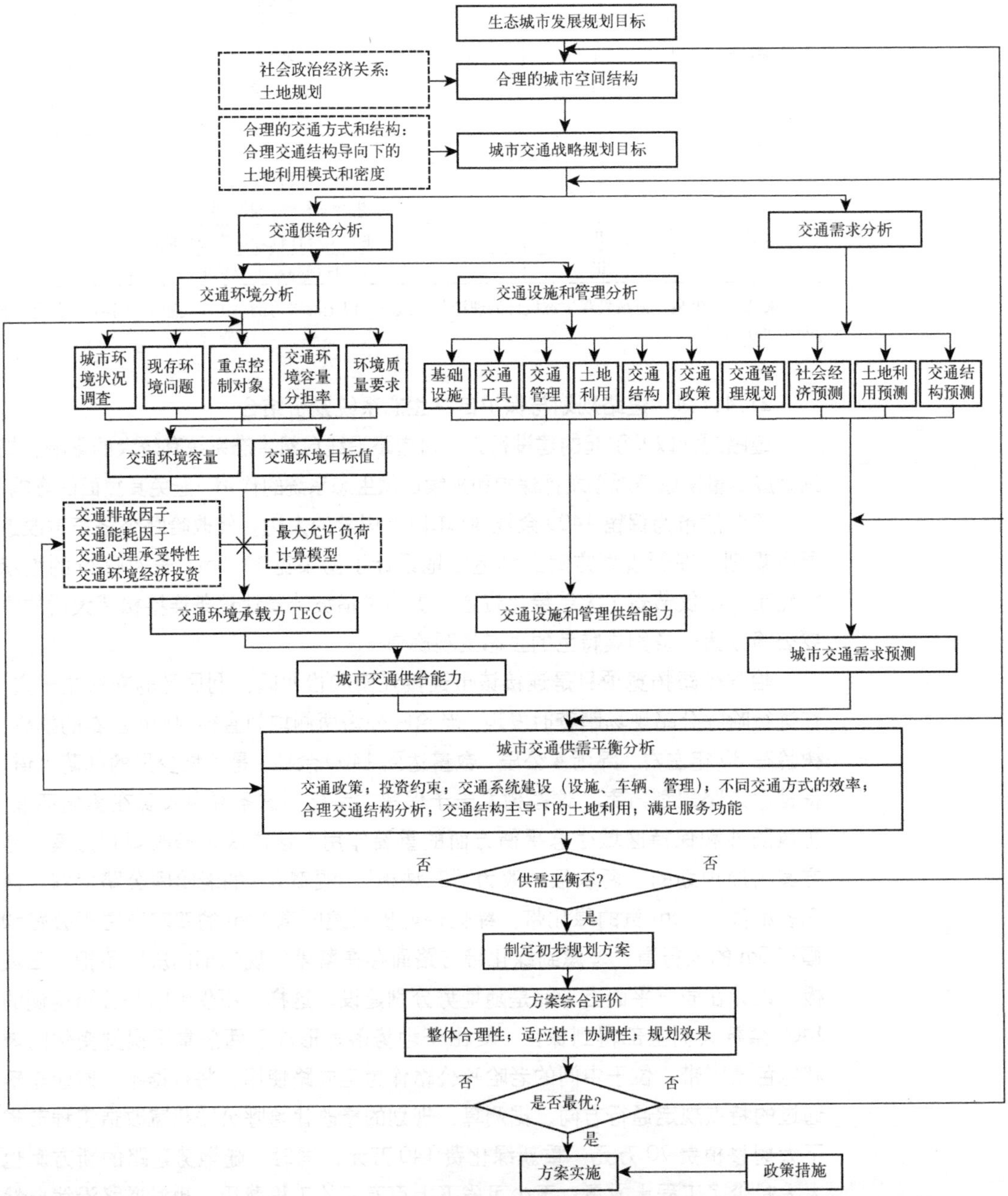

生态城市发展规划目标
社会政治经济关系：土地规划
合理的城市空间结构
合理的交通方式和结构：合理交通结构导向下的土地利用模式和密度
城市交通战略规划目标
交通供给分析
交通需求分析
交通环境分析
交通设施和管理分析
城市环境状况调查
现存环境问题
重点控制对象
交通环境容量分担率
环境质量要求
基础设施
交通工具
交通管理
土地利用
交通结构
交通政策
交通管理规划
社会经济预测
土地利用预测
交通结构预测
交通环境容量
交通环境目标值
交通排放因子
交通能耗因子
交通心理承受特性
交通环境经济投资
最大允许负荷计算模型
交通环境承载力 TECC
交通设施和管理供给能力
城市交通需求预测
城市交通供给能力
城市交通供需平衡分析
交通政策；投资约束；交通系统建设（设施、车辆、管理）；不同交通方式的效率；合理交通结构分析；交通结构主导下的土地利用；满足服务功能
否
供需平衡否？
否
是
制定初步规划方案
方案综合评价
整体合理性；适应性；协调性；规划效果
否
是否最优？
否
是
方案实施
政策措施

图 21.4 城市生态交通规划框架

来源：李晓燕，陈红．城市生态交通规划的理论框架．长安大学学报（自然科学版），2006（1）．

（1）从城市空间结构入手，考虑交通环境对城市发展的制约因素，从城市的空间结构布局方面来减少城市的交通资源消耗、污染排放和交通需求，同时还应综合考虑交通规划的反馈要求，确定合理的城市空间结构布局。

（2）将确定合理的交通方式和结构的理念贯穿于整个规划过程，充分考虑各种交通方式的运输效率、城市的规划和布局、居民交通行为选择的偏好等因素，以及道路等基础设施的承载能力、交通工具的实际运载能力和交通管理能力，把交通活动对交通环境的影响约束在一定的范围内。同时，应注重以合理交通结构为导向进行土地利用模式的开发，保证合理交通结构的实现。

（3）规划方案的确定并不是被动地接受交通环境承载力的约束，而是充分考虑交通系统发展与承载力之间的双向作用关系，协调优化，使交通发展与交通环境同时达到"双赢"。同时，随着科技进步和新型低能耗、低污染交通工具的引入，交通排放因子、能耗和资金消耗等特性相应变化，导致在交通环境容量下降和环境质量标准提高趋势下，交通环境承载力反而不断增大，即城市交通系统发展允许规模上限不断扩大。

（4）针对交通需求预测中的交通结构、各种交通方式的平均出行距离等指标的预测结果，结合车辆排放因子、车辆能耗特性、交通行为者和居民的心理影响承受状况、资金利用情况等参数，测算交通规划可能发生的交通环境承载力，如果满足交通环境承载力的限制，则说明规划方案既满足交通需求又符合交通环境约束；否则，就需对规划方案进行调整，提出满足环境承载力的调整控制方案。

21.4.2.2 城市生态交通规划指标体系

生态交通是一个系统工程，涉及交通运输的每一个环节和相关要素，从车、路（基础设施）到交通环境、交通组织、交通管理乃至其所处的整个社会系统。可从表 21.19 所示的五个方面来建立生态交通的规划指标体系（陆化普等，2010）。

城市生态交通规划指标体系 **表 21.19**

一级指标	二级指标	指标类型
交通环境 (u_1)	交叉口平均交通噪声 (u_{11})	定量
	路段空气质量超标率 (u_{12})	定量
	交叉口空气质量超标率 (u_{13})	定量
	干道平均交通噪声 (u_{14})	定量
	交通振动协调系数 (u_{15})	定量
	大气影响协调系数 (u_{16})	定量
	道路景观 (u_{17})	定性
交通损耗 (u_2)	交通时空资源消耗系数 (u_{21})	定量
	单位运输量燃油消耗系数 (u_{22})	定量
	单位客运量占城市道路面积率 (u_{23})	定量
	燃油消耗协调系数 (u_{24})	定量
	道路交通大气污染饱和度 (u_{25})	定量

续表

一级指标	二级指标	指标类型
交通质量 (u_3)	人均道路用地面积 (u_{31})	定量
	车均道路用地面积 (u_{32})	定量
	道路网密度 (u_{33})	定量
	道路网等级结构 (u_{34})	定量
	路网饱和度 (u_{35})	定量
	路网容量 (u_{36})	定量
交通服务 (u_4)	道路网功能清晰度 (u_{41})	定性
	道路网连通度 (u_{42})	定量
	道路网适应度 (u_{43})	定量
	道路网可达性 (u_{44})	定量
	交通事故率 (u_{45})	定量
	居民出行时耗 (u_{46})	定量
	主干道平均车速 (u_{47})	定量
交通发展 (u_5)	交通投资协调系数 (u_{51})	定量
	交通成本协调系数 (u_{52})	定量
	交通安全协调系数 (u_{53})	定量
	交通系统自身发展水平 (u_{54})	定量
	交通与社会、经济协调度 (u_{55})	定量
	交通与资源、环境协调度 (u_{56})	定量

来源：根据"陆化普，蔚欣欣，胡启洲，袁长伟．基于模糊界定的城市生态交通综合测度模型．交通运输系统工程与信息，2010（3）"整理．

21.4.2.3 发展生态交通体系的策略

（1）发展生态交通工具

1）完善公共交通系统　发展生态交通工具首先应优先发展道路利用率高，污染轻的公共交通。公共交通一般包括公共汽车和轨道交通。其优点在于能有效节约交通用地，缓解交通拥挤，且人均污染小，运量相对较大，有利于环境的保护。资料表明，出行方式以公共交通所占比例高的城市，即使人口密度较高，交通能耗和出行费用仍低于公共交通所占比例低和人口密度低的城市。

2）适当建立自行车网络　自行车是一种慢速交通，具有灵活方便，自主性好，适应性强，造价低，经济耐用，便于维修，不耗能的特点，是一种良好的生态交通工具。应因地制宜地发展自行车网络，并主要作为公交系统的辅助系统进行开发，限制其远距离出行，让自行车成为近距离出行主导方式。完善城市功能区内自行车交通网络的具体措施包括：修建自行车专用道，在交叉口设自行车专用信号灯，凡学校、商业街、车站、娱乐设施等市民聚集的场所，都和自行车专用道相连接，并编制自行车专用地图以及完善自行车停车存放系统等。使居民在区内感觉到自行车舒适、安全、方便。

3）开发节能型交通工具　世界范围内的能源紧缺使开发新型节能型交通工具成为当务之急。普及电动轿车、电动公共汽车是生态交通体系的重要一环。

(2) 营造生态交通环境

1) 零换乘 停车已成为城市交通的一个严重问题，国外一些大城市在城市中心区以外设置停车－换乘系统，大大改善了中心区的交通状况。

2) 智能交通运输系统（ITS）是采用高新技术手段将先进的信息技术、计算机技术、传感器技术、电子控制技术、自动控制理论、人工智能等有效地综合运用于交通运输的监控、管理和控制，提高交通运输效率、增强交通安全性地一系列技术集成系统（如交通控制与路线导行系统、车辆行驶安全控制系统、交通运输信息服务系统等）。

3) 绿波带 “绿波带”的概念，即根据路上的要求车速与交叉口的间距，确定合适的时差，用以协调各相邻交叉口上绿灯启亮时刻以避免车辆遇到红灯的次数。试验发现车辆起步加速时所排出的有害气体是匀速状态下的5倍。通过信号配时的优化，减少车辆在交叉口停留的时间及不必要的停车加速，不仅有效缓解了交通阻塞问题，同时大大减少了汽车对空气的污染。该方法无须大动干戈且能达到较好的效果，可谓是“一箭双雕”的良策。

4) 改善道路状况 道路状况包括道路的线形、路面材料、照明、净空、提供的视距、施工期间的临时路网系统以及道路绿化等。这些因素都直接或间接影响到车辆的行驶安全以及对环境的污染问题。因此，在做道路设计时应将生态交通的思想融入其中，以设计出不仅符合道路规范而且符合生态交通的要求。具体措施如：平、纵、横满足设计规范，采用噪音小、污染少的路面材料，在道路上尤其是高速公路设置好防眩装备，给予一定的净空、视距保证等。

5) 保护生态植被和生物廊道 在道路建造和改造的过程中也应以不破坏生态植被、美化环境、提供生物廊道的前提出发进行建设。即在道路设计施工时尽可能结合当地的风土人情规划合理的绿化设施，营造植被，创造与景观协调一致、美观的绿化道路空间；考虑植物和动物的生活习性而预留生物廊道；在强调绿化建设时，应选择能改善道路环境以及防边坡冲刷和水土流失的植物栽植。

(3) 限制小汽车

随着城市机动化进程的加快及人们生活水平的提高，汽车保有量逐年攀升。但是从生态交通的眼光来看，小汽车的发展必须加以控制，必须将小汽车发展的总量控制在道路交通条件和城市环境能够承受的范围内。

1) 拥挤收费 拥挤收费首次在英国伦敦（1963年）提出，是指通过对穿行一些主要道路、桥、交叉口等收取费用来消除拥挤的措施。但是具体在2003年2月17日才正式实施，拥挤收费对于有效利用城市空间、改善交通状况有着明显作用（表21.20）。

拥挤收费指标变化情况 **表21.20**

	私车	速度	延误	地铁	公交乘客	出租车费用
收费前	12%	13km/h	下降30%	上升1%	上升14%	下降20%～40%
收费后	10%	17km/h				

来源：项贻强，王福建，朱兴一．生态交通的理念及策略研究．华东公路，2005（4）．

2）小汽车共享　小汽车共享在国外是较为普遍的一种现象，即有相同出行起迄点的人合乘同一部小汽车。不少国家为了减少道路上行驶的小汽车数量，均采用积极的鼓励政策。如在城市市中心，若为合乘车可减少拥挤收费的支付等。小汽车共享不仅能减少能源的不必要浪费，同时也可缓解道路拥挤。

第21章参考文献：

[1] Forman R T T，L E Alexander.Roads and their Major Ecological Effect [J]. Annual Review of Ecology and Systematics，1998，29：207-231.

[2] 车生泉．道路景观生态设计的理论与实践——以上海市为例 [J]. 上海交通大学学报（农业科学版），2007（3）.

[3] 崔世华．城市生态交通规划理论与方法研究 [D]. 长安大学，2004.

[4] 关华．道路建设中的生态问题——应用生态廊道设计降低生态冲击的新观点 [J]. 生态经济，2006（1）.

[5] 管菊香．生态交通的城市交通方式结构优化研究 [D]. 武汉理工大学，2007.

[6] 胡小军，张希良．走可持续城市交通之路．环境保护，2003（1）.

[7] 姜雪松．拓宽道路不伐树留下天然生态廊，松北区在拓宽哈呼路过程中保护树木节省大笔绿化资金且形成天然绿带 [N]. 哈尔滨日报，2008 年 8 月 20 日第 002 版.

[8] 李俊生，张晓岚，吴晓莆，全占军，范俊韬．道路交通的生态影响研究综述 [J]. 生态环境学报，2009（3）.

[9] 李晓燕，陈红．城市生态交通规划的理论框架 [J]. 长安大学学报（自然科学版），2006（1）.

[10] 李月辉，胡远满，李秀珍，肖笃宁．道路生态研究进展 [J]. 应用生态学报，2003（3）.

[11] 梁勇，成升魁，闵庆文．城市交通生态占用研究——以北京市为例 [J]. 东南大学学报（自然科学版），2005（3）.

[12] 陆化普，蔚欣欣，胡启洲，袁长伟．基于模糊界定的城市生态交通综合测度模型 [J]. 交通运输系统工程与信息，2010（3）.

[13] 穆彬，谢阳，江楠，蔡博峰，于顺利．道路生态影响评价方法研究：以兰海高速公路为例[J]. 环境科学，2007（12）.

[14] 孙鹏，王青，刘建兴，顾晓薇，李广军．沈阳市交通生态效率与环境压力．生态学杂志，2007（12）.

[15] 王小生，王磊．城市道路生态化理念及在工程设计中的应用 [J]. 上海建设科技，2006（5）.

[16] 张建强，白石清，渡边泉．城市道路粉尘、土壤及行道树的重金属污染特征 [J]. 西南交通大学学报，2006（1）.

[17] 宗跃光，周尚意，彭萍，刘超，郭瑞华，陈红春．道路生态学研究进展．生态学报，2003（11）.

本章小结

全面分析道路及交通的生态影响，对最大限度地减少两者对自然生态系统所产生的负面作用、保护生物多样性、维持生态系统健康均具有重要意义。可从道路对理化环境、植被、动物的影响，以及不同交通方式对城市环境的影响等方面分析道路交通的生态影响。进行道路交通生态影响测度与分析时要注意将道路生态影响与交通生态影响分析予以一定程度的结合。道路生态规划包括：生态道路网规划对策、道路生态廊道规划、道路景观生态设计、道路规划与保护自然生态系统结合设计等。城市生态交通规划必须综合考虑交通环境问题，通过预测在不同政策、措施和技术条件下各规划方案的服务水平和环境状况，根据交通环境容量和交通环境承载力指标的约束，制定交通发展方案及提出相应的发展对策和建议。城市生态交通规划指标体系包括:交通环境、交通损耗、交通质量、交通服务和交通发展等方面。

复习思考题

1. 考虑道路交通的生态影响对城市发展具有什么意义和作用?
2. 你认为应如何对道路交通的生态影响进行测度和分析?
3. 道路交通生态化规划的主要内容是什么？应如何处理与城市规划的关系?

第22章 城市绿地系统生态化规划

本章论述了城市绿地系统生态化的内涵及规划原理，介绍了城市绿地系统生态化规划的若干分析评价方法，探讨了城市绿地系统生态化的途径，并从屋顶绿化、城市森林、生态公园三个方面探讨了城市绿地系统重要元素的生态化规划方法。

22.1 城市绿地系统生态化原理

22.1.1 城市绿地系统生态化规划内涵

城市绿地系统泛指城市区域内一切人工或自然的植物群体、水体及具有绿色潜能的空间，它由相互作用的具有一定数量和质量的各类绿地组成，具有重要的生态、社会和经济效益，为城市内唯一有生命的基础设施，是城市生态环境及可持续发展的重要基础之一。

城市绿地系统生态化规划的紧迫性与我国城市生态环境质量下降趋势有密切关系。近 20 年来，我国城市建设用地的连通性显著增加，而城市绿地以及城

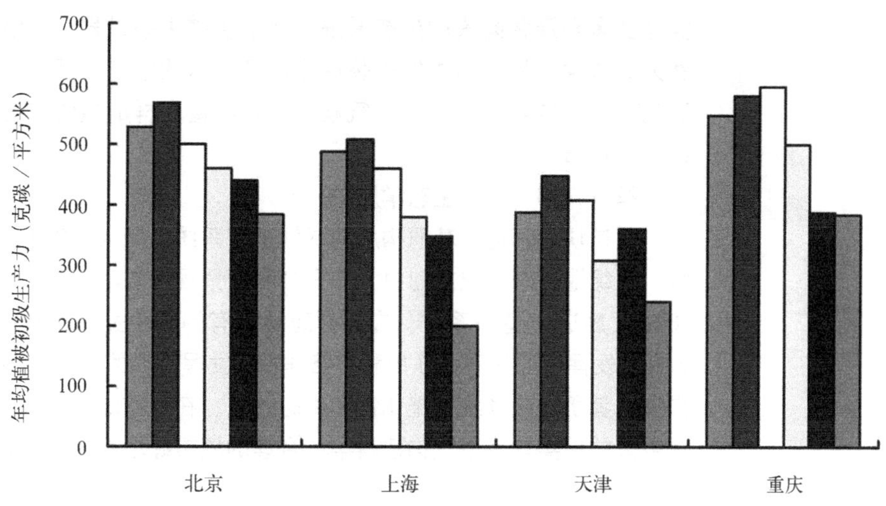

图 22.1 近 20 年来我国部分城市年均植被净初级生产力变化趋势图

注：图中每一城市的 6 个柱状数据分别表示 1985、1990、1995、2000、2005、2006 年。

来源：http：//english.cma.gov.cn/tqyb1/stynyqx/zxdt/t20070306_181878.phtml.

郊植被的隔离作用相对减弱，城市植被净初级生产力逐年递减（图 22.1）。由图 22.1 可见，2006 年我国城市植被净初级生产力比常年同期下降 68.6%（中国生态气象监测评估公报（2006 年）．中国气象局网站，2007-03-06：http：//english.cma.gov.cn/tqyb1/stynyqx/zxdt/t20070306_181878.phtml）。

城市绿地系统生态化规划是恢复绿地之间被人类活动中止或破坏的相互联系，以绿地空间结构的调整和重构为基本手段，调整原有的绿地格局，引入新的景观组分，改善其服务功能，提高其基本生产力和稳定性，将人类活动对景观演化的影响导入良性循环（田国行等，2007）。城市绿地系统生态化规划是沟通人与自然的途径和手段，是生态学认识人类生存环境的理论延伸与实际应用。

22.1.2 城市绿地系统生态化规划原理

22.1.2.1 绿地系统功能的整体性原理

城市绿地生态系统是由人工干扰下的植物群落、人为影响下的地形、水体等自然元素与纯粹人工构筑的建筑物形成的多元复合系统。城市绿地生态系统的基本特点表现为整体的复合性，即构成绿地生态系统的各个组成部分必须紧密联系才能发挥其整体性作用。绿地要成为一个稳定高效的系统应该是一个和谐的整体，各组分之间必须具有适当的量的比例关系和明显的功能上的分工与协调，以使系统顺利完成物质、能量、信息、价值的转换功能。

22.1.2.2 生物多样性原理

生物多样性是实现生物物种可持续发展的重要前提。为了保证系统的稳定和提高系统的效益，城市绿地生态系统规划应将维护生物多样性作为首先考虑的设计指标，提供满足生物多样性要求的生存环境。保护生物多样性的基础之一是保持和维护乡土生物与生境的多样性。为此，绿地生态系统规划应在 4 个层面上有所作为，即：保持有效数量的乡土动植物种群；保护各种类型及多种演替阶段的生态系统；尊重各种生态过程及自然的干扰，包括自然火灾过程、旱、雨季的交替规律以及洪水的季节性泛滥；利用城市庞大的建筑群形成的丰富多样的小气候，营建丰富多样的植物群落，其前提是建筑群的合理布置。

22.1.2.3 景观生态学原理

由斑块、廊道、基质构成的绿地生态系统，为人们提供了各种生态服务功能。在绿地生态系统规划中，应充分利用景观生态学原理，合理营造复合型的斑块－廊道－基质系统。应发挥斑块具有的维护生物多样性、生态调节器等作用，发挥廊道的联系作用和网络作用，发挥基质的异质性和特质，与此同时，提高三者所构成系统的整体性和生态效力。在城市绿地资源短缺、人类活动强度巨大的现实背景下，构建科学、合理的城市绿地系统景观格局，尤其具有重要的意义。

22.1.2.4 恢复生态学原理

恢复生态学是研究生态系统退化的原因、退化生态系统恢复与重建的技术和方法及其生态学过程和机理的学科，它的研究对象是那些在自然灾变和人类活动压力下受到破坏的自然生态系统。城市是高度退化与受胁迫的生态系统，绿地生态系统建设是人类活动高度干扰状态下的景观重建与生态修复的实践活动。城市绿地生态系统规划实际上是将被城市割断的绿地元素重新建立起联系或增加其连接度，是对破碎化的生态系统的恢复与景观重建。从恢复的最终目标来看，应该是提高绿地生态系统的生态服务功能。

22.1.2.5 节约资源原理

城市绿地系统生态化规划与资源发生特殊的关系，节约资源可在下面几个方面着手：

(1) 保护：对于不可再生的资源，以保护为主，甚至作为自然遗产划定范围实行绝对保护，如城区和城郊湿地的保护，自然水系和山林的保护等。

(2) 减量：尽可能减少能源、土地、水、生物等资源的使用，提高其使用效率。设计中如合理地利用自然元素如光、风、水等，往往可以数以倍计地减少能源和资源的消耗。城市绿地建设中如以林地取代草坪，地带性树种取代外来园艺品种，都可以节约能源，减少资源的耗费，同时降低额外维护费用。

(3) 再用：利用废弃的土地和原有材料，包括植被、土壤、砖石等创造新的功能，实现废弃资源的重新利用。如在城市更新过程中，关闭和废弃的工厂可以在生态恢复后成为市民的休闲地，在发达国家的城市景观设计中，这已成为一个潮流。

(4) 再生：大自然没有废物。节约资源意味着要致力于使不可再生的资源在利用方式及其属性方面具有再生性。如，土地资源是不可再生的，但土地的利用方式和属性却可以使之具有循环再生的特性。再生原理可重新唤起城市的生机，为城市绿地生态系统提供新的活力。

22.1.2.6 城市绿地系统功能提升原理

城市绿地系统功能提升可从如下途径着手：①优化并提升城市野生植物功能。把其中的优势树种和丰富的地被植物引入到新的绿地系统中，充

分发挥其生态功能；②谨慎选择城市绿化关键物种。绿化关键物种的选择与应用的合理化是保障城市绿地系统安全和健康、提升景观功能、持续发挥作用的技术措施之一；③营造野生动物生境。营造鸟类适宜栖息生境、加强水体的生态化治理吸引水生动物栖息，设立生物廊道，丰富野生动物资源，构建人与野生动物和谐共处的生态环境，是提高城市绿地系统功能的重要内容之一。

22.2　城市绿地系统生态化规划的若干分析评价方法

22.2.1　通过三维绿量测算掌握城市绿地宏观状况

三维绿量是指所有生长植物的茎叶所占据的空间体积。三维绿量的测量是研究城市绿地宏观状况的重要内容，也是绿化环境效益评价的基本前提和城市生态系统研究的重要内容之一（周廷刚等，2005）。城市三维绿量测量模式其一是"立体摄影测量"法，其二是"平面量模拟立体量"法。周廷刚等（2005）建立了空间三维绿量遥感中关键的植被高度模型和研究区主要树种的树高－冠径相关关系模型，计算了宁波市总三维绿量和平均相对三维绿量（表22.1），以及平均相对三维绿量的区域分布。由表22.1可见，区域的平均相对三维绿量与绿化覆盖率具有一定的相关关系，绿化覆盖率高的区域，其平均相对三维绿量就比较高；反之，平均相对三维绿量就较小。

宁波市三维绿量　　表22.1

行政区	区域面积（hm^2）	绿化覆盖率（%）	平均相对三维绿量（m^3/hm^2）	总三维量（万 m^3）
江北区	1805.66	30.44	3652.4	659.5
海曙区	1543.43	16.16	2908.5	448.9
江东区	1542.55	21.53	3229.7	498.2
宁波市	4891.64	23.12	3284.4	1606.6

来源：周廷刚，罗红霞，郭达志．基于遥感影像的城市空间三维绿量（绿化三维量）定量研究．生态学报，2005（3）．

22.2.2　满足净化大气环境的城市绿地系统规模分析与测算

合理的绿地规模应既能实现城市土地资源的节约，又能改善城市生态环境。乔青等（2007）以辽宁省海城市为例，探讨了满足净化大气环境的城市绿地系统规模分析与测算的相关问题。

22.2.2.1　基于滞尘需求的绿地规模测算与分析

基于滞尘需求的绿地规模测算公式为：$A_1=C/C_g$

式中：A_1 为满足滞尘功能所需的绿地面积；C 为城市降尘总量；C_g 为单位绿地滞尘量。

海城市年均降尘值约为 185.28t/km^2，是辽宁省允许降尘标准（年均 96t/km^2）的 1.93 倍；据相关研究，每公顷绿地全年大约可滞尘 1.518t（陈自新，

2001)。据此，如欲通过城市绿地来滞纳建成区内现有超标部分的降尘，则需新增绿地 1882hm^2，使建城区绿地率提高到 58.8%。

22.2.2.2 基于 SO_2 净化需求的绿地规模测算与分析

基于 SO_2 吸收功能的绿地需求规模测算公式为：$A_2=S/S_g$

式中：A_2 为满足 SO_2 净化功能所需的绿地面积；S 为全年 SO_2 排放量；S_g 为单位面积绿地 SO_2 吸收量。

2005 年海城市全年 SO_2 排放量为 1.2 万 t，建成区 SO_2 排放量为 1560t。据研究每公顷植被全年大约可以从大气中吸收二氧化硫 0.482t（中野尊正等，1986)。据此计算，建成区内现有绿地全年可吸收二氧化硫 36t，仅占该区域全年 SO_2 排放量的 2.3%；假设完全依靠绿地来吸收排放的 SO_2，则需 3236hm^2 绿地，届时建成区的绿地覆盖率达到 100%，而这在现实中难以达到。可见，除了尽可能地增加绿地面积提高 SO_2 的净化能力外，还必须从工业源头上加强对 SO_2 的治理，减少 SO_2 排放量。

22.2.2.3 基于维持碳氧平衡需求的绿地需求规模测算

绿色植物能够吸收二氧化碳，释放出氧气，满足小区域碳氧平衡所需绿地面积公式为：

$$A_3=O/O_g$$

式中：A_3 为所需绿地面积；O 为城市耗氧总量；O_g 为单位面积绿地释放氧气量。

海城市消耗氧气主要有煤炭燃烧耗氧和人类的呼吸及排泄物耗氧，根据沼田真等的研究，人的呼吸耗氧每人每天 0.8kg，人的排泄物耗氧每人每天 0.04kg，两者共计 0.84kg。海城市 2005 年市区内人口为 34 万人，煤炭消耗量为 30 万 t，理论上市区内全年总耗氧量为 649424t。根据研究，每公顷城市绿地每天可吸收二氧化碳 1.767t，释放氧气 21.23t（陈自新，2001)。若全靠城市绿地提供这些氧气，需要新增绿地 1235.5hm^2，使总面积达到 1446.5hm^2，届时建成区绿地覆盖率应达到 45.2%。海城市 2005 年城市绿地全年氧气释放量为 94728t，是城市耗氧量的 14.58%，其碳氧平衡更多地依赖于与周围区域上的空气交换和流通，假如海城市建成区是一个封闭系统的话，则其绿地面积远不能满足城市的耗氧需求。

22.2.3 利用景观生态学指数对城市绿地系统规划进行评价及调控

22.2.3.1 城市绿地系统景观特征指标

景观生态学是地理学与生态学交叉形成的学科，是研究景观单元的类型组成、空间配置和生态学过程相互作用的综合性学科。景观生态学指数包括景观多样性与优势度指数、均匀度指数、分维数、分离度、破碎度等反映景观类型特征、景观格局的指标。刘纯青等（2008）编制的宜春市绿地系统规划，应用景观生态学指数对该市绿地系统现状进行了分析，并进行了绿地系统规划的优化（表 22.2 和表 22.3)。

宜春市中心城不同面积绿地斑块统计　　表 22.2

	0 ~ 0.5hm^2		0.5 ~ 1hm^2		1 ~ 10hm^2		10 ~ 100hm^2		大于 100hm^2		合计	
	现状	规划	现状	规划	现状	规划	现状	规划	现状	规划	现状	规划
公园绿地	14	28	7	31	10	23	2	8	0	3	33	93
生产绿地	0	0	3	0	2	1	0	0	0	1	5	2
防护绿地	0	0	0	0	1	0	0	6	0	0	1	6
附属绿地	102	122	179	192	64	69	2	3	0	0	347	386
其他绿地	0	0	0	0	1	0	0	2	0	4	1	6
合计	116	150	189	223	78	93	4	19	0	8	387	493

来源：刘纯青，黄建国，赵小利．宜春市中心城绿地系统的景观生态评价．江西农业大学学报，2008（3）．

宜春市中心城绿地系统景观空间格局指标现状与规划比较　　表 22.3

多样性 H		优势度 D		均匀度 E		平均分维数 F	
$H=-\sum_{i=1}^{n}P_i\ln(P_i)$		$D=\ln(n)+-\sum_{i=1}^{n}P_i\ln(P_i)$		$E=\frac{H}{H_{\max}}=\frac{-\sum_{i=1}^{n}P_i\ln(P_i)}{\ln(n)}$		$F=\frac{\sum_{i=1}^{n}\sum_{j=1}^{ni}\left\|\frac{2\cdot\ln(0.25P_{ij})}{\ln(a_{ij})}\right\|}{N}$	
现状	规划	现状	规划	现状	规划	现状	规划
0.72	1.43	0.89	0.18	0.45	0.89	1.56	1.63
分离度 F_i				斑块数破碎度 B			
$F=(n/A)^{0.5}/2\ (A_i/A)$				$B=N/A$			
现状		规划		现状		规划	
0.61		0.35		0.18		0.09	

注：表中，n 为绿地斑块类型总数，P_i 为绿地斑块类型 i 在景观中出现的概率，P_{ij} 为第 i 种绿地斑块类型第 j 个斑块的周长；a_{ij} 为第 i 种绿地斑块类型第 j 个斑块的面积；A 为建成区面积，A_i 为绿地斑块类型 i 的总面积，N 为绿地总斑块数。

来源：刘纯青，黄建国，赵小利．宜春市中心城绿地系统的景观生态评价．江西农业大学学报，2008（3）．

22.2.3.2　城市绿地系统景观特征评价与分析

（1）斑块数量分析评价

景观是由许多斑块共同构成的镶嵌体，其中同类斑块的数量和面积往往决定着景观中的物种动态和分布。宜春市中心城绿地斑块数从规划前的 387 块增加到规划后的 493 块。从各景观面积所占总面积的比例看，附属绿地景观占最大比重。

（2）斑块大小分析

大型的自然植被斑块更有利于涵养水源，维持物种的安全和健康，而小型斑块有利于提高绿地景观多样性和景观连接度，可为物种提供临时的栖息地，由表 22.2 可见，规划前宜春市中心城区绿地以中小型斑块为主，规划后增加了 8 个大型斑块，斑块大小分布趋于合理，有利于生物多样性的保护。

（3）景观多样性与优势度分析

对于景观类型数目相同的不同区域，多样性指数越大，其优势度越小。从表 22.3 可见，规划后的多样性指数从 0.72 提高到 1.43，有利于景观系统的稳定，创造了较强烈的视觉效果和提供了较多的旅游资源。从优势度指数看，由规划前的 0.89 降至规划后的 0.18，反映出少数景观类型占优势的状况得到改善。

（4）均匀度指数分析

均匀度指数用于反映景观或斑块类型在面积上分布的均匀程度。从表

22.3 可知，规划前的均匀度指数较低，为 0.45，原因是城市内部绿地分布不均匀的现象较为严重。规划绿地分布较为均匀，均匀度提高至 0.89，结构较为合理，有利于保持景观的稳定，城市居民出户 500 ~ 800m，即有驻足休憩之地。

（5）分维数分析

分维数是研究景观要素形状复杂程度的指标。由表 22.3 可见，规划后的分维数有一定程度的提高，这是因为在绿地斑块形状设计时，大量以游憩和保护自然环境为主要目的的绿地尽量使其边界弯曲和突起，增大了与城市景观基质的接触面，这样既可提高绿地的使用效率，又有利于物种迁移。

（6）分离度分析

景观分离度可反映某一景观类型中不同斑块个体分布的分离程度。从物种保护的角度来说，孤立斑块不利于物种的扩散和迁移，由表 22.3 可见，规划前景观的分离度较高，原因是城市绿地系统之间还没有形成完整的绿地网络，斑块群聚连接性差。而规划通过生态圈与景观环的建设，加强了绿地斑块的连通性，使得分离度由规划前的 0.61 降至规划后的 0.35，为城市景观提供了有力的生态支持。

（7）破碎度分析

破碎度是描述景观被分割的破碎程度，其大小将直接影响物种的生存、繁殖、扩散、迁移和保护，同时也将影响区域内旅游资源的美学价值。由表 22.3 可见，现状景观的破碎度达 0.18/hm^2，规划后景观破碎度降至 0.09。其原因包括提高了绿地连续性，营建了由水道、绿道构建的绿色生态格局。

该市绿地系统规划前后景观特征指标的比较可见，通过运用景观生态学原理进行绿地系统规划，各类绿地所占的比例趋于合理，景观格局指数起了较大变化；表明：规划后的宜春市绿地系统景观结构具有较高的稳定性，绿地景观空间格局的优化成果明显，为构建较为合理的城市绿地生态系统打下了基础。

22.3 城市绿地系统生态化的若干途径

22.3.1 城市绿地系统整体格局的建设

22.3.1.1 建设和保护大面积的绿地斑块

绿地系统中大的绿地斑块可以保护更多的生物物种，构成地区物种源地，还可涵养水源，调节城市气候，提供游憩机会，发挥多方面的作用。对于“热岛效应”等环境问题，大面积的绿地斑块对改善环境具有积极意义。因此，结合大的绿地斑块的建设，同时布置小的绿地斑块作为补充，是形成优良绿地生态网络格局的途径之一（宣功巧，2007）。

22.3.1.2 恢复城市森林生态系统，重构生态本底

城市森林是指城市中自然和近自然的森林生态系统。在城市森林建设中，应完善乔、灌、草、藓、菌层级结构，完善乡土植物群落。通过以乔木为主植被的乔、灌、草、藓、菌层级结构中地上部分（树冠、枝叶等）和地下部分（根系），实现水土保持、提高生态功能的目的（叶嘉等，2007）。

22.3.1.3 恢复城市湿地生态系统

城市湿地生态系统包括城市河流、湖泊、水田等。对于城市河流和湖泊应恢复其自然本色（自然堤岸、河床，滩、湾、溪、洼、沼泽、淀等多种天然形态及功能）；同时，充分利用降水资源，营造人工湿地、生态水池，发挥湿地削减污染，净化水质的功能。另外，因地制宜地种植多种水生植物，吸引野生动物，增加生物多样性，丰富城市景观，有助于城市湿地生态环境的根本改善（叶嘉等，2007）。

22.3.1.4 加强绿化廊道建设

城市植被系统建设中，必须充分结合水道、道路、农田等建设绿化廊道。通过绿化廊道将城市植被系统中的各斑块绿地联系起来，组合成一个整体的绿地系统。如，莫斯科市市区面积为 878km^2，市区外围是一圈平均宽度 10 ~ 15km（最宽处达 28km）、总面积约 1727km^2 的绿化森林带。同时，8 条绿化带作为景观联系廊道，把市内各公园与市区周围的森林公园带连为一体，提升了莫斯科绿地系统的整体性（王晓东等，2001）。

22.3.2 提高城市植物多样性

22.3.2.1 城市植物多样性的保护方式

城市植物多样性保护，能促进植物遗传基因的交换，增加适应城市环境的物种，提高城市植被的稳定性与景观的异质性，有利于城市绿地系统的发展（施维德，2000）。

城市植物多样性保护有多种方式，包括：就地保护、迁地保护、离体保存和生态系统的恢复改善等。其中最主要的是就地保护和迁地保护（施维德，2000）。就地保护是自然保护区、风景名胜区的形式将有价值的自然生态系统和野生植物环境保护起来，迁地保护是以城市园林、植物园、野生植物繁育基地等形式对就地保护做出补充。迁地保护措施主要适于受到了高度威胁的植物种类的紧急拯救。

22.3.2.2 提高城市植物多样性的措施

（1）进行城市植被群落的组建

研究发现，物种的多样性只有在群落的水平上才能得到很好的维持和保护（周灿芳，2000）。植物群落由一定的植物种群组成，这些种群共同适应于它们所处的无机环境，同时，它们内部的相互关系也达到一定的协调和平衡（宋兴琴等，2003）。近自然的群落组建设是保护城市植物多样性的有效手段，科学的群落组建有利于充分利用群落中物种间的相互作用，维持健康的植物群落，从而减少管护费用。

（2）增加城市园林斑块的植物多样性

增加城市园林斑块中的植物多样性是以保护乡土物种多样性为基础的。植物配置应以本土和天然的为主，充分体现当地植被群落特征，导入原来分布、历史悠久的种类以及目前濒危的野生植物材料；在科学论证的基础上适当引入外来物种，保持有效数量的乡土植物种群，提高单位绿地面积的植物多样性指数（王颖光，2009）（表 22.4）。

广州市绿地多样性指数 表22.4

		东山区	越秀区	荔湾区	海珠区	天河区	芳村区	白云区	黄埔区
园林绿地	公园	1.8512	1.6597	1.3441	1.0358	1.4918	0	1.7974	1.6567
	小游园	2.0946	0	2.7093	3.6867	2.1743	4.2383	2.0549	3.1594
	街头绿地	6.4722	4.0526	4.4858	4.8657	4.7199	3.4934	3.3762	3.6573
	专有绿地	4.9789	2.1370	4.7401	4.7101	3.9740	3.6982	4.4952	4.6693
	居住区绿地	2.3435	0	2.9181	3.4063	4.1979	3.3835	6.1877	3.5849
生产绿地	生产绿地	0	0	0	0	2.0134	3.1717	3.7720	3.4197
	防护绿地	0	0	0.9059	2.7032	1.6641	0.3787	2.8202	2.4783
风景绿地	风景绿地	0	0	0	0	0	0	0.0823	0.8244

来源：王丽荣，李贞，管东生．广州城市绿地系统景观生态学分析．城市环境与城市生态，1998（3）；转引自：邓清华．生态城市空间结构研究——兼析广州未来空间结构优化［D］．华南师范大学，2002.

（3）建设城郊大型森林斑块和环城绿化带

生境面积越大，种群规模也越大，越有利于植物多样性保护（高俊峰等，2006）。对于城区用地紧张，增加大面积绿地较困难的城市，可以开发利用城郊自然景观，建设自然保护区、城郊森林公园和环城绿化带。这样，城市生物种群与城郊森林生物种群构成复合种群，城郊森林可作为城市园林物种的源、增加生物多样的良性生态库，增加了城市物种与野生物种间物种交流和基因交换，使得生物对环境的适应性增强，从而提高城市生物多样性。

22.3.3 城市绿地系统中植物优化配置措施

22.3.3.1 树种及植被的科学选择

树种及植被的选择是城市绿化成败的关键之一。城市树种的选择应当遵循以下原则：①以本地树种为主；②选择抗性强的树种；③根据本地树种及城市大气污染情况，适当选择一些对大气污染有一定修复作用的树种（表22.5）；④选择深根性或侧根发达、萌芽力强的树种；⑤合理地确定所选择树种（乔灌、常绿与落叶）的比例；⑥注重速生与慢生树种的衔接，实现园林绿化近期效益与远期效益相结合。

城市树种对大气污染的修复作用 表22.5

主要污染物	修复能力	乔木	灌木、草本等
物理性颗粒	较强	毛白杨、臭椿、悬铃木、雪松、广玉兰、女贞、泡桐、紫薇、核桃、板栗	丁香、大叶黄杨、榆叶梅、侧柏
	中等	国槐、旱柳、白蜡、紫荆	紫丁香、大叶黄杨、月季
SO_2	强	女贞、构树、棕榈、沙枣、苦楝、石榴、樟树、小叶榕、垂柳、臭椿、加拿大杨、花曲柳、刺槐、旱柳、枣树、水曲柳、新疆杨、水榆	小叶黄杨、竹节草、绊根草、松叶牡丹、凤尾兰、夹竹桃、丁香、玫瑰、冬青卫茅
	较强	桑树、合欢、榆树、朴树、紫藤、紫穗槐、梧桐、国槐、泡桐、白蜡、玉兰、广玉兰、栾树	竹子、榆叶梅、竹节草
	敏感	复叶槭、梨、苹果、桃树、核桃、油松、黑松、沙松、雪松、白皮松、樟子松、落叶松、水杉、银杏、棕榈、槟榔、悬铃木、马尾松、赤杨、白杨、枫杨、梅花	向日葵、紫花苜蓿，月季，暴马丁香、连翘

续表

主要污染物	修复能力	乔木	灌木、草本等
Cl_2	强	棕榈、木槿、构树、女贞、罗汉松、加拿大杨、紫荆、紫薇、山杏、家榆、紫椴、水榆、白桦	小叶黄杨、夹竹桃、冬青卫茅、凤尾兰、紫藤、竹节草、绊根草、松叶牡丹、暴马丁香、樱桃
	较强	臭椿、朴树、小叶女贞、桑树、梧桐、玉兰、枫树、龙柏、花曲柳、桂香柳、皂角、枣树、枫杨	大叶黄杨、文冠果、连翘、石榴
	敏感	垂柳、银杏、水杉、银白杨、复叶槭、油松、悬铃木、雪松、柳杉、黑松、广玉兰、桧柏、茶条槭、沙松、旱柳、云杉、辽东栎，麻栎、赤杨	万寿菊、木棉、假连翘、向日葵、黄菠萝、丁香
HF	强	女贞、棕榈、小叶女贞、朴树、桑树、构树、梧桐、泡桐、白皮松、桧柏、侧柏、臭椿、银杏、枣树、山杏、大叶杨、白榆	小叶黄杨、冬青卫茅、凤尾兰、美人蕉、竹节草、绊根草、松叶牡丹、无花果
	较强	木槿、白辛树、苦楝、合欢、白蜡、旱柳、广玉兰、玉兰、刺槐、国槐、杜仲、臭椿、旱柳、茶条槭、复叶槭、加拿大杨、皂角、紫椴、雪松、水杉、云杉、白皮松、沙松、落叶松、华山松、青杨、垂柳、香椿、胡桃、银白杨、银杏、桃树、核桃、悬铃木	小叶黄杨、石榴、丁香、紫丁香、卫茅、毛樱桃、接骨木
	敏感	葡萄、杏树、黄杉、稠李、樟子松、油松、山桃、梨树、钻天杨、泡桐	唐菖蒲、小苍兰、郁金香、苔藓、烟草、芒果、四季海棠、榆叶梅
O_3	较强	洋白蜡树、颤杨、美国五针松、五角枫、臭椿、侧柏、银杏、圆柏、刺槐、国槐、钻天杨、红叶李	苜蓿、烟草、葡萄、紫穗槐
	敏感	美国白蜡	牵牛花、牡丹
气态汞	较强	瓜子黄杨、广玉兰、海桐、蚊母、墨西哥落叶杉、棕榈	
菌类	较强	龙柏、芭蕉、圆柏、银杏、侧柏、松类、榆树、水杉、夹竹桃	

来源：丁菡，胡海波．城市大气污染与植物修复．南京林业大学学报（人文社会科学版），2005（2）．

22.3.3.2 充分发挥城市植物生态建设中野草的价值

野草是城市生态保护的最好绿化方法（绿地自然野化能减少农药、除草剂的大量使用，减少水资源消耗和环境污染）。城市野草具有较高的生态价值，包括：生态恢复的先锋植物，容易顺应和借助自然力形成城市的植物覆盖区，保护城市物种多样性，防止水土流失，节约大量建设成本等。野草还具有食用、药用、饲用等经济价值。此外，城市野草及由其所创造的生境，在一定程度上成为城市的短缺资源，成为城市居民接触自然、学习生态知识的场所。在城市植物生态建设中需要充分发挥野草的价值，将其纳入本地生态系统，以增加生态系统的物种多样性、结构功能的稳定性，节约建设成本，形成健康、自然生态系统（叶嘉等，2006）。

22.3.3.3 根据气候条件确立城市植物建设策略

气候是影响植物分布的主导因素，城市植物建设策略必须与城市气候紧密结合，否则在经济上将事倍功半，在生态效益上也将得不偿失。如，一些城市草坪忽略本土适应性极强的野花、野草的开发运用，多选用单一外来种，种植方式多是以草毯形式铺设而成，草皮的根系位于土壤的表层，只能利用土壤浅层的水分和营养。北方炎热夏季 $1m^2$ 草坪浇 1 次水，约需用 1 ～ 2t 水量，成为不折不扣的"喝水大户"。由于其耐旱性、抗逆性较差，人工地被不仅消耗大量水资源，而且杀虫剂和除草剂的大量使用还会破坏当地生态环境中的生物多样性，引发土壤、水环境的二次污染，其生态效益远不足以抵消它对环境的生态负效应（叶嘉等，2007）。

22.4 城市绿地系统若干重要元素的生态化规划

22.4.1 屋顶绿化

22.4.1.1 屋顶绿化定义

广义的屋顶绿化是指在各类建筑物、构筑物的屋顶、露台、天台、阳台等人工基质进行的绿化（西奥多 · 奥斯曼德森，2005）。屋顶绿化包括植物、土壤、排水以及高质量防水层在内 8 个层次完整的屋顶防水隔热系统，从上至下依次为：植被层、种植土、过滤层、排水层、耐根穿刺层、普通防水层、找坡（找平）层、结构层。

22.4.1.2 屋顶绿化的类型

屋顶绿化的分类，按照不同的需要和角度，有各种可能性，其类型划分见表 22.6。

屋顶绿化的类型划分　　表 22.6

<table>
<tr><td colspan="2">按使用要求划分</td><td colspan="2">公共游览性屋顶绿化、赢利性屋顶绿化、家庭式屋顶绿化、科研生产性的绿化屋顶</td></tr>
<tr><td colspan="2">按绿化形式划分</td><td colspan="2">地毯式、花坛式、棚架式、苗床式、花园式、庭园式</td></tr>
<tr><td colspan="2">按空间性质划分</td><td colspan="2">开敞式、封闭式、半开敞式</td></tr>
<tr><td colspan="2">按高度划分</td><td colspan="2">低层屋顶绿化和高层屋顶绿化；建筑的裙楼屋顶绿化；室内屋顶绿化</td></tr>
<tr><td colspan="2">按花园植物、建筑的方式划分</td><td colspan="2">成片种植式、分散周边式和庭院式</td></tr>
<tr><td colspan="2" rowspan="2">按绿化效果划分</td><td>轻型屋顶绿化</td><td>不上人的屋面，荷载轻，适合种植管理粗放的景天科、多年生地被植物</td></tr>
<tr><td>重型屋顶绿化</td><td>乔灌花草搭配，亭榭花架、小桥流水、体育设施综合在一起的，供人们休闲娱乐的绿色空间</td></tr>
<tr><td colspan="2" rowspan="2">按功能类型划分</td><td>生态型屋顶绿化</td><td>主要采用多种耐干旱的景天科植物或宿根花卉搭配种植，种植基质厚度 10 ~ 20cm。优点是施工、养护成本低</td></tr>
<tr><td>生产型屋顶绿化</td><td>采用多种耐干旱的宿根花卉或蔬菜搭配种植，种植基质厚度 20 ~ 30cm。优点是景观效果相对丰富，并可充分利用屋面的充足阳光，生产喜光的宿根花卉或蔬菜，产生直接的经济效益</td></tr>
<tr><td rowspan="2">其他</td><td rowspan="2">北京市《屋顶绿化规范》(2005)划分</td><td>简单式屋顶绿化</td><td>根据屋顶的具体条件，选择小型乔木、低矮灌木和草坪、地被植物进行屋顶绿化植物配置，设置园路、座椅和园林小品等，并提供一定的游览和休憩活动空间</td></tr>
<tr><td>花园式屋顶绿化</td><td>利用低矮灌木或草坪、地被植物进行屋顶绿化，不设置园林小品等设施，一般不允许非维修人员活动的简单绿化</td></tr>
</table>

来源：作者汇总。

22.4.1.3 屋顶绿化的经济和生态效益

屋顶绿化的生态环境功能反效应包括：节约能源、改善城区气候、缓解热岛效应、改善空气质量、减少城市表面径流、减少噪声、增加城市开放空间、提高城市的多样化水平、保护建筑等。屋顶绿化的经济效益首先体现在节约土地。建设部明文规定屋顶绿化面积可列抵地面绿化面积五分之一；北京市也有同样规定。对于寸土寸金的城市来说，土地节约的经济意义巨大。相对于目前地面拆迁绿化每平方米 2 万～ 6 万元的高昂费用，屋顶绿化每平方米 150 ～ 500 元的造价，可谓经济和廉价。再者，屋顶绿化的隔热、降温等功能，也使能源大为节约，因而具有经济效益（荆兰竹，2007）（表 22.7）。

屋顶美化成本分析 表 22.7

屋顶治理方案	成本费用（元 /m²）	效果	有效期	平均每年成本费用
平改坡	500 ～ 800 元	美观（无生态可言）	长期（按三十年算）	17 ～ 27 元
刷涂料	30 ～ 60 元	一般（无生态可言）	三年左右	10 ～ 20 元
屋顶绿化	200 ～ 800 元	美观有生态效益	长期（按三十年算）	17 元

来源：马志飞．上海市屋顶绿化现状研究 [D]．北京林业大学，2008.

李连龙等（2007）以北京红桥市场屋顶绿化（面积 1300m²）为样本，使用北京园林绿化生态效益定量评价软件，进行屋顶绿化生态效益推算（表 22.8）。由表 22.8 可知，该案例花园式和简单式屋顶绿化年总经济效益分别为 51.77/m² 和 10.08 元 /m²；1300m² 花园式屋顶绿化年吸收 CO_2 量为 15.9t，年释放 O_2 量为 11.5t，年滞尘量为 0.78t，收回投资成本约需 12 年。

花园式与简单式屋顶绿化生态效应评价（以红桥市场屋顶绿化 1300m² 为例） 表 22.8

生态效应分项		花园式屋顶绿化				简单式屋顶绿化			
		kg/ 日		kg/ 年	经济收益（万元 / 年）	kg/ 日		kg/ 年	经济收益（万元 / 年）
吸收 CO_2	乔木	5.39	135.63	15859.83	0.12	0	17.63	2276.67	1.74E−02
	灌木	6.07				0			
	地被	124.17				17.63			
释放 O_2	乔木	3.92	98.68	11536.76	1.38	0	12.82	1654.93	0.2
	灌木	4.41				0			
	地被	90.35				12.82			
滞尘				776.32	6.29E−03			155.83	1.26E−03
		千卡 / 日		千卡 / 年	经济收益（万元 / 年）	千卡 / 日		千卡 / 年	经济收益（万元 / 年）
吸热	乔木	530001.1	8524309	2.98E+08	5.22	0	1.78E+06	6.22E+07	1.09
	灌木	476821.8				0			
	地被	7517486				1776569			
总经济效益（元 / 年 /m²）					51.77	总经济效益（元 / 年 /m²）			10.08

来源：李连龙，韩丽莉，单进．屋顶绿化在城市节能减排中的作用及实施对策．北京市“建设节约型园林绿化”论文集，2007.

22.4.1.4 屋顶绿化需注意的几个问题

（1）认识屋顶绿化的局限性，以利采取针对性措施

屋顶绿化存在的局限性可以概括为以下几方面：①由于一般屋顶绿化的生物环境与自然状态下的生物环境之间缺乏必要的连接，一旦有病虫灾害或自然灾害，将导致其自愈能力的降低或丧失，从而遭受破坏；②由于功能、交通等

要求，屋顶花园在量上无法达到理想化的最大值。同时，由于生长良好的屋顶生态系统的建立需要较厚的覆土深度，为此必须在结构、屋顶构造、蓄排水等方面加大投入，而仅绿化成本一项就达 300 元 /m^2，正是出于经济原因，从而导致了某些地区城市屋顶绿化的建设品质低下，管理不力的弊端；③由于屋顶绿化环境的特殊性，给灌水和平时的养护工作带来了一定的局限性，增加了难度和后期的维护成本。

(2) 正确选择屋顶绿化的形式和技术

屋顶绿化可分成简单屋顶绿化形式和密集型屋顶绿化。前者是指使用轻质材料，在屋顶上栽种极其耐贫瘠、耐干旱的多浆植物——主要是景天科植物，绿化层厚度小（一般在 3 ～ 15cm），总载荷轻，不用对下部结构加固，不用安装浇灌设备，后期基本不用管理。而后者往往技术复杂、资金投入大、维护困难。

简单屋顶绿化形式因其成本低，非常适合已有建筑屋顶绿化。在欧洲，简单屋顶绿化形式已经成为建筑屋顶绿化的主要形式（Osmundon Theodore H，1999）。据 2003 年统计，德国 30%～ 40%的新建屋面为种植屋面，其中，简单屋顶绿化形式占绝大部分。他们认为，简单屋顶绿化形式是一种非常有效的对被侵占土地的补偿形式，同时也是对城市化的一种补偿，几乎可以在任何屋顶上建造。从长远看，简单屋顶绿化形式成本较低。

而在国内，简单屋顶绿化形式相对较少，多是密集型屋顶绿化。比较追求屋顶绿化的视觉效果，较少考虑其生态效益。如，我国一些城市较青睐的屋顶花园形式需要比较多的维护和管理工作，如浇水、施肥，锄草和定期增加土壤等，费用较高。

在屋顶绿化形式的选择上，要注意应用最新的技术。如日本鹿岛建设公司开发出表面可生长植物的吸水性混凝土，这种混凝土价格比普通混凝土仅高 10%，但强度不减，重量减轻了约 30%，这种混凝土内混有植物纤维，敷设数月后即可生长出杂草和水草，特别适合于建筑墙壁和屋顶绿化（时真男等，2005）。

(3) 关于地下停车场屋顶绿化

在德国，地下停车场顶盖绿化也被看做是屋顶绿化，所用技术与传统观念屋顶绿化的技术非常相近。而在国内，地下停车场顶板的绿化却需要至少 3m 覆土才被承认为绿地，3m 覆土显然是对金钱和自然资源的浪费，主体结构需要大量的钢筋和混凝土。这样不仅成本增加，还失去了整整一层楼的开发空间。而且，大量使用原土资源无疑是对远郊区域自然环境的破坏（郭屹岩，2007）。

22.4.2 城市森林

22.4.2.1 城市森林概念

自 1962 年美国肯尼迪政府在户外娱乐资源调查报告中，首次使用“城市森林（urban forest）”一词以来，有关城市森林的概念不断出现。1965 年，加拿大的 Erik Jorgensen 最早提出城市森林的概念，认为城市森林指受城市居民影响和利用的整个地区所有的树木。“整个地区”包括服务于城市居民的水域和供游憩及娱乐的地区，也包括行政上划为城市范围的地区。美国学者 Miller（1997）认为城市森林是人类密集居住区内及周围所有植被的总和，范围涉及市郊小社区

直至大都市。国内有关学者将城市周围或附近一定范围内以景观、旅游、运动和野生动物保护为目的的森林称为城市森林。综上，可将城市森林的概念界定为包括城区、近郊、远郊的对城市环境及发展产生显著生态效应的所有植被区域。

22.4.2.2 城市森林的生态功能

城市森林在城市复合生态系统中具有不可替代的作用，表现出较高的生态效益，如吸收与降解污染物、杀菌滞尘、改善市区内的碳氧平衡、涵养水源、调节温湿度、减轻或消除城市热岛效应、降低噪音，满足市民需求，保障人类身心健康等。

Nowak 的研究表明，1991 年美国芝加哥城市森林吸收二氧化碳 15t，二氧化硫 84t，二氧化氮 89t，臭氧 191t，小于 10μm 的颗粒物 212t。估计净化空气货币价值达 920 万美元。巴西的研究表明，圣保罗市营造 5000hm^2 水土保持林，10 年可提供该市饮水的 40%。肖建武等（2008）计算了长沙市 2008 年城市森林固碳释氧功能价值（表 22.9），总量达到 349226.8 万元，相当于该市全年 GDP 的 1.6%。

长沙市城市森林固碳释氧功能价值评估计算表 **表 22.9**

森林类型	杉类	松类	阔叶类	灌木类	竹林	经济林	总计
固碳量 $Q_c(t \cdot a^{-1})$	721640.5	463091.9	340515.7	132263.8	1432253.2	651540.2	3741305.3
固碳价值 E_c(万元 $\cdot a^{-1}$)	46906.6	30101.0	22133.5	8597.1	93096.5	42350.1	243184.8
单位面积固碳价值（元 $\cdot hm^{-2}a^{-1}$)	2889.9	1335.4	2595.5	4428.7	18181.0	7511.9	4053.1
释氧量 $Q_o(t \cdot a^{-1})$	531269.1	340926.6	250686.4	97372.1	1054419.5	479661.5	2754335.2
释氧价值 E_o(万元 $\cdot a^{-1}$)	20453.9	13125.7	9651.4	3748.8	40595.2	18467.0	106042.0
单位面积释氧价值（元 $\cdot hm^{-2}a^{-1}$)	1260.2	582.3	1131.8	1931.2	7928.0	3275.6	1767.4

来源：肖建武，康文星，尹少华，谢欣荣．长沙市城市森林固碳释氧功能价值评估．《两型社会建设与湖南管理创新》论坛，2008 年 11 月．

表 22.10 列出了不同覆盖率下，通州新城内城市森林清除污染物的总量。图 22.2 显示了不同森林覆盖率下，城市森林在清除各种污染物方面的生态价值变化趋势。

通州新城各种森林覆盖率下的污染物清除量（单位：磅） **表 22.10**

污染物类型	森林覆盖率 /%								
	4	6.4	8	10	12	14	16	18	20
一氧化碳	13171	21245	26393	32970	39585	46160	52779	59293	65908
臭氧	75730	122157	151761	189579	227614	265417	303478	340935	378972
二氧化氮	69145	111535	138565	173093	207882	242338	277089	311289	346018
二氧化硫	6585	10622	13197	16485	19793	23080	26389	29647	32954
PM_{10}	87803	141631	175955	219801	263901	307730	351859	395287	439388

来源：黄初冬，邵芸，柳晶辉，李静．基于遥感技术的通州新城区森林生态价值评估．辽宁工程技术大学学报（自然科学版），2008（1）．

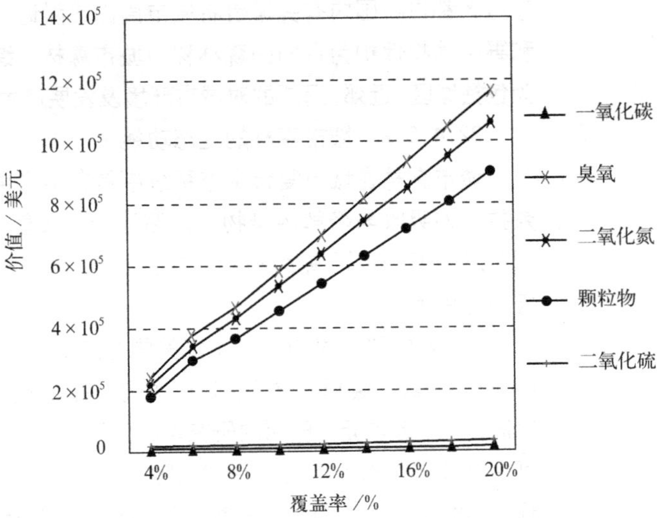

图 22.2 各种覆盖率下城市森林在清除各类污染物中的生态价值

来源：黄初冬，邵芸，柳晶辉，李静．基于遥感技术的通州新城区森林生态价值评估．辽宁工程技术大学学报（自然科学版），2008（1）．

22.4.2.3 城市森林评价

随着城市森林的发展，对城市森林建设的效益评价也日益受到广泛的重视，有必要建立定量的城市森林评价指标体系。表 22.11 列出了城市森林生态效益的评价方法及评价标准。彭镇华等（2003）提出从质量和数量两个层面来评价城市森林，详细见表 22.12。

城市森林生态效益的评价方法 表 22.11

生态效益	评价方法	评价标准
固碳价值	造林成本法、市场价值法（碳税率法）	造林成本法：251.40 元／tC；碳税率 20 美元／t
制氧价值	工业制氧法	制氧工业成本每吨 400 元
水源价值	水量平衡法	年涵养水源量乘以水价，水价可用影子工程价格替代，即以 1988 ~ 1991 年全国水库建设投资测算的每建设 1m^3 库容需投入成本费为 0.67 元，据调查，目前的单位库容造价为 5.714 元／m^3
净化大气价值	替代法和防护费用法	固定 SO_2 成本为 600 元／t，固定 HF 成本为 900 元／t，固定 NO_x 成本为 600 元／t

来源：占珊，闫文德，田大伦．基于 Citygreen 的城市森林生态效益评估的应用．中南林业科技大学学报，2008（2）．

城市森林主要评价指标体系 表 22.12

	一级指标	二级指标	指标解释
城市森林主要评价指标	质量指标	城市森林斑块类型指标	林分郁闭度 0.2 以上且面积 1hm^2 以上核心林地占绿地总面积的比例
		城市森林廊道类型指标	宽度 50m 以上道路林带和河流林带等主干森林廊道总长度占廊道林总长度的比例
		城市森林分布均匀性指标	城市绿地斑块的分布均匀程度
		城市森林网络连通度指标	两种指数计算方法。指数即网络中所有结点的连接度采用网络中廊道的实际数与最大可能出现的廊道数比值。指数即网络中存在环路的程度采用环路的实际数量与最高可能的环路数的比。这两个指数都是从 0（网络没有连通）到 1.0

续表

	一级指标	二级指标		指标解释
城市森林主要评价指标	数量指标	城市林木指标	城市林木覆盖率	城市林木的树冠（不包括城市绿地的灌木）投影面积与城市用地面积的比例，城市森林覆盖率反映了城市树木的数量，因此在一定程度上具有质的特性
			乡土树种比例	指乡土树种在城市绿化树种应用中的重要程度，用乡土树种的个体数占全部树木数量的比例来表示
			人均乔木占有量	城市市民人均拥有的各类乔木（包括小乔木）个体的数目
		城市绿地指标	城市绿地率	城市绿地面积与城市建设用地之比，反映了城市土地表面与自然表面的接近程度
			人均公共绿地面积	城市公共绿地与城市人口的比例。公共绿地包括公园、街道绿地、街心花园等绿地，单位为 m^2
		城市空间绿化指标	城市墙体垂直覆盖率	垂直绿化面积与建筑物表面可覆盖面积之比
			建成区绿化空间占有率	城市绿化可达高度范围内的绿色植被实际体积与最大体积之比
			人均公共绿地体积	城市公共绿地与城市人口的比例。公共绿地包括，公园、街道绿地、街心花园等绿地人均公共绿地体积单位为 $1m^3$
		城市森林健康指标	基于个体水平考虑	了解花朵果实、枝叶等器官的分泌物、挥发物对人体的影响
			基于群体水平考虑	分析不同的植物组合所形成的群落内不同植物体的分泌物组成的混合气体环境对人体的影响
		城市森林维护成本指标	日常管护用工费	单位面积森林绿地每年的维护成本。作为一种不同于天然群落的城市绿地类型在一定程度上外貌的维持是建立在人为干预的基础上的，但过多的人为干预活动不仅增加了人力物力投入也使这种群落的生态功能大打折扣。因此一种绿地类型的优劣还要对人力物力投入有一个全面的评价
			水资源消耗费	
			病虫害防治费	

来源：彭镇华，王成．论城市森林的评价指标．中国城市林业，2003（3）．

22.4.2.4 城市森林规划的主要内容

从规划的目标导向性、决策选择性、层次过程性、行动支撑性的特点出发，可以将城市森林规划定义为在城市地域范围内，为实现以生态效益为主的综合效益最大化的目标而对城市森林生态系统建设的内容和行动步骤进行预先安排并不断付诸实践的过程。表 22.13、表 22.14 是国内外城市森林规划内容示例，可以发现，其规划内容是比较广泛的。

美国城市森林规划内容示例　　表 22.13

规划名称	规划范围	时间期限	主编单位	规划内容
弗吉尼亚州阿灵顿郡城市森林总体规划	郡区（城区）$67km^2$	2004 年规划，期限 5 年	阿灵顿郡公园、游憩和文化资源部，城市森林协会	包括 GIS 行道树调查，树冠覆盖卫星分析，远期目标与建议以及一个包括树木种植规划在内的城市森林总体规划报告。主要内容：1）综述：规划的主要目标，背景情况，城市森林的益处和总体规划的编制过程等；2）主体内容，由 7 章组成，每章关注一个目标，并提出建议，涉及城市森林的覆盖率、私人用地树木保护与种植、宣传教育、管理维护规范、街道景观、森林公园和自然区保护、持续发展等问题；3） 4 个附件：美国 1973−1985−1997 树冠覆盖率变化趋势，种植规划，阿灵顿郡有关城市森林的条例、标准和导则，实施计划

续表

规划名称	规划范围	时间期限	主编单位	规划内容
旧金山城市森林规划	城区 121 km²	2006 年规划，期限 10 年	旧金山环境部，城市林业委员会	1）绪论：规划背景、服务对象、城市森林的作用，组成、管理现状及地位；2）城市森林发展的历史；3）现状调查分析：树种组成、分布和结构，行道树分区调查，市民对城市森林满意程度调查，量化分析和比较分析；4）确定 5 个规划目标，提出实施建议和相应的指标要求；5）提出 9 个行动措施，确定负责实施的部门
西雅图市城市森林管理规划	城区 217 km²	2007 年规划，期限 30 年	西雅图城市森林联盟	1）西雅图市城市森林的历史，其环境、经济和社会价值，组织规划框架，确定规划总体目标；2）城市森林现状分析；3）规划目标与行动：提高树冠覆盖率，分列树木资源、管理框架和社区框架的总体目标，设定原因和实现目标的近、中、远期建议和行动；4）分列管理区的目标与行动：按土地使用类型分成 9 个城市森林管理区，从现状、指标、问题与机遇、目标与行动进行分区规划；5）规划实施：提出保障规划实施的途径，列出未来 1 ～ 3 年关键的行动措施

来源：温全平．城市森林规划理论与方法［D］．同济大学，2008．

中国城市森林规划内容示例 表 22.14

名 称	内 容
上海城市森林规划	(1) 城市森林规划发展的背景、必要性和可能性，城市森林现状分析；(2) 发展理论、规划编制依据、发展理念、编制范围、期限、指导思想、规划目标和原则；(3) 规划布局：结构布局，林种结构及树种配置，采用控制性和指导性相结合的方法制定规划导则，划出近远期建设的地块控制范围，进行指标统计；(4) 实施策略：加强绿线控制，提出实施政策、措施和运作方式
临安城市森林建设规划	(1) 自然地理状况、资源利用状况、城市森林建设现状；(2) 规划原则及依据；(3) 建设目标；(4) 功能区划及功能分析；(5) 城区城市森林建设规划；(6) 城郊森林建设规划；(7) 可持续发展的保障措施；(8) 重点建设工程；(9) 经费概算与效益分析；(10) 城市森林建设组织措施
成都市城市森林体系发展规划	(1) 背景及相关问题分析：包括成都市森林发展背景、城市森林相关的经济社会生态问题、城市森林体系发展现状与潜力、指导思想与发展指标、规划总体布局、工程建设规划、分期建设规划与投资概算和保障措施；(2) 确定发展主题：与成都休闲城市气质相吻合，城市森林发展集休闲、观光旅游、国土保护为一体的森林生态系统，最大限度地发挥成都城市森林的生态环境服务功能，景观功能，并具有一定的物质生产和经济效益能力；(3) 明确发展模式：城市森林的建设与发展要与河道、湖泊、水库等周围陆地绿化和绿地内的人工沟渠、水景等生态系统有机结合，发展“林网化、水网化”生态体系；(4) 完善树种选择与配置：以乡土树种为主体，通过人工促进更新，多样的种群、灵活的配置和丰富的层次结构，优化树种、群落外貌、形态、色彩等组合；(5) 专题研究：《综合评价指标体系研究》、《绿色生态健康走廊研究》、《林业产业发展研究》
阿克苏市城市森林建设总体规划	(1) 城市概况和城市森林现状分析；(2) 规划总则，规划理论依据与规划框架、城市森林分类、规划编制的意义、规划依据、期限、范围、指导思想、原则、目标与指标；(3) 结构规划，绿洲、规划区和建成区三个层次，包括指导思想、规划结构、功能分析和建设重点四个方面；(4) 分区规划，包括建成区城市绿地系统规划和城郊城市森林规划，分区确定规划目标，进行分类规划，分类制定规划导则；(5) 其他规划，包括城市景观水系规划、城市森林游憩规划、树种及植被规划、生物多样性保护与建设规划；(6) 实施规划，包括重点建设工程及分期建设规划、经费估算及效益分析、城市森林可持续发展策略与实施措施

来源：1．温全平．城市森林规划理论与方法［D］．同济大学，2008；2．黎燕琼，郑绍伟，慕长龙，古琳，陈辉，牛牧，张海鸥．城市森林模式与特点——以成都市为例．四川林业科技，2009（1）．

22.4.2.5 城市森林规划的技术路线与指标

温全平（2008）以新疆阿克苏为例，提出了城市森林规划的技术路线（图 22.3），并提出了城市森林总体规划指标（表 22.15）。

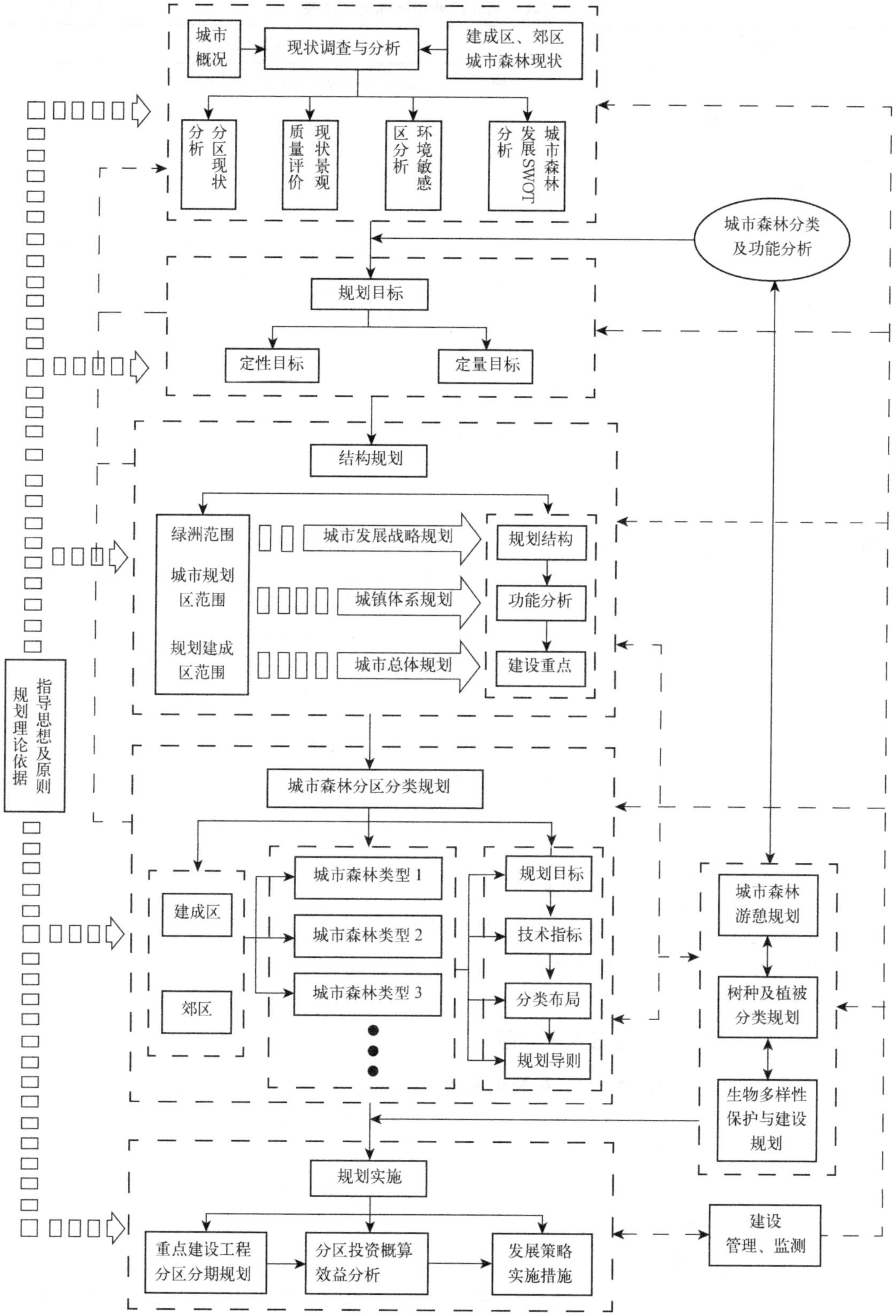

城市概况

现状调查与分析

建成区、郊区城市森林现状

分区现状分析

现状景观质量评价

环境敏感区分析

城市森林发展SWOT分析

城市森林分类及功能分析

规划目标

定性目标

定量目标

结构规划

绿洲范围

城市规划区范围

规划建成区范围

城市发展战略规划

城镇体系规划

城市总体规划

规划结构

功能分析

建设重点

指导思想及原则

规划理论依据

城市森林分区分类规划

建成区

郊区

城市森林类型 1

城市森林类型 2

城市森林类型 3

规划目标

技术指标

分类布局

规划导则

城市森林游憩规划

树种及植被分类规划

生物多样性保护与建设规划

规划实施

重点建设工程分区分期规划

分区投资概算效益分析

发展策略实施措施

建设管理、监测

图 22.3 阿克苏城市森林建设总体规划技术路线

来源：温全平．城市森林规划理论与方法［D］．同济大学，2008．

城市森林总体规划指标体系一览表　　表 22.15

一级指标	二级指标	三级指标		四级指标
总体规划指标	环境生态指标	规定性指标	覆盖率	城市森林覆盖率、郊区森林覆盖率、建成区绿化覆盖率、垂直绿化覆盖率
			自然度	
			平均叶面积指数	
		引导性指标	林地结构	景观多样性、生境丰富度、保护区比率、生态敏感区相关度、单个林地面积、林地密度、网络连通度、林地平均距离、水岸绿化率、道路绿化率、农田林网覆盖度、城乡林带结合度、廊道宽度
			植被结构	植被类型比率、树种丰富度、树种结构、乡土树种比例、保护树木数量
	视觉景观指标	规定性指标	绿视率	
			单位面积乔木树	
		引导性指标	完整性	景观协调性、视觉干扰强度、视觉敏感区相关性
			认同性	美景度、地方性
			多样性	
	游憩活动指标	规定性指标	游憩森林均匀度	
			人均游憩林地面积	人均公共绿地面积、城市中心区人均公共绿地面积、人均风景林地面积、人均实际游憩林地面积、人均游憩廊道长度
		引导性指标	可游度	游憩面积比率、游憩林地免费开放率
			游憩强度	游人容量、活动类型
			游憩设施	
	经济指标	规定性指标	城市森林用地率	郊区林地率、建成区绿地率
			人均林地面积	人均城市森林面积、人均经济生产林地面积
			人均乔木数	
		引导性指标	分类面积比率	
			经济影响度	
			投资水平	绿色投资率、公共投资比率、单位面积成本

来源：温全平．城市森林规划理论与方法［D］．同济大学，2008．

22.4.3　城市生态公园

［专栏 22.1］：伦敦生态公园 Camley Street Natural Park

Camley Street Natural Park 是伦敦最著名的生态公园，共 1.0hm^2，常作为城市更新和城市土地环境教育的典范。1983 年 11 月开始动工，1985 年建成开放，总投资 91 万英镑（含土地费 60 万）。公园以水体为中心，分成水池、沼泽、北端的草地和其他沿着主干道和自然中心后面的草地区，水体边缘生长芦苇和其他水生植物，灌木和林地围绕着水池，形成复合生境。公园还建有自然中心，作为环境教育和自然活动基地和学校课程的一部分，进行全日制教学，道路两侧堆放原木，展示公园的自然性（下图），公园主要目标是自然保护、游憩和教育，每年约 10000 学生和 5000 ~ 10000 的成年人游览公园。

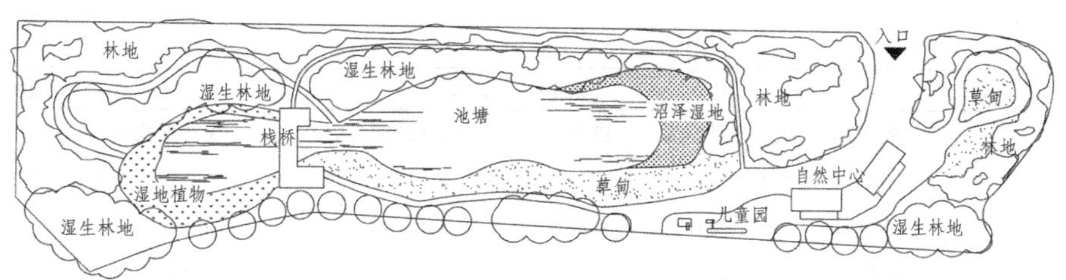

图 Camley Street Natural Park 的景观格局

来源：Jacklyn，J.Nature Areas for City People [M] .London：Ecology Unit，1990.73-87.
转引自：张庆费，张峻毅．城市生态公园初探．生态学杂志，2002（3）．

22.4.3.1 生态公园的定义

早在 1970 年代，英国开始使用 ecological park（生态公园）一词来称呼其在伦敦兴建的一系列以城市生态保护和恢复为目的的城市公园。在英国，生态公园又被称作资源恢复公园（Resource Recovery Park），曾经被看成是在已经衰落的传统的工业中心地区刺激经济增长、促进企业发展的措施之一（Sam Goss et.al，2005）。

瑞典国家林业公司认为，生态公园是一个具有高度的自然保护价值、在管理上生态目标超越经济目标的较大的森林区域（Gustaf Hamilton，2005）。Daniella（2004）认为，城市生态公园是一种将城市与环境需求整合在一起的手段，并且具有复合的生态功能。城市生态公园能维持城市蓄水层的补给，改善居民的生活质量，并且在城市地区的可持续发展过程中产生巨大的作用。吴桂萍等（2007）对城市生态公园的界定为：城市生态公园是指在城市地区范围内，结合城市地区景观特点和自然条件布局，以恢复景观过程和整体性作为指导原则，由政府或公共团体及公众广泛参与构建的园林类型。在满足公众游憩、观赏娱乐的需求同时，还具有保持生物多样性、乡土物种和景观保护和保存复杂基因库等重要的生态功能。

22.4.3.2 城市生态公园的特征与定位

城市生态公园的实质之一是为野生生物的保护提供良好的空间环境，促进城市生物多样性的提高。城市生态公园与一般城市公园的最根本的区别在于其“生态性”。即，其生态过程、能源和物质的使用应有利于生态系统的平衡和发展；其环境建构应符合生态原则；其具体空间和实体形象应能充分考虑包括人在内的生物个体的互动关系，唤起人对于生态意象的文化体验和美学感受（表 22.16）。

城市生态公园与传统城市公园之比较　　表 22.16

项目		城市生态公园	传统城市公园
空间和功能	基本目标	保护、修复区域性生态系统	提供优美的休憩、娱乐场所
	基本功能	生态效应、娱乐游憩、自然生态教育与体验	娱乐游憩、生态效应
	空间布局	从满足生态系统的要求出发，构建景观生态格局	从满足人的体验要求出发，建构景区、景点格局
	活动功能	人的活动协调、服从于生态保护和修复的要求	创造环境满足人的活动
	体验特性	自然、多样、健康、科学理性	美观、整洁、统一、有序、诗情画意
	环境建构	保留或模仿自然生境为主	半人工或人工环境为主，改造自然生境以适应人的需求

续表

项目		城市生态公园	传统城市公园
生态特性	生物群落	接近自然群落，引进野生生物，生物多样性高	观赏植物为主，生物多样性低
	生态稳定性	生态健全、高抗逆性、自我维持为主	生态缺陷、低抗逆性、人工维持为主
	生态结构	自然的或向自然演替的自组织状态和结构	“被组织”的状态和结构
	凋落物	循环再生	部分或全部清扫
	养护管理	动态目标，低强度管理，投入低，管理演替	景观目标，高强度管理，投入高，抑制演替
	能源利用	生态系统的自维持能力高，可减少不可再生能源消耗，尽量采用太阳能、风能、水能或生物能等可再生能源	生态系统的自维持能力低，对能源输入量要求较高，依赖消耗不可再生能源
	建造材料	无毒、低能耗、可再生，考虑材料从制造到使用终结的全过程对局域生态系统和全球生态系统的影响	基于经济、美学因素，会考虑对环境的影响，但较少考虑到对全球生态系统的影响
	生态效益	保护和改善自身生态系统、城市生态系统和全球生态系统三个层面	主要作用在城市生态系统层面
文化特征	哲学观	生态中心主义	人类中心主义
	价值观	自然界的多样性有自身的价值，不完全等同于对人类的价值	自然界的多样性作为一种资源来说对人类是有价值的

来源：邓毅．城市生态公园规划设计方法．北京：中国建筑工业出版社，2007.

一般而言，基干公园主要提供游憩为主的综合功能，专类公园主要提供专项游憩功能，而城市生态公园着重以城市生态保护和建设为核心功能。从概念和实践来看，参考原有的公园分类系统，城市生态公园宜作为与城市基干公园和专类公园并列的一类（邓毅，2007）（图 22.4）。

22.4.3.3　生态公园的类型

根据基地原始条件和主要营建手段，可以把城市生态公园分为保护型、修复型、改善型、综合型四大类（邓毅，2004）：

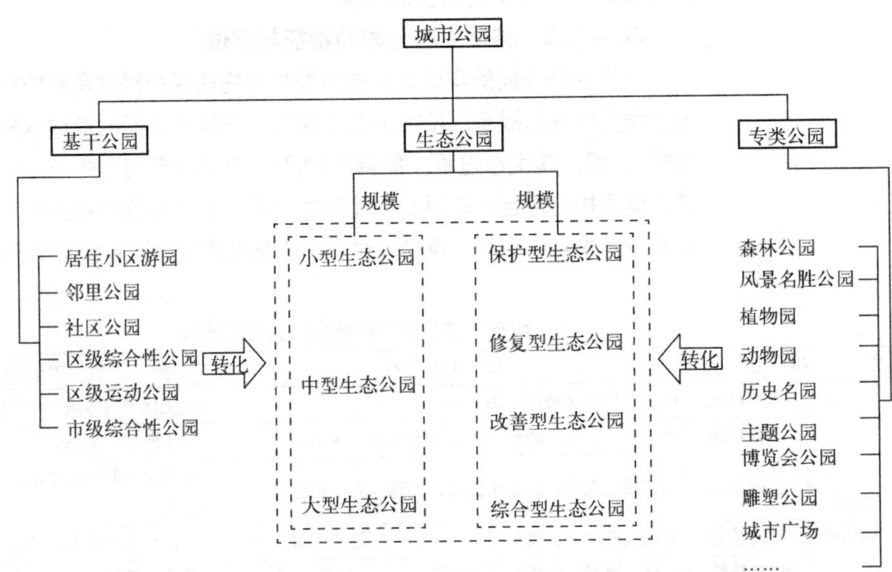

图 22.4　城市生态公园在公园分类体系中的定位
来源：邓毅．城市生态公园规划设计方法．北京：中国建筑工业出版社，2007.

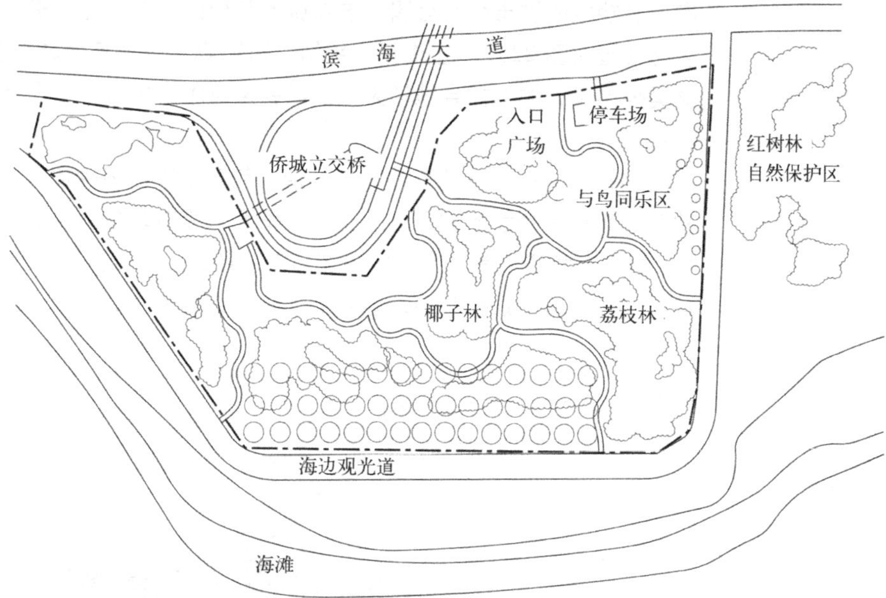

图 22.5 深圳红树林海滨生态公园平面示意图

来源：邓毅．景观生态学视野下的城市生态公园设计．新建筑，2004（5）．

（1）保护型。基地原有的自然生态环境良好或者具有重要生态意义，主要通过保护、利用原有生态系统来实现其功能的城市生态公园。如深圳红树林海滨生态公园，是作为国家级红树林自然保护区的缓冲区域而建设的（图22.5）；成都大熊猫生态公园是作为保护和研究大熊猫这一珍稀物种的基地；而深圳莲花山生态公园，则是利用莲花山原有的良好生态条件而建的。这类公园的重点在于保护原有生态系统或进行局部调整，以达到改善城市环境、保护生物多样性等目的。公园的使用功能安排和美学景观设计都应立足于保护。

（2）修复型。基地原有的自然生态环境遭到严重污染或破坏，主要通过系统的生态手段修复受损生态系统来实现其功能的城市生态公园。如英国伦敦的卡姆利街公园（Camley Street Park）和上海老港处置场生态主题公园，基地原来都是城市的垃圾场，通过地表覆盖、培育适当的微生物和植物群落等措施，在基地上建成了具有优美景观环境和宜人活动场所的公园。

在很多情况下，这种修复涉及生态、文化和经济等多方面，但生态环境的修复是个先决条件。如美国西雅图煤气厂公园，基地位于始建于1906年的煤气厂旧址上，土壤受到严重污染。公园建设在土壤中添加了下水道中沉淀的淤泥和特定的有机物质，种植了大片耐粗放管理的草地，通过植物和细菌的生物化学作用来消化污染物。工厂的设备大部分被利用改造成巨大的雕塑甚至游戏器械，厂房被改建成餐饮、休息等设施，这种对废弃物质的再利用减少了物质、能源的消耗，体现了生态价值观。同时，公园继承、更新了历史的记忆，成为一个有特色的文化活动场所。德国杜伊斯堡北风景园和海尔布隆市砖瓦厂公园也是这类设计的例子。

（3）改善型。基地原有的自然生态环境一般，没有需要特别保护的生境，是主要通过改善生境，营建具有地域性、多样性和自我演替能力的生态系统来实现其功能的城市生态公园。这在城市新建的公园中非常多见，如日本千叶县生态公园（图22.6）、上海延中绿地生态园等。由于基地原始条件的制约较少，这类公园设计的发挥余地较大，但需要重点考虑地域性生态环境和文化环境的作用。

（4）综合型。基地条件比较复杂，包含了以上多种情况，需要采取综合营建手段实现其功能的城市生态公园。墨西哥霍奇米尔科生态公园把湿地研究保护、野生鸟类研究等生态保护内容与游憩娱乐、运动和花卉市场有机结合起来，成为空间区域合理分隔而功能互补完善的综合型生态公园（图22.7）。

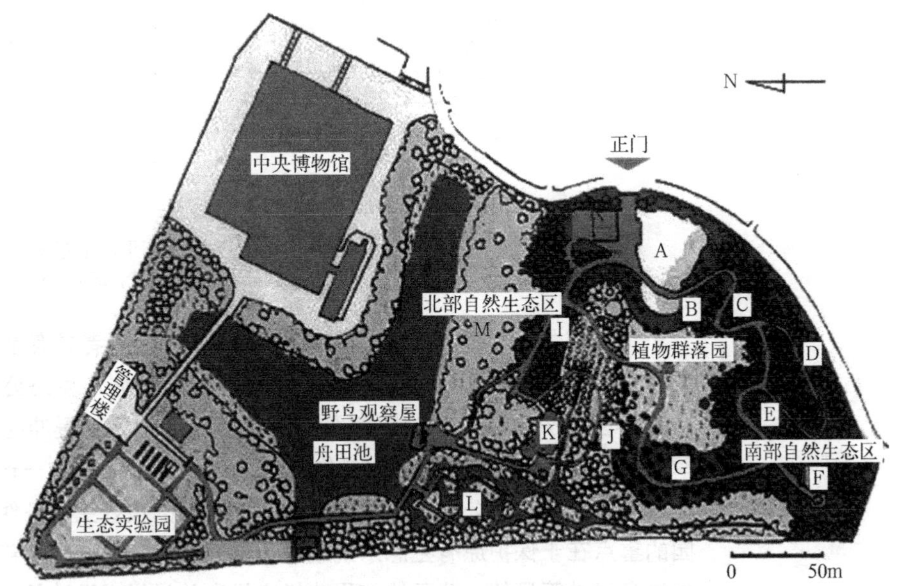

图22.6　日本千叶县生态公园总平面

来源：邓毅．景观生态学视野下的城市生态公园设计．新建筑，2004（5）．

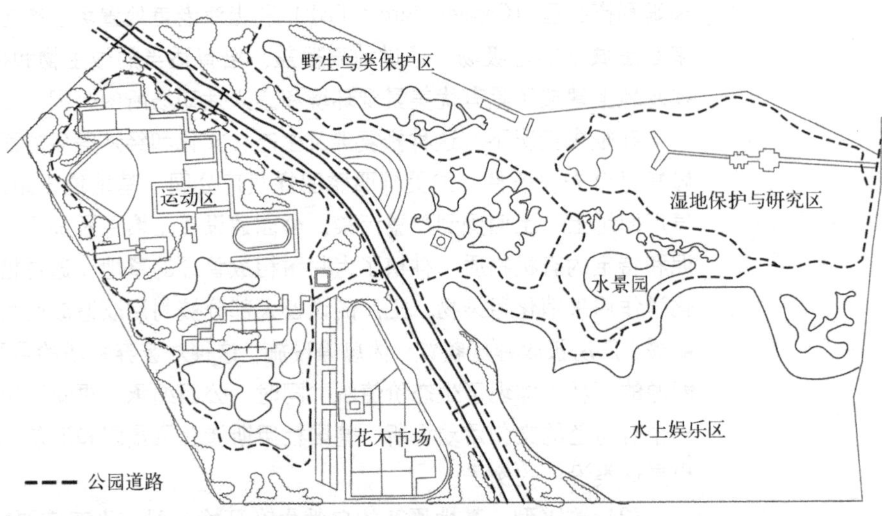

图22.7　墨西哥霍奇米尔科生态公园

来源：（西）切沃编著．龚恺译．城市公园．江苏科学技术出版社，2002．

22.4.3.4 城市生态公园的评估

城市生态公园评估的目的是对生态公园的状态，尤其是生态化水平的状态有一个相对定量的认识，也可作为不同地区生态公园的比较评价依据。吴桂萍等（2007）结合岛屿生物学理论、异质种群理论、最小生存种群理论、系统胁迫理论等提出了城市生态公园评估指标体系（表22.17）。各项指标的权重由专家咨询后确定，根据评估得分评价某一公园的“生态度”。

城市生态公园的评价指标体系　　表22.17

一级指标	二级指标	指标值	备注
生物多样性指标	物种多样性	1	以当地典型自然生境的生物多样性为标准值
	生态系统多样性	1	
	景观多样性	1	
生物量指标	初级生产量	1	以当地典型自然生境为标准值，根据（种群）群落类型计算
	次级生产量	1	
乡土物种指标	本地物种比例	100%	包括动物和植物
景观指标	面积	越大越好	根据群落关键种确定最小动态面积
	形状（边缘－面积指数）	1	SI= 边缘／（等面积的圆）边缘
	干扰度	0	定性评价
	行走路径	0	行走路径面积比例，路径的类型、路宽
	人工设施设置	0	设施类型、数量

来源：吴桂萍，孟伟庆，马春，张良．城市生态公园及其评估．环境科学与管理，2007（8）．

22.4.3.5 城市生态公园设计规划与设计框架

城市生态公园规划框架可以从规划原则、现状调查、规划目标、规划方案、实施策略、规划与管理对策等方面着手建立（图22.8），也可从景观格局、功能结构、技术体系、空间形态等方面建立设计方法框架（图22.9）。

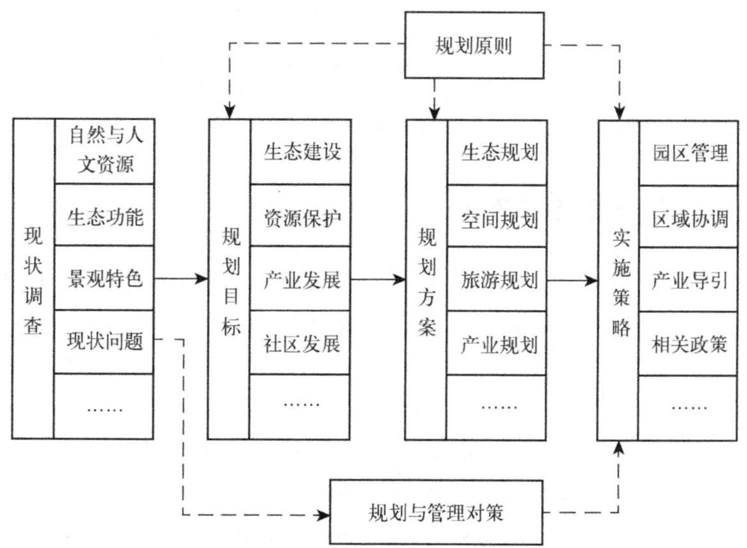

图22.8　生态公园规划框架示意

来源：唐伽拉，魏遐．城市生态公园理论与案例研究——以温州生态园为例．水土保持研究，2006（1）．

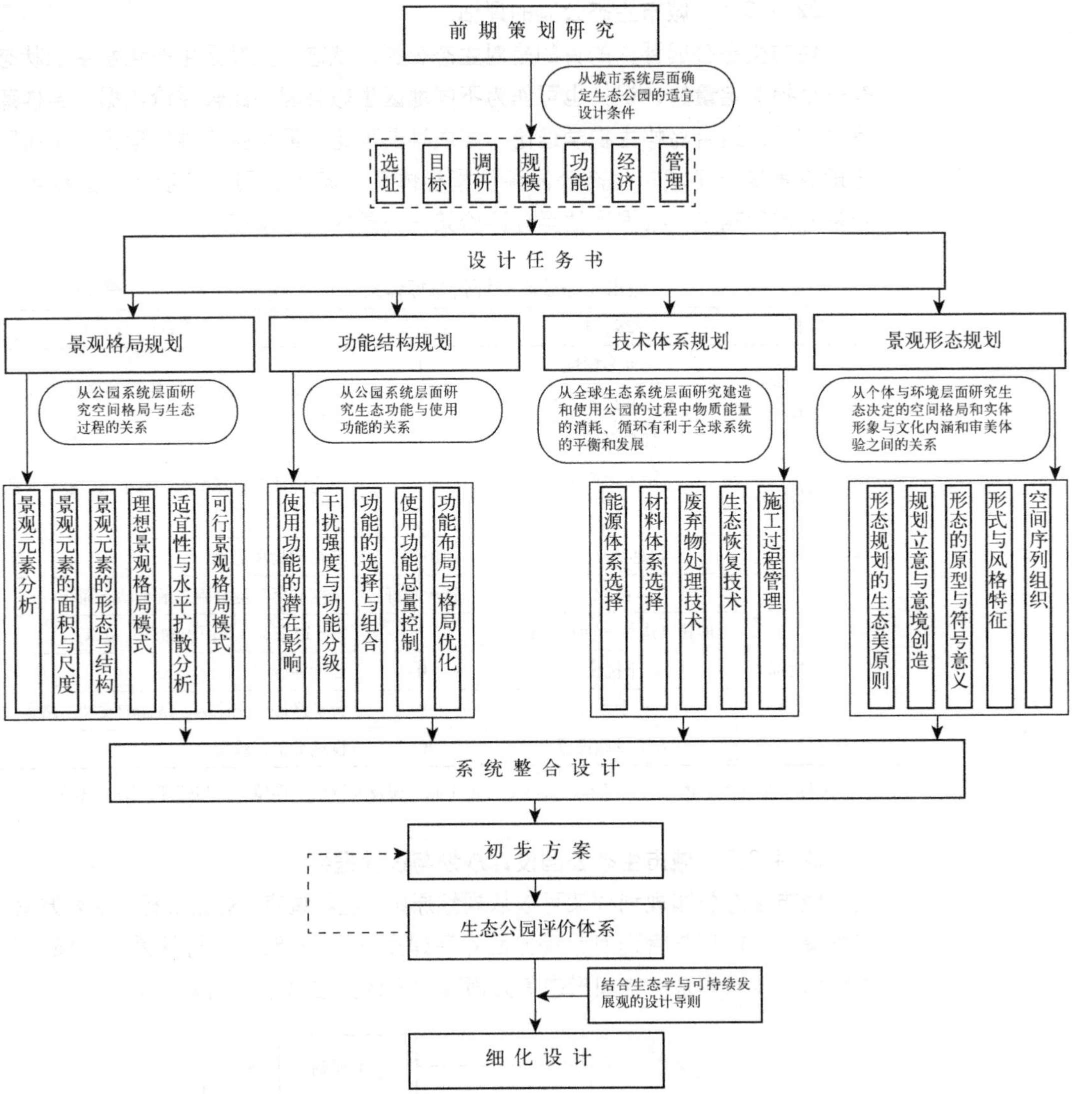

前期策划研究

从城市系统层面确定生态公园的适宜设计条件

选址 目标 调研 规模 功能 经济 管理

设计任务书

景观格局规划

从公园系统层面研究空间格局与生态过程的关系

景观元素分析 / 景观元素的面积与尺度 / 景观元素的形态与结构 / 理想景观格局模式 / 适宜性与水平扩散分析 / 可行景观格局模式

功能结构规划

从公园系统层面研究生态功能与使用功能的关系

使用功能的潜在影响 / 干扰强度与功能分级 / 功能的选择与组合 / 使用功能总量控制 / 功能布局与格局优化

技术体系规划

从全球生态系统层面研究建造和使用公园的过程中物质能量的消耗、循环有利于全球系统的平衡和发展

能源体系选择 / 材料体系选择 / 废弃物处理技术 / 生态恢复技术 / 施工过程管理

景观形态规划

从个体与环境层面研究生态决定的空间格局和实体形象与文化内涵和审美体验之间的关系

形态规划的生态美原则 / 规划立意与意境创造 / 形态的原型与符号意义 / 形式与风格特征 / 空间序列组织

系统整合设计

初步方案

生态公园评价体系

结合生态学与可持续发展观的设计导则

细化设计

图 22.9 城市生态公园设计方法框架

来源：邓毅．景观生态学视野下的城市生态公园设计．新建筑，2004（5）．

第22章参考文献：

[1] Daniella Azevedo de Albuquerque Costa.Proposal of Hydric Resources Urban Zoning and Management of the TORORÓ-DF Habitational Sector, With Application on Geographic Information System.2004-5-28：http：//www.unb.br/ig/posg/mest/mest188.htm.

[2] Gustaf Hamilton.Best Practice in Sustainable Broad Leaved Forest Management. Advantage Hardwood Seminar Report.2005：http：//www.advantagehardwood.org/page.asp？ lngID=649&lngLangID=1&menuID=649.

[3] Osmudon Theodore H.Roof Garden：History, Design, and Construction [M]. New York：W.W.Norton and Company，1999：63-67.

[4] Robert W.Miller.Urban Forestry: Planning and Managing Urban Greenspace [M]. Second Edition.Prentieehall, Ine., 1997.

[5] Sam Goss, Gareth Kane, Graham Street.The Eco-park: Green Nirvana or White Elephant ? International Sustainable Development Research Conference. Finlandia Hall, Helsinki.2005, June 6-8.

[6] 陈自新．北京城市园林绿化生态效益的研究 [J]. 天津建设科技（园林专刊），2001：1 ~ 30.

[7] 邓毅．景观生态学视野下的城市生态公园设计 [J]. 新建筑，2004（5）.

[8] 邓毅．城市生态公园规划设计方法 [M]. 北京：中国建筑工业出版社，2007.

[9] 高俊峰，马克明，冯宗炜．景观组成、结构和梯度格局对植物多样性的影响 [J]. 生态学杂志，2006（9）.

[10] 郭屹岩．德国屋顶花园建设及对我国屋顶绿化的启示 [J]. 现代园艺，2007（11）.

[11] 荆兰竹．屋顶绿化对建筑节能的影响分析 [J]. 城市开发，2007（20）.

[12] 李连龙，韩丽莉，单进．屋顶绿化在城市节能减排中的作用及实施对策 [J]. 北京市“建设节约型园林绿化”论文集，2007.

[13] 刘纯青，黄建国，赵小利．宜春市中心城绿地系统的景观生态评价 [J]. 江西农业大学学报，2008（3）.

[14] 乔青，高吉喜，韩永伟，崔书红．基于生态需求的城市绿地系统生态设计方法与应用——以辽宁省海城市为例 [J]. 干旱区资源与环境，2007（9）.

[15] 世界资源研究所（WRI），国际自然与自然资源保护联盟（IUCN），联合国环境规划署（UNEP）．全球生物多样性策略 [J]. 北京：中国标准出版社，1992.

[16] 宋兴琴，邹寿青．城市生态绿地建设新探 [J]. 东北林业大学学报，2003（5）.

[17] 施维德．对城市绿地系统植物多样性保护的认识及建议 [J]. 四川林业科技，2000（1）.

[18] 时真男，高旭东，张伟捷．屋顶绿化对建筑能耗的影响分析 [J]. 工业建筑，2005（7）.

[19] 田国行，范钦栋．绿地生态系统规划的基本生态学原理 [J]. 西北林学院学报，2007（4）.

[20] 王平建．城市绿地生态建设理论与实证研究——以上海市为例 [J]. 复旦大学，2005.

[21] 王晓东，赵鹏军，王仰麟．城市景观规划中若干尺度问题的生态学透视 [J]. 城市规划汇刊，2001（5）.

[22] 王颖光．保护植物多样性建设城市生态园林 [J]. 福建热作科技，2009（2）.

[23] 温全平．城市森林规划理论与方法（D）. 同济大学，2008.

[24] 吴桂萍，孟伟庆，马春，张良．城市生态公园及其评估 [J]. 环境科学与管理，2007（8）.

[25] 西奥多 · 奥斯曼德森．屋顶花园历史 · 设计 · 建造 [M]. 北京：中国建筑工业出版社，2005.

[26] 宣功巧．运用景观生态学基本原理规划城市绿地系统斑块和廊道 [J]. 浙江林学院学报，2007（5）.

[27] 叶嘉，焦云红．城市植被生态建设中野草的价值 [J]. 杂草科学，2006（4）.

[28] 叶嘉，焦云红．华北平原缺水城市植被建设的应对策略浅析——以河北平原为例 [J]. 福建林业科技，2007（1）.

[29] 张宝鑫．城市立体绿化 [M]. 北京：中国林业出版社，2004.

[30] 周灿芳．植物群落动态研究进展 [J]. 生态科学，2000（2）．
[31] 张庆费，张峻毅．城市生态公园初探 [J]. 生态学杂志，2002（3）．
[32]（日）中野尊正，沼田真著，孟德政，刘得新译．城市生态学 [M]. 北京：科学出版社，1986.
[33] 周廷刚，罗红霞，郭达志．基于遥感影像的城市空间三维绿量（绿化三维量）定量研究 [J]. 生态学报，2005（3）．

本章小结

城市绿地系统生态化规划是沟通人与自然的途径和手段之一。城市绿地系统生态化规划原理包括：绿地系统功能的整体性原理、生物多样性原理、景观生态学原理、恢复生态学原理、节约资源原理和绿地系统功能提升原理等。城市绿地系统生态化规划应借助于特定的方法，如，通过三维绿量测算掌握城市绿地宏观状况、满足净化大气环境的城市绿地系统规模分析与测算、利用景观生态学指数对城市绿地系统规划进行评价及调控等，即是其中的几例。城市绿地系统生态化的途径包括：绿地系统整体格局建设、提高植物多样性、绿地系统中植物优化配置等。城市绿地系统若干重要元素的生态化规划对于实现城市绿地系统生态化目标具有重要的意义和作用。包括：屋顶绿化、城市森林和城市生态公园等。

复习思考题

1. 应如何认识城市绿地系统生态化规划的必要性和意义？
2. 城市绿地系统生态化规划的方法和途径有哪些？各具什么特点？
3. 你认为还应该对哪些城市绿地系统的元素进行生态化规划的探讨？